DICTIONNAIRE TOPOGRAPHIQUE

DE

LA FRANCE

COMPRENANT

LES NOMS DE LIEU ANCIENS ET MODERNES

PUBLIÉ

PAR ORDRE DU MINISTRE DE L'INSTRUCTION PUBLIQUE

ET SOUS LA DIRECTION

DU COMITÉ DES TRAVAUX HISTORIQUES ET DES SOCIÉTÉS SAVANTES

DICTIONNAIRE TOPOGRAPHIQUE

DU

PARTEMENT DES BASSES-PYRÉNÉES

RÉDIGÉ

PAR M. PAUL RAYMOND

CORRESPONDANT DU MINISTÈRE DE L'INSTRUCTION PUBLIQUE
ARCHIVISTE DE CE DÉPARTEMENT

PARIS

IMPRIMERIE IMPÉRIALE

M DCCC LXIII

INTRODUCTION.

DESCRIPTION PHYSIQUE.

Le département des Basses-Pyrénées est borné au N. par les départements du Gers et des Landes, à l'E. par celui des Hautes-Pyrénées, au S. et au S. O. par l'Aragon et la Navarre espagnole, à l'O. par l'Océan Atlantique (golfe de Gascogne). Il est situé entre le 42e et le 44e degré de latitude septentrionale, le 2e et le 5e degré de longitude occidentale du méridien de Paris. Sa plus grande longueur est de 146 kilomètres de l'E. à l'O., de Castéide-Doat à Hendaye, et sa plus grande largeur de 90 kilomètres du N. au S., de Sault-de-Navailles à Somport.

La superficie des Basses-Pyrénées est, d'après le cadastre, de 762,265 hectares, subdivisés ainsi :

Terres labourables	147,218 [1]
Prés	74,302
Vignes	24,419
Bois et forêts	159,101
Vergers, pépinières, jardins	6,691
Oseraies, aunaies, saussaies	1,907
Carrières et mines	53
Mares, canaux d'irrigation, abreuvoirs	146
Canaux de navigation	12
Landes, marais, tourbières, montagnes incultes	317,726
Étangs	186
Châtaigneraies	3,218
Propriétés bâties	3,087
Routes, chemins, rues, places publiques	14,570
Rivières, lacs, ruisseaux	8,254
Domaines non productifs ou non imposables	1,245
Cimetières, églises, bâtiments d'utilité publique	121

Le climat, fort doux dans les parties éloignées des montagnes, jouit d'une grande

[1] Les fractions d'hectare ont été supprimées dans ce tableau.

salubrité; l'hiver est peu sensible et les froids y sont de courte durée; le printemps est ordinairement pluvieux; l'été, quoique chaud, est tempéré par de fraîches nuits. Les variations atmosphériques sont fréquentes à cause du voisinage des montagnes.

Le département des Basses-Pyrénées, qui dépend du bassin de l'Adour, est composé de montagnes et de vallées; dans quelques plaines, l'œil est attristé par des landes immenses couvertes de fougères, notamment près de Pau, par celle connue sous le nom de *Pont-Long*. La partie méridionale du département est occupée par la chaîne des Pyrénées, dont les sommets les plus élevés sont :

Le pic de Soube............... 3,132 mètres au-dessus du niveau de la mer.
Le pic du Midi................. 2,885
Artouste....................... 2,870

Les lieux habités placés sur les plus grandes hauteurs sont : Gabas et Paillette, tous deux à 1,500 mètres; Goust, 954; Aas, 787; les Eaux-Bonnes, 780; les Eaux-Chaudes, 673. Pau est à 205 mètres, et Bayonne à 45.

Les montagnes renferment de nombreuses sources minérales, dont les principales sont aux Eaux-Bonnes, aux Eaux-Chaudes, à Saint-Christau, Cambo et Ahusquy.

Dans les temps anciens, le pays était couvert de forêts; mais la négligence des usagers et les défrichements les ont fait disparaître. Les forêts de Gabas et d'Iraty sont les seules qui méritent ce nom; encore la plus grande partie de la dernière est sur le territoire espagnol.

Les rivières navigables en partie sont : l'Adour, la Joyeuse ou l'Aran, l'Ardanavie, la Bidassoa, la Bidouse, les Gaves réunis, la Nive et la Nivelle.

Les rivières flottables sont : le Gave d'Oloron, le Gave de Pau et le Saison. Les autres cours d'eau, en très-grand nombre, ont été indiqués dans notre Dictionnaire.

En commençant à l'E., les principales vallées du département sont :

La vallée de l'Ousse,
La vallée du Gave de Pau,
La vallée d'Ossau,
La vallée d'Aspe,
La vallée de Barétous,
La vallée de Josbaig,
La vallée de Soule,
La vallée de Cize,
La vallée de Baïgorry,
La vallée d'Ossès,
La vallée de la Nive,
La vallée de la Nivelle.

Cette dernière se jette directement dans l'Océan, à Saint-Jean-de-Luz; toutes les autres font partie du bassin de l'Adour.

INTRODUCTION.

GÉOGRAPHIE HISTORIQUE.

ÉPOQUE GAULOISE.

La configuration du sol a été pour beaucoup dans les divisions civiles, et de toute antiquité les vallées Pyrénéennes ont renfermé des peuplades distinctes les unes des autres. Nous allons faire connaître la position des territoires de chacun de ces peuples, qui tous étaient Aquitains et d'origine ibérienne.

Les *Tarbelli* occupaient, dans le département actuel, la partie située entre les rives de l'Océan et Orthez. C'était le peuple le plus important.

Les *Sibyllates* habitaient la vallée de Soule, dont le nom ancien est *Subola*.

Les *Osquidates montani* (habitants des vallées d'Ossau, d'Aspe et de Barétous) ne formaient, selon nous, qu'un seul et même peuple avec les *Osquidates campestres*. D'Anville a parfaitement placé ces derniers en indiquant les landes de Bazas et de Bordeaux comme le lieu de leur résidence. En effet, les habitants de la vallée d'Ossau eurent, pendant tout le moyen âge, des droits de pâturage pour leurs troupeaux dans les landes de Bordeaux, où ils venaient hiverner. Il est constant que jadis la propriété des Ossalois s'étendait bien au delà de la grande lande du Pont-Long, qu'ils possèdent encore aujourd'hui. Cette lande, située à plus de 20 kilomètres de la vallée d'Ossau, en est entièrement séparée.

Nous plaçons les *Osquidates montani* et *campestres* dans les vallées d'Ossau, d'Aspe et de Barétous (ces lieux, pris collectivement, s'appelaient au moyen âge *las Montanhes* ou *los Vals*), dans la lande du Pont-Long, sur les rives du Luy de Béarn et, au delà, dans le département des Landes.

Non loin des *Osquidates* on rencontrait la ville d'*Iluro*, aujourd'hui Oloron.

Les *Benarni*, dont le chef-lieu était *Beneharnum*, ville détruite au ixe siècle et qu'on pense avoir été remplacée par Lescar, occupaient l'espace compris entre Morlàas, Thèze, Arthez, Artix et Nay.

Au centre du département se trouvaient les *Monesi*, habitant Moncin et la rive gauche du Gave de Pau.

Au S. O. des *Monesi* étaient les *Preciani*, qu'on suppose avoir occupé les environs de Préchacq-Josbaig et de Préchacq-Navarrenx.

Le nom des *Lassunni* se retrouve dans le village détruit de Lassun, à Saint-Hilaire

Ce peuple nous paraît avoir habité, sur les limites du département des Hautes-Pyrénées, Asson, Montaut et Lestelle.

Une partie des *Bigerrones* résidaient aux confins des départements des Hautes et Basses Pyrénées, dans les cantons de Montaner et de Pontacq.

Enfin au N., vers les départements du Gers et des Landes, dans les cantons d'Arzacq, Garlin et Lembeye, près des localités appelées aujourd'hui Boucoue et Taron, se trouvaient les *Vocates* et les *Tarusates*, peuples toujours cités comme voisins.

Tel est le tableau assez vague qu'il est possible de tracer pour la géographie du département dans ces temps reculés. Nous retrouverons dans les paragraphes suivants les noms de quelques-uns de ces peuples, et ces nouvelles indications serviront à préciser la place qu'ils occupaient sur le sol.

DOMINATION ROMAINE.

La Novempopulanie ou Aquitaine IIIe, dont faisait partie le département des Basses-Pyrénées, se divisait en douze cités et avait pour métropole *Elusa* (Eauze). Nous allons énumérer les cités dont le territoire est aujourd'hui compris en entier ou en partie dans le département; nous y ajouterons les *pagus* de chacune d'elles.

I. Civitas Aquensium (Dax).

Le *pagus Aquensis* comprenait les cantons de Bidache, la Bastide-Clairence, Salies, Orthez et la partie nord du canton d'Arthez : Castéide-Candau, Lacadée et Saint-Médard.

Le *pagus de Mixe* : le pays de Mixe actuel. (Voir le Dictionnaire.)

II. Civitas Boatium (Bayonne).

Le *pagus Laburdensis* : le pays de Labourd. (Voir le Dictionnaire.)

Le *pagus de Cize* : les pays de Cize, Arberoue, Ostabaret, vallées d'Ossès et de Baïgorry. (Voir le Dictionnaire.)

III. Civitas Benarnensium (Beneharnum).

Le *pagus Benarnensis* comprenait les cantons de Lescar, Pau-Est et Pau-Ouest, une partie du canton de Morlàas : Buros, Montardon, Morlàas, Serres-Morlàas, et le pays de Rivière-Ousse.

Le *pagus Lupiniacensis* : Louvigny, Vignes, Séby, Mialos, Méracq, Arzacq, Malaussanne, Cabidos, Poursiugnes, Coublucq.

Le *pagus Silvestrensis* : le pays de Soubestre. (Voir le Dictionnaire.)
Le *pagus Larvallensis* : le pays de Larbaig et le canton de Monein.
Le *pagus de Batbielle* : les cantons de Nay et de Clarac.
Le *pagus de Vicbilh* : le pays de Vicbilh. (Voir le Dictionnaire.)

IV. Civitas Aturrensium (Aire).

Le *pagus d'Aire* ne comprenait, dans les Basses-Pyrénées, que les communes de Pouliacq et de Boueilh-Boueilho-Lasque.

V. Civitas Turba, castrum Bigorra (Tarbes).

Le *pagus de Bigorre* : les cantons de Montaner et de Pontacq.

VI. Civitas Elloronensium (Iluro, Oloron).

Le *pagus Oloronensis* : les cantons d'Aramits, Navarrenx, Oloron-Sainte-Marie-Est, Oloron-Sainte-Marie-Ouest, Sauveterre.
Le *pagus d'Aspe* : le canton d'Accous.
Le *pagus d'Ossau* : les cantons d'Arudy et de Laruns.
Le *pagus Solensis* : le pays de Soule. (Voir le Dictionnaire.)

Trois grandes voies romaines parcouraient les Basses-Pyrénées :
La première, de Saragosse à Lescar (Beneharnum), passait par la vallée d'Aspe : Somport, Urdos, Accous, Escot, Lurbe, Eysus, Oloron, Aubertin et Artiguelouve;
La seconde, d'Astorga à Bordeaux, entrait en Gaule par le pays de Cize, traversait Saint-Jean-Pied-de-Port, Larceveau, Saint-Palais, Garris, et gagnait Dax;
La troisième, de Lescar (Beneharnum) à Toulouse, sortait du département à Coarraze.
Des routes moins importantes sillonnaient le pays, notamment dans la vallée d'Ossau. Des ruines d'habitations de luxe et des inscriptions romaines sont encore disséminées sur divers points, à Bielle, Gan, Taron, Bayonne, Hasparren, Sorholus, Sainte-Marie-d'Oloron, Soeix, Escot et Buzy.

DIVISIONS ECCLÉSIASTIQUES.

Les diocèses et les archidiaconés, calqués en général sur les *civitas* et les *pagus*, reproduisent des indications analogues aux précédentes.

I. Le diocèse de Dax comprenait, dans les Basses-Pyrénées :

1° L'archidiaconé de Dax,

L'archiprêtré de Rivière-Fleuve en partie : le canton de Salies, moins Bérenx, Salles-Mongiscard et Bellocq;

L'archiprêtré de Rivière-Luy en partie : Sault-de-Navailles, Bonnut, Lacadée, Saint-Médard, Castéide-Candau;

L'archiprêtré de Rivière-Gave : le pays de Rivière-Gave et Orthez.

2° L'archidiaconé de Mixe : le pays de Mixe.

3° L'archidiaconé de Soule : le pays de Soule, contesté par les évêques de Dax et d'Oloron.

II. Le diocèse de Bayonne :

1° L'archidiaconé de Labourd ou de Bayonne : le pays de Labourd.

2° L'archidiaconé de Cize : le pays de Cize,

L'archiprêtré de Baïgorry : la vallée de Baïgorry.

En Espagne, le diocèse de Bayonne possédait les vallées de Bastan et de Lérin.

III. Le diocèse de Béarn (de Lescar, depuis la fin du xe siècle) :

1° L'archidiaconé de Béarn (de Lescar, depuis la fin du xe siècle),

L'archiprêtré de Castétis.

2° L'archidiaconé de Soubestre,

L'archiprêtré d'Aubin.

3° L'archidiaconé de Larbaig,

L'archiprêtré de Loubieng,

L'archiprêtré de Maslacq,

L'archiprêtré de Monein,

L'archiprêtré de Pardies (c^{on} de Monein).

4° L'archidiaconé de Batbielle,

L'archiprêtré de Boeil.

5° L'archidiaconé de Vicbilh,

L'archiprêtré de Lembeye,

L'archiprêtré d'Anoye,

L'archiprêtré de Simacourbe,

L'archiprêtré de Thèze.

IV. Le diocèse d'Oloron :

1° L'archidiaconé d'Oloron.

2° L'archidiaconé de Garenx.
3° L'archidiaconé d'Aspe.
4° L'archidiaconé d'Ossau.
5° L'archidiaconé de Soule (depuis le xi° siècle).

V. Le diocèse de Tarbes :

L'archiprêtré de Pontacq,
L'archiprêtré de Lasserre (c^{ne} de Montaner) ou de Montaner.

VI. Le diocèse d'Aire :

Les paroisses de Pouliacq, Roquefort, Boueilh, Boueilho et Lasque.

ORGANISATION CIVILE ET JUDICIAIRE JUSQU'EN 1789.

Après la chute de l'empire d'Occident, le territoire compris aujourd'hui dans le département des Basses-Pyrénées fit partie du royaume des Visigoths jusqu'en l'année 507, époque à laquelle il passa sous la domination franque; incorporé au royaume d'Orléans en 511, au royaume de Soissons en 562, puis à celui de Bourgogne, il fut réuni à la monarchie française sous Clotaire II.

Sous les Carlovingiens, le territoire du département actuel dépendait du royaume d'Aquitaine. C'est alors qu'apparaissent les fiefs vassaux des ducs et comtes de Gascogne; ils deviennent peu à peu héréditaires.

La vicomté de Béarn paraît en 819; la Navarre se constitue en royaume vers 840; la vicomté de Dax est mentionnée vers 980, la vicomté d'Oloron en 1004, la vicomté de Montaner en 1032, la vicomté de Labourd en 1059, la vicomté d'Arberoue en 1080, les vicomtes d'Ossau avant le xii° siècle, la vicomté de Soule en 1120, la vicomté de Baïgorry en 1168.

De tous ces fiefs, les vicomtés de Béarn et de Soule, le royaume de Navarre, subsistèrent jusqu'en 1789.

BÉARN.

Au xiii° siècle, le Béarn était divisé en dix-sept *vics* judiciaires de la manière suivante :

1° Le pays de Larbaig;
2° Orthez et le pays de Rivière-Gave;
3° De Castétis à Lacq, de Boumourt en suivant les coteaux jusques et y compris Arthez;

4° Artix, Serres-Sainte-Marie, Castéide-Cami et en amont jusqu'à Pau;

5° Bizanos, le pays de Rivière-Ousse, Pontacq, Andoins et Nousty;

6° La plaine de Licharre, le pays de Batbielle, Jurançon, Asson, Igon, Bruges, le pays de Rivière-Lagoin;

7° Morlàas, le Navaillès, de Lème à Gabaston et de Doumy à Eslourenties-Darré;

8° Le Montanerès, Ger, Gardères (départ. des Hautes-Pyrénées), Sérée, Saubole, Escaunets (départ. des Hautes-Pyrénées), Sedze, Maubec, Baleix, Momy et le pays des Lannes;

9° Anoye, le pays de Vicbilh, Sévignacq et Claracq (c^{cn} de Thèze) jusqu'à Roquefort (c^{ne} de Boueilh-Boueilho-Lasque);

10° Laroin, Artiguelouve, le pays d'Entre-Gave-et-Baïse, Monein, Aubertin;

11° Oloron, la vallée de Barétous, la vallée de Josbaig, les rives du Gave d'Oloron d'Ogeu à Préchacq-Josbaig;

12° Lucq-de-Béarn et les deux rives du Gave d'Oloron, de Préchacq-Navarrenx à Navarrenx;

13° Sauveterre, la viguerie de Mongaston, Castagnède et les pays de Garenx et Reveset;

14° Salies, Cassaber et Carresse;

15° Larreule et le pays de Soubestre, Monget (départ. des Landes) et le territoire compris entre Aubin et Lème;

16° La vallée d'Ossau;

17° La vallée d'Aspe.

Dès le milieu du xiv° siècle, les vics furent remplacés par les *bailliages*, qui en 1385 étaient au nombre de dix-sept, à peu près copiés sur les vics. La division en dix-neuf *parsans* succéda aux bailliages au commencement du xvi° siècle. Enfin, les parsans, réduits à douze, furent, au siècle suivant, remplacés officiellement par les cinq Sénéchaussées de Pau, Morlàas, Orthez, Oloron et Sauveterre, dont les appels se portaient au Parlement de Navarre.

Le tribunal supérieur du Béarn fut d'abord la cour du vicomte, appelée *Cour majour*: cette juridiction disparut vers 1490; peu après vint le *Conseil souverain* de Béarn, divisé en chambre civile et chambre criminelle. Louis XIII, en 1620, érigea le Conseil souverain en parlement et y réunit la Chancellerie de Navarre, établie à Saint-Palais.

La Chambre des Comptes de Pau, créée en 1520, augmentée en 1624 de la Chambre des Comptes de Nérac, surveillait les dépenses. En 1691, elle fut réunie au Parlement de Pau.

Les États de Béarn, composés des trois ordres, mais ne formant que deux corps :

INTRODUCTION.

le clergé et la noblesse ou grand corps, et le tiers état, s'assemblaient annuellement sous la présidence de l'évêque de Lescar. Deux syndics généraux étaient chargés des intérêts de la province.

La monnaie de Béarn se frappait à Morlàas depuis le xe siècle au moins, plus tard à Pau.

SOULE.

Le pays de Soule se partageait en trois *messageries* : 1° *Soule-Souverain*, comprenant le *Val-Dextre* et le *Val-Sénestre*; 2° *la Barhoue*; 3° *les Arbailles*. Ces trois messageries étaient subdivisées en *degueries*. Toutes les justices particulières relevaient de la *Cour de Licharre*, dont les appels se portèrent successivement à la cour des jurats de Dax, au Parlement de Bordeaux et au Parlement de Pau.

Le représentant du roi, vicomte de Soule, portait le titre de *châtelain de Mauléon*.

Les États de Soule s'assemblaient chaque année. Un syndic défendait les intérêts du pays.

NAVARRE.

Le royaume de Basse-Navarre, composé des pays de Cize, Mixe, Arberoue, Ostabaret, et des vallées d'Ossès et de Baïgorry, possédait pour chacune de ses parties trois juridictions : 1° l'*alcade mineur* ou *alcade de marché*, qui connaissait en première instance des causes des vilains; 2° l'*alcade majeur*, jugeant en dernier ressort les appels des sentences rendues entre vilains; 3° la *Cour du Roi*, composée d'un alcade et de *ricos hombres*. Toutes ces juridictions disparurent en 1524, lors de la création de la *Chancellerie de Navarre*. Cette cour, unie par édit de 1620 au Parlement de Pau, ne le fut de fait qu'en 1624. Elle fut remplacée par le *Sénéchal de Saint-Palais*, créé par édit du mois de juin 1624, supprimé le 10 décembre de la même année, rétabli définitivement en juillet 1639.

La police était confiée au châtelain de Saint-Jean-Pied-de-Port, aux baillis de Mixe et d'Ostabaret, à l'alcade et au *merin* d'Arberoue. Louis XIII donna le soin de la police au *vice-sénéchal de Navarre*, nouvel office dont le titulaire remplissait les fonctions de prévôt de la maréchaussée. Cette dernière compagnie, supprimée pendant le même règne, fut rétablie en 1729 sous les noms de *grand prévôt, prévôté et maréchaussée de Navarre*.

La milice de Navarre était nationale et ne devait aucun service hors de ce royaume; elle était commandée par le châtelain de Saint-Jean-Pied-de-Port, l'alcade d'Arberoue, les baillis de Mixe et d'Ostabaret.

Les États du royaume de Navarre étaient présidés par le prêtre major de Saint-Jean-

Pied-de-Port (archidiacre de Cize), représentant l'évêque de Bayonne, ou par le châtelain de Saint-Jean-Pied-de-Port.

La monnaie de Navarre se frappait à Saint-Palais.

LABOURD.

Les vicomtes de Labourd ayant disparu, leur autorité passa, au xiiie siècle, au bailli d'Ustarits, dont les appels allaient au Sénéchal de Bayonne et au Parlement de Bordeaux. Les assemblées générales des communes du Labourd portaient le nom de *Bilçar*.

Le royaume de Navarre et le pays de Labourd avaient chacun un syndic particulier.

Lors de l'établissement des intendances, des subdélégations furent créées à Pau, Orthez, Morlàas, Oloron, Sauveterre, Mauléon, Saint-Palais et Bayonne. Les Basses-Pyrénées furent successivement du ressort des généralités de Bordeaux, Béarn et Navarre, Auch, Pau et Bayonne.

Telle était l'organisation du territoire, lorsqu'un décret de l'Assemblée nationale, en 1790, forma le département des Basses-Pyrénées du Béarn, du pays de Soule, de la basse Navarre, du Labourd et Bayonne et de trente-deux communes de la généralité de Bordeaux. Il fut divisé en six districts :

1° District de Pau : partie du Béarn et trois communes de la généralité de Bordeaux ;

2° District d'Orthez : partie du Béarn et vingt-six communes de la généralité de Bordeaux ;

3° District d'Oloron : restant du Béarn ;

4° District de Mauléon : la Soule ;

5° District de Saint-Palais : la Navarre et trois communes de la généralité de Bordeaux ;

6° District d'Ustarits : le Labourd et Bayonne.

Ces six districts contenaient 52 cantons et 663 municipalités. Par suite de nombreuses modifications, le département a été divisé en 5 arrondissements, 40 cantons et 559 communes. C'est son état actuel, et le tableau suivant contient le détail de cette division.

INTRODUCTION.

1. ARRONDISSEMENT DE PAU.
(11 cantons, 185 communes, 127,443 habitants.)

1° CANTON DE CLARAC.
(15 communes, 13,148 habitants.)

Angaïs, Baudreix, Bénéjac, Beuste, Bézing, Boeil, Bordères, Bordes-près-Nay, Clarac, Coarraze, Igon, Lagos, Lestelle, Mirepeix, Montaut.

2° CANTON DE GARLIN.
(20 communes, 8,196 habitants.)

Aubous, Aydie, Balirac-Maumusson, Boueilh-Boueilho-Lasque, Burosse-Mendousse, Castetpugon, Conchez, Diusse, Garlin, Mascaras-Haron, Moncla, Mont, Mouhous, Portet, Pouliacq, Ribarrouy, Saint-Jean-Poudge, Tadousse-Ussau, Taron-Sadirac-Viellenave, Vialer.

3° CANTON DE LEMBEYE.
(31 communes, 12,449 habitants.)

Anoye, Arricau, Arrosès, Aurions-Idernes, Bassillon-Vauzé, Bordes, Cadillon, Castillon, Corbères-Abère-Domengeux, Coslédàa-Lube-Boast, Crouseilles, Escurès, Gayon, Gerderest, Lalongue, Lannecaube-Meillac, Lasserre, Lembeye, Lespielle-Germenaud-Lannegrasse, Luc-Armau, Luccarré, Lussagnet-Lusson, Maspie-Lalonquère-Juillac, Momy, Monassut-Audiracq, Moncaup, Monpézat-Bétrac, Peyrelongue-Abos, Samsons-Lion, Séméac-Blachon, Simacourbe.

4° CANTON DE LESCAR.
(15 communes, 9,110 habitants.)

Arbus, Artiguelouve, Aussevielle, Beyrie, Billère, Bougarber, Caubios-Loos, Denguin, Lescar, Lons, Momas, Poey, Sauvagnon, Siros, Uzein.

5° CANTON DE MONTANER.
(15 communes, 5,648 habitants.)

Aast, Baleix, Bedeille, Bentayou-Sérée, Castéide-Doat, Castéra-Loubix, Labatut-Figuère, Lamayou, Maure, Monségur, Montaner, Ponson-Debat-Pouts, Ponson-Dessus, Pontiacq-Viellepinte, Sedze-Maubec.

6° CANTON DE MORLÀAS.
(29 communes, 12,513 habitants.)

Abère, Andoins, Anos, Arrien, Barinque, Bernadets, Buros, Escoubès, Eslourenties-Dabant,

Espéchède, Gabaston, Higuères-Souye, Lespourcy, Lombia, Maucor, Montardon, Morlàas, Ouillon, Riupeyrous, Saint-Armou, Saint-Castin, Saint-Jammes, Saint-Laurent-Bretagne, Saubole, Sedzère, Sendets, Serres-Castet, Serres-Morlàas, Urost.

7° CANTON DE NAY.
(10 communes, 11,394 habitants.)

Arros, Arthez-d'Asson, Asson, Baliros, Bourdettes, Bruges, Capbis, Nay, Pardies, Saint-Abit.

8° CANTON DE PAU-EST.
(10 communes, 19,040 habitants.)

Aressy, Artigueloutan, Assat, Bizanos, Idron, Lée, Meillon, Nousty, Ousse, Pau.

9° CANTON DE PAU-OUEST.
(10 communes, 19,359 habitants.)

Bosdarros, Gan, Gélos, Jurançon, Laroin, Mazères-Lezons, Narcastet, Rontignon, Saint-Faust, Uzos.

10° CANTON DE PONTACQ.
(12 communes, 9,460 habitants.)

Barzun, Eslourenties-Darré, Espoey, Ger, Gomer, Hours, Labatmale, Limendoux, Livron, Lucgarrier, Pontacq, Soumoulou.

11° CANTON DE THÈZE.
(18 communes, 7,126 habitants.)

Argelos, Astis, Aubin, Auga, Auriac, Bournos, Carrère, Claracq, Doumy, Garlède-Mondebat, Lalonquette, Lasclaveries, Lème, Miossens-Lanusse, Navailles-Angos, Sévignacq, Thèze, Viven.

II. ARRONDISSEMENT D'OLORON.
(8 cantons, 79 communes, 71,338 habitants.)

1° CANTON D'ACCOUS.
(13 communes, 11,368 habitants.)

Accous, Aydius, Bedous, Borce, Cette-Eygun, Escot, Etsaut, Léès-Athas, Lescun, Lourdios-Ichère, Osse, Sarrance, Urdos.

2° CANTON D'ARAMITS.
(6 communes, 6,329 habitants.)

Ance, Aramits, Arette, Féas, Issor, Lanne.

3° CANTON D'ARUDY.
(11 communes, 10,226 habitants.)

Arudy, Bescat, Buzy, Castet, Izeste, Louvie-Juzon, Lys, Mifaget, Rébénac, Sainte-Colomme, Sévignac.

4° CANTON DE LARUNS.
(8 communes, 6,239 habitants.)

Aste-Béon, Béost, Bielle, Bilhères, les Eaux-Bonnes, Gère-Bélesten, Laruns, Louvie-Soubiron.

5° CANTON DE LASSEUBE.
(5 communes, 4,642 habitants.)

Aubertin, Estialescq, Lacommande, Lasseube, Lasseubétat.

6° CANTON DE MONEIN.
(8 communes, 9,408 habitants.)

Abos, Cuqueron, Lahourcade, Lucq-de-Béarn, Monein, Parbayse, Pardies, Tarsacq.

7° CANTON D'OLORON-SAINTE-MARIE-EST.
(17 communes, 13,953 habitants.)

Bidos, Buziet, Cardesse, Escou, Escout, Estos, Eysus, Goès, Herrère, Ledeuix, Lurbe, Ogeu, Oloron-Sainte-Marie, Poey, Précillon, Saucède, Verdets.

8° CANTON D'OLORON-SAINTE-MARIE-OUEST.
(11 communes, 9,173 habitants.)

Agnos, Aren, Arros, Asasp, Esquiule, Géronce, Geus, Gurmençon, Moumour, Orin, Saint-Goin.

III. ARRONDISSEMENT DE MAULÉON.
(6 cantons, 107 communes, 66,933 habitants.)

1° CANTON D'IHOLDY.
(14 communes, 8,248 habitants.)

Arhansus, Armendarits, Bunus, Hélette, Hosta, Ibarrolle, Iholdy, Irissarry, Juxue, Lantabat, Larceveau-Cibits-Arros, Ostabat-Asme, Saint-Just-Ibarre, Suhescun.

2° CANTON DE MAULÉON.
(19 communes, 12,193 habitants.)

Ainharp, Arrast-Larrebieu, Aussurucq, Barcus, Berrogain-Laruns, Charritte-de-Bas, Chéraute, Espès-Undurein, Garindein, Gotein-Libarrenx, Idaux-Mendy, l'Hôpital-Saint-Blaise, Mauléon-Licharre, Menditte, Moncayolle-Larrory-Mendibieu, Musculdy, Ordiarp, Roquiague, Viodos-Abense-de-Bas.

3° CANTON DE SAINT-ÉTIENNE-DE-BAÏGORRY.
(10 communes, 11,282 habitants.)

Les Aldudes, Anhaux, Ascarat, Bidarray, la Fonderie, Irouléguy, Lasse, Ossès, Saint-Étienne-de-Baïgorry, Urepel.

4° CANTON DE SAINT-JEAN-PIED-DE-PORT.
(19 communes, 11,367 habitants.)

Ahaxe-Alciette-Bascassan, Aincille, Ainhice-Mongélos, Arnéguy, Béhorléguy, Bussunarits-Sarrasquette, Bustince-Iriberry, Çaro, Estérençuby, Gamarthe, Ispoure, Jaxu, Lacarre, Lécumberry, Mendive, Saint-Jean-le-Vieux, Saint-Jean-Pied-de-Port, Saint-Michel, Uhart-Cize.

5° CANTON DE SAINT-PALAIS.
(29 communes, 14,067 habitants.)

Aïcirits, Amendeuix-Oneix, Amorots-Succos, Arbérats-Sillègue, Arbouet-Sussaute, Aroue, Arraute-Charritte, Béguios, Béhasque-Lapiste, Beyrie, Camou-Mixe-Suhast, Domezain-Berraute, Etcharry, Gabat, Garris, Gestas, Ilharre, Ithorots-Olhaïby, Labets-Biscay, Larribar-Sorhapuru, Lohitzun-Oyhercq, Luxe-Sumberraute, Masparraute, Orègue, Orsanco, Osserain-Rivareyte, Pagolle, Saint-Palais, Uhart-Mixe.

6° CANTON DE TARDETS.
(16 communes, 9,776 habitants.)

Alçay-Alçabéhéty-Sunharette, Alos-Sibas-Abense, Camou-Cihigue, Etchebar, Haux, Lacarry-Arhan-Charritte-de-Haut, Laguinge-Restoue, Larrau, Lichans-Sunhar, Licq-Atherey, Montory, Ossas-Suhare, Sainte-Engrace, Sauguis-Saint-Étienne, Tardets-Sorholus, Trois-Villes.

IV. ARRONDISSEMENT DE BAYONNE.
(8 cantons, 53 communes, 95,237 habitants.)

1° CANTON DE BAYONNE-NORD-EST.
(6 communes, 19,518 habitants.)

Bayonne, le Boucau, Lahonce, Mouguerre, Saint-Pierre-d'Irube, Urcuit.

2° CANTON DE BAYONNE-NORD-OUEST.
(4 communes, 19,264 habitants.)

Anglet, Arcangues, Bassussarry, Biarrits.

3° CANTON DE BIDACHE.
(8 communes, 10,026 habitants.)

Arancou, Bardos, Bergouey, Bidache, Came, Guiche, Sames, Viellenave.

4° CANTON D'ESPELETTE.
(7 communes, 8,477 habitants.)

Ainhoue, Cambo, Espelette, Itsatsou, Louhossoa, Sare, Souraïde.

5° CANTON DE HASPARREN.
(7 communes, 9,312 habitants.)

Bonloc, Hasparren, Macaye, Méharin, Mendionde, Saint-Esteben, Saint-Martin-d'Arberoue.

6° CANTON DE LA BASTIDE-CLAIRENCE.
(5 communes, 6,963 habitants.)

Ayherre, la Bastide-Clairence, Briscous, Isturits, Urt.

7° CANTON DE SAINT-JEAN-DE-LUZ.
(8 communes, 12,390 habitants.)

Ascain, Bidart, Biriatou, Ciboure, Guétary, Hendaye, Saint-Jean-de-Luz, Urrugne.

8° CANTON D'USTARITS.
(8 communes, 9,287 habitants.)

Ahetze, Arbonne, Halsou, Jatxou, Larressore, Saint-Pée-sur-Nivelle, Ustarits, Villefranque.

V. ARRONDISSEMENT D'ORTHEZ.
(7 cantons, 135 communes, 75,677 habitants.)

1° CANTON D'ARTHEZ.
(21 communes, 9,440 habitants.)

Argagnon-Marcerin, Arnos, Arthez, Artix, Audéjos, la Bastide-Cézéracq, la Bastide-Monréjau,

Boumourt, Castéide-Cami, Castéide-Candau, Castillon, Cescau, Doazon, Haget-Aubin, Labeyrie, Lacadée, Mesplède, Saint-Médard, Serres-Sainte-Marie, Urdès, Viellenave.

2° CANTON D'ARZACQ.
(23 communes, 10,640 habitants.)

Arget, Arzacq-Arraziguet, Bouillon, Cabidos, Coublucq, Fichous-Riumayou, Garos, Geus, Larreule, Lonçon, Louvigny, Malaussanne, Mazeroles, Méracq, Mialos, Montagut, Morlanne, Piets-Plasence-Moustrou, Pomps, Poursiugues-Boucoue, Séby, Uzan, Vignes.

3° CANTON DE LAGOR.
(21 communes, 9,528 habitants.)

Abidos, Arance, Bésingrand, Biron, Castetner, Gouze, Làa-Mondrans, Lacq, Lagor, Lendresse, Loubieng, Maslacq, Mont, Montestrucq, Mourenx, Noguères, Os-Marsillon, Ozenx, Sarpourenx, Sauvelade, Vielleségure.

4° CANTON DE NAVARRENX.
(23 communes, 10,453 habitants.)

Angous, Araujuzon, Araux, Audaux, Bastanès, Bugnein, Castetnau-Camblong, Charre, Dognen, Gurs, Jasses, Lay-Lamidou, Lichos, Méritein, Nabas, Navarrenx-Bérérenx, Ogenne-Camptort, Préchacq-Josbaig, Préchacq-Navarrenx, Rivehaute, Sus, Susmiou, Viellenave.

5° CANTON D'ORTHEZ.
(13 communes, 14,680 habitants.)

Baigts, Balansun, Bonnut, Castétis, Lanneplàa, Orthez, Puyòo, Ramous, Saint-Boès, Sainte-Suzanne, Saint-Girons, Sallespisse, Sault-de-Navailles.

6° CANTON DE SALIES.
(14 communes, 12,577 habitants.)

Auterrive, la Bastide-Villefranche, Bellocq, Bérenx, Carresse, Cassaber, Castagnède, Escos, Lahontan, Léren, Saint-Dos, Saint-Pé-de-Léren, Salies, Salles-Mongiscard.

7° CANTON DE SAUVETERRE.
(20 communes, 8,359 habitants.)

Abitain, Andrein, Athos-Aspis, Autevielle-Saint-Martin-Bidéren, Barraute-Camu, Burgaronne, Castetbon, Espiute, Guinarthe-Parenties, Làas, l'Hôpital-d'Orion, Montfort, Narp, Oràas, Orion, Orriule, Ossenx, Saint-Gladie-Arrive-Munein, Sauveterre, Tabaille-Usquain.

INTRODUCTION.

LISTE ALPHABÉTIQUE

DES SOURCES

OÙ L'ON A PUISÉ LES RENSEIGNEMENTS CONTENUS DANS CE DICTIONNAIRE.

Andoins. — Titres de cette commune : Arch. des Basses-Pyrénées.

Angous. — Titres de cette commune : Arch. des Basses-Pyrénées.

Anoye. — Titres : Arch. de la mairie d'Anoye.

Arette. — Titres : Arch. de la mairie d'Arette.

Arthez-Lassalle (D'). — Titres de cette famille, à Tardets.

Artix. — Titres de cette commune : Arch. des Basses-Pyrénées.

Aspe. — Titres de cette vallée : Arch. des Basses-Pyrénées et de la mairie d'Accous.

Assat. — Titres de cette commune : Arch. des Basses-Pyrénées.

Aubertin. — Titres de cette commanderie, publiés dans les preuves de l'Histoire de Béarn, par Marca.

Aveux de Languedoc : Arch. de l'Empire, PP, 45.

Barcelone. — Titres publiés dans les preuves de l'Histoire de Béarn, par Marca.

Barétous. — Titres de cette vallée : Arch. des Basses-Pyrénées.

Barinque. — Titres de cette commune : Arch. des Basses-Pyrénées.

Barnabites de Lescar. — Titres : Arch. des Basses-Pyrénées.

Baux du chapitre de Bayonne. — Manuscrit de 1736 : Arch. des Basses-Pyrénées.

Bayonne. — Titres de cette ville : Arch. des Basses-Pyrénées et de la mairie de Bayonne.

Béarn. — Titres de cette vicomté : Arch. des Basses-Pyrénées.

Bellocq. — Titres de cette commune : Arch. des Basses-Pyrénées.

Bérérenx. — Titres de cette commune : Arch. des Basses-Pyrénées.

Biscay (Martin). — Derecho de naturaleza que la merindad de San-Juan-del-pie-del-puerto, una de las seys de Navarra, tiene en Castilla, 1622, petit in-4°.

Bordeaux. — Extraits des registres de cette ville, publiés dans l'Histoire de Béarn, par Marca.

Bournos. — Titres de cette commune : Arch. des Basses-Pyrénées.

Bruges. — Titres : Arch. de la mairie de Bruges.

Buros. — Titres de cette commune : Arch. des Basses-Pyrénées.

Buzy. — Titres : Arch. de la mairie de Buzy.

Camara de Comptos. — Titres publiés par don José Yanguas y Miranda : *Diccionario de Antiguedades del reino de Navarra ;* 1840, 4 vol. in-4°, Pamplona.

Came. — Titres de cette commune : Arch. des Basses-Pyrénées.

Camptort. — Titres de cette paroisse : Arch. des Basses-Pyrénées.

Carmes de Bayonne. — Titres : Arch. des Basses-Pyrénées.

Cartulaire de Bayonne ou *Livre d'Or.* — Manuscrit du XIV° siècle : Arch. des Basses-Pyrénées.

Cartulaire de Bigorre. — Manuscrit du XV° siècle : Arch. des Basses-Pyrénées.

Cartulaire de l'abbaye de Saint-Pé. — Publié par extraits dans les preuves de l'Histoire de Béarn, par Marca.

Cartulaire de l'abbaye de Saint-Savin. — Publié par extraits dans les preuves de l'Histoire de Béarn, par Marca.

Cartulaire de l'abbaye de Sauvelade. — Publié par extraits dans les preuves de l'Histoire de Béarn, par Marca.

Cartulaire de l'abbaye de Sordes. — Publié par extraits dans les preuves de l'Histoire de Béarn, par Marca.

Cartulaire de la ville de Navarrenx ou *Livre-Vert.* — Manuscrit du XVII° siècle : Arch. de la mairie de Navarrenx.

Cartulaire de la ville d'Oloron. — Manuscrit du XV° siècle : Arch. de la mairie d'Oloron-Sainte-Marie.

Cartulaire de l'évêché de Lescar. — Publié dans les preuves de l'Histoire de Béarn, par Marca.

Cartulaire d'Orthez dit Martinet. — Manuscrit du XIV° au XVII° siècle : Arch. de la mairie d'Orthez.

Cartulaire d'Ossau ou *Livre Rouge.* — Manuscrit du XV° siècle : Arch. des Basses-Pyrénées.

Cartulaires du château de Pau. — Manuscrits en deux volumes, XVII° siècle : Arch. des Basses-Pyrénées.

Cassaber. — Titres de cette commune : Arch. des Basses-Pyrénées.

Censier de la Bastide-Monréjau. — Manuscrit de 1440 : Arch. des Basses-Pyrénées.

Censier de Béarn. — Manuscrit de 1385 : Arch. des Basses-Pyrénées.

Censier de Béarn. — Manuscrit du XIV° siècle : Arch. des Basses-Pyrénées.

Censier de Béarn. — Manuscrit de 1402 : Arch. des Basses-Pyrénées.

Censier de Bigorre. — Manuscrit de 1429 : Arch. des Basses-Pyrénées.

Censier de Lescar. — Manuscrit de 1642 : Arch. de la mairie de Lescar.

Censier de Luc-Armau. — Manuscrit de 1655 : Arch. de la mairie de Luc-Armau.

Censier de Lucq-de-Béarn. — Manuscrit de 1562 : Arch. de la mairie de Lucq-de-Béarn.

INTRODUCTION.

Censier de Monein. — Manuscrit de 1431 : Arch. de la mairie de Monein.
Censier de Montaner. — Manuscrit de 1429 : Arch. des Basses-Pyrénées.
Censier de Montaner. — Manuscrit de 1436 : Arch. des Basses-Pyrénées.
Censier de Morlàas. — Manuscrit de 1645 : Arch. de la mairie de Morlàas.
Chambre des Comptes de Pau.—Titres : Arch. des Basses-Pyrénées.
Chapitre de Bayonne. — Titres : Arch. des Basses-Pyrénées.
Chapitre de Lescar. — Titres : Arch. des Basses-Pyrénées.
Collations du diocèse de Bayonne.—Manuscrits du xviie et du xviiie siècle : Arch. des Basses-Pyrénées.
Collection Duchesne. — Volumes 99 à 114, renfermant les papiers d'Oihénart : Bibliothèque impériale.
Commanderie d'Aphat-Ospital. — Titres : Arch. des Basses-Pyrénées.
Commanderie d'Irissarry. — Titres : Arch. des Basses-Pyrénées.
Comptes de l'évêché d'Oloron. — Manuscrit du xviie siècle : Arch. des Basses-Pyrénées.
Contrats retenus par Barrère, notaire de Béarn. — Manuscrit du xive siècle : Arch. des Basses-Pyrénées.
Contrats retenus par Carresse, notaire de Béarn. — Manuscrit du xve siècle : Arch. des Basses-Pyrénées.
Contrats retenus par Gots, notaire de Béarn. — Manuscrit de la fin du xive siècle : Arch. des Basses-Pyrénées.
Contrats retenus par Luntz, notaire de Béarn. — Manuscrit du xive siècle : Arch. des Basses-Pyrénées.
Contrats retenus par Ohix, notaire de Soule. — Manuscrit du xve siècle : Arch. des Basses-Pyrénées.
Cour Majour de Béarn. — Registres manuscrits du xve siècle : Arch. des Basses-Pyrénées.
Coutume de Soule de 1520.— Imprimée à Pau, en 1760.
Dénombrements d'Agnos, Andrein, Anoye, Artix, Aspe, Asson, Asté, Aubertin, Audaux, Audéjos, Aussevielle, Baigts, la Bastide-Cézéracq, Bedous, Bretagne, Cadillon, Candau, Castéide-Doat, Cette-Eygun, Claracq, Conchez, Denguin, Espalungue, Estos, Eysus, Gassion, Gélos, Gerderest, Goès, Higuères, Hours, Idron, Issor, Légugnon, Lendvye, Lême, Luccarré, Lucq-de-Béarn, Maure, Mazères, Mondrans, Monein, Morlanne, Navarrenx, Nay, Oloron, Orthez, Parbayse, Pau, Pontacq, Rébénac, Sainte-Colomme, Saint-Jean-Poudge, Salies, Sauvelade, Sauveterre, Sedzère, Séméac, Urdès, Uzein, Vauzé, Vialer, Vignes.—Manuscrits du xviie et du xviiie siècle : Arch. des Basses-Pyrénées.
Diccionario geografico historico de España; 1802, 2 vol. in-4°, Madrid.
Diocèse de Dax. — Registres d'aliénations : Bibliothèque impériale.
Édrisi. — Géographie arabe du xiie siècle, traduite par Jaubert; 2 vol. in-4°, 1837 à 1841.
Escout. — Titres de cette commune : Arch. des Basses-Pyrénées.
Esquiule. — Titres : Arch. de la mairie d'Esquiule.
Établissements de Béarn. — Manuscrits du xve et du xvie siècle : Arch. des Basses-Pyrénées.
États de Béarn. — Collection manuscrite de 140 volumes de délibérations (1558 à 1789) : Arch. des Basses-Pyrénées.
États de Navarre. — Collection manuscrite de 11 volumes de délibérations (1606 à 1789) : Arch. des Basses-Pyrénées.
Etsaut. — Titres : Arch. de la mairie d'Etsaut.
Évêché de Dax. — Quelques titres publiés dans les preuves de l'Histoire de Béarn, par Marca.
For d'Aspe.—Manuscrit du xive siècle : Arch. des Basses-Pyrénées.
For de Barétous. — Manuscrit du xive siècle : Arch. des Basses-Pyrénées.
For d'Oloron. — Manuscrit du xive siècle : Arch. des Basses-Pyrénées.
Fors de Béarn. — Manuscrit du xive siècle : Arch. des Basses-Pyrénées. — Ces quatre Fors ont été traduits par MM. Mazure et Hatoulet. Pau, Vignancour (sans date), in-4°.
Gabas. — Titres de cet hôpital : Arch. des Basses-Pyrénées.
Higuères. — Titres de cette commune : Arch. des Basses-Pyrénées.
Hommages de Béarn. — Manuscrit de 1343 : Arch. des Basses-Pyrénées.
Impositions de Navarre. — Manuscrits du xviie siècle : Arch. des Basses-Pyrénées.
Insinuations du diocèse d'Oloron.—Manuscrits du xviie siècle : Arch. des Basses-Pyrénées.
Intendances d'Auch et de Pau. — Titres : Arch. des Basses-Pyrénées.
Jacobins de Bayonne. — Titres : Arch. des Basses-Pyrénées.
Josbaig. — Titres de cette vallée : Arch. des Basses-Pyrénées.
Labatmale. — Titres de cette commune : Arch. des Basses-Pyrénées.
Labourd. — Titres de ce pays : Arch. des Basses-Pyrénées.
Lahonce. — Titres de cette abbaye : Arch. des Basses-Pyrénées.
Larreule. — Titres : Arch. de la mairie de Larreule. — Quelques titres de l'abbaye, publiés dans les preuves de l'Histoire de Béarn, par Marca.
Laruns. — Titres de cette commune : Arch. de la mairie de Laruns.
Lées-Athas. — Titres de cette commune : Arch. de la mairie de Lées-Athas.
Lettre de Henri IV (1579). — Arch. des Basses-Pyrénées.
Lormand (Le).—Titres de ce domaine : Arch. des Basses-Pyrénées.
Louvie-Soubiron.— Titres de cette commune : Arch. des Basses-Pyrénées.
Lucgarrier. — Titres de cette commune : Arch. des Basses-Pyrénées.
Lucq-de-Béarn. — Titres : Arch. de la mairie de cette commune.
Luxe. — Titres de cette seigneurie : Arch. des Basses-Pyrénées.
Maslacq. — Titres de cette commune : Arch. des Basses-Pyrénées.
Mazeroles. — Titres : Arch. de la mairie de cette commune.
Mixe. — Titres de ce pays : Arch. des Basses-Pyrénées.
Montre militaire de Béarn. — Manuscrit de 1376 : Arch. des Basses-Pyrénées.
Morlàas. — Titres de cette commune : Arch. des Basses-Pyrénées.
Moumour. — Titres : Arch. de la mairie de Moumour.
Nabas. — Titres de cette commune : Arch. des Basses-Pyrénées.
Navarre. — Titres de ce royaume : Arch. des Basses-Pyrénées.
Navarrenx. — Titres de cette commune : Arch. de la mairie de Navarrenx.

INTRODUCTION.

Notaires d'Assat: Arch. des Basses-Pyrénées.
Notaires de la Bastide-Villefranche: Arch. des Basses-Pyrénées.
Notaires de Castetner: Arch. des Basses-Pyrénées.
Notaires de Garos: Arch. des Basses-Pyrénées.
Notaires de Larreule: Arch. des Basses-Pyrénées.
Notaires de Lucq-de-Béarn: Arch. des Basses-Pyrénées.
Notaires de Moncin: Arch. des Basses-Pyrénées.
Notaires de Navarrenx: Arch. des Basses-Pyrénées.
Notaires de Nay: Arch. des Basses-Pyrénées.
Notaires d'Oloron: Arch. des Basses-Pyrénées.
Notaires d'Orthez: Arch. des Basses-Pyrénées.
Notaires d'Ossau: Arch. des Basses-Pyrénées.
Notaires de Pardies (Moncin): Arch. des Basses-Pyrénées.
Notaires de Pau: Arch. des Basses-Pyrénées.
Notaires de Pontacq: Arch. des Basses-Pyrénées.
Notaires de Salies: Arch. des Basses-Pyrénées.
Ordas. — Titres de cette commune : Arch. des Basses-Pyrénées.
Ordre de Malte. — Titres : Arch. de la Haute-Garonne.
Ossau. — Titres de cette vallée : Arch. des Basses-Pyrénées.
Pampelune. — Titres des archives de cette ville, publiés par D. José Yanguas y Miranda (voir *Camara de Comptos*).
Parlement de Navarre. — Titres : Arch. des Basses-Pyrénées.
Peña (La). — Titres de cette abbaye, publiés dans les preuves de l'Histoire de Béarn, par Marca.
Ponson-Debat. — Titres de cette commune : Arch. des Basses-Pyrénées.
Ponson-Dessus. — Titres de cette commune : Arch. des Basses-Pyrénées.
Pontacq. — Titres de cette commune : Arch. des Basses-Pyrénées.
Pouillé de Bayonne. — Manuscrit du xviiie siècle : Arch. des Basses-Pyrénées.
Priviléges d'Aspe. — Manuscrit du xvie siècle : Arch. des Basses-Pyrénées.
Réformation de Béarn. — Collection manuscrite du xvie au xviiie siècle : Arch. des Basses-Pyrénées.
Réformation d'Ossès. — Manuscrit du xviie siècle : Arch. des Basses-Pyrénées.
Réformation du Vicbilh. — Manuscrit du xvie siècle : Arch. des Basses-Pyrénées.
Sainte-Claire de Bayonne. — Titres de cette abbaye : Arch. des Basses-Pyrénées.
Saint-Jean-de-Luz. — Titres : Arch. de la mairie de cette ville.
Saint-Palais. — Titres : Arch. de la mairie de cette ville.
Salies. — Titres de cette commune : Arch. des Basses-Pyrénées.
Terrier d'Abitain. — Manuscrit du xviiie siècle : Arch. des Basses-Pyrénées.
Terrier d'Agoès. — Manuscrit de 1779 : Arch. des Basses-Pyrénées.
Terrier d'Arbus. — Manuscrit du xviiie siècle : Arch. des Basses-Pyrénées.
Terrier d'Armau. — Manuscrit du xviiie siècle : Arch. des Basses-Pyrénées.
Terrier d'Arrive. — Manuscrit du xviiie siècle : Arch. des Basses-Pyrénées.
Terrier d'Arrosès. — Manuscrit du xviiie siècle : Arch. des Basses-Pyrénées.
Terrier d'Arthez. — Manuscrit du xviiie siècle : Arch. des Basses-Pyrénées.
Terrier d'Asasp. — Manuscrit du xviiie siècle : Arch. des Basses-Pyrénées.
Terrier d'Audéjos. — Manuscrit du xviiie siècle : Arch. des Basses-Pyrénées.
Terrier d'Aurions. — Manuscrit du xviiie siècle : Arch. des Basses-Pyrénées.
Terrier de Baleix. — Manuscrit du xviiie siècle : Arch. des Basses-Pyrénées.
Terrier de Baliros. — Manuscrit du xviiie siècle : Arch. des Basses-Pyrénées.
Terrier de Bassillon. — Manuscrit du xviiie siècle : Arch. des Basses-Pyrénées.
Terrier de la Bastide-Monréjau. — Manuscrit de 1777 : Arch. des Basses-Pyrénées.
Terrier de Bétrac. — Manuscrit du xviiie siècle : Arch. des Basses-Pyrénées.
Terrier de Bésacour. — Manuscrit de 1779 : Arch. des Basses-Pyrénées.
Terrier de Bidéren. — Manuscrit de 1778 : Arch. des Basses-Pyrénées.
Terrier de Biron. — Manuscrit du xviiie siècle : Arch. des Basses-Pyrénées.
Terrier de Bizanos. — Manuscrit du xviiie siècle : Arch. des Basses-Pyrénées.
Terrier de Buros. — Manuscrit de 1670 : Arch. de la mairie de Buros.
Terrier de Buros. — Manuscrit de 1718 : Arch. de la mairie de Buros.
Terrier de Castéide-Cami. — Manuscrit du xviiie siècle : Arch. des Basses-Pyrénées.
Terrier de Castetbicilh. — Manuscrit du xviiie siècle : Arch. des Basses-Pyrénées.
Terrier de Castétis. — Manuscrit du xviiie siècle : Arch. des Basses-Pyrénées.
Terrier de Castetpugon. — Manuscrit du xviiie siècle : Arch. des Basses-Pyrénées.
Terrier de Castillon (Arthez). — Manuscrit du xviiie siècle : Arch. des Basses-Pyrénées.
Terrier de Castillon (Lembeye). — Manuscrit du xviiie siècle : Arch. des Basses-Pyrénées.
Terrier de Charre. — Manuscrit du xviiie siècle : Arch. des Basses-Pyrénées.
Terrier de Depart. — Manuscrit du xviiie siècle : Arch. des Basses-Pyrénées.
Terrier de Doazon. — Manuscrit du xviiie siècle : Arch. des Basses-Pyrénées.
Terrier de Domengeux. — Manuscrit du xviiie siècle : Arch. des Basses-Pyrénées.
Terrier d'Escures. — Manuscrit du xviiie siècle : Arch. des Basses-Pyrénées.
Terrier de Garos. — Manuscrit du xviiie siècle : Arch. des Basses-Pyrénées.
Terrier de Gayon. — Manuscrit du

xviiie siècle : Arch. des Basses-Pyrénées.

Terrier de Gerderest. — Manuscrit du xviiie siècle : Arch. des Basses-Pyrénées.

Terrier de Laa. — Manuscrit de 1777 : Arch. des Basses-Pyrénées.

Terrier de Lagor. — Manuscrit de 1763 : Arch. des Basses-Pyrénées.

Terrier de Lahourcade. — Manuscrit de 1776 : Arch. des Basses-Pyrénées.

Terrier de Lalongue. — Manuscrit du xviiie siècle : Arch. des Basses-Pyrénées.

Terrier de Lalonquère. — Manuscrit du xviiie siècle : Arch. des Basses-Pyrénées.

Terrier de Lalonquette. — Manuscrit du xviiie siècle : Arch. des Basses-Pyrénées.

Terrier de Lembeye. — Manuscrit du xviiie siècle : Arch. des Basses-Pyrénées.

Terrier de Lestelle. — Manuscrit du xviiie siècle : Arch. des Basses-Pyrénées.

Terrier de Lichos. — Manuscrit du xviiie siècle : Arch. des Basses-Pyrénées.

Terrier de Livron. — Manuscrit de 1767 : Arch. des Basses-Pyrénées.

Terrier de Lube. — Manuscrit du xviiie siècle : Arch. des Basses-Pyrénées.

Terrier de Luccarré. — Manuscrit du xviiie siècle : Arch. des Basses-Pyrénées.

Terrier de Lucgarrier. — Manuscrit du xviiie siècle : Arch. des Basses-Pyrénées.

Terrier de Marcerin. — Manuscrit du xviiie siècle : Arch. des Basses-Pyrénées.

Terrier de Marsillon. — Manuscrit du xviiie siècle : Arch. des Basses-Pyrénées.

Terrier de Maslacq. — Manuscrit du xviiie siècle : Arch. des Basses-Pyrénées.

Terrier de Maucor. — Manuscrit du xviiie siècle : Arch. des Basses-Pyrénées.

Terrier de Mazeroles. — Manuscrit du xviiie siècle : Arch. des Basses-Pyrénées.

Terrier de Meillon. — Manuscrit du xviiie siècle : Arch. des Basses-Pyrénées.

Terrier de Momas. — Manuscrit du xviiie siècle : Arch. des Basses-Pyrénées.

Terrier de Monségur. — Manuscrit du xviiie siècle : Arch. des Basses-Pyrénées.

Terrier de Mont (Garlin). — Manuscrit du xviiie siècle : Arch. des Basses-Pyrénées.

Terrier de Mont (Lagor). — Manuscrit du xviiie siècle. — Arch. des Basses-Pyrénées.

Terrier de Montardon. — Manuscrit du xviiie siècle : Arch. des Basses-Pyrénées.

Terrier de Montestrucq. — Manuscrit du xviiie siècle : Arch. des Basses-Pyrénées.

Terrier de Montfort. — Manuscrit du xviiie siècle : Arch. des Basses-Pyrénées.

Terrier de Mourenx. — Manuscrit du xviiie siècle : Arch. des Basses-Pyrénées.

Terrier de Moustrou. — Manuscrit de 1778 : Arch. des Basses-Pyrénées.

Terrier de Narp. — Manuscrit du xviiie siècle : Arch. des Basses-Pyrénées.

Terrier de Noguères. — Manuscrit du xviiie siècle : Arch. des Basses-Pyrénées.

Terrier d'Ordas. — Manuscrit du xviiie siècle : Arch. des Basses-Pyrénées.

Terrier d'Os. — Manuscrit de 1714 : Arch. des Basses-Pyrénées.

Terrier de Portet. — Manuscrit du xviiie siècle : Arch. des Basses-Pyrénées.

Terrier de Rivehaute. — Manuscrit du xviiie siècle : Arch. des Basses-Pyrénées.

Terrier de Rontignon. — Manuscrit du xviiie siècle : Arch. des Basses-Pyrénées.

Terrier de Saint-Gladie. — Manuscrit du xviiie siècle : Arch. des Basses-Pyrénées.

Terrier de Tarsacq. — Manuscrit du xviiie siècle : Arch. des Basses-Pyrénées.

Visites du diocèse de Bayonne. — Manuscrit du xviiie siècle : Arch. des Basses-Pyrénées.

DICTIONNAIRE TOPOGRAPHIQUE
DE
LA FRANCE.

DÉPARTEMENT
DES BASSES-PYRÉNÉES.

A

Aas, mont. c^{nes} de Laruns et d'Etsaut. — *Lo port et montanhe aperat Haas*, 1487 (not. d'Ossau, n° 1, f° 42). — Le ruiss. d'Aas prend sa source dans cette mont. et se jette à Laruns dans le Gave de Bious.

Aas, vill. c^{ne} des Eaux-Bonnes; anc. c^{ne} réunie à Assouste, le 29 mai 1861, pour former la commune des Eaux-Bonnes. — *Haas*, 1343 (hommages de Béarn, f° 20). — *Ahas-en-Ossau*, 1384 (not. de Navarrenx). — *Saint-Laurent-d'Aas*, 1654 (insin. du dioc. d'Oloron). — En 1385, Aas comptait 13 feux et ressort. au baill. d'Ossau.

Aasp (L'), ruiss. qui prend sa source à Maucor, arrose Buros et Montardon et se jette à Serres-Castet dans le Luy-de-Béarn. — *L'aigua aperada Lasp*, 1645 (cens. de Morlàas, f° 303).

Aast, c^{on} de Montaner. — *Hast*, 1429 (cens. de Montaner, f° 57). — *Ast*, 1544 (réform. de Béarn, B. 745).

Abadiasses (Les), éc. c^{ne} de Noguères; mentionné en 1775 (terrier de Noguères, E. 279).

Abadie (L'), f. c^{ne} de Hours.

Abadie (L'), f. c^{ne} de Mazères-Lezons.

Abadie (L'), fief, c^{ne} de Sauguis-Saint-Étienne; mentionné en 1385 (coll. Duchesne, vol. CXIV, f° 43), vassal de la vicomté de Soule. — Ce nom vient de l'abb. laïque de Sauguis.

Abadie (L'), ruiss. qui prend sa source à Borce et s'y jette dans le Bélonce.

Abarades (Les), éc. c^{ne} de Baleix.

Abaraquia (L'), ruiss. qui prend sa source à Musculdy et se jette à Ordiarp dans l'Arangorène.

Abats (Les), éc. c^{ne} de Baleix.

Abbadie (L'), f. c^{ne} d'Aydie. — *Labadie*, 1385 (cens. de Béarn, f° 57).

Abbadie (L'), f. c^{ne} d'Ithorots-Olhaïby. — Ce nom vient de l'abb. laïque d'Ithorots, vassale de la vicomté de Soule.

Abbadie (L'), fief, c^{ne} de Pontacq. — *La maison de l'Abbadie de l'Archiprestre*, 1675 (réform. de Béarn, B. 677, f° 139). Relev. de la vicomté de Béarn.

Abbadie (L'), ruiss. qui prend sa source dans la montagne Lacuarde (c^{ne} d'Accous) et se jette à Lescun dans le Gave d'Ansabé.

Abbat (L'), lande, c^{ne} d'Aurions-Idernes.

Abense-de-Bas, vill. c^{ne} de Viodos; anc. c^{ne} réunie à Viodos en 1842. — *Abenssa dejus Mauleon*, v. 1460; *Avensa*, 1496 (contrats d'Ohix, f°s 3 et 5). — *Beata Maria d'Abence Inferioris*, 1658 (insin. du dioc. d'Oloron). — Abense-de-Bas se nomme en basque *Onicepia*.

Abense-de-Haut, vill. anc. c^{ne} supprimée le 16 avril 1859, dont le territoire a été partagé entre Alos-

Basses-Pyrénées.   1

Sihas et Tardets. — *Abense prope Tardetz*, 1385 (coll. Duch. vol. CXIV, f° 43). — Abense-de-Haut se dit en basque *Onice-Gainecoa*.

Abéra, fief, c^{ne} d'Espocy. — *Berat*, 1538 (réform. de Béarn, B. 846); vassal de la vicomté de Béarn.

Abérat, fief, c^{ne} d'Angaïs. — *Averat*, 1457 (not. d'Assat); vassal de la vicomté de Béarn.

Abère, c^{on} de Morlàas; mentionné au xe s^e (Marca, Hist. de Béarn, p. 268). — *Oere, Bere*, 1385 (cens. de Béarn). — *Oeyre*, 1487 (Établiss. de Béarn, II, f° 1). — En 1385, Abère comptait 8 feux et ressort. au baill. de Pau; baronnie créée en 1672, vassale de la vicomté de Béarn.

Abère, fief, c^{ne} d'Asson. — *Abera*, 1546 (réform. de Béarn, B. 741); relevait de la vicomté de Béarn.

Abère, vill. c^{ue} de Corbères; anc. c^{ne} réunie avec Domengeux à Corbères. — *Bere*, 1402 (cens. de Béarn). — *Avera*, v. 1540; *le parsan d'Albère de Courbères*, 1684 (réform. de Béarn, B. 841, f° 1; 654, f° 318).

Abérous (Les), éc. c^{ne} d'Higuères-Souye.

Abescat (L'), f. c^{ne} d'Auga; fief mentionné en 1673 (réform. de Béarn, B. 652, f° 170); relevait de la vicomté de Béarn.

Abésiaux (Les), éc. c^{ne} de Bougarber. — *La Besiau*, 1778 (terrier de Bougarber, E. 306). — Le véritable nom est *la Besiau*.

Abesque (L'), éc. c^{ne} de Lalonquette.

Abet, vill. détruit, c^{ne} de Labontan. — *Nostre-Done de Dabet*, 1472 (not. de la Bastide-Villefranche, n° 2, f° 22).

Abidos, c^{on} de Lagor. — *Avitos*, xie s^e (Marca, Hist. de Béarn, p. 272). — *Avidoos*, xiiie s^e (fors de Béarn, p. 12). — *Sent-Sadarnii d'Abidos*, 1344 (not. de Pardies, n° 2, f° 92). — *Bidos, Bydos*, 1548 (réform. de Béarn, B. 759). — En 1385, Abidos comprenait 18 feux et ressort. au baill. de Lagor et Pardies.

Abitain, c^{on} de Sauveterre. — *Bitengs*, xiiie s^e (cart. de Bayonne, f° 76). — *Bitenh*, 1385 (cens. de Béarn, f° 12). — *Abithen*, 1439; *Sent-Pee d'Abitehn*, 1472 (not. de la Bastide-Villefranche, n° 1, f° 8; n° 2, f° 22). — *Havitenh*, 1538; *Avitenh*, 1546 (réform. de Béarn, B. 828). — *Aviteing*, 1608 (insin. du dioc. d'Oloron). — *Avitein*, 1786 (reg. des États de Béarn). — En 1385, Abitain comptait 15 feux et ressort. au baill. de Sauveterre. — Il y avait une abbaye laïque, vassale de la vicomté de Béarn.

Abornéta, chât. c^{ne} de Lécumberry, sur la frontière d'Espagne.

Abos, c^{on} de Monein; mentionné au xiiie s^e (fors de Béarn). — *Abossium*, 1345 (not. de Pardies, n° 2, f° 146). — *Abous*, 1538 (réform. de Béarn, B. 823). — Il y avait une abbaye laïque, vassale de la vicomté de Béarn. — En 1385, Abos ressort. au baill. de Lagor et Pardies et comptait 49 feux. — Le seigneur d'Abos était le premier *ruffebaron* de Béarn, c'est-à-dire le premier après les barons.

Anos, vill. c^{ne} de Peyrelongue; anc. c^{ne}, membre de la comm^{rie} de Malte de Caubin et Morlàas. — *Aboss*, 1286 (ch. d'Abos, E. 267). — *Avos*, 1385; *Abos en Vic-Bilh*, xive s^e (cens. de Béarn). — *Abossium*, 1425 (cart. du chât. de Pau). — *Aboos*, v. 1540 (réform. de Béarn, B. 805, f° 10). — Abos comptait 15 feux en 1385 et ressort. au baill. de Lembeye.

Abots, vill. c^{ne} d'Arcangues.

Abraco (L'), ruiss. qui prend sa source à Saint-Étienne-de-Baïgorry et s'y jette dans le ruisseau de la Bastide.

Açaldéguy, col de montagnes, c^{ne} des Aldudes, sur la frontière d'Espagne.

Açaléguy, mont. c^{ne} de Saint-Just-Ibarre.

Accors, h. c^{ne} de Saint-Jean-de-Luz.

Accous, arrond. d'Oloron. — *Aspa Luca* (itin. d'Antonin). — *Acos*, 1247 (for d'Aspe). — *Aquos d'Aspe*, 1376 (montre milit. f° 68). — *L'Abadie de Cos*, 1538 (réform. de Béarn, B. 824). — *Sanctus Martinus de Acous*, 1608 (insin. du dioc. d'Oloron). — Il y avait une abbaye laïque, vassale de la vicomté de Béarn. — Accous était le chef-lieu de la vallée d'Aspe; on y comptait 74 feux en 1385; l'église dépend. du prieuré de Sarrance.

La circonscription du canton d'Accous n'a pas varié depuis 1790.

Achéritxé, mont. c^{ne} de Larrau.

Achigarre, bois, c^{ne} de Larrau.

Achoupéry, mont. c^{ne} de Larrau.

Achurdé, col de montagnes, c^{nes} de Lantabat et d'Ainhice-Mongélos.

Acots, f. c^{ne} de Gan.

Adança, mont. c^{nes} d'Anhaux, de la Fonderie et de Lasse.

Adarré, mont. c^{nes} de Macaye et de Bidarray; mentionnée en 1675 (réform. d'Ossès, B. 687, f° 9).

Adis (Les), h. c^{ne} de Burosse-Mendousse; anc. annexe de Haron.

Adour (L'), fleuve, prend sa source près de Campau (Hautes-Pyrénées), traverse les départements du Gers et des Landes, arrose, dans les Basses-Pyrénées, les communes de Sames, Guiche, Urt, Urcuit, Lahonce, Mouguerre, Saint-Pierre-d'Irube, Bayonne, et se jette dans l'Océan entre Anglet et le Boucau. — *Aturus* (Lucain). — ὁ Ἀτούρις (Ptolémée). — *Aturrus Tarbellicus*, *Atyr* (Ausone). — *Alpheanus*, *Aturris*, v. 982 (cart. de Saint-Sever, d'après Marca, Hist. de Béarn, p. 224). — *Ador*, 1241; *Audor*, 1319 (rôles gascons). — L'embouchure actuelle de l'Adour n'est ouverte que depuis 1578; ce fleuve se jetait auparavant à Capbreton (départ. des Landes).

AFFITES (LES), h. c^{ne} de Lucq-de-Béarn. — *La marque de las Afiites*, 1562 (cens. de Lucq). — *Les Affittes*, 1691 (compt. de l'év. d'Oloron).

AFFIUSAT (L'), lande, c^{ne} de Bougarber.

AGARAS, f. c^{ne} de Barcus. — *Agarassi*, 1479 (contrats d'Ohix, f° 71).

AGLE (L'), ruiss. qui prend sa source à Serres-Sainte-Marie, traverse Artix et se jette à Lacq dans le Gave de Pau.

AGNÈS, f. c^{ne} de Bedous. — *Anée*, 1385 (cens. de Béarn, f° 73).

AGNÈS (LES), h. c^{ue} de Sauveterre. — *Lo parsan deus Aignes*, 1538 (réform. de Béarn, B. 721).

AGNESCOUS, h. c^{ne} de la Bastide-Clairence.

AGNOS, c^{on} d'Oloron-Sainte-Marie-Ouest. — *Anhos*, 1364 (fors de Béarn). — *Aynhos*, XIVe s^e (cens. de Béarn). — *Aignos*, 1675 (réform. de Béarn, B. 659, f° 14). — Agnos ressort. au baill. d'Oloron en 1385 et comprenait 17 feux.

AGNOURÈS, mont. c^{ne} de Louvie-Soubiron.

AGOÈS, h. c^{ne} de Sainte-Suzanne; anc. c^{ne} annexe de Betbéder. — *Agoees*, 1385 (cens. de Béarn). — *Agoers*, 1536 (réform. de Béarn). — *Aguoees*, 1568 (ch. de Larbaig). — *Agoues*, 1675 (réform. de Béarn, B. 665, f° 239). — *Agoueix*, XVIIIe s^e (liste des capdeuils). — *Les Agoes*, 1761 (ch. d'Agoès, E. 17). — En 1385, Agoès ressort. au baill. de Larbaig et comprenait 20 feux avec Betbéder.

AGOTÉTA, h. c^{ue} de Saint-Palais; tire son nom des *Agots* ou *Cagots*.

AGRIOULET (L'), ruiss. qui prend sa source à Geus (c^{on} d'Oloron-Sainte-Marie-Ouest), arrose Saint-Goin et revient se jeter à Geus dans le Joos.

AGUERRE, f. c^{ne} d'Iholdy.

AGUERRE, f. c^{ne} de Licq-Atherey; mentionnée en 1520 (cout. de Soule).

AGUERRE, fief vassal du roy. de Navarre, c^{ne} d'Armendaritz.

AGUERRE, fief vassal du roy. de Navarre, c^{ue} de Béhasque-Lapiste.

AGUERRE, fief vassal du roy. de Navarre, c^{ne} de Bustince-Iriberry.

AGUERRE, fief vassal du roy. de Navarre, c^{ne} de Hélette.

AGUERRE-IBARRÉ, h. c^{ne} de Gabat.

AGUERRIA, f. c^{ne} de Mouguerre.

AGUY-MOXHO, mont. c^{ne} de Saint-Just-Ibarre.

AHAÏCE, vill. c^{ne} d'Ossès. — *Ayza*, 1513 (ch. de Pampelune). — *Ahaice*, 1675 (réform. d'Ossès, B. 687, f° 2).

AHATACOA, montagne, c^{nes} d'Ibarrolle et de Saint-Just-Ibarre.

AHAXACHILO, h. c^{ue} d'Ahaxe-Alciette-Bascassan; anc. paroisse.

AHAXE, c^{on} de Saint-Jean-Pied-de-Port. — *Ahaxa*, 1302 (ch. du chap. de Bayonne). — *Ahtxe*, 1703 (visites de Bayonne). — *Sanctus Julianus d'Ahaxe*, 1757 (collations du dioc. de Bayonne). — *Ahaxe-Alciette-Bascassan*, depuis la réunion des villages d'Alciette et de Bascassan à Ahaxe : 11 juin 1842.

AHETXEN (L'), ruiss. qui prend sa source à Ordiàrp et s'y perd dans le Quibillíry.

AHETZE, c^{on} d'Ustaritz. — *Villa quæ dicitur Ahece*. XIIe s^e; *Aheze*, XIIIe s^e (cart. de Bayonne, f°s 8 et 12). — *Ahetce*, 1302 (ch. du chap. de Bayonne).

AHETZE, fief, c^{ne} d'Ordiàrp. — *Ahedce*, *Hetse*, 1375 (contrats de Luntz, f°s 106 et 110). — *Ahetsa*, 1385 (coll. Duch. vol. CXIV, f° 43). — *Hahetza de Peyriède*, 1479 (ch. du chap. de Bayonne). — Ce fief relevait de la vicomté de Soule.

AHETZE, fief vassal du roy. de Navarre, c^{ne} de Saint-Palais.

AHITAUX (LES), h. c^{ne} de Barraute-Camu.

AHITAUX (LES), h. c^{ne} de Gurs. — *Los Affitaus*, v. 1560 (réform. de Béarn, B. 796, f° 6).

AHUNDISCARDÉGUY (L'), ruisseau qui prend sa source à Ayherre et se jette dans la Joyeuse près de la Bastide-Clairence.

AHUNCARITA (L'), ruisseau qui prend sa source aux Aldudes et s'y jette dans l'Ithurry.

AHUNSBIDE, mont. c^{ne} de Lécumberry.

AHUSQUY (LA FONTAINE D'), eaux minérales, c^{ue} d'Aussurucq.

AÏCIRITS, c^{on} de Saint-Palais. — *Ayxeriis*, 1472 (not. de la Bastide-Villefranche, n° 2, f° 22).

AIDUCQ, h. c^{ne} de Lanne.

AIGARRY, mont. c^{nes} de Cette-Eygun et d'Etsaut.

AIGNAN, fief, c^{ne} de Saint-Goin. — *Anhanh de Sen-Goenh*, 1385 (cens. de Béarn, f° 24). — Le fief d'Aignan ressort. au baill. d'Oloron et relevait de la vicomté de Béarn.

AIGUALADE (L'), chapelle, c^{ne} de Bielle; mentionnée en 1675 (réform. de Béarn, B. 657, f° 307).

AIGUEBÈRE, mont. c^{ne} de Laruns. — *Aygabere*, 1538 (réform. de Béarn, B. 844).

AIGUEBÈRE (L'), ruiss. qui prend sa source à Sarrance et se jette dans le Gave d'Aspe à Pont-Suzon.

AIGUELONGUE (L'), ruiss. qui sort des landes du Pont-Long, près de Serres-Morlàas, traverse les territ. de Pau, Buros, Lons, Lescar, Sauvagnon, Uzein, et se réunit à l'Uilhède à l'E. du bois de Lespiau. — *L'aigue aperade l'Aygue-Lonca*, 1451 (cart. d'Ossau, f° 59). — *Aygua-Longa*, 1539 (réform. de Béarn, B. 723). — *Le Riu-Long*, 1657 (ch. du Lormand).

AIGUELONGUE (L') ou SALIDÈS, ruiss. qui prend sa source à Boumourt, sert de limite aux c^{nes} d'Uzan et de Geus (c^{on} d'Arzacq) et se jette dans le Luy-de-Béarn.

AIGUEMORTE, mont. c^{ne} de Louvie-Soubiron.

AIGUETORTE (LE COL D'), c^{ne} de Borce, sur la frontière d'Espagne.

AIGUETTE (L'), ruiss. qui prend sa source à Buzy, arrose Buziet et Herrère et forme l'Arrigaston en se réunissant au Cassiau.

AILLARY, montagne, c^{ne} de Borce, sur la frontière d'Espagne.

AINCIAGUE (LE COL D'), c^{ne} de Saint-Étienne-de-Baïgorry, sur la frontière d'Espagne.

AINCIARTHÉTA, h. c^{ne} de Hélette.

AINCILLE, c^{on} de Saint-Jean-Pied-de-Port; anc. hôpital séculier pour les pèlerins. — *Aincile*, xviiie siècle (intendance, C. 54).

AINCY, h. c^{ne} de Beyrie (c^{on} de Saint-Palais). — *Aynciburu*, *Aynziburu*, 1621 (Martin Biscay). — *Aincie*, 1708 (reg. de la comm^{rie} d'Irissarry).

AÏNHARIE (L'), ruiss. qui prend sa source dans la commune de la Fonderie et s'y jette dans le Hayra.

AINHARP, c^{on} de Mauléon; anc. prieuré du dioc. d'Oloron. — *Ayharp*, 1472 (not. de la Bastide-Villefranche, n° 2, f° 20). — *L'Espitau d'Anharp*, *Aynharp*, 1479 (contrats d'Ohix, f° 75). — *Aignharp*, 1608 (insin. du dioc. d'Oloron). — Il y avait un hôpital pour les pèlerins.

AINHICE, c^{on} de Saint-Jean-Pied-de-Port. — *Ainza*, 1513 (ch. de Pampelune). — *Añiza*, *Aniça*, *Aynice*, 1621 (Martin Biscay). — *Ainhisse*, 1665 (reg. des États de Navarre). — *Ainhice-Mongélos*, depuis la réunion de Mongélos à Ainhice : 16 août 1841.

AINHOUE ou AINHOA, c^{on} d'Espelette. — *Nostre-Done d'Ainhoe*, 1511 (ch. de l'abb. de Sainte-Claire de Bayonne). — *Anhoue*, 1684 (collations du dioc. de Bayonne). — *Mendiarte*, 1793. — La cure était à la présentation de l'abbé d'Urdax (Espagne).

AÏRI (L') ou NIVE D'ARNÉGUY, riv. qui prend sa source près de Roncevaux (Espagne), traverse Arnéguy, Lasse, Uhart-Cize, et se jette dans la Nive.

AISPOUROU ou HAÏSPURU, h. c^{ne} de Guétary.

AÏTCINY, f. c^{ne} d'Arbérats-Sillègue. — *Ayciri de Arberatz*, 1487 (contrats d'Ohix, f° 22).

AKERHARRY (L'), ruiss. qui coule sur la commune de Lécumberry et s'y perd dans le ruisseau d'Estérenguibel.

ALAAS (L'), ruiss. qui arrose la c^{ne} de Loubieng et se jette dans le Làa. — *Lalas*, 1540 (réform. de Béarn, B. 726, f° 9).

ALAÏTXA (L'), ruiss. qui prend sa source à Aincille et se jette à Saint-Michel dans la Nive de Béhérobie.

ALAMEY (L'), ruiss. qui arrose la c^{ne} d'Uhart-Cize et se jette dans l'Aïri.

ALANAQUIA, montagne, c^{ne} d'Arnéguy, sur la frontière d'Espagne.

ALARO (L'), ruiss. qui prend sa source à Bosdarros, traverse Rontignon, Narcastet, Uzos, et se jette à Mazères-Lezons dans le Gave de Pau.

ALÇABÉHÉTY, vill. c^{ne} d'Alçay; ancienne commune réunie à Alçay. — *Auser-Juson*, 1385 (coll. Duchesne, vol. CXIV, f° 43).

ALÇALÉGUY (L'), ruiss. qui arrose la c^{ne} d'Alçay et se jette dans le Sarday.

ALÇAY, c^{on} de Tardets. — *Alsay*, 1385 (coll. Duch. vol. CXIV, f° 43). — *Ausset-Suson*, 1479 (contrats d'Ohix, f° 69). — *Alsai*, xviie s^e (ch. d'Arthez-Lassalle). — *Alçay-Alçabéhéty-Sunharette*, depuis la réunion à Alçay des villages d'Alçabéhéty et de Sunharette.

ALCÉ (L'), ruiss. qui prend sa source à Saint-Martin-d'Arberoue et se jette à Isturits dans le ruisseau d'Arberoue.

ALCIETTE, vill. c^{ne} d'Abaxe; anc. c^{ne} réunie d'abord à Bascassan, puis, avec ce village, à Ahaxe le 11 juin 1842. — *La Grange d'Alsuete*, 1302 (ch. du chap. de Bayonne). — *Alzueta*, 1513 (ch. de Pampelune). — *Alçueta*, 1621 (Martin Biscay). — *Alsiette*, 1667 (reg. des États de Navarre).

ALÇUETA (L'), ruiss. qui arrose la c^{ne} d'Urcuit et se jette dans l'Ardanavie.

ALDAÉ (L'), ruiss. qui coule à Hasparren et se perd dans la Joyeuse.

ALDIGA, lieu de pèlerinage, c^{ne} de Lohitzun-Oyhercq. — *La Crotz de Aldigua*, 1476 (contrats d'Ohix, f° 39).

ALDUDES (LES), c^{on} de Saint-Étienne-de-Baïgorry. — *Alduide*, 1614 (tit. de la Camara de Comptos). — *Aldudes* est le nom donné à toutes les montagnes qui bornent la vallée de Baïgorry du côté de l'Espagne.

ALÉAR (L'), ruiss. qui prend sa source sur la c^{ne} d'Urdos et s'y jette dans le Gave d'Aspe.

ALGASURY (L'), ruiss. qui arrose les c^{nes} de Saint-Martin-d'Arberoue et de Méharin et se jette dans le Béhobie.

Alhonga (L'), ruiss. qui prend sa source à Saint-Pée-sur-Nivelle, traverse Ahetze et Arbonne et se perd dans l'Uhabia.

Alicq, f. c^{ne} d'Arbus.

Allots, h. c^{ne} de Saint-Jean-de-Luz; mentionné en 1692 (collations du dioc. de Bayonne).

Alminorits, f. c^{ne} de Saint-Pierre-d'Irube. — *Albinoridz*, 1256 (cart. de Bayonne, f° 39). — *Arminorits*, 1689 (collations du dioc. de Bayonne). — Il y avait une prébende de ce nom fondée dans la chapelle Saint-Léon, près de Bayonne.

Alos, c^{on} de Tardets; mentionné en 1375 (contrats de Luntz, f° 106). — *Alos in terra de Soule*, 1405 (rôles gascons). — *Alos-Sibas*, depuis la réunion du vill. de Sibas avec Alos : 23 octobre 1843. — *Alos-Sibas-Abense*, depuis l'annexion à Alos-Sibas d'une partie du territ. d'Abense-de-Haut : 16 avril 1859.

Alots (L'), ruiss. qui prend sa source à Arcangues, arrose Arbonne et se jette dans l'Uhabia.

Alsulé, mont. c^{ne} de Béhorléguy.

Althaguette (L'), ruiss. qui prend sa source à Sainte-Engrace et s'y jette dans le Cacouette.

Alupeña, mont. c^{ne} de Larrau, sur la frontière espagnole.

Alussuns (L'), ruiss. qui prend sa source à Lacarry et s'y perd dans l'Aphourra.

Amartonde, redoute, c^{ne} d'Urrugne.

Amasses (Les), éc. c^{ne} de Mourenx; mentionné en 1766 (terrier de Mourenx, E. 277).

Ambille, f. c^{ne} d'Ance. — *Ambiele*, 1385 (cens. de Béarn, f° 22).

Amelconde, h. c^{ne} de Lahonce.

Amendeuix, c^{on} de Saint-Palais. — *Sent-Johan de Mendux*, 1472 (not. de la Bastide-Villefranche, n° 2, f° 22). — *Armendux*, 1513 (ch. de Pampelune). — *Amenduxs*, 1600 (ch. de la Chambre des Comptes, B. 3269). — *Amendux*, 1621 (Martin Biscay). — *Amendeuix-Oneix*, depuis la réunion du village d'Oneix à Amendeuix : 27 août 1846.

Amespetzu (L'), ruiss. qui prend sa source à Souraïde et se jette à Saint-Pée-sur-Nivelle dans la Nivelle.

Amestoy, lieu de pèlerinage, c^{ne} de Mendionde.

Ametz (Le col d'), c^{nes} de Mendive et de Béhorléguy.

Amexague, fief vassal du roy. de Navarre, c^{ne} de Saint-Just-Ibarre.

Amichalgue, fief, c^{ne} d'Etcharry; mentionné en 1385 (coll. Duch. vol. CXIV, f° 43). — *Amichalgun*, 1520 (cout. de Soule). — Le titulaire de ce fief était un des dix *potestats* de Soule.

Amisola (L'), ruiss. qui prend sa source dans la commune d'Ahetze et s'y mêle à l'Alhorga.

Amorots, c^{on} de Saint-Palais. — *Amoroz*, 1402 (ch. de Soule, E. 459). — *Amorotz*, 1513 (ch. de Pampelune). — *Amorots-Succos*, depuis la réunion de Succos à Amorots : 16 août 1841.

Amotz, h. c^{ne} de Saint-Pée-sur-Nivelle; mentionné en 1506 (aveux de Languedoc).

Amoulat, mont. c^{nes} de Laruns et des Eaux-Bonnes.

Amour (Le chemin de l'), de Claracq (c^{on} de Thèze) vers Taron.

Anaye (L'), ruiss. qui arrose la commune de Lescun et se jette dans la Hourque de Lauga.

Ançaganay (Le col d'), entre les c^{nes} des Aldudes et de la Fonderie.

Ançalégu (L'), ruiss. qui prend sa source sur la c^{ne} d'Espelette et se jette à Ainhoue dans la Ségura.

Ance, c^{on} d'Aramits. — *Anssa*, XIIIe s^e (for de Barétous). — *Ansa*, 1385 (cens. de Béarn). — *Anse*, 1477 (ch. d'Aspe). — *Ansa*, 1538 (réform. de Béarn). — *Saint-Estienne-d'Ance*, 1674 (insin. du dioc. d'Oloron). — En 1385, Ance comptait 23 feux et ressort. au baill. d'Oloron.

Ancharté (L'), ruiss. qui prend sa source à Hélette et se jette à Mendionde dans l'Urruty.

Anchet (Le col d'), c^{ne} d'Accous.

Anglat (Le ruisseau d'), prend sa source à Saint-Dos et se jette dans le Gave d'Oloron. — *L'arriu d'Anclat qui es enter Sendos et Sent-Per*, 1393 (ch. de Came, E. 425).

Ançuby (L'), ruiss. qui prend sa source à Gamarthe, arrose Lacarre et se jette dans le Harçuby à Bustince-Iriberry.

Andariette, h. c^{ne} de Larressore; anc. prieuré du dioc. de Bayonne. — *Le prieuré de Notre-Dame d'Andriette*, XVIIIe s^e (ch. des Carmes de Bayonne).

Andoins, c^{on} de Morlàas. — *Andongns*, XIe siècle; *Andongs*, 1101 (cart. de Morlàas). — *Andons*, XIIe siècle (cart. de Lescar, d'après Marca, Hist. de Béarn, p. 370 et 387). — *Andoniæ*, 1270 (cart. du chât. de Pau, I). — *Andonhs*, XIIIe s^e (fors de Béarn). — *Andoyns*, XIVe s^e (cens. de Béarn). — Andoins était le siège de la seconde grande baronnie de Béarn, qui comprenait aussi Limendoux. — En 1385, Andoins comptait 20 feux et ressort. au baill. de Pau.

Andoins, f. c^{ne} de Castetnau-Camblong; fief créé en 1677, vassal de la vicomté de Béarn. — *La maison noble d'Andoyns*, 1683 (réform. de Béarn, B. 684, f° 296).

Andoins, fief créé en 1591, c^{ne} de Gan; relevait de la vicomté de Béarn.

Andoins, fief, c^{ne} de Luccarré; mentionné en 1773 (dénombr. E. 34), vassal de la vicomté de Béarn.

Anouste, mont. c^ne de Sainte-Colomme. — *Andoste*, 1443 (reg. de la Cour Majour, B. 1, f° 122).

Andrein, c^on de Sauveterre. — *Andrenh*, 1385 (cens.). — *Andreinh*, 1544 (réform. de Béarn). — *Sanctus Petrus d'Andrein*, 1674 (insin. du dioc. d'Oloron). — Il y avait une abbaye laïque, vassale de la vicomté de Béarn. — En 1385, Andrein comprenait 17 feux et ressort. au baill. de Sauveterre.

Andressène (L'), ruiss. qui arrose la commune d'Ossès et se jette dans le Lacca.

Andreyt (Le bois d'), c^ne de Béost-Bagès.

Andurte, mont. c^nes d'Escot et de Sarrance.

Aneu, mont. c^ne de Laruns; mentionnée en 1355 (cart. d'Ossau, f° 38). — *An'eu*, 1675 (réform. de Béarn, B. 655, f° 35).

Angaïs, c^on de Clarac. — *Angays*, 1343 (hommages de Béarn, f° 43). — *Anguays*, vers 1540 (réform. de Béarn, B. 799, f° 32). — Il y avait une abbaye laïque, vassale de la vicomté de Béarn. — En 1385, Angaïs ressort. au baill. de Pau et comprenait 24 feux. — Baronnie, créée en 1656, qui comprenait Ousse, Sendets et Beuste.

Angaïs, f. c^ne de Castetpugon. — *Angays*, 1776 (terrier de Castetpugon, E. 183).

Anganons, h. c^ne de Pontacq.

Angélu (L'), ruiss. qui prend sa source entre les communes de Hasparren et de Cambo, arrose Halsou et Jatxou et se jette dans l'Urhandia.

Anglade, f. c^ne de Géronce; mentionnée en 1385 (cens. de Béarn, f° 24). — Le fief d'Anglade ressort. au baill. d'Oloron et relevait de la vicomté de Béarn.

Anglade, f. c^ne de Lahourcade; mentionnée en 1572 (réform. de Béarn, B. 796).

Anglade, f. c^ne d'Ozenx.

Anglade, fief, c^ne de Lagor; mentionnée en 1385 (cens. de Béarn, f° 32); vassal de la vicomté de Béarn.

Anglades, éc. c^ne de Tarsacq.

Anglas (L'), ruiss. qui sépare les communes d'Ance et de Féas et se jette dans le Vert.

Anglas (L'), ruiss. qui prend sa source à Piets-Plasence-Moustrou et s'y jette dans l'Arance.

Anglas (Le lac d'), c^ne des Eaux-Bonnes.

Anglas (Les), éc. c^ne de Luccarré.

Anglès, fief, c^ne d'Arudy; mentionné en 1538 (réform. de Béarn, B. 848, f° 18), vassal de la vicomté de Béarn.

Angles (Les), h. c^ne de Sedze-Maubec, mentionné en 1675 (réform. de Béarn, B. 648, f° 266).

Anglet, c^on de Bayonne-Nord-Ouest. — *Angles*, 1188 (cart. de Bayonne). — *Sanctus Leo d'Anglet*, 1761 (collations du dioc. de Bayonne). — Anglet dépend de la paroisse Saint-Léon de Bayonne.

Anglus, bois et mont. c^ne de Borce.

Angos (L'), ruisseau. — Voy. Langos.

Angos, vill. c^ne de Navailles; anc. c^ne, réunie à Navailles le 8 mai 1845. — *Anguos*, 1402 (cens. de Béarn). — En 1385, Angos comptait 8 feux et ressort. au baill. de Pau.

Angous, c^on de Navarrenx. — *Angos*, 1385 (cens. de Béarn). — *Anguos*, 1548 (réform. de Béarn, B. 760, f° 6). — *Saint-André d'Angous*, 1673 (insin. du dioc. d'Oloron). — Il y avait une abbaye laïque, vassale de la vicomté de Béarn. — En 1385, Angous comprenait 12 feux et ressort. au baill. de Navarrenx.

Angoustibe, mont. c^ne de Louvie-Juzon.

Anguélu, fief vassal du roy. de Navarre, c^ne de Saint-Palais. — *Angulue*, 1376 (montre militaire, f° 24).

Angus, h. c^ne de Castillon (c^on d'Arthez). — *Anguus*, 1779 (terrier de Castillon, E. 260).

Anhaux, c^on de Saint-Étienne-de-Baïgorry. — *Anauz*, 1513 (ch. de Pampelune). — *Hanauz*, 1621 (Martin Biscay). — *Anhausse*, 1686 (collations du dioc. de Bayonne).

Anie (Le pic d'), mont. c^ne de Lées-Athas. — Il y a un lac du même nom.

Anire, f. c^ne d'Aydius. — *Amire*, 1385 (cens. de Béarn, f° 74).

Anos, c^on de Morlàas; mentionné en 1243 (ch. d'Ossau). — Au xvie siècle, Anos appartenait aux Frères Prêcheurs de Morlàas.

Anouillas, mont. c^ne de Laruns. — *Anolhaas*, 1355 (cart. d'Ossau, f° 38). — *Anouilhas*, 1675 (réform. de Béarn, B. 655, f° 35).

Anoye, c^on de Lembeye; anc. archiprêtré du dioc. de Lescar et membre de la comm^rie de Malte de Caubin et Morlàas. — *Anoia*, xie s^e (cart. de Saint-Pé, d'après Marca, Hist. de Béarn, p. 126). — *Noia*, xiiie s^e (fors de Béarn). — *Lo casteg d'Anoge*, 1372 (ch. de l'Ordre de Malte). — *Noye*, 1385 (cens. de Béarn). — *Sanctus Orentius de Anoya*, 1485 (ch. de l'Ordre de Malte). — En 1385, Anoye comptait 45 feux et ressort. au baill. de Lembeye.

Le *parsan* d'Anoye, créé au xvie s^e, comprenait : Abère, Abos, Anoye, Baleix, Gerderest, Juillac, Lalonquère, Lespourcy, Lion, Lombia, Lube, Luc, Luccarré, Lussagnet, Lusson, Maspie, Maubec, Momy, Peyrelongue, Samsons, Saubole, Sedze, Sedzère et Urost.

Anoye était le chef-lieu d'une circonscription appelée *la clau d'Anoye*, renfermant Anoye, Maspie, Juillac et Lion.

Ansa, fief, c^ne de Saint-Jean-Pied-de-Port; relevait du roy. de Navarre.

Ansabé (Le lac d'), c^{ne} de Lescun. — Le ruisseau qui sort de ce lac porte le nom de *Gave de Lescun*.
Ansabère (Le col d'), c^{ne} de Lescun, sur la frontière d'Espagne.
Ansara (L'), ruiss. qui prend sa source à Larressore, arrose Espelette et Ustaritz et se jette dans la Nive.
Anso (Le port d') ou Pétrégaïne, col, c^{ne} de Lescun; fait communiquer la vallée espagnole d'Anso avec la France.
Antin, h. c^{ne} de Salies. — *Los Antiis*, 1428 (contrats de Carresse, f° 31). — *Los Anthiis*, 1535 (réform. de Béarn, B. 705, f° 213). — *Danty*, 1770 (ch. de Salies, E. 43). — *Les Antins* (Cassini).
Antolle (L'), ruiss. qui prend sa source à Haux et se jette à Licq-Atherey dans le Susselgue.
Le bois d'Antolle est dans la commune de Haux.
Anttolla (L'), ruiss. qui arrose la commune d'Ordiarp et se perd dans l'Arangorène.
Anx, h. c^{ne} de Montaner. — *Anhx*, 1376 (montre militaire). — *Ains*, 1675 (réform. de Béarn, B. 652, f° 190).
Apairi, h. c^{ne} d'Ayherre.
Aphala (L'), ruiss. qui sort du bois de Saint-Pée-sur-Nivelle, arrose Ustaritz et Arcangues et se jette dans l'Alots.
Aphalen, mont. c^{ne} de Saint-Étienne-de-Baïgorry, sur la frontière d'Espagne.
Aphanice, mont. c^{ne} de Béhorléguy.
Aphanicé (L'), ruiss. qui prend sa source à Montory, arrose le village de Restoue et se jette è Tardets dans le Saison.
Aphaniche (L'), ruiss. qui coule sur la commune de Haux et se jette à Licq-Atherey dans le Saison.
Aphanire (L'), ruiss. qui prend sa source à Arrast et se perd à Charre dans le Saison.
Aphara, f. c^{ne} d'Ayherre. — *Apara*, 1621 (Martin Biscay); ce fief relevait du roy. de Navarre.
Apharain (L'), ruiss. qui arrose Saint-Étienne-de-Baïgorry et se jette dans la Nive de Baïgorry.
Apharraénia (L'), ruiss. qui arrose Souraïde et Saint-Pée-sur-Nivelle et se jette dans l'Amespetzu.
Aphat (L'), ruiss. qui prend sa source à Bussunarits, traverse Saint-Jean-le-Vieux et se jette à Bustince-Iriberry dans le Harçuby. — Il y avait à Bussunarits un fief du même nom, vassal du roy. de Navarre.
Aphataréna (L'), ruiss. qui traverse Béguios, Masparraute, Arraute, Orègue, et se perd dans le Liburry.
Aphatésara (L'), ruiss. qui arrose Lécumberry et se jette dans l'Irau.
Aphat-Ospital, h. c^{ne} de Saint-Jean-le-Vieux; anc. comm^{rie} de Malte. — *Hospitale et oratorium de Apate*, 1186 (cart. de Bayonne, f° 32). — *Apha-Ospital* ou *Saint-Blaise*, 1703 (visit. du dioc. de Bayonne). — *Saint-Blaise d'Apatospital*, 1708 (reg. de la comm^{rie} d'Irissarry). — Le commandeur d'Aphat-Ospital présentait aux cures de Bustince-Iriberry et de Mendive et à la chapellenie de Saint-Sauveur.
Aphezberro, f. c^{ne} de Chéraute. — *Aspesberro*, 1476; *lo bordar d'Apezberro, Apesbero*, 1479 (contrats d'Ohix, f°s 38, 78 et 84).
Apholotxé, mont. c^{ne} de Haux.
Aphourna (L'), ruiss. qui prend sa source à Lacarry, arrose Alçay et Sibas et se jette à Alos dans le Saison.
Aphurdie (L'), ruiss. qui coule à Lécumberry et se perd dans le ruisseau d'Estérenguibel.
Apous (L'), ruiss. qui arrose la commune de Sarrance et se jette dans le Gave d'Aspe.
Appatie, f. et fief, c^{ne} d'Accous. — Ce nom vient de l'abb. laïque de Joers, par corruption du mot *Abbadie*. — Ce fief relevait de la vicomté de Béarn.
Appatie, fief, c^{ne} de Bedous. — *Abbadie*, 1707 (ch. de Bedous, E. 2). — Ce nom vient de l'abb. laïque de Bedous, vassale de la vicomté de Béarn.
Ar, mont. c^{ne} de Laruns, sur la limite du départ. des Hautes-Pyrénées. — *Arr*, 1355; *Aar*, 1440 (cart. d'Ossau, f°s 38 et 261).
Arabéhère, f. c^{ne} d'Aussurucq; mentionnée en 1520 (cout. de Soule).
Aracou, mont. c^{ne} de Laruns. — *Lo port de Aracho, Arachoo, Aráco*, 1429; *Arago*, 1439 (ch. de Buzy, DD. 1 et 2).
Aradoy, mont. c^{ne} d'Ispoure.
Aragnon, h. c^{ne} de Sainte-Suzanne; anc. commune. — *Aranhoo*, 1385 (censier). — *Arranhoo*, 1546; *Aranho, Aranhon*, 1548 (réform. de Béarn, B. 754; 761, f°s 1 et 30). — *L'Arragnon* (Cassini). — En 1385, Aragnon comptait 14 feux et ressort. au baill. de Larbaig.
Aragon, f. c^{ne} de Lespielle-Germenaud-Lannegrasse.
Arambeaux (Les), h. c^{ne} de Chéraute. — *L'Arambeus*, 1475 (contrats d'Ohix, f° 36).
Aramits, arrond. d'Oloron. — *Aramics*, 1270 (ch. d'Ossau). — *Aramitz en Baratons*, 1376; *Iramitz*, 1383 (contrats de Luntz). — *Sent-Vinsens d'Aramitz*, 1606 (insin. du dioc. d'Oloron).
Aramits est l'ancien chef-lieu de la vallée de Barétous. — Il y avait deux abbayes laïques vassales de la vicomté de Béarn : *l'Abadie-Susan* et *l'Abadie-Jusan*. — En 1385, Aramits comptait 52 feux et ressort. au baill. d'Oloron.
En 1790, le canton d'Aramits comprenait les communes du canton actuel et celle d'Esquiule.
Aran, f. c^{ne} d'Aussurucq; mentionnée en 1520 (cout. de Soule).

Aran (L'), rivière. — Voy. Joyeuse (La).
Aran (Le bois d'), c^{ne} de Sarrance. — Le ruiss. d'Aran traverse la commune de Sarrance et se jette dans le Gave d'Aspe.
Arance, c^{on} de Lagor; mentionné en 1343 (not. de Pardies). — *Aransse*, 1383 (contrats de Luntz). — *Aransia*, 1451 (not. de Lucq). — *Aransa*, 1538 (réform. de Béarn, B. 833). — Dès 1385, il y avait à Arance un bac sur le Gave de Pau; on y comptait 27 feux et la paroisse ressort. au baill. de Pau.
Arance (L'), ruiss. qui prend sa source à Fichous-Riumayou, arrose Louvigny, Garos, Piets-Plasence-Moustrou, Cabidos, Arget, Montagut, et se jette dans le Luy-de-France à Peyre (départ. des Landes). — *Lo fluby aperat l'Arraase*, 1538; *la Raase*, 1559; *l'Arraasse*, 1675 (réform. de Béarn, B. 855; 765, f° 47; 669, f° 7). — *La Rance*, 1778 (terrier de Garos, E. 263).
Aranchipia (L'), ruiss. qui arrose la c^{ne} de Sare et se jette dans le Harbiénia.
Arancou, c^{on} de Bidache. — *Arancoey, Arancoenh*, vers 1360; *Arrancoeynh, Arancoinh*, 1372; *Aranquoen*, 1403 (ch. de Came, E. 425). — *Aranco*, 1584 (aliénations du dioc. de Dax). — Arancou dép. de l'archiprêtré de Rivière-Fleuve (dioc. de Dax) et de la subdélégation de Dax.
Arangaïxa (L'), ruiss. qui arrose la c^{ne} d'Alçay et se jette dans l'Aphourra.
Arangorène (L'), ruiss. qui prend sa source à Aussurucq, sépare Idaux et Ordiarp et se jette dans le Saison.
Arangorry (L'), ruiss. qui arrose Ainhice-Mongélos et Lacarre et se perd dans le Bassabure.
Aranpuru (L'), ruiss. qui prend sa source à Bidarray et s'y jette dans le Bastan.
Arante (L'), ruiss. qui arrose Bidarray et se jette dans la Nive de Baïgorry.
Arapoup (Le bois d'), c^{ne} d'Accous.
Araspy, f. c^{ne} d'Andrein. — *Araspin*, 1385 (cens. f° 13). — *Araspin de haut, Araspin de baig*, 1614 (réform. de Béarn, B. 817, f° 2).
Arate, mont. c^{ne} de Larrau.
Araujuzon, c^{on} de Navarrenx. — *Araus-Jusoo*, xiii° s° (fors de Béarn). — *Araus-Juson*, 1487 (reg. des Établissements de Béarn). — *Araujuson*, 1546 (réform. de Béarn). — *Sent-Martin d'Araujuzon*, 1609 (insin. du dioc. d'Oloron). — Il y avait une abbaye laïque, vassale de la vicomté de Béarn. — En 1385, Araujuzon comprenait 48 feux et ressort. au baill. de Navarrenx. — C'était une dépendance de la baronnie de Jasses.
Araut (Les pènes d'), mont. c^{ne} de Sarrance.

Araux, c^{on} de Navarrenx. — *Araus*, 1223 (ch. de Tarragone, d'après Marca, Hist. de Béarn, p. 562). — *Sente-Angne d'Araus*, v. 1350 (not. de Lucq). — *Lo paged d'Araus* (ressort judiciaire comprenant Araux et Araujuzon), 1376 (montre militaire, f° 91). — *Araus-Susoo*, 1385 (cens.). — *Sent-Johan d'Araus*, 1411 (not. de Navarrenx, f° 58). — *Araus-Susson*, 1547 (réform. de Béarn, B. 747). — Il y avait une abbaye laïque, vassale de la vicomté de Béarn. — En 1385, Araux possédait 27 feux et ressort. au baill. de Navarrenx. — C'était une dépendance de la baronnie de Jasses.
Arazpidé, mont. c^{nes} d'Ibarrolle et de Larceveau-Cibits-Arros.
Arbailles (La forêt des), couvre une partie des communes de Camou-Cihigue, Aussurucq, Ordiarp, Musculdy, Saint-Just-Ibarre et Béhorléguy.
Le nom d'*Arbailles* s'appliquait autrefois à une ancienne division de la vallée de Soule : *la messagerie*[1] *d'Arball*, 1359 (rôles gascons). — *Arbaylhe*, 1479 (ch. du chap. de Bayonne). — *Arbalhe*, fin du xv° siècle (contrats d'Ohix, f° 3).
Il y avait deux Arbailles : *la Grande Arbaille*, qui comprenait sept paroisses : Idaux, Menditte, Mendy, Ossas, Saint-Étienne, Sauguis, Suhare; *la Petite Arbaille*, qui se composait de quatre paroisses : Aussurucq, Musculdy, Ordiarp et Pagolle.
La *deguerie*[2] *d'Arbaille* pour la Grande Arbaille et la *deguerie de Peyrède* pour la Petite Arbaille formaient chacune un des sept vics de la Soule.
Arbaldéguy (L'), ruiss. qui prend sa source à Hasparren et se jette à Briscous dans l'Iharté.
Arbase, mont. c^{ne} de Béost-Bagès. — Le ruisseau d'Arbase arrose Béost-Bagès et se jette dans l'Ouzon.
Arbérats, c^{on} de Saint-Palais. — *Arberas*, xiii° s° (coll. Duch. vol. CXIV, f° 34). — *Arberatz*, 1487 (contrats d'Ohix, f° 22). — *Arberaz*, 1513 (ch. de Pampelune). — *Arbérats-Sillègue*, depuis la réunion de Sillègue à Arbérats : 14 avril 1841.
Arberoue (Le pays d'), vallée qui comprend les communes d'Ayherre, Isturits, Mébarin, Saint-Esteben et Saint-Martin-d'Arberoue. — *Erberua*, vers 980 (ch. du chap. de Bayonne). — *Arberoe*, 1080; *Alberoa*, 1120 (coll. Duch. vol. CXIV, f°s 32 et 34). — *Vallis Aberoa*, 1186 (cart. de Bayonne). — *Arberoa*, 1194 (bulle d'Urbain II, d'après Marca, Hist. de Béarn, p. 33). — *Pays d'Arbore, Aberoe*, 1501 (ch. du chap. de Bayonne). — Anc. vicomté. — Le

---

[1] Le nom de *messagerie* vient de l'office du *messager*, sorte de procureur royal, chargé de la surveillance de cette partie de la Soule.

[2] Le nom de *deguerie* vient de *degan* ou *degain*, jurat (decanus).

pays d'Arberoue faisait partie du royaume de Basse-Navarre.

Le ruisseau d'Arberoue prend sa source à Saint-Martin-d'Arberoue, arrose Isturits, Ayherre, la Bastide-Clairence, Bardos, Orègue, et se jette dans le Lihurry.

ARBIDE, f. c^{ne} de Juxue. — *L'ostau d'Erbide*, 1391 (not. de Navarrenx). — *Arvide*, 1621 (Martin Biscay). — Ce fief relevait du roy. de Navarre.

ARBIEUSE (L'), h. c^{ne} de Moncaup. — *L'Arbiuze*, 1675 (réform. de Béarn, B. 650, f° 145).

ARBLÉ, lande, c^{ne} d'Arrosès.

ARBONNE, c^{on} d'Ustarits. — *Narbona*, 1186 (cart. de Bayonne, f° 82). — *Constante*, 1793.

ARCOTY, mont. c^{nes} de Lanne et de Sainte-Engrace.

ARBOUCAVE, chât. c^{ne} de Biron; il tire son nom d'une famille originaire du départ. des Landes.

ARBOUET, c^{on} de Saint-Palais. — *Arboet*, 1472 (not. de la Bastide-Villefranche, n° 2, f° 22). — *Arbuete*, *Arbuet*, 1621 (Martin Biscay). — *Arbouet-Sussaute*, depuis la réunion de Sussaute à Arbouet : 14 juin 1842. — Arbouet se nomme en basque *Arboti*.

ARBOUS, éc. c^{ne} d'Orâas.

ARBULONYO, mont. c^{ne} de Lécumberry.

ARBUS, c^{on} de Lescar; mentionné en 1170 (ch. de Barcelone, d'après Marca, Hist. de Béarn, p. 471). — *Arbuus*, 1307 (cart. d'Orthez, f° 19). — En 1385, Arbus comptait 40 feux et ressort. au baill. de Pau. — C'était une dépendance du marquisat de Gassion.

ARBUS, f. c^{ne} de Bougarber. — *Arbuus*, 1385 (cens. de Béarn, f° 44).

ARCALÉPIIO, mont. c^{ne} de Saint-Étienne-de-Baïgorry.

ARCANGUES, c^{on} de Bayonne-Nord-Ouest. — *Archagos*, XIIe s^e; *Arcangos*, 1255; *Archangos*, XIIIe s^e (cart. de Bayonne, f°s 12, 16 et 37). — *Argangois*, *Argangos*, 1302 (ch. du chap. de Bayonne). — *Saint-Jean-Baptiste d'Arcangos*, 1685 (collations du dioc. de Bayonne).

ARCÈS (L'), ruiss. qui arrose Aydius et se jette dans le Gabarret.

ARCHILOA (LA CROIX D'), c^{ne} de Saint-Jean-de-Luz, sur le bord de l'Océan.

ARCIRIN, h. c^{ne} de Saint-Pée-sur-Nivelle.

ARCIS (L'), ruiss. qui prend sa source dans la c^{ne} de Luc-Armau, arrose Bassillon-Vauzé, Corbères-Abère-Domengeux, Séméac-Blachon, Arrosès, Aurions-Idernes, Aydie, Mont (c^{on} de Garlin), Aubous et Diusse, sort du départ. des Basses-Pyrénées et se jette dans le Léés près d'Aurensan (départ. du Gers). — *L'aygue aperade lo Arsiis*, 1538; *l'Arciis*, v. 1540; *l'Arssis*, 1542; *le ruisseau l'Arcii*,

l'Arsis, 1675 (réform. de Béarn, B. 650, f° 62; 654, f° 183; 734, f° 125; 826; 841, f° 37).

ARCIS (LE PETIT-), ruiss. qui arrose Luc-Armau, Bassillon-Vauzé, Corbères, et se perd dans l'Arcis. — *L'Arsiset*, vers 1550 (réform. de Béarn, B. 783, f° 4).

ARCIZETTE, mont. c^{ne} de Laruns. — *Artizeta*, 1355 (cart. d'Ossau, f° 38).

ARDACOTXI (L'), ruiss. qui prend sa source à Larrau et se jette dans l'Olhado.

ARDANAVIE (L'), riv. qui prend sa source à Mouguerre, arrose Briscous et Urcuit et se perd dans l'Adour.

ARDANE (L'), ruiss. qui coule sur la c^{ne} de Larrau et se jette dans l'Olhado.

ARDANGOS, c^{ne} de Bayonne, à Saint-Esprit. — *Ardengos*, XIIe siècle (cart. de Bayonne, f° 6).

ARDEILLI, f. c^{ne} de l'Hôpital-d'Orion. — *Ardelii de l'Espitau*, 1535 (réform. de Béarn, B. 705, f° 316).

ARDITXULARIA, mont. c^{ne} de Larrau.

ARDOS, h. détruit, c^{ne} d'Artiguelouve. — *Ardaos*, 1101 (cart. de Lescar, d'ap. Marca, Hist. de Béarn. p. 375). — *Nardos*, v. 1449 (reg. de la Cour Majour, B. 1, f° 23). — *Ardoos*, 1538 (réform. de Béarn, B. 833). — Le fief d'Ardos, vassal de la vicomté de Béarn, appartenait aux jurats de Lescar.

ARDURANETTE, lande, c^{ne} de Rivehaute.

AREN, c^{on} d'Oloron-Sainte-Marie-Ouest; commune distraite du canton de Navarrenx le 21 juillet 1824; mentionné en 1209 (cart. d'Oloron, d'après Marca, Hist. de Béarn, p. 533). — *Saint-Jean-d'Aren*, 1608 (insin. du dioc. d'Oloron). — En 1385, Aren comptait 23 feux et ressort. au baill. d'Oloron. — Baronnie érigée en 1658, vassale de la vicomté de Béarn.

ARÈS, f. c^{ne} d'Audaux. — *Arees*, 1385 (cens. f° 26).

ARESSY, c^{on} de Pau-Est. — *Aressa*, 1101; *Aresi*, XIIe s^e (cart. de Lescar, d'après Marca, Hist. de Béarn, p. 375 et 384). — *Arrecii*, 1376 (montre militaire). — *Eressi*, 1385 (cens.). — *Arecii*, 1538; *Arressii*, 1546 (réform. de Béarn, B. 830). — Il y avait une abbaye laïque vassale de la vicomté de Béarn. — En 1385, Aressy ressort. au baill. de Pau et comprenait 9 feux.

ARET (LA PÈNE D'), mont. c^{ne} de Borce.

ARET (LE BOIS D'), c^{ne} de Pontacq.

ARETCHÉLÉPHO, mont. c^{ne} d'Estérençuby, sur la frontière d'Espagne.

ARETTE, c^{on} d'Aramits. — *Areta*, 1186 (ch. de Barcelone, d'après Marca, Hist. de Béarn, p. 493). — *Rete*, 1383 (contrats de Luntz). — *Arete*, 1385 (cens.). — *Erete*, 1440 (ch. de Barétous). —

Aretha, Eretha, 1444 (reg. de la Cour Majour, B. 1, f° 240). — *Hereta*, 1538 (réform. de Béarn, B. 825, f° 9). — *Saint-Pierre d'Arette*, 1674 (insin. du dioc. d'Oloron). — Il y avait une abbaye laïque, vassale de la vicomté de Béarn. — En 1385, Arette comptait 87 feux et ressort. au baill. d'Oloron.

ARGABE, fief vassal du roy. de Navarre, c^{ne} d'Uhart-Mixe.

ARGACHA (LE MARTINET D'), c^{ne} de Capbis; anc. forge de fer, mentionnée en 1771 (intendance).

ARGAGNON, c^{on} d'Arthez; commune distraite en 1846 du canton de Lagor. — *Arganion*, v. 977 (cart. de Bigorre). — *Argalhoo*, 1376 (montre milit. f° 31). — *Arguanhoo*, 1385 (cens.). — *Arganhoo*, 1546 (réform. de Béarn, B. 754). — *Argagnon-Marcerin*, depuis la réunion du vill. de Marcerin: 8 avril 1851. — En 1385, Argagnon possédait 9 feux et ressort. au baill. de Pau.

ARGAMENDY, mont. c^{nes} de Gamarthe, d'Ibarrolle et de Larceveau.

ARGANT, f. c^{ne} de Lagor; mentionnée en 1572 (réform. de Béarn, B. 796).

ARGELLÈS (LES), h. c^{ne} de Sedze.

ANGELOS, c^{on} de Thèze. — *Argilos*, 1214 (ch. d'Argelos, E. 12). — En 1385, Argelos comptait 29 feux et ressort. au baill. de Pau.

ARGET, c^{on} d'Arzacq. — *Argiet*, 1383 (contrats de Luntz). — *Arzet*, 1695 (reg. de l'Ordre de Malte, n° 539, in-f°). — Arget dépendait de la comm^{rie} de Malte de Caubin et Morlàas et de la baronnie de Moustrou.

ARGORONDE, lande, c^{ne} de Charre.

ARGUEYNU (L'), ruiss. qui prend sa source à Beyrie (c^{on} de Saint-Palais) et se jette à Amendeuix dans la Joyeuse.

ARGUIBEL, h. c^{ne} de Montory.

ARGUILES, fief, c^{ne} de Moncin; mentionné en 1546 (réform. de Béarn, B. 754); vassal de la vicomté de Béarn.

ARHAN, vill. c^{ne} de Lacarry; anc. c^{ne}; en 1613, Arhan était réuni à Charritte-de-Haut.

ARHANSET, f. c^{ne} d'Aussurucq; mentionnée en 1520 (cout. de Soule).

ARHANSUS, c^{on} d'Iholdy. — *Aransus*, 1513 (ch. de Pampelune). — *Aransusi*, 1621 (Martin Biscay).

ARHANSUS (LE BOIS D'), c^{ne} d'Alçay-Alçabéhéty-Sunharette.

ARIADAR, f. c^{ne} d'Aussurucq; mentionnée en 1520 (cout. de Soule).

ARIÉTA (LE COL D'), c^{ne} de Saint-Étienne-de-Baïgorry, sur la frontière d'Espagne.

ARIMPNE, fief, c^{ne} de Monein; mentionné en 1546 (réform. de Béarn, B. 754); vassal de la vicomté de Béarn.

ARIOSELLE, mont. c^{ne} d'Ahaxe-Alciette-Bascassan.

ARIS, f. c^{ne} de Montaut. — *Arriis*, 1535; *Arys*, 1552 (réform. de Béarn, B. 702, f° 73; 763).

ARISTE, mont. c^{nes} de Louvie-Soubiron et de Louvie-Juzon. — *Harriste*, 1487 (not. d'Ossau, n° 1, f° 23).

ARITEIGT, h. c^{ne} d'Arthez.

ARLA (L'), ruiss. qui prend sa source à Larceveau et s'y jette dans l'Arreyte.

ARLAS, mont. c^{ne} d'Arette, sur la frontière d'Espagne; mentionnée en 1538 (réform. de Béarn, B. 825).

ARLET, mont. c^{ne} de Borce, sur la frontière d'Espagne; il y a un lac du même nom.

ARMAGNOU, f. c^{ne} de Ramous. — *Armenhoo*, 1385 (cens. f° 9). — *Armenhon*, v. 1540 (réform. de Béarn, B. 800, f° 10).

ARMAU, vill. c^{ne} de Luc; ancienne commune. — *Herman*, xive siècle (cens.). — Armau dépendait de la comm^{rie} de Malte de Caubin et Morlàas. — En 1385, ce village ressortissait au baill. de Lembeye et ne comptait qu'un feu.

ARMENDARITS, c^{on} d'Iholdy. — *Armendariz, Sancta Maria de Armendaridz*, 1256 (cart. de Bayonne, f° 38). — *Armendaritz*, 1428 (coll. Duch. vol. CXIV, f° 169). — *Arbendaritz*, 1529 (ch. du chap. de Bayonne). — Anc. baronnie vassale du roy. de Navarre.

ARMENTIEU, f. c^{ne} de Salies. — *Armenthiu*, 1385 (cens. f° 6). — *Armentiu*, 1535 (réform. de Béarn, B. 705, f° 98).

ARMOU (L'), ruiss. qui prend sa source à Bardos, arrose Guiche et se jette dans la Bidouse.

ARNÉGUY, c^{on} de Saint-Jean-Pied-de-Port. — *La Ferrière d'Arranegui, Arrenéguy*, 1614 (arch. de l'Empire, J. 917, n° 4). — *Rénéguy*, xviie siècle (plan du Val d'Erro). — *Notre-Dame d'Arnéguy*, 1703 (visites du dioc. de Bayonne).

ARNEULE, h. c^{ne} de Laruns, section de Géteu; mentionné en 1675 (réform. de Béarn, B. 657, f° 477).

ARNOLTIA, lieu de pèlerinage, c^{ne} de Bidarray.

ARNOS, c^{on} d'Arthez; ancienne annexe de Boumourt au xvie siècle. — *Arnas* (Cassini).

ARNOSTÉGUY (LE COL D'), c^{ne} de Saint-Michel, sur la frontière d'Espagne.

ARNOUSE, mont. c^{ne} d'Urdos, sur la frontière d'Espagne. — Le ruisseau d'Arnouse prend sa source à Urdos et se jette dans le Gave d'Aspe.

ARNOUSSÈRE (LE PIC D'), mont. c^{ne} d'Urdos.

ARON (LE PONT D'), sur le ruisseau de Rontun, c^{ne} d'Orthez. — *Lo pont Darront*, 1536; *le pont Darron*,

1675 (réform. de Béarn, B. 665, f° 270; 713, f° 124).
La notairie de Castétis avait pour limites le pont d'Aron et Artix.

Aosmendy, lieu de pèlerinage, c^{ne} de Souraïde.

Aotça (L'), ruiss. qui arrose Suhescun et se jette dans le Çaldumbide.

Anoue, c^{on} de Saint-Palais. — *Aroa*, 1385 (coll. Duch., vol. CXIV, f° 43). — *Aroe*, v. 1460; *Sent Stephen d'Aroe*, 1469 (contrats d'Ohix, f°s 5 et 46). — La *deguerie* d'Aroue était un des sept vics de la Soule et dépendait de la *messagerie* de la Barhoue.

Arphilétépé (Le ruisseau d'), sépare les c^{nes} de Chéraute et de Moncayolle et se jette dans le Laussel à l'Hôpital-Saint-Blaise.

Arpune (L'), ruiss. qui arrose Larrau et se perd dans l'Urhandia.

Arques (Le col des), c^{nes} d'Aydius et de Gère-Bélesten.

Arquetcé (L'), ruiss. qui prend sa source à Hasparren et s'y jette dans l'Urcuray.

Arracq, h. c^{ne} d'Arthez. — *Arrac*, 1376 (montre militaire, f° 32).

Arraillé (L'), ruiss. qui arrose Accous et se jette dans la Berthe.

Arramendy, mont. c^{nes} de Bonloc et de Mendionde.

Arras, f. c^{ne} d'Etsaut.

Arras, lande, c^{ne} de Lescar, dans le Pont-Long.

Arrast, c^{on} de Mauléon; mentionné au XIIIe s^e (cart. de Bayonne, f° 74). — *Arrast-Larrebieu*, depuis la réunion de Larrebieu : 16 octobre 1842. — Il y avait une abbaye laïque, vassale de la vicomté de Soule. — Arrast se nomme en basque *Urrustoia*.

Arraté, montagne, c^{ne} de Bidarray, sur la frontière d'Espagne.

Arrauté, c^{on} de Saint-Palais; mentionné au XIIIe s^e (coll. Duch. vol. CXIV, f° 34). — *Arrauta*, 1513 (ch. de Pampelune). — *Arrueta*, 1621 (Martin Biscay). — *Arraute-Charritte*, depuis la réunion du vill. de Charritte : 27 juin 1842.

Arrauyous (L'), ruiss. qui arrose la c^{ne} de Came et se jette dans le Hurquepeyre.

Arraziguet, vill. c^{ne} d'Arzacq; ancienne commune réunie à Arzacq le 7 septembre 1845.

Arrérigue (L'), ruiss. qui prend sa source à Angaïs, arrose Bordes (c^{on} de Clarac) et se jette à Assat dans le Lagoin.

Arrécomits, f. c^{ne} de Domezain-Berraute. — Un chemin du même nom conduit de Domezain à Ithorots.

Arrecq, nom générique donné à tous les petits cours d'eau.

Arrecq (L'), ruiss. qui prend sa source à Charritte-de-Bas, traverse Lichos et se jette dans le Saison.

Arrecqs (Les), éc. c^{ne} de Baliracq-Maumusson.

Arrédou (L'), ruiss. qui coule sur la c^{ne} d'Escot et se jette dans le Gave d'Aspe.

Arrégatieu, mont. c^{ne} de Laruns. — *Arregatiu*, 1456 (cart. d'Ossau, f° 261).

Arréjuren (L') ou ruisseau de Saint-Médard, qui prend sa source à Castéide-Candau et s'y jette dans le Luy-de-Béarn. — *Larejurent*, v. 1538 (réform. de Béarn, B. 781, f° 11). — Ce nom vient de la proximité du village de Juren et de la commune de Saint-Médard.

Arrémoulit, lac, c^{ne} de Laruns.

Arnès, f. c^{ne} de Bosdarros. — *Aris*, 1385 (cens. f° 50).

Arrésou-de-Deçà (L'), ruiss. qui prend sa source à Malaussanne, sépare le départ. des Basses-Pyrénées de celui des Landes et se jette à Mant (Landes) dans l'Arrésou.

Arrésou-de-Delà (L'), ruiss. qui commence à Cabidos, arrose Malaussanne et se jette à Mant (départ. des Landes) dans l'Arrésou.

Arreyte (L'), ruiss. qui arrose Larceveau et se jette dans la Bidouse.

Arribabès, h. c^{ne} d'Asson. — *Arribebes*, 1675 (réform. de Béarn, B. 674, f° 323).

Arribager, fief créé en 1610, c^{ne} d'Ogeu. — La maison noble d'Arribagé, 1674 (réform. de Béarn, B. 662, f° 193); relevait de la vicomté de Béarn.

Arribarrouy, h. c^{ne} d'Asson. — *Arribarroy*, 1675 (réform. de Béarn, B. 674, f° 323).

Arribau (L') ou Auserou, ruiss. qui arrose Aranjuzon et se jette dans le Gave d'Oloron.

Arribau (L'), ruisseau. — Voy. Clamonde.

Arribaujuzon, fief, c^{ne} de Bérenx. — *L'ostau d'Arribau-Jusoo*, 1385 (cens. f° 9). — *Ribaujusoo*, 1538 (réform. de Béarn, B. 834). — Dépendance du baill. de Rivière-Gave; vassal de la vicomté de Béarn.

Arribe, f. c^{ne} de Buzy; mentionnée en 1614 (réform. de Béarn, B. 817).

Arribenot, h. c^{ne} d'Asson; mentionné en 1675 (réform. de Béarn, B. 674, f° 323).

Arribère (L'), f. c^{ne} de Lagor. — *Aribere*, 1385 (cens. f° 32). — *Ribere*, 1388 (not. de Navarrenx). — *Aribera*, 1572 (réform. de Béarn, B. 796).

Arribère (L'), ruiss. qui arrose Garlède-Mondebat et se jette dans le Gabas.

Arribes (Hautes-), h. c^{ne} de Pau.

Arribets, h. c^{ne} de Ponson-Debat-Pouts; mentionné en 1675 (réform. de Béarn, B. 648, f° 352).

Arribets (Les), marais dans les landes du Pont-Long, c^{ne} de Poey (c^{on} de Lescar). — *La grave qui es enter*

Poey et lo Cap de Denguii, aperade los Arivetz, 1463 (cart. d'Ossau, f° 119).

Arribets (Les), ruiss. qui prend naissance à Sauvagnon et se jette à Caubios-Loos dans le Luy-de-Béarn.

Arribeus (L'), ruiss. qui prend sa source à Gan, arrose Jurançon et Laroin et se jette dans le ruisseau des Hies. — *Larribeus*, 1483 (not. de Pau, n° 1, f° 15). — *L'aigue aperade Laribeus, l'Arriveus*, 1540 (réform. de Béarn). — En 1385, une maison de Laroin portait le nom d'*Aribeus* (cens. f° 56).

Arribouroès, h. c^{ne} de Salies.

Arricarroy (L'), ruiss. qui prend sa source dans la c^{ne} d'Urdos, près du col du Somport, et se jette dans le Gave d'Aspe. — Ce cours d'eau longeait la voie romaine de Saragosse en Aquitaine; en 1860, on y a trouvé une borne milliaire antique.

Arricau, c^{on} de Lembeye; mentionné au xiie siècle (Marca, Hist. de Béarn, p. 453). — *Aricau*, 1385; *Ricau*, xive siècle (cens.). — *Arrican-Viele*, 1538 (réform. de Béarn, B. 840). — En 1385, Arricau comptait 18 feux et ressort. au baill. de Lembeye. — Cette commune comprenait deux paroisses, Saint-Martin et Saint-Jacques d'Arricau.

Arricourou (L'), ruiss. qui sépare les c^{nes} d'Escot et de Lurbe et se jette dans le Gave d'Aspe.

Arrico (L'), ruiss. qui arrose Lourdios-Ichère et se perd dans le Lourdios.

Arrico (L'), ruiss. qui coule sur la c^{ne} d'Osse et se mêle au Gave d'Aspe.

Arrien, c^{on} de Morlàas. — *Arien*, 1385 (cens.). — *Rien*, 1536 (cens. d'Eslourenties, B. 807, f° 17). — *Saint-Jean d'Arien*, xviiie s^e (arch. de l'Empire, K. 779, n° 12). — Il y avait une abbaye laïque, vassale de la vicomté de Béarn. — En 1385, Arrien ressort. au baill. de Pau et comptait 5 feux. — L'église dép. de l'abb. de Saint-Sigismond d'Orthez.

Arrieu. — Pour les noms commençant ainsi, voy. Arriu.

Arrieu, f. c^{ne} de Monein. — *Arriu*, 1385 (cens. de Béarn, f° 36). — *Aryoo*, vers 1540 (réform. de Béarn, B. 789, f° 234).

Arrigas (L'), ruiss. qui prend sa source à Arette et se jette dans le Vert à Aramits. — *Lo ariu aperat la Rigau*, 1538 (réform. de Béarn, B. 825, f° 2).

Arrigaston (L'), ruiss. qui se forme à Herrère par la réunion de l'Aiguette et du Cassiau, arrose Escou, Escout, Précillon, et se jette à Oloron dans le Gave d'Ossau.

Arrigau (L'), ruiss. qui sort de la forêt d'Isseaux (c^{ne} d'Osse) et se perd dans le Lourdios.

Arrigoulie (L'), ruiss. qui prend sa source au bois du Bager (c^{ne} d'Oloron-Sainte-Marie), arrose Eysus et se jette dans le Gave d'Aspe.

Arrigran (L'), ruiss. qui prend sa source à Lalongue, traverse Gayon et Vialer et se jette dans le Lées. — *L'Arigran*, 1542 (réform. de Béarn, B. 738, f° 7).

Arrion, fief, c^{ne} de Thèze; mentionné en 1701 (dénombr. de Thèze, E. 45); vassal de la vicomté de Béarn.

Arriou. — Pour les noms commençant ainsi, voy. Arriu.

Arriousecq, f. c^{ne} de Puyòo. — *Arriusecq*, v. 1540 (réform. de Béarn, B. 801, f° 7).

Arripe, f. c^{ne} d'Asasp; mentionnée en 1385 (cens. f° 20).

Arriu. — Voy. Riu.

Arriu (L'), ruiss. qui prend sa source à Anoye et s'y jette dans le Lées.

Arriu (L'), ruiss. qui prend sa source à Arzacq et se perd à Philondeux (départ. des Landes) dans le Lous.

Arriu (L'), ruiss. qui arrose Castetbon et se jette dans le Saleys.

Arriu (L'), ruiss. qui coule à Garlin et se perd dans le Gros-Lées.

Arriu (L'), ruiss. qui arrose Lons et se jette dans le canal des Moulins.

Arriu (L'), ruiss. qui prend sa source à Morlàas et s'y mêle au Luy-de-France.

Arriubeig (L'), ruiss. qui sort de Bilhères, arrose Bielle et se jette dans le Gave d'Ossau; mentionné en 1675 (réform. de Béarn, B. 657, f° 307).

Arriubon (L'), ruiss. qui prend sa source à Basserctes (départ. des Landes), limite les c^{nes} de Labeyrie et de Sault-de-Navailles et se jette dans le Luy-de-Béarn.

Arriucounde (L'), ruiss. qui arrose Asson et Igon et se perd dans l'Ouzon.

Arriu-del-Bosc (L'), ruiss. qui prend sa source à Sévignac (c^{on} d'Arudy) et se jette à Rébénac dans le Nées.

Arriu-de-Saubatte (L'), ruiss. qui arrose Asson et se perd dans l'Ouzon.

Arriu-de-Tisné (L'), ruiss. qui coule à Malaussanne et se jette dans le Lous.

Arriu-deu-Termy (L'), ruiss. qui sépare les c^{nes} de Bardos et de Guiche et se mêle à la Joyeuse.

Arriu-du-Pont (L'), ruiss. qui prend sa source à Orriule, arrose Orion et l'Hôpital-d'Orion et se jette dans le Saleys.

Arriugran (L'), ruiss. qui commence à Arraute-Charritte et se jette à Bidache dans le Lihurry.

Arriugrand, h. c^{ne} de Lasseube. — Le ruisseau d'Arriugrand arrose Lasseube et se jette dans la Baïse.

Arriugrand (L'), ruiss. qui prend sa source à Castetbon et se jette à l'Hôpital-d'Orion dans le Saleys. — *L'ar-*

riu aperat Arriugran, v. 1538; *Ariugran*, 1581 (réform. de Béarn, B. 784, f° 4; 808, f° 48).

Arriugrand (L') ou Arrious, ruiss. qui arrose Lembeye, Bassillon-Vauzé, Corbères-Abère-Domengeux, et se jette dans l'Arcis.

Arriumage (L'), ruiss. qui descend des montagnes de Bielle et se jette dans le Gave d'Ossau.

Arriumanous (L'), ruiss. qui prend sa source à Sainte-Colomme, arrose Bruges et Asson et se jette dans le Béès. — *L'Ariumonas, Arriu-Monaxs*, v. 1538 (réform. de Béarn, B. 779, f°⁵ 3 et 13).

Arriumoulé, éc. c^ne de Simacourbe. — *Arrimole, Arriumolee*, 1540 (réform. de Béarn, B. 725, f° 216).

Arriunet, bois, c^nes d'Andoins et de Nousty; mentionné en 1457 (cart. d'Ossau, f° 183).

Arrius, fief vassal du roy. de Navarre, c^ne de la Bastide-Clairence.

Arrius, mont. c^ne de Laruns. — *Ariu*, 1355; *Arriu*, 1440 (cart. d'Ossau, f°⁵ 38 et 274).

Arriu-Sec (L'), ruiss. qui descend des montagnes d'Asson et se jette à Arthez-d'Asson dans l'Ouzon.

Arriusoleus, h. c^ne d'Asson; mentionné en 1675 (réform. de Béarn, B. 674, f° 323).

Arrius-Tort (L'), ruiss. qui arrose Préchacq-Josbaig et Gurs et se jette dans le Gave d'Oloron.

Arriutort (L'), ruiss. qui arrose Boueilh-Boueilho-Lasque et se jette dans le Gabas.

Arriutort (L'), ruiss. qui prend sa source à Boumourt et se jette à Mazeroles dans l'Uzan.

Arriutort (L'), ruiss. qui commence à Orriule et se jette dans le Gave d'Oloron, après avoir arrosé Andrein. — En 1385, il y avait une ferme de ce nom à Orriule (cens. f° 26).

Arriutoulet, h. c^ne d'Asson.

Arriuzé (L'), ruiss. qui prend sa source à Laruns et s'y jette dans le Gave d'Ossau.

Arrive, vill. c^ne de Saint-Gladie; anc. c^ne réunie à Saint-Gladie le 12 mai 1841. — *Arive*, 1385 (cens.). — *Arribe*, 1538; *Aribe*, 1546; *Arriba, Ribbe*, 1548 (réform. de Béarn, B. 721; 762, f°⁵ 1 et 25). — En 1385, Arrive comptait 9 feux et ressort. au baill. de Sauveterre.

Arno, mont. c^ne de Saint-Étienne-de-Baïgorry.

Arroça, mont. c^ne d'Ossès.

Arrocaray, bois, c^ne d'Itsatson.

Arroder (L'), ruiss. qui prend sa source à Ogenne-Camptort, sépare Jasses de Navarrenx et se jette dans le Gave d'Oloron.

Arroquain, fief, c^ne de Guinarthe-Parenties. — *Arroqueinh, Arroquenh*, 1538 (réform. de Béarn, B. 683, f° 344; 833); vassal de la vicomté de Béarn.

Arroqui, fief, c^ne de Domezain-Berraute; mentionné en 1385 (coll. Duch. vol. CXIV, f° 43); vassal de la vicomté de Soule.

Arros, c^on de Nay. — *Arrossium*, 1100 (ch. de Mi-Taget). — *Arrode, Rode*, xii° siècle (Marca, Hist. de Béarn, p. 405,539 et 545). — Arros et Bosdarros formaient la septième grande baronnie de Béarn. — En 1385, Arros comprenait 44 feux et ressort. au baill. de Pau.

Arros, c^on d'Oloron-Sainte-Marie-Ouest; mentionné au xii° siècle (ch. de Gabas). — Il y avait une abbaye laïque, vassale de la vicomté de Béarn. — En 1385, Arros ressort. au baill. d'Oloron et comptait 7 feux.

Arros, vill. c^ne de Larceveau; anc. c^ne réunie à Larceveau le 20 juin 1842.

Arrosès, c^on de Lembeye. — *Aroses*, 1385; *Arozee, Arosser, Arozer*, xiv° siècle; *Arroser*, 1402 (cens. de Béarn). — *Rosees*, 1472 (ch. d'affièvement d'Arrosès). — *Arrosers*, 1487 (reg. des Établissements de Béarn). — *Rosses, Arrosees*, 1538; *Arrozes*, 1546; *Rosez*, 1675; *Arrouzès*, 1686 (réform. de Béarn, B. 651, f° 290; 683, f° 350; 826). — En 1385, Arrosès ressort. au baill. de Lembeye et comprenait 31 feux. — Il y avait dans cette paroisse une dîme appelée de *Sainte-Rose*.

Arrostéguy, h. c^ne de la Bastide-Clairence.

Arroubères (Les), éc. c^ne de Balcix.

Arrouméga, f. c^ne de Pontacq.

Arroumènes, mont. c^nes d'Arette et d'Osse.

Arroust, h. c^ne de Bilhères.

Arroutunes (Les), éc. c^ne de Lucgarrier.

Arrouyes (Les), mont. c^ne d'Aydius.

Arrouzère, f. c^ne d'Andrein. — *Arrosere*, 1385 (cens. f° 13). — *Arrozere*, 1391 (not. de Navarrenx).

Arruchot (L') ou Miraille, ruiss. qui coule sur la c^ne d'Orthez et se jette dans le Gave de Pau.

Arrudy, f. c^ne d'Etsaut. — *Arudi, Arrudii*, 1385 (cens. f°⁵ 73 et 74).

Ansac, fief, c^ne d'Orin; mentionné en 1666 (réform. de Béarn, B. 662, f° 9); vassal de la vicomté de Béarn.

Ansolemique, lande, c^ne de Charre.

Ansu, f. c^ne d'Aussurucq; mentionnée en 1520 (cout. de Soule).

Ansusqui, f. c^ne d'Aussurucq; mentionnée en 1520 (cout. de Soule).

Antasso (L'), ruiss. qui prend sa source à Hasparren et s'y jette dans l'Etchéchurry.

Antéconégut (L'), ruiss. qui arrose Lécumberry et s'y jette dans l'Estérenguibel.

Antha, rocher, dans la baie de Saint-Jean-de-Luz.

Arthez, arrond. d'Orthez. — *Artes*, 1220 (ch. de l'Ordre de Malte). — *Artesium*, 1305 (ch. de Béarn,

E. 524). — *Arthes*, 1345 (not. de Pardies, f° 121). — *Arthees*, 1385 (cens. f° 40). — *Ercies*, *Erciel*, *Hereciel*, *Harciel* (Froissart). — Il y avait à Arthez deux paroisses : Notre-Dame et la Trinité, un couvent d'Augustins et un hôpital dépendant de l'Ordre de Malte. — En 1385, Arthez comprenait 255 feux et ressort. au baill. de Pau. — La seigneurie appartenait à la maison de Gramont. — Arthez était le chef-lieu d'une notairie composée d'Arracq, Cagnez, Castethieilh, Caubin, Marcerin, Mesplède, N'haux et Urdès.

En 1790, le canton d'Arthez comprenait les mêmes communes que le canton actuel, moins celles d'Argagnon, de Labeyrie et de Lacadée.

ARTHEZ-D'ASSON, c^on de Nay; c^ne formée, en 1749, des hameaux d'Arthez-deçà et d'Arthez-delà, démembrés de la c^ne d'Asson. — *Saint-Paul d'Asson* (Cassini).

ARTIÇAÏTÉ (L'), ruiss. qui prend sa source à Ainhice-Mongélos et se jette à Larceveau dans l'Arreyte.

ARTICS (LES), éc. c^ne de Baleix. — *Les Articqs*, 1769 (terrier de Baleix, E. 184).

ARTIGAUX (L'), h. c^ne d'Asson. — C'est sur ce territoire que fut établie la commune de Lestelle.

ARTIGUE (L'), ruiss. qui prend sa source à Bérenx et se jette dans le Gave de Pau.

ARTIGUEDIELLE, f. c^ne de Puyôo. — *Artigue-bielhe*, 1385 (cens. f° 9).

Le ruisseau d'Artiguebielle coule à Puyôo et se jette dans la Taillade.

ARTIGUELOUTAN, c^on de Pau-Est. — *Artigueloptaa*, 1385; *Artigalopta*, *Artigelobtaa*, xive s^e (censiers). — *Arthiguelotan*, 1457 (not. d'Assat). — *Artigaloutaa*, 1536 (ch. d'affièvement). — *Artigalotaa*, 1675 (réform. de Béarn, B. 676, f° 470). — En 1385, Artigueloutan ressort. au baill. de Pau et comprenait 28 feux.

ARTIGUELOUVE, c^on de Lescar; mentionné au xiie siècle (Marca, Hist. de Béarn, p. 450). — *Artiguelobe*, v. 1220 (ch. de l'Ordre de Malte). — *Artigaloba*, 1286 (ch. d'affièvement, E. 267). — En 1385, Artiguelouve comptait 28 feux et ressort. au baill. de Pau. — C'était une dépendance du marquisat de Gassion. — Artiguelouve formait avec Poey (c^on de Lescar) le ressort d'une notairie.

ARTIGUES, fief, c^ne de Castillon (c^on de Lembeye). — *Artiguas*, 1538 (réform. de Béarn, B. 854). — Ce fief relevait de la vicomté de Béarn.

ARTIGUES, mont. c^ne de Laruns. — *Arthigues*, 1429 (ch. de Buzy, DD. 1).

ARTIX, c^on d'Arthez. — *Artits*, 1286 (Gall. christ. Lescar). — *Artics*, xiiie siècle (fors de Béarn). — *Artidz*, 1350 (not. de Pardies). — *Artitz*, 1385 (cens. de Béarn). — *Arthitz*, 1440 (cens. de la Bastide-Monréjau, f° 4). — *Artixs*, 1538 (réform. de Béarn, B. 865). — Il y avait une abbaye laïque vassale de la vicomté de Béarn. — En 1385, Artix ressort. au baill. de Pau et comprenait 10 feux.

ARTOUSTE, mont. c^ne de Laruns, sur la limite du départ. des Hautes-Pyrénées. — *Artoste*, 1538 (réform. de Béarn, B. 832, f° 5).

Il y a un lac du même nom.

ARUDY, arrond. d'Oloron. — *Eruri*, 1270 (ch. d'Ossau). — *Aruri*, 1343 (not. de Pardies, f° 35). — *Arrudy*, 1375 (contrats de Luntz, f° 85). — *Erudi*, 1487 (not. d'Ossau, n° 1, f° 72). — *Arudi*, 1538 (réform. de Béarn, B. 833). — *Saint-Germain d'Arudy*, 1607 (insin. du dioc. d'Oloron). — Il y avait une abbaye laïque vassale de la vicomté de Béarn. — En 1385, Arudy ressortissait au baill. d'Ossau et comprenait 86 feux.

En 1790, le canton d'Arudy se composait des communes du canton actuel, moins celle de Louvie-Juzon.

ARUE, h. c^ne de Monein; mentionné en 1385 (cens. de Béarn, f° 35). — *Arrue et Latris*, 1431 (cens. de Monein, CC. 1, f° 32). — En 1385, Arue comptait 47 feux et ressort. au baill. de Monein.

ARUNDEIG (L'), ruiss. qui arrose Rivehaute et se jette dans le Saison.

ARUNTS, h. c^ne d'Ustaritz. — *Arraudz*, *Araudz*, 1233 (cart. de Bayonne, f°s 28 et 29).

ARZACQ, arrond. d'Orthez. — *Lo marcat d'Arsac* (auquel on venait de la Soule et de la Navarre), 1542 (réform. de Béarn, B. 736). — *Arzacq-Arraziguet*, depuis la réunion d'Arraziguet : 7 septembre 1845. — Arzacq dépendait de la subdélégation de Saint-Sever.

En 1790, le canton d'Arzacq comprenait le canton actuel, moins le village de Riumayou (c^ne de Fichous) et plus la commune de Momas.

ARZAGUE (L'), ruiss. qui prend sa source à Balansun et se jette à Castétis dans la Clamonde.

ASASP, c^ne d'Oloron-Sainte-Marie-Ouest. — *Asap*, 1364 (fors de Béarn, p. 61). — *Azasp*, 1375 (contrats de Luntz, f° 108). — En 1385, Asasp ressort. au baill. d'Oloron et comptait 17 feux.

ASCABI (L'), ruiss. qui prend sa source à Lohitzun-Oyhercq et se jette à Larribar-Sorhapuru dans la Bidouse.

ASCAIN, c^on de Saint-Jean-de-Luz. — *Escan*, v. 1140; *Scain*, 1235 (cart. de Bayonne, f°s 7 et 29). — *Azcayn*, 1302 (ch. du chap. de Bayonne). — *Seainh*, 1450; *Ascaing*, 1552 (ch. de Labourd, E. 426). — *Sancta Maria d'Ascaing*, 1691 (collations du dioc. de Bayonne). — La paroisse d'Ascain avait pour annexe Saint-Jacques de Serres.

Le ruisseau d'Ascain prend sa source à Sare et se jette dans la Nivelle près de Saint-Pée-sur-Nivelle.

Ascainlarria (L'), ruiss. qui arrose Lacarry-Arhan-Charritte-de-Haut et se jette dans l'Aphourra.

Ascarat, c^{on} de Saint-Étienne-de-Baïgorry. — *Azcarat*, 1513 (ch. de Pampelune). — *Azcarate*, 1621 (Martin Biscay). — *Sanctus Julianus d'Ascarat*, 1763 (collations du dioc. de Bayonne).

Ascarat, f. c^{ne} de Bardos. — *Escaratz*, 1509 (ch. de Bardos).

Ascarriga (L'), ruiss. qui descend des montagnes de Sainte-Engrace et se jette dans la Manchola.

Ascle (L'), ruiss. qui arrose Herrère et se jette dans le Gave d'Ossau.

Ascombéguy, vill. c^{ne} de Lantabat; ancienne commune.

Ascon, f. c^{ne} de Charritte-de-Bas; mentionnée en 1477 (contrats d'Ohix, f° 45).

Asconçabal (Le col d'), c^{ne} de Bussunarits-Sarrasquette.

Ascongabat (L'), ruiss. qui prend sa source à Beyrie (c^{on} de Saint-Palais), arrose Méharin et se jette dans la Bidouse.

Asma (L'), ruiss. qui descend des montagnes de Lées-Athas et se jette à Lescun dans la Hourque de Lauga.

Asme, vill. c^{ne} d'Ostabat; anc. c^{ne} réunie à Ostabat le 13 juin 1841. — *Azme*, 1481 (ch. du chap. de Bayonne).

Aspe (La vallée d'), arrond. d'Oloron, commence au col de Somport, frontière d'Espagne, comprend le canton d'Accous et se termine à Lurbe; elle est placée entre les vallées de Barétous et d'Ossau. — *Aspa*, 1077 (ch. de l'abb. de la Peña, d'après Marca, Hist. de Béarn, p. 324). — *L'arcidiagonat d'Aspa*, 1249 (not. d'Oloron, n° 4, f° 50). — *Aspea*, 1290 (ch. d'Aspe, E. 427). — *Aspes*, xiii s^e (chron. des Albigeois, v. 1965). — *La Bag d'Aspe*, 1443-(contrats de Carresse, f° 244). — La vallée d'Aspe se divisait en deux vics : le *vic d'en haut*, comprenant Cette-Eygun, Borce, Lescun, Etsaut et Urdos; le *vic d'en bas* : Accous, chef-lieu de la vallée, Bedous, Osse, Lées-Athas, Aydius et Escot.

L'archidiaconé d'Aspe, dép. de l'évêché d'Oloron, le vic d'Aspe, établi au xiiie siècle, le baill. d'Aspe de 1385, eurent tous la circonscription indiquée par la nature, celle du canton d'Accous.

Aspé, mont. c^{ne} de Borce, sur la frontière d'Espagne.

Aspeigt, bois et mont. c^{ne} de Bielle; mentionnés en 1675 (réform. de Béarn, B. 657, f° 304).

Aspis, vill. c^{ne} d'Athos; ancienne commune réunie à Athos le 10 janvier 1842. — *Espis*, 1385 (cens.

f° 14). — *Espiis*, 1544; *Aespiis*, 1546; *Spiis*, 1548 (réform. de Béarn, B. 743; 754; 762, f° 13). — Le fief d'Aspis dép. du baill. de Sauveterre et relevait de la vicomté de Béarn.

Asquéta (L'), ruiss. qui prend sa source à Ossès et se jette dans la Nive de Baïgorry après avoir arrosé Bidarray.

Asquéta (Le col d'), entre les c^{nes} d'Iholdy et de Lantabat.

Asquia, mont. c^{nes} d'Anhaux et de Lasse.

Assar, c^{on} de Pau-Est; anc. prieuré du dioc. de Lescar. — *Curia de Assal, Sanctus Severus de Assay*, 980 (cart. de Lescar, d'après Marca, Hist. de Béarn. p. 214). — *Assad*, xiie s^e (ch. de Gabas). — *Assatum*, 1434 (cart. du chât. de Pau). — Il y avait une abbaye laïque vassale de la vicomté de Béarn. — Assat comprenait 47 feux en 1385 et ressortissait au baill. de Pau; en 1391, cette commune est qualifiée de *première bastide de Béarn*. — Assat était le chef-lieu d'une notairie qui comprenait Aressy, Bézing, Bordes (c^{on} de Clarac), Meillon et Narcastet.

Assat, f. c^{ne} de Gan; mentionnée en 1535 (réform. de Béarn, B. 701, f° 141).

Assen, f. c^{ne} d'Abos. — *Lo lauc d'Acer*, 1345 (not. de Pardies, f° 146).

Asson, c^{on} de Nay. — *Assoo*, xie siècle (cart. de l'abb. de Saint-Pé). — *Assonium*, 1100 (ch. de Mifaget). — *Villa quæ vocatur Asso*, xiie siècle (cart. de Lescar, d'après Marca, Hist. de Béarn, p. 248, 272, 405). — *Assun*, xiiie siècle (fors de Béarn). — *La vegarie d'Asson*, 1450 (reg. de la Cour Majour, B. 1, f° 40). — *Saint-Martin d'Asson*, 1790. — Avant 1232. Asson était placé près du lieu dit *l'Hermitage*. — Il y avait une abbaye laïque vassale de la vicomté de Béarn. — En 1385, Asson comprenait 57 feux et ressort. au baill. de Nay.

Assonits, f. c^{ne} de Saint-Jean-le-Vieux. — Ancienne comm^{ie} de Malte. — *Arsoritz*, 1428 (coll. Duch. vol. CXIV, f° 169). — *Arssoriz*, 1479; *la casa o palacio de Arsoriz*, 1540 (ch. du chap. de Bayonne).

Assoure (L'), ruiss. qui arrose Sainte-Engrace et se jette dans le Cacouette.

Assouste, vill. c^{ne} des Eaux-Bonnes; ancienne commune réunie à Aas, le 29 mai 1861, pour former la commune des Eaux-Bonnes. — *Soste*, 1270 (ch. d'Ossau). — *Assoste, Asoste*, 1440 (cart. d'Ossau, f° 266). — *Notre-Dame d'Assouste*, 1655 (insin. du dioc. d'Oloron). — En 1385, Assouste comprenait 8 feux et ressort. au baill. d'Ossau.

Astaritzia, h. c^{ne} de Saint-Pée-sur-Nivelle.

Astaté (Le col d'), c^{ne} de Saint-Étienne-de-Baïgorry, sur la frontière d'Espagne.

Astau, hôpital détruit, c^ne de Lescun. — *L'espitau d'Astau*, 1385 (cens. f° 74).

Aste, c^on de Laruns. — *Asta*, 1487 (not. d'Ossau, n° 1, f° 71). — En 1385, Aste comprenait 18 feux et ressort. au baill. d'Ossau.

Astis, c^ne de Thèze. — *Estis*, 1385 (cens. de Béarn, f° 47).

Astoquéta, mont. c^ne de Lécumberry.

Astous (Les), f. c^ne de Jurançon. — *Los Astoos*, 1385 (cens. f° 69). — *Los Astos*, 1535 (réform. de Béarn, B. 701, f° 106).

Atçamendy, mont. c^nes de Saint-Esteben, d'Isturits et de Saint-Martin-d'Arberoue.

Atchabria, m^in, c^ne de Bidart.

Atchéla, lieu de pèlerinage, c^ne de Domezain-Berraute.

Atchinèche (Le canal d'), entre Bayonne et Anglet, se perd dans l'Adour.

Athaguy, f. c^ne d'Alçay. — *Athagui, Ataguí*, 1520 (cout. de Soule).

Athandure, mont. c^nes d'Estérençuby et de Lécumberry.

Atuas, vill. c^ne de Lées. — *Atas*, 1250 (for d'Aspe). — *Sanctus Felix d'Atas, Sent Phelip d'Ataas*, 1608 (insin. du dioc. d'Oloron).

Atherey, vill. c^ne de Licq; ancienne commune réunie à Licq en 1843. — *Aterey*, 1479 (contrats d'Ohix, f° 87).

Athos, c^on de Sauveterre. — *Atos*, xie s^e (Marca, Hist. de Béarn, p. 273). — *Sent Per d'Atos*, 1472 (not. de la Bastide-Villefranche, n° 2, f° 22). — *Athos-Aspis*, depuis la réunion d'Aspis : 10 janvier 1842. — En 1385, Athos comptait 19 feux et ressort. au baill. de Sauveterre.

Attary (L'), ruiss. qui arrose Itsatsou et se jette dans le Leisarrague.

Attay, lande, c^ne d'Asasp.

Attissane, h. c^ne de Mendionde.

Aubertin, c^on de Lasseube. — *Albertinus*, 1128 (ch. d'Aubertin, d'ap. Marca, Hist. de Béarn, p. 421). — *Auberti*, xiiie siècle (fors de Béarn). — *Aubertii*, xive s^e (cens.). — *Auberty*, 1548 (réform. de Béarn, B. 759). — *Sent Blasi d'Aubertin*, 1608 (insin. du dioc. d'Oloron). — C'est sur le territoire d'Aubertin que fut fondée la commanderie qui a donné son nom à la commune de Lacommande. — En 1385, Aubertin comprenait 44 feux et ressort. au baill. de Pau.

Aubin (L'), ruiss. qui prend sa source à Castéide-Cami, arrose Boumourt, Arnos, Doazon, Castillon (c^on d'Arthez), Arthez, Haget-Aubin, et se jette à Lacadée dans le Luy-de-Béarn. — *Lo Aubii*, 1536 (not. de Garos, f° 17). — *L'Auby*, 1580 (réform. de Béarn, B. 770).

Aubin, c^on de Thèze; ancien archiprêtré du dioc. de Lescar. — *Sanctus Genumer de Albii*, 1101 (cart. de Lescar, d'ap. Marca, Hist. de Béarn, p. 375). — *Elben*, xiiie s^e (fors de Béarn). — *Aubii*, 1385 (cens.). — La paroisse d'Aubin avait pour annexe Bournos. — En 1385, Aubin comptait 17 feux et ressort. au baill. de Pau.

Aumosse (L'), ruiss. qui prend sa source à Bournos, à la fontaine de Sainte-Quiterie, arrose Aubin et se jette à Momas dans le Luy-de-Béarn.

Aubious ou Bious, h. c^ne de Portet. — *Les Vions*, 1777 (terrier de Portet, E. 215).

Aubisoque (Le col d'), c^ne de Béost-Bagès.

Aubosc, h. c^ne de Serres-Morlàas.

Aubous, c^on de Garlin. — *Aubos*, 1385; *Auboos*, xive s^e (cens.). — *Aubons*, 1752 (dénombr. de Béarn, E. 19). — En 1385, Aubous ressort. au baill. de Lembeye et comprenait 4 feux.

Aubrun, f. c^ne d'Abos. — *La boyrie aperade de Aubrun*, 1538 (réform. de Béarn, B. 637).

Auda, chapelle, c^ne d'Escot.

Audaux, c^on de Navarrenx. — *Aldaus*, xie s^e (Marca, Hist. de Béarn, p. 272). — *Audaus*, 1178 (coll. Duch. vol. CXIV, f° 36). — *Sent Bisentz d'Audaus*, 1612 (insin. du dioc. d'Oloron). — En 1385, Audaux ressort. au baill. de Navarrenx et comptait 84 feux. — Dépendance du marquisat de Gassion.

Audaux, f. c^ne de Monein. — *Audaus*, v. 1540 (réform. de Béarn, B. 789, f° 233).

Audéjos, c^on d'Arthez; ancien prieuré du dioc. de Lescar. — *Aldeos*, xie s^e (Marca, Hist. de Béarn, p. 271). — *Audeyos*, 1385 (censier). — En 1385, Audéjos et ses annexes, Orius et Herm, ressort. au baill. de Pau et comptaient 38 feux.

Audiguer (L'), fief, c^ne d'Abos; mentionné en 1385 (cens. f° 35). — Ce fief ressort. au baill. de Lagor et Pardies; il relevait de la vicomté de Béarn.

Audios, h. c^ne d'Anglet. — *Audoz*, 1198 (cart. de Bayonne, f° 23).

Audiracq, vill. c^ne de Monassut; ancienne commune. — *Audirac*, 1385 (cens. f° 58). — Il y avait une abbaye laïque vassale de la vicomté de Béarn. — En 1385, Audiracq était réuni à Gerderest et à Monassut; ces trois paroisses comprenaient 25 feux et ressort. au baill. de Lembeye.

Auga (L'), f. c^ne de Gayon.

Auga, c^on de Thèze. — *Algar*, xie s^e (cart. de l'abb. de Saint-Pé, d'après Marca, Hist. de Béarn, p. 291). — *Augar*, xiiie siècle (fors de Béarn). — *Augaar*, 1385 (cens.). — *Augaa*, 1437 (hommages de Béarn). — *Sent Laurens d'Auguaa*, 1538; *Augua*, 1544 (réform. de Béarn, B. 743; 830). — Il y avait deux abbayes laïques vassales de la vicomté de Béarn : *l'Abadie-Susan* et *l'Abadie-Jusan*. — En 1385, Auga ressort. au baill. de Pau et comprenait 22 feux. — Auga était une suffebaronnie vassale de la vicomté de Béarn.

Le ruisseau d'Auga sépare les communes de Séby et d'Auga; il se jette dans le Luy-de-France.

Augaas (Les), éc. c^{ne} de Garlède-Mondebat.

Auga du Castet (L'), lande, c^{ne} de la Bastide-Monréjau.

Augas, h. c^{ne} de Castetbon. — *Los Augaas*, v. 1538 (réform. de Béarn, B. 784, f° 45).

Augas (Les), éc. c^{ne} de Baleix.

Augas (Les), h. c^{ne} de Sedze-Maubec. — *Les Auguas*, 1675 (réform. de Béarn, B. 648, f° 248).

Augas (Les), ruiss. qui prend sa source à Salies, arrose Castagnède et se jette dans le Gave d'Oloron.

Augas de Mu, h. c^{ne} de Castagnède. — Voy. Mu.

Aule (Le pic d'), mont. c^{ne} de Laruns.

Le ruisseau d'Aule prend sa source au lac du même nom, arrose Laruns et se jette dans le Gave de Bious.

Aulet, éc. c^{ne} d'Accous.

Aulet, f. c^{ne} d'Arthez. — *Aulher*, 1385 (cens. f° 41).

Aulhade (L'), éc. c^{ne} de Livron.

Auliou, mont. c^{ne} de Laruns. — *Leoo aperat Osquau, Leoo aperat Foscau*, 1440 (cart. d'Ossau, f° 251, et ch. d'Ossau, DD. 7).

Aulouret (L'), ruiss. qui arrose Sarrance et se jette dans le Gave d'Aspe.

Aulouse (L'), ruiss. qui prend sa source à Denguin, arrose Aussevielle et se jette dans le Gave de Pau à Lacq. — *L'Auloze*, 1352 (not. de Pardies). — *L'Aulose*, 1440 (cens. de la Bastide-Monréjau). — *L'Aulosa*, 1538 (réform. de Béarn, B. 835).

Aunez, f. et fief, c^{ne} d'Abitain. — *L'ostau d'Ones*, 1385 (cens. f° 14). — *La maison noble de Donez*, 1666 (réform. de Béarn, B. 683, f° 47). — *Oneix*, 1783 (dénombr. E. 36). — Baronnie créée en mars 1775, vassale de la vicomté de Béarn.

Aureye (L'), ruiss. qui arrose Arette et se perd dans le Vert d'Arette.

Auriac, c^{on} de Thèze; anc. annexe de la commune d'Argelos. — *Auriag*, 1096 (Marca, Hist. de Béarn, p. 356).

Aurions, c^{on} de Lembeye. — *Ryons*, 1227 (reg. de Bordeaux, d'après Marca, Hist. de Béarn, p. 572). — *Aurios*, 1385 (cens.). — *Riontz*, 1538 (réform. de Béarn, B. 826). — *Aurions-Idernes*, depuis la réunion d'Idernes en 1844. — En 1385, Aurions comprenait 11 feux et ressort. au baill. de Lembeye. — Aurions-Idernes a été distrait en 1846 du canton de Garlin.

Aurit, h. c^{ne} d'Haget-Aubin; mentionné en 1682 (réform. de Béarn, B. 672, f° 128). — *Orit*, 1749 (reg. du Parl. de Navarre, f° 34).

Auronce (L'), ruiss. qui prend sa source à Lasseube et se jette dans le Gave d'Oloron après avoir arrosé Estialescq, Goès, Estos, Ledeuix, Verdets, Lucq et Saucède. — *Lauronce*, 1585; *l'Ouronce*, 1675 (réform. de Béarn, B. 662, f° 249; 775).

Le bois de l'Auronce est dans la c^{ne} de Lucq : — *lo bosc de l'Auronse*, 1596 (ch. de Lucq, DD. 5).

Auronces (Les), h. c^{ne} de Lasseube.

Auronces (Les), lande, c^{ne} de Saucède.

Auronces (Les), lande, c^{te} d'Uzein, dans le Pont-Long.

Aurone (L'), ruiss. qui prend sa source à Aramits, dans le bois de Goulomme, arrose Ance et Féas et se jette dans le Vert. — *Lo val d'Oroo*, 1590 (ch. de Barétous, E. 359).

Aus-Bachious, éc. c^{nes} de Lespourcy et de Lombia.

Aus-Cités, éc. c^{ne} d'Andoins.

Aussehourque, fief, c^{ne} de Salies. — *L'ostau d'Ausse-Forque*, 1385 (cens. f° 6); vassal de la vicomté de Béarn.

Aussevielle, c^{on} de Lescar. — *Ause-Vielle*, 1342; *Ossebiele*, 1349 (not. de Pardies, n°s 1 et 2, f° 102). — *Aucevielle*, 1385; *Osse-Bielle*, 1402 (cens.). — *Aussabiela*, 1538; *Aussavielle*, 1675 (réform. de Béarn, B. 677, f° 95; 848, f° 3). — *Saint-Jean d'Aussevielle*, 1754 (terrier de Denguin, E. 308). — Il y avait une abbaye laïque vassale de la vicomté de Béarn. — En 1385, Aussevielle dépendait de la baronnie de Denguin.

Aussurucq, c^{on} de Mauléon. — *Aussuruc*, 1385 (coll. Duch. vol. CXIV, f° 43). — *Ausserue*, 1412 (not. de Navarrenx, f° 70). — *Ausuruc*, 1454; *Sent-Martin d'Auçuruc, Auserucus*, 1471 (ch. du chap. de Bayonne). — On dit en basque *Alsuruku*.

Austous, h. c^{ne} de Gan. — *Lo vic de Austos*, 1535 (réform. de Béarn, B. 701, f° 169). — *Le vicq d'Astous*, 1753 (dénombr. de Rébénac, E. 41).

Auterrive, c^{on} de Salies. — *Autarribe*, xiiie s^e (cart. de Bayonne, f° 76). — *Autaribe*, vers 1360 (ch. de Came, E. 425). — *Sent-Miqueu d'Autarribe*, 1442 (not. de la Bastide-Villefranche, n° 1, f° 44). — *Autarrive en France*, 1675 (réform. de Béarn, B. 680, f° 566). — Auterrive dép. de la subdélégation de Dax.

Autevielle, c^{on} de Sauveterre. — *Autebiele*, 1379 (ch. d'Autevielle, E. 2078). — *Lo passadge d'Autebielle*, 1442 (contrats de Carresse, f° 240). — *Le pont d'Autabiela* (sur le Gave d'Oloron), 1542; *Autavielle*, 1546 (réform. de Béarn, B. 736). — *Authe-*

vielle, 1728 (dénombr. de Gassion, E. 29). — *Autevielle-Saint-Martin-Bidéren*, depuis la réunion de Saint-Martin et de Bidéren : 18 avril 1842. — En 1385, Autevielle comptait 11 feux avec Saint-Martin et ressort. au baill. de Sauveterre.

Autrin (L'), ruiss. qui arrose la c^{ne} des Aldudes et se jette dans la Nive de Baïgorry.

Aux-Theys, f. c^{ne} de Bayonne, à Saint-Esprit. — *Lo Tei*, xiiie siècle (cart. de Bayonne, f° 26).

Auzin, f. et m^{in}, c^{ne} de Castétis. — *Ausü*, 1385 (cens. f° 39).

Auzu, mont. c^{nes} de Louvie-Juzon et d'Aste-Béon.

Aybès, mont. c^{nes} de Laruns et de Gère-Bélesten.

Ayoi (L'), ruiss. qui descend de Lées-Athas, arrose Osse et se jette dans le Lourdios.

Aydie, c^{on} de Garlin. — *Aidie*, 1385 (cens. de Béarn, f° 57). — *Aydia*, 1542 (cens. de Conchez, B. 730, f° 93). — *Ayrie*, 1675 (réform. de Béarn, B. 651, f° 288). — En 1385, Aydie comprenait 25 feux et ressort. au baill. de Lembeye.

Aydius, c^{on} d'Accous. — *Lo temple de Sent Martin d'Aydius*, 1590 (reg. d'Aydius, BB. 1, f° 3). — Il y avait une abbaye laïque vassale de la vicomté de Béarn. — En 1385, Aydius comptait 30 feux et ressort. au baill. d'Aspe.

Ayduc (L'), ruiss. qui prend sa source à Aramits et se jette dans le Vert d'Arette.

Aygonce, bois et mont. c^{nes} de Haux, Sainte-Engrace et Lanne.

Aygouas (L'), ruiss. qui arrose Saint-Gladie et se jette dans le Saison.

Ayguemeu, f. c^{ne} de Lahonce. — *Aqua minor*, xiie s^e (cart. de Bayonne, f° 10).

Ayhendy (L'), ruiss. qui coule à Beyrie (c^{on} de Saint-Palais) et se jette dans la Joyeuse.

Ayherre, c^{on} de la Bastide-Clairence. — *San Per de Aiherre*, 1321 (ch. de la Camara de Comptos). — *Ajarra*, 1513 (ch. de Pampelune). — *Ahyerre*, 1754 (collations du dioc. de Bayonne).

Ayous, mont. c^{ne} de Laruns. — *Lo port aperat Hooos, Eoos*, 1440 (cart. d'Ossau, f° 249). — *Yoos, Yous*, 1675 (réform. de Béarn, B. 655, f° 354 ; 657, f° 304).

Ayriné, h. c^{ne} de Borce.

Azun, montagne, c^{ne} de Laruns, sur la frontière d'Espagne.

B

Babatxé (Le), ruiss. qui prend sa source à Juxue et s'y jette dans l'Etchebarne.

Babernat (Le bois de), c^{ne} de Corbères-Abère-Domengeux ; mentionné en 1540 (réform. de Béarn, B. 841, f° 5).

Baburet (La mine de), mine de fer, c^{ne} de Louvie-Soubiron.

Baccarrau, m^{in} et fief, sur la rivière de Baïse, c^{ne} de Pardies (c^{on} de Monein). — *Molendinum de Batkaral*, 1176 ; *molendina de Barkarrau*, xiie s^e (cart. de l'abb. de Sauvelade, d'après Marca, Hist. de Béarn, p. 443 et 490). — *Molendina de Bacarrau*, 1235 (réform. de Béarn, B. 864). — *Lo molii de Bacarau*, 1457 (not. de Castetner, f° 72). — Le fief Baccarrau appartenait à l'abb. de Sauvelade et était vassal de la vicomté de Béarn.

Baccus, mont. c^{ne} de Sainte-Engrace.

Bachabet, éc. c^{ne} de Navarrenx-Béréreax.

Bachardon, fief, c^{ne} de Monein. — *L'ostau de Baxardoo*, 1385 (cens. de Béarn, f° 37). — Ce fief ressortissait au baill. de Monein et était vassal de la vicomté de Béarn.

Bachaulet (Le), rivière. — Voy. Luzoué (Le).

Bachoa, h. c^{ne} d'Arnéguy.

Bachot (Le), ruiss. qui prend sa source à Mesplède et se jette à Haget-Aubin dans le ruisseau d'Aubin.

Bachoué, fief, c^{ne} d'Andrein ; mentionné en 1641 (réform. de Béarn, B. 684, f° 53). — Ce fief était vassal de la vicomté de Béarn.

Badaro (Le ruisseau de), prend sa source près de Lamarque (départ. des Hautes-Pyrénées) et se jette dans l'Ousse à Pontacq.

Badé (Le), ruiss. qui arrose Coarraze et Bénéjac et se perd dans le Lagoin ; mentionné en 1675 (réform. de Béarn, B. 677, f° 117).

Badeigt, f. c^{ne} de Méritein. — *Badegs*, 1385 (cens. de Béarn, f° 24).

Badet, fief, c^{ne} de Monein. — *Badeg*, 1344 (not. de Pardies, f° 41). — *Badegs*, 1384 (not. de Navarrenx). — Ce fief relevait de la vicomté de Béarn.

Bager (Le), h. et bois, c^{ne} d'Eysus. — *La seube de Bayer*, xiiie s^e (fors de Béarn). — *Bagee*, 1538 ; *le Bagé*, 1675 (réform. de Béarn, B. 655, f° 5 ; 848). — Il y avait au Bager une comm^{rie} de Malte. — Voy. Saint-Christau.

Bagès, vill. c^{ne} de Béost. — *Baies*, xiie s^e (ch. de Gabas). — *Bayees*, 1385 (censier). — *Bagees*, 1538 (réform. de Béarn, B. 850). — En 1385, Bagès comptait 7 feux et ressort. au baill. d'Ossau.

BAGET, h. c^{ne} d'Arudy.

BAGNÈRE (LA), ruiss. qui arrose la commune de Lasseube et se jette dans le Léza.

BAGO, f. c^{ne} de Sainte-Engrace; mentionnée en 1481 (contrats d'Ohix, f° 100).

BAGOBACOTXA (LE BOIS DE), c^{ne} de Lacarry-Arhan-Charritte-de-Haut.

BAIG (LA), bois, c^{ne} d'Agnos.

BAIG (LA), h. c^{ne} de Lucq-de-Béarn. — *La Bag*, 1368 (not. de Lucq). — *La marque de Labaig*, 1562 (cens. de Lucq). — *La Baits* (carte de Cassini).

BAIG DE GEUP (LA), bois, c^{nes} de Castetbon et d'Audaux; tire son nom du hameau de Geup. — *Labaigts d'Audaus*, 1538; *Labaigt de Geup*, 1675 (réform. de Béarn, B. 682, f° 274; 721).

Le ruisseau de la Baig de Geup arrose la commune de Castetbon et se jette dans le ruisseau des Barthes. — *La Bag de Geup*, vers 1540 (réform. de Béarn, B. 799, f° 11).

BAIG DE SAINT-COURS (LA) OU DE CINQ-OURS, ruiss. qui descend des montagnes d'Etsaut et se jette dans le Sescouet.

BAÏGORRY (LA VALLÉE DE), arrond. de Mauléon; comprend les communes des Aldudes, Anhaux, Ascarat, la Fonderie, Irouléguy, Lasse, Saint-Étienne-de-Baïgorry et Urepel; elle commence à la frontière d'Espagne et finit à Ossès. — *Vallis quæ dicitur Bigur*, vers 980 (ch. du chap. de Bayonne). — *Beygur*, 1168 (coll. Duch. vol. CXIV, f° 35). — *Baigur*, 1186 (cart. de Bayonne, f° 32). — *Baigueir*, 1302 (ch. du chap. de Bayonne). — *Baiguer*, 1328 (ch. de la Camara de Comptos). — *Bayguerr*, 1335 (ch. du chap. de Bayonne). — *Beygorri*, 1397 (not. de Navarrenx). — *Sierra de Vaygurra*, 1446 (coll. Duch. vol. CXIV, f° 207).— *Bayguer*, 1402 (ch. de Navarre, E. 459). — La vallée de Baïgorry dépend du royaume de Basse-Navarre; anc. vicomté et archiprêtré du dioc. de Bayonne.

Le village de Baïgorry appartient à la commune de Saint-Étienne-de-Baïgorry.

BAIGPRÉGONE, f. c^{ne} de Salies. — *Bagpregone*, 1385 (cens. f° 5). — *Bagpergonne*, 1535; *la Bag Pregona*, 1543 (réform. de Béarn, B. 705, f° 216; 806, f° 47).

BAIGT D'AUBISE ET DE HAUT, h. c^{ne} de Borce.

BAIGTS, c^{on} d'Orthez. — *Baigs*, XIIIe s^e (fors de Béarn). — *Baigx*, 1318; *Bags*, 1343 (ch. de Béarn, E. 846; 1489). — *Bachs*, 1505 (not. de Garos). — *Batz*, vers 1540; *Vagtz*, 1548 (réform. de Béarn, B. 761, f° 1; 802, f° 15). — *Baitz*, 1582 (aliénations du dioc. de Dax, pièce 19). — *Baigts* dépendait du dioc. de Dax et était le chef-lieu de la notairie de Rivière-Gave; on y comptait 59 feux en 1385.

BAÏGURRA, mont. c^{nes} de Bidarray et de Macaye. — *Baygourra*, 1675 (réform. d'Ossès, B. 687, f° 9).

BAILLARGET (LE RUISSEAU DE), arrose Escurès et Corbères et se jette dans l'Arcis.

BAILLENX, f. c^{ne} d'Orthez. — *Balhenxs*, 1282 (cart. d'Orthez, f° 5). — *Baillens*, 1314 (rôles gascons). — *L'ostau de Balhenx*, 1385 (cens. f° 39). — *Balhenx*, 1546; *Bailleinx*, 1674 (réform. de Béarn, B. 754; 683, f° 131). — Le fief de Baillenx dép. du baill. d'Orthez et relev. de la vicomté de Béarn.

BAILLENX (LE RUISSEAU DE), arrose la c^{ne} de Salies et se jette dans le Saleys.

BAILONGUE (LA), ruiss. formé du Caparrecq et du Chicq, arrose Monein et se jette dans la Baisère. — *Baglongue*, 1441 (not. d'Oloron, n° 3, f° 115).

BAÏSE (LA), riv. qui prend sa source à Lasseubétat et se jette à Abidos dans le Gave de Pau, après avoir arrosé Lasseube, Monein, Lacommande, Aubertin, Arbus, Parbayse, Abos, Pardies (c^{on} de Monein), Noguères, Mourenx et Os-Marsillon. — *Baisa*, 1166 (ch. d'Aubertin, d'ap. Marca, Hist. de Béarn, p. 421). — *Bayse*, 1343 (not. de Pardies). — *La Bayze*, 1396 (not. de Lucq). — *La Baese*, 1441 (not. d'Oloron, n° 3, f° 115). — *La Baysa*, vers 1540 (réform. de Béarn, B. 789, f° 6).

BAISÈLE (LA), ruiss. qui prend sa source à Ogeu, arrose Lasseube et se mêle à la Baïse.

BAISÈRE (LA), ruiss. qui sort du bois de Larincq (c^{ne} de Monein), arrose Cuqueron et se jette dans la Baïse près de Pardies (c^{on} de Monein).

BAIX-SAINT-JEAN, éc. c^{ne} de Castillon (c^{on} de Lembeye).

BALAGUÉ (LE MOULIN DE), c^{ne} de la Bastide-Monréjau.

BALAGUER, f. c^{ne} de Monein. — *L'ostau de Balaguee*, 1385 (cens. f° 37). — *Balagué*, 1773 (dénombr. de Monein, E. 36). — Le fief de Balaguer dépendait du baill. de Monein et relevait de la vicomté de Béarn.

BALAING (LE), ruiss. qui prend sa source dans la c^{ne} de Saint-Armou et se jette dans le Luy-de-France après avoir arrosé Navailles-Angos, Doumy et Viven.

BALALIN, mont. c^{nes} de Barcus et de Montory.

BALAMBICQ, lande, c^{ne} de Mazerolles.

BALAMBITS, fief, c^{ne} de Peyrelongue-Abos. — *Balembitz*, 1385 (cens. f° 58). — Ce fief était vassal de la vicomté de Béarn.

BALANDRE (LA), ruiss. qui prend sa source à Ance et se jette dans le Vert à Oloron-Sainte-Marie.

BALANSUN, c^{on} d'Orthez; mentionné en 1205 (ch. de Bérérenx). — *Balensun*, XIIIe s^e (fors de Béarn).

3.

— *Balensu*, 1343 (not. de Pardies). — *Valenssun*, 1385 (cens.). — *Valencin* (Froissart, liv. IV). — *Balanssun*, 1536 (réform. de Béarn, B. 806, f° 3). — En 1385, Balansun comprenait 27 feux et ressort. au baill. de Pau. — Le fief de Balansun était vassal de la vicomté de Béarn.

BALASQUE, f. c^{ne} de Castétis. — *La lane de Balasco*, 1536; *Balasquo*, 1614 (réform. de Béarn, B. 806, f° 7; 816).

BALAY, banc de sable dans l'Adour, c^{ne} de Bayonne.— *Insula de Balay, juxta ecclesiam Sancti Bernardi de Baiona*, 1342 (rôles gascons).

BALAZÉ, h. c^{ne} de Gabaston; anc. commune. — *Balazée*, 1683 (réform. de Béarn, B. 654, f° 213).

BALÇA (LE COL DE), c^{ne} de Larrau.

BALEIX, éc. c^{ne} d'Audéjos.

BALEIX, c^{on} de Montaner; anc. dépendance de la comm^{rie} de Malte de Caubin et Morlàas. — *Bales*, xie siècle (cart. de Lescar, d'après Marca, Hist. de Béarn, p. 324). — *Balas*, xiie s^e (Hist. de Béarn, p. 450). — *Balestoos*, xiiie s^e (fors de Béarn). — *Baleixs*, 1385; *Balesie*, 1402 (cens.). — *Baleyxs*, *Balechs*, 1538; *Balex*, 1548 (réform. de Béarn, B. 758, f° 8; 838 et 844). — En 1385, Baleix comptait 22 feux et ressort. au baill. de Pau. — Le fief de Baleix relevait de la vicomté de Béarn.

BALESTÉ (LE RUISSEAU DE) ou DES BARTHES, sort du bois de Méritein, arrose Bastanès, Bugnein, Audaux, et se jette dans le Gave d'Oloron.

BALESTRADE, fief, c^{ne} de Castéide-Doat; créé en 1372 (contrats de Luntz, f° 15). — Ce fief était vassal de la vicomté de Béarn.

BALICHON, mⁱⁿ, c^{ne} de Bayonne. — *Molendinum de la Mufala, Balaisson*, 1198; *Balaichon, Molin de le Muhale, Molin de la Muffale, lo pont de Balaischon*, 1259 (cart. de Bayonne, f°s 23, 41 et 44). — *Baleyson*, 1331; *Baleychoun*, 1334 (rôles gascons).

BALIHAUT, f. c^{ne} de Castetbon; mentionnée en 1385 (cens. de Béarn, f° 25).

BALIRAC, c^{on} de Garlin. — *Saint-Félix de Balirac* est cité au xe s^e (Marca, Hist. de Béarn, p. 266). — *Balirag*, 1443 (contrats de Carresse, f° 270). — *Balirac-Maumusson* depuis la réunion de Maumusson à Balirac. — Le fief de Balirac était vassal de la vicomté de Béarn.

BALIROS, c^{on} de Nay. — *Balliros*, 1515 (ch. d'Assat, E. 359). — *Baliroos*, 1538 (réform. de Béarn, B. 826). — En 1385, Baliros comprenait 11 feux et ressort. au baill. de Pau.

BALIROT, h. c^{ne} d'Arthez-d'Asson.

BALLATE, vill. c^{ne} de Lagor.

BALOUR (LE PAS DE), mont. c^{ne} de Laruns. — *Balorn*, 1440 (cart. d'Ossau, f° 269). — *Baror*, 1538 (réform. de Béarn, B. 832, f° 5).

BALOUS (LE BOIS DE), c^{ne} de Lucgarrier.

BANCA, vill. c^{ne} de la Fonderie. — Ce nom vient d'une forge de fer (en basque, *banca*) qui y est établie.

BANIDA DE PIALAT (LE), mⁱⁿ, c^{ne} d'Idron; détruit dès 1731.

BANOSSOTTE, mont. c^{ne} de Borce.

BAQUE (LA), f. c^{ne} de Morlàas. — *Un hostau aperat la Baqua, pres lo portau de la Baqua*, 1645 (cens. de Morlàas, f° 247).

BARADAT, éc. c^{ne} d'Auga.

BARADAT, f. c^{ne} d'Arrosès.

BARADAT, f. c^{ne} de Billère.

BARADAT, f. c^{ne} de Castétis.

BARADAT, f. c^{ne} de Lembeye.

BARADAT, mⁱⁿ, c^{ne} de Monein. — *Lo moulia de Barada*, 1657 (not. de Moncin, n° 191, f° 73).

BARADATS (LES), lande, c^{ne} de Gerderest.

BARADE (LA), ruiss. qui prend sa source près de Lamarque (départ. des Hautes-Pyrénées), arrose Pontacq, Barzun, Livron, et se jette dans l'Ousse. — *La Ossera*, 1508 (not. de Pontacq, n° 1, f° 7). — *L'Ausere*, 1767 (terrier de Livron, E. 336).

BARAIN, f. c^{ne} de la Bastide-Villefranche. — *Baran d'Urdios*, 1393 (ch. de Came, E. 425).

BARALET (LE BOIS DE), c^{ne} de Borce. — Le ruisseau de Baralet coule à Borce et se jette dans le Gave d'Aspe.

BARAT, fief, c^{ne} de Saint-Dos; cité en 1538 (réform. de Béarn, B. 686, f° 256). — Ce fief relevait de la vicomté de Béarn.

BARATCHÉRY, h. c^{ne} de Saint-Pierre-d'Irube.

BARATEIGT (LE), ruiss. qui arrose le village d'Arrive et se jette dans le Saison.

BARATNAU, f. c^{ne} de Morlàas; fief mentionné en 1673 (réform. de Béarn, B. 652, f° 64). — Il relevait de la vicomté de Béarn.

BARATOUS, h. c^{ne} de Sainte-Suzanne.

BARBACANNE (LE CHEMIN), c^{ne} de Mauléon. — Ce nom vient, sans doute, du voisinage du château.

BARBAN, mont. c^{ne} de Laruns. — *Barbaa*, 1440 (cart. d'Ossau, f° 274).

BARBÉ, f. c^{ne} de Pontacq. — *Lo Barber*, 1385 (cens. de Béarn, f° 63).

BARBÉ (LE RUISSEAU), coule sur la c^{ne} de Vielleségure et se jette dans le Saleys.

BARBENÈGRE, f. c^{ne} de Labatut-Figuère.

BARBÉRA (LE), ruiss. qui prend sa source entre Ustarits et Arcangues, arrose Bayonne et Bassussarry et se jette dans la Nive.

BARBOL (LE), ruiss. qui arrose Lescun et se jette dans le Gave de Lescun.

Barca, mont. c^{ne} d'Aydius.
Barcus, c^{on} de Mauléon. — *Barcuys*, 1384 (not. de Navarrenx). — *Barcuix*, 1462 (not. d'Oloron, n° 4, f° 25). — *Sent-Saubador de Barcuix*, vers 1470 (contrats d'Ohix, f° 10). — *Barcoys*, 1520 (cout. de Soule). — *Barcux*, 1580 (ch. de Luxe, E. 360). — Il y avait une abbaye laïque vassale de la vicomté de Soule. — On dit en basque *Barkoche*.
En 1790, Barcus fut le chef-lieu d'un canton dépendant du district de Mauléon et composé des communes de Barcus, de l'Hôpital-Saint-Blaise et de Roquiague.
Bardamu (Le), ruiss. qui arrose Borce et se jette dans le Bélonce.
Bardos, c^{on} de Bidache; mentionné au XIIIe s^e (cart. de Bayonne, f° 25). — *Sancta Maria de Bardos*, 1693 (collations du dioc. de Bayonne). — Bardos était une baronnie relevant du duché de Gramont.
En 1790, Bardos fut le chef-lieu d'un canton dépendant du district d'Ustaritz et composé des communes de Bardos et de Guiche.
Bareille, f. c^{ne} de Bellocq. — *Barelhes*, 1385 (cens. f° 7).
Bareille (La), mont. c^{nes} de Gère-Bélesten, Laruns et Aydius.
Bareilles, f. c^{ne} d'Arudy. — *Barelhes*, 1385 (cens. f° 72).
Bareilles, f. c^{ne} de Buzy. — *Barelhes*, 1614 (réform. de Béarn, B. 817).
Bareilles (Le ruisseau des), prend sa source à Baliros et se jette à Narcastet dans le ruisseau Lascoure. — *Las Barelhes*, 1538 (not. d'Assat, n° 7, f° 4).
Barescou, h. c^{ne} d'Escot. — Le ruisseau de Barescou prend sa source à Bilhères, au col de Marie-Blanque, et se jette à Escot dans le Gave d'Aspe.
Barétous (La vallée de), arrond. d'Oloron; comprend les c^{nes} d'Ance, Aramits, Arette, Féas, Issor et Lanne. Placée entre la Soule et la vallée d'Aspe, elle commence à la frontière d'Espagne et finit à Oloron-Sainte-Marie. — *Baratos*, 1290 (ch. de Béarn, E. 427). — *La terre de Baretoos*, 1376 (montre militaire, f° 68). — *Varatoos*, 1385 (cens.). — *Barethous*, 1477 (ch. d'Aspe). — Au XVIIIe siècle, on disait *Barétons*. — Le chef-lieu de la vallée était Aramits. — En 1385, la vallée de Barétous ressort. au baill. d'Oloron.
Barhencuby (Le), ruiss. qui arrose Aussurucq et se jette dans le Saison à Idaux-Mendy.
Barhoue (La), anc. division de la Soule. — *La Barrehovva*, 1358 (rôles gascons). — *La Barhoa*, 1471; *la Barhoha*, 1479 (contrats d'Ohix, f°s 25 et 74). — *L'Abarhoe*, 1520 (cout. de Soule). — La Barhoue formait une des trois *messageries* de la Soule et comprenait les communes d'Ainharp, Aroue, Arrast-Larrebieu, Berrogain-Laruns, Charritte-de-Bas, Chéraute, Domezain-Berraute, Espès-Undurein, Etcharry, Ithorots-Olhaïby, Lohitzun-Oyhercq, Mauléon-Licharre, Moncayolle-Larrory-Mendibieu, Osserain-Rivareyte, Viodos-Abense.

Baricomme, h. c^{ne} de Sedze-Maubec; mentionné en 1675 (réform. de Béarn, B. 648, f° 241). — Le ruiss. de Baricomme arrose Sedze-Maubec et se jette dans le Léen.
Baridein, éc. c^{ne} de Montfort.
Baringouste, h. et bois, c^{ne} de Monein; mentionné en 1675 (réform. de Béarn, B. 661, f° 9).
Barinque, fief, c^{ne} de la Bastide-Cézéracq. — *L'ostau de Barinco*, 1538 (réform. de Béarn, B. 848, f° 3). — Ce fief relevait de la vicomté de Béarn.
Barinque, c^{on} de Morlàas. — *Barinco*, 1402 (cens.). — *Barincquo*, 1538 (réform. de Béarn, B. 866). — *Barinquo*, 1542 (ch. de Barinque, E.). — *Barincou*, 1676 (réform. B. 652, f° 231). — Il y avait une abbaye laïque vassale de la vicomté de Béarn. — En 1385, Barinque ressortissait au baill. de Pau et comptait 15 feux.
Barlanès (La vallée du), comprend une partie de la c^{ne} de Lanne. — *La Bag de Berlanes*, 1590 (ch. de Barétous, E. 359).
Barnècue, f. c^{ne} d'Espiute. — *L'ostau de Barhaneche*. 1385 (cens. f° 14). — *Barhanecha, Barhenica*, 1538; *Berhanexe*, 1546 (réform. de Béarn, B. 754; 833 et 842). — Le fief ressort. au baill. de Sauveterre et relevait de la vicomté de Béarn.
Barnéheguy (Le), ruiss. qui arrose la c^{ne} de Macaye et se jette dans l'Oyhène.
Baron, f. c^{ne} de Montaut.
Baroumères, f. c^{ne} de Ramous. — *Barromeres*, 1385 (cens. f° 9).
Barraca de Barlane, mont. c^{ne} d'Osse.
Barraoua, h. c^{ne} de Lembeye; mentionné en 1675 (réform. de Béarn, B. 649, f° 279).
Barrail (Le), ruiss. qui limite Oràas et Sauveterre et se jette dans le Labourt-Heuré.
Barrailla, eaux minérales, c^{ne} d'Autevielle-Saint-Martin-Bidéren.
Barraute, c^{on} de Sauveterre. — *Berraute*, 1385 (cens.). — *Sent Sapriaa de Berraute*, 1413 (not. de Navarrenx, f° 25). — *Berauta*, 1548; *Beraute*, 1687 (réform. de Béarn, B. 760, f° 39; 686, f° 212). — *Barraute-Camu*, depuis la réunion de Camu : 14 juin 1841. — En 1385, Barraute comprenait 24 feux et ressortissait au baill. de Navarrenx.
Barrècue, fief, c^{ne} de Berrogain-Laruns; mentionné

en 1383 (contrats de Luntz, f° 84), vassal de la vicomté de Soule.

BARNÈRES, éc. c^ne de Dognen.

BARNÈRES (LES), éc. c^ne de Lons.

BARNETCHIRY, h. c^ne de Musculdy.

BARROILHET, f. c^ne de Biarrits.

BARROS, éc. c^ne de Lahourcade; mentionné en 1776 (terrier de Lahourcade).

BARROU, lac, c^ne de la Bastide-Villefranche.

BARRY, f. c^ne de Lembeye.

BARRY, h. c^ne de Castéide-Doat.

BARS, mont. c^ne de Sarrance.

BARSIOUS (LES), lande, c^ne d'Aurions-Idernes.

BARTHAZE, f. c^ne de Pontacq.

BARTHE, f. c^ne de Sainte-Suzanne. — *Lo terrador aperat la Barte de Larus*, 1457 (not. de Castetner, f° 88).

BARTHE, fief, c^ne de Navarrenx. — *L'ostau de Barte*, 1385 (cens. f° 32). — *Barta*, 1535 (réform. de Béarn, B. 833). — Il y avait une abbaye laïque qui appartenait aux jurats de Navarrenx et était vassale de la vicomté de Béarn.

BARTHE (LA), bois, c^ne de Bordes (c^on de Clarac). — *Lo Bartaa*, 1536 (réform. de Béarn, B. 807, f° 52).

BARTHE (LA), bois, c^ne de Bouillon.

BARTHE (LA), bois, c^ne de Labatut-Figuère.

BARTHE (LA), bois, c^ne de Portet. — Il comprenait 155 arpents en 1777.

BARTHE (LA), fief, c^ne de Conchez; créé en 1609. — *Barthe ou Artigues*, 1728 (dénombr. de Conchez, E. 26). — Ce fief relevait de la vicomté de Béarn.

BARTHE (LA), lande, c^ne d'Arrosès.

BARTHE (LA), lande, c^ne d'Uzan.

BARTHE D'ARMAU (LA), bois et landes, c^nes d'Os et de Lagor; mentionné en 1548 (réform. de Béarn, B. 759).

BARTHE DE MONNET (LA), bois et landes, c^ne de Castetbon; mentionnés en 1675 (réform. de Béarn, B. 682, f° 278).

BARTHE-JUZAA (LA), éc. c^ne de Lasseube.

BARTHES (LES), éc. c^ne de Monpezat-Belrac.

BARTHES (LES), éc. c^ne de Sarpourenx.

BARTHES (LES), h. c^ne de Ponson-Debat-Pouts; mentionné en 1675 (réform. de Béarn, B. 648, f° 339).

BARTHES (LES), ruiss. qui arrose Oloron et Ledeuix et se jette à Cardesse dans la Lèze.

BARTHES (LES), ruisseau. — Voy. BALESTÉ.

BARTHET, f. c^ne de Viellesègure. — *Barte*, 1385 (cens. f° 35).

BARTHETTE (LA), ruiss. qui arrose Ogeu et se jette dans l'Aiguette.

BARTHIEU (LE), ruiss. qui coule sur la c^ne de Bellocq et s'y jette dans le Gave de Pau.

BARTHULAGUE, f. c^ne d'Ithorots-Olhaiby. — *Batrulague*, 1477 (contrats d'Ohix, f° 55).

BARTOTS (LES), éc. c^ne de Bordes (c^on de Clarac).

BARTOUIL (LE), éc. c^ne de Samsons-Lion.

BARTOUILLE (LA), m^in sur le ruisseau Labourt-Heuré, c^ne de Sauveterre; mentionné en 1675 (réform. de Béarn, B. 680, f° 267). — *La Bortouille* (Cassini).

BARZUN, c^on de Pontacq. — *Barzunum*, 1286 (ch. de Béarn, E. 267). — *Barsun*, 1402 (censier). — *Barssun*, 1538 (réform. de Béarn, B. 848, f° 3). — En 1385, Barzun comptait 13 feux et ressort. au bailliage de Pau. — C'était, au XVIIIe siècle, le chef-lieu de la notairie de Rivière-Ousse.

BASACLE (LE), m^in et fief, c^ne de Morlàas; mentionné en 1338 (cart. d'Ossau, f° 37). — *Lo Basagle*, 1538; *le Basadgle*, 1665; *Bazadgle*, 1674 (réform. de Béarn, B. 652, f° 20; 848, f° 5; 872). — Ce fief était vassal de la vicomté de Béarn.

BASAU (LE LAC), c^ne de Laruns.

BASCASSAN, vill. c^ne d'Ahaxe; ancienne commune réunie d'abord à Alciette, puis à Ahaxe le 11 juin 1842. — *Bazcacen*, 1513 (ch. de Pampelune). — *Vazcazen*, *Vazcaçan*, 1621 (Martin Biscay).

BASCOIN, éc. c^ne de Rivehaute.

BASCOU (LE), éc. c^te de Diusse.

BASEIGT (LE), ruiss. qui arrose Louvie-Juzon et Capbis et se jette dans le Béés. — *Lo Basesp*, 1538 (réform. de Béarn, B. 820).

BASQUE (LE PAYS). — On comprend sous ce nom les arrondissements de Mauléon et de Bayonne. — *Vasci* (Silius Italicus). — *Vaccœia*, vers 640 (Duch. Hist. Franc. I, p. 647). — *Bascle*, XIe s^e (chanson de Roland, ch. I, vers 213). — *Basclonia*, v. 1160 (Hugues de Poitiers). — *Los Bascas*, XIIIe s^e (Hist. de Languedoc, III, pr. col. 32). — *Le pays de Bascles, les Basclois* (Froissart, liv. III). — *La terre de Bascos*, 1519 (ch. de Navarre, E. 470).

BASQUES, h. c^ne d'Aramits.

BASQUES (LA CÔTE DES), c^ne de Biarrits, sur le bord de l'Océan; ainsi nommée parce que les Basques y viennent en grand nombre le dimanche qui suit la Nativité.

BASSABILE (LE), ruiss. qui prend sa source à Lohitzun, arrose Ainharp et se jette à Aroue dans la Phaure.

BASSABURE ou BASSABURU. — Ce nom s'applique aux parties élevées des villages du pays Basque.

BASSABURE (LE), ruiss. qui arrose Espelette et se jette dans le Subiçabaléta. — Ce ruisseau tire son nom d'un hameau d'Espelette.

BASSABURE (LE), ruiss. qui prend sa source à Gamarthe,

traverse Lacarre et Bustince-Iriberry et se perd dans le Harçuby.

BASSACHARRÉ (LE), ruiss. qui prend sa source à Estérençuby et s'y jette dans la Nive de Béhérobie.

BASSAPOURE, h. c^ne de Saint-Jean-le-Vieux. — Le vrai nom serait *Bassabure*.

BASSANAÏTZ (LE), ruiss. qui coule à Bunus et se jette dans la Bidouse.

BASSANRIÉTA (LE), ruiss. qui arrose Iholdy et Irissarry et se perd dans l'Uhalde.

BASSAUT (LE), ruiss. qui coule à Saint-Faust et se jette dans le ruisseau des Hies.

BASSE, f. c^ne de Lestelle. — *La Bassa*, vers 1540 (réform. de Béarn, B. 787, f° 41).

BASSE (LA) ou LABAS, ruiss. qui arrose Garlin et se jette dans le Gros-Léès.

BASSEBOURE, h. c^ne de Cambo.

BASSEBOURE, h. c^ne de Sare. — Le véritable nom est *Bassabure*.

BASSILLON, c^on de Lembeye. — *Basilhoo*, 1402 (cens.). — *Bacilhoo*, vers 1540 ; *Baxilho*, 1542 ; *Basilhon*, 1546 ; *Bacilhon*, vers 1550 (réform. de Béarn, B. 728, f° 10 ; 783, f° 7 ; 841, f° 35). — *Bassillon-Vauzé*, depuis la réunion de Vauzé. — En 1385, Bassillon comptait 7 feux et ressort. au baill. de Lembeye.

BASSOTS (LES), éc. c^ne de Mourenx ; mentionné en 1766 (terrier de Mourenx, E. 277).

BASSUSSARRY, c^on de Bayonne-Nord-Ouest. — *Bila-Nave quœ vocatur Bassessari*, vers 1150 ; *Bassessarri*, 1186 ; *Bacessari*, 1256 ; *Bassissari*, xiiie siècle (cart. de Bayonne, f°s 11, 32, 40 et 73). — *Sanctus Bartholomeus de Bassussary*, 1768 ; *Bassussarits*, 1771 (collations du dioc. de Bayonne).

BASTAN (Le), ruiss. qui prend sa source dans les montagnes de Maya (Espagne), arrose Bidarray et se jette dans la Nive.

BASTANAU, lande, c^ne de Maspie-Lalonquère-Juillac.

BASTANÈS, c^on de Navarrenx ; mentionné au xie siècle (Marca, Hist. de Béarn, p. 272). — *Bastenes*, 1375 (contrats de Luntz, f° 103). — *Bastanees*, 1385 (not. de Navarrenx). — *Bastannes*, vers 1540 (réform. de Béarn, B. 799, f° 15). — *Sanctus Laurentius de Bastanès*, 1608 (insin. du dioc. d'Oloron). — En 1385, Bastanès comprenait 28 feux et ressort. au baill. de Navarrenx.

BASTARD (LA FORÊT), c^ne de Pau, dans les landes du Pont-Long. — *Lo bosc de Larron*, 1394 (ch. de Buros, E. 359). — *Lo bosc aperat Laron, lo bosc Larront*, 1450 (reg. de la Cour Majour, B. 1, f°s 51 et 65). — *Larrond*, 1743 (dénombr. de Pau, E. 40). — Le nom actuel de ce bois vient du grand maître des eaux et forêts de Bastard.

BASTAROUS, h. c^ne de Gan. — *Bastarros*, 1385 (cens. f° 69).

BASTERREIX, lieu de pèlerinage, c^ne de Halsou.

BASTIDA, h. c^ne d'Ahaxe-Alciette-Bascassan.

BASTIDE (LA), fief, c^ne d'Assat. — Voy. DUFFORT.

BASTIDE (LA), h. c^ne de Saint-Étienne-de-Baïgorry. — *La Bastida*, 1513 (ch. de Pampelune). — Le ruisseau de la Bastide prend sa source à Saint-Étienne-de-Baïgorry et s'y jette dans la Nive de Baïgorry.

BASTIDE (LA), ruiss. qui prend sa source à Arnos et se jette dans le Luy-de-Béarn, après avoir arrosé Pomps, Morlanne et Castéide-Candau.

BASTIDE-CÉZÉRACQ (LA), c^on d'Arthez. — *Ceserayg*, xiie s° (Marca, Hist. de Béarn, p. 453). — *Seserayg*, 1286 (Gall. christ. Lescar). — *Cecerac*, 1344 (not. de Pardies). — *Sezerac*, 1352 (cart. d'Orthez, f° 21). — *Lo vieler de Seserac*, 1385 (cens. f° 43). — *Secerac*, 1443 (contrats de Carresse, f° 283). — *La Bastide vialer de Ceserac*, 1538 (réform. de Béarn, B. 823). — En 1385, la Bastide-Cézéracq ressortissait au baill. de Pau et comprenait 40 feux.

BASTIDE-CLAIRENCE (LA), arrond. de Bayonne. — *La Bastida nueva de Clarenza*, 1312 (ch. de la Camara de Comptos). — *La Bastida de Clarence*, 1364 (ch. de Navarre, E. 459). — *La Bastide*, 1380 ; *la Bastida de Clarença*, 1398 (coll. Duch. vol. CXIV, f°s 186 et 187). — *La Bastide de Claressse*, 1422 (not. d'Oloron, n° 2, f° 23). — *Bastida de Clarencia*, 1513 (ch. de Pampelune). — *La Bastide de Clerance*, 1665 (reg. des États de Navarre). — *Beata Maria de la Bastide de Clerence*, 1767 (collations du dioc. de Bayonne).

En 1790, le canton de la Bastide-Clairence, dépendant du district de Saint-Palais, ne comprenait que la commune.

BASTIDE-MONRÉJAU (LA), c^on d'Arthez. — *Mont-Reyau*, 1352 (not. de Pardies). — *La Bastide de Mont-Reyau*, 1385 (cens. de Béarn, f° 43). — *La Bastide-Monreyau*, 1440 (cens.). — En 1385, la Bastide-Monréjau ressort. de Pau et comprenait 37 feux. — C'était le chef-lieu d'une notairie composée de Cescau, Viellenave (c^on d'Arthez), Bougarber, Beyrie (c^on de Lescar), la Bastide-Cézéracq, Castéide-Cami, Lignac, Denguin, Vignoles, Castillon (c^on d'Arthez), Boumourt, Arnos et Doazon.

BASTIDE-VILLEFRANCHE (LA) OU LA BASTIDE-DE-BÉARN, c^on de Salies. — *Bielefranque*, vers 1360 (ch. de Came, E. 425). — *Vielefranque*, 1375 (contrats de Luntz, f° 132). — *Sent Saubador de Bielefranque*, 1442 ; *Bielefranqua*, 1472 (not. de la Bastide-

Villefranche, n° 1, f° 44; n° 2, f° 15). — *La Bastide de Vielefranca*, 1538 (réform. de Béarn, B. 833). — En 1385, la Bastide-Villefranche comprenait 23 feux et formait avec Mu un bailliage composé de By, le Leu et Saint-Dos. — C'était le chef-lieu d'une notairie où ressortissaient Saint-Dos, Carresse, Castagnède et Cassaber.

Bastides (Le chemin des), conduit de la cne de Bunus à celle de Saint-Just-Ibarre.

Bat (La), ruiss. qui arrose Bosdarros et Narcastet et se jette dans le ruisseau des Bareilles; mentionné en 1540 (not. d'Assat, n° 8, f° 60).

Bat (La) ou Labat, ruiss. qui coule à Vialer et se perd dans le Léés.

Bataille-Funé, f. cne de Pontacq. — *Batalhe*, 1385 (cens. f° 63). — *Batalha*, vers 1540 (réform. de Béarn, B. 800, f° 3).

Bataillès (Le), ruiss. qui prend sa source à Asson et se jette dans le Béès. — *L'ariu de Bathalhes*, 1501 (not. de Nay, n° 1, f° 61).

Bataillès (Le), ruiss. qui arrose Asson et se jette dans l'Ouzon.

Batan (Le), f. et m{in}, cne de Lescar. — Ce nom s'appliquait, au moyen âge, à tous les moulins à foulon.

Batbielle, landes et bois, c{nes} d'Angaïs, Boeil, Bénéjac, Bordères, Lagos, Mirepeix et Beuste. — *Baigbiella*, xiiie s{e} (fors de Béarn). — *Archidiagonat de Batbilho*, 1385 (cens. f° 44). — *Batbielhe*, 1396; *l'arsidiagonat de Begbielhe*, 1400 (not. de Navarrenx).. — *Lo conbent de Bagbielhe*, 1538; *les Abbatbielles*, 1675 (réform. de Béarn, B. 673, f° 410; 833, f° 12). — Ce territoire était sous la juridiction des jurats de Beuste. — Batbielle était le titre d'un archidiaconé du dioc. de Lescar dont l'étendue répondait à celle des cantons de Nay et de Clarac.

Batbielle, mine, cne de Louvie-Soubiron.

Bat-d'Ibarry (La), ruiss. qui prend sa source à Arette et s'y jette dans le Vert d'Arette.

Batmalle, éc. cne de Rontignon.

Bats, f. cne de Gélos.

Baucouye, lande, cne de Ger.

Baudès (Le), ruiss. qui prend sa source dans la c{ue} de Béost-Bagès et s'y jette dans l'Ouzon.

Baudreix, c{on} de Clarac; mentionné au xie s{e} (Marca, Hist. de Béarn, p. 356). — *Baudreixs*, 1385; *Baudreys*, 1402 (cens.). — *Baudres*, 1546; *Baudrexs*, 1580 (réform. de Béarn, B. 809). — En 1385, Baudreix comptait 6 feux et ressort. au baill. de Pau. — L'ancien village fut détruit en 1772 par les inondations du Gave de Pau.

Baure, h. c{nes} de Sainte-Suzanne et Salles-Mongiscard; mentionné en 1322 (cart. d'Orthez, f° 3). — *Baura*, 1538 (réform. de Béarn, B. 833). — *Beaure* (Cassini). — Le fief de Baure dépendait du baill. de Larbaig et relevait de la vicomté de Béarn.

Baute, h. cne de Castetbon; mentionné en 1391 (contrats de Navarrenx). — *Bauta*, vers 1538 (réform. de Béarn, B. 734, f° 4).

Bayac, h. cne de Bouillon.

Baygran, montagne. — Voy. Hourquette de Baygran.

Baylacq, f. cne de Bugnein.

Bayonne, ch.-l. d'arrond. — *Civitas Boatium* (?); *Tribunus cohortis Novempopulanæ: Lapurdo* (not. des provinces). — *Lapurdum* (Grég. de Tours). — *Sancta Maria Lasburdensis*, vers 980 (ch. du chap. de Bayonne). — *Sancta Maria Baionensis*, 1105; *civitas de Baiona*, vers 1140; *Baione*, commencement du xiiie s{e} (cart. de Bayonne, f{os} 5, 7 et 30). — *Bayona*, 1248; *Bayone*, 1253 (ch. de la Camara de Comptos). — *Baïonne*, xive siècle (Guill. Guiart, vers 3864).

L'évêché de Bayonne était le dixième suffragant de l'archevêché d'Auch; le diocèse comprenait primitivement: l'archidiaconé de Labourd ou de Bayonne, *archidiaconatus Laburdensis*; l'archidiaconé de Cize, *archidiaconatus de Cizia*; puis les vallées de Bastan et de Lérin, les territoires d'Hernani, Saint-Sébastien et Valcarlos, situés en Espagne; ces dernières possessions furent enlevées au diocèse de Bayonne par Philippe II d'Espagne et réunies au diocèse de Pampelune. — Le concordat de 1802 donna pour circonscription au diocèse de Bayonne les départements des Hautes-Pyrénées, des Basses-Pyrénées et des Landes; la loi du 4 juillet 1821 et la bulle du 10 octobre 1822 l'ont réduit au département des Basses-Pyrénées. Il y avait à Bayonne des couvents d'Augustins, Capucins, Carmes, Cordeliers, Dominicains, de Clairistes et de Visitandines.

La vicomté de Bayonne ou de Labourd exista jusqu'à 1193. — La charte de commune de Bayonne fut octroyée en 1215 par Jean-Sans-Terre, roi d'Angleterre.

Bayonne était le siège d'un sénéchal, d'un bureau de l'amirauté et d'un hôtel des monnaies.

La subdélégation de Bayonne, qui fut successivement comprise dans les généralités de Guyenne, d'Auch, de Bordeaux, de Pau et Bayonne et enfin de Bordeaux en 1788 et 1789, se composait des communes formant les cantons de Bayonne-Nord-Est, moins le Boucau; Bayonne-Nord-Ouest, Espelette, Saint-Jean-de-Luz et Ustaritz en entier; des communes de Bardos et de Guiche, du canton de Bidache; Bonloc, Hasparren, Mendionde et Macaye, du canton de Hasparren; Briscous et Urt du canton de la Bastide-Clairence.

En 1790, Bayonne fit partie du district d'Ustarits.

Les armoiries de la ville de Bayonne sont *d'azur à la tour crénelée et talusée d'argent, ondée au naturel sous le pied, cantonnée à dextre d'un N couronné d'or, avec deux pins de sinople, chargés chacun de sept fruits d'or et posés en pal derrière deux lions d'or.* Devise : *Nunquam polluta.*

BAYONNETTE (LA), mont. c^{nes} d'Urrugne et de Biriatou, sur la frontière d'Espagne.

BAYRES, f. c^{ne} d'Arette; mentionnée en 1538 (réform. de Béarn, B. 825, f° 18).

BAZEST (LE), ruisseau. — Voy. BASEIGT (LE).

BAZIART, f. c^{ne} de Baigts. — *Bessiart,* vers 1540 (réform. de Béarn, B. 802, f° 19).

BAZIET, h. c^{ne} de Sévignacq (c^{on} de Thèze).—*Lo Baset,* 1385 (cens. f° 56). — *Basiet,* 1547 (réform. de Béarn, B. 757, f° 48).

BÉARN (LE), anc. prov. — *Venami*[1] (Pline). — *Benarnenses* (not. des provinces). — *Biara* (Orderic Vital, lib. XIII). — *Beart, Beardum* (Guill. de Tyr). — *Biarnum,* 1171 (ch. de Barcelone, d'après Marca, Hist. de Béarn, p. 483). — *Biarnium,* 1250 (ch. de Béarn, Marca, p. 621). — *Biard, Biar* (Mathieu Pâris). — *Byern, Biern,* 1277 (rôles gascons). — *La terra Gaston,* XIIIe s^e (chron. des Albigeois, vers 2647). — *Bearnases,* XIIIe s^e (Hist. de Languedoc, III, pr. col. 39). — *Bias, Byas,* XIIIe s^e; *Bearnium, Biarn, Bearnum,* XIVe s^e (Histor. de France, XXI, p. 93, 179, 695, 784 et 803). — *Berne* (Froissart). — *Baines, Bierne,* XIVe s^e (chron. de Duguesclin, I, p. 464 ; II, p. 21).

Le Béarn était borné au N. par la Chalosse, le Tursan et le bas Armagnac; à l'E. par le Bigorre; au S. par l'Aragon; à l'O. par la Soule et le duché de Gramont. — Cette province comprenait les communes formant l'arrondissement de Pau, moins Boueilh-Boueilho-Lasque et Pouliacq; l'arrondissement d'Oloron en entier; l'arrondissement d'Orthez, moins Arzacq, Auterrive, Bonnut, Cabidos, Castéide-Candau, Coublucq, Escos, Labeyrie, Lacadée, Lahontan, Léren, Louvigny, Malaussanne, Méracq, Poursiugues-Boucoue, Saint-Médard, Saint-Pé-de-Léren, Sault-de-Navailles, Séby, Vignes; plus Arbleix et Picheby (département des Landes).

La vicomté de Béarn, vassale du duché de Gascogne, existait au IXe siècle; héréditaire dès 940, elle devint, en 1170, vassale du royaume d'Aragon ; indépendante depuis la fin du XIIe siècle, elle fut réunie à la couronne par édit du 19 octobre 1620.

Le Béarn, pays d'États, formé, dès le XIIe siècle, des vicomtés de Béarn, de Montaner, d'Oloron, d'Ossau, et de la baronnie d'Orthez, fut divisé, au XIIIe, en dix-sept vics judiciaires[1]; en 1385, on y comptait dix-sept bailliages : Aspe, Garos, Lagor et Pardies, Larbaig, Lembeye, Monein, Montaner, Mu et Villefranche, Navarrenx, Nay, Oloron, Orthez, Ossau, Pau, Salies, Sauveterre, Rivière-Gave. En 1487, le Béarn était divisé en sept *parsans* : Navarrenx, Oloron, Orthez, Pau, Salies, Soubestre, Vicbilh; en 1538, en vingt bailliages : Aspe, Barétous, Castétis, Garos, Lagor et Pardies, Larbaig, Lembeye, Monein, Montaner, Morlàas, Mu, Navarrenx, Nay, Oloron, Orthez, Ossau, Pau, Rivière-Gave, Salies, Sauveterre; en 1547, en dix-neuf *parsans* : Anoye, Arthez, Conchez, Garlin, Garos, Lembeye, Loubieng, Lucq, Momas, Monein, Montaner, Morlàas, Navarrenx, Nay, Oloron, Orthez, Pau, Pontacq, Salies; on doit ajouter à cette division les trois vallées d'Aspe, de Barétous et d'Ossau; enfin, au XVIIIe siècle, il n'y eut plus que douze *parsans* : Aspe, Monein, Montanérès, Navarrenx, Nay, Oloron, Orthez, Ossau, Pau, Salies, Sauveterre, Vicbilh.

Les sénéchaussées du Béarn étaient au nombre de cinq et avaient leurs chefs-lieux à Pau, Morlàas, Orthez, Oloron et Sauveterre.

Les armoiries du Béarn sont *d'or à deux vaches passant de gueules, accornées, accolées et clarinées d'azur.*

BÉARN (LE CHEMIN DE), conduit de Saubole à Ponson-Dessus.

BEAUFRANC, fief, c^{te} de Moncaup; vassal de la vicomté de Béarn.

BEAUTE, f. c^{ne} de Coslédàa-Lube-Boast.

BÉCAS, f. c^{ne} de Gan. — *Becaas,* 1385 (cens. f° 69). — *Beccas,* 1535 (réform. de Béarn, B. 701, f° 84).

BÉCHACQ, h. c^{ne} d'Arthez-d'Asson.

BÉDAT, f. c^{ne} de Salles-Mongiscard; mentionnée en 1385 (cens. f° 8).

BÉDAT (LE), bois, c^{ne} de Moncaup; mentionné en 1458 (réform. de Béarn, B. 650, f° 63).

BÉDAT (LE), éc. c^{ne} d'Arthez. — Ce nom s'applique à tous les bois mis en défens.

BÉDAT (LE), h. c^{ne} de Nabas.

BÉDAT D'USQUAIN (LE) ou LA MIELLE, ruiss. qui coule à Tabaille-Usquain et se perd dans le Saison.

BEDBÉDEN, f. c^{ne} de Morlanne.

BEDEILLE, c^{on} de Montaner. — *Avedele,* 1101 (cart. de Lescar, d'après Marca, Hist. de Béarn, p. 375). — *Bedelhe,* 1402 (cens.). — *Vedelha, Avedelha,* 1429

---

[1] Sans doute *Venarni.*

[1] Voir l'Introduction.

(cens. de Bigorre, f°⁸ 266 et 267). — *Abedeille*, 1682 (réform. de Béarn, B. 648, f° 233). — Bedeille était une petite souveraineté qui, après avoir appartenu aux d'Albret au xvii° siècle, se trouvait, en 1789, au pouvoir du roi de Prusse.

Bédéra (Le), ruiss. qui prend sa source à Bonnut, sort des Basses-Pyrénées et se jette dans le Luy-de-Béarn près d'Amou (dép. des Landes).

Bédourède (La), fief, c°⁸ d'Orthez; créé en 1618, vassal de la vicomté de Béarn.

Bedous, c°⁸ d'Accous. — *Bedosse*, 1128 (ch. d'Aubertin, d'après Marca, Hist. de Béarn, p. 421). — *Bedoos*, 1250 (for d'Aspe). — *Bedos*, 1267 (cart. d'Oloron, f° 53). — *Saint Michel de Bedous*, 1675 (insin. du dioc. d'Oloron). — Il y avait une abbaye laïque vassale de la vicomté de Béarn. — En 1385, Bedous ressort. au baill. d'Aspe et comprenait 62 feux.

Bés (Le) ou Bez, ruiss. qui prend sa source à Capbis et se jette dans le Gave de Pau, après avoir arrosé Bruges, Asson et Nay. — *Le Bés*, 1675 (réform. de Béarn, B. 674, f° 331).

Bégousse, mont. c°⁸ de Haux, Laguinge-Restoue et Montory.

Bégoussère (La), éc. c°⁸ de Sainte-Suzanne. — *Les Bégossères*, 1779 (terrier d'Agoès, E. 247).

Bégué, f. c°⁸ de Lembeye.

Bégué (Le), f. c°⁸ de Castillon (c°⁸ de Lembeye).

Béguer, éc. c°⁸ de Sedze-Maubec. — *Bégué*, 1675 (réform. de Béarn, B. 648, f° 246).

Béguer, fief, c°⁸ de Sauveterre. — *L'ostau deu Beguer de Sunarta*, 1538; *Bégué*, 1666 (réform. de Béarn, B. 683, f° 41; 848, f° 9). — Ce fief était vassal de la vicomté de Béarn.

Béguer (Le), f. c°⁸ de Castetpugon.

Béguer (Le), fief, c°⁸ d'Igon, mentionné en 1538 (réform. de Béarn, B. 833). — Ce fief relevait de la vicomté de Béarn.

Béguer (Le), fief, c°⁸ de Loubieng. — *Lo veguer de Lobienh*, 1546 (réform. de Béarn, B. 754). — Ce fief était vassal de la vicomté de Béarn.

Béguer (Le), fief, c°⁸ de Saint-Gladie; mentionné en 1675 (réform. de Béarn, B. 684, f° 37); vassal de la vicomté de Béarn.

Béguerie, f. c°⁸ de Saint-Castin. — *Begarie*, 1535 (réform. de Béarn, B. 704, f° 171).

Béguios, c°⁸ de Saint-Palais. — *Beyos*, xii° s° (coll. Duch. vol. CXIV, f° 32). — *Beios*, commencement du xiii° s° (cart. de Bayonne, f° 26). — *Beguinos*, 1513 (ch. de Pampelune). — *Beygoyz*, 1621 (Martin Biscay). — On dit en basque *Behauce*.

Béhasque, c°⁸ de Saint-Palais. — *Behasquen*, 1513 (ch. de Pampelune). — *Behascan*, 1621 (Martin Biscay). — *Béhasque-Lapiste*, depuis la réunion de Lapiste : 16 octobre 1842.

Béhastoy, mont. c°⁸ de Larrau.

Béhaune, h. c°⁸ de Lantabat; anc. c°⁸ et prieuré dép. de l'abb. de Lahonce; mentionné en 1227 (*Gall. christ.* Bayonne, instr. 5). — *Sent-Per de Behaune*, 1484; *Behaun*, 1584 (ch. de l'abb. de Lahonce).

Bénéity, h. c°⁸ d'Arbouet-Sussaute.

Bénépatie, mont. c°⁸ de Camou-Cihigue.

Bénère, fief, c°⁸ de Sauguis-Saint-Étienne; relevait de la vicomté de Soule.

Bénère, m°⁸ sur le Béhobie, c°⁸ de Méharin.

Bénèregaray, f. c°⁸ d'Aussurucq; mentionnée en 1520 (cout. de Soule).

Bénèreharta, h. c°⁸ de Villefranque.

Bénèréta, h. c°⁸ de Guétary.

Béhérobie (La vallée de), c°⁸ de Saint-Jean-Pied-de-Port; comprend les c°⁸ d'Estérençuby, Aincille, Saint-Michel et Çaro. — *Behorobie*, 1249 (cart. de Bayonne, f° 60).

Le hameau de Béhèrobie est dans la c°⁸ d'Estérençuby.

Béniaçarré (Le), ruiss. qui arrose Sainte-Engrace et se jette dans l'Uhaïtxa.

Bénisaro, mont. c°⁸ de Saint-Michel.

Béhobie, h. c°⁸ d'Urrugne. — *Passatgium de Vehobie*, 1510 (arch. de l'Empire, J. 867, n° 7). — *Boyvie*, 1565 (voyage de Charles IX à Bayonne). — Béhobie s'appelle en basque *Pausu*.

Béhobie (Le), ruiss. qui prend sa source à Armendarits, arrose Méharin, Amorots-Succos, Orègue, et se jette dans le Lahurane.

Béhorléguy, c°⁸ de Saint-Jean-Pied-de-Port. — *Beorlegui*, 1513 (ch. de Pampelune). — *Vehorlegui*, 1621 (Martin Biscay). — *Notre-Dame de Béhorléguy*, xviii° s° (visites du dioc. de Bayonne). — Baronnie créée en 1391, vassale du roy. de Navarre. — La cure de Béhorléguy était à la présentation du chapitre de Roncevaux (Espagne).

Le ruisseau de Béhorléguy arrose Béhorléguy, Mendive, Lécumberry, et se jette dans le Laurhibar à Ahaxe-Alciette-Bascassan.

Beigmau (Le), ruiss. qui prend sa source à l'Hôpital-d'Orion et se jette à Salies dans le Saleys. — *L'arriu de Begmau de Salies*, 1450 (reg. de la Cour Majour, B. 1, f° 45).

Le hameau de Beigmau dépend de la c°⁸ de Salies.

Beillurte, mont. c°⁸ d'Arnéguy.

Belair, h. c°⁸ de Lesseubétat.

Bélandine, h. c°⁸ de Lembeye; mentionné en 1675 (réform. de Béarn, B. 649, f° 303).

Bélasolatxé, mont. c^ne de Larrau.
Bel-Aspect, f. c^ne de Lasseube.
Bélaun (Le col de), c^ne des Aldudes, sur la frontière d'Espagne.
Belay, f. c^ne d'Anglet. — *Belai*, 1198 (cart. de Bayonne, f° 23).
Belay (Le port de), col de montagnes, c^nes de Larrau et de Sainte-Engrace, sur la frontière d'Espagne.
Belchu, mont. c^nes de Hosta et de Saint-Just-Ibarre.
Belescarre, mont. c^nes de Saint-Esteben et de Saint-Martin-d'Arberoue.
Bélesten, vill. c^ne de Gère; mentionné en 1270 (ch. d'Ossau). — *Velesten*, 1385 (cens.). — Bélesten ressort. en 1385 au baill. d'Ossau et comptait 11 feux.
Belhaudy, mont. c^ne de Larrau. — *Belhaudi*, 1652 (ch. d'Esquiule, DD).
Belny, mont. c^ne d'Alçay-Alçabéhéty-Sunharette.
Bellare (Le), ruiss. qui arrose Bidache et se perd dans l'Aphataréna.
Bellechicq (Le), ruiss. qui sert de limite aux c^nes de la Fonderie et de Saint-Étienne-de-Baïgorry et se jette dans la Nive de Baïgorry.
Belle-Esponde, redoute, c^ne de Saint-Jean-le-Vieux.
Bellefontaine, h. c^ne de Bayonne.
Bellegarde, f. et fief, c^ne de Balansun. — *Belegarde*, 1538 (réform. de Béarn, B. 826). — Ce fief relevait de la vicomté de Béarn.
Bellevue, f. c^ne de Saint-Jean-de-Luz.
Bellevue, h. c^ne de Jurançon.
Belliou, f. c^ne de Sévignac (c^on d'Arudy). — *Los Belioos*, 1385 (cens. f° 71).
Belloc, f. c^ne d'Artigueloutan.
Bellocq, c^ne de Salices. — *Pulcher Locus*, 1286 (reg. de Bordeaux, d'ap. Marca, Hist. de Béarn, p. 662). — *Lo loc de Begloc es bastide nueve e Begloc es poblat en la parropia de Sales*, 1327 (ch. de Came, E. 425). — *Lo passadge de Begloc* (bac sur le Gave de Pau), 1442 (contrats de Carresse, f° 240). — *Nostre Done de Begloc*, 1472 (not. de la Bastide-Villefranche, n° 2, f° 22). — *Lo castet de Belloc*, 1536 (réform. de Béarn, B. 806, f° 32). — *Betloc*, 1582 (aliénations du dioc. de Dax, n° 19). — En 1385, Bellocq ressort. au baill. de Rivière-Gave et comprenait 85 feux. — C'était le siège d'une notairie et une dépendance du dioc. de Dax.
Bellocq, f. c^ne de Serres-Sainte-Marie. — *Betloc*, 1385 (cens. f° 45).
Beloins (Les), h. c^ne de Sainte-Suzanne. — *Beloenhs*, 1536; *Beloing*, 1614; *Beloin*, 1675 (réform. de Béarn, B. 665, f° 239; 713, f° 341; 817, f° 2).
Bélonce (Le), ruiss. qui descend du pic d'Aillary, arrose Borce et se jette dans le Gave d'Aspe.

Béloscar, f. c^ne d'Aroue. — *Belhoscar*, 1496 (contrats d'Ohix, f° 5).
Béloscar, mont. c^nes de Lacarry et de Larrau.
Bélousaix, mont. c^ne d'Urdos.
Belsunce, chât. c^ne d'Ayherre. — *Belçunze*, *Belzunce*, 1384 (coll. Duch. vol. CX, f°s 86 et 89). — *Velçunce*, *Balzunze*, 1621 (Martin Biscay). — Ce fief relevait du royaume de Navarre.
Belsunce, chât. c^ne de Méharin.
Beluix, f. c^ne de Piets-Plasence-Moustrou. — *Beluixs*, 1538 (réform. de Béarn, B. 855). — *Belluix*, 1735 (dénombr. de Lucq, E. 34).
Bénac, f. c^ne de Bayonne.
Bénaténéa, mont. c^ne d'Ossès.
Bénauges, fief, c^ne de Salies. — *L'ostau de Benauyes*, 1385 (cens. f° 6). — Ce fief relevait de la vicomté de Béarn.
Bendous (Le col de), c^nes d'Etsaut et d'Urdos.
Bénédit, f. c^ne de Loubieng. — *Benediit*, 1385 (cens. f° 3). — *Benedict*, 1540; *Benadit*, 1568 (réform. de Béarn, B. 726, f° 104; 797, f° 2).
Bénéjac, c^on de Clarac, mentionné au xie s^e (Marca, Hist. de Béarn, p. 246). — *Banayacum*, 1216 (coll. Duch. vol. CXIV, f° 52). — *Beneigac*, 1376 (mont. milit. f° 30). — *Beneyac*, 1385 (cens.). — Bénéjac comprenait 48 feux en 1385 et ressort. au baill. de Pau. — La seigneurie de ce lieu relev. de la vicomté de Béarn et appartenait aux évêques de Lescar, qui portaient le titre de barons de Bénéjac.
Bénéjacq, f. c^ne de Lagor. — *Bénéyacq*, 1763 (terrier de Lagor, E. 267).
Bénesse, f. c^ne de Bayonne, à Saint-Esprit.
Bengues (Les), h. c^ne d'Asson; mentionné en 1675 (réform. de Béarn, B. 674, f° 323).
Benou, mont. c^ne d'Arette, sur la frontière d'Espagne.
Benou, mont. c^ne d'Urdos, sur la frontière d'Espagne.
Benou (Le), mont. c^nes de Bielle et de Bilhères. — *Lo port de Beno*, 1487 (not. d'Ossau, n° 1, f° 40).
Benou (Le), ruiss. qui arrose la c^ne de Lanne et se jette dans le Vert du Barlanès.
Bentarté (Le col de), c^ne de Saint-Michel, sur la frontière espagnole. — *Summus Pyrenæus* (Itin. d'Antonin; voie d'Astorga à Bordeaux).
Bentayou, c^on de Montaner. — *Bentaio*, xiie s^e (cart. de Morlàas, f° 10). — *Bentayoo*, 1385 (cens.). — *Ventayou*, 1547; *Bentanhou*, 1614; *Saint Jean de Bentayou*, 1675 (réform. de Béarn, B. 648; 756, f° 16; 817, f° 13). — *Bentayon*, 1737 (dénombr. de Maure, E. 35). — *Bentayou-Sérée*, depuis la réunion de Sérée, en 1845. — Bentayou dép. de la comm^rie de Malte de Caubin et Morlàas. — En 1385, Bentayou comptait 28 feux et ressort. au baill. de Montaner.

Béole, fief, c^ne de Saint-Jean-Pied-de-Port. — Ce fief relev. du royaume de Navarre.

Béon, vill. c^ne d'Aste. — *Beoo*, 1374 (contrats de Luntz, f° 83). — *Beo de la Bag d'Ossau*, 1427 (contrats de Carresse, f° 25). — *Sent Felix de Béon*, 1654 (insin. du dioc. d'Oloron). — En 1385, Béon ressort. au baill. d'Ossau et comprenait 18 feux. — Le fief de Béon relev. de la vicomté de Béarn.

Béost, c^on de Laruns; mentionné en 1355 (cart. d'Ossau, f° 39). — *Sanctus Jacobus de Béost*, 1654 (insin. du dioc. d'Oloron). — *Béost-Bagès*, depuis la réunion de Bagès. — Il y avait une abbaye laïque vassale de la vicomté de Béarn. — En 1385, Béost ressort. au baill. d'Ossau et comptait 25 feux.

Bérandots, h. c^ne d'Itsatsou.

Béranguet (Le), ruiss. qui arrose Aydius et se jette dans le Gabarret.

Berbàa, éc. c^ne de Lahourcade, mentionné en 1776 (terrier de Lahourcade, E. 268).

Berdanchou (Le), ruiss. qui arrose Séméac-Blachon et se jette dans l'Arcis.

Berdaritz (Le col de), c^ne des Aldudes, sur la frontière d'Espagne.

Berdoulon, f. c^ne de Gan.

Berdoutan (Le), ruiss. qui arrose Momy et Luccarré et se jette dans le Thens.

Berdoy, f. c^ne de Garlin; mentionnée en 1542 (réform. de Béarn, B. 732, f° 80).

Bérécame (La), ruiss. qui coule à Autevielle-Saint-Martin-Bidéren et se jette dans le Saison.

Bérenx, c^on de Salies. — *Berenxs*, 1461 (ch. de Béarn, E. 1767). — *Verencxs*, 1548 (réform. de Béarn, B. 761, f° 1). — *Berenlx*, 1582 (aliénations du dioc. de Dax). — En 1385, Bérenx ressort. au baill. de Rivière-Gave et comprenait 71 feux. — Bérenx était une dépendance du dioc. de Dax et le chef-lieu du vic de Rivière-Gave.

Bérenx, île dans l'Adour, c^ne d'Urt.

Bérère (La), ruiss. qui prend sa source à Asasp, arrose Arros (c^on d'Oloron-Sainte-Marie-Ouest) et se jette dans le Gave d'Aspe.

Bérérenx, vill. c^ne de Navarrenx; anc. commune réunie à Navarrenx; mentionné au xie s^e (Marca, Hist. de Béarn, p. 272). — *Bererencxs*, 1385 (not. de Navarrenx). — *Bererenxs*, 1538; *Berrerenxs*, 1546 (réform. de Béarn, B. 754; 833). — *Sent Joan de Bererens*, 1612 (insin. du dioc. d'Oloron). — En 1385, Bérérenx comptait 10 feux et ressort. au baill. de Navarrenx. — Il y avait une abbaye laïque vassale de la vicomté de Béarn.

Bérétérbide, fief, c^ne de Beyrie (c^on de Saint-Palais); vassal du royaume de Navarre.

Bergeré, f. c^ne de Montaut. — *Lo Verger*, 1535 (réf. de Béarn, B. 702, f° 112).

Bergeré, fief créé en 1581, c^ne de Jurançon; dépendance du marquisat de Gassion.

Bergez (Le), ruiss. qui arrose la c^ne de Burosse-Mendousse et se jette dans le Gros-Léés.

Bergoué, h. c^ne d'Arthez.

Bergoue (Le) ou Burgous, ruiss. qui prend sa source sur la c^ne de Lasserre, sort du départ. des Basses-Pyrénées et se jette dans l'Adour près de Riscle (départ. du Gers). — *Lo parsan de Bergous*, 1542; *le Vergons*, 1675 (réform. de Béarn, B. 650, f° 64; 734, f° 14).

Bergouey, c^on de Bidache. — *Bergui*, vers 982 (cart. de Saint-Sever, d'après Marca, Hist. de Béarn, p. 224). — *Bergoy*, 1286 (rôles gascons). — *Bergoi*, xiiie siècle (coll. Duch. vol. CXIV, f° 34). — *Bergoey*, 1397 (not. de Navarrenx). — Le fief de Bergouey relev. du duché de Gramont.

Bergoun, mont. c^ne d'Accous.

Berhade, f. c^ne de Bardos.

Berho, fief, c^ne de Garris; relevait du royaume de Navarre.

Berho (Le), ruiss. qui arrose Ayherre et se jette dans l'Arberoue.

Berhoa (Le), ruiss. qui prend sa source à Anhaux et se jette dans le Harambé, après avoir arrosé Irouléguy.

Berhondo (Le), ruiss. qui arrose Moncayolle-Larrory-Mendibieu et se perd dans l'Arphilétépé.

Berhouétaguibel, fief, c^ne d'Uhart-Mixe; vassal du royaume de Navarre.

Berhouetta, f. c^ne d'Arbonne.

Béribieilh, f. c^ne d'Oràas. — *Vergebielh*, 1538; *Bergebieil*, 1675 (réform. de Béarn, B. 680, f° 21; 828).

Bérincuou (Le), ruiss. qui descend des montagnes d'Etsaut et se jette dans le Sadun.

Berlane, h. c^ne de Morlàas; anc. comm^rie de Malte; mentionné en 1344 (not. de Pardies, f° 62). — *Nostre Done de Berlane*, 1368 (cart. d'Ossau, f° 44). — *Berlana*, 1536; *l'Hôpital de Berlanne*, 1675 (réform. de Béarn, B. 650, f° 254; 709, f° 42).

Bernadets, c^on de Morlàas. — *Bernedet*, vers 1030 (cart. de l'abb. de Saint-Pé, d'ap. Marca, Hist. de Béarn, p. 248). — *Bernadegs*, 1385; *Bernadegx*, 1402 (censier). — *Bernadetz*, 1538 (réform. de Béarn, B. 848, f° 3). — Au xie siècle, Bernadets dépendait de Saint-Castin; en 1385, cette paroisse comptait 10 feux et ressort. au baill. de Pau. — Le fief de Bernadets relev. de la vicomté de Béarn.

Bernata, f. c^ne de Lembeye.

Bernateig (Le), ruiss. qui prend sa source à Ossenx et s'y jette dans le Gave d'Oloron.

BERNATEIX, h. cne de Lucq-de-Béarn. — *La marca de Bernetegs*, 1368 (not. de Lucq). — *Bernateigts*, 1562 (censier de Lucq, CC.). — *Bernadets* (Cassini).

BERNATÈRE (LE), ruiss. qui arrose Salies et se jette dans le Saleys.

BERNATET, lande, cnes d'Orthez et de Castétis. — *Lo terrador aperat Bernateg*, 1536 (réform. de Béarn, B. 806, f° 3).

BERNATHAN, f. cne de Gan.

BERNÈRE (LE PONT DE), col de mont. entre la cne de Borce et l'Espagne.

BERNÈS, f. cne d'Argelos. — *Bernet*, 1385 (cens. f° 49).

BERNET, f. cne de Castetbon; mentionnée en 1385 (cens. f° 25).

BERNET (LE), bois, cne de Lucq-de-Béarn. — *Le bois de Berne* (Cassini).

BERNET (LE), éc. cne d'Aydie.

BERNET (LE), éc. cne de Castetpugon.

BERNET (LE), ruiss. qui arrose la cne d'Aste-Béon et se jette dans le Gave d'Ossau.

BERNET (LE), ruiss. qui prend sa source à Saint-Boès, sépare cette commune de celle d'Orthez et se jette à Bonnut dans l'Oursòo.

BERNETS (LES), éc. cne de Bassillon-Vauzé.

BERNETS (LES), éc. cne de Lucgarrier.

BERNA (LE), ruiss. qui arrose Urrugne et se jette dans l'Olette.

BERRAUTE, f. cne d'Ostabat-Asme. — Le fief de Berraute était vassal du royaume de Navarre.

BERRAUTE, vill. cne de Domezain; anc. commune réunie à Domezain le 25 juin 1842.

BERRAUTE, vill. cne de Mauléon; anc. commtie de Malte; mentionné en 1382 (contrats de Luntz, f° 79). — *Sent Jehan de Beraute*, 1470 (contrats d'Ohix, f° 9). — *Sainct Jehan de Berraulte*, 1613 (ch. d'Arthez-Lassalle).

BERRIOTS (LE BOIS DE), cne d'Arcangues; mentionné au XIIIe siècle (cart. de Bayonne, f° 50).

BERRO, fief, cne de Lohitzun-Oyhercq. — *Berho*, XVIIe se (ch. d'Arthez-Lassalle). — Ce fief était vassal de la vicomté de Soule.

BERROGAIN, con de Mauléon. — *Berroganh*, 1466 (contrats d'Ohix, f° 27). — *Berroganhe*, 1508.(ch. du chap. de Bayonne). — *Berrogain-Laruns*, depuis la réunion de Laruns.

BERS, lande, cne de Baigts. — *Berns*, 1675 (réform. de Béarn, B. 666, f° 6).

BERTHE (LA), ruiss. qui descend des montagnes d'Accous et se jette dans le Gave d'Aspe.

BÉRUS (LE), ruiss. qui prend sa source à Garos, arrose Piets-Plasence-Moustrou et se jette dans l'Arance.

BERVIELLE (LE BOIS DE), cne d'Esquiule. — *Lo bosc de Bert-Biele*, 1334; *Berbiele*, 1463 (not. d'Oloron, n° 4, fos 29 et 45). — *La mota de Berbiela*, 1542; *le bois de Berbiele*, 1675 (réform. de Béarn, B. 659, f° 360; 731, f° 13). — Le fief de Bervielle dépendait de la baronnie de Mesplès.

BERYÉ (LE), ruiss. qui arrose Baigts et se jette dans le Gave de Pau.

BÈS (LE), ruiss. qui coule à Arros (con de Nay) et se jette dans le Luz.

BÉSACOUR, h. cne de Vialer; anc. commune. — *Besecorp*, 1385 (cens.). — *Besacorba*, 1492 (not. de Pau, n° 5, f° 17). — *Bezacourp*, 1675 (réform. de Béarn, B. 651, f° 227). — *Besacourp*, 1756 (dénombr. de Vialer, E. 45). — *Bezacour*, 1779 (terrier de Bésacour, E. 174). — En 1385, Bésacour ressort. au baill. de Lembeye et comprenait 4 feux.

BÉSAURY, mont. cne de Borce, sur la frontière d'Espagne.

BESCANCE (LE), ruiss. qui arrose Etsaut et se jette dans le Gave d'Aspe.

BESCAT, con d'Arudy. — *Bescad*, 1154 (ch. de Barcelone, d'après Marca, Hist. de Béarn, p. 465). — *Abescat*, 1270 (ch. d'Ossau). — *Besquat*, 1418 (cart. d'Ossau, f° 385). — Il y avait une abbaye laïque vassale de la vicomté de Béarn. — En 1385, Bescat comptait 14 feux et ressort. au baill. d'Ossau.

BÉSINGRAND, con de Lagor. — *Sent Jacme de Besingran*, 1344; *Vesii-Gran*, 1349 (not. de Pardies). — *Besii-Gran*, 1385 (cens.). — *Vesingran*, 1546 (réform. de Béarn). — Dès 1343, un bac était établi sur le Gave de Pau. — Bésingrand comptait 25 feux en 1385 et ressort. au baill. de Lagor et Pardies. — Il y avait une abbaye laïque vassale de la vicomté de Béarn.

BESSE, mont. cne de Laruns. — Le ruisseau de Besse arrose Laruns et se jette dans le Gave d'Ossau.

BESSIAU (LE), ruiss. qui coule à Oràas et se perd dans le Gave d'Oloron.

BESSOUS, lande, cne d'Uzein, dans le Pont-Long; mentionnée en 1756 (dénombr. d'Uzein, E. 45).

BÉTAT, f. cne d'Orriule; mentionnée en 1385 (cens. f° 26).

BETBÉDEN, f. cne de Gélos.

BETBÉDER, f. cne de Loubieng. — *Begbedee*, 1568 (réform. de Béarn, B. 797, f° 25).

BETBÉDER, fief, cne de Salies; mentionné en 1666 (réform. de Béarn, B. 683, f° 75), relev. de la vicomté de Béarn.

BETBÉDER, h. cne de Sainte-Suzanne; anc. commune qui était réunie à Agoès. — *Pulchrum Videre*, 1379 (ch. de Béarn, E. 2078). — *Begbeder*, 1385 (cens. f° 4). — Betbéder comptait avec Agoès 20 feux en 1385 et ressort. au baill. de Larbaig.

BETBÉDER, f. c^ne de Serres-Sainte-Marie; mentionnée en 1385 (cens. f° 45).

BETÇULA (LE COL DE), entre la c^ne de Larrau et l'Espagne.

BÉTÉNOT (LA FONTAINE), c^ne d'Escot.

BÉTET, m^in sur le Béès, c^ne de Bruges. — *Lo batan aperat deu Betet*, 1580 (réform. de Béarn, B. 808, f° 19). — Le nom de ce moulin vient de Jean du Bétet, qui le fit bâtir vers 1565.

BÉTHARDE (LA), ruiss. qui prend sa source à Saint-Martin-d'Arberoue et se jette à Méharin dans l'Oyharits.

BÉTHARRAM, h. pèlerinage, c^ne de Lestelle; mentionné en 1335 (réform. de Béarn, B. 673, f° 234). — *La chapelle de Nostre-Dame du Calvaire de Betarram*, 1644 (ch. de la Chambre des Comptes, B. 3854).

BÉTHATU-MALDA, mont. c^ne de Larceveau-Cibits-Arros.

BÉTORET, m^in, c^ne de Monein; mentionné en 1657 (not. de Monein, n° 191).

BÉTOUZET, fief créé en 1611, c^ne d'Andrein; il était vassal de la vicomté de Béarn.

BÉTRAC, vill. c^ne de Monpézat; anc. commune réunie à Monpézat le 20 juin 1842. — *Betrac en la frontere* (de Béarn et de Bigorre), xive siècle (cens.). — En 1385, Bétrac comprenait 9 feux et ressort. au baill. de Lembeye.

BETTÉRETTE, f. c^ne de Gélos. — *Betereta*, 1536; *Hondas, Hontaas*, 1683 (réform. de Béarn, B. 679, f°s 420 et 426; 709, f° 2). — *Hontas ou Beterete*, 1758 (dénombr. de Gélos, E. 29). — Le fief de Bettérette, créé en 1609, dépendait du marquisat de Gassion.

BEUCAIRE, fief, c^ne de Bordès (c^on de Clarac). — *L'ostal de Belcayre*, 1457; *Beuquayre*, 1510 (not. d'Assat, n° 4, f° 28). — *Beucayre de Bordes*, 1538 (réform. de Béarn, B. 848, f° 4). — Ce fief relev. de la vicomté de Béarn.

BEUCAIRE, fief, c^ne de Morlàas. — *Beucayre*, 1537 (réform. de Béarn, B. 714). — Ce fief était vassal de la vicomté de Béarn.

BEUDAT, f. c^ne de Ledeuix. — *La boarie aperade deu Bédat de Faget*, 1442 (not. d'Oloron, n° 3, f° 122).

BEUSTE, c^on de Clarac. — *Belste*, xiie s^e (Marca, Hist. de Béarn, p. 450). — *Beusta*, 1510 (not. d'Assat, n° 4, f° 21). — *Beosta*, 1546 (réform. de Béarn). — *Beost*, 1568 (ch. de Béarn, E.). — *Beoste*, 1578 (ch. de la Chambre des Comptes, B. 2368). — Il y avait une abbaye laïque, vassale de la vicomté de Béarn. — En 1385, Beuste comptait 23 feux et ressort. au baill. de Pau. — Le château de Beuste fut détruit vers 1488.

BEUSTE, fief, c^ne d'Orriule. — *Beusta*, 1548 (réform. de Béarn, B. 760, f° 39). — Ce fief était vassal de la vicomté de Béarn.

BEYRIE, c^on de Lescar. — *Sanctus Andreas de Beyrie*, 1101 (cart. de Lescar, d'ap. Marca, Hist. de Béarn, p. 375). — *Beyries*, 1424 (cart. d'Ossau, f° 91). — *Beyries*, 1487 (reg. des Établissements de Béarn). — *Beyria*, 1539; *Veyrie*, 1546; *Boyrie*, 1675 (réform. de Béarn, B. 677, f° 95; 723; 754). — En 1385, Beyrie comptait 5 feux et ressort. au baill. de Pau. — Le fief de Beyrie relev. de la vicomté de Béarn.

BEYRIE, c^on de Saint-Palais. — *Sent Julian de Beyrie*, 1472 (not. de la Bastide-Villefranche, n° 2, f° 22). — *Beyria, Veyria*, 1621 (Martin Biscay).

BEYRIE, h. c^ne de Louvigny.

BEYRIE (LE RUISSEAU DE), prend sa source à Bonnut et se jette à Bonnegarde (départ. des Landes) dans le Luy-de-Béarn.

BEYRIES (LE RUISSEAU DE), prend sa source dans la c^ne de Beyries (départ. des Landes), arrose Sault-de-Navailles et se jette dans le Luy-de-Béarn.

BEZET (LE) ou BEZIET, ruiss. qui coule à Lons et se jette dans le Loou.

BEZIAT, h. c^ne de Navarrenx.

BÉZING, c^on de Clarac. — *La cort de Bezü*, 1343 (hommages de Béarn, f° 56). — *Besü*, 1385; *Besinch*, 1402 (cens.). — *Bessincq*, vers 1538; *Vesin*, 1546; *Besin, Bezincq*, 1675 (réform. de Béarn, B. 674, f° 10; 677, f° 184; 778, f° 2). — En 1385, Bézing ressort. au baill. de Pau et comptait 4 feux; cette commune resta jusqu'en 1576 sous la juridiction des jurats de Pau.

BIAIX, maison à Pau; fief créé en 1524, vassal de la vicomté de Béarn.

BIALÉ (LA LANDE DU), c^ne de Mont (c^on de Lagor); mentionnée en 1771 (terrier de Mont, E. 274).

BIALÉ (LE GRAND et LE PETIT), h. c^ne de Puyòo.

BIALÉ DE BAIGH, h. c^ne de Sault-de-Navailles.

BIALÈNE (LE), ruiss. qui arrose Ledeuix et se jette à Verdets dans le Gave d'Oloron.

BIAOUS (LES), éc. c^ne de Samsons-Lion.

BIARNÉ (LE), ruiss. qui prend sa source à Espéchède et se jette dans la Souye, après avoir arrosé les communes d'Ouillon, Saint-Jammes et Gabaston.

BIARRITZ, c^on de Bayonne-Nord-Ouest. — *Bearidz*, 1186; *Bearriz, Beariz*, xiie s^e; *lo port de Beiarriz, Beiarridz*, 1261 (cart. de Bayonne, f°s 10, 16, 32 et 47). — *Bearridz*, 1281; *Bearrits*, 1338 (rôles gascons). — *Bearritz*, 1498 (ch. du chap. de Bayonne). — *Sanctus Martinus de Biarriz*, 1689 (collations de Bayonne).

En 1790, Biarritz fut le chef-lieu d'un canton,

dépendant du district d'Ustarits, composé des communes du canton actuel de Bayonne-Nord-Ouest, moins la ville de Bayonne.

BIBAIGT, éc. c^{ne} d'Oraàs.

BIDACHE, arrond. de Bayonne. — *Vidaxen*, 1312; *Vidayxon*, 1329 (ch. de la Camara de Comptos). — — *Bidaxen*, 1489 (not. de Pau, n° 3, f° 58). — Bidache était une souveraineté appartenant à la famille de Gramont. — On dit en basque *Bidachune*.

En 1790, le canton de Bidache, dépendant du district de Saint-Palais, ne comprenait que la commune de Bidache.

BIDALA, île dans le Gave d'Oloron, c^{ne} de Carresse. — — *Bidalla*, *Bidallas*, 1778 (terrier de Bidéren, E. 330).

BIDARRAY, c^{on} de Saint-Étienne-de-Baïgorry. — *La encomienda de Vidarray*, 1621 (Martin Biscay). — La commanderie de Bidarray appartenait à l'évêque de Bayonne.

BIDART, c^{on} de Saint-Jean-de-Luz; mentionné au XIIe s^e (cart. de Bayonne, f° 14). — *Beata Maria de Bidart*, 1755 (collations du dioc. de Bayonne).

BIDART (LA CROIX), pèlerinage, c^{ne} de Lahonce.

BIDASSOA (LA), riv. qui prend sa source dans la vallée de Bastan (Espagne), limite la France dans les communes de Biriatou, Urrugne et Hendaye, et se jette dans le golfe de Gascogne entre Hendaye et Fontarabie (Espagne).— *Fluvius de Bidassoa*, 1510 (arch. de l'Empire, J. 867, n° 7). — *Vidassoua*, *Vidassoa*, *le Vidassoue*, 1511 (coll. Duch. vol. CV, f°s 285 et 286).— *La rivière Bidassoua*, 1518; *Bidassoue*, 1519 (arch. de l'Empire, J. 867, n°s 9 et 10). — *Bidazoua*, 1552 (ch. de Navarre, E. 425). — *La rivière de Bidassoue prend sa source ez monts Pirennes de la Haute Navarre et coule le long d'iceulx dans la mer Océanne, près les lieux de Hendaye et Fontarrebie, séparant et divisant ce royaulme avecq celluy d'Espaigne*, 1581 (arch. de l'Empire, J. 867, n° 12).

BIDEGAIN, f. c^{ne} de Masparraute. — *Videgainech*, 1513 (ch. de Pampelune).

BIDEGAINA, f. c^{ne} d'Ossés. — *Videgain*, 1675 (réform. de la vallée d'Ossés, B. 687, f° 23).

BIDÉREN, vill. c^{ne} d'Autevielle; ancienne commune réunie à Autevielle le 18 avril 1842. — *Lo pont de Bideren* (sur le Gave d'Oloron), 1342 (ch. du chap. de Bayonne). — *Videren*, 1385 (cens.). — *Saint-Jacques de Biderein*, 1674 (insin. du dioc. d'Oloron). — En 1385, Bidéren ressort. au baill. de Sauveterre et comprenait 8 feux.

BIDET, h. c^{ne} de Garos.

BIDOS, c^{on} d'Oloron-Sainte-Marie-Est. — *Abidos*, XIe s^e (for d'Oloron). — *Viudos pres Oloron*, vers 1540;

Vidos, 1546 (réform. de Béarn, B. 754; 799, f° 36; 824).

BIDOUSE (LA), riv. qui prend sa source dans la forêt des Arbailles et se jette à Guiche dans l'Adour, après avoir arrosé Saint-Just-Ibarre, Musculdy, Bunus, Larceveau, Ostabat-Asme, Juxue, Arhansus, Uhart-Mixe, Larribar-Sorhapuru, Béhasque-Lapiste, Saint-Palais, Aïcirits, Gabat, Camou-Mixe-Suhast, Ilharre, Labets-Biscay, Villenave (c^{on} de Bidache), Bergouey, Came, Bidache, Bardos et Sames. — *La Bedose, la Bidose*, vers 1360; *la Bidoze*, 1379 (ch. de Came, E. 425).

BIÉ, f. c^{ne} d'Arros (c^{on} de Nay). — *Bier*, 1385 (cens. f° 54).

BIELLE, c^{on} de Laruns. — *Vila*, 1154 (ch. de Barcelone, d'après Marca, Hist. de Béarn, p. 465). — *Villa, Sen-Viviaa de Bielle*, 1355 (cart. d'Ossau, f°s 38 et 39). — *Biela*, 1614 (réform. de Béarn, B. 817). — Bielle est bâti sur l'emplacement d'une villa antique dont les ruines ont été découvertes en 1842. — C'était le chef-lieu de la vallée d'Ossau; en 1385, on y comptait 84 feux. — Il y avait à Bielle un couvent de Bénédictins.

En 1790, Bielle fut le chef-lieu d'un canton, dépendant du district d'Oloron, composé des communes du canton actuel de Laruns, plus la commune de Louvie-Juzon.

BIELLE (LA), éc. c^{ne} de Baleix.

BIELLE (LA), éc. c^{ne} de Casteiner.

BIELLE (LA), h. c^{ne} de Castetbon.

BIELLE (LA), lande, c^{ne} d'Escurès.

BIEURET, ancienne paroisse annexe de la c^{ne} de Mouguerre. — *Birieute*, 1763; *Dieurette*, 1771 (collations du dioc. de Bayonne).

BIGURNE (LE), ruiss. qui arrose Issor et se jette dans le Lourdios.

BIHOUEY (LE), ruiss. qui coule à Arette et se jette dans le Vert d'Arette. — *Lo areg de Byhoeyt*, 1538 (réform. de Béarn, B. 825).

BIDUNCÉGUY (LE), ruiss. qui prend sa source à la Fonderie et se jette dans la Nive de Baïgorry à Saint-Étienne-de-Baïgorry.

BILAN (LE), chât. c^{ne} de Lescar. — *Lo Bilaa de la Boarie*, 1535; *lo Billaa de Lescar*, 1540 (réform. de Béarn, B. 704, f° 163; 725, f° 231). — *Lo Casterar [deu Bilaa]*, 1643 (cens. de Lescar, f° 532). — Le Bilan était une dépendance de la seigneurie du Laur.

BILAPU, f. c^{ne} de Barcus; mentionnée en 1520 (coutume de Soule).

BILDARRAÏTS, h. c^{ne} d'Ayherre. — *Bildariz*, 1513 (ch. de Pampelune).

Bilgosse (Le col de), c^nes de Lécumberry et d'Estérençuby.

Bilhères, f. c^ne de Lagor. — *Bilhera*, 1572 (réform. de Béarn, B. 796).

Bilhères, c^ne de Laruns. — *Bileles*, 1154 (ch. de Barcelone, d'après Marca, Hist. de Béarn, p. 465). — *Billere*, 1286 (ch. d'Ossau, E. 267). — *Vilheres d'Ossau*, 1538; *Bilheras*, 1595 (réform. de Béarn, B. 777, f° 46; 840). — *Saint-Joan de Bilhères*, 1618 (insin. du dioc. d'Oloron). — Il y avait une abbaye laïque vassale de la vicomté de Béarn. — En 1385, Bilhères ressort. au baill. d'Ossau et comprenait 56 feux.

Bilhorry, mont. c^ne de Lées-Athas.

Bilhurry, bois, c^nes de Saint-Michel et d'Estérençuby.

Billarre, mont. c^ne de Lescun.

Billère, c^on de Lescar; mentionné au xiie s^e (Marca, Hist. de Béarn, p. 462). — *Vilhere*, 1385 (cens.). — *Bilhere*, 1457 (cart. d'Ossau, f° 159). — *Vilhera*, 1539 (réform. de Béarn, B. 723). — En 1385, Billère ressort. au baill. de Pau et comprenait 11 feux.

Billitorte, m^in sur la Nivelle, c^ne de Saint-Jean-de-Luz.

Biloué (Le), ruiss. qui prend sa source à Arbouet-Sussaute, arrose Osserain-Rivareyte et se jette dans le Saison.

Bimbalette (Le port de), col de mont. entre la c^ne de Sainte-Engrace et l'Espagne.

Bimein, fief, c^ne de Domezain-Berraute. — *Bimeinh*, 1520 (coutume de Soule). — Le titulaire de ce fief était un des dix *potestats* de Soule et relevait de la vicomté de Soule.

Bimères (Le), ruiss. qui prend sa source dans le bois de Josbaig, sur la c^ne d'Aren, et se jette dans le Lausset à Préchacq-Navarrenx.

Bimier (Le), h. c^ne de Ponson-Debat-Pouts; mentionné en 1675 (réform. de Béarn, B. 648, f° 347).

Bimiet, éc. c^ne de Maslacq.

Binet, mont. c^nes d'Escot et d'Oloron-Sainte-Marie. — *Vinhet*, 1538; *Bynet*, 1544; *Vinet*, 1589 (réform. de Béarn, B. 744; 808, f° 92; 868).

Bious, mont. c^ne de Laruns. — *Bius*, 1355 (cart. d'Ossau, f° 38).

Bious-Artigues, mont. c^ne de Laruns.

Bingou (Le), ruiss. qui descend des montagnes d'Arette et se perd dans le Vert d'Arette.

Biriatou, c^on de Saint-Jean-de-Luz. — *Biriato*, 1552 (ch. de Navarre, E. 426).

Biron, c^on de Lagor. — *Biro*, 1194 (cart. de Sauvelade, d'après Marca, Hist. de Béarn, p. 504). — *Villa de Biroo*, 1235 (réform. de Béarn, B. 864). — *Viroo*, 1385 (cens.). — *Büron*, 1457 (not. de Castetner, f° 68). — *Viron*, 1546 (réformation de Béarn). — En 1385, Biron ressort. au baill. de Larbaig et comptait 21 feux.

Biruet (Le), ruiss. qui coule à Urcuit et se jette dans l'Ardanavie.

Bisancé, mont. c^ne de Larrau.

Biscarce, mont. c^nes de Bedous et de Sarrance.

Biscau, mont. c^ne de Laruns; mentionnée en 1538 (réform. de Béarn, B. 844).

Biscay, f. c^ne de Barcus. — *Biscaya*, 1479 (contrats d'Ohix, f° 71).

Biscay, vill. c^ne de Labets; ancienne commune réunie à Labets le 12 mai 1841.

Biscayluce, mont. c^nes d'Espelette et d'Itsatsou.

Biscoeytan (La), lande, c^ne de Salies, près de Péruseigt. — *La beguerau de la Viscoeytaa*, 1535 (réform. de Béarn, B. 705, f°s 213 et 271).

Bisqueis, h. c^ne de Charre. — *Bisquey*, 1386 (not. de Navarrenx). — *Visquey*, 1588 (ch. de Nabas). — *Bisqueys*, 1675; *Visqueis*, 1683 (réform. de Béarn, B. 654, f° 344; 681, f° 586). — *Biscay* (carte de Cassini).

Bissourritte (Le col de), c^ne d'Arette.

Bitaillet, lande, c^nes d'Ogeu et de Lasseube. — *Lo Bitalhet*, 1435 (not. d'Oloron, n° 3, f° 111).

Bitaubé, chât. c^ne de Rébénac.

Biussaillet, mont. c^ne de Laruns. — *Busalet qui es un port en Ossau*, xiiie s^e (fors de Béarn). — *Biussalheyt*, 1359 (ch. d'Ossau, DD. 3). — *Biusalheyt*, 1440 (cart. d'Ossau, f° 251). — L'un des trois grands chemins vicomtaux du Béarn aboutissait à Biussaillet, venant de Saint-Pé (départ. des Hautes-Pyrénées).

Bizanos, c^on de Pau-Est. — *Bisanos*, xiiie siècle (fors de Béarn). — *Bisanoss*, 1270 (cart. du château de Pau). — *Visanos*, 1385 (cens. f° 56). — *Sent-Gran de Bisanos*, 1491 (not. de Pau, n° 3, f° 88). — *Vissanos*, 1539 (not. d'Assat, n° 8, f° 5). — *Bizenos*, 1546; *Visenos*, 1683 (réform. de Béarn, B. 679, f° 263; 754). — En 1385, Bizanos ressort. au baill. de Pau et comprenait 13 feux. — Le fief de Bizanos était vassal de la vicomté de Béarn.

Blachon, vill. c^ne de Séméac; ancienne commune réunie à Séméac. — *Blaysso*, xiie s^e (Marca, Hist. de Béarn, p. 448). — *Blexoo*, 1343 (hommages de Béarn). — *Blaxoo*, 1385 (cens.). — *Blaxoo*, 1396 (not. de Navarrenx). — *Blaixoo*, 1538; *Blaxon*, 1546 (réform. de Béarn, B. 833). — Il y avait une abbaye laïque, vassale de la vicomté de Béarn. — En 1385, Blachon ressortissait au baill. de Lembeye et comprenait 5 feux.

BLAIN, fief, c^ne de Pau; mentionné en 1766 (dénomb. de Pau, E. 40), vassal de la vicomté de Béarn.

BLANCQ, f. c^ne de Mont (c^on de Lagor).

BLANPIGNON, éc. c^ne d'Anglet.

BOALA (LE), h. c^ne d'Izeste. — *Lou Bola*, 1675 (réform. de Béarn, B. 655, f° 196).

BOALA (LE), ruiss. qui prend sa source à Escout, arrose Précillon et Oloron et se jette dans le Gave d'Oloron.

BOAST, vill. c^ne de Coslédàa; ancienne commune réunie en 1843 à Coslédàa. — *Booast*, 1385 (cens. f° 61). — *Boaast*, 1548 (réform. de Béarn, B. 758, f° 18). — En 1385, Boast ressort. au baill. de Lembeye et comptait 10 feux. — Le fief de Boast relevait de la vicomté de Béarn.

BOEIL, c^on de Clarac. — *Bolh*, 1376 (montre militaire, f° 31). — *Boelh*, 1385 (cens.). — Boeil était le siége d'un archiprêtré du dioc. de Lescar. — En 1385, Boeil comprenait 29 feux et ressort. au baill. de Pau.

BOIS (LE), h. c^ne de Méritein.

BOIS (LE), h. c^ne de Salies.

BOIS DABAN et BOIS DARRÉ, bois, c^ne de Saint-Laurent-Bretagne.

BOIS DE BUGNEIN (LE RUISSEAU DU), arrose la c^ne de Bugnein et se jette dans le Balesté.

BOIS DE LA COMTESSE (LE), éc. c^ne de Piets-Plasence-Moustrou. — *Le Bois de la Comptesse*, 1778 (terrier de Moustrou, E. 278).

BOIS DE L'ÉVÊQUE (LE CHEMIN DU), dans la c^ne de Momas.

BOIS DU CHÂTEAU (LE), bois, c^nt d'Arcangues.

BOIS-FERMÉ (LE), éc. c^ne de Buros.

BOIS-VIEUX (LE), bois, c^ne de Domezain-Berraute.

BONLOC, c^on de Hasparren; ancienne commanderie. — *Ecclesia de Bono Loco*, 1186 (cart. de Bayonne, f° 82). — *Lo ospital de Bon-Loc*, 1372; *le Bonlieu*, 1498; *Nostre Done de Bonloc*, 1518 (ch. du chap. de Bayonne). — On dit en basque *Lekhuine*.

BONLOC, f. c^ne d'Araujuzon. — *Boo-Loc*, 1385 (cens. f° 29).

BONNECASE, fief créé en 1609, c^ne de Sainte-Suzanne; vassal de la vicomté de Béarn.

BONNECJANNES, fief, c^ne de Salies. — *Bonnesiannes*, 1741 (dénombr. d'Andrein, E. 17). — Ce fief relevait de la vicomté de Béarn.

BONNEFONT, f. c^ne de Loubieng. — *Bonehont*, 1385 (cens. f° 3). — *Bonnehon* (carte de Cassini).

BONNEFONT, fief, c^ne d'Abitain. — *Bonehont*, 1385 (cens. f° 14). — *Bonafont*, 1538 (réform. de Béarn, B. 855). — Ce fief relevait du marquisat de Gassion.

BONNESEUBE, f. c^ne de Lasseube. — *Boneseube*, 1385 (cens. f° 23).

BONNUT, c^on d'Orthez. — *Bonut*, 1493; *Bonuyt*, 1582 (cart. d'Orthez, f°s 102 et 111). — Bonnut faisait partie de la Chalosse et de la subdélégation de Saint-Sever. — Il y avait à Bonnut deux paroisses: Sainte-Marie et Saint-Martin.

BORCE, c^on d'Accous. — *Borza*, 1186 (ch. de Barcelone). — *Borsa*, xii° s° (cart. de Sauvelade, d'après Marca, Hist. de Béarn, p. 434 et 493). — *Borse*, 1250 (for d'Aspe). — *Sanctus Michael de Borse*, 1674 (insin. du dioc. d'Oloron). — En 1385, Borce ressort. au baill. d'Aspe et comprenait 66 feux. — C'était le chef-lieu du vic *d'en haut* de la vallée d'Aspe.

BORDAGAIN, h. c^ne de Cibourre.

BORDE (LA), f. c^ne de Lembeye.

BORDE (LE MOULIN DE LA), c^ne de Geus (c^on d'Arzacq), sur le ruisseau d'Aiguelongue.

BORDE DE LA RIVIÈRE (LA), f. c^ne de Biron.

BORDENAVE, f. c^ne de Monein. — *Bordanaba*, vers 1540 (réform. de Béarn, B. 789, f° 149).

BORDENAVE (LE), ruiss. qui prend sa source à Ribarrouy et se jette à Garlin dans la Palu.

BORDÈRES, c^on de Clarac; mentionné au xi° s° (Marca, Hist. de Béarn, p. 246). — *Borderas*, 1538 (réform. de Béarn, B. 848, f° 5). — Il y avait une abbaye laïque, vassale de la vicomté de Béarn. — En 1385, Bordères ressort. au baill. de Pau et comprenait 18 feux.

BORDÈRES, landes, c^nes de Lucq-de-Béarn, Verdets et Ledeuix. — *Bordellas*, x° s° (cart. de l'abb. de Lucq, d'après Marca, Hist. de Béarn, p. 269).

BORDES, c^on de Clarac; mentionné en 1101 (cart. de Lescar, d'après Marca, Hist. de Béarn, p. 375). — *Sent-Germee de Bordes*, 1511 (not. d'Assat, n° 4, f° 44). — En 1385, Bordes comptait 30 feux. Cette paroisse resta jusqu'en 1576 sous la juridiction des jurats de Pau.

BORDES, c^on de Lembeye. — *Bordas*, xi° s° (cart. de Lescar, d'après Marca, Hist. de Béarn, p. 233). — *Bordes en Vic-Bilh*, 1673 (réform. de Béarn, B. 652, f° 68). — Bordes comprenait 12 feux en 1385 et ressort. au baill. de Lembeye. — Le fief de Bordes relevait de la vicomté de Béarn.

BORDES, f. c^ne de Lucq-de-Béarn; mentionnée en 1385 (cens. f° 31).

BORDES, fief, c^ne de Guinarthe-Parenties; vassal de la vicomté de Béarn.

BORDES (LES) ou VIELLELONGUE, h. c^ne d'Artigueloutan; mentionné en 1675 (réform. de Béarn, B. 677, f° 258).

Bordes (Les), h. c^ne de Bidache.
Bordes (Les), h. c^ne de Castetnau-Camblong. — *Las Bordes de Castegnau*, 1385 (not. de Navarrenx).
Bordes (Les), h. c^ne d'Escos.
Bordes (Les), h. c^ne de Lucq-de-Béarn. — *La marque de Las Bordes*, 1562 (cens. de Lucq).
Bordes (Les), h. c^ne d'Oraas.
Bordes (Les), h. et fief, c^be de Salies; mentionné en 1385 (cens. f° 6); vassal de la vicomté de Béarn.
Bordes de Castillon (Les), fief, c^ne de Castillon (c^on de Lembeye). — *Las Granges de Castillon*, 1763 (reg. des États de Béarn). — Ce fief relevait de la vicomté de Béarn.
Bordes d'Espoey (Les), vill. c^ne de Soumoulou. — *Las Bordes*, 1385 (censier f° 51). — *Las Bordes de Somoloo*, 1489 (not. de Pau, n° 3, f° 10). — Ce village tire son nom de sa proximité de la c^ne d'Espoey.
Bordes-Rouges (Les), h. c^ne de Bastanès.
Bordeu, f. et m^in, c^ne d'Izeste.
Boria (La croix), pèlerinage, c^ne d'Armendarits.
Bories (Le chemin des), conduit des landes du Pont-Long à la c^be de Lescar. — *Lo cami de Las Borias*, 1643 (cens. de Lescar, f° 85).
Borsat, mont. c^ne des Eaux-Bonnes, à Assouste; mentionnée en 1538 (réform. de Béarn, B. 832, f° 5).
Bortheby, f. c^ne de Mendionde. — *Domus de Borteiry*, 1764 (collat. du dioc. de Bayonne). — Il y avait dans l'église de Gréciette une prébende de ce nom.
Bortiri, f. c^ne de Licq-Atherey; mentionnée en 1520 (coutume de Soule).
Bosc, h. c^ne de Came.
Bosc, h. c^ne d'Osserain-Rivareyte. — *Lo Bosc bedat deu Saranh*, 1547 (ch. de Béarn, E. 470).
Bosc-Nègre (Le), bois, c^ne de Laruns.
Boscq-de-la-Ville (Le), éc. c^ne de Bassillon-Vauzé.
Bosdapous, h. c^ne de Sarrance.
Bosdarros, c^on de Pau-Ouest. — *Lo Bosc d'Arros*, 1385 (cens.). — *Lo Boscq d'Arros*, 1538 (réform. de Béarn, B. 826). — *Le Boisdarros*, 1767 (reg. des États de Béarn). — Bosdarros dépendait de la baronnie d'Arros. — En 1385, Bosdarros ressort. au baill. de Pau et comptait 71 feux.
Bostmendy, mont. c^nes de Lacarry et de Larrau.
Botché (Le), ruiss. qui arrose Sainte-Engrace et se perd sur cette commune dans le ruisseau d'Uhaïtxa.
Boucau (Le), c^on de Bayonne-Nord-Ouest. — Village qui dépend. de la c^ne de Tarnos (départ. des Landes), érigé en commune le 1er juin 1857. — *Putta, Puncta*, commencement du xiiie siècle (Pardessus, coll. des lois maritimes, IV, p. 283). — *Le Punte*, 1255 (arch. de Bayonne, AA. 1, p. 89). — Le Boucau tire son nom de l'embouchure de l'Adour ouverte en 1578.
Le lac du Boucau est situé dans la commune d'Anglet.
Boucau (Le), f. c^ne de l'Hôpital-d'Orion. — *Lo Bocau*, 1547 (réform. de Béarn, B. 748).
Bouchette, bois, c^ne d'Arette.
Bouchous, mont. c^ne de Laruns, près de Brousset. — *Boxoos*, 1440 (cart. d'Ossau, f° 256).
Boucoue, vill. c^ne de Poursiugues; anc. commune réunie à Poursiugues le 14 juin 1841. — *Vocates* (?) (Commentaires de César).
Boudigue (La), h. c^ne de Ponson-Debat-Pouts; mentionné en 1675 (réform. de Béarn, B. 648, f° 340).
Boudou, montagne, c^nes de Borce, de Cette-Eygun et d'Accous.
Boueilh, c^on de Garlin. — *Boeil*, 1681 (réform. de Béarn, B. 651, f° 108). — *Boueilh-Boueilho-Lasque*, depuis la réunion de Boueilho et de Lasque en 1843. — Boueilh dépend. du Tursan et de la subdélégation de Saint-Sever.
Boueilho, vill. c^ne de Boueilh; anc. commune réunie à Boueilh en 1843. — *Boilho*, 1538; *Boeilho*, 1673 (réform. de Béarn, B. 652, f° 153; 840).
Bouéla (Le), ruiss. qui sépare les c^nes de Laas et de Narp et se jette dans le Gave d'Oloron.
Bouenzy, montagne, c^ne de Laruns. — Le ruisseau de Bouerzy sort de cette montagne et se jette dans le Gave d'Ossau près des Eaux-Chaudes.
Bouet (Le), ruiss. qui prend sa source à Maure, sépare les c^nes de Viellenave (départ. des Hautes-Pyrénées) et de Pontiacq-Viellepinte et se jette dans le Louet. — *Lo Boet*, 1429 (cens. de Bigorre, f° 267).
Bouézon, h. c^ne d'Aydie; anc. commune. — *Boezo*, 1385 (cens.). — *Boeysoo*, 1487 (reg. des Établissements de Béarn). — *Boeso*, 1546; *Bouezou*, 1683 (réform. de Béarn, B. 653, f° 217; 754). — Bouézon était sous la juridiction des jurats de Lembeye.
Bougarber, c^on de Lescar. — *Borc-Garber*, 1385; *Borc-Garbe*, xive s^e (cens.). — *Montgerbiel* (Froissart). — *Borgarber*, 1402 (cens.). — *Mongarber*, 1538 (réform. de Béarn, B. 840). — *Bourgarber*, 1625 (ch. de Béarn, E.). — En 1385, Bougarber comprenait 59 feux et ressort. au bailliage de Pau.
Bougua, m^in, c^ne de Monein; mentionné en 1668 (not. de Monein, n° 202, f° 129).
Bouhaben, f. c^ne de Cardesse. — *Bohe-Bent*, 1385 (cens. f° 36). — *Boffebent*, 1438 (not. d'Oloron, n° 3, f° 55).
Bouhaben, f. et fief, c^ne de Gabaston; mentionné en 1683 (réform. de Béarn, B. 654, f° 312), vassal de la vicomté de Béarn.

Bouhaben, f. c^{ne} de Gan. — *Lo parsan aperat Bohaben*, vers 1540 (réform. de Béarn, B. 785, f° 126).

Bouhaben, f. c^{ne} de Loubieng.—*Bohebent*, 1385 (cens. f° 3). — *Bohabent*, 1568; *Bohaben*, 1614 (réform. de Béarn, B. 797, f° 4; 817, f° 1). — *Bouhebent*, (carte de Cassini).

Bouilhet, f. c^{ne} de Lasseubétat.

Bouillaquinou, f. c^{ne} de Lalongue.

Bouillon, c^{on} d'Arzacq. — *Bolhoo*, 1385; *Bolhon*, xive s^e (cens.). — Bouillon ressort. au baill. de Garos en 1385 et comptait 30 feux. — Anc. baronnie vassale de la vicomté de Béarn.

Boulize (La), ruiss. qui prend sa source à Mascaras-Haron et se jette dans le Leés en arrosant Castetpugon.

Boumayou, éc. c^{ne} d'Asasp.

Boumourt, c^{on} d'Arthez. — *Bolmort, Bomort*, xiie s^e (Marca, Hist. de Béarn, p. 440 et 454). — *Boeumort*, xiiie s^e (fors de Béarn). — *Boomort*, 1505 (not. de Garos). — *Boumort*, 1572 (ch. de Cassaber, E). — En 1385, Boumourt ressort. au baill. de Pau et comprenait 26 feux.

Bounehon, f. c^{ne} d'Angous. — *Bonehont*, 1385 (cens. f° 30).

Boupatère (La), f. c^{ne} de Lalonquette.

Boupères (Les), éc. c^{ne} d'Os-Marsillon; mentionné en 1714 (terrier d'Os, E. 280).

Boupilh, vigne, c^{ne} de Jurançon; fief, créé en 1524, qui relevait de la vicomté de Béarn.

Bouquehort (Le), ruiss. qui prend sa source à Aurions-Idernes et se perd à Mont (c^{on} de Garlin) dans l'Arcis, après avoir arrosé Cadillon. — *Le Delibet*, 1675 (réform. de Béarn, B. 653, f° 326). — *Le Libet*, 1765 (dénombr. de Cadillon, E. 24).

Bouquets (Les), pèlerinage, c^{ne} d'Urrugne.

Bourda, lande, c^{ne} de Gerderest.

Bourdalat (Le), h. c^{ne} d'Arthez-d'Asson.

Bourdalat (Le), h. c^{ne} de Louvie-Juzon.

Bourdères, f. c^{ne} de Caubios-Loos. — *Borderes-Dessus*, 1385 (cens. f° 48).

Bourdette (La), f. c^{ne} d'Escurès.

Bourdettes, c^{on} de Nay. — *Bordetes*, 1385 (cens.). — *Bordetas, Bordettes*, 1538 (réform. de Béarn, B. 720, f° 9; 826). — Il y avait une abbaye laïque vassale de la vicomté de Béarn. — En 1385, Bourdettes comprenait 13 feux et ressort. au baill. de Pau.

Bourdieu (Le), ruiss. qui sort du bois de Bénéjac, arrose Bordères et Lagos et se jette à Beuste dans le Lagoin.

Bourdiu, f. c^{ne} de Jurançon. — *Lo Bordiu*, vers 1540 (réform. de Béarn, B. 785, f° 63).

Bourdiu (Le), fief créé en 1307, c^{ne} de Garlin. — *Lo Bordiu*, 1542 (réform. de Béarn, B. 732, f° 85).— Ce fief était vassal de la vicomté de Béarn.

Bourdiu (Le), fief, c^{ne} d'Orin. — *Lo Bordiu d'Orii*, 1385 (cens. f° 24). — Ce fief relevait de la vicomté de Béarn.

Bourdiu (Le), ruiss. qui coule à Sarrance et se jette dans le Gave d'Aspe.

Bouren (Le), ruiss. qui descend des montagnes de Laruns et se jette à Aydius dans le Gabarret.

Bourette (La), ruiss. qui arrose la c^{ne} d'Aramits et se jette dans le Vert.

Bourg (Le), h. c^{ne} de Baigts.

Bourg (Le), h. c^{ne} de Barcus.

Bourg (Le), h. c^{ne} de Malaussanne.

Bourg (Le), h. c^{ne} de Puyôo.

Bourg (Le), h. c^{ne} de Ramous.

Bourg de Caubios (Le), fief, c^{ne} d'Idron. — *Lo Borc de Caubios a Ydroo*, 1538 (réform. de Béarn, B. 848, f° 4). — Ce fief était vassal de la vicomté de Béarn.

Bourg-Neuf (Le), quartier de Monein. — *Borc-Nau*, 1385 (cens. f° 37). — *Bornau*, 1431 (cens. de Monein, f° 46, CC. 1). — En 1385, le Bourg-Neuf comprenait 58 feux.

Bourg-Neuf (Le) ou Bourg-Nau, quartier de Morlàas. — *Sanctus Andreas de Novo Burgo*, 1118; *Burgus Novus*, xiie s^e (cart. de Morlàas, f°s 4 et 5). — *Borc-Nau*, 1385 (cens. f° 65). — A cette époque, le Bourg-Neuf comptait 163 feux.

Bourgueboueu (Le), ruiss. qui prend sa source à Saint-Pé-de-Léren et se jette dans le Gave d'Oloron, après avoir arrosé Léren.

Bourguet (Le), h. c^{ne} de Castagnède.

Bourguet (Le), h. c^{ne} de Sus.

Bouries (Les), éc. c^{ne} de Buros.

Bournos, c^{on} de Thèze. — *Bornoz*, 1385 (cens.). — *Sent Julhia de Bornos*, 1481 (not. de Larreule, n° 1, f° 5). — Bournos comprenait 3 feux en 1385 et ressort. au baill. de Pau. — C'était une annexe de la paroisse d'Aubin et une dépendance de la baronnie de Doumy.

Bournousuiniant, h. c^{ne} de Bidart.

Bouroutchourry, f. c^{ne} de Bayonne.

Bourromme, mⁱⁿ, c^{ne} de Sauveterre, sur le Gave d'Oloron; mentionné en 1675 (réform. de Béarn, B. 680, f° 33).

Bourromme (La), fief, c^{ne} de Salies. — *L'ostau de la Borrome*, 1385 (cens. f° 6). — *Borroma*, 1391 (not. de Navarrenx). — *La Bourroume*, 1728 (dénombr. de Salies, E. 43). — Ce fief relevait de la vicomté de Béarn.

Bournounchalinia, h. c^{ne} d'Espelette.

Bourrugot (Le), h. anc. annexe de Balansun réunie à la commune d'Argagnon-Marcerin depuis le 8 avril 1851. — *Bouruguet*, 1674; *le Bourguet de Balansun*, 1687 (réform. de Béarn, B. 672, f°° 207 et 210). — *Le Bourruguet*, 1768 (dénombr. de Vauzé, E. 45.). — Le Bourrugot était une propriété de l'Ordre de Malte.

Bouscagne (Le), ruiss. qui coule à Etsaut et se jette dans le Gave d'Aspe.

Bousigues (Les), éc. c^{ne} de Bassillon-Vauzé.

Bousquet, f. c^{ne} de Pau, dans les landes du Pont-Long; mentionnée en 1560 (réform. de Béarn, B. 678, f° 360). — Ce domaine fut anobli en 1582; le fief relevait de la vicomté de Béarn.

Bousquets (Les), éc. c^{ne} de Luccarré.

Boussoum (Le), ruiss. qui arrose la c^{ne} de Borce et se perd dans le Gave d'Aspe.

Bout-de-Pont (Le), h. c^{ne} de Navarrenx.

Bouteilles, éc. c^{ne} de Montfort.

Bouy, mont. c^{ne} des Eaux-Bonnes, à Aas.

Bouzoum, f. c^{ne} d'Arros (c^{on} de Nay). — *La Monyoge de Bosom*, 1536 (réform. de Béarn, B. 807, f° 66).

Bragaris de Louvie (Les), c^{ne} des Eaux-Bonnes. — Ce nom s'appliquait à neuf maisons du village d'Aas, serves du seigneur de Louvie-Soubiron, 1538 (réform. de Béarn, B. 850).

Bramepa, f. c^{ne} de Pontacq. — *Crampas*, vers 1540 (réform. de Béarn, B. 800, f° 1).

Brana, f. c^{ne} de Salies. — *Lo Branaa*, 1535 (réform. de Béarn, B. 705, f° 237).

Brana, fief, c^{ne} de Vielleségure; mentionné en 1538 (réform. de Béarn, B. 833), vassal de la vicomté de Béarn.

Brasquet, f. c^{ne} de Narp. — *Brasc*, 1384 (not. de Navarrenx).

Brassalay, fief, c^{ne} de Biron. — *Barcelley*, 1227 (reg. de Bordeaux, d'ap. Marca, Hist. de Béarn, p. 572). — *Bracalay*, xiiie s^e (coll. Duch. vol. CXIV, f° 34). — *Braselay*, 1343 (not. de Pardies). — Ce fief était vassal de la vicomté de Béarn.

Brau, f. c^{ne} de Baigts. — *Lo Brau*, vers 1540 (réform. de Béarn, B. 802, f° 18).

Brèque, marais, c^{ne} de Lescar, dans les landes du Pont-Long. — *Lo goar de Breca*, 1463 (cart. d'Ossau, f° 119).

Brèque (Le pic de la), c^{nes} de Lées-Athas et de Lescun.

Brèque de Coos, montagne, c^{nes} des Eaux-Bonnes et de Laruns.

Bretagne, vill. c^{ne} de Saint-Laurent; anc. comm. réunie, le 16 octobre 1842, à Saint-Laurent. — *Bretanhe*, 1385 (cens.). — *Bretaigne*, 1700 (dénombr. E. 23). — En 1385, Bretagne comprenait 6 feux et ressort. au baill. de Pau. — Ce village formait autrefois une seule paroisse avec Gabaston et Saint-Laurent.

Un ruisseau dit *l'Arriu de Bretagne* coule à Saint-Laurent-Bretagne et se jette à Escoubès dans le Gabas.

Brindos, h. c^{ne} d'Anglet. — *Villa que dicitur Berindos*, xiie s^e (cart. de Bayonne, f° 8). — *Beryndos*, 1331; *Beryndes*, 1334 (rôles gascons).

Briscous, c^{on} de la Bastide-Clairence. — *Bruscos*, 1338; *Briscos*, 1348 (rôles gascons). — *Hiriberry*, 1793. (Ce dernier nom signifie, en basque, Villeneuve.) — On dit en basque *Beskoitce*.

Broc, île dans l'Adour, c^{ne} d'Urcuit.

Brocq, f. c^{ne} d'Asson.

Brocq, f. c^{ne} de Navailles-Angos. — *Lo Brocar*, 1385 (cens. f° 47).

Brocq, h. c^{ne} de Bayonne.

Brosser, fief créé en 1638, c^{ne} d'Orthez; il relevait de la vicomté de Béarn.

Brouca, h. c^{ne} de Cette-Eygun.

Brouca, mont. c^{ne} de Louvie-Juzon.

Brouca (La crête de), mont. c^{ne} de Borce.

Brouches (Le chemin des), dans la c^{ne} d'Asson.

Brouquisse, f. c^{ne} de Maslacq. — *Broquisse*, 1612 (réform. de Béarn, B. 816).

Broussé, f. c^{ne} de Sainte-Suzanne. — *Mau-Brosser*, 1457 (not. de Castetner, f° 49). — *Brosce*, 1568 (réform. de Béarn, B. 797, f° 20). — *Les Broussez*, 1777 (terrier de Làa, E. 309).

Brousser, mont. c^{ne} de Laruns. — *Brosset*, 1440 (cart. d'Ossau, f° 254). — La maison dite *la Case de Brousset* fut bâtie en 1650.

Brouste (La), bois, c^{ne} d'Anoye; mentionné en 1778 (dénombr. d'Anoye, E. 18).

Broustère (La), ruiss. qui prend sa source à Doumy, arrose Viven et se jette dans le Luy-de-France.

Brucuou (Le), ruiss. qui coule sur la c^{ne} d'Andrein et se jette dans le Gave d'Oloron.

Bruges, c^{on} de Nay; commune fondée vers 1345 par Gaston-Phébus, vicomte de Béarn. — *Brutges*, 1360 (ch. de Bruges, AA. 1). — *Brudges*, 1580 (ch. de Béarn). — En 1385, Bruges ressortissait au baill. de Nay et comprenait 52 feux. — C'était le siège d'une notairie ne comprenant que la commune.

Brumont-Disse, f. c^{ne} de Diusse.

Bruscas (Le), ruiss. qui coule sur la c^{ne} d'Arricau et se jette dans le Lées.

Bruscat, f. c^{ne} de Bentayou-Sérée. — *Brusquat*, 1615 (réform. de Béarn, B. 817, f° 14).

Bruscos (Le), ruiss. qui sort des landes du Pont-Long, près de Laragnon, sur la c^{ne} de Montardon, et se perd dans le Loussy après avoir traversé les c^{nes} de Sauvagnon, Uzein et Momas. — *Lo Bruscoos*, 1337 (cart. d'Ossau, f° 245). — *Lo Brescos*, 1539 (réf. de Béarn, B. 723).

Le hameau de Bruscos, situé dans les landes du Pont-Long, fut détruit en 1337 par les habitants de la vallée d'Ossau.

BUALA, lande, c^{ne} de Ger.

BUALÉ (LE), f. c^{ne} de Castétis. — *Bualer*, 1780 (terrier de Castétis, E. 258).

BUGALA, lande, c^{ne} d'Oloron-Sainte-Marie, près de Légugnon.

BUGALA, mont. c^{ne} d'Escot. — Le ruisseau de Bugala sort de cette montagne et se jette à Lurbe dans le Gave d'Aspe.

BUGANGUE, bois, c^{ne} d'Asasp. — *Lo boscq de Buyangue*, 1477 (ch. d'Aspe).

Le ruisseau de Bugangue sort du bois de ce nom, arrose Asasp et Gurmençon et se jette dans la Mielle.

BUGNEIN, c^{on} de Navarrenx. — *Bunheng*, 1282 (ch. de Béarn). — *Bunhen*, XIIIe s° (fors de Béarn). — *Bugnhenh*, 1334 (not. de Navarrenx). — *Vunhenh*, 1385 (cens.). — *Sent Johan de Bunhenh*, 1396 (not. de Navarrenx). — *Bunheng*, XIVe s° (cens.). — *Bunienh*, 1546 (réform. de Béarn). — *Bugneng*, 1608; *Buneinh*, 1612 (insin. du dioc. d'Oloron). — En 1385, Bugnein comprenait 56 feux et ressort. au baill. de Navarrenx.

BUISSON, fief, c^{ne} de Pau. — *La Barthe de Buisson*, 1730 (dénombr. de Pau, E. 40). — Ce fief était vassal de la vicomté de Béarn.

BUISSON (LE), bois, c^{ne} de Préchacq-Josbaig; ancienne dépendance de la seigneurie d'Oroignen.

BUNUS, c^{on} d'Iholdy. — *Bunos*, 1439 (not. de la Bastide-Villefranche, n° 1, f° 14). — *Bunuz*, 1621 (Martin Biscay).

BURDINCURUTCHÉTA (LE COL DE), fait communiquer la c^{ne} d'Urepel avec l'Espagne.

BURDINCURUTCHÉTA (LE COL DE), c^{nes} de Lécumberry et de Mendive.

BURE (LE PIC DE), mont. c^{ne} de Lescun.

BURGAIN, h. c^{ne} de Bardos.

BURGAINCY, pèlerinage, c^{ne} de Domezain-Berraute.

BURGANCE, mont. c^{nes} de Lécumberry et de Hosta.

BURGANS, mont. c^{nes} de Pagolle, de Musculdy et d'Ordiarp.

BURGARONNE, c^{on} de Sauveterre; anc. prieuré du dioc. d'Oloron. — *Burgarone*, 1235 (réform. de Béarn, B. 864). — *Burgarona*, 1323 (ch. de Béarn, E. 953). — *Bulgarona*, 1548; *Burguarone*, 1614 (réform. de Béarn, B. 702, f° 34; 817, f° 2). — *Saint-Étienne de Burguerone*, 1656 (insin. du dioc. d'Oloron). — En 1385, Burgaronne comptait 17 feux et ressort. au baill. de Sauveterre.

BURGAUST, f. c^{ne} de Morlàas; fief mentionné en 1538 (réform. de Béarn, B. 833), vassal de la vicomté de Béarn.

BURGAUX (LE BOIS DE), c^{ne} de Castéide-Candau. — *Lo boscq de Burgaus*, 1538 (réform. de Béarn, B. 855). — Ce bois tire son nom du vill. de Burgaux (c^{ne} de Monget, départ. des Landes).

BURGOSSA, mont. c^{ne} d'Estérençuby.

BURGUBERRY, h. c^{ne} de Méharin.

BURGUÇAHAR, fief, c^{ne} d'Ostabat-Asme; vassal du royaume de Navarre.

BURGUÉ, f. c^{ne} de Saint-Faust; mentionnée en 1385 (cens. f° 56). — *Lo Burguer*, vers 1540 (réform. de Béarn, B. 785, f° 122).

BURGUSSAIN, f. c^{ne} de Hasparren. — *Le mazon Burgussain*, 1247 (cart. de Bayonne, f° 57).

BUNITS (LE), ruiss. qui arrose la c^{ne} d'Uhart-Cize et se jette dans l'Aïri.

BUROS, c^{on} de Morlàas; mentionné en 1319 (cart. d'Orthez, f° 29). — *Buroos*, 1457 (cart. d'Ossau, f° 202). — Il y avait une abbaye laïque. — En 1385, Buros ressort. au baill. de Pau et comprenait 43 feux. — Le fief de Buros relevait de la vicomté de Béarn.

BUROSSE, c^{on} de Garlin. — *Burossium*, 1312 (ch. de Béarn, E. 670). — *Buroose*, 1402 (cens.). — *Burossa*, vers 1540 (réform. de Béarn, B. 805, f° 5). — *Burosse-Mendousse*, depuis la réunion de Mendousse: 27 juin 1842. — En 1385, Burosse comptait 3 feux et ressort. au baill. de Lembeye.

BURQUÉGUY, mine de fer, c^{ne} de Larrau.

BURQUIDOY (LE COL DE), c^{nes} de Mendive, de Larrau et d'Alçay-Alçabéhéty-Sunharette.

BURUCIETTE, mont. c^{ne} de Larrau.

BURUNOLATXÉ (LE COL DE), c^{nes} d'Alçay-Alçabéhéty-Sunharette et d'Aussurucq.

BURUSTOLA (LE), ruiss. qui coule sur la c^{ne} de Larrau et se jette dans l'Olhado.

BUSSUNARITS, c^{on} de Saint-Jean-Pied-de-Port. — *Buzunariz*, 1513 (ch. de Pampelune). — *Buçunariz*, 1621 (Martin Biscay). — *Busunarits*, 1665 (reg. des États de Navarre). — *Buznaritz*, 1703 (reg. des visites du dioc. de Bayonne). — *Bussunarits-Sarrasquette*, depuis la réunion de Sarrasquette: 12 mai 1841.

BUSTANCELHAY (LE COL DE), fait communiquer la c^{ne} de Saint-Étienne-de-Baïgorry avec l'Espagne.

BUSTEIGT (LE BOIS DE), c^{ne} d'Etsaut.

BUSTINCE, c^{on} de Saint-Jean-Pied-de-Port. — *Buztinz*, 1513 (ch. de Pampelune). — *Buztince*, 1621 (Martin Biscay). — *Beata Maria de Bustince*, 1686 (collations de Bayonne). — *Bustinze*, 1703 (reg. des visites du diocèse de Bayonne). — *Bustince-Iriberry*, depuis la réunion d'Iriberry.

Busuzon, h. c^ne de Sarrance.

Buziet, c^on d'Oloron-Sainte-Marie-Est. — *Busieg*, 1385 (cens.). — *Vusiet*, 1440 (not. d'Oloron, n° 3, f° 101). — *Busiet*, 1544 (réform. de Béarn, B. 748). — En 1385, Buziet ressort. au baill. d'Oloron et comptait 24 feux.

Buzy, c^on d'Arudy; mentionné en 1096 (Marca, Hist. de Béarn, p. 356). — *Busia*, 1170 (ch. de Barcelone). — *Busi*, xiie s^e (ch. de Gabas). — *Buzi en Bag*, 1343 (ch. de Pardies). — *Busii*, 1429 (ch. de Buzy, DD. 1). — *Sent Saturnin de Buzy*, 1608 (insin. du dioc. d'Oloron). — *Busy*, 1614 (réform. de Béarn, B. 817). — Buzy ressort. au baill. d'Ossau en 1385 et comptait 55 feux. — Il y avait dans l'église de Buzy quatre prébendes fondées sous l'invocation de saint Blaise.

By, f. c^ne d'Oràas; anc. commune du baill. de Mu. — *Bii*, 1385 (cens. f° 14). — *Lous Vins*, 1533 (ch. d'Oràas, E. 361). — *Lo petit viladge aperat Los Bis*, *Bii-Susoo*, 1538 (réform. de Béarn, B. 828; 837). — *Biys*, 1780 (terrier d'Oràas, E. 339). — En 1385, By comptait 5 feux.

C

Cabalce, h. c^ne de Saint-Jean-le-Vieux; ancienne commune. — *Zabalza*, 1513 (ch. de Pampelune). — *Zabalça*, 1621 (Martin Biscay). — *Sabalce*, 1774 (reg. des impositions de Navarre).

Cabaléta (Le), ruiss. qui arrose Lécumberry et se jette dans l'Iraty.

Cabanes, f. c^ne d'Osserain-Rivareyte.

Cabanes (Les), éc. c^ne de Garos.

Cabanes (Les), h. c^ne de Navarrenx; c'était, au xviiie s^e, le nom d'un faubourg de Navarrenx.

Cabanes (Les), mont. c^nes d'Accous et de Lescun.

Cabé, f. c^ne de Bellocq. — *Lo Cabee*, 1537 (réform. de Béarn, B. 820).

Cabé, fief, c^ne d'Athos-Aspis. — *La maison deu Cabee, lo Caver d'Atos*, 1538; *lo Caber*, 1548 (réform. de Béarn, B. 762, f° 13; 828 et 833). — Ce fief relevait de la vicomté de Béarn.

Cabé (Le), fief, c^ne de la Bastide-Villefranche; mentionné en 1563 (réformation de Béarn, B. 683, f° 326). — Le fief du Cabé était vassal de la vicomté de Béarn.

Cabeil, f. c^ne de Castétis. — *Cabeilh*, 1780 (terrier de Castétis, E. 258).

Cabéné, h. c^ne de Lembeye. — *Cabaré*, 1675 (réform. de Béarn, B. 649, f° 273).

Cabès, fief, c^ne de Serres-Sainte-Marie; mentionné en 1682 (réform. de Béarn, B. 671, f° 321), vassal de la vicomté de Béarn.

Cabes (Les), f. c^ne de Monpézat-Bétrac.

Cabidos, c^on d'Arzacq; mentionné en 1323 (ch. de Béarn, E. 953). — *Cabidos en lo bayliadge de Garos*, 1442 (contrats de Carresse, f° 167). — *Cabidos en France*, 1675 (réform. de Béarn, B. 667, f° 269). — Cassini ne comprend point cette commune dans la province de Béarn; elle dut en être distraite postérieurement à 1442.

Cabidos, f. c^ne de Lombia; mentionnée en 1602 (réform. de Béarn, B. 812).

Cabinou (Le), ruiss. qui prend sa source à Arzacq et se jette à Vignes dans le Luy-de-France.

Çabocé, mont. c^ne de Saint-Just-Ibarre. — Un bois porte le même nom.

Cacareigt, h. c^ne d'Arthez.

Cacaret, f. c^ne de Nay.

Cachentéguy (Le), ruiss. qui arrose Béguios et se jette dans le Minhuriéta.

Cacouette (La), ruiss. qui prend sa source à Sainte-Engrace et se jette dans l'Uhaïtxa.

Cadets (Le chemin des), conduit de la c^ne de Claracq (c^on de Thèze) à celle de Carrère.

Cadillon, c^on de Lembeye. — *Castrum Cadelionense*, xie s^e (cart. de l'abb. de Saint-Pé). — *Cadelho*, 1104 (cart. de Lescar). — *Cadelo*, 1131 (cart. de Morlàas). — *Cadelon*, 1170 (ch. de Barcelone, d'après Marca, Hist. de Béarn, p. 324, 397, 432 et 471). — *Cadellio*, 1344 (ch. de Béarn, E. 2403). — *Cadalhoo*, 1385; *Cadelhoo*, 1402 (censiers). — *Cadilhon*, 1736 (dénombr. de Conchez, E. 26). — En 1385, Cadillon comprenait 18 feux et ressort. au baill. de Lembeye. — Le fief de Cadillon était vassal de la vicomté de Béarn.

Cagnez, h. c^ne d'Arthez. — *Aucagnes*, 1683 (réform. de Béarn, B. 672, f° 127). — *Le Cagnès*, 1777 (terrier d'Arthez, E. 249).

Cagot, éc. c^ne de Castillon (c^on de Lembeye).

Cagot (La fontaine du), c^ne d'Arthez; c'est la source de l'Arribau ou Clamonde. — *La hon deus Cagots*, 1777 (terrier d'Arthez, E. 249).

Cagot (La côte du), éc. cne d'Aurions-Idernes.
Cagot (Le), éc. cne de Coslédàa-Lube-Boast.
Cagots (La fontaine des), cne de Livron. — *La hont deus Crestias*, 1767 (terrier de Livron, E. 312).
Cagots (Le chemin des), qui conduit de Saint-Palais à Aïcirits.
Cailhabet, f. cne d'Aurions-Idernes.
Caillabère (La), mont. cne d'Arudy.
Caillau, éc. cne de Livron.
Caillau, f. cne d'Angous.
Caladarre, lande, cne de Charre.
Calangue (La), ruiss. qui prend sa source au bois de Bugangue (cne d'Aramits) et se jette dans le Dandarou.
Caldumbide (Le), ruiss. qui arrose Ainhice-Mongélos et Suhescun et se jette dans l'Uritcharté.
Calvaire (Le), mont. cne d'Urrugne.
Cambardons (Les), éc. cne de Lucgarrier.
Cambarou (Le), lande, cne de Saucède.
Cambeillon, lande, cne d'Esquiule. — Le ruisseau de Cambeillon arrose Esquiule et se jette dans le Joos.
Camblong, vill. cne de Castetnau; annexe de Castetnau. — *Camplonc*, 1289 (not. de Navarrenx). — *Casteg-nau e Cam-lonc*, 1385 (censier). — *Nostre-Done de Camplonc*, 1412 (not. de Navarrenx). — *Saint-Laurent de Camplonc*, 1620 (insin. du dioc. d'Oloron). — *Camploncq*, 1675 (réform. de Béarn, B. 682, f° 91). — Il y avait une abbaye laïque vassale de la vicomté de Béarn.
Cambo, con d'Espelette; mentionné en 1235 (cart. de Bayonne, f° 12). — *Camboo*, 1350 (ch. de Came, E. 425). — *Cambe*, 1501 (ch. du chap. de Bayonne). — *Sanctus Laurentius de Cambo*, 1757 (collations du dioc. de Bayonne). — *La Montagne*, 1793. — La paroisse de Larressore était une annexe de Cambo.
En 1790, Cambo fut le chef-lieu d'un canton dépendant du district d'Ustarits et composé des communes de Cambo, Halsou et Itsatsou.
Camborde, f. cne de Lestelle. — *Camp de la Borda*, v. 1540 (réform. de Béarn, B. 787, f° 38).
Cambus, f. cne d'Artigueloutan. — Le fief de Cambus comprenait en 1538 les communes d'Ousse et de Rontignon; il relevait de la vicomté de Béarn.
Cambus, f. cne de Moncin; mentionnée en 1385 (cens. f° 35).
Cambus, fief, cne de Bielle; mentionné en 1394. — *Cambus Mayor*, 1538 (réform. de Béarn, B. 833). — Ce fief relevait de la vicomté de Béarn.
Came, con de Bidache; la fondation est du milieu du xiie siècle. — *Camer*, 1193 (cart. de Bayonne, f° 19). — *Cammes*, 1463 (aveux de Languedoc). — *Cama*, 1489 (not. de Pau, n° 3, f° 58). — Came formait avec Sames et Saint-Pé-de-Léren une baronnie relevant du château de Dax. — C'était une dépendance de l'archiprêtré de Rivière-Fleuve (dioc. de Dax) et de la subdélégation de Dax.
En 1790, Came fut le chef-lieu d'un canton dépendant du district de Saint-Palais et composé des communes d'Arancou, Bergouey, Came, Sames, Viellenave (con de Bidache) et Escos.
Camepiche (Le), ruiss. qui prend source à Lées-Athas et s'y jette dans le Malugar.
Camhanrié, f. cne de Loubieng. — *Campfariee*, 1540 (réform. de Béarn, B. 726, f° 66).
Cami, f. cne d'Asson. — *L'ostau deu Cami*, 1385 (cens. f° 67).
Cami-Nau, éc. cne de Poey (con d'Oloron-Sainte-Marie-Est).
Camito (Le), ruiss. qui arrose Luxe-Sumberraute et Labets-Biscay et se jette dans la Bidouse.
Camlong, f. cne de Viatec. — *Camalong*, v. 1540 (réform. de Béarn, B. 786, f° 12).
Camlong (Le), éc. cne de Luccarré.
Camoire (La), h. cne d'Audaux. — *Lo molin de La Camoere*, 1571 (réform. de Béarn, B. 2171).
Camons, f. cne de Nay.
Camontères, h. cne de Moncaup; ancienne paroisse mentionnée en 1385 (censier). — *Capmorteras*, 1542; *Camourtères, Capmortères*, 1675 (réform. de Béarn, B. 650, f°s 70 et 134; 734, f° 6).
Camou, con de Tardets. — *Camou-Cihigue*, depuis la réunion de Cihigue, en 1836. — Cette commune est aussi appelée *Camou-Soule* pour la distinguer de Camou-Mixe (con de Saint-Palais).
Camou, fief, cne d'Ossenx; mentionné en 1643 (réform. de Béarn, B. 686, f° 220), relevait de la vicomté de Béarn.
Camou (Le), fief, cne de Salies. — *L'ostau deu Camoo*, 1385 (cens. f° 6). — Ce fief était vassal de la vicomté de Béarn.
Camou-Mixe, con de Saint-Palais; mentionné au commencement du xiiie siècle (cart. de Bayonne, f° 26). — *Camur*, 1472 (not. de la Bastide-Villefranche, n° 2, f° 22). — *Camo en Micxe*, 1479 (contrats d'Ohix, f° 79). — *Camoo*, 1519 (ch. de Navarre, E. 470). — *Camu*, 1621 (Martin Biscay). — *Camou-Mixe-Suhast*, depuis la réunion de Suhast: 22 mars 1842.
Camous, éc. cne de Maslacq.
Camous (Le), ruiss. qui prend sa source à Moumour, arrose Orin et se jette dans le Gave d'Oloron.
Camous (Les), éc. cne de Dognen.

Camoy, f. c^{ne} de Castagnède. — *Gamon*, 1538 (réform. de Béarn, B. 828).

Camp, fief, c^{ne} de Puyòo. — *Lo Camp de Puyou*, 1535; *lo molii de Camp*, 1538 (réform. de Béarn, B. 833, f° 8). — Ce fief relevait de la vicomté de Béarn.

Campagne, f. c^{ne} de Monein. — *Campanha*, v. 1540 (réform. de Béarn, B. 789, f° 81).

Campagne, f. c^{ne} d'Ogenne-Camptort. — *Campanhe*, 1385 (cens. f° 27).

Campagne, fief, c^{ne} de Pardies (c^{on} de Monein). — *L'ostau de Campanhe deu Plaa de Pardies*, 1385 (cens. f° 35). — *Campanha*, 1538; *Campaigne*, 1674 (réform. de Béarn, B. 671, f° 1; 833). — Ce fief dépendait du bailliage de Lagor et Pardies en 1385; il relevait de la vicomté de Béarn.

Campagne, h. c^{ne} de Tabaille-Usquain; ancienne commune. — *Campanhe*, 1385 (cens. f° 12). — *Campanha*, v. 1540 (réform. de Béarn, B. 804, f° 13). — En 1385, Campagne ressort. au baill. de Sauveterre et était annexée à Mongaston et Usquain; on y comptait 12 feux.

Campagne, m^{in} et fief, c^{ne} de Castetbon; anobli en 1631, vassal de la vicomté de Béarn.

Campagnettes (Les), éc. c^{ne} de Noguères; mentionné en 1775 (terrier de Noguères, E. 279).

Campagnot (Le), éc. c^{ne} de Saucède.

Campcassanou (Le), ruiss. qui prend sa source dans les marais de Pontacq et se jette dans le Gabas après avoir arrosé Luquet (départ. des Hautes-Pyrénées) et Eslourenties-Darré.

Camp de Labat (Le), lande, c^{ne} de Lescar, dans le Pont-Long.

Campelut, marais, c^{ne} de Lescar, dans le Pont-Long.

Campfranc, h. c^{ne} de Gan; fief, créé en 1611, qui relev. de la vicomté de Béarn. — *Lo vic de Campfrancq*, 1535 (réform. de Béarn, B. 701, f° 140).

Campgrand, f. c^{ne} de Castillon (c^{on} de Lembeye).

Campillet, chapelle, c^{ne} de Précilhon.

Camps, f. c^{ne} de Louvie-Juzon; mentionnée en 1385 (cens. f° 71).

Camps-de-Prats, f. c^{ne} de Bayonne.

Campson, h. c^{ne} de Monein, près de Cuqueron. — *Campsoo*, 1538 (réform. de Béarn, B. 835). — *Campsour*, 1665 (not. de Monein, n° 202, f° 40).

Camptort, vill. c^{ne} d'Ogenne; anc. c^{ne} réunie à Ogenne le 12 mai 1841. — *Campus tortus*, 1235 (réform. de Béarn, B. 864). — *Cam-tort*, 1385 (censier). — *Quamptort*, v. 1540 (réform. de Béarn, B. 799, f° 19). — *Sanctus Stephanus de Camptort*, 1674 (insin. du dioc. d'Oloron). — *Cantor*, 1755 (terrier de Maslacq, E. 273). — En 1385, Camptort ressort. au baill. de Navarrenx et comprenait 8 feux.

Camu, vill. c^{ne} de Barraute; anc. c^{ne} réunie à Barraute le 14 juin 1841. — *Camoo*, *Camuu*, 1385 (censier). — *Camur en Bearn*, 1477 (contrats d'Ohix, f° 55). — En 1385, Camu ressort. au baill. de Sauveterre et comptait 11 feux.

Camy, f. c^{re} de Gabaston. — *Camii*, 1385 (censier, f° 55).

Canabère (La), lande, c^{ne} de Maucor.

Canande, éc. c^{ne} d'Arthez.

Canau-Rouye, mont. c^{ne} de Laruns.

Canceig (Le), ruiss. qui prend sa source à Béost-Bagès, sépare cette commune de celle de Louvie-Soubiron et se jette dans le Gave d'Ossau. — *Le Causeig, lo Causeg, l'aigue deu Quansset*, 1538 (réform. de Béarn, B. 832, f° 9; 850; 865).

Cancet (Le), bois, c^{ne} de Rontignon. — *Le Cancer*, 1778 (terrier de Rontignon, E. 316).

Candau, chât. et fief relev. de la vicomté de Béarn, c^{ne} de Castétis; mentionné en 1385 (cens. f° 39). — *Lo molin aperat de Candau*, 1538 (réform. de Béarn, B. 826). — La terre de Candau fut érigée en baronnie (1652), comprenant les seigneuries de Plassis et de Bellegarde; puis en marquisat (1718), composé des baronnies de Candau et de Vauzé et de la seigneurie de Lanneplàa.

Candau, f. c^{ne} de Loubieng. — *Lo Candau*, 1540 (réform. de Béarn, B. 726, f° 112).

Candau, f. c^{ne} de Monein; mentionnée en 1385 (cens. f° 37).

Candau, fief, c^{ne} de Garos. — *La maison noble de Candau ou de Paucborde*, 1764 (reg. des États de Béarn). — Ce fief tire son nom de la famille de Candau, qui en était propriétaire au xvie siècle; il relevait de la vicomté de Béarn.

Candau, h. c^{ne} d'Assat. — Dépendance de la baronnie de Saint-Aubin. — Voy. Salle de Candau (La).

Candau, h. c^{ne} de Castéide-Candau.

Candelot, éc. c^{ne} de la Bastide-Monréjau. — *Candalots*, 1777 (terrier de la Bastide-Monréjau, E. 266).

Candeloup, h. c^{ne} de Monein. — *Candelop*, 1385 (cens. f° 35). — *Candalop*, 1548 (réform. de Béarn, B. 759). — En 1385, Candeloup comprenait 49 feux et ressort. au baill. de Monein.

Canée (La), ruiss. qui arrose la Bastide-Monréjau et se jette dans l'Aulouse. — *Lo Caneet*, 1440 (cens. de la Bastide-Monréjau, E. f° 26).

Canet, f. c^{ne} d'Uzan; mentionnée en 1580 (réform. de Béarn, B. 770).

Canette (La), ruiss. qui prend sa source à Gayon et s'y jette dans le Léès.

Canguilhem, h. c^{ne} de Sault-de-Navailles.

Canis (Lou), rocher, c^{ne} de Biarrits.

CANTLAS, h. c^{ne} de Moncaup; mentionné en 1675 (réform. de Béarn, B. 650, f° 71).

CANTON (LE), h. c^{ne} de Cescau.

CAPARRECQ (LE), ruiss. qui arrose Moncin et se jette dans la Baitongue. — *Caparecx*, 1441 (not. d'Oloron, n° 3, f° 115).

CAPARRIU (LE), ruiss. qui coule à Bentayou-Sérée et se jette dans le Louet.

CAPBIS, c^{on} de Nay. — *Cabbis*, XIIe siècle (Marca, Hist. de Béarn, p. 433). — *Grangia Capbisii*, 1285 (réform. de Béarn, B. 864). — *L'espitau de Capbiis*, 1385 (cens. f° 68). — *La cappere et grange apperat de Nostre Dame de Capbiis*, 1536 (réform. de Béarn, B. 820). — Capbis dépendait de l'abb. de Sauvelade; en 1385, il était compris dans la paroisse de Bruges et comptait pour 3 feux.

CAPBLANCAT, f. c^{ne} de Gan.

CAPCOUM, éc. c^{ne} de Samsons-Lion.

CAPDA, mont. c^{nes} d'Oloron-Sainte-Marie, de Lurbe et d'Escot.

CAPDEBAYS, h. c^{ne} d'Escot.

CAP-DE-CASTEL, h. c^{ne} d'Abos.

CAPDELAAS, f. c^{ne} de Loubieng. — *Capdelas*, 1540; *Cap-de-Las-dessus*, *Cap-de-Las-debaig*, 1568 (réform. de Béarn, B. 726, f° 6; 797, f° 25). — Cette ferme tire son nom de sa position à la source du ruisseau d'Alàas.

CAPDELAYOU, h. c^{ne} de Lucq-de-Béarn; placé à la source du ruisseau de Layou. — *La marque de Cap de Layoo*, 1562 (cens. de Lucq). — *Capdelajon*, 1691 (comptes de l'év. d'Oloron).

CAPDEPON, fief, c^{ne} de Castetbon. — *Capdepont de Yeub*, 1391 (not. de Navarrenx). — Ce fief relevait de la vicomté de Béarn.

CAP-DE-PONT, h. c^{ne} de Mauléon. — *Cap deu Pont de Mauleon*, 1469; *las glisies deu Pont*, 1470 (contrats d'Ohix, f°s 8 et 9).

CAP-DEU-BOSCQ, h. c^{ne} de Sauvelade; distrait de la c^{ne} de Loubieng le 29 mai 1861.

CAP-DEU-PONT, h. c^{ne} de Lourdios-Ichère.

CAPDEVIELLE, f. c^{ne} de Gurs; mentionnée vers 1540 (réform. de Béarn, B. 796, f° 5).

CAPDEVIELLE, fief créé en 1647, c^{ne} de Bugnein; vassal de la vicomté de Béarn.

CAPDEVILLE, fief, c^{ne} de Castetbon, au hameau de Geup; mentionné en 1683 (réform. de Béarn, B. 686, f° 180), il relevait de la vicomté de Béarn.

CAPÉRA, chapelle, c^{ne} d'Ainhoue.

CAPÉRAS (LE GOA DES), marais dans les landes du Pont-Long, c^{nes} de Bougarber et de Lescar. — *Lo Goa deus Caperaas*, XVe siècle (cart. d'Ossau).

CAPÈRE (LA), éc. c^{ne} de Castéide-Cami, près du chemin dit *Romiu*.

CAPESTAING ou LAGOEYROU, landes, c^{ne} de la Bastide-Villefranche; mentionnées en 1675 (réform. de Béarn, B. 680, f° 574).

CAPET, h. c^{ne} de Sedze-Maubec; mentionné en 1675 (réform. de Béarn, B. 648, f° 265).

CAPÉTOUYA, h. c^{ne} de Lembeye. — *Capatouya*, 1675 (réform. de Béarn, B. 649, f° 302).

CAPFAGET, fief, c^{ne} de la Bastide-Cézéracq; mentionné en 1538 (réform. de Béarn, B. 835), vassal de la vicomté de Béarn.

CAPLANE, chât. c^{ne} de Pouliacq.

CAPOT, f. c^{ne} de Jurançon; mentionnée vers 1540 (réform. de Béarn, B. 785).

CAPOU, f. c^{ne} de Chéraute; mentionnée en 1480 (contrats d'Ohix, f° 89).

CAPPICOT, f. c^{ne} de Monein. — *Capicoy*, vers 1540 (réform. de Béarn, B. 789, f° 178). — *Cappiquot*, 1666 (not. de Monein, n° 202, f° 75).

CAPUCINS (LE CHEMIN DES), c^{ne} de Mauléon; tire son nom d'un ancien couvent.

CAPUCINS (LES), f. c^{ne} de Bayonne.

CARABOSSE ou CRABOSSE, h. c^{ne} de Simacourbe. — *Saint-Laurent-de-Crabosse* est cité au Xe s^e (Marca, Hist. de Béarn, p. 382). — *Crabossa*, XIIe s^e (cart. de Morlàas, f° 6). — *Lo parsan de Crabosa*, 1540 (réform. de Béarn, B. 725, f° 200).

CARBOUÉRAS (LE RUISSEAU DES), prend sa source à Arzacq, arrose Arrazigüet et Cabidos et se jette dans le Luy-de-France.

CARBOUÈRE, éc. c^{ne} de Samsons-Lion.

ÇANÇAGOÏTY (LE COL DE), c^{ne} de Larrau.

CANCHITE, mont. c^{ne} de Sainte-Engrace, sur la frontière d'Espagne.

CARDASSE, bois, c^{nes} de Lanne et de Montory.

CARDÈDE, éc. c^{ne} de Bordes (c^{on} de Clarac).

CARDENAU, f. c^{ne} de Lagor. — *Lo Cardenau*, 1572 (réform. de Béarn, B. 796).

CARDESSE, c^{on} d'Oloron-Sainte-Marie-Est; commune fondée en 1324. — *Cardesa*, 1548 (réform. de Béarn, B. 759). — En 1385, Cardesse était une annexe de Monein et comprenait 50 feux.

CARITATS (LES), éc. c^{ne} de Garos; mentionné en 1777 (terrier de Garos, E. 263).

CARJUZAN, anc. baronnie, c^{ne} d'Andrein. — Ce fief relevait de la vicomté de Béarn.

CARMERET, f. c^{ne} de Lucq-de-Béarn. — *Los Caremeretz*, 1385 (cens. f° 31).

ÇARO, c^{on} de Saint-Jean-Pied-de-Port. — *Sanctus Vincentius et Sanctus Martinus de Çaro*, 1335 (ch. du chap. de Bayonne). — *Charo*, 1525 (ch. de la

Camara de Comptos). — *Saro*, 1703 (reg. des visites de Bayonne). — Çaro était une annexe de la paroisse de Saint-Michel. — Il y avait un hôpital séculier pour les pèlerins.

Carpasse, f. c^{ne} de Vielleségure. — *Carapasse*, 1385 (cens. f° 35).

Carpiné (Le), ruiss. qui arrose Aydie et se jette dans le Sagé.

Carrère, c°° de Thèze; paroisse citée au xii° s° (Marca, Hist. de Béarn, p. 448). — Carrère formait avec Miossens et Lanusse une circonscription appelée *lo clau de Miossens*, 1546 (réform. de Béarn, B. 752).

Carrère, f. c^{ne} de Menditte; mentionnée en 1520 (cout. de Soule).

Carrère, fief, c^{ne} de Viodos-Abense; mentionné au xvii° s° (ch. d'Arthez-Lassalle), vassal de la vicomté de Soule.

Carresse, c°° de Salies. — *Beatus Stephanus de Carressa*, 980 (cart. de Lescar). — *Curtis Carreissa*, x° s° (ch. de Pau, d'après Marca, Hist. de Béarn, p. 214 et 293). — En 1385, Carresse ressort. au baill. de Sauveterre et comptait 41 feux. — Dépendance du dioc. de Dax.

Carrica, f. c^{ne} d'Aussurucq; mentionnée en 1520 (cout. de Soule).

Carrica, f. c^{ne} d'Ossas-Suhare; mentionnée en 1520 (cout. de Soule).

Carrica, h. c^{ne} d'Irissarry.

Carrica, h. c^{nes} de Mouguerre et de Saint-Pierre-d'Irube.

Carricaburu, f. c^{ne} d'Ainharp. — *Carricaburue*, 1479 (contrats d'Ohix, f° 79).

Carricaburu, f. c^{ne} de Chéraute.

Carricaçarra (Le), ruiss. qui arrose Ostabat-Asme et se jette dans la Bidouse.

Carricamussu (La croix), pèlerinage, c^{ne} de Louhosson.

Carricart, f. c^{ne} d'Aussurucq; mentionnée en 1520 (cout. de Soule).

Carriquini, f. c^{ne} d'Aussurucq; mentionnée en 1520 (cout. de Soule).

Carriquini, f. c^{ne} de Barcus; mentionnée en 1520 (cout. de Soule).

Carriquini, f. c^{ne} de Laguinge-Restoue; mentionnée en 1520 (cout. de Soule).

Carriquistalia, h. c^{ne} de Jatxou.

Carros, éc. c^{ne} de Montardon.

Carsuza, f. c^{ne} de Salies. — *Carsusan*, 1535 (réform. de Béarn, B. 705, f° 223).

Cartolles (Les), ruiss. qui arrose Mont (c°° de Lagor) et se jette dans l'Hens.

Carton, f. c^{ne} de Nay.

Casaban, f. c^{ne} de Ponson-Debat-Pouts. — *Case-avant*, 1385 (cens. f° 62). — *Casabant*, 1614 (réform. de Béarn, B. 817, f° 13).

Casaleix, lande, c^{ne} de Ger.

Casamajon, fief créé en 1583, c^{ne} de Rivehaute; vassal de la vicomté de Béarn.

Casamayon, f. c^{ne} d'Etchebar; mentionnée en 1520 (cout. de Soule).

Casamayon, fief, c^{ne} de Cette-Eygun. — *Casemajor*, 1735 (dénombr. de Cette-Eygun, E. 25). — Ce fief relevait de la vicomté de Béarn.

Casamayon, fief, c^{ne} de Féas; mentionné en 1538 (réform. de Béarn, B. 848, f° 20), vassal de la vicomté de Béarn.

Casamboucy, f. et fief, c^{ne} de Salies. — *L'ostau de Cassombossii*, 1385 (cens. f° 6). — *Casambosii*, 1535; *Casembosii*, 1538; *Casambocii*, 1546; *Casamboyé*, *Casamboy*, 1683; *Cassambossy*, 1686 (réform. de Béarn, B. 685, f^s 215 et 233; 705, f° 265; 754; 833). — *Cassemboussy*, 1728 (dénombr. Gassion, E. 29). — Le fief de Casamboucy relevait du marquisat de Gassion.

Casarer, fief, c^{ne} de Nay. — *La maison noble aperade de Casarrer*, 1538 (réform. de Béarn, B. 584). — Ce fief relevait de la vicomté de Béarn.

Casaubon, fief, c^{ne} de Serres-Sainte-Marie. — *Casauboo*, 1344 (not. de Pardies, f° 117). — Ce fief relevait de la vicomté de Béarn.

Casaubon, h. c^{ne} de Lembeye; mentionné en 1675 (réform. de Béarn, B. 649, f° 287).

Casaupoure, fief, c^{ne} de Bentayou-Sérée; mentionné en 1767 (reg. des États de Béarn), vassal de la vicomté de Béarn.

Casaurang, f. c^{ne} de Monein, près de Cuqueron. — *Casaufranc*, 1385 (cens. f° 36).

Casaus-Domecq, fief, c^{ne} d'Orthez. — *Casaux-Domec*, 1771 (dénombr. d'Orthez, E. 39). — Ce fief était vassal de la vicomté de Béarn.

Casaux, f. c^{ne} de Bougarber. — *Casaus*, 1385 (cens. f° 44).

Casaux, f. c^{ne} de Lanne. — *Casaus*, 1385 (cens. f° 20).

Casaux, fief, c^{ne} de Gan; créé en 1614, vassal de la vicomté de Béarn.

Casaux, fief, c^{ne} de Louvie-Juzon. — *Casaus de Lobier*, 1538 (réform. de Béarn, B. 833). — Ce fief relev. de la vicomté de Béarn.

Casebonne, f. c^{ne} de Lucq-de-Béarn. — *Casebone*, 1385 (cens. f° 30).

Casebonne, fief, c^{ne} de Lurbe. — *Casabona, Casabone*, 1538 (réform. de Béarn, B. 833; 848, f° 19). — Ce fief était vassal de la vicomté de Béarn.

DÉPARTEMENT DES BASSES-PYRÉNÉES.

Casemajor, fief, c^{ne} de Tabaille-Usquain. — *Casemayor d'Usquenh*, 1385 (cens. f° 14). — *Casamayor*, 1538 (réform. de Béarn, B. 833). — Le fief de Casemajor dépendait du baill. de Sauveterre et était vassal de la vicomté de Béarn.

Casenave, f. et fief, c^{ne} d'Aussevielle; mentionné en 1753 (dénombr. d'Aussevielle, E. 19), vassal de la vicomté de Béarn.

Casenave, f. c^{ne} de Licq-Atherey; mentionnée en 1520 (cout. de Soule).

Casenave, f. c^{ne} de Monein. — *Casanave*, 1385 (cens. f° 36). — *Casanaba*, vers 1540 (réform. de Béarn, B. 789, f° 279).

Casenave, fief, c^{ne} de Burgaronne; mentionné en 1385 (cens. f° 14), il relevait de la vicomté de Béarn.

Cassabé, f. c^{ne} de Viellesègure. — *Casseuer*, 1385 (cens. f° 35).

Cassaber, c^{on} de Salies. — *Cassave*, xiie s^e (ch. de l'Ordre de Malte). — *Casaver*, xiiie s^e (fors de Béarn). — *Casseve*, 1440; *Sent Jacme de Casseuer*, 1441 (not. de la Bastide-Villefranche, n° 1, f° 21 et 31). — *La gentillesse de Cassaver*, 1442 (contrats de Carresse, f° 211). — *Sent-Christau de Casseber*, 1472 (not. de la Bastide-Villefranche, n° 2, f° 22). — *Casavee*, 1538 (réform. de Béarn, B. 828). — Il y avait une abbaye laïque, vassale de la vicomté de Béarn. — En 1385, Cassaber ressort. au baill. de Sauveterre et comprenait 13 feux.

Cassaber, f. c^{ne} de Lagor. — *Casabé*, 1763 (terrier de Lagor, E. 267).

Cassaet, fief, c^{ne} de Gouze. — *Casaet*, 1538 (réform. de Béarn, B. 833). — Ce fief était vassal de la vicomté de Béarn.

Cassagne (La), ruiss. qui prend sa source à Anoye, sépare cette commune de celles de Gerderest et de Maspie-Lalonquère-Juillac et se jette dans le Léés.

Cassaigne, fief, c^{ne} de Fichous-Riumayou. — *Cassanhe*, 1514 (not. de Garos). — Ce fief relevait de la vicomté de Béarn.

Cassaigne, fief, c^{ne} de Miossens-Lanusse. — *Cassanhe*, 1487 (reg. des Établiss. de Béarn). — *Casanhe*, 1546; *Cassagne*, 1675 (réform. de Béarn, B. 653, f° 314; 754). — Ce fief relevait de la vicomté de Béarn.

Casse, f. et fief, c^{nes} de Salles-Mongiscard et d'Orthez. — *Lo Casso de Salas-Monguiscart*, 1476 (not. de Castetner, f° 87). — *L'ostau deu Quasso*, 1546; *la maison noble de Casso*, 1675 (réform. de Béarn, B. 670, f° 218). — Ce fief était vassal de la vicomté de Béarn.

Cassever, fief, c^{ne} de l'Hôpital-d'Orion; mentionné en 1385 (cens. f° 14), vassal de la vicomté de Béarn.

Cassiau, f. c^{ne} de Lannepláa; mentionnée en 1385 (cens. f° 4).

Cassiau (Le), ruiss. qui prend sa source sur la c^{ne} d'Ogeu et forme, à Herrère, le ruisseau d'Arrigaston en se réunissant à l'Aiguette.

Cassie-Garière (La), éc. c^{ne} de Denguin; c'était une des limites des landes du Pont-Long. — *La Cassi-Gariera qui es au Coq de Dengui*, 1450 (reg. de la Cour Majour, B. 1, f° 51). — *Lo Coq de Dengui aperat la Casse-Gariera*, 1539 (réform. de Béarn, B. 723).

Cassie-Maridade (La), éc. c^{ne} de Montfort.

Cassière (La), bois, c^{ne} de Lucq-de-Béarn; mentionné en 1459 (ch. de Lucq, DD. 1). — Le bois de la Cassière et son annexe, celui de l'Auronce, comprenaient, en 1590, 252 arpents.

Cassiet, h. c^{ne} de Poey (c^{on} d'Oloron-Sainte-Marie-Est).

Casso, fief, c^{ne} de Guinarthe-Parenties. — *La mayson deu Quasso*, 1538 (réform. de Béarn, B. 848, f° 9). — Ce fief relevait de la vicomté de Béarn.

Cassou, bac sur la Bidouse, c^{ne} de Guiche.

Cassou, f. c^{ne} de Baigts. — *Lo Casso*, vers 1540 (réform. de Béarn, B. 802, f° 16).

Cassou, f. c^{ne} de Navailles-Angos. — *Casso*, 1385 (cens. f° 47).

Cassous (Les), éc. c^{ne} de Lembeye.

Castagnède, c^{on} de Salies. — *Castaeda*, xiiie s^e (fors de Béarn). — *Castayhede*, vers 1360 (ch. de Came, E. 425). — *Castanhede*, 1385 (cens.). — *Sent Johan de Castanhede*, 1442 (not. de la Bastide-Villefranche, n° 1, f° 44). — *Castanhade*, 1538 (réform. B. 848, f° 10). — *Castaignede*, 1582 (aliénations du dioc. de Dax). — *Castaede*, 1614 (réform. de Béarn, B. 817, f° 2). — Castagnède faisait partie du dioc. de Dax. — En 1385, Castagnède comptait 51 feux et ressort. au baill. de Mu et la Bastide-Villefranche.

Castagnolles et Boupé (Le ruisseau de), qui arrose Denguin et se jette dans l'Aulouse.

Castagnot, f. c^{ne} de Nay. — *La borie aperade Castanhot*, 1536 (réform. de Béarn, B. 807, f° 66).

Castagnoula (Le), ruiss. qui prend sa source à Piets-Plasence-Moustrou, arrose Morlanne et Arget et se jette dans l'Arance.

Castaing, h. c^{ne} d'Assat. — *Castanh*, 1538 (réform. de Béarn, B. 833). — Le fief de Castaing relevait de la baronnie de Saint-Aubin.

Castaing, h. c^{ne} d'Orthez; ancienne commune. — *Castanh*, 1376 (montre militaire, f° 46). — *Castainh*, 1675 (réform. de Béarn, B. 665, f° 175). — En 1385, Castaing, réuni à Larté, comprenait 33 feux et ressort. au baill. de Rivière-Gave.

CASTAING, fief, c{{ne}} d'Orthez; maison anoblie le 1{{er}} juin 1527 en faveur de Saubat du Verger, valet de chambre de Henri II, roi de Navarre. — *Lo Castanh*, 1538 (réform. de Béarn, B. 833). — Ce fief était vassal de la vicomté de Béarn.

CASTAING, fief, c{{ne}} de Rontignon. — *La domènyadure aperade au Castanh a present deu Soler*, 1538 (réform. de Béarn, B. 856). — Ce fief relevait de la vicomté de Béarn.

CASTAING (LE), ruiss. qui arrose Vielleségure et se jette dans le Làa.

CASTAINGS-GRANDS (LES), éc. c{{ne}} de Castillon (c{{on}} d'Arthez).

CASTÉ-À-BIDAU, h. c{{ne}} de Saint-Médard; ancienne commune. — *Casteg-Abidoo*, 1343 (hommages de Béarn, f° 16). — *Castetabidoo*, 1487 (reg. des Établissements de Béarn). — *Castet-Abidon*, vers 1538 (réform. de Béarn, B. 781, f° 30). — En 1385, Casté-à-Bidau ressort. au baill. de Garos et comprenait 13 feux; le fief était vassal de la vicomté de Béarn. — Le véritable nom est *Castet-Abidon*.

CASTÈDE (LE), ruiss. qui prend sa source à Buzy et se jette dans l'Aiguette après avoir arrosé Ogeu. — *Une ayguetta aperade Castaeda*, 1538 (réform. de Béarn, B. 835).

CASTÉIDE-CAMI, c{{on}} d'Arthez. — *Castaede*, XIII{{e}} s{{e}} (fors de Béarn). — *Casteede deu Camii*, 1342; *Quastede*, 1343 (not. de Pardies, f{{os}} 107 et 116). — *Castahede deu Camii*, 1485 (reg. des Établissements de Béarn). — *Castanheda deu Cami*, 1538; *Castaeda*, 1548; *Castade-au-Cami*, 1576; *Castaede-Camii*, 1580 (réform. de Béarn, B. 763; 808, f° 33; 848, f° 4; 2265). — En 1385, Castéide-Cami ressort. au baill. de Pau et comptait 13 feux. — Le fief de Castéide-Cami relevait de la vicomté de Béarn. — Cette commune tire son nom du chemin dit *Romiu* qui la traverse.

CASTÉIDE-CANDAU, c{{on}} d'Arthez. — *Castaede-Candau*, 1402 (ch. de Béarn, E. 2530). — *Castaeda-Candau*, 1538 (réform. de Béarn, B. 833). — *Castéide-Saint-Sever*, 1780 (intendance). — Il y avait une abbaye laïque vassale de la vicomté de Béarn. — Castéide-Candau dépendait de la subdélégation de Saint-Sever.

CASTÉIDE-DOAT, c{{ce}} de Montaner. — *Castaede de Montaneres*, 1372 (contrats de Luntz, f° 15). — *Castanhede*, 1385 (cens. de Béarn, f° 62). — *Castahede*, 1429 (cens. de Montaner, E. f° 13). — *Castaeda et lo terrador aperat de Doat*, 1429 (cens. de Bigorre, f° 264). — *Castanhede de Doat*, 1546; *Castéyde*, 1602 (réform. de Béarn, B. 754; 812). — *Doat-Castéyde*, 1737 (dénombr. de Castéide, E. 24). — En 1385, Castéide-Doat ressort. au baill. de Montaner et comprenait 16 feux.

CASTEIGT, f. c{{ne}} de Rivehaute. — *Casteg*, 1385 (cens. f° 12). — *Casteig*, 1614 (réform. de Béarn, B. 817, f° 4).

CASTÉLÀA (LE), éc. c{{ne}} de Monpézat-Bétrac.

CASTELLA, motte, c{{ne}} de Laroin. — *La Mothe de Laroein*, 1243 (ch. d'Ossau). — *Le Castet, le Castella*, 1684 (réform. de Béarn, B. 678, f{{os}} 268, 269). — Au XIII{{e}} siècle, le château bâti sur cette motte appartenait à l'évêque de Lescar. — Le fief de Castella fut créé en 1612; il relevait de la vicomté de Béarn.

CASTELLA, redoute, c{{ne}} de Bardos.

CASTELLÀA, éc. c{{ne}} de Castetner.

CASTÉRA, c{{on}} de Montaner. — *Casteraa*, 1385; *lo Castelar*, XIV{{e}} siècle (censiers). — *Lo Casteraa et Lobixs*, 1429 (cens. de Montaner, f° 16). — *Lo Casterra*, 1546; *lo Casterar*, 1549 (réform. de Béarn, B. 741, f° 10; 754). — *Le Castéra au Vicbilh*, 1778 (dénombr. de Pontacq, E. 40). — *Castéra-Loubix*, depuis la réunion de Loubix : 30 décembre 1844. — En 1385, Castéra ressort. au baill. de Montaner et comprenait 14 feux. — Le fief de Castéra était vassal de la vicomté de Béarn.

CASTÉRA, bois, c{{ne}} de Bellocq. — *Castéraa*, 1675 (réform. de Béarn, B. 666, f° 395).

CASTÉRA, éc. c{{ne}} d'Aurions-Idernes.

CASTÉRA, éc. c{{ne}} de Saint-Gladie-Arrive-Munein.

CASTÉRA, f. c{{ne}} de Balirac-Maumusson. — *Casterar*, 1542 (réform. de Béarn, B. 732, f° 84).

CASTÉRA, f. c{{ne}} de Bérenx. — *Lo Casterar*, 1385 (cens. f° 8).

CASTÉRA, f. c{{ne}} de Monein. — *Lo Casterar*, 1385 (cens. f° 36).

CASTÉRA, fief, c{{ne}} d'Argagnon. — *Casterar*, 1538 (réform. de Béarn, B. 833). — Ce fief était vassal de la vicomté de Béarn.

CASTÉRA, fief, c{{ne}} de Billère; mentionné en 1681 (réform. de Béarn, B. 678, f° 113), vassal de la vicomté de Béarn.

CASTÉRA, fief, c{{ne}} d'Ozenx. — *Lo Casterar*, 1538; *Castéraa*, 1672 (réform. de Béarn, B. 670, f° 29; 837). — Ce fief relev. de la vicomté de Béarn.

CASTÉRA, lande, c{{ne}} de Puyòo; mentionnée en 1675 (réform. de Béarn, B. 667, f° 75).

CASTÉRA, motte, c{{ne}} d'Assat. — *Lo turon aperat lo Casterar*, 1515 (ch. d'Assat, E. 359).

CASTÉRA, motte, c{{ne}} d'Autevielle-Saint-Martin-Bidéren, sur les limites du Béarn et du pays de Mixe. — *La mota aperade lo Casteras*, 1547 (ch. de Béarn, E. 5952).

Castéra, motte, c^ne de Sendets, dans la lande du Pont-Long. — *Lo Castcrar*, 1457 (cart. d'Ossau, f° 196).

Castéra (Le), éc. c^ne d'Audaux.

Castéra (Le), éc. c^ne de Castelpugon.

Castéra (Le), éc. c^ne de Cescau.

Castéra (Le), éc. c^ne de Pocy (c^on d'Oloron-Sainte-Marie-Est).

Castéra (Le), motte, c^ne de la Bastide-Monréjau.

Castéra (Le), motte, c^ne de Denguin. — *Castérar ou l'Arribau*, 1723 (dénombr. de Denguin, E. 27).

Castéra (Le), motte, c^ne de Montagut.

Castéra (Le chemin du), c^ne de Samsons-Lion.

Castérailla, lande, c^ne de Sauvagnon, dans le Pont-Long.

Castéras, éc. c^ne de Méritein.

Castéras, motte, c^ne de Moncin. — *Les Castérasses*, 1754 (dénombr. de Monein, E. 36).

Castéras (Les), bois, c^ne de Momas.

Castéras (Les), fief, c^ne d'Oloron-Sainte-Marie; mentionné en 1552 et 1709 (dénombr. d'Oloron, E. 38). — Les Castéras dépendaient du château des vicomtes d'Oloron et relevaient de la vicomté de Béarn.

Castéras (Les), lande, c^ne de Sauveterre; mentionnée en 1675 (réform. de Béarn, B. 680, f° 21).

Castérasse, f. c^ne de Mont (c^on de Lagor); mentionnée en 1771 (terrier de Mont, E. 274).

Castérès, f. c^ne de Castagnède; mentionnée en 1451 (not. de la Bastide-Villefranche, n° 1, f° 82). — *Casterees*, 1538; *Casteres alias Lacoste*, 1614 (réform. de Béarn, B. 736; 817, f° 3).

Castérn, f. et fief, c^ne de Charre. — *Castaranh*, 1538; *Casteranh*, 1546; *Castarrain*, 1671 (réform. de Béarn, B. 683, f° 13; 754; 839). — Ce fief relev. de la vicomté de Béarn.

Castérot, f. c^ne de Montestrucq; mentionnée en 1581 (réform. de Béarn, B. 808, f° 51).

Castérot, fief créé en 1656, c^ne de Monein. — *La maison noble de Castérot, Castetnau ou Plasence*, 1674 (réform. de Béarn, B. 663, f° 258). — Ce fief relev. de la vicomté de Béarn.

Castérot (Le), h. c^ne de Lahourcade; anc. paroisse mentionnée en 1538.

Castérot (Le), h. c^ne de Montaut; mentionné en 1675 (réform. de Béarn, B. 673, f° 9).

Castérots (Les), éc. c^ne de Narp.

Castet, c^on d'Arudy; mentionné en 1096. — *Castellum*, 1154 (ch. de Barcelone, d'après Marca, Hist. de Béarn, p. 356 et 465). — *Casteg*, 1385 (censier). — *Sent Policarpe de Casteig*, 1621 (insin. du dioc. d'Oloron). — Il y avait une abbaye laïque, vassale de la vicomté de Béarn. — En 1385, Castet ressort. au baill. d'Ossau et comptait 45 feux. — Castet tire son nom du château de Castetgélos, bâti sur son territoire.

Castet, fief, c^ne de Bielle; mentionné en 1538 (réform. de Béarn, B. 848, f° 18), vassal de la vicomté de Béarn).

Castet, fief, c^ne de Pontacq. — *Ung terrador aperat Casteg ond y ha una capera fundada suus la invocation de Nostre-Done*, 1538 (réform. de Béarn, B. 857). — Ce fief relev. de la vicomté de Béarn.

Castet, h. c^ne de Lahourcade. — *La marque de Castet*, 1776 (terrier de Lahourcade, E. 268).

Castet, h. c^ne de Moncin. — *Lo Casteg*, 1385 (cens. f° 36). — Castet comprenait 18 feux en 1385 et ressort. au baill. de Moncin.

Castet, mont. c^ne d'Arette.

Castet (Le), chât. c^ne de Bellocq. — Ce fief relevait de la vicomté de Béarn.

Castet (Le), éc. c^ne de Balcix.

Castet (Le), f. c^ne de Bassillon-Vauzé.

Castet (Le), f. c^ne de Castelpugon.

Castet (Le), fief, c^ne d'Aren; mentionné en 1538 (réform. de Béarn, B. 848, f° 19), vassal de la vicomté de Béarn.

Castetarbe, h. c^ne d'Orthez; mentionné au xii° siècle (Marca, Hist. de Béarn, p. 440). — *Castet-Tarbe*, v. 1360 (ch. de Came, E. 425). — *Casteg-Tarbe*, 1385 (cens. f° 39). — *Sent-Martin de Castetarbe*, 1494 (not. d'Orthez, f° 92). — Castetarbe, dép. du dioc. de Dax, était annexée à Orthez et comprenait 29 feux en 1385. — Le véritable nom serait *Castet-Tarbe*.

Castet-Arrouge, mont. c^ne de Louvie-Juzon.

Castetbieilh, h. c^ne d'Arthez; ancienne commune. — *Castetebiel*, 1220; *Castegbielh*, 1372 (ch. de l'Ordre de Malte). — *Lo loc de Castet-bielh*, 1538 (réform. de Béarn, B. 838). — Castetbieilh dép. de la comm^rie de Malte de Caubin et Morlàas.

Castetbon, c^ne de Sauveterre. — *Castelbon*, 1227 (reg. de Bordeaux, d'après Marca, Hist. de Béarn, p. 572). — *Sent-Bladii de Castegbo*, 1384 (not. de Navarrenx). — *Casteg-Boo*, 1385 (censier). — *Castegbon*, 1546 (réform. de Béarn). — *Sente-Marie de Casteigbon*, 1612 (insin. du dioc. d'Oloron). — En 1385, Castetbon comprenait 82 feux et ressort. au baill. de Navarrenx.

Castetbon, h. c^ne de Sallespisse.

Castet-d'Abos ou le Château d'Abos, chât. c^ne d'Abos; vassal de la vicomté de Béarn.

Castet-d'Arudy ou le Château d'Arudy, fief, c^ne d'Arudy; vassal de la vicomté de Béarn.

Castet de Ben, éc. c^{ne} de Lestelle.

Castetgélos, ruines, c^{ne} de Castet. — *Castellum Ursalicum*, xie siècle (Marca, Hist. de Béarn, p. 551). — *Casteg-Geloos*, 1231 (fors de Béarn, p. 223). — Le château de Castetgélos, ancienne résidence des vicomtes d'Ossau, était à demi détruit dès 1450.

Castetgouly, éc. c^{ne} d'Asasp.

Castétis, c^{on} d'Orthez. — *Castetiis*, 1304 (ch. de Béarn, E. 3390). — *Casteg-Tiis*, 1344 (not. de Pardies). — *Castethiis*, 1369 (ch. de Béarn, E. 1810). — *Casteg-Thiis*, 1385 (censier). — *Castetys*, 1399 (contrats de Gots). — *Castetins*, 1675 (réform. de Béarn, B. 665, f° 14). — Il y avait une abbaye laïque, vassale de la vicomté de Béarn. — Castétis, membre de la comm^{rie} de Malte de Caubin et Morlàas, comprenait 68 feux en 1385. — C'était le chef-lieu d'une notairie composée d'Arance, Argagnon, Artix, Audéjos, Balansun, Gouze, Lacq, Lendresse, Mont (c^{on} de Lagor), Plassis et Serres-Sainte-Marie.

Castetmans, éc. c^{ne} d'Asasp.

Castetmayou, éc. c^{nr} de Balcix. — *Castaigmajou, Casteymajour*, 1769 (terrier de Balcix, E. 184).

Castetmayou (Le), ruiss. qui prend sa source à Lanne et s'y jette dans le Vert du Barlanès.

Castetnau, c^{on} de Navarrenx. — *Castrum de Castelnau*, 1205 (cart. de Lescar, d'après Marca, Hist. de Béarn, p. 507). — *Lo Casteg-nau d'Arribere de Navarrencx*, 1289 (not. de Navarrenx). — *Castetnau e Camlonc*, 1385 (cens. f° 29). — *Castetnau-Camblong*, depuis la réunion de Camblong. — En 1385, Castetnau ressort. au baill. de Navarrenx et comptait 53 feux.

Castetnau, fief, c^{ne} de Maslacq. — *Lo Castegnau de Maslac*, 1385 (cens. f° 5). — Ce fief dépend. du baill. de Larbaig et relev. de la vicomté de Béarn.

Castetnau, mⁱⁿ, c^{ne} de la Bastide-Monréjau.

Castetner, c^{on} de Lagor. — *Casteg-ner*, 1385 (censier). — *Castetne*, 1538; *Castegnee*, 1568 (réform. de Béarn, B. 797, f° 7; 847). — Ancien chef-lieu du Larbaig; Castetner comprenait 33 feux en 1385. — Castetner était le siége de la notairie de Larbaig, dont le ressort était composé d'Agoès, Argagnon, Biron, Départ, Herrère (c^{ne} de Sainte-Suzanne), Làa, Lanneplàa, Loubieng, les Marmous, Maslacq, Montestrucq, Ozenx, Résihourcq, Sarpourenx, Sauvelade, Sainte-Suzanne et Vielleségure.

Castetner (Le Haut-), h. c^{ne} de Castetner. — *Lo toron aperat lo Casteg de Castegner*, 1545 (réform. de Béarn, B. 806, f° 60).

Castet-Ousses, montagne, c^{nes} d'Asson et d'Arthez-d'Asson.

Castetpugon, c^{on} de Garlin. — *Casteg-Pugoo*, 1277 (cart. d'Ossau, f° 3). — *Castrum Pulgor*, 1286 (ch. de Béarn, E. 267). — *Casteg-Pugo*, xiiie siècle (fors de Béarn). — *Castrum Pengon*, 1340 (rôles gascons). — *Casteggpungoo*, 1376 (montre milit.). — *Castetpuguon*, 1538 (réform. de Béarn, B. 857). — *Nostre-Dame de Castetpugon*, 1776 (terrier de Castetpugon, E. 183). — Il y avait une abbaye laïque. — En 1385, Castetpugon ressort. au baill. de Lembeye et comprenait 7 feux. — Le fief de Castetpugon était vassal de la vicomté de Béarn.

Castets, h. c^{ne} de Bonnut.

Castets, h. c^{ne} d'Escurès; anc. paroisse. — *Castellum*, xie siècle (cart. de Saint-Pé, d'après Marca, Hist. de Béarn, p. 324). — *Casteg*, 1385 (cens. f° 60). — Castels ressort. au baill. de Lembeye et comprenait 2 feux en 1385. — Le fief de Castets était vassal de la vicomté de Béarn.

Castets (Les), éc. c^{ne} d'Argagnon-Marcerin; mentionné en 1779 (terrier de Marcerin, E. 272).

Castetvieil, landes et marais, c^{ne} de Saint-Gladie-Arrive-Munein. — *Casteigt-bielh*, 1780 (terrier de Saint-Gladie, E. 285).

Castillon, c^{on} d'Arthez. — *Saint-Pierre de Castello* est mentionné au xie siècle (Marca, Hist. de Béarn, p. 271). — *Castelhoo*, 1352 (not. de Pardies). — En 1385, Castillon ressort. au baill. de Pau et comprenait 25 feux.

Castillon, c^{on} de Lembeye. — *Castelhoo*, 1385 (censier). — *Castelhon*, 1439 (contrats de Carresse, f° 119). — En 1385, Castillon ressort. au baill. de Lembeye et comptait 22 feux. — Le fief de Castillon était vassal de la vicomté de Béarn.

Castillon, fief, c^{ne} de Baigts. — *Castelhoo-Susoo*, 1385 (cens. f° 9). — *Castilhon*, 1682 (réform. de Béarn, B. 671, f° 61). — Ce fief relevait de la vicomté de Béarn.

Castillou (Le), éc. c^{ne} de Luccarré.

Catalàa, f. c^{ne} de Jurançon; mentionnée en 1540 (réform. de Béarn, B. 785, f° 177).

Catriulet, fief créé en 1676, c^{ne} de Gan; vassal de la vicomté de Béarn.

Catrous (Les), éc. c^{ne} d'Os-Marsillon; mentionné en 1714 (terrier d'Os, E. 280).

Cau, éc. c^{ne} de Castillon (c^{on} d'Arthez).

Cau (La), ruiss. qui arrose Billère et se jette dans le Loou. — *L'arriu de Lacaau*, 1490 (not. de Pau, n° 3, f° 86).

Caubarrère, f. c^{ne} d'Ogenne-Camptort. — *Cauferrere*, 1413 (not. de Navarrenx, f° 59).

Caubarrus, f. c^{ne} de Montfort; mentionnée en 1385 (cens. f° 28).

Caubas (Les), éc. c^{ne} de Maspie-Lalonquère-Juillac. — *Caubaas*, 1777 (terrier de Lalonquère, E. 197).

Caubiet, h. c^{ne} de Ponson-Debat-Pouts; mentionné en 1675 (réform. de Béarn, B. 648, f° 347).

Caubin, h. c^{ne} d'Arthez. — *L'Espital de Calvi, Calvinus*, xii° siècle; *Hospital de Caubii*, v. 1220; *Hospital de Calbino*, 1344 (ch. de l'Ordre de Malte). — *Sente-Marie de Caubii*, 1376 (montre milit.). — Caubin était le siège d'une comm^{rie} de l'Ordre de Malte, sous le titre de Caubin et Morlàas, qui avait pour membres : Anoye, Argelos (départ. des Landes), Arget, Baleix, Bentayou, Castetbieilh, Castétis, Domengeux, Escurès, Eslourenties-Darré, Gabaston, Garlin, Lalonquère, Lombia, Luc-Armau, Luccarré, Maspie, Momy, Moncaup, Noarrieu, Ouillon, Peyrelongue-Abos, Samsons, Sault-de-Navailles, Serres-Morlàas, Urdès. — La comm^{rie} de Caubin et Morlàas relev. du grand prieuré de Toulouse.

Caubin de Sendets, éc. c^{ne} d'Anoye; anc. comm^{rie} de l'Ordre de Malte. — *Los Ospitals de Sendeys e de Caubin de l'ordie de Sent Johan de Jherusalem*, 1341 (ch. de l'Ordre de Malte). — *L'Espitau de Sendetz d'Anoya*, 1492 (not. de Pau, n° 3, f° 119). — *L'Espitau de Scendetz*, 1538; *l'Espitau quy lo comanday de Cauby thien*, 1548 (réform. de Béarn, B. 758, f° 22; 838). — *Caubii de Sendets, Boirie Saint-Jacques, la Commande de Sendets*, 1585 (ch. d'Anoye, FF. 1).

Caubios, c^{ne} de Lescar. — *Calbios*, xii° siècle (Marca, Hist. de Béarn, p. 451). — *Gaubios*, 1385 (cens. f° 48). — *Caubioos*, 1457 (cart. d'Ossau, f° 216). — *Cambios*, 1546 (réform. de Béarn, B. 754). — Caubios-Loos, depuis la réunion de Loos : 22 mars 1842. — En 1385, Caubios ressort. au baill. de Pau et comptait 20 feux.

Caubios, fief, c^{ne} d'Arudy; mentionné en 1538 (réform. de Béarn, B. 848, f° 18), vassal de la vicomté de Béarn.

Cau de Heus (La), ruiss. qui descend des montagnes de Louvie-Juzon et se jette dans le Baseigt.

Cau de las Gourgues (La), ruiss. qui arrose Asson et se jette dans l'Ouzon.

Caudenolle (La), h. c^{ne} d'Eslourenties-Dabant; mentionné en 1675 (réform. de Béarn, B. 650, f° 40).

Cau de Turonnet (La), ruiss. qui prend sa source à Asson et se jette dans l'Ouzon, après avoir arrosé Arthez-d'Asson.

Cau-deu-Gal (La), ruiss. qui arrose Asson et Arthez-d'Asson et se jette dans l'Ouzon.

Cau-deu-Hoo (La), ruiss. qui coule à Asson et se jette dans l'Ouzon.

Cau d'Illens (La), ruiss. qui arrose Louvie-Juzon et se jette dans le Baseigt.

Cauhapé, f. c^{ne} de Castetner. — *Cauhapee*, 1568; *Cauhaper*, 1612 (réform. de Béarn, B. 797, f° 7; 816).

Cauhons, f. c^{ne} de Castétis.

Caula, f. c^{ne} de Thèze. — *Lo Caular*, 1385 (cens. f° 64).

Caumia, h. c^{ne} de Salies. — *Caumiaa*, 1385 (cens. f° 6).

Cauna, h. c^{ne} d'Assat. — *Caunar*, 1457 (not. d'Assat). — Le fief de Cauna relev. de la baronnie de Saint-Aubin.

Caune (La), ruiss. qui prend sa source à Eslourenties-Dabant, arrose Arrien et se jette dans le Gabas.

Caup, lande, c^{ne} d'Asasp.

Caüs, f. c^{ne} de Puyòo. — *Caug*, 1385 (cens. f° 9). — *Caugs, Cautz*, v. 1540 (réform. de Béarn, B. 800, f° 8; 801, f° 9).

Causa, f. c^{ne} d'Arthez.

Causia, mont. c^{ne} d'Urdos, sur la frontière d'Espagne.

Caussade (La), f. c^{ne} de Pontacq, près du chemin qui mène à Saint-Pé (départ. des Hautes-Pyrénées). — *La Causada*, 1507 (not. de Pontacq, n° 1, f° 3).

Caussade (La), lande, c^{ne} de Bentayou-Sérée. — *La Causade*, 1682 (réform. de Béarn, B. 648, f° 133).

Caussade (Le chemin de la), c^{ne} de Castéide-Doat.

Caussade (Le chemin de la), c^{ne} de Lescar. — *Lo cami de la Caussada*, 1643 (cens. de Lescar, f° 83).

Caussades (Le chemin des), mène de Maubec à Lespourcy.

Caustins, h. c^{ne} de Balansun. — *Lo bosc de Sausti, Saustin*, 1323 (cart. d'Orthez, f° 8). — *Nostre-Dame de Xaustiis*, 1538 (réform. de Béarn, B. 830).

Cave (La), éc. c^{ne} d'Anoye.

Cazabonne, f. c^{ne} de Gan.

Cazadedan, f. c^{ne} d'Ogenne-Camptort.

Cazaubon (Le ruisseau de), arrose Bellocq et se jette dans le Gave de Pau.

Cazeloupoup (Le), ruiss. qui coule sur la c^{ne} d'Orthez et se jette dans le Gave de Pau.

Cazenave (Le ruisseau de) ou Monlong, prend sa source à Saint-Boès, arrose Baigts et se jette dans le Gave de Pau.

Cébébiague (Le col de), c^{nes} de Lanne et de Montory.

Célata, mont. c^{ne} d'Aussurucq.

Célay, h. c^{ne} de Hasparren.

Cély (Le), ruiss. qui prend sa source au col d'Aubisoque (c^{ne} de Béost-Bagès) et se jette à Laruns dans le Gave d'Ossau. — *Lou Solii*, 1538 (réform. de Béarn, B. 832, f° 9).

Cendera (Le col de), c^{nes} de Macaye et de Louhossoa.

Cer (Le), ruiss. qui descend des montagnes de Louvie-Soubiron, traverse Aste-Béon et se jette dans le Gave d'Ossau.

Cerra, lande, c^{ne} de Sauguis-Saint-Étienne.

Cès (Le), ruiss. qui prend sa source à Saint-Médard, sert de limite aux départements des Basses-Pyrénées et des Landes, puis se jette dans le Luy-de-France à Argelos (départ. des Landes).

César (La redoute de), c^{ne} d'Itsatsou.

César (Le chemin de) ou des Pondeils, mène d'Oloron-Sainte-Marie à Moumour, au pont dit de César. — *Lo pont de Xarrard*, 1465 (not. d'Oloron, n° 4, f° 77): ce pont, sur le ruisseau du Vert, fut construit vers 1465.

César (Le font de), motte, c^{nes} d'Artigueloutan et d'Ousse.

Cescau, c^{on} d'Arthez; anc. comm^{rie} de l'Ordre de Malte. — *Sescau*, 1385 (cens.). — *Sesquau*, 1572 (ch. de Cassaber, E.). — En 1385, Cescau comptait 31 feux et ressort. au baill. de Pau.

Cette, c^{on} d'Accous. — *Sete*, 1250 (for d'Aspe). — *Cete*, 1385 (cens.). — *Ceta*, 1449 (reg. de la Cour Majour, B. 1, f° 16). — *Sent-Pée-de-Cette*, 1620 (insin. du dioc. d'Oloron). — *Sette*, 1675 (réform. de Béarn, B. 655, f° 354). — *Cette-Eygun*, depuis la réunion d'Eygun. — En 1385, Cette ressort. au baill. d'Aspe et comprenait 45 feux.

Cézérou, h. c^{ne} de Ponson-Debat-Pouts. — *Cézéroou*, 1675 (réform. de Béarn, B. 648, f° 392).

Cézy, montagne, c^{ne} de Laruns. — *Sezuic*, 1439 (not. d'Oloron, n° 3, f° 78). — *Sezü*, 1538 (réform. de Béarn, B. 842).

Chabala (Le), ruiss. qui coule sur la c^{ne} de Sare et se jette dans le ruisseau d'Harane.

Chacapar, f. c^{ne} de Barcus; mentionnée en 1520 (cout. de Soule). — Le véritable nom est *Etchecopar*.

Chacapar, f. c^{ne} de Laguinge-Restoue; mentionnée en 1520 (cout. de Soule).

Chacapar, f. c^{ne} de Licq-Athérey; mentionnée en 1520 (cout. de Soule).

Chachima (Le), ruiss. qui arrose Arnéguy et se jette dans l'Aïri.

Chacon, fief, c^{ne} de Bussunarits; relevait du royaume de Navarre.

Chaho (Le), ruiss. qui coule sur la c^{ne} de Saint-Michel et se perd dans l'Orion.

Chalosse (La), anc. prov. située au N. du Béarn, aujourd'hui comprise dans le département des Landes, sauf les c^{nes} d'Arzacq, Bonnut, Cabidos, Castéide-Candau, Coublucq, Labeyrie, Lacadée, Louvigny, Malaussanne, Méracq, Saint-Médard, Sault-de-Navailles et Séby, qui font partie de l'arrondissement d'Orthez. — *Sialosse*, 1270 (ch. de l'abb. de Sainte-Claire de Mont-de-Marsan). — *Xielose*, 1384 (not. de Navarrenx). — *Chelosse*, 1423 (ch. de Foix, E. 2825). — La Chalosse formait un archiprêtré du dioc. de Dax.

Chambre-d'Amour (La), h. c^{ne} d'Anglet; tire son nom d'une grotte située sur le bord de la mer. — *Ygasc*, 1198; *Higas*, xiie s^{e} (cart. de Bayonne, f°s 10 et 23).

Champ-Bataillen (Le), place à Pau. — *Lo camp aperat Camp Batalher*, 1435 (cart. d'Ossau, f° 308). — *La murralhe deu Camp Batalhee*, 1484 (not. de Pau, n° 1, f° 41). — C'était le lieu destiné aux combats judiciaires.

Chantine, fief créé en 1657, c^{ne} d'Orthez; il relevait de la vicomté de Béarn.

Chantus (Le), ruiss. qui prend sa source à Hasparren et se jette à Urt dans la Joyeuse.

Chapelle (La), h. c^{ne} d'Arcangues.

Chapelle (La), h. c^{ne} de la Bastide-Clairence.

Chapelle (La), h. c^{ne} de Coarraze.

Chapellier (Le ruisseau de), arrose la c^{ne} de Corbères-Abère-Domengeux et se jette dans l'Arcis.

Chapital, f. c^{ne} d'Ayherre. — *Chapitel*, 1621 (Martin Biscay).

Chardaca, montagne, c^{ne} de Larrau, sur la frontière d'Espagne.

Chardéca, mont. c^{ne} d'Alçay-Alçabéhéty-Sunharette.

Chardèse, f. c^{ne} de Loubieng. — *Chardiesse*, 1540; *Xardiessa*, 1568 (réform. de Béarn, B. 726, f° 7; 797, f° 6).

Charie, f. c^{ne} d'Andrein. — *L'ostau de Xarre*, 1385 (cens., f° 13). — *Charrie*, 1614 (réform. de Béarn, B. 817, f° 2).

Charmilles (Les), f. c^{ne} de Sames.

Charra-Farandey (Le ruisseau de), arrose Espelette et Ainhoue et se jette dans le Haïçaguerry.

Charra-Handia (Le ruisseau de), a sa source à Espelette et se jette à Ainhoue dans le Haïçaguerry.

Charre, c^{on} de Navarrenx. — *Sxarre*, 1385 (cens. f° 12). — *Xarra*, 1513 (ch. de Béarn). — *Exare*, 1548 (réform. de Béarn, B. 762, f° 28). — *Sanctus Petrus de Charre*, 1618 (insin. du dioc. d'Oloron). — En 1385, Charre ressort. au baill. de Sauveterre et comprenait 27 feux. — C'était, au xviie s^{e}, le chef-lieu de la viguerie de Mongaston. — Dès 1542, il existait à Charre un bac sur le Gave d'Oloron: *la nau de Xarra*.

Charritet, f. c^{ne} de Barcus; mentionnée en 1520 (cout. de Soule).

Charritte, fief, c^{ne} d'Arbérats; vassal du royaume de Navarre.

Charritte, vill. c^{ne} d'Arraute; anc. commune réunie à Arraute le 27 juin 1842. — *Sarricoata*, 1513 (ch. de Pampelune). — On dit en basque *Sarrikota*.

CHARRITTE-DE-BAS, c^on de Mauléon. — *Xarrite*, 1474 (contrats d'Ohix, f° 16). — On dit en basque *Sarrikota-Pia*.

CHARRITTE-DE-HAUT, vill. c^ne de Lacarry; anc. commune réunie avec le village d'Arhan à Lacarry. — *Sarrite, Xarrite dessus Ausset-Suson*, 1471 (contrats d'Ohix, f° 24). — On dit en basque *Sarrikota-Gaïna*.

CHARTREUSE (LA), f. c^ne de Rontignon.

CHÂTAIGNERAIE (LA), fief, c^ne d'Ossès; vassal du royaume de Navarre.

CHÂTEAU-DE-SALIES (LE), fief, c^ne de Salies. — *Lo Castet de Salies*, 1538 (réform. de Béarn, B. 833), vassal de la vicomté de Béarn.

CHÂTEAUNEUF, fief, c^ne de Saint-Étienne-de-Baïgorry; vassal du royaume de Navarre.

CHAUDELET, f. c^ne d'Arrosès.

CHAUSSÉE (LA), h. c^ne d'Orthez.

CHEDARNE, f. c^ne de Camou-Cihigue; mentionnée en 1520 (cout. de Soule).

CHEBRETON, mont. c^ne d'Aydius.

CHELBURE, mont. c^ne de Bidarray.

CHÉLING (LE), ruiss. qui prend sa source à Lucq-de-Béarn, sépare cette commune de celle de Lahourcade et se jette dans le Geü.

CHEMIN (LE GRAND-), va d'Estialescq à Lasseube; partie de l'ancienne communication entre la rive droite du Gave de Pau et la ville d'Oloron.

CHEMIN-FERRÉ (LE), mène de Navarrenx à Oloron : c'est une partie du chemin de grande communication n° 26; il suit la rive droite du Gave d'Oloron, passe à Dognen, Lay-Lamidou et Préchacq-Navarrenx. — *Lo Cami Ferrat*, 1536 (réform. de Béarn, B. 821).

CHEMIN ROMIU (LE). — Voy. ROMIU.

CHEMIN SALIER (LE). — Voy. SALIER.

CHEMINS DU ROI, CHEMINS DU SEIGNEUR: *Camis deu Rey, Camis deu Senhor*; ces dénominations s'appliquaient à tous les grands chemins.

CHEMINS VICOMTAUX. On appelait ainsi, au moyen âge, trois grands chemins qui sillonnaient le Béarn.

Le premier allait de Sault-de-Navailles à Osserain : *L'un deus camiis es deu pont de la Faderne entro au Saranh*, XIII° s° (fors de Béarn).

Le second, de Luc-Armau à Somport, suivait, dans la vallée d'Aspe, la voie romaine de Saragosse à Lescar (Beneharnum): *L'autre [camii] de la podge de Larrede entro Somport*, XIII° s° (fors de Béarn).

Le troisième, qui conduisait à l'abbaye de Saint-Pé (départ. des Hautes-Pyrénées) à Biussaillet, au fond de la vallée d'Ossau, nous paraît avoir suivi entre Courraze et Bizanos la voie romaine de Lescar (Beneharnum) à Toulouse. Nous le plaçons au chemin appelé aujourd'hui *Chemin de Henri IV*, qui autrefois portait le nom de *Chemin de Saint-Pé: Lo terts [camii] de Geyres entro Busalet, qui es un port en Ossau aixi aperat*, XIII° s° (fors de Béarn).

Pendant le moyen âge, le second de ces chemins en entier et une partie du premier prirent le nom de *chemin Romiu* (voy. ce mot).

CHEMIN VIEUX (LE), conduit d'Accous à Bedous; il paraît être une portion de la voie romaine de Saragosse en Aquitaine.

CHÉRAUTE, c^on de Mauléon. — *Cheraltus*, 1224 (ch. de Barcelone, d'ap. Marca, Hist. de Béarn, p. 568). — *Xeraute*, 1383 (contrats de Luntz, f° 84). — *Xerauta*, 1496 (contrats d'Ohix, f° 17). — *Sent-Barthelemi de Chéraute*, 1676 (insin. du dioc. d'Oloron). — Anc. baronnie vassale de la vicomté de Soule.

CHERBES, h. et fief, c^ne de Charre. — *Xerbee-Jusoo*, 1385 (cens. f° 12). — *Xerbe*, 1386 (not. de Navarrenx). — *Xerbejuson*, 1546; *Cherbejuson*, 1680 (réform. de Béarn, B. 684, f° 188; 754). — Ce fief était vassal de la vicomté de Béarn.

CHÉNISQUI, mont. c^ne de Lécumberry.

CHERRE, h. c^ne d'Arzacq.

CHÉRUE, mont. c^ne de Laruns. — *Escherue*, 1675 (réform. de Béarn, B. 658, f° 181).

Le ruisseau de Chérue sort de cette montagne et se jette à Laruns dans le Gave de Brousset.

CHÉRUMBONDA, pèlerinage, c^ne d'Ascain.

CHÈSE, éc. c^ne de Lestelle. — *Alodium de Exesa*, XII° s° (cart. de Saint-Pé, d'après Marca, Hist. de Béarn, p. 432). — *Cheze*, 1675 (terrier de Lestelle, E. 311).

CHIBAUCOA, f. c^ne de Saint-Jean-de-Luz. — Il y avait une prébende de ce nom fondée dans l'église de Saint-Jean-de-Luz.

CHIBERRY, fief, c^ne d'Espute. — *L'ostau d'Eccheverrie*, 1385 (cens. f° 14). — *Cheverrie*, 1386 (not. de Navarrenx). — *Chiberie*, 1538; *Chiverrie*, 1546 (réform. de Béarn, B. 754; 823). — Ce fief dépendait du baill. de Sauveterre et relevait de la vicomté de Béarn.

CHIBERS, f. c^ne de Charre. — *Cheverce*, 1385 (not. de Navarrenx). — *Chibersse*, 1548; *Chebers*, 1675 (réform. de Béarn, B. 681, f° 586; 744).

CHIBERTA (LE LAC DE), c^ne d'Anglet.

CHICOT (LE CHEMIN), c^ne de Lescar; mentionné en 1643 (cens. de Lescar, f° 13).

CHICQ (LE), ruiss. qui arrose la commune de Moncin et se jette dans la Bailongue.

CHIGUET (LE), ruiss. qui coule à Fichous-Riumayou et se jette dans le ruisseau de Riumayou.

CHILAS (LE), ruiss. qui sépare les c^nes d'Ustaritz et d'Arcangues et se jette dans la Nive.

CHINDILETE (LE CHEMIN), entre les c^{nes} de Mendionde et de Macaye; c'était le lieu d'assemblée des jurats des paroisses de Macaye, Mendionde, Louhossoa et Gréciette.

CHINISPITA (LE), ruiss. qui arrose Lécumberry et se jette dans l'Akerharry.

CHIRNITA (LE), ruiss. qui coule sur la c^{ne} d'Amorots-Succos et se jette dans le Béhobie.

CHISTAÏCÉ (LE), ruiss. qui arrose Hasparren et se perd dans l'Angélu.

CHISTUNE (LE), ruiss. qui prend sa source à Ayherre et s'y jette dans la Joyeuse.

CHIULA (LE), ruiss. qui coule à Hasparren et se perd dans le Marmaü.

CHIVERSE, fief, c^{ne} d'Espiute. — *L'ostau d'Eccheverce*, 1385 (cens. f° 14). — *Chibersa*, 1538; *Chiverce*, 1546; *Cheverce*, 1674 (réform. de Béarn, B. 686, f°s 242; 754; 823). — Ce fief dépendait du baill. de Sauveterre et était vassal de la vicomté de Béarn.

CHOCOLUCÉ, mont. c^{ne} de Mendive.

CHORROTA (LE), ruiss. qui arrose Mendive et se jette dans le Halçaldé.

CHOT-IBARRÉ, h. c^{ne} de Gabat.

CHOU (LE), f. c^{ne} de Castétis.

CHOURDINE (LA), ruiss. qui coule à Aramits et se jette dans le Vert.

CHOUROUMILLATCHÉ, mⁱⁿ, c^{ne} d'Arcangues.

CHOURRÈTE (LE BOIS DE), c^{ne} de Ponson-Dessus.

CHOURRICQ (LA), mont. c^{ne} de Lescun, sur la frontière d'Espagne.

CHOUSSE (LA), ruiss. qui prend sa source dans la c^{ne} d'Arette et s'y perd dans le Vert d'Arette.

CRESTIÀA (LE), éc. c^{ne} de Coslédàa-Lube-Boast; tire son nom des Cagots ou Crestians.

CRESTIÀA (LE) ou LE CRESTIA, f. c^{ne} de Garlède-Mondebat.

CHUBIGNA (LE), ruiss. qui arrose la c^{ne} de Saint-Michel et s'y jette dans la Nive de Béhérobie.

CHUBITO (LE), ruiss. qui coule à Ilharre et se perd dans le Pagola.

CHUBITOA, h. c^{nes} d'Ascarat et d'Anhaux.

CHUCUTON, redoute, c^{ne} d'Urrugne.

CHUGARÉTA (LE), ruiss. qui prend sa source à Etchebar, arrose Licq-Atherey et se jette dans le Saison.

CHUHAINE (LE), ruiss. qui arrose la c^{ne} de Saint-Pée-sur-Nivelle et se jette dans la Nivelle.

CHUNBOROY, mont. c^{ne} de Saint-Étienne-de-Baïgorry.

CHURITCHA (LE COL DE), c^{ne} de la Fonderie, sur la frontière d'Espagne.

CHUSCARÉ (LE), ruiss. qui prend sa source à Masparraute et s'y jette dans le Minhuriéta.

CIBITS, vill. c^{ne} de Larceveau; anc. commune réunie à Larceveau le 20 juin 1842. — *Sent Andriu de Cibitz*, 1472 (not. de la Bastide-Villefranche, n° 2, f° 22). — *Civitiz*, 1513, (ch. de Pampelune).

CIBOURE, c^{on} de Saint-Jean-de-Luz. — *Subiboure*, xviie s^e (ch. de Saint-Jean-de-Luz). — *Sanctus Vincentius de Siboure*, 1684 (collations du diocèse de Bayonne). — Ciboure, primitivement annexe d'Urrugne, fut érigé en commune en 1603. — Ciboure, qui est une contraction de *Çubiburu* (en basque, tête de pont), doit ce nom à sa position près d'un pont sur la Nivelle.

CIBOURE, mont. c^{ne} d'Urrugne.

CICIRALCIA (LE), ruiss. qui arrose Larrau et se jette dans l'Olhado.

CIHIGUE, vill. c^{ne} de Camou (c^{on} de Tardets); anc. c^{ne} réunie à Camou en 1836. — *Cihiga*, 1520 (cout. de Soule).

CIHOBIETTE, fief, c^{ne} de Masparraute; relev. du royaume de Navarre.

CIHURRAHO, mont. c^{ne} de la Fonderie, sur la frontière d'Espagne.

CIMIST (LE), ruiss. qui arrose Armendarits et se jette dans la Joyeuse.

CINQ-CANTONS (LES), h. c^{ne} d'Anglet.

CITADELLA, f. c^{ne} de Hasparren.

CIZE (LE PAYS DE), vallée qui comprend le c^{on} de Saint-Jean-Pied-de-Port en entier et la c^{ne} de Suhescun. — *Vallis quæ dicitur Cirsia*, vers 980 (ch. du chap. de Bayonne). — *Pors. de Sizer*, *Cisre*, xie s^e (Chanson de Roland, chant I, v. 582). — *Cycereo*, xie s^e (*Dicc. geogr. de España*). — *Syzara*, xiie s^e (Roger Hoveden). — *La porte de César*[1], 1154 (Édrisi). — *Cizia*, 1186; *Cisera*, *Cisara*, xiie s^e; *Ciza*, commencement du xiiie s^e; *Cizie*, 1253 (cart. de Bayonne, f°s 15, 26, 32, 50). — *Cisia*, 1302 (ch. du chap. de Bayonne). — *Les pors de Cisaire*, xive s^e (Chron. de Saint-Denis, Histor. de France, V, p. 301). — *La terre de Sisie*, 1472 (not. de la Bastide-Villefranche, n° 2, f° 21). — Cize se dit en basque *Garaci*.

Le pays de Cize faisait partie du royaume de Basse-Navarre et du diocèse de Bayonne, dont il formait un archidiaconé. — La voie romaine d'Astorga à Bordeaux traversait cette vallée, qui correspond au val de Roncevaux (Espagne).

CLAMONDE (LE) ou L'ARRIBAU, ruiss. qui prend sa source à la fontaine du Cagot (c^{ne} d'Arthez) et se jette dans le Gave de Pau, après avoir arrosé Mesplède, Balansun et Castétis.

CLARAC, arrond. de Pau. — *Sent-Johan de Clarac*, 1547 (réform. de Béarn, B. 755). — Il y avait une abbaye laïque vassale de la vicomté de Béarn. — Clarac

---

[1] On peut aussi traduire le texte arabe par *la porte de Cizer*.

était une dépendance de l'abbaye de Saint-Pé (départ. des Hautes-Pyrénées).

Les communes qui forment aujourd'hui le canton de Clarac appartenaient, en 1790, au canton de Nay.

Claracq, c^on de Thèze. — *Claracum*, xii° s° (coll. Duch. vol. CXIV, f° 52). — *Clerac*, xiii° s° (fors de Béarn). — *La fortalesse de Clarac*, 1443 (reg. de la Cour Majour, B. 1, f° 103). — *Claracq en Vic-Bilh*, 1753 (dénombr. E. 26). — En 1385, Claracq comprenait 47 feux et ressort. au baill. de Pau. — C'était, au xvi° s°, une dépendance de la baronnie de Coarraze. — En 1546, Claracq et Garlède ne formaient qu'une commune.

Clavère, f. c^ne de Baleix.

Claverie, f. c^ne de Méritein; mentionnée en 1385 (cens. f° 25).

Claverie, fief, c^ne d'Asson. — *L'ostau de Claveria*, 1538 (réform. de Béarn, B. 848, f° 17). — Ce fief relev. de la vicomté de Béarn.

Claverie, fief, c^ne d'Eysus; mentionné en 1538 (réform. de Béarn, B. 848, f° 19), vassal de la vicomté de Béarn.

Claverie, fief, c^ne de Loubieng; mentionné en 1385 (cens. f° 5). — *Clabarie*, 1457 (not. de Castetner, f° 102). — *Claveria*, 1538 (réform. de Béarn, B. 833). — Ce fief ressort. au baill. de Larbaig et relevait de la vicomté de Béarn.

Claverie, m^in, c^ne de Monein, sur le ruisseau de Lèze; mentionné en 1657 (not. de Monein, n° 191, f° 78).

Clèdes, f. c^ne de Salies; anc. membre de la comm^rie de Malte de l'Hôpital-d'Orion, mentionné en 1264 (réform. de Béarn, B. 680, f° 17). — *L'Espitau de Cledes*, 1385 (cens. f° 6). — *Nostre Done de Cledes*, 1442 (not. de la Bastide-Villefranche, n° 1, f° 44). — *Lo pont de Cledes* (sur le ruisseau de Saleys), 1535 (réform. de Béarn, B. 705, f° 213).

Clerguet, f. c^ne d'Artigueloutan; mentionnée en 1538; le fief était vassal de la vicomté de Béarn.

Clerguet (Le chemin) ou Claraguet, traversait Asson et Igon et conduisait à Clarac; il servait de limite aux communes de Nay et d'Asson. — *Lo cami Clargues, lo cami Claragues*, 1536; *lo grant camii aperat Clergues*, 1547 (réform. de Béarn, B. 755; 807, f° 66).

Clot de Gambeilh, mont. c^ne de Laruns.

Clote (La), éc. c^ne de Luccarré.

Coairelle, éc. c^ne de Lespielle-Germenaud-Lannegrasse.

Coarraze, c^on de Clarac. — *Coarrasa*, 1100; *Caudarasa*, xii° siècle (Marca, Hist. de Béarn, p. 405 et 451). — *Coarasa*, 1227 (reg. de Bordeaux, d'après Marca, Hist. de Béarn, p. 572). — *Coarrase*, 1385; *Coarase*, 1402 (censiers). — *La via Coarasola, la vie Coarasette*, 1540; *Couarraze*, 1675 (réform. de Béarn, B. 676, f° 238; 725, f° 80 et 93). — Coarraze formait la quatrième grande baronnie de Béarn. — En 1385, la commune comprenait 39 feux et ressort. au baill. de Pau.

Cochino, m^in sur le ruisseau d'Ançuby, c^ne de Bustince-Iriberry.

Cocorre (Le), ruiss. qui arrose Macaye et se jette dans l'Oyhène.

Coffite, fief, c^ne de Luccarré. — *Coffita*, 1538 (réform. de Béarn, B. 833). — *Cofite*, 1773 (dénombr. de Luccarré, E. 34). — Ce fief relevait de la vicomté de Béarn.

Coch, f. c^ne de Monein. — *Lo Cog*, 1385 (cens. f° 35). — *Lo Coch*, v. 1540 (réform. de Béarn, B. 789, f° 173).

Coue, h. c^ne de Lembeye; mentionné en 1675 (réform. de Béarn, B. 649, f° 262).

Coig-Arroy, mont. c^ne de Borce.

Coigdarrens, f. c^ne de Monein. — *Cogdesremps*, 1385 (cens. f° 36). — *Cot-d'arremps*, v. 1540 (réform. de Béarn, B. 789, f° 147). — *Coigdaremps*, 1662 (not. de Monein, n° 192, f° 68).

Coig de Denguin (Le), éc. c^ne de Denguin; c'était une des limites des landes du Pont-Long. — *L'ostau deu Cog de Denguii*, 1385 (cens. f° 43). — *Lo Cog de Dengui aperat la Casse-Gariera*, 1539 [voy. Cassie-Garière (La)]; *Coigt d'Anguein, Coëgt, Coeyt*, 1686 (réform. de Béarn, B. 678, f°s 316, 318, 320; 723).

Colom, fief créé en 1618, c^ne de Lucq-de-Béarn; vassal de la vicomté de Béarn.

Colombots, f. c^ne d'Orègue. — *Colombotz*, 1568 (ch. de Navarre, E. 470). — Ce domaine fut anobli vers 1568; il relevait du royaume de Navarre.

Combiens, f. c^ne de l'Hôpital-d'Orion; mentionnée en 1627 (réform. de Béarn, B. 818).

Come d'Aneu (La), ruiss. qui prend sa source à la montagne de Larre (c^ne d'Arette) et se jette à Sainte-Engrace dans l'Uhaïtxa. — *La Comme d'Ance*, 1589 (réform. de Béarn, B. 808, f° 94).

Comets (Le), ruiss. qui sépare les c^nes d'Orriule et de Castetbon et se jette dans l'Arriugrand.

Commande (La), h. c^ne de l'Hôpital-d'Orion. — *La Commanda*, 1544; *la Commanderie de l'Espitau*, 1675 (réform. de Béarn, B. 680, f° 699). — Ce hameau tire son nom de la comm^rie de Malte qui existait à l'Hôpital-d'Orion.

Commande (Le chemin de la), conduit de Momy à Anoye; c'est une portion du chemin Romiu (voy. ce mot). — Le moulin de *la Commande* (c^ne d'Anoye) dépendait de la comm^rie de Malte de Caubin et Morlaàs. — *Lo molin dou Pont sur lo Lès*, 1538 (réform. de Béarn, B. 838).

Commènes, h. c^ne de Ponson-Debat-Pouts; mentionné en 1675 (réform. de Béarn, B. 648, f° 355).

Commets, éc. c^ne d'Auga.

Commiher, chemin, dans la c^ne de Doumy, qui menait de Saint-Peyrus au chemin Morlannais. — *Lou bosq lou Comiher*, 1544 (ch. de Bournos, E. 359).

Comte (Le), éc. c^ne d'Arthez.

Conchez, c^on de Garlin. — *Sanctus Genumer de Concis*, xe siècle (coll. Duch. vol. CXIV, f° 81). — *Conches*, *Conchies*, 1402 (censier). — En 1385, Conchez ressort. au baill. de Lembeye et comprenait 38 feux.

En 1790, Conchez fut le chef-lieu d'un canton, dépendant du district de Pau, composé des communes d'Aubous, Aydie, Burosse-Mendousse, Diusse, Mont, Portet, Saint-Jean-Poudge, Tadousse-Ussau et Vialer, du canton de Garlin; Arricau, Arrosès, Aurions, Cadillon, Crouseilles et Lasserre, du canton de Lembeye.

Condestéguy (Le), ruiss. qui prend sa source à Lahonce, arrose Mouguerre et Urcuit et se jette dans l'Ardanavie.

Condou (Le), ruiss. qui arrose Mesplède et se jette à Lacadée dans l'Aubin.

Conférence (Ile de la) ou des Faisans, dans la Bidassoa, c^ne d'Urrugne; indivise entre la France et l'Espagne. — *Isola della Pace*, 1690 (carte de Cantelli). — C'est dans cette île que le Traité des Pyrénées fut signé, en 1659.

Congas (Les puits des), lacs, dans les montagnes de la c^te d'Accous.

Conget, f. c^ne d'Arthez.

Congires, h. c^ne de Bentayou-Sérée; mentionné en 1683 (réform. de Béarn, B. 648, f° 118).

Conquerre, h. c^ne d'Haget-Aubin.

Conques, f. c^ne de Castétis.

Conques, h. et fief, c^ne d'Audaux. — *Los Conquees*, 1476 (not. de Castelner, f° 109). — *Conquez*, 1686 (réform. de Béarn, B. 686, f° 33). — *Conquetz*, 1728 (dénombr. de Gassion, E. 29). — Le fief de Conques ressort. au baill. de Larbaig et relev. du marquisat de Gassion.

Constantin (Le moulin de), sur le ruisseau Mendialçu, c^ne de Briscous.

Contresaro (Le), ruiss. qui arrose la c^ne de Lécumberry et se jette dans l'Irabie.

Coos, f. c^ne d'Audaux. — *Lo Cos*, 1385 (cens. f° 26).

Coos, h. c^ne de Monein. — *Lo Cos*, 1385 (cens. f° 35). — *Le Coz*, 1675 (réform. de Béarn, B. 661, f° 1).

— En 1385, Coos comprenait 20 feux et ressort. au baill. de Monein.

Coos (Le), éc. c^ne d'Ordàas.

Copeu (Le), ruiss. qui prend sa source à Lées-Athas, arrose Lescun et se jette dans le Gave d'Aspe.

Corbères, c^on de Lembeye; mentionné au xiie siècle (cart. de Lescar, d'après Marca, Hist. de Béarn, p. 376). — *Corberas*, v. 1550; *Courbères*, 1683 (réform. de Béarn, B. 653, f° 334; 783, f° 3). — *Corbères-Abère-Domengeux*, depuis la réunion d'Abère et de Domengeux. — En 1385, Corbères comprenait 8 feux et ressort. au baill. de Lembeye. — Ancienne baronnie qui relevait de la vicomté de Béarn.

Corbun, f. c^ne de Garos. — *Corbuü*, 1343 (hommages de Béarn, f° 34). — *Corbun de Jago*, 1538; *Courbun*, 1675 (réform. de Béarn, B. 669, f° 7; 833).

Corne (La), éc. c^ne de Castelbon; mentionné en 1538 (réform. de Béarn, B. 784, f° 42).

Cons, mont. c^ne d'Asson.

Cos (Le), h. c^ne de Lembeye; mentionné en 1675 (réform. de Béarn, B. 649, f° 260).

Coslédàa, c^on de Lembeye. — *Cosladaa*, 1385; *Cosledan*, 1402 (censiers).— *Cosledaas en Bearn*, 1424 (contrats de Carresse, f° 18). — *Coslédàa-Lube-Boast*, depuis la réunion de Lube et de Boast, en 1843. — En 1385, Coslédàa ressort. au baill. de Lembeye et comptait 13 feux; le fief de Coslédàa relevait de la vicomté de Béarn.

Cossère (La), h. c^ne de Buzy; mentionné en 1358 (ch. de Buzy, FF. 1).

Costa-Aldia, h. c^ne de Bidart.

Coste (La), bois, c^ne de Luc-Armau.

Coste (La), éc. c^ne de Lembeye.

Coste (La), h. c^ne de Lourdios-Ichère.

Coste de Brouca (La), bois, c^ne de Borce.

Costemale, mont. c^ne d'Arette.

Costolou, chapelle, c^ne de Domezain-Berraute.

Cotdasus, mont. c^ne d'Izeste; mentionnée en 1675 (réform. de Béarn, B. 655, f° 172).

Côte (La), h. c^ne de Hasparren.

Côte de Gabas (La), h. c^ne de Ger.

Coteillon, m^in, c^ne de Montaut, sur le Gave de Pau. — *Lo molin aperat Cotelhon*, 1580 (réform. de Béarn, B. 808, f° 18).

Couarazes (Les), éc. c^ne de Castillon (c^on de Lembeye).

Couatemas, f. c^ne de Loubieng. — *Quoate-Mas*, 1540 (réform. de Béarn, B. 726, f° 61). — *Quoattemaas*, 1777 (terrier de Làa, E. 309).

Coublucq, c^on d'Arzacq. — Avant 1790, Coublucq faisait partie de la Chalosse et dépendait de la subdélégation de Saint-Sever.

Coucourou, bois, c^{ne} de Cette-Eygun.

Coud (Le), bois, c^{ne} d'Arraute-Charritte.

Coudure (La), éc. c^{ne} de Samsons-Lion.

Couecq (Le), ruiss. qui descend des montagnes de Borce et se jette dans l'Espélunguère.

Coue de Baque (La), éc. c^{ne} de Maucor.

Couhourre (Le bois de), c^{ne} d'Alçay-Alçabéhéty-Sunharette.

Coulomme, fief, c^{ne} de Salies. — *La maison noble de Colomme*, 1673 (réform. de Béarn, B. 683, f° 75). — *Coullomme*, 1773 (dénombr. de Salies, E. 43). — Le fief de Coulomme, créé en 1604, relev. de la vicomté de Béarn.

Coumaletes (Les), éc. c^{ne} de Luccarré.

Coumas (Le), éc. c^{ne} de Monpezat-Bétrac.

Coumeigt, f. c^{ne} de Lescun. — *Comeg*, 1385 (cens. f° 74).

Coup d'Apos, h. c^{ne} de Ramous.

Coquillon, éc. c^{ne} d'Aydie.

Couraillet, éc. c^{ne} de Noguères. — *Couraillhet*, 1775 (terrier de Noguères, E. 279).

Couralet, f. c^{ne} de la Bastide-Villefranche. — *Lo loc aperat au Coralet*, v. 1360 (ch. de Came, E. 425).

Courau (Le), ruiss. qui prend sa source à Coarraze, arrose Bénéjac et se jette dans le Lagoin.

Courau de Bergout, mont. c^{ne} d'Accous.

Courbette (La crête de la), mont. c^{ne} de Lescun.

Courbois, h. c^{ne} d'Anglet. — *Fausegui*, 1198 (cart. de Bayonne, f° 23).

Couret, f. c^{ne} de Lasseube.

Courets-Coig, montagne, c^{nes} d'Oloron-Sainte-Marie et d'Arudy.

Courrège (La), ruiss. qui arrose la c^{ne} de Vignes et se jette dans le Luy-de-France.

Courréges (Les), mont. c^{ne} d'Arette.

Courriers (Les), éc. c^{ne} de Barzun. — *Les Courriés*, 1767 (terrier de Livron, E. 312).

Courroumaté, f. c^{ne} de Samsons-Lion.

Courroux, f. c^{ne} de Miossens-Lanusse. — *Lo Corrost*, 1385 (cens. f° 56).

Courtade, fief, c^{ne} de Bilhères. — *Cortade*, 1538 (réform. de Béarn, B. 833). — Ce fief était vassal de la vicomté de Béarn.

Courtiade, f. c^{ne} de Maspie-Lalonquère-Juillac. — *Cortiade*, 1385 (cens. f° 59). — *Corthiade*, 1538 (réform. de Béarn, B. 852).

Courtie (La), éc. c^{ne} d'Asasp.

Courtière, f. c^{ne} de Coarraze. — *Cortiède*, 1385 (cens. f° 50).

Couscourret (Le), ruiss. qui coule à Arraziguet et se perd dans le Luy-de-France.

Coussinat, f. c^{ne} de Lucq-de-Béarn. — *Cossirat*, 1594 (ch. de Lucq, DD. 3).

Coustalats du Poey (Les), bois, c^{ne} de Biron.

Coustasse (Le ruisseau), prend sa source à Aurions-Idernes et s'y jette dans l'Arcis.

Coustau (Le), ruiss. qui arrose la c^{ne} d'Aydie et se jette dans le Sagé.

Coustaus (Les), h. c^{ne} de Ponson-Debat-Pouts; il est mentionné en 1675 (réform. de Béarn, B. 648, f° 343).

Coustey, f. c^{ne} de Gan.

Coustin (Le), ruiss. qui arrose Autevielle-Saint-Martin-Bidéren et se jette dans le Gave d'Oloron.

Cout (Le), h. c^{ne} de Salies. — *Los Cootz*, 1442 (not. de la Bastide-Villefranche, n° 1, f° 42). — *Los Cotz*, 1535 (réform. de Béarn, B. 705, f° 97).

Couts (Les), landes, c^{nes} de Bosdarros, Saint-Abit, Pardies (c^{on} de Nay) et Baliros. — *Los Cotz*, 1538 (réform. de Béarn, B. 826).

Couts-Dedans et Couts-Dehons, h. c^{ne} d'Asson. — *Fore-Couts*, 1547; *Cootz*, 1581; *Dedans-Couts et Fore-Couts*, 1675 (réform. de Béarn, B. 674, f° 850; 806, f° 105; 808, f° 57).

Couy (Le), ruiss. qui arrose la c^{ne} d'Aramits et se jette dans le Vert.

Couyeula (Le), ruiss. qui prend sa source à Autevielle-Saint-Martin-Bidéren et se jette à Abitain dans le Gave d'Oloron.

Crabé (Le pont), sur le Gave d'Ossau, c^{ne} de Laruns.

Crabère (La), h. c^{ne} de Sedze-Maubec. — *La Cravere*, 1675 (réform. de Béarn, B. 648, f° 241).

Crapes (Les), mont. c^{ne} de Lescun.

Crestia ou Chrestiaa, éc. c^{ne} d'Arrosès.

Crestia, éc. c^{ne} de Castillon (c^{on} d'Arthez).

Crestia, f. c^{ne} de Carresse. — *Lo Crestiaa*, 1385 (cens. f° 10).

Crestia, f. c^{ne} de Sallespisse. — *Lo Crestiaa*, 1385 (cens. f° 55).

Crestiàa, f. c^{ne} de Bouillon.

Crestiàa (Le), éc. c^{ne} de Gerderest.

Crestiannes (Les), éc. c^{ne} de Denguin.

Crestianotes (Les), éc. c^{ne} de Castéide-Cami.

Crestias (Les), éc. c^{ne} de Dognen.

Cristallère (Le bois de la), c^{ne} de Cette-Eygun.

Croix de Loubouey (La), éc. c^{ne} de Luc-Armau.

Croues, lande, c^{ne} d'Asasp. — *Couroues*, 1778 (terrier d'Asasp, E. 229).

Crouseilles, c^{ne} de Lembeye. — *Croselhes*, 1385; *Crozelha*, xive siècle (censiers). — *Crodselhes*, 1546 (réform. de Béarn, B. 754). — En 1385, Crouseilles ressort. au baill. de Lembeye et comprenait 15 feux.

Crouseilles, fief créé en 1555, c^ne d'Orthez. — *Crosseilles, Croiseilles*, 1675,(réform. de Béarn, B. 670, f° 238). — *Crouzeilles*, 1727 (dénombr. d'Orthez, E. 39). — Ce fief était vassal de la vicomté de Béarn.

Crudères, h. c^ne de Lembeye; mentionné en 1675 (réform. de Béarn, B. 649, f° 283).

Cubes (Les), ruiss. qui arrose Tadousse-Ussau et se jette dans le Léés.

Cubiçale (Le), ruiss. qui prend sa source à Hélette, arrose Saint-Esteben et Saint-Martin-d'Arberoue et se jette dans l'Arberoue.

Cubichanné (Le), ruiss. qui arrose la c^ne de la Fonderie et se perd dans le Hayra.

Cuc, fontaine salée, c^ne de Salies. — *Lo Cuch deu Rey*, 1535 (réform. de Béarn, B. 705, f° 7).

Cugez, f. c^ne de Loubieng. — *Cuyeu*, 1540 (réform. de Béarn, B. 726, f° 21).

Çuhagnéta, mont. c^nes de Lécumberry et d'Estérençuby.

Culay, f. c^ne de Lalongue; mentionnée en 1675 (réform. de Béarn, B. 651, f° 226).

Cuq (Le), landes, c^ne de Saint-Boès. — *Le Cucq*, 1675 (réform. de Béarn, B. 666, f° 6).

Cuqueron, c^on de Monein. — *Cucuror*, xii° s° (Marca, Hist. de Béarn, p. 450). — *Cucuroo*, 1345 (not. de Pardies, f° 141). — *Cuquroo*, 1385 (censier). — *Sent Miqueu de Quoqron*, 1434; *Coquron*, 1441 (not. d'Oloron, n° 3, f° 19 et 115). — *Cocuroo*, 1456 (cart. d'Ossau, f° 257). — *Cocuro*, v. 1540 (réform. de Béarn, B. 789, f° 2). — *Cocurour*, 1655; *Cuquerour*, 1657 (not. de Monein, n° 191, f° 54; 194, f° 42). — *Coucuron*, 1675 (réform. de Béarn, B. 661, f° 265). — En 1385, Cuqueron ressort. au baill. de Monein et comprenait 16 feux.

Cunjerou, éc. c^ne d'Arthez.

Curlarutia (Le col de), c^nes d'Ahaxe-Alciette-Bascassan et de Lécumberry.

Curutché, mont. c^ne de Lécumberry.

Curutchémendy, pèlerinage, c^ne d'Orègue.

Curutchémendy, redoute, c^ne d'Uhart-Cize.

Curutchet ou Garat, fief, c^ne d'Ahaxe; vassal du royaume de Navarre.

Cuyala, lande, c^ne d'Uzein, dans le Pont-Long.

Cuyala, mont. c^nes de Castet et de Louvie-Juzon.

Cuyala (Le), ruiss. qui descend des montagnes d'Accous et se jette à Laruns dans le Gave d'Ossau.

Cuyaubère, mont. c^nes des Eaux-Bonnes et de Laruns.

D

Daguerre, f. c^ne de Saint-Martin-d'Arberoue. — *Aguerre*, 1621 (Martin Biscay).

Dalen, f. c^ne d'Angous.

Danchania, h. c^ne d'Ainhoue.

Dandarou (Le), ruiss. qui arrose la c^ne d'Aramits et se jette dans le Vert.

Danglade (Le) ou Ruisseau de Séby, prend sa source à Séby, arrose Mialos et se jette dans le Luy-de-France.

Darracq, f. et fief, c^ne de Gan. — *Darrac*, 1385 (cens. f° 69). — *Arrac*, 1535 (réform. de Béarn, B. 701, f° 143). — Ce fief était vassal de la vicomté de Béarn.

Darratcu, mont. c^nes de Pagolle et de Juxue.

Darricades, f. c^ne de Salies; mentionnée en 1385 (cens. f° 6).

Darricau, m^in, c^ne de Billère.

Darrigrand, f. c^ne de Salies. — *Darrigran*, 1385 (cens. f° 6).

Darrivère, f. c^ne de Coublucq.

Darroque (Le), ruiss. qui prend sa source à Basercles (départ. des Landes), limite le départ. des Basses-Pyrénées et se jette à Labeyrie dans le Juren.

Dartigaux, f. c^ne de Pau.

Dartigaux, f. c^ne de Sus.

Dausiet (Le), ruiss. qui sépare les c^nes de Nabas et de Lichos et se jette dans le Saison.

Davancens, f. c^ne de Navarrenx. — *Dabancens, Dabancenx*, 1719 (dénombr. de Sauvelade, E. 43).

Debèse (La), bois, c^ne de Gerderest. — *La Debeze*, 1532 (terrier de Gerderest, E. 190).

Debèze (La), lande, c^ne de Maucor.

Delaigue, h. c^ne de Sedze-Maubec; mentionné en 1675 (réform. de Béarn, B. 648, f° 242).

Demnau (La), h. c^ne de Bentayou-Sérée; mentionné en 1675 (réform. de Béarn, B. 648, f° 149).

Denguin, c^on de Lescar. — *Denguii*, xi° s°; *Danginum*, 1101 (cart. de Morlàas). — *Dengui*, 1104 (cart. de Lescar, d'après Marca, Hist. de Béarn, p. 282, 387, 397). — *Dengunum*, 1286; *Denguinum*, xiii° s° (ch. de Béarn, E. 267 et 427). — *Danguii*, 1385; *Dengüi*, 1402 (cens.). — *Dengun*, 1535; *Danguin*, 1675 (réform. de Béarn, B. 677, f° 95; 704, f° 180). — Il y avait une abbaye laïque qui relev. de la vicomté du Béarn. — En 1385, Denguin et Vignoles, son annexe, comptaient 46 feux et ressort. au baill. de Pau. — Baronnie, créée en 1654, qui comprenait Denguin, Vignoles, Aussevielle, et relevait de la vicomté de Béarn.

Départ, vill. c^ne d'Orthez; anc. commune. — *Sancta Margaride de Depart*, 1345 (hommages de Béarn, f° 36). — En 1385, Départ comprenait 50 feux et ressort. au baill. de Larbaig.

Denes, m^in, sur la Baïse, c^ne de Monein; mentionné en 1750 (dénombr. de Monein, E. 36).

Désert, f. c^ne de Jurançon. — *Lo Desert*, 1385 (cens. f° 50).

Despourrins (La colline de), c^ne d'Accous; tire son nom du poëte Despourrins, qui y est enterré.

Desprués, f. c^ne de Garos. — *L'ostau deus Pruetz*, 1385 (cens. f° 49).

Despuyos, f. c^ne d'Orthez. — *Los Puyous*, 1536; *los Puyos*, 1614 (réform. de Béarn, B. 713, f° 414; 817).

Deux-Clos (Les), h. c^ne de Gan; mentionné en 1753 (dénombr. de Rébénac, E. 41).

Devantets (Les), h. c^ne de Castetnau-Camblong.

Discorde (La fontaine de), eaux minérales, c^ne de Gan; mentionnée en 1743 (ch. de Béarn, E).

Disse, h. c^nes d'Aurions-Idernes et de Mont (c^on de Garlin); anc. commune. — *Düsse*, 1487 (reg. des Établissements de Béarn). — *Dissa*, 1538; *Dyssa*, 1546 (réform. de Béarn, B. 754 et 833). — En 1385, Disse comprenait 12 feux et ressort. au baill. de Lembeye.

Diusabeau, f. c^ne d'Oraas. — *Diusaboo*, 1538 (réform. de Béarn, B. 828).

Diusabeau, fief, c^ne de Salies. — *L'ostau de Dius-Abou*, 1385 (cens. f° 6). — *La maison noble de Diusaboo à Sent Vincens de Salies*, 1674 (réform. de Béarn, B. 683, f° 137). — *Diuzabeau*, 1728 (dénombr. d'Andrein, E. 17). — Le fief de Diusabeau était vassal de la vicomté de Béarn et ressort. au baill. de Salies.

Diusajude, fief, c^ne de Salies. — *L'ostau de Dius-Ayde*, 1385 (cens. f° 6). — *Diusayude*, 1773 (dénombr. de Salies, E. 43). — Le fief de Diusajude ressort. au baill. de Salies et relev. de la vicomté de Béarn.

Diusayde, fief, c^ne d'Ozenx; mentionné en 1385 (cens. f° 5), il ressortissait au baill. de Larbaig et était vassal de la vicomté de Béarn.

Diuseide (Le ruisseau de), coule sur la c^ne de la Bastide-Monréjau et se jette dans l'Aulouse; mentionné en 1675 (réform. de Béarn, B. 669, f° 229).

Diusse, c^on de Garlin. — *Sanctus Johannes de Diossa*, 1104 (cart. de Lescar, d'ap. Marca, Hist. de Béarn, p. 397). — *Diuse*, 1402 (cens.). — *Diussa*, 1546 (réform. de Béarn, B. 754). — En 1385, Diusse comptait 8 feux et ressort. au baill. de Lembeye.

Diuzeide, éc. c^ne de Maslacq.

Doasous, f. c^ne d'Asson. — *La borie de Doasoos*, 1538 (réform. de Béarn, B. 807, f° 84). — *Doassous*, 1645 (not. de Nay, n° 56, f° 90). — *Doazous*, 1758; *Doasou*, 1763 (dénombr. d'Asson, E. 19). — Le fief de Doasous, créé en 1634, était vassal de la vicomté de Béarn.

Doat, vill. c^ne de Castéide. — Voy. Castéide-Doat.

Doazon, c^on d'Arthez; mentionné en 1286 (ch. de Béarn, E. 267). — *Doasoo*, 1352 (not. de Pardies). — En 1385, Doazon comptait 30 feux et ressort. au baill. de Pau.

Doëlle (La), éc. c^ne de Tarsacq.

Dognen, c^on de Navarrenx. — *Donen*, 1214 (ch. de Sauvelade, d'ap. Marca, Hist. de Béarn, p. 530).— *Villa de Donenh*, 1235 (réform. de Béarn, B. 864). — *Doneng*, XIII° s° (ch. de Préchacq, E. 413). — *Sent Johan de Donenh*, 1384 (not. de Navarrenx). — *Donheen*, 1546 (réform. de Béarn). — *Doignen*, 1673 (insin. du dioc. d'Oloron). — En 1385, Dognen comprenait 35 feux et ressort. au baill. de Navarrenx.

Domec, f. c^ne d'Arthez; mentionnée en 1385 (cens. f° 41).

Domec, fief, c^ne d'Alos-Sibas, au village de Sibas; mentionné en 1385 (coll. Duch. vol. CXIV, f° 43). — Le titulaire de ce fief était un des dix *potestats* de Soule; il relevait de la vicomté de Soule.

Domec, fief, c^ne d'Araujuzon; mentionné au XIII° s° (fors de Béarn). — Ce fief était vassal de la vicomté de Béarn et ressort. au baill. de Navarrenx.

Domec, fief, c^ne d'Araux; mentionné au XIII° s° (fors de Béarn), il relevait de la vicomté de Béarn.

Domec, fief, c^ne d'Asasp. — *Domec-Poc*, 1538; *lo Domecq*, 1546 (réform. de Béarn, B. 754; 833, f° 11). — Ce fief relevait de la vicomté de Béarn.

Domec, fief, c^ne d'Assat; mentionné en 1538 (réform. de Béarn, B. 848, f° 4), vassal de la vicomté de Béarn.

Domec, fief, c^ne d'Aussevielle. — *L'ostau deu Domec*, 1538 (réform. de Béarn, B. 848, f° 3). — Ce fief relev. de la vicomté de Béarn.

Domec, fief, c^ne de la Bastide-Cézéracq. — *L'ostau deu Domec de Ceserac*, 1538 (réform. de Béarn, B. 848, f° 3). — Ce fief était vassal de la vicomté de Béarn.

Domec, fief, c^ne de Bielle. — *La domenjadure de Domecq*, 1773 (dénombr. de Bielle, E. 22). — Ce fief relevait de la vicomté de Béarn.

Domec, fief, c^ne de Chéraute; mentionné en 1385 (coll. Duch. vol. CXIV, f° 43). — Le titulaire de ce fief était un des dix *potestats* de Soule et relevait de la vicomté de Soule.

Domec, fief, cne d'Espès-Undurein, au vill. d'Undurein; mentionné en 1385 (coll. Duch. vol. CXIV, f° 43), il relevait de la vicomté de Soule.

Domec, fief, cre d'Etchebar; mentionné en 1385 (coll. Duch. vol. CXIV, f° 43), vassal de la vicomté de Soule.

Domec, fief, cne de Gère-Bélesten, au vill. de Bélesten; mentionné en 1538 (réform. de Béarn, B. 833), il relevait de la vicomté de Béarn.

Domec, fief, cne de Jurançon; mentionné en 1538 (réform. de Béarn, B. 848, f° 4), vassal de la vicomté de Béarn.

Domec, fief, cne de Lacarry-Arhan-Charritte-de-Haut, à Lacarry; mentionné en 1385 (coll. Duch. vol. CXIV, f° 43). — Le titulaire était un des dix *potestats* de Soule et relevait de la vicomté de Soule.

Domec, fief, cne de Laruns; mentionné en 1538 (réform. de Béarn, B. 833), il relevait de la vicomté de Béarn.

Domec, fief, cne de Lichos. — *L'ostau deu Domec de Lixos*, 1385 (cens. f° 14). — Ce fief ressort. au baill. de Navarrenx et relev. de la vicomté de Béarn.

Domec, fief, cne de Lucq-de-Béarn; mentionné en 1524 (réform. de Béarn, B. 662, f° 199), vassal de la vicomté de Béarn.

Domec, fief, cne d'Orin; mentionné en 1538 (réform. de Béarn, B. 856), relev. de la vicomté de Béarn.

Domec, fief, cne d'Ossas-Suhare, à Ossas; mentionné en 1385 (coll. Duch. vol. CXIV, f° 43). — Le titulaire de ce fief était un des dix *potestats* de Soule et relev. de la vicomté de Soule.

Domec, ruines, cre de Pardies (con de Nay). — Le fief de Domec relevait de la vicomté de Béarn.

Domec, fief, cne de Précilhon; mentionné en 1673 (réform. de Béarn, B. 662, f° 85), vassal de la vicomté de Béarn.

Domec, fief, cne de Saint-Abit; mentionné en 1538 (réform. de Béarn, B. 833), il relevait de la vicomté de Béarn.

Domec, fief, cne de Saint-Gladie; cité en 1674 (réform. de Béarn, B. 864, f° 140), vassal de la vicomté de Béarn.

Domec, fief, cne de Sarpourenx; mentionné en 1385 (cens. f° 5). — *Le Doumecq*, 1675 (réform. de Béarn, B. 670, f° 290). — Ce fief relevait de la vicomté de Béarn.

Domec, fief, cne de Tabaille-Usquain, au hameau de Campagne. — *Lo Domec de Campanha*, 1538 (réform. de Béarn, B. 848, f° 10). — Ce fief était vassal de la vicomté de Béarn.

Domec, fief, cne de Viodos-Abense. — *Domecq de Vidos*, xviie se (ch. d'Arthez-Lassalle). — Ce fief relevait de la vicomté de Soule.

Domec (Le), fief, cne de Charre. — *L'ostau deu Domec*, 1385 (cens. f° 14). — Ce fief ressort. au baill. de Sauveterre et relevait de la vicomté de Béarn.

Domec (Le), fief, cne de Dognen; mentionné en 1385 (censier, f° 32). — *Le Domecq*, 1674 (réform. de Béarn, B. 662, f° 101). — Ce fief était vassal de la vicomté de Béarn et ressort. au baill. de Navarrenx.

Domec (Le), fief, cne d'Espiute; mentionné en 1385 (cens. f° 14). — Ce fief était vassal de la vicomté de Béarn et ressort. au baill. de Sauveterre.

Domec (Le), fief, cne de Gère-Bélesten, à Gère; mentionné en 1538 (réform. de Béarn, B. 848, f° 18), il était vassal de la vicomté de Béarn.

Domec (Le), fief, cne de Gurs; mentionné en 1385 (cens. f° 32), vassal de la vicomté de Béarn et dans le ressort du baill. de Navarrenx.

Domec (Le), fief, cne de Pardies (con de Monein); mentionné en 1538 (réform. de Béarn, B. 848, f° 12), vassal de la vicomté de Béarn.

Domec (Le), fief, cne de Tabaille-Usquain, au vill. d'Usquain; mentionné en 1385 (cens. f° 14), il ressort. au baill. de Sauveterre et était vassal de la vicomté de Béarn.

Domengé, f. cne d'Arricau. — *L'ostau de Domenger*, 1385 (cens. f° 60).

Domengeux, vill. cne de Corbères; anc. commune réunie à Corbères. — *Domengius*, 1385; *Domenjeus*, 1402 (censier). — *Doumengeux*, 1748 (terrier de Bétrac, E. 179). — En 1385, Domengeux ressort. au baill. de Lembeye et comprenait 8 feux. — C'était une dépendance de la commrie de Malte de Caubin et Morlàas.

Domenjadure. — C'est la qualification donnée aux terres des simples gentilshommes; ceux-ci s'appelaient *domengers*.

Domezain, con de Saint-Palais. — *Domesang*, 1193; *Domezan*, xiiie se; *Domezayn*, 1384; *Domesaing*, 1385 (coll. Duch. vol. CX, f° 86; CXIV, fos 34, 36 et 43). — *Domesahn*, 1439 (not. de la Bastide-Villefranche, n° 1, f° 3). — *Domezay*, vers 1460; *Domazanh*, 1487 (contrats d'Ohix, f° 22). — *Domeçayn*, 1621 (Martin Biscay). — *Domezain-Berraute*, depuis la réunion de Berraute : 25 juin 1842.

La deguerie de Domezain était une dépendance de la messagerie de la Barhoue et l'un des sept vics de la Soule; elle comprenait Domezain-Berraute, Ithorols-Olhaïby, Lohitzun-Oyhercq et Osserain-Rivareyte. La deguerie de Domezain a été supprimée en 1760.

En 1790, Domezain fut le chef-lieu d'un canton, dépendant du district de Mauléon, composé des communes d'Aroue, Domezain-Berraute, Etcharry,

Gestas, Ithorots-Olhaïby, Lohitzun-Oyhercq, Osserain-Rivareyte et Pagolle.

DOMINGO (LA CROIX), pèlerinage, c^{ne} d'Espelette.

DONADON, fief, c^{ne} d'Abos; mentionné en 1538 (réform. de Béarn, B. 837). — Ce fief relev. de la vicomté de Béarn.

DONEPÉTIRIA (LE RUISSEAU DE), coule sur la c^{ne} de Jatxou et se jette dans l'Urhandia.

DONIZMENDY, f. c^{ne} de Viodos-Abense. — *Onizmendi*, xviie s^e (ch. d'Arthez-Lassalle). — Le fief de Donizmendy était vassal de la vicomté de Soule. — Le véritable nom est *Onizmendy*.

DONZACQ, mⁱⁿ, c^{ne} d'Anglet. — *Molendinum de Donzag*, 1246 (cart. de Bayonne, f° 36). — *Lo moly appelé Donzac*, 1539 (ch. du chap. de Bayonne).

Le ruisseau de Donzacq prend sa source sur la c^{ne} de Biarritz, arrose Anglet et Bayonne et se jette dans l'Adour.

DONNARIETTE, h. c^{ne} d'Arcangues.

DORONDE, vill. c^{ne} de Larrau.

DOUANCES, f. c^{ne} d'Arthez.

DOUE (LA), mⁱⁿ, c^{ne} de Morlàas, sur le Luy-de-France. — *Lo molin de La Doa*, 1587 (ch. de Morlàas, E. 360). — *Un molii aperat Las Douas*, 1645 (cens. de Morlàas, f° 220).

DOUMY, c^{on} de Thèze; mentionné en 1096. — *Dumi*, 1154 (ch. de Barcelone). — *Domii*, xiie s^e (cart. de Lescar, d'ap. Marca, Hist. de Béarn, p. 356, 384 et 465). — *Domium*, 1270 (cart. du chât. de Pau). — *Dominium*, 1286 (reg. de Bordeaux, d'ap. Marca, Hist. de Béarn, p. 664). — *Domi*, xiiie s^e (fors de Béarn). — *Sent Miguel de Domi*, 1487 (not. de Larreule, n° 2, f° 17). — *Domin*, 1543 (réform. de Béarn, B. 754). — Doumy formait avec la commune de Bournos la neuvième grande baronnie de Béarn, vassale de la vicomté de Béarn. — En 1385, Doumy ressortissait au baill. de Pau et comprenait 21 feux.

DOUS, h. c^{ne} de Géronce. — *Aoos*, 1385 (cens. f° 19). — *Oos*, 1466 (ch. de Moumour). — *Geusbag-Doos*, 1572 (réform. de Béarn, B. 769, f° 38). — *Dosium, Sent-Pee de Doos*, 1612 (insin. du dioc.

d'Oloron). — *Doux*, 1675 (réform. de Béarn, B. 660, f° 367). — En 1385, Dous ressortissait au baill. d'Oloron et comprenait 6 feux. — C'était l'annexe de la paroisse de Geus (c^{on} d'Oloron-Sainte-Marie-Ouest).

DOUSSE, h. c^{ne} de Bentayou-Sérée. — *Dosse*, 1614 (réform. de Béarn, B. 817, f° 13).

DOUZE (LE), mont. c^{ne} de Laruns. — *Lo Doze*, 1355; *lo Dotze*, xve s^e (cart. d'Ossau, f°s 37 et 38).

DUCLOS, fief créé en 1608, c^{ne} de Pontacq; vassal de la vicomté de Béarn.

DUFAU, chât. c^{ne} de Coarraze. — C'est en partie l'ancien château de Coarraze, où fut élevé Henri IV. — Le nom actuel de ce château vient de son propriétaire.

DUFFORT, h. c^{ne} d'Assat. — *Durfort*, 1343 (hommages de Béarn, f° 56). — *Dulfort d'Assat*, 1584; *la senhorie de Dufort, bastide d'Assat*, 1602 (ch. de Béarn, E. 359, 360). — Le fief de Duffort ou de la Bastide relevait de la vicomté de Béarn.

DUFOURCQ, f. c^{ne} de Mont (c^{on} de Lagor); tire son nom de son propriétaire.

DUGAT, h. c^{ne} de Morlàas; anc. dépendance du prieuré de Sainte-Foi de Morlàas. — *Lo Dugat*, 1385 (cens. f° 65). — *La font deu Dugat*, 1457 (cart. d'Ossau, f° 190). — *Sancta Lucie de Morlaas*, 1539; *lo Duguat*, vers 1540 (réform. de Béarn, B. 723; 791, f° 99). — *Lo cemiteri aperat de Sente-Lucy*, 1645 (cens. de Morlàas, f° 61). — Sainte-Lucie, église de ce hameau, était détruite antérieurement à 1675.

DULOM, f. c^{ne} de Lembeye. — *Lom*, 1538 (réform. de Béarn, B. 855). — Le véritable nom serait *Lom*.

DUMIRAIL, h. et lac, c^{ne} d'Auterrive.

DUPLÀA (LE MOULIN), c^{ne} d'Escout, sur le Gave d'Ossau. — Le nom de ce moulin vient d'Antoine-Vincent Duplàa, conseiller au parlement de Navarre, qui le fit bâtir vers 1730.

DUPOURQUÉ, mⁱⁿ, c^{ne} de Salies.

DUPOUY, h. c^{ne} de Bouillon.

DURBAN, mont. c^{ne} de Louvie-Juzon.

DURELGUMEN (LE), ruiss. qui arrose la c^{ne} des Aldudes et se jette dans l'Autrin.

DUS-YOUS (LES), lac, c^{ne} des Eaux-Bonnes, à Aas.

E

EAUX-BONNES (LES), c^{on} de Laruns; commune créée, le 29 mai 1861, par la réunion d'Aas et d'Assouste; elle tire son nom de sources minérales qu'on appelait, au xvie siècle, *Eaux d'Arquebusades*. — *Aigabonne*, 1764 (compt. de Laruns).

EAUX-CHAUDES (LES), vill. c^{ne} de Laruns. — *Aygues-Cautes*, 1533; *Aigues-Cauldes*, 1581 (ch. de Béarn, B. 2502; E. 5480). — *Grammontoises* (voyag. de Montaigne). — *La maison d'Aigas-Cautes*, 1614 (réform. de Béarn, B. 817).

Ce village tire son nom des sources thermales qui y sont situées.

Éberlé, éc. c^{ne} de Coarraze.

Échagoyti, f. c^{ne} d'Aussurucq; mentionnée en 1520 (cout. de Soule).

Échart, f. c^{ne} d'Aussurucq; mentionnée en 1520 (cout. de Soule).

Échart, f. c^{ne} d'Espès-Undurein; mentionnée en 1520 (cout. de Soule).

Échat, f. c^{ne} d'Aussurucq; mentionnée en 1520 (cout. de Soule).

Échaux, chât. c^{ne} de Saint-Étienne-de-Baïgorry. — *Echauz*, 1469; *Echaos*, 1525 (ch. de la Camara de Comptos). — *Château d'Echaus, Etchaus*, 1614 (coll. Duch. vol. CX, f° 113). — *Etchaux*, 1655 (reg. des États de Navarre). — Ancienne vicomté qui relevait du royaume de Navarre.

Écheberri, f. c^{ne} d'Aussurucq; mentionnée en 1520 (cout. de Soule).

Échebers, f. c^{ne} d'Aussurucq; mentionnée en 1520 (cout. de Soule).

Écho (Le port d') ou de Pau, col de montagnes qui fait communiquer la commune de Lescun et la vallée d'Écho (Espagne).

Èdre (Le col d'), c^{ne} de Lanne.

Égoyhène, f. c^{ne} de Licq-Atherey; mentionnée en 1520 (cout. de Soule).

Éhuçarèna (L'), ruiss. qui prend sa source dans la c^{ne} de Musculdy et se jette dans l'Arangorène, après avoir arrosé Ordiarp.

Éhulondo (L'), ruiss. qui prend sa source à Domezain-Berraute, arrose Béhasque-Lapiste et se perd dans la Bidouse.

Éhunsaroy (Le col d'), entre la c^{ne} de la Fonderie et l'Espagne.

Élaboa (Le ruisseau d'), prend sa source sur la c^{ne} d'Arette et se jette à Osse dans le ruisseau le Lourdios.

Elbarné (L'), ruiss. qui sépare les c^{nes} d'Ossès et d'Irissarry et se mêle au Lacca.

Elçarre (Le plateau d'), landes, c^{nes} de Béhorléguy et d'Aussurucq.

Eldurne (L'), ruiss. qui coule sur la c^{ne} d'Arhansus et se jette dans la Bidouse.

Elgabaréna (L'), ruiss. qui prend sa source à Etchebar et se jette à Lichans-Sunhar dans le Saison.

Elhardoy (L'), ruiss. qui commence à Orsanco, arrose ensuite la commune de Saint-Palais et se perd dans la Joyeuse.

Le bois d'Elhardoy est dans la c^{ne} de Beyrie (c^{on} de Saint-Palais).

Elhimimé, mont. c^{ne} d'Armendarits.

Elhine (Le bois d'), c^{nes} de Lantabat et d'Armendarits.

Elhocady, redoute, c^{ne} des Aldudes, sur la frontière d'Espagne.

Elhoriet, mont. c^{nes} d'Ossès et de Saint-Étienne-de-Baïgorry.

Elhoriéta (Le col d'), entre la c^{ne} de la Fonderie et l'Espagne.

Elhorry, h. c^{ne} de Hasparren.

Elhurcé (Le col d'), entre la commune de Larrau et l'Espagne.

Elhurte, mont. c^{ne} d'Irouléguy.

Elhuxe (Le ruisseau d'), coule sur la c^{ne} de Pagolle et se perd dans l'Uhaïtxe.

Éliçabélar, f. c^{ne} d'Iholdy. — Le fief d'Éliçabélar relevait du royaume de Navarre.

Éliçaberria, h. c^{ne} de Hasparren.

Éliçaberry, h. c^{ne} de Mouguerre.

Éliça-Ibarré, h. c^{ne} de Gabat.

Éliçaïcine, fief, c^{ne} d'Arraute; vassal du royaume de Navarre.

Éliceïry, fief, c^{ne} de Lantabat; vassal du royaume de Navarre.

Élicetche, fief, c^{ne} d'Arraute; vassal du royaume de Navarre.

Élichetche, f. c^{ne} d'Arbouet-Sussaute. — *Eliceche*, 1621 (Martin Biscay).

Élissagaray, fief, c^{ne} de Bunus; vassal du royaume de Navarre.

Élissague, fief, c^{ne} de Charritte-de-Bas; vassal de la vicomté de Soule.

Élissalt, f. c^{ne} d'Ossas-Suhare; mentionnée en 1520 de (cout. de Soule).

Élissetche, f. c^{ne} d'Uhart-Cize. — *Eliceche*, 1621 (Martin Biscay). — Le fief d'Élissetche était vassal du royaume de Navarre.

Élissetche, fief, c^{ne} d'Ainhice; vassal du royaume de Navarre.

Élissetche, fief, c^{ne} d'Armendarits; relev. du royaume de Navarre.

Élissonde (L'), ruiss. qui arrose Arraute-Charritte et se jette dans l'Aphataréna.

Elsorron, f. c^{ne} de Saint-Martin-d'Arberoue. — *Elzurren*, 1435 (ch. de Pampelune). — Le fief d'Elsorron, créé en 1435, était vassal du royaume de Navarre.

Éluet (L'), ruiss. qui coule sur la c^{ne} d'Ossès et se perd dans le Lacca.

Embarrat (L'), restes de fortifications, c^{ne} de la Bastide-Monréjau. — *Les Pourtaux*, 1675; *les Embarras*, 1680 (réform. de Béarn, B. 669, f°s 223 et 230).

Embarrats (Les), h. c^ne de Lembeye; mentionné en 1675 (réform. de Béarn, B. 649, f° 293). — Il y avait une abbaye laïque, vassale de la vicomté de Béarn.

Embegitte (L'), lande, c^ne de Montestrucq. — *L'Embejette*, 1777 (terrier de Montestrucq, E. 276).

Embialas, éc. c^ue de Bougarber.

Émigrés (La redoute des), c^ne d'Urrugne.

Enclos (L'), f. c^ue de Lespielle-Germenaud-Lannegrasse.

Enclos (L'), h. c^ne d'Aurions-Idernes.

Entercq (L'), ruiss. qui coule à Pontacq, commence à la fontaine Hourquet et se jette dans l'Ousse.

Entre-Gave-et-Baïse, ancien district du Béarn qui tirait son nom de sa position entre le Gave de Pau et la rivière de Baïse; il comprenait les c^nes d'Abidos, Abos, Arbus, Artiguelouve, Bésingrand, Mourenx, Noguères, Os-Marsillon, Pardies-(c^on de Monein) et Tarsacq. — *Enter-Gave-Baise*, xiiie s^e (fors de Béarn, p. 36). — *Lo vic de Enter Guave et Bayse*, 1344 (not. de Pardies, f° 49).

Entricolaburdia (L'), ruiss. qui arrose la c^ne de Hasparren et se jette dans le Marmaü.

Er, mont. c^ne de Laruns. — *Err*, 1440 (cart. d'Ossau, f° 271). — *Her*, 1538 (réform. de Béarn, B. 844). — Le ruisseau d'Er prend sa source dans cette montagne et va se jeter à Laruns dans le Gave d'Ossau.

Erdois, f. c^ne d'Ainhice-Mongélos. — Le fief était vassal du royaume de Navarre. — En 1766, il y avait une prébende de ce nom fondée dans l'église d'Ainhice.

Érébius, éc. c^ne de Montfort.

Ergaïts (La croix d'), pèlerinage, c^ne d'Ayherre.

Ermite (Le chemin de l'), c^nes de Viodos-Abense et d'Arraute-Charritte.

Ermon, fief, c^ne de Saint-Palais; vassal du royaume de Navarre.

Erquéta, h. c^ne d'Ayherre.

Erraïty (L'), ruiss. qui arrose la c^ne de Hélette et se jette dans l'Ancharté.

Erréby, mont. c^nes d'Ainhoue et d'Espelette.

Erréca, h. c^ne de Lasse.

Errécaçarné (L'), ruiss. qui coule sur la c^ne d'Ossès et se jette dans la Nive de Baïgorry.

Errécagorry (L'), ruiss. qui arrose la c^ne de Sainte-Engrace et se jette dans l'Uhaïtxa.

Errécahandy (L'), ruiss. qui coule sur la c^ne d'Itsatsou et se jette dans la Nive.

Errécaïlce (L'), ruiss. qui arrose la c^ne de Bidarray et se perd dans l'Aranpuru.

Errécalde (L'), ruiss. qui prend sa source dans la c^ne d'Orsanco et se jette dans la Joyeuse, après avoir arrosé la c^ne de Beyrie (c^on de Saint-Palais).

Errécaldia (L'), ruiss. qui coule à Bascassan (c^ne d'Ahaxe) et se jette dans le Laurhibar.

Errécant (L'), ruiss. qui arrose la c^ne de Saint-Jean-le-Vieux et se jette dans le Harçuby.

Erréquidor (L'), ruiss. qui prend sa source dans la c^ne de Larrau, sur la frontière d'Espagne, et se mêle à Lécumberry, à la rivière d'Iraty.

Erréta, mont. c^ne d'Estérençuby.

Erretçu, mont. et bois, c^nes de Montory et de Tardets. — *Arretçu*, 1778 (intendance). — Le ruisseau d'Erretçu prend sa source à Montory et se perd à Barcus dans le Joos.

Erribieu, f. et fief, c^ne de Rivehaute. — *L'ostau d'Iribiu*, 1385 (cens. f° 14). — *Yribiu*, 1546 (réform. de Béarn, B. 754). — Ce fief était vassal de la vicomté de Béarn et ressort. au baill. de Sauveterre.

Errobisala, h. c^ne d'Itsatsou.

Errosate, mont. c^nes d'Estérençuby et de Lécumberry.

Enxil, f. c^ne de Chéraute. — *Ersille*, 1479 (contrats d'Ohix, f° 95).

Esboucq, m^lu, c^ne du Boucau, sur l'Adour. — *Lo molin d'Esbor*, 1259 (cart. de Bayonne, f° 62).

Escabes (Les), h. c^ne de Castéra-Loubix; mentionné en 1675 (réform. de Béarn, B. 648, f° 375).

Escala (L'), mont. c^ne de Laruns.

Escale (Le pas d'), col de montagnes, entre les c^nes d'Etsaut et de Cette-Eygun.

Escaliers (Le pic des), c^nes d'Alçay-Alçabéhéty-Sunharette, de Lacarry et de Larrau.

Escambet, mont. c^nes de Lées-Athas et d'Osse.

Escamet (Le pont d'), c^ne d'Arette, sur le Vert d'Arette.

Escantola, mont. c^nes de Larrau et de Sainte-Engrace.

Escanou (Le pic d'), c^nes de Laruns et d'Etsaut.

Escanpu (L'), ruiss. qui coule à Etsaut et se perd dans le ruisseau de Sescouet.

Escarroude (L'), ruiss. qui arrose la c^ne de Coarraze et se mêle au Lagoin.

Eschartes, h. c^ne de Louvie-Soubiron.

Esclause (L'), ruiss. qui coule à Saint-Pé-de-Léren et se jette dans le Gave d'Oloron.

Esclause (L'), ruiss. qui arrose la c^ne de Sault-de-Navailles et se perd dans le Luy-de-Béarn.

Esclauses (Les), éc. c^ne d'Os-Marsillon; mentionné en 1714 (terrier d'Os, E. 280).

Escondiray, mont. c^nes d'Espelette et d'Itsatsou.

Esconjuzon (Le ruisseau d'), qui coule sur la c^ne d'Abitain et se mêle au Gave d'Oloron.

Escos, c°" de Salies; commune distraite du canton de Bidache le 14 juillet 1819. — *Escaut*, 1352 (ch. de Came, E. 425). — *Sent-Johan d'Escos*, 1439; *Escoos*, 1440 (not. de la Bastide-Villefranche, n° 1, f°° 12 et 17). — *Scos*, 1582 (aliénations du dioc. de Dax). — *Escoz en Navarre*, 1675 (réform. de Béarn, B. 680, f° 566). — Escos dépendait du dioc. de Dax et du duché de Gramont.

Escot, c°" d'Accous. — *Scot*, 1096; *Eschot*, 1154 (ch. de Barcelone, d'après Marca, Hist. de Béarn, p. 356, 465). — *Sancta Maria d'Escot*, 1618 (insin. du dioc. d'Oloron). — *Ascot*, 1675 (réform. de Béarn, B. 655, f° 353). — En 1385, Escot ressort. au baill. d'Aspe et comprenait 8 feux.

Le rocher dit *Pène d'Escot* porte une inscription relative à la voie romaine de Saragosse en Aquitaine.

Escou, c°" d'Oloron-Sainte-Marie-Est. — *Escoo*, 1380 (contrats de Luntz). — *Scoo*, 1546 (réform. de Béarn, B. 754). — *Sent Pierre d'Escou*, 1656 (insin. du dioc. d'Oloron). — En 1385, Escou ressort. au baill. d'Oloron et comptait 11 feux.

Le ruisseau d'Escou prend sa source dans les marais de la lande Hialère (c°° de Herrère), traverse les c°°° d'Escou, Escout, Précillon, Goès, Oloron, et se jette dans le Gave d'Oloron. — *L'aigue aperade l'Esco*, 1434 (not. d'Oloron, n° 3, f° 35).

Escoubès, c°" de Morlàas. — *Escobee*, 1385; *Escobes*, 1402 (cens.). — *Scobees*, 1535; *Scobes*, 1538; *Escoubées*, 1683 (réform. de Béarn, B. 653, f° 175; 704, f° 189). — En 1385, Escoubès comprenait 19 feux et ressort. au baill. de Pau.

Escouey, f. c°° de Castagnède. — *Scoey*, 1538 (réform. de Béarn, B. 736).

Escout, c°" d'Oloron-Sainte-Marie-Est. — *Escot*, 1385 (cens. f° 22). — *Escoot*, 1433; *Sent Bisentz d'Escoot*, 1442 (not. d'Oloron, n° 3, f°° 2 et 126). — *Esquoot*, 1538; *Scot*, 1546 (réform. de Béarn, B. 754 et 826). — En 1385, Escout ressort. au baill. d'Oloron et comprenait 16 feux.

Escoute (L'), ruiss. qui coule à Orthez et se jette dans le Gave de Pau.

Escouteplouye, m°" c°° de Saint-Pierre-d'Irube.

Escuarpe (L'), ruiss. qui prend sa source à Cette-Eygun et s'y jette dans le Gave d'Aspe.

Escuné, bois, c°° d'Aussurucq.

Escurès, c°°. de Lembeye. — *Mercatus Escuresii*, xii° s° (cart. de Saint-Pé, d'après Marca, Hist. de Béarn, p. 432). — *Sanctus Justinus de Scures*, xii° s° (coll. Duch. vol. CXIV, f° 56). — *Escurees*, xiii° s° (fors de Béarn). — *Los Cassos d'Escures* (lieu d'assemblée judiciaire sous des chênes), 1343 (hommages de Béarn). — *Saint-Orens d'Escurès*, 1775 (terrier d'Escurès, E. 188). — En 1385, Escurès ressort. au baill. de Lembeye et comptait 7 feux. — Escurès faisait partie de la commanderie de Malte de Caubin et Morlàas.

Escunets (Le pic d'), c°° d'Arudy.

Escouarrebaque, f. et fief, c°° de Moncin. — *L'ostau d'Esgarrebaque*, 1359 (hommages de Béarn, f° 93). — *Sgoarrabaca*, xvi° s° (reg. des Établissements de Béarn). — *Esguarrabaque*, 1674 (réform. de Béarn, B. 663, f° 140). — *Esgoarrabaque*, 1750 (dénombr. de Monein, E. 36). — Ce fief était vassal de la vicomté de Béarn et ressort. au baill. de Monein. — C'est dans cette maison que mourut, en 1516, Jean d'Albret, roi de Navarre.

Eslayas, f. c°° d'Orthez; mentionnée en 1536 (réform. de Béarn, B. 713, f° 133).

Le ruisseau d'Eslayas coule sur la c°° d'Orthez et se jette dans le Gave de Pau.

Eslayou, h. c°° de Lescar. — *Flayoo*, 1319 (cart. d'Orthez, f° 29). — *FFlayon*, 1350 (not. de Pardies). — *Eslayoo*, 1385 (cens. f° 44). — *Lo terrado Eslayouez*, 1643 (cens. de Lescar, f° 143). — *Eslayon*, 1675 (réform. de Béarn, B. 677, f° 131). — Il y avait une abbaye laïque qui relevait de la vicomté de Béarn. — La juridiction appelée *la Cour d'Eslayou*, mentionnée en 1343 (hommages de Béarn, f° 15), comprenait Arbus, Artiguelouve, Audéjos, Auga, Aussevielle, Balansun, la Bastide-Cézéracq, Beyrie (c°° de Lescar), Cassaigne (c°° de Fichous-Riumayou), Castéra (c°° d'Argagnon), Castillon (c°° d'Arthez), Caubios, Denguin, Doazon, Gorrets, Gouze, Loos, Momas, Saint-Aulaire, Serres-Sainte-Marie, Siros, Vignoles et enfin l'évêque de Lescar.

Esley (L'), ruiss. qui coule sur la c°° de Hasparren et se jette dans le Mendialçu.

Eslourenties-Dabant, c°° de Morlàas. — *Florenthies-Davant*, 1385; *Eslorenthies-Davant*, 1402 (cens.). — *Esloranties-Davant*, 1546 (réform. de Béarn). — *Eslorenties-Daban*, 1727 (dénombr. de Sedzère, E. 44). — En 1385, Eslourenties-Dabant comprenait 7 feux et ressort. au baill. de Pau. — Eslourenties-Dabant fut d'abord le chef-lieu de la notairie des Lannes et de Rivière-Ousse, puis, au xvii° siècle, de la notairie des Lannes seule.

Eslourenties-Darré, c°° de Pontacq. — *Florenthias-Darrer*, xiii° s° (fors de Béarn). — *Florenthies-Darrer*, 1385 (cens.). — *Slorentiees-Darrer*, 1535; *Eslorantties-Darrer*, 1546 (réform. de Béarn, B. 704, f° 189). — En 1385, Eslourenties-Darré comprenait 10 feux et ressort. au baill. de Pau. — La seigneurie d'Eslourenties-Darré appartenait à la commanderie de Malte de Caubin et Morlàas et était vassale de la vicomté de Béarn.

Eslous, f. c^{ne} d'Arthez.

Eslous, f. c^{ne} de Lannecaube-Meillac. — *Flos*, 1385 (cens. f° 59).

Esmérats, éc. c^{ne} d'Arthez.

Espabades (Les), éc. c^{ne} de Baleix.

Espagne (Le chemin d'), dans la c^{ne} de Larrau; il mène à la frontière.

Espalanusse, f. c^{ne} de Lucq-de-Béarn. — *Espalenusse*, 1344 (not. de Pardies, f° 59). — *Espalanuce*, 1388 (not. de Navarrenx).

Espalle, fief, c^{ne} d'Oloron-Sainte-Marie; mentionné en 1674 (réform. de Béarn, B. 662, f° 274), il était vassal de la vicomté de Béarn.

Espalungue, chât. c^{ne} d'Arros (c^{on} de Nay).

Espalungue, vill. c^{ne} de Laruns. — *Spelunca*, 1154 (ch. de Barcelone, d'après Marca, Hist. de Béarn, p. 465). — *Espalunga en Ossau*, 1374 (contrats de Luntz, f° 84). — *Spalunga*, 1440 (cart. d'Ossau, f° 254). — *Sanctus Saturninus d'Espalunga*, 1612 (insin. du dioc. d'Oloron). — En 1385, Espalungue ressortissait au baill. d'Ossau et comprenait 16 feux.

Espalungue (L'), ruiss. qui prend sa source sur la c^{ne} de Lourdios-Ichère et se jette dans le Gave d'Aspe, après avoir arrosé Osse et Sarrance.

Espéchède, c^{on} de Morlàas. — *Especede*, *Espexede*, XIIe siècle (Marca, Hist. de Béarn, p. 450 et 453). — *Expexede*, 1402 (censier). — *Spexyede*, 1538; *Spexede*, 1546; *Spechede*, 1675 (réform. de Béarn, B. 650, f° 12; 838). — En 1385, Espéchède ressort. au baill. de Pau et comptait 4 feux.

Espelette, arrond. de Bayonne. — *Spelete*, 1233; *Espelete*, 1256 (cart. de Bayonne, f° 39 et 56). — *Ezpeleta*, 1384 (coll. Duch. vol. CX, f° 86). — *Aspelette*, 1465 (ch. du chapitre de Bayonne). — *Sanctus Stephanus d'Espelete*, 1764 (collations du dioc. de Bayonne). — La baronnie d'Espelette relev. du royaume de Navarre.

En 1790, le canton d'Espelette, dép. du district d'Ustaritz, comprenait les communes d'Espelette, Larressore et Souraïde.

Espelette, fief, c^{ne} d'Ossès; vassal du royaume de Navarre.

Espélunguère, mont. c^{ne} de Borce. — Le ruisseau d'Espélunguère sort de cette montagne et se perd à Borce dans le Gave d'Aspe.

Esperbasque, fief, c^{ne} de Salies. — *L'ostau d'Esperbasco*, 1385 (cens. f° 6). — *Esperabasco*, 1546 (réform. de Béarn, B. 754). — Ce fief était vassal de la vicomté de Béarn et ressort. au baill. de Salies.

Esperbe, f. c^{ne} d'Espoey. — *Espereben*, 1385 (cens. f° 51). — *Esperabee*, v. 1540 (réform. de Béarn, B. 841, f° 20).

Espès, c^{on} de Mauléon. — *Esperce*, 1375 (contrats de Luntz, f° 110). — *Aspes*, 1472 (not. de la Bastide-Villefranche, n° 2, f° 20). — *Espès-Undurein*, depuis la réunion d'Undurein: 10 janvier 1842. — Le seigneur d'Espès était l'un des dix *potestats* de Soule et relev. de la vicomté de Soule.

Espès, m^{in}, c^{ne} de Salies. — *Lo parsan d'Aspees, lo molii d'Aspes*, 1536 (réform. de Béarn, B. 705, f° 97).

Espiau, éc. c^{ne} d'Arrosès.

Espiau-Caup (L'), petit ruiss. qui prend sa source à Ordios (c^{ne} de la Bastide-Villefranche) et se perd dans le Hurquepeyre; il formait la limite du Béarn et de la c^{ne} de Came; mentionné en 1223. — *Lo Beg de l'Espiaucau*, 1302; *Spiaucaub*; *un arrec qui es debat lo moli d'Urdios, qui s'aperave Espiaub-Baup*, v. 1360 (ch. de Came, E. 425).

Espie (Le moulin d'), c^{ne} de Lescar. — *Lo molii deu Capito, lo molii d'Espie*, 1643 (cens. de Lescar, f°s 15 et 142). — Ce moulin appartenait au chap. de Lescar.

Espiex, éc. c^{ne} de Dognen.

Espilère (L'), ruiss. qui coule à Menditte et se jette dans le Saison.

Espitalé (L'), éc. c^{ne} de Buros; tire son nom de l'ancien Hôpital-du-Luy (voy. ce mot).

Espitau (L'), éc. c^{ne} de Rivehaute.

Espitau (L'), f. c^{ne} de Maucor; tire son nom d'un hôpital, aujourd'hui détruit, mentionné en 1385 (cens. f° 65).

Espitau-Nau (L'), hôpital pour les pèlerins, auj. détruit, c^{ne} de la Bastide-Villefranche; il dép. de l'abb. de Roncevaux (Espagne). — *Beata Maria Hospitalis Novi*, 1256; *l'Espitau-Nau de l'ordie de Nostre Done d'Arronssesvaux*, XIVe siècle (ch. de Came, E. 425). — *Sancta Kataline de l'Espitau-Nau*, 1472 (not. de la Bastide-Villefranche, n° 2, f° 22).

Espitau-Vieilh (L'), h. c^{ne} de Lannepläa; mentionné en 1443 (reg. de la Cour Majour, B. 1, f° 190), tire son nom d'un hôpital pour les pèlerins placé sur le chemin Romiu.

Espiubeg (L'), éc. c^{ne} d'Andrein. — *Espiubeig*, *Espiubeigt*, 1780 (terrier d'Andrein, E. 325).

Espiute, c^{on} de Sauveterre. — *Espiut*, 1385 (censier). — *Spiute*, *Spiuta*, 1548 (réform. de Béarn, B. 762, f°s 1 et 32). — *Sent Barthelemy d'Espiuta*, 1608 (insin. du dioc. d'Oloron). — Il y avait une abbaye laïque, vassale de la vicomté de Béarn. — En 1385,

Espiute comptait 17 feux et ressort. au baill. de Sauveterre.

Esplom, montagne, c^{nes} de Lurbe et d'Oloron-Sainte-Marie.

Espoey, éc. c^{ne} de Castéide-Cami.

Espoey, f. c^{ne} de Morlàas; mentionnée en 1385 (cens. f° 65).

Espoey, c^{on} de Pontacq. — *Espuei*, 1062; *Espui*, xie s^e; *Espoei*, 1131 (ch. de Morlàas, d'après Marca, Hist. de Béarn, p. 287, 323 et 432). — *Espoi*, xiie s^e (ch. de Gabas). — *Spoey*, 1402 (cens.). — *Aspoey*, 1434 (not. d'Oloron, n° 3, f° 21). — *Expouey*, 1675 (réform. de Béarn, B. 674, f° 890). — En 1385, Espoey ressort. au baill. de Pau et comprenait 37 feux. — La baronnie d'Espoey, qui comprenait les c^{nes} d'Espoey et de Hours, était vassale de la vicomté de Béarn.

Esporont, f. c^{ne} de Musculdy; mentionnée en 1520 (cout. de Soule).

Espugnàa (L'), ruiss. qui prend sa source à Borce et se jette dans le Gave d'Aspe.

Esqur (Pène d'), mont. c^{nes} d'Accous et de Cette-Eygun.

Esquerra, mont. c^{nes} de Béost-Bagès et des Eaux-Bonnes.

Esquerre, f. c^{ne} de Montaut; mentionnée en 1385 (cens. f° 67). — *Esquerra*, 1552 (réform. de Béarn, B. 763).

Esquinassy, mont. c^{ne} d'Alçay-Alçabéhéty-Sunharette.

Esquit (Le pont d'), c^{ne} d'Accous, sur la Berthe.

Esquiule, c^{on} d'Oloron-Sainte-Marie-Ouest. — *Esquiula*, *Squiule*, 1542; *Esquiulle*, 1548 (réform. de Béarn, B. 731, f° 13; 759). — La seigneurie d'Esquiule relevait de la baronnie de Mesplès.

Estaès ou Estanès, mont. et lac, c^{ne} de Borce; ce territoire est indivis entre la France et l'Espagne.

Estang (L'), ruiss. qui prend sa source sur la c^{ne} de Villefranque, arrose la c^{ne} de Saint-Pierre-d'Irube et se jette dans la Nive, à Bayonne.

Estaria, f. c^{ne} d'Arance. — *Estariaa*, 1344 (not. de Pardies, f° 75).

Estarlus, f. c^{ne} de Charre. — *Esterlus*, 1385 (cens. f° 12).

Estarrésou (L'), ruisseau. — Voy. Lestanzou (Le).

Estaute (Le pas d'), col de montagnes, entre les c^{nes} de Lées-Athas et de Lescun.

Estecam, f. c^{ne} de Loubieng; mentionnée en 1385 (cens. f° 3). — *Estecamp*, 1540; *Stecamp*, 1568; *Estacam*, 1614 (réform. de Béarn, B, 726, f° 54; 797, f° 3; 817, f° 1).

Estellon, h. c^{ne} de Lembeye. — *Esteilhon*, 1675 (réform. de Béarn, B. 649, f° 275).

Estérençuby, c^{on} de Saint-Jean-Pied-de-Port; commune créée le 11 juin 1842.

Estérenguibel, vill. c^{ne} d'Estérençuby. — Le ruisseau d'Estérenguibel prend sa source à Lécumberry et se jette à Estérençuby dans la Nive de Béhérobie.

Esteyrou (L'), h. c^{ne} de Bayonne, à Saint-Esprit. — *Esteirol*, 1246 (cart. de Bayonne, f° 36).

Estialescq, c^{on} de Lasseube. — *Estheles*, 1383 (contrats de Luntz). — *Esquialest*, 1385; *Estielesc*, xive siècle (cens.). — *Esquielest*, 1399 (contrats de Gots). — *Estialesc*, 1405 (not. de Navarrenx, f° 17). — *Istaliecxs*, 1546; *Estyalescxs*, 1548 (réform. de Béarn, B. 754; 759). — *Sanctus Vincentius d'Estialescq*, 1612 (insin. du dioc. d'Oloron). — En 1385, Estialescq ressortissait au baill. d'Oloron et comptait 37 feux. — La paroisse d'Estialescq dépendait de l'église Saint-Martin de Précillon.

Estibaire, fief, c^{ne} de Pontacq. — *Estivayre*, 1385 (cens. f° 64). — *Estibayre*, 1538 (réform. de Béarn, B. 833). — Ce fief était vassal de la vicomté de Béarn.

Estibère, mont. c^{ne} de Laruns.

Estibette (L'), mont. c^{ne} d'Asson, sur la limite du départ. des Hautes-Pyrénées.

Estiron, éc. c^{ne} de Siros. — *Estiroo*, 1343 (hommages de Béarn). — *Stiroo*, 1349 (not. de Pardies).

Estos, c^{on} d'Oloron-Sainte-Marie-Est. — *Stos*, 1368 (not. de Lucq). — *Astos*, 1402 (cens.). — *Sent Berthomiu d'Estos*, 1434 (not. d'Oloron, n° 3, f° 19). — Il y avait une abbaye laïque vassale de la vicomté de Béarn. — En 1385, Estos comptait 4 feux et ressort. au baill. d'Oloron.

Estradère (Le chemin d'), mène d'Asson à Arthez-d'Asson, vers la montagne.

Estrate, f. c^{ne} d'Arette; mentionnée en 1385 (cens. f° 20). — *Estrata*, 1538 (réform. de Béarn, B. 825).

Estremère, montagne, c^{ne} de Laruns, sur la frontière d'Espagne.

Estuyendel, montagne. — Voy. Sayette.

Etçaun (L'), ruiss. qui coule à Saint-Étienne-de-Baïgorry et se perd dans la Nive de Baïgorry.

Etcharry, c^{on} de Saint-Palais. — *Charri*, 1385 (coll. Duch. vol. CXIV, f° 43). — *Echari*, 1467 (contrats d'Ohix, f° 14). — *Dicharii*, 1472 (not. de la Bastide-Villefranche, n° 2, f° 22).

Etchart f. c^{ne} de Bardos. — *Echart*, 1502 (ch. de Navarre, E. 424).

Etchart (L'), ruiss. qui prend sa source à Isturits et s'y jette dans l'Arberoue.

Etchéandy, chât. c^{ne} de Macaye.

DÉPARTEMENT DES BASSES-PYRÉNÉES.

Etcheban, fief, c^{ne} d'Alçay-Alçabéhéty-Sunharette. — *Chebarno*, 1385 (coll. Duch. vol. CXIV, f° 43). — Ce fief était vassal de la vicomté de Soule.

Etcheban, c^{on} de Tardets. — *Chabar*, 1385 (coll. Duch. vol. CXIV, f° 43). — *Chebar*, 1520 (cout. de Soule).

Etchebarne, pèlerinage, c^{ne} d'Armendarits.

Etchebarne (L'), ruiss. qui coule sur la c^{ne} de Juxue et se jette dans la Bidouse.

Etchebarnia, f. c^{ne} d'Ayherre. — *Echabarne*, 1435 (ch. de Pampelune). — Le fief d'Etchebarnia, créé en 1435, relevait du royaume de Navarre.

Etchebéhère, f. c^{ne} d'Ayherre. — *Echevehere*, 1435 (ch. de Pampelune). — Le fief d'Etchebéhère, créé en 1435, était vassal du royaume de Navarre.

Etchebéhène (L'), ruiss. qui prend sa source à Isturits et se jette dans le Garastaing, après avoir arrosé Orègue.

Etcheber (L'), ruiss. qui sert de limite aux c^{nes} de Mouguerre et de Hasparren et se jette à Briscous dans l'Arbaldéguy.

Etcheberria, f. c^{ne} d'Irissarry. — *Etcheveri*, 1754 (collations du dioc. de Bayonne).

Etcheberrigaray, redoute, c^{ne} d'Uhart-Cize.

Etcheberry, fief, c^{ne} d'Ahaxe-Alciette-Bascassan, à Alciette; vassal du royaume de Navarre.

Etcheberry (L'), ruiss. qui arrose les c^{nes} de Montory et de Tardets et se jette dans le Saison.

Etcheçahar, fief, c^{ne} d'Orsanco; vassal du royaume de Navarre.

Etchechurry (L'), ruiss. qui prend sa source dans la commune de Hasparren, traverse Urt et se jette dans le Chantus.

Etchecopar, f. c^{ne} d'Ossas-Suhare. — *Echacapar*, 1520 (cout. de Soule).

Etchecopar, fief, c^{ne} de Laguinge-Restoue. — *Etchecoppar*, XVIIe s^e (ch. d'Arthez-Lassalle). — Ce fief était vassal de la vicomté de Soule.

Etchegaray, f. c^{ne} d'Isturits. — *Echegaray*, 1435 (ch. de Pampelune). — Le fief d'Etchegaray était vassal du royaume de Navarre; il fut créé en 1435.

Etchegoyen, f. c^{ne} de Camou-Cihigue. — *Echagoyen*, 1520 (cout. de Soule).

Etchegoyen, f. c^{ne} de Méharin. — *Echegoyen*, 1435 (ch. de Pampelune). — Le fief d'Etchegoyen, créé en 1435, relevait du royaume de Navarre.

Etchelet, f. c^{ne} de Larceveau; mentionnée en 1665 (reg. des États de Navarre).

Etchelu, bois, c^{ne} de Larrau.

Etchepare, f. c^{ne} de Macaye. — En 1668, il y avait dans l'église de Macaye une prébende fondée sous le titre de *Saint-Jean-d'Etchepare* (collations du dioc. de Bayonne).

Etchepare, f. c^{ne} de Saint-Esteben. — *Echepare*, 1435 (ch. de Pampelune). — Le fief d'Etchepare, créé en 1435, relevait du royaume de Navarre.

Etchepare, fief, c^{ne} d'Arhansus; vassal du royaume de Navarre.

Etchepare, fief, c^{ne} de Bussunarits-Sarrasquette; il relevait du royaume de Navarre.

Etchepare, fief, c^{ne} d'Ibarrolle; vassal du royaume de Navarre.

Etchepare, fief, c^{ne} d'Iholdy; vassal du roy. de Navarre.

Etcheté, mont. c^{ne} de Gamarthe.

Etchevernia (L'), ruiss. qui prend sa source à Saint-Pée-sur-Nivelle, arrose Saint-Jean-de-Luz et Ascain et se jette dans la Nivelle.

Etcheverry, fief, c^{ne} d'Alçay-Alçabéhéty-Sunharette. — *Etcheberri*, XVIIe s^e (ch. d'Arthez-Lassalle). — Ce fief relevait de la vicomté de Soule.

Etcheverry, fief, c^{ne} d'Arbouet; vassal du royaume de Navarre.

Etcheverry, fief, c^{ne} d'Arhansus; il relevait du royaume de Navarre.

Etcheverry, fief, c^{re} d'Irouléguy; vassal du royaume de Navarre.

Etcheverry, fief, c^{ne} d'Ithorots-Olhaïby. — *L'ostau d'Etcheverrie*, vers 1480 (contrats d'Ohix, f° 102). — Ce fief était vassal de la vicomté de Soule.

Etcheverry, f. et fief, c^{ne} de Saint-Martin-d'Arberoue. — *Echeberri*, 1435 (ch. de Pampelune). — Ce fief, créé en 1435, relevait du royaume de Navarre.

Ethéné (Le col d'), entre les communes de Juxue et de Pagolle.

Etsaut, c^{on} d'Accous; mentionné en 1250 (for d'Aspe). — *Atsaut*, vers 1360 (ch. de Came, E. 425). — *Adsaut*, 1385 (cens.). — *Attsaut*, 1397 (not. de Navarrenx). — *Sent Grat deu Saut*, 1620 (insin. du dioc. d'Oloron). — En 1385, Etsaut ressort. au baill. d'Aspe et comptait 43 feux.

Etxail, redoute, c^{ne} d'Urrugne.

Exave, h. c^{ne} d'Ossès. — *Ezabe*, 1513 (ch. de Pampelune). — *Exabe*, 1675 (réform. d'Ossès, B. 687, f° 2).

Eygun, vill. c^{ne} de Cette. — *Igun*, 1449 (reg. de la Cour Majour, B. 1, f° 16).

Eyharaldia, fief, c^{ne} de Saint-Michel; vassal du royaume de Navarre.

Eyharce, h. c^{ne} d'Ossès. — *Ayarza*, 1513 (ch. de Pampelune). — *Eyharse*, 1675 (réform. d'Ossès. B. 687, f° 59).

Eyhérabide (L'), ruiss. qui coule sur la c^{ne} d'Etcharry et se jette dans la Phaure.

Eyhérachar (L'), ruiss. qui arrose Arbérats-Sillègue et Aïcirits et se jette dans la Bidouse.

Eyhéradan (L'), ruiss. qui arrose Bardos et se jette dans la Joyeuse.

Eyhéralde, h. c^{ne} de Saint-Étienne-de-Baïgorry.

Eyhénéguy, f. c^{ne} de Musculdy. — *Eyhereguie, Heyhereguie*, 1469 (contrats d'Ohix, f°s 29 et 30).

Eyres (Les), lande, c^{ne} de Lannepléa; mentionnée en 1675 (réform. de Béarn, B. 667, f° 131).

Eysus, c^{on} d'Oloron-Sainte-Marie-Est. — *Villa quæ vocatur Isuici*, 1077 (ch. de l'abb. de la Peña, d'après Marca, Hist. de Béarn, p. 324). — *Ezus*, XIIIe siècle (for d'Oloron). — *Esus*, 1251 (cart. d'Oloron, d'après Marca, Hist. de Béarn, p. 533). — *Eyssus*, 1538; *Eizus*, 1544; *Aisuus*, 1589; *Aïsus*, 1675 (réform. de Béarn, B. 662, f° 127; 744; 808, f° 91; 826). — En 1385, Eysus ressortissait au baill. d'Oloron et comprenait alors 24 feux.

Eznazu, h. c^{ne} des Aldudes.

F

Faderne (Le pont de la), c^{ne} de Sault-de-Navailles; mentionné au XIIIe s^e (fors de Béarn). — C'était l'extrémité de celui des trois grands chemins vicomtaux de Béarn qui conduisait à Osserain.

Fady, redoute, c^{ne} d'Urrugne.

Faget, forêt détruite, c^{ne} de Sauvelade. — *Silva quæ dicitur Faiet*, 1127 (ch. de Sauvelade, d'après Marca, Hist. de Béarn, p. 421). — C'est dans cette forêt que fut bâtie l'abbaye de Sauvelade.

Faget (Le), vill. c^{ne} de Buzy; mentionné en 1614 (réform. de Béarn, B. 817). — Il se composait des hameaux d'Ylos (c^{ne} de Gan) et de la Cossère (c^{ne} de Buzy).

Faget (Le), vill. c^{ne} d'Oloron-Sainte-Marie; mentionné en 1215 (cart. d'Oloron, d'après Marca, Hist. de Béarn, p. 530). — *Los Fagetz*, 1548 (réform. de Béarn, B. 759).

Faget-Poey, fief, c^{ne} de Navarrenx. — *La domeniadure aperada Fayet-Poey e La Fiite*, 1391 (not. de Navarrenx). — Ce fief était vassal de la vicomté de Béarn.

Fague, mont. c^{ne} de Sare, sur la frontière d'Espagne.

Fagussoa (Le bois de), c^{ne} de Saint-Jean-de-Luz. — *Fagosse*, 1414 (ch. de Saint-Jean-de-Luz, FF. 1).

Faisans (L'île des). — Voy. Conférence (L'île de la).

Faithurry (Le), ruiss. qui arrose la c^{ne} de Masparraute et se jette dans le Minhuriéta.

Faldaracon, f. c^{ne} de Jatxou. — *Faldracon*, 1686 (collations du dioc. de Bayonne). — Il y avait une prébende de ce nom fondée dans la chapelle Saint-Sauveur (c^{ne} de Jatxou).

Fanget, fief, c^{ne} de Thèze; créé en 1476, vassal de la vicomté de Béarn.

Féas, c^{on} d'Aramits; mentionné en 1270 (ch. d'Ossau). — *Heaas*, 1343 (hommages de Béarn, f° 19). — *Feaas*, 1385 (cens.). — *Sent Berthomiu de Feaas*, 1442 (not. d'Oloron, n° 3, f° 126). — En 1385, Féas ressortissait au baill. d'Oloron et comprenait 21 feux.

Féas (Les), h. c^{ne} de Castet.

Féas (Les), h. c^{ne} de Laruns.

Ferran, mⁱⁿ, c^{ne} de Castéide-Cami, sur la Geule.

Ferrerie (La), mⁱⁿ, c^{ne} de Bardos, sur la Joyeuse.

Fichet, f. détruite dès 1537, c^{ne} de Bellocq. — *La grange et hospitau aperat Fixets, la grange de Fexets*, 1537 (réform. de Béarn, B. 820). — Cette ferme dépendait de la commanderie de l'Hôpital-d'Orion.

Fichous, c^{on} d'Arzacq. — *Fixoos*, XIIe s^e (Marca, Hist. de Béarn, p. 454). — *Fixos*, 1513 (not. de Garos). — *Fixous*, 1675 (réform. de Béarn, B. 669, f° 8). — *Fichoux* (carte de Cassini). — *Fichous-Riumayou*, depuis la réunion du village de Riumayou: 22 mars 1842. — Fichous faisait jadis partie de la Chalosse.

Finodiéta, h. c^{ne} de Souraïde.

Firiri (Le ruisseau), prend sa source à Urrugne, arrose Ciboure et se jette dans la Nivelle.

Fitaux (Les), h. c^{ne} de Charre.

Fleur-de-Lys, fief, c^{ne} d'Ainhice-Mongélos. — *Flor-de-Lis*, 1621 (Martin Biscay). — Ce fief relevait du royaume de Navarre.

Florence, fief, c^{ne} de Monein; mentionné en 1385 (cens. f° 37). — *Florance*, 1761 (dénombr. de Monein, E. 36). — Le fief de Florence était vassal de la vicomté de Béarn et ressort. au baill. de Monein.

Floride (La), f. c^{ne} de Bayonne.

Fonderie (La), f. c^{ne} de Bayonne.

Fonderie (La), c^{on} de Saint-Étienne-de-Baïgorry. — Cette commune tire son nom d'une ancienne fonderie de canons établie sur la Nive de Baïgorry.

Fontaine de Rome (La), coule sur la c^{ne} de Moumour. — *La Fonda Romiau*, 1470 (not. d'Oloron, n° 4, f° 211).

Fontayres, bois, c^{ne} de Boumourt; mentionné en 1538 (réform. de Béarn, B. 840).

Fontescautes, mⁱⁿ, c^{ne} de Salles-Mongiscard; mentionné en 1675 (réform. de Béarn, B. 666, f° 354).

Forbet, éc. c^{ne} d'Oloron-Sainte-Marie.

Foncendiu, fief, c^{ne} de Bilhères. — *Foarcendulh*, 1538 (réform. de Béarn, B. 830), vassal de la vicomté de Béarn.

Forêt Bastard (La). — Voy. Bastard (La forêt).

Forge (La), usine, c^{ne} d'Urdos.

Forge d'Angosse, usine, c^{ne} d'Aste-Béon. — *L'ostau or es la Fargoe*, 1385 (cens. f° 70). — Cette usine tire son nom actuel de son propriétaire.

Forges (Les), h. c^{ne} de Larrau; tire son nom des hauts fourneaux établis à Larrau.

Forges d'Angosse, usine, c^{ne} d'Arthez-d'Asson. — *La Ferrarie deu cappitaine Incamps*, 1588 (réform. de Béarn, B. 808, f° 96). — *Les Forges d'Asson*, 1719 (dénombr. de Sauvelade, E. 43).

Formalagué (Le bois de), c^{ne} d'Arthez.

Fort du Portalet (Le), forteresse, c^{ne} d'Urdos. — Ce fort, commencé en 1842, tire son nom d'un ancien fortin placé un peu en aval, sur les bords du Gave d'Aspe. — Voy. Portalet.

Fortisson, f. c^{ne} de Boueilh-Boueilho-Lasque; tire son nom des seigneurs de Fortisson.

Fossalères, lande, c^{ne} de Castétis; mentionnée en 1536 (réform. de Béarn, B. 806, f° 7).

Fou, h. c^{ne} de Morlanne.

Fouchet-Pérignon, f. c^{ne} de Pontacq. — *La font de Peyrinhoo*, 1508 (not. de Pontacq, n° 1, f° 8). — *La maison noble de Perignon aliatz de Lespadaa*, 1675 (réform. de Béarn, B. 678, f° 131). — *Peyrign n autrement Lespada*, 1709 (dénombr. de Pontacq, E. 40). — Le fief de Pérignon, créé en 1617, était vassal de la vicomté de Béarn.

Fourcade, f. c^{ne} de Lespielle-Germenaud-Lannegrasse. — *La Forcade*, 1385 (cens. f° 61). — *Forgade*, vers 1540 (réform. de Béarn, B. 786, f° 26).

Fourcade (La), f. c^{ne} d'Asson.

Fourcade-Meyrac (La), f. c^{ne} de Pontacq.

Fous (La côte des), c^{ne} de Biarrits, sur le bord de l'Océan.

Frays (Le chemin des), c^{ne} d'Arthez; tire son nom d'un couvent d'Augustins.

Frégate (La), rocher, c^{ne} de Biarrits, sur le bord de l'Océan.

Freitet, bois, c^{ne} d'Andoins. — *Lo boscq et lane aperat lo Freytet*, 1457 (cart. d'Ossau, f° 183).

Frieste (Le ruisseau de), prend sa source au bois de Freitet (c^{ne} d'Andoins) et se jette dans l'Ousse du Bois. — *L'ariu qui geyxs deu Freytet, aperat l'ariu de Frieste*, 1457 (cart. d'Ossau, f° 183).

Friquet, fief, c^{ne} de Balansun. — *La maison de Fricquet*, 1538 (réform. de Béarn, B. 830). — Ce fief était vassal de la vicomté de Béarn.

G

Gàas, h. c^{ne} de Montaut; mentionné en 1675 (réform. de Béarn, B. 673, f° 7).

Gabardère (Le pic de), c^{ne} de Laruns. — *Gavardere*, 1675 (réform. de Béarn, B. 655, f° 60).

Gabarès (Le), éc. c^{ne} de Bordes (c^{on} de Clarac).

Gabarn, h. et landes, c^{nes} d'Oloron-Sainte-Marie et de Herrère. — *Lana de Gavarn*, 1251 (cart. d'Oloron, d'après Marca, Hist. de Béarn, p. 533). — *Lo terrador aperat Gavarin*, 1443 (reg. de la Cour Majour, B. 1, f° 160).

Gabarra, éc. c^{ne} de Lembeye.

Gabarra, lande, c^{ne} de Baleix.

Gabarret, f. c^{ne} de Lucq-de-Béarn. — *Gavarret*, 1385 (cens. f° 31).

Gabarret (Le), ruiss. qui descend de la montagne de Barca (c^{ne} d'Aydius) et se jette dans le Gave d'Aspe en arrosant la c^{ne} de Bedous. — *Le Gabareig*, 1707 (dénombr. de Bedous, E. 20).

Gabarrot (Le), ruiss. qui prend sa source à Ribarrouy et s'y jette dans la Palu. — *Gabasot*, 1307 (réform. de Béarn, B. 732, f° 88).

Gabas, f. c^{ne} de Lucq-de-Béarn; mentionnée en 1612 (réform. de Béarn, B. 816).

Gabas, h. c^{ne} de Laruns; anc. commanderie et hôpital pour les pèlerins, fondés en 1127 par les moines de l'abbaye de Sainte-Christine (Espagne) *en lo parsan aperat Gabas in valé Ursaliensi* (réform. de Béarn, B. 844). — *Gavas*, XIIe s^e (ch. de Gabas). — *L'Espitau de Gavas*, 1385 (cens. f° 70). — *Guabas*, 1440 (ch. d'Ossau, DD. 8). — *Gabaxs*, 1536 (réform. de Béarn, B. 710).

Gabas (Le), riv. qui se forme sur la c^{re} de Ger par la réunion des ruisseaux Gabastou et de la Honrède et se jette dans l'Adour près de Mugron (départ. des Landes), après avoir arrosé, dans les Basses-Pyrénées, les communes d'Eslourenties-Dabant, Eslourenties-

Darré, Arrien, Espéchède, Sedzère, Gabaston, Saint-Laurent-Bretagne, Riupeyrous, Escoubès, Sévignacq (c^on de Thèze), Miossens, Carrère, Lalonquette, Claracq (c^on de Thèze), Garlède, Boueilh-Boueilho-Lasque, Coublucq et Poursiugues-Boucoue. — *Fluvius Gavasensis*, vers 982 (cart. de Saint-Sever, d'après Marca, Hist. de Béarn, p. 224). — *Guabas*, 1548; *le Gavas*, 1675 (réform. de Béarn, B. 650, f° 42; 758, f° 2).

GABASTON, c^on de Morlàas; mentionné en 1096 (Marca, Hist. de Béarn, p. 356). — *Gavasto*, XIIe s° (cart. de Lescar). — *Gavastonium*, 1270 (cart. du chât. de Pau). — *Guavasto*, 1385; *Gavaston*, 1402 (censier). — *Gabastoo*, 1535; *Guabastoo*, 1548 (réform. de Béarn, B. 704, f° 175; 758, f° 2). — *Gabas autrement Gabaston*, 1734 (dénombr. de Gerderest, E. 29). — Gabaston était membre de la commanderie de Malte de Caubin et Morlàas. — C'était la huitième grande baronnie de Béarn, vassale de la vicomté de Béarn; elle fut d'abord composée d'Artix, Garlède, Lalonquette et Serres-Sainte-Marie; au XVIIe siècle, le titre de baronnie de Gabaston fut transporté aux seigneuries d'Angous et de Susmiou réunies. — En 1385, Gabaston ressortissait au baill. de Pau et comprenait 16 feux; il formait alors une paroisse avec Saint-Laurent et Bretagne.

GABASTOU (LE), ruiss. qui commence à la fontaine des Trois-Seigneurs (c^ne de Loubajac, départ. des Hautes-Pyrénées), arrose Pontacq et se jette à Ger dans le Gabas. — *Lo Gavaston*, 1429 (cens. de Bigorre, f° 202).

GABAT, c^on de Saint-Palais. — *Gavat*, XIIe s° (cart. de l'abb. de Sordes, p. 34). — *Nostre-Done de Gabat*, 1472 (not. de la Bastide-Villefranche, n° 2, f° 22).

GABISOOS (LE PIC DE), c^ne de Béost-Bagès, sur la limite du départ. des Hautes-Pyrénées.

GABOTTE (LA), ruiss. qui arrose la c^ne de Came et se jette dans le Hurquepeyre.

GACHISSANS, fief, c^ne d'Orthez. — Voy. ROARIES.

GAGNECO-HARRA, h. c^ne de Chéraute.

GAHARDOU, h. c^ne d'Ossès. — *Gaharrou*, *Gailhardu*, 1675 (réform. d'Ossès, B. 687, f° 2 et 66).

GAILLACHUPA, h. c^ne de Monségur; mentionné en 1675 (réform. de Béarn, B. 649, f° 352).

GAILLARDY (LE), ruiss. qui arrose les c^nes de Sare et d'Ascain et se jette dans l'Uhalz.

GAILLAT, f. c^ne de Bayonne.

GAILLÈS, fief, c^ne de Montaner. — *Galie*, 1385 (cens. f° 62). — *Galhees*, 1538; *Galhes*, 1547 (réform. de Béarn, B. 756, f° 7; 833). — Ce fief était vassal de la vicomté de Béarn.

GAILLO, f. c^ne de Saint-Palais. — *Gallo*, 1621 (Martin Biscay).

GAINÇURY, fief, c^ne de Larceveau, à Cibits; vassal du royaume de Navarre.

GALAGNON (LE), ruiss. qui sépare la c^ne de Monségur de celle de Larreule (départ. des Hautes-Pyrénées) et se jette dans le Laïza. — *Galanhon*, 1429 (cens. de Bigorre, f° 303).

GALAN, fief, c^ne d'Asson; mentionné en 1616 (reg. des États de Béarn de 1781), vassal de la vicomté de Béarn.

GALAROU (LE), ruiss. qui sort du bois d'Ossenx, arrose la commune de ce nom et se jette dans le Gave d'Oloron.

GALHARRAGUE, h. c^ne de Labets-Biscay.

GALHARRAGUE, h. c^ne de Menditte.

GALHARRY (LE), ruiss. qui arrose la c^ne d'Irissarry et se jette dans l'Ithurralde.

GALLÈRES D'ARRIBAU (LES), landes et bois, c^ne de Castetbon; mentionnés en 1675 (réform. de Béarn, B. 682, f° 286).

GALOUDET, f. c^ne d'Orthez. — *Galaubet*, 1536 (réform. de Béarn, B. 713, f° 393).

GALY (LE CHEMIN), conduit de Bourdettes à Arros (c^on de Nay).

GAMAÇABAL, f. c^ne d'Aussurucq. — *Gamassabal*, 1520 (cout. de Soule).

GAMARTHE, c^on de Saint-Jean-Pied-de-Port. — *Gamoart*, 1513 (ch. de Pampelune). — *Sanctus Laurentius de Gamarte*, 1767 (collations du dioc. de Bayonne). — Gamarthe était l'annexe de la paroisse de Lacarre.

GAME, f. c^ne de Bussunarits-Sarrasquette. — *La borde de Game*, 1708 (reg. de la commanderie d'Irissarry).

GAMÈRES (LE RUISSEAU DE), coule sur la c^ne de Làas et se jette dans le Gave d'Oloron.

GAMICHÉLA, maison auj. détruite, c^ne de Lichos. — Ce lieu passait pour avoir vu naître, au Ve siècle, saint Grat, premier évêque d'Oloron.

GAMO, f. c^ne d'Aussurucq; mentionnée en 1520 (cout. de Soule).

GAN, c^on de Pau-Ouest. — *Guan*, 1358 (ch. de Buzy, FF. 1). — *Gant*, 1385 (cens.). — *Guant*, 1559 (ch. de Béarn, E. 6269). — *Gand*, 1675 (réform. de Béarn, B. 675, f° 1). — En 1385, Gan ressort. au baill. de Nay et comprenait 175 feux. — La notairie de Gan comprenait aussi Rébénac.

GANADERRO, fief, c^ne de Jaxu; vassal du royaume de Navarre.

GANGUE DE LABETE (LA), mont. c^nes de Louvie-Juzon et d'Asson.

GANGUES DE COURAU (LES), mont. c^{ne} d'Asson, sur la limite du départ. des Hautes-Pyrénées.

GARASTAING (LE), ruiss. qui prend sa source dans la c^{ne} d'Ayherre, arrose Orègue et se jette dans le Laharane.

GARAT, f. c^{ne} de Domezain-Berraute; mentionnée en 1478 (contrats d'Ohix, f° 65).

GARAT, f. c^{ne} de Saint-Martin-d'Arberoue. — *Garra*, 1621 (Martin Biscay). — Le fief de Garat, créé en 1435, relevait du royaume de Navarre.

GARAT, fief, c^{ne} d'Ahaxe. — Voy. CURUTCUET.

GARATÉGUY, h. c^{ne} d'Ahaxe-Alciette-Bascassan. — *Garatteguy*, 1518 (ch. de Pampelune). — *Garatéhéguy*, 1708 (reg. de la commanderie d'Irissarry).

GARATIA, f. c^{ne} de Macaye. — *Garat*, 1693 (collations du dioc. de Bayonne). — Il y avait une prébende de ce nom fondée dans l'église de Mendionde.

GARAT-IBARRÉ, h. c^{ne} de Gabat.

GARATOLE (LE), ruiss. qui arrose la c^{ne} d'Orègue et se jette dans l'Arberoue.

GARAUX (LES), éc. c^{ne} de Bizanos.

GARAY, fief, c^{ne} d'Espiute; mentionné en 1385 (cens. f° 14), il ressort. au baill. de Sauveterre et était vassal de la vicomté de Béarn.

GARDAS (LE COL DE), c^{nes} de Lanne et d'Arette.

GARBÈRES (LES), f. c^{ne} d'Arrosès.

GARCHABAL (LE), ruiss. qui prend sa source sur la c^{ne} des Aldudes et s'y perd dans le Lohitce.

GARDAGUE, h. c^{ne} de Biarritz.

GARDE (LE BOIS DE), c^{ne} d'Orthez; mentionné en 1261 (cart. d'Orthez, f° 21).

GARENX, subdivision du bailliage de Sauveterre, qui comprenait : Abitain, Andrein, Athos, Autevielle-Saint-Martin, Burgaronne, le bois de Laudure, Orion, les Sept-Bordes de l'Hôpital-d'Orion et Sunarthe. — *Agarencum*, xie s^e (ch. de Dax, d'après Marca, Hist. de Béarn, p. 320). — *Aguereinx*, 1283 (réform. de Béarn, B. 680, f° 13). — *Agarencs*, 1286 (reg. de Bordeaux, d'après Marca, Hist. de Béarn, p. 662). — *Garencs*, 1290 (ch. de Béarn, E. 427). — *Aguerenx*, 1675 (réform. de Béarn, B. 681, f° 592). — Garenx était le titre d'un archidiaconé du diocèse d'Oloron; créé au xie siècle, il comprenait Garenx, Reveset et Sauveterre.

GARHABRETE, f. c^{ne} de Barcus; mentionnée en 1520 (cout. de Soule).

GARINDEIN, c^{en} de Mauléon. — *Gárindenh*, 1475 (contrats d'Ohix, f° 35). — *Garindayn*, 1479 (ch. du chap. de Bayonne). — *Garindeing*, 1608 (insin. du dioc. d'Oloron).

GARLÈDE, c^{en} de Thèze. — *Garaleda*, 1101 (cart. de Lescar, d'après Marca, Hist. de Béarn, p. 375). — *Galarede*, 1385 (cens. f° 54). — *Garralede*, *Garrelede*, 1443 (contrats de Carresse, f° 305). — *Garlade*, 1546 (réform. de Béarn, B. 754). — *Garlède-Mondebat*, depuis la réunion de Mondebat : 25 juin 1844. — En 1385, Garlède et Claracq (c^{on} de Thèze) ne formaient qu'une paroisse; Garlède comptait 12 feux. — Ce village dépendait de la baronnie de Mondebat.

GARLIN, arrond. de Pau. — *Gasli*, vers 984 (cart. de Lescar). — *Gaslinus*, xie s^e (cart. de l'abb. de Saint-Pé, d'après Marca, Hist. de Béarn, p. 247 et 288). — *Garlii*, 1385 (cens.). — Garlin était une dépendance de la commanderie de Malte de Caubin et Morlàas. — En 1385, Garlin ressort. au baill. de Lembeye et comptait 30 feux. — C'était le siège d'une notairie n'ayant pour ressort que la commune.

En 1790, le canton de Garlin était composé des communes de Balirac-Maumusson, Boueilh-Boueilho-Lasque, Castetpugon, Garlin, Mascaras-Haron, Moncla, Mouhous, Pouliacq, Ribarrouy et Taron-Sadirac-Viellenave.

GAROS, c^{on} d'Arzacq; mentionné au xiie s^e (ch. de l'Ordre de Malte). — *Guaros*, 1342 (not. de Pardies, f° 108). — *Gayros*, 1385 (cens. f° 65). — L'église de Garos dépendait du prieuré de Sarrance. — Il y avait une abbaye laïque vassale de la vicomté de Béarn. — Le bailliage de Garos, appelé aussi de Morlanne, dont l'étendue varia plusieurs fois pendant le moyen âge, comprenait, en 1343 : Cassaigne (c^{ne} de Fichous-Riumayou), Caubios, Corbun, Garos, Jagou, Morlanne, Moustrou et Pomps; et en 1385 : Bouillon, Casté-à-Bidau, Garos, Larreule, Montagut, Morlanne, Moustrou et Riumayou. — Garos était le chef-lieu du pays de Soubestre; en 1385, on y comptait 89 feux.

GARNAGASTÉLU, fief, c^{ne} de Hélette; vassal du royaume de Navarre.

GARRAÏDE, h. c^{ne} d'Ordiarp. — *Garraibie*, 1422 (ch. du chap. de Bayonne). — *Guorraybie*, vers 1460; *Garraybie*, 1474 (contrats d'Ohix, f°^s 3 et 19). — *Garrabia*, 1479 (ch. du chap. de Bayonne).

GARRALDA, mont. c^{nes} d'Ayherre, de Hélette et de Saint-Esteben.

Le ruisseau de Garralda prend sa source sur la c^{ne} de Saint-Esteben, arrose Ayherre et Bouloc et se jette dans la Joyeuse.

GARRAUDE (LA), mⁱⁿ, c^{ne} de Lahonce; mentionné en 1564 (ch. de l'abb. de Lahonce).

GARRENOT, h. c^{ne} d'Arthez-d'Asson.

GARRÉTA, h. c^{ne} de Hélette.

Garrigues (Le ruisseau de), coule sur la c^{ne} d'Arzacq et se perd dans le Luy-de-France.

Garris, c^{on} de Saint-Palais. — *Carasa* (Itin. d'Antonin). — Mentionné au xiie siècle; *Sanctus Felix de Garris*, xiiie siècle (coll. Duch. vol. CXIV, f°s 33 et 34). — *Casticyllo de Guarriz*, 1326 (ch. de Navarre, E. 470). — *Garriis*, 1472 (not. de la Bastide-Villefranche, n° 2, f° 22). — *Garritze*, 1508 (ch. du chap. de Bayonne). — Garris était l'un des chefs-lieux du pays de Mixe et de la subdélégation de Basse-Navarre. — On dit en basque *Garruce*.

En 1790, Garris fut le chef-lieu d'un canton dépendant du district de Saint-Palais et composé des communes d'Amorots-Succos, Arraute-Charritte, Béguios, Beyrie (c^{on} de Saint-Palais), Garris, Labets-Biscay, Luxe-Sumberraute, Masparraute et Orègue.

Garro, h. — C'est le même lieu que Gréciette (voy. ce mot). — Le ruisseau de Garro prend sa source dans la c^{ne} d'Ayherre, arrose Mendionde et se perd dans l'Oyharçabal.

Garros, h. c^{ne} de Moncaup; mentionné en 1675 (réform. de Béarn, B. 650, f° 182).

Garrus (Le), éc. c^{ne} de Bassillon-Vauzé.

Garrus (Les), éc. c^{ne} d'Idron.

Garry (Le ruisseau de) ou le Sarraillot, arrose la c^{ne} de Castagnède et se jette dans le Gave d'Oloron.

Garue, éc. c^{ne} de Luc-Armau.

Garue, vill. détruit, aujourd'hui lande, c^{ne} de Bénéjac; mentionné au xie s^e (Marca, Hist. de Béarn, p. 246). — *Lo vialer de Garue*, 1497 (ch. de Pontacq, E. 361).

Gascogne (Le golfe de), partie de l'Océan Atlantique qui baigne le département des Basses-Pyrénées, depuis Anglet jusqu'à Urrugne, de l'embouchure de l'Adour à celle de la Bidassoa. — *Oceanus Santonicus* (Tibulle). — *Tarbellum æquor* (Lucain). — Ὁ Ἀκουιτάνιος Ὠκεανός (Ptolémée). — *Sinus Aquitanicus* (table de Peutinger). — Ces divers noms viennent des peuples qui habitaient les bords de ce golfe; les Tarbelliens, peuple aquitain, occupaient une partie des Basses-Pyrénées.

Gasies, mont. c^{ne} de Laruns. — *Gassies*, 1538 (réform. de Béarn, B. 844). — Le ruisseau de Gasies descend de cette montagne et se jette dans le Gave d'Ossau.

Gaspalou (Le), ruiss. qui prend sa source dans la commune de Lamarque (départ. des Hautes-Pyrénées), arrose Pontacq et se jette dans l'Ousse. — *Le Garpalou*, 1675 (réform. de Béarn, B. 677, f° 117).

Gassana, fief, c^{ne} de Monein. — *Gasanar, Gassanar, Gassenar*, 1538 (réform. de Béarn, B. 833; 848, f°s 12; 866). — *Gassena*, 1789 (reg. des États de Béarn). — Le fief de Gassana était vassal de la vicomté de Béarn.

Gassion (Marquisat de), fief créé en 1660 en faveur de Jean de Gassion, président au parlement de Navarre; il se composait de la baronnie de Camou-Mixe, des châteaux de Saint-Vincent et de Saint-Martin de Salies, de la seigneurie de Bonnefont d'Abitain, de la baronnie d'Audaux, Marsains, Coñques, Geup, Narp; Orriule, Bugnein et Castetbon, des seigneuries de Saint-Pé (c^{ne} de Salies) et de Casambouey, de la maison de Soulenx, des seigneuries de Munein, Camu, Oréite, Saint-Gladie, Saint-Martin (c^{ne} d'Autevielle), de la domenjadure de Capdepon, des seigneuries de Mourenx et de Noguères, des dîmes de Marsillon, Ramous, Départ, Arbus, Artiguelouve et Gomer, des maisons Bergeré et Gerbas-Gendron, de la seigneurie de Simacourbe et des abbayes laïques de Lannegrasse, Bordes et Castillon (c^{on} de Lembeye) et de Lafitole. — Le marquisat de Gassion relevait du royaume de Navarre et de la vicomté de Béarn.

Gassions (La lande de), c^{ne} de la Bastide-Monréjau.

Gastannigue, mont. c^{ne} de Larrau, sur la frontière d'Espagne.

Gastelary, h. c^{ne} de Domezain-Berraute.

Gastellany, redoute, c^{ne} de Chéraute.

Gastellu, f. c^{ne} d'Ahaxe-Alciette-Bascassan.

Gastellu, redoute, c^{ne} d'Idaux-Mendy.

Gastelluçar, mont. c^{ne} d'Arhansus et de Juxue.

Gastelluçar, mont. c^{nes} de Biriatou et d'Urrugne.

Gastelluçar, mont. c^{nes} de Lantabat et de Larceveau-Cibits-Arros.

Gastellumendy, h. c^{ne} d'Uhart-Cize.

Gastellur, f. c^{ne} d'Arcangues. — *Gastelur*, 1764 (collations du dioc. de Bayonne). — Il y avait une prébende de ce nom fondée dans l'église d'Arcangues.

Gastélondo, h. c^{ne} de Barcus.

Gastélou, h. c^{ne} d'Isturits.

Gaston (Le), ruiss. qui coule sur la c^{ne} de Montory et se jette dans l'Aphanicé.

Gathuly, mont. c^{nes} de la Fonderie et de Saint-Étienne-de-Baïgorry.

Gaü (La), ruiss. qui arrose Baudreix et se perd dans le Gave de Pau.

Gaudes (Les), éc. c^{ne} de Mourenx.

Gaureret, fief, c^{ne} de Sarpourenx. — *Gauregs, Gauroix*, 1385 (cens. f°s 1 et 5). — *Gauleret*, 1675 (réform. de Béarn, B. 670, f° 200). — Ce fief ressort. au baill. de Larbaig et était vassal de la vicomté de Béarn.

Gaüs (Le), ruiss. qui arrose la c^{ne} de Rivehaute et se jette dans le Saison.

Gauyet (Le), ruiss. qui prend sa source à Arnos et se jette dans le ruisseau de la Bastide, après avoir arrosé Geus (c^{on} d'Arzacq) et Pomps.

Gauzère (Le), ruiss. — Voy. Menaut.

Gave d'Ansabé (Le) ou de Lescun, ruiss. qui sort du lac d'Ansabé, arrose la c^{re} de Lescun et se jette dans le Gave d'Aspe.

Gave d'Aspe (Le), riv. qui prend sa source à la montagne d'Aspé et se joint, à Oloron-Sainte-Marie, au Gave d'Ossau pour former le Gave d'Oloron. Le Gave d'Aspe arrose les c^{nes} d'Urdos, Borce, Etsaut, Cette-Eygun, Lescun, Accous, Lées-Athas, Osse, Bedous, Sarrance, Escot, Lurbe, Asasp, Eysus, Arros (c^{on} d'Oloron-Saint-Marie-Ouest), Gurmençon et Bidos.

Gave de Bious (Le), ruiss. qui descend des montagnes de Laruns et y forme le Gave d'Ossau par sa réunion au Gave de Brousset. — *Lo Gabe qui bien deu port de Bius*, 1538 (réform. de Béarn, B. 844).

Gave de Brousset (Le), ruiss. qui sort des montagnes de Laruns et se joint au Gave de Bious pour former le Gave d'Ossau. — *Lo Gabe qui bien deu port de Brosset*, 1538 (réform. de Béarn, B. 844).

Gave de Lambare (Le), ruiss. qui prend sa source sur la c^{ne} d'Ainharp et se jette dans la Bidouze, après avoir arrosé Lohitzun-Oyhercq, Larribar-Sorhapuru et Uhart-Mixe.

Gave de Lescun (Le), ruiss. — Voy. Gave d'Ansabé (Le).

Gave de Malepet (Le), ruiss. qui prend sa source à Aussevielle et se jette à Poey (c^{on} de Lescar) dans l'Aulouse.

Gave de Pau (Le), riv. qui prend sa source à Gavarnie (dép. des Hautes-Pyrénées), entre dans les Basses-Pyrénées sur la c^{ne} de Lestelle, arrose les c^{nes} de Montaut, Igon, Coarraze, Asson, Clarac, Nay, Mirepeix, Bourdettes, Arros (c^{on} de Nay), Baudreix, Saint-Abit, Boeil, Pardies (c^{on} de Nay), Bézing, Baliros, Bordes (c^{on} de Clarac), Assat, Narcastet, Meillon, Rontignon, Aressy, Uzos, Mazères-Lezons, Bizanos, Pau, Gélos, Jurançon, Billère, Lons, Laroin, Lescar, Artiguelouve, Siros, Arbus, Denguin, Tarsacq, la Bastide-Cézéracq, Abos, Bésingrand, Pardies (c^{on} de Monein), Artix, Os-Marsillon, Lacq, Abidos, Lagor, Arance, Lendresse, Maslacq, Gouze, Argagnon, Sarpourenx, Balansun, Castétis, Biron, Orthez, Sainte-Suzanne, Salles-Mongiscard, Bérenx, Baigts, Ramous, Bellocq, Puyòo, Lahontan, sort des Basses-Pyrénées et se joint, à Peyrehorade

(départ. des Landes), au Gave d'Oloron pour former les Gaves-Réunis. — *Gabarus* (Théodulfe). — *Fera Gavarensis*, xiie s^e (cart. de Lescar, d'après Marca, Hist. de Béarn, p. 376). — *Lo Gavet*, xiiie s^e (chron. des Albigeois, v. 5660). — *Gaves*, 1319 (rôles gascons). — *Lo Guave*, 1343 (not. de Pardies). — *Lo Gaba*, 1535; *lo Gabe*, 1546 (réform. de Béarn, B. 753; 807, f° 106). — *Le Gave Béarnois* (Nouvelles de la Reine de Navarre).

Gave d'Oloron (Le), riv. qui se forme à Oloron-Sainte-Marie par la réunion des Gaves d'Aspe et d'Ossau, se joint, à Peyrehorade (départ. des Landes), au Gave de Pau, après avoir arrosé dans les Basses-Pyrénées les c^{nes} d'Estos, Ledeuix, Moumour, Verdets, Orin, Poey (c^{on} d'Oloron-Sainte-Marie-Est), Géronce, Aren, Saucède, Préchacq-Josbaig, Préchacq-Navarrenx, Dognen, Gurs, Jasses, Sus, Navarrenx, Susmiou, Méritein, Castetnau-Camblong, Bastanès, Viellenave (c^{on} de Navarrenx), Bugnein, Audaux, Araux, Castetbon, Araujuzon, Ossenx, Narp, Làas, Montfort, Barraute-Camu, Andrein, Saint-Gladie, Sauveterre, Guinarthe-Parenties, Autevielle-Saint-Martin-Bidéren, Athos-Aspis, Abitain, Oràas, Escos, Castagnède, Auterrive, Carresse, Saint-Dos, Saint-Pé-de-Léren, Cassaber et Léren. — *Lo Gaver*, 1388 (not. de Navarrenx). — *Lo Gave de Sauveterre*, 1675 (réform. de Béarn, B. 681, f° 2).

Gave d'Ossau (Le), riv. qui se forme à Laruns par la réunion des Gaves de Bious et de Brousset, se mêle, à Oloron-Sainte-Marie, au Gave d'Aspe pour donner naissance au Gave d'Oloron, après avoir arrosé les c^{nes} de Béost-Bagès, Louvie-Soubiron, Aste-Béon, Bielle, Castet, Louvie-Juzon, Izeste, Arudy, Sévignac, Buzy, Buziet, Ogeu, Herrère, Escout et Précilion. — *Lo Gabe Ossales*, 1538; *lo Gabe qui bien d'Ossau*, 1589 (réform. de Béarn, B. 808, f° 95; 835).

Gave-Mondenx (Le), ruiss. qui coule à Audéjos et se jette dans la Geule.

Gaves-Réunis (Les), riv. formée par la réunion des Gaves d'Oloron et de Pau; elle commence à Peyrehorade (dép. des Landes) et se jette dans l'Adour à Sames.

Gay, f. c^{ne} de Sainte-Colomme; mentionnée en 1385 (cens. f° 71).

Gaye, f. c^{ne} de Gayon; mentionnée en 1385 (cens. f° 61). — *Gaya*, v. 1540 (réform. de Béarn, B. 786, f° 13).

Gaye, vigne, c^{ne} de Gan. — *La binhe de Gayo*, 1535 (réform. de Béarn, B. 701, f° 19).

Gayon, c^{on} de Lembeye. — *Caioo*, 1383 (not. de Luntz). — *Gayoo*, 1385 (cens.). — *Saint-Jean-*

Baptiste de Gayon, 1772 (terrier de Gayon, E. 189). — En 1385, Gayon ressort. au baill. de Lembeye et comptait 22 feux.

Gayrosse, chât. c^ne d'Audéjos. — *Gayrosa*, 1227 (reg. de Cordeaux, d'après Marca, Hist. de Béarn, p. 572). — *La baronnie de Gayrossa*, 1299 (réform. de Béarn, B. 741). — *Guayrosse*, 1343 (not. de Pardies, f° 116). — *Le village de Gaïrosse*, 1714 (dénombr. d'Artix, E. 18). — *Gayros* (carte de Cassini). — Gayrosse, Audéjos, Herm et Orius formaient la dixième grande baronnie de Béarn, vassale de la vicomté de Béarn.

Gayrosse, fief, c^ne d'Osse; mentionné en 1538 (réform. de Béarn, B. 848, f° 20), relev. de la vicomté de Béarn.

Gé (Le) ou Gez, ruiss. qui prend sa source sur la c^ne de Bournos, arrose Aubin, Momas, Larreule, Mazeroles, et se jette dans le Luy-de-Béarn. — *Lo Ges*, 1487 (not. de Larreule, n° 2, f° 18).

Gée (Le col de), c^ne d'Accous.

Gées (Le), ruiss. qui prend sa source à Saint-Castin, arrose Montardon, Navailles-Angos, Serres-Castet, Sauvagnon, et se jette dans le Luy-de-Béarn.

Gègue-Monte (Le ruisseau de), prend sa source à Castillon (c^on de Lembeye), arrose Séméac-Blachon et Corbères-Abère-Domengeux et se jette dans l'Arcis. — *L'ariu de Jegoamorta*, 1542 (réform. de Béarn, B. 729, f° 8).

Gélaque, mont. c^nes de Louvie-Juzon et de Louvie-Soubiron.

Géline (La), ruiss. qui prend sa source dans la c^ne d'Azereix (départ. des Hautes-Pyrénées), arrose dans les Basses-Pyrénées la c^ne de Ger et se jette dans le Lys près de Caixon (départ. des Hautes-Pyrénées). — *L'aygue aperade la Galine*, 1429 (censier de Bigorre, f° 235).

Gélis (Le), ruiss. qui prend sa source à Navailles-Angos et se jette dans le Luy-de-Béarn, après avoir arrosé Serres-Castet et Sauvagnon.

Gélos, c^on de Pau-Ouest; mentionné au xiie s^e (Marca, Hist. de Béarn, p. 454). — *Geloos*, 1286 (ch. de Béarn, E. 267). — *Sent Miqueu de Gelos*, 1484 (not. de Pau, n° 1, f° 27). — *Gellos*, 1608 (réform. de Béarn, B. 815). — Il y avait une abbaye laïque, vassale de la vicomté de Béarn. — En 1385, Gélos ressort. au baill. de Pau et comprenait 20 feux.

Gélous (Le), ruiss. qui arrose les c^nes de Bardos et de Bidache et se jette dans le Lihurry. — *L'ostau de Gelos* (dans la c^ne de Bardos), 1502 (ch. de Navarre, E. 424).

Gélouse, m^in, c^ne de Buzy; mentionné en 1565 (ch. de Buzy, DD. 14).

Gendarmes (La redoute des), c^ne d'Urrugne.

Gensanne, h. et fief, c^ne d'Orsanco; vassal du royaume de Navarre. — *Sanctus Saturninus de Genzane*, xiie s^e (cart. de l'abb. de Sordes, p. 22).

Gentein, fief, c^ne d'Ordiarp. — *Genteynh*, 1520 (cout. de Soule). — *Gentain*, xviie siècle (ch. d'Arthez-Lassalle). — Le titulaire de ce fief était un des dix *potestats* de Soule et relevait de la vicomté de Soule.

Le bois de Gentein est dans la c^ne d'Ordiarp. — *Lo bosc de Gentenh*, 1475 (contrats d'Ohix, f° 35).

— Le ruisseau de Gentein sépare les c^nes d'Ordiarp et de Garindein et se perd dans le Saison.

Ger, c^on de Pontacq. — *Geerr*, xiiie s^e (fors de Béarn). — *Yerr*, 1385 (cens.). — *Jorre* (Froissart). — *Jerre*, 1429 (cens. de Bigorre, f° 202). — *Gerr*, 1487 (ch. de Béarn, E.). — *Gerre*, 1546 (réform. de Béarn, B. 754). — En 1385, Ger ressort. au baill. de Montaner et comptait 80 feux. — Ce village était le siège d'une notairie ne comprenant que cette commune.

Ger (Le), ruiss. qui coule sur la c^ne de Vialer et se jette dans le Léès.

Ger (Le pic de), c^ne des Eaux-Bonnes. — *Hier*, 1675 (réform. de Béarn, B. 655, f° 483).

Géra, f. c^ne d'Aussurucq; mentionnée en 1520 (cout. de Soule).

Gerbas-Gendron, maison à Pau. — *Gerbays-Gendro*, 1768; *Gerbaigts-Gendro*, 1771 (reg. des États de Béarn). — Le fief de Gerbas-Gendron, créé au xvie s^e, relevait du marquisat de Gassion en 1660.

— Cette maison tire son nom de Gervais Gendron (*Gerbais-Yandroo*), son propriétaire en 1487 (not. de Pau, n° 2, f° 21).

Gerbe, mont. c^ne de Gère-Bélesten; mentionnée en 1675 (réform. de Béarn, B. 655, f° 483).

Gerderest, c^on de Lembeye. — *Gerderes*, 1154 (ch. de Barcelone, d'après Marca, Hist. de Béarn, p. 465). — *Gerzerest*, xiie s^e (ch. de Gabas). — *Gergerest*, xiiie s^e (fors de Béarn, p. 13). — *Gerzeresium*, 1343 (ch. de Béarn, E. 1515). — *Jarzerest*, 1353 (cart. d'Orthez, f° 26). — Il y avait une abbaye laïque vassale de la vicomté de Béarn. — Gerderest formait avec Monassut, Saint-Laurent et Audiracq la cinquième grande baronnie de Béarn, qui relev. de la vicomté de Béarn. — En 1385, Gerderest, Monassut et Audiracq formaient une seule paroisse qui ressortissait au baill. de Lembeye et comprenait 25 feux.

Gère, c^on de Laruns. — *Iera*, 1154 (ch. de Barcelone, d'après Marca, Hist. de Béarn, p. 465). — *Yere*, 1270 (ch. d'Ossau). — *Gera*, 1538 (réform. de Béarn, B. 848, f° 18). — *Sent Orens de Gere*,

1606 (insin. du dioc. d'Oloron). — *Gere et Belestin*, 1675 (réform. de Béarn, B. 655, f° 478). — *Gère-Bélesten*, depuis la réunion de Bélesten, qui remonte au moyen âge. — Il y avait à Gère une abbaye laïque vassale de la vicomté de Béarn. — En 1385, Gère ressort. au baill. d'Ossau et comprenait 24 feux.

Germé (Le), ruiss. — Voy. Saint-Germé (Le).

Germenaud, vill. c^{ne} de Lespielle; anc. c^{ne}. — *Germenau*, 1385; *Germanau*, xive s^e (cens.). — *Germenaut*, 1683 (réform. de Béarn, B. 653, f° 4). — En 1385, Germenaud ressort. au baill. de Lembeye et comprenait 10 feux. — La baronnie de Germenaud, créée au xviie siècle, était vassale de la vicomté de Béarn.

Géronce, c^{on} d'Oloron-Sainte-Marie-Ouest. — *Gironce*, 1343 (hommages de Béarn, f° 23). — *Sant Laurens de Geronse*, 1396 (not. de Lucq). — *Guironce*, 1402 (cens.). — *Gironsse*, 1443 (not. d'Oloron, n° 1, f° 37). — Il y avait une abbaye laïque vassale de la vicomté de Béarn. — La seigneurie de Géronce, qui appartenait à l'abbaye de Lucq, relevait de la vicomté de Béarn. — En 1385, Géronce ressort. au baill. d'Oloron et comptait 42 feux. — Ce village était le chef-lieu de la notairie de Josbaig.

Génonis (Le), ruiss. qui coule sur la c^{ne} de Gurs et se jette dans le Gave d'Oloron.

Gerse (Le), ruiss. qui arrose la c^{ne} d'Asson et se perd dans l'Arriu-Sec.

Gert (Le), nom générique des landes situées au nord du départ. des Basses-Pyrénées, dans l'arrond. d'Orthez et dans une partie du départ. des Landes. — *Lo Gert*, 1457 (cart. d'Ossau, f° 235). — *Lo Gert comensant a Peyredanha entro a Clarmont* (Clermont, c^{on} de Montfort, arrond. de Dax, dép. des Landes), 1538; *lo landau dou Gert*, 1548 (réform. de Béarn, B. 758, f° 1; 857). — *Le Jert*, 1777 (terrier d'Arthez, E. 249).

Génu, f. c^{ne} d'Aussurucq; mentionnée en 1520 (cout. de Soule).

Gès (Le), ruiss. qui prend sa source dans la c^{ne} de Navailles-Angos et se jette à Sauvagnon dans le Géés.

Gest (Le), ruiss. qui prend sa source sur la c^{ne} de Louvie-Juzon et se perd dans le Luz, après avoir arrosé Bosdarros, Saint-Abit et Pardies (c^{on} de Nay). — *Lo Geest*, 1535 (réform. de Béarn, B. 704, f° 94).

Gestas, c^{on} de Saint-Palais; commune enclavée dans les cantons de Sauveterre et de Navarrenx. — *Giestars*, xiie s^e (coll. Duch. vol. CXIV, f° 33). — *Gestazium*, 1384; *Gestaas*, 1385 (not. de Navarrenx).

— *Giestaas*, 1385 (cens. f° 1). — *Sanctus Joannes de Gestas*, 1655 (insin. du dioc. d'Oloron).

Géteu, vill. c^{ne} de Laruns. — *Yeteu*, 1385 (cens.). — A cette époque, Géteu ressort. au baill. d'Ossau et comprenait 5 feux.

Gètre, vill. c^{ne} de Laruns. — *Yetre*, 1385 (cens.). — Il y avait deux abbayes laïques vassales de la vicomté de Béarn : *L'abadie dessus et l'abadie debay de Getre*, 1538 (réform. de Béarn, B. 848, f° 18). — En 1385, Gètre ressortissait au baill. d'Ossau et comptait 7 feux.

Geü (Le), ruiss. qui prend sa source sur la c^{ne} de Fichous-Riumayou et se jette dans le Luy-de-Béarn, après avoir arrosé Garos, Larreule et Uzan.

Geü (Le), ruiss. qui prend sa source à Lucq-de-Béarn, traverse les c^{nes} de Lahourcade, Lagor, Maslacq, et se jette à Gouze dans le Gave de Pau ; mentionné en 1345 (hommages de Béarn, f° 37).

Geule (La), ruiss. qui commence à Bougarber, arrose Cescau, Castéide-Cami, Serres-Sainte-Marie, Urdès, côtoie Audéjos, Arthez, Mont (c^{ne} de Lagor), et se jette à Gouze dans le Gave de Pau.

Geup, h. c^{ne} de Castetbon. — *Geub*, 1376 (montre militaire, f° 69). — *Oyeup*, 1385 (cens. f° 27). — *Yeup, Yeub*, 1386; *Jeub*, 1406 (not. de Navarrenx). — *Jeup*, 1487 (reg. des Établissements de Béarn). — En 1385, Geup ressortissait au baill. de Navarrenx et comprenait 2 feux.

Geus, c^{on} d'Arzacq. — *Gieus*, 1505 (not. de Garos). — C'était le siège d'une notairie qui n'avait pour ressort que cette commune.

Geus, c^{on} d'Oloron-Sainte-Marie-Ouest. — *Yeus*, 1385 (cens. f° 19). — *Jeus*, 1405 (not. de Navarrenx, f° 35). — *Nostre-Donne de Geus*, 1612 (insin. du dioc. d'Oloron). — En 1385, Geus et Saint-Goin ne formaient qu'une paroisse qui ressort. au baill. d'Oloron et comprenait 29 feux. — L'église de Geus avait pour annexe Saint-Pé de Dous.

Geus, h. c^{ne} de Lahourcade.

Gève, éc. c^{ne} de Nay.

Gey, h. c^{ne} de Sarrance.

Giliberry, fief, c^{ne} de Charre. — *L'ostau de Jauliberrie*, 1385 (cens. f° 14). — *Geleberria*, 1538; *Gileberrie*, 1546; *Giliberie, Geliberie*, 1683 (réform. de Béarn, B. 685, f°s 171 et 175; 754; 833). — Ce fief était vassal de la vicomté de Béarn et ressort. au baill. de Sauveterre.

Giscous, fief, c^{ne} de Lons. — *Guiscoos, Giscoos*, 1538 (réform. de Béarn, B. 833; 847). — C'était une abbaye laïque relevant de la vicomté de Béarn.

Glacé (Le), ruiss. qui sépare la c^{ne} de Herrère de celle d'Escout et se jette dans le Gave d'Ossau.

GLACIS (LES), quartier de Bayonne; tire son nom des fortifications de cette ville.

GLAIN, f. c^{ne} de Bayonne. — *Fons de Coquoanhes*, 1387 (ch. du chap. de Bayonne). — *Camps*, XVIIe siècle (arch. de Bayonne).

GLEISE. — Ce nom est souvent donné, dans les actes anciens, aux lieux où se trouvent des ruines.

GLISIAS, éc. c^{ne} de Lalonquette.

GOA (LE), ruiss. qui prend sa source à Lucgarrier et se perd dans l'Ousse, après avoir arrosé les c^{nes} de Gomer, Soumoulou et Nousty.

GOARDÈRES, eaux minérales, c^{ne} de Salles-Mongiscard. — Le ruisseau de Goardères prend sa source à Lanneplàa et se jette dans le Gave de Pau, après avoir arrosé Salles-Mongiscard et Bérenx. — *Lo riu de Verencxs*, 1538 (réform. de Béarn, B: 834).

GOÈS, c^{on} d'Oloron-Sainte-Marie-Ouest. — *Guoes*, 1267 (cart. d'Oloron, f° 58). — *Agoes, Sent Joan de Goues*, 1434 (not. d'Oloron, n° 3, f°s 16 et 19). — *Goez*, 1729 (dénombr. E. 38). — *Gouex*, 1736 (dénombr. d'Estos, E. 28). — En 1385, Goès comprenait 18 feux et ressortissait alors au baill. d'Oloron.

GOEYTEPLÀA, f. c^{ne} de Vialer. — *Goeytaplaa*, vers 1540; *Guoeyteplaa*, 1542 (réform. de Béarn, B. 738, f° 65; 786, f° 12).

GOETTES, f. c^{ne} de Lanneplàa; mentionnée en 1627 (réform. de Béarn, B. 818).

GOG (LE), f. c^{ne} d'Arrosès.

GOÏTY (LA CROIX), pèlerinage, c^{ne} d'Amorots-Succos.

GOLART, fief, c^{ne} de Charritte-de-Bas; vassal de la vicomté de Soule.

GOMER, c^{on} de Pontacq. — *Guomerr*, 1385 (cens.). — *Gomerr, Guomerre*, 1538; *Goumer*, 1675; *Gommer*, 1686 (réform. de Béarn, B. 677, f° 87; 679, f° 231; 833; 851). — En 1385, ce village ressortissait au baill. de Pau et comprenait 13 feux. — L'abbaye laïque de Gomer dépendait du marquisat de Gassion.

GONSAN, h. c^{ne} de Lembeye; mentionné en 1675 (réform. de Béarn, B. 649, f° 262).

GONTAUT, chât. c^{ne} de Navailles-Angos; tire son nom de son propriétaire.

GORNALUSSE, f. c^{ne} d'Orion. — *Goarnalussa*, 1476 (not. de Castetner, f° 98). — Le ruisseau de Gornalusse coule sur la c^{ne} d'Andrein et se jette dans le Gave d'Oloron. — *L'arrecq de Gouarnalusse*, 1283 (réform. de Béarn, B. 680, f° 18).

GOROSPILA, mont. c^{nes} d'Ainhoue, Espelette et Itsatsou, sur la frontière d'Espagne.

GORONOSTO, h. c^{ne} de Souraïde; paroisse mentionnée en 1757 (collations du dioc. de Bayonne).

GORRETS, f. c^{ne} de Lescar. — *Guoarrex*, 1385 (cens. f° 44). — *La domenyadure de Guoretz en la quoale ha una petita capera*, 1538; *Gourrets*, 1683 (réform. de Béarn, B. 679, f° 320; 847). — Ce fief relevait de la vicomté de Béarn.

GORRIA (LE), ruiss. qui coule sur la c^{ne} d'Esquiule et se jette dans le Litos.

GOTEIN, c^{on} de Mauléon. — *Gotenh*, 1375 (contrats de Luntz, f° 106). — *Goutain*, XVIIe siècle (ch. d'Arthez-Lassalle). — *Gotein-Libarrenx*, depuis la réunion de Libarrenx : 12 mai 1841.

GOUAILHARDOT, f. c^{ne} de Lasseube.

GOUARES (LE), h. c^{ne} de Sedze-Maubec; mentionné en 1675 (réform. de Béarn, B. 648, f° 268).

GOUAT (LE), ruiss. qui prend sa source à Saint-Girons et se jette à Thil (départ. des Landes) dans le Grand-Arrigran.

GOUETSOULE, mont. c^{ne} d'Urdos. — Le ruisseau de Gouetsoule sort de cette montagne et se jette à Urdos dans l'Arnouse.

GOUILHERS, f. c^{ne} de Lamayou. — *Golhers*, 1602 (réform. de Béarn, B. 812).

GOUILLET (LE COL DE), c^{nes} d'Aydius et de Sarrance.

GOULOMME, bois, c^{ne} d'Aramits.

GOURDÈRES (LES), ruiss. qui prend sa source à Orion, arrose Burgaronne et se jette dans le Labourt-Heuré. — *Aignès*, 1675 (réform. de Béarn, B. 680, f° 266). — *Agnès* (carte de Cassini).

GOURETTE, mont. c^{ne} des Eaux-Bonnes. — *Gorrette d'Aas, Guorrete*, 1443 (reg. de la Cour Majour, B. 1, f° 122). — *Gourrette*, 1675 (réform. de Béarn, B. 655, f° 288).

GOURGUE (LA), h. c^{ne} de Ponson-Debat-Pouts; mentionné en 1675 (réform. de Béarn, B. 648, f° 346).

GOURGUE-NÈGRE (LA), éc. c^{ne} de Bentayou-Sérée; mentionné en 1682 (réform. de Béarn, B. 648, f° 146).

GOURGUE-SÈQUE, mont. c^{ne} de Borce, sur la frontière d'Espagne.

GOURGUET (LE), ruiss. qui coule sur la c^{ne} de Ledeuix et se jette dans le Labérou.

GOURNET, h. c^{ne} de Lembeye; mentionné en 1675 (réform. de Béarn, B. 649, f° 288).

GOURZY, mont. c^{ne} de Laruns. — *Gorsii*, 1439 (not. d'Oloron, n° 3, f° 78). — *Gorzü*, 1538 (réform. de Béarn, B. 842). — *Goursin*, 1648 (reg. de Laruns, CC. 10, f° 137).

GOUST, h. c^{ne} de Laruns; mentionné en 1675 (réform. de Béarn, B. 656, f° 8).

GOUTÈRE (LA), ruiss. qui coule sur la c^{ne} d'Urdès et se jette dans la Geule.

GOUTS, fief, c^{ne} d'Oràas. — *Gotz*, 1385 (cens. f° 15).

— Le fief de Gouts était vassal de la vicomté de Béarn et ressort. au baill de Mu.

Gouyat, f. c de Loubieng. — *Lo Goyat*, 1540; *Guoyat*, 1568 (réform. de Béarn, B. 726, f° 48; 797, f° 4).

Gouze, c de Lagor. — *Goza*, 1270 (ch. d'Ossau). — *Goze*, 1286 (ch. de Béarn, E. 267). — *Gose*, xiii° s° (fors de Béarn). — *Guoze*, 1385 (cens.). — *Goosse*, 1487 (reg. des Établissements de Béarn). — En 1385, Gouze comprenait 20 feux et ressort. au baill. de Pau.

Goyen, f. c d'Aussurucq; mentionnée en 1520 (cout. de Soule).

Goyhenex, f. c d'Etchebar; mentionnée en 1520 (cout. de Soule).

Goynex, f. c de Berrogain-Laruns; mentionnée en 1520 (cout. de Soule).

Goyti, f. c d'Aussurucq; mentionnée en 1520 (cout. de Soule).

Goyti, h. c d'Ilharre.

Grabaud (Le martinet de), c d'Asson, forge de fer citée en 1771 (intendance).

Grademale, marais dans les landes du Pont-Long, c de Pau; mentionné en 1675 (réform. de Béarn, B. 650, f° 248).

Grades (Les), f. c d'Arrosès.

Grades (Les), ruiss. qui prend sa source à Miossens-Lanusse, arrose Lalonquette et Garlède et se jette dans le Gabas.

Grabot, h. c de Sedze-Maubec; mentionné en 1675 (réform. de Béarn, B. 648, f° 244).

Grammont, chât. c de Biarritz.

Gramont, chât. c de Bidache. — *Agramont*, xii° s° (coll. Duch. vol. CXIV, f° 32). — *Castrum Acris-Montis*, 1244 (rôles gascons). — *Agremont, Aigremont*, fin du xiii° s° (Bibl. imp. ms. latin, 9016, pièces 15 et 16). — *Egremont*, 1399 (rôles gascons). — *Grantmont*, 1456 (ch. de Navarre, E. 424).

Le duché de Gramont comprenait Bardos, Bergouey, Bidache, Came, Charritte (c d'Arraute), Escos, Guiche, Léren, Saint-Pé-de-Léren, Sames, Urt, Viellenave (c de Bidache), dans les Basses-Pyrénées; Hagetmau et Tilh, dans les Landes.

Graneste (Le), ruiss. qui sépare les c de Bassussarry et de Bayonne; il se jette dans la Nive.

Grangé (Le), f. c d'Arthez.

Grangé (Le), ruiss. qui coule sur la c de Maure et se jette dans le Louet.

Grange-d'Osse (La), f. c d'Aramits, sur les bords du Vert. — *L'Espitau d'Osse*, 1385 (cens. f° 21). — *La Grange de Osse ab une petite gleysi*, 1538 (réform. de Béarn, B. 857). — Cette ferme appartenait à l'abb.

de Pontaut (départ. des Landes); le fief relevait de la vicomté de Béarn et ressort. au baill. d'Oloron.

Granges (Les), éc. c de Samsons-Lion.

Grave-Noire (La), marais, c de Montagut.

Grec (Le) ou le Paou, ruiss. qui coule sur la c d'Orthez et se perd dans le Gave de Pau. — *Lo riu deus Pelains*, 1536; *le Grecq*, 1686 (réform. de Béarn, B. 665, f° 13; 713, f° 60).

Gréciette, vill. c de Mendionde. — *Garro*, 1186 (cart. de Bayonne, f° 16). — *Sant-Martin de Garro*. 1518 (ch. du chap. de Bayonne). — *Guerreciette*, 1755 (collations du dioc. de Bayonne). — Les barons de Garro faisaient partie de la noblesse du Labourd.

Grelles, éc. c de Bourdettes.

Gret (Le), ruiss. qui prend sa source à Boucoue (c de Poursiugues) et se perd dans le Gabas.

Greulet (Le), bois, c de Herrère; mentionné en 1540 (réform. de Béarn, B. 721).

Guadarrigua (Le), ruiss. qui prend sa source dans la c de Sainte-Engrace et s'y mêle au Manchola.

Guécala (Le), ruiss. qui coule sur les c de Camou-Cihigue et d'Ossas-Suhare et se jette dans le Saison.

Guelle, mont. c de Larrau.

Guérestey (Le col de), c d'Estérençuby.

Guermiette, h. c de Saint-Étienne-de-Baïgorry. — *Guermieta*, 1513 (ch. de Pampelune).

Guerre (La côte de la), chemin qui conduit de Conchez à Mont (c de Garlin).

Guerrendoy, bois, c de Larrau.

Guétary, c de Saint-Jean-de-Luz; ancienne annexe de la c de Bidart, érigée en commune vers 1633. — *Cattarie*, 1193 (cart. de Bayonne, f° 18). — *Gattari* (Us et coutumes de la mer). — *Guattary*, 1685; *Sanctus Nicolaus de Guétary*, 1761 (collations du dioc. de Bayonne).— *Guéthary* (carte de Cassini).

Guibélan (Le), ruiss. qui coule sur la c de Sare et se jette à Saint-Pée-sur-Nivelle dans la Nivelle.

Guibéléguiet-Ibarra, h. c de Barcus. — *Guibelleguiet*, 1479 (contrats d'Ohix, f° 71). — Le ruisseau de Guibéléguiet coule sur la c de Barcus et se jette dans le Joos.

Guichané, f. c de Navailles-Angos. — *Guixarner*, 1385 (cens. f° 47).

Guiche, c de Bidache. — *Villa Guissen*, xii° s° (cart. de Bayonne, f° 8). — *Sanctus Joannes de Guiche*, 1687 (collations du dioc. de Bayonne). — Le comté de Guiche relevait du duché de Gramont.

Guichebaron, f. c d'Ozenx.

Guichenieu, f. c de Salies. — *Lo Guisseriu*, 1385 (cens. f° 6).

Guilhem, f. c de Pau.

Guilhemat, h. c de Sallespisse.

Guilhers (Le pas de), bois, c^nes d'Arette et de Lées-Athas.

Guinarthe, c^on de Sauveterre. — *Guinarta*, 1385 (cens.). — *Guinarta*, v. 1540 (réform. de Béarn, B. 804, f° 9). — *Sanctus Martinus de Guinarte*, 1612 (insin. du dioc. d'Oloron). — *Parenties-Guinarthe*, lors de la réunion de Parenties: 20 juin 1842. — *Guinarthe-Parenties*: 16 mai 1845. — L'église de Guinarthe était annexe de Saint-Élix (c^ne d'Osserain-Rivareyte). — En 1385, Guinarthe ressort. au baill. de Sauveterre et comprenait 13 feux. — Au XVIIe siècle, une partie de la seigneurie de Guinarthe appartenait au chapitre de Saint-Esprit, près Bayonne.

Guindalos, chât. c^ne de Jurançon. — *La boarie aperat Quindalos*, 1484 (not. de Pau, n° 1, f° 40).

Guirailh, f. c^ne de Jurançon.

Guiraudet, f. c^ne de Jurançon. — *La borde boarie de Guiraudet*, v. 1540 (réform. de Béarn, B. 785, f° 104).

Guiroye, f. c^ne de Laroin.

Guixenduc, m^in, c^ne d'Idron; mentionné en 1682 (dénombr. d'Idron, B. 912).

Gujène, éc. c^ne d'Arthez.

Gullas (Le pas de), lande, c^ne de Baigts; mentionné en 1675 (réform. de Béarn, B. 665, f° 359).

Gurmençon, c^on d'Oloron-Sainte-Marie-Ouest. — *Grumensoo*, 1383 (contrats de Luntz). — *Gurmensoo*, 1385 (cens.). — *Gurmensson*, 1538; *Guirmenson*, 1546 (réform. de Béarn, B. 754; 826). — *Sent Joan de Gurmençon*, 1620 (insin. du dioc. d'Oloron). — L'église de Gurmençon avait Soeix pour annexe. — En 1385, Gurmençon ressort. au baill. d'Oloron et comptait 18 feux.

Guns, c^on de Navarrenx; mentionné au XIe s^e (Marca, Hist. de Béarn, p. 273). — *Gurz*, 1286 (ch. de Béarn, E. 267). — *Gurtz*, 1385 (cens.). — *Sent Marti de Gurtz*, 1396 (not. de Navarrenx). — Il y avait une abbaye laïque, vassale de la vicomté de Béarn. — En 1385, Gurs comprenait 35 feux et ressort. au baill. de Navarrenx.

H

Habarnet, éc. c^ne de Ponson-Debat-Pouts; mentionné en 1675 (réform. de Béarn, B. 648, f° 341).

Habarnet (Le), ruiss. qui coule sur la c^ne de Bastanès et se jette dans le ruisseau des Barthes.

Habarnet (Le), ruiss. qui prend sa source à la Bastide-Monréjau, sépare cette commune de celle de Cescau et se jette dans l'Aulouse. — *Fabarnet*, 1440 (cens. de la Bastide-Monréjau, f° 3).

Habarroua, bois, c^nes d'Estialescq, Goès et Précillon.

Habas, f. c^ne de Saint-Jean-de-Luz. — *Havars*, 1235 (cart. de Bayonne, f° 29).

Habé, f. c^ne de Bentayou-Sérée. — *Haube*, 1614 (réform. de Béarn, B. 817, f° 14).

Habiague, f. c^ne d'Ainharp; mentionné en 1476 (contrats d'Ohix, f° 39).

Hache (Le col de la), entre les c^nes de Lées-Athas et de Lescun.

Hagède (La), vill. c^ne de Saint-Jammes; c'était primitivement une annexe de Morlàas. — *La Fagede*, 1535; *la Fageda*, vers 1544 (réform. de Béarn, B. 704, f° 190; 747). — *La Hayède*, 1731; *la Hayette*, 1763 (dénombr. de Higuères, E. 30). — Au XVIIe siècle, les jurats de Pau avaient juridiction à la Hagède.

Le ruisseau de la Hagède prend sa source à Gabaston et se jette dans le Luy-de-France, après avoir arrosé Saint-Jammes et Higuères-Souye.

Haget, f. c^ne de Castillon (c^on de Lembeye). — *Hayet*, 1776 (terrier de Castillon, E. 184).

Haget (Le), h. c^ne de Castéra-Loubix; mentionné en 1675 (réform. de Béarn, B. 648, f° 373).

Haget-Aubin, c^ne d'Arthez. — *Fayet-Aubii*, XIIIe s^e (fors de Béarn). — *Fagetum-Albinum*, 1356 (ch. de Béarn, E. 3390). — *Sent Sabastia de Faget*, 1537 (not. de Garos, f° 47). — En 1385, Haget-Aubin comprenait 49 feux et ressort. au baill. de Pau.

Haïçaguerry (Le), ruiss. qui sort de la montagne Gorospila (c^ne d'Ainhoue), sur la frontière d'Espagne, et se jette dans la Nivelle.

Haille (La), éc. c^ne de Baleix. — *Hailhe*, 1769 (terrier de Baleix, E. 184).

Hailleret, h. c^ne de Sauvelade; ce hameau a été distrait de la c^ne de Loubieng le 29 mai 1861. — *Halharet*, 1385 (cens. f° 3).

Haïspuru, h. — Voy. Aïspourou.

Haïsquiry (La croix de), pèlerinage, c^ne de Saint-Martin-d'Arberoue.

Haïstéguéué (Le), ruiss. qui a sa source dans le bois de Saint-Pée-sur-Nivelle et se jette dans l'Alhorga en arrosant la c^ne d'Ahetze.

Haïtaherry, h. c^ne de Mouguerre.

Haïtzéa, chât. c^ne d'Ustaritz. — *Hatze*, 1193; *Fathse*, XIIe s^e; *Hacha*, 1233; *Haïtce*, 1249; *Haisse*, 1256 (cart. de Bayonne, f°s 15, 19, 28, 39 et 58).

HALÇABALA (LE), ruiss. qui prend sa source à Saint-Pée-sur-Nivelle, sert de limite aux c^{nes} de Souraide, d'Espelette et d'Ustarits et se jette dans l'Ansara.

HALÇAHANDY, mont. c^{ne} d'Ossès.

HALÇALDÉ (LE), ruiss. qui prend sa source dans la commune d'Alçay-Alçabéhéty-Sunharette et se jette dans le Laurhibar, après avoir arrosé la c^{ne} de Mendive.

HALÇUITE (LE), ruiss. qui prend sa source à Itsatsou et se jette dans la Nive, après avoir arrosé Cambo et Larressore.

HALGORRIA, mont. c^{ne} de Sainte-Engrace.

HALSOU, c^{on} d'Ustarits. — *Halsu*, xiiie s^e (cart. de Bayonne, f° 49). — *Beata Maria de Halsou*, 1760 (collat. du dioc. de Bayonne).

HALZ-ERRÉGA, h. c^{ne} d'Ustarits.

HAMEAU, h. c^{ne} de Préchacq-Navarrenx.

HAMEAU (LE), quartier de Pau. — *Les Paisans*, 1675 (réform. de Béarn, B. 674, f° 895).

HAMEAU (LE PETIT), h. c^{ne} de Baigts.

HANDIA (LE RUISSEAU), coule sur la c^{ne} de Roquiague et se jette dans le Lausset.

HANDIAGUE, mont. c^{nes} d'Ahaxe-Alciette-Bascassan et d'Estérençuby.

HARAMBÉ (LE), ruiss. qui prend sa source dans la c^{ne} d'Anhaux et se perd dans la Nive, après avoir arrosé Irouléguy et Ascarat.

HARAMBELS, h. c^{ne} d'Ostabat-Asme; anc. prieuré. — *Hospitale Sancti Nicolai de Arambels, quod est situm prope Ostavayll*, xiie s^e (coll. Duch. vol. CXIV, f° 161). — *Harambeltz*, 1462 (not. d'Oloron, n° 4, f° 10). — *Harembels*, 1748 (reg. de Saint-Palais, BB. 5, f° 62). — Le ruisseau de Harambels coule sur la c^{ne} d'Ostabat-Asme et se jette dans la Bidouse.

HARAMBOURE, f. c^{ne} de Hasparren. — *Aramburo*, 1501 (ch. du chap. de Bayonne).

HARAMBURE, f. c^{ne} de Saint-Martin-d'Arberoue. — *Aramburu*, 1435 (ch. de Pampelune). — Le fief de Harambure, créé en 1435, était vassal du royaume de Navarre.

HARAMBURUA, f. c^{ne} de Sare. — *Haramboure*, xviiie s^e (collat. du dioc. de Bayonne). — La prébende de Haramburua, fondée dans l'église de Sare, était à la nomination de l'évêque de Bayonne.

HARAN, h. c^{ne} de Hasparren.

HARANE (LE), ruiss. qui arrose la c^{ne} de Sare et se jette dans le Sogorria.

HARANIA, h. c^{ne} d'Ascain.

HARAUSTA (LA CROIX), c^{ne} de Biarritz.

HARBITXE, mont. c^{nes} de Haux et de Laguinge-Restoue.

HARCHARY (LE), ruiss. qui coule sur la c^{ne} de Lasse et se perd dans l'Aïri.

HARCHILA, mont. c^{nes} d'Iholdy et de Lantabat.

HARCHURY, mont. c^{ne} d'Ispoure.

HARCILANNE (LE), ruiss. qui sert de limite aux c^{nes} de Viellenave (c^{on} de Navarrenx) et de Castetnau-Camblong et se jette dans le Lausset.

HARÇUDY (LE), ruiss. qui prend sa source dans la c^{ne} de Bustince-Iriberry, arrose Saint-Jean-le-Vieux et Ispoure et se mêle au Laurhibar.

HARDE (LE), ruiss. qui sépare les c^{nes} de Villefranque et d'Ustarits et se jette dans la Nive.

HARDOY, fief, c^{ne} de Lichos; mentionné en 1674 (réform. de Béarn, B. 685, f° 259). — Ce fief était vassal de la vicomté de Béarn.

HARGAGNE, mont. c^{nes} d'Aussurucq, de Camou-Cihigue et d'Ossas-Suhare.

HARGARAY, mont. c^{ne} de la Fonderie, sur la frontière d'Espagne.

HARGOU, mont. c^{nes} de Haux et de Laguinge-Restoue.

HARGOUACHIQUE, éc. c^{ne} de Billère.

HARGOUS, f. c^{ne} d'Orthez. — *Fargoes*, 1385 (cens. f° 9).

HARGUES, f. c^{ne} de Salies. — *Fargoes*, 1385 (cens. f° 6). — *Hargous* (carte de Cassini).

HARGUIBEL, mont. c^{ne} des Aldudes, sur la frontière d'Espagne.

HARGUIBEL, mont. c^{nes} de Lanne et de Montory.

HARGUINDÉGUY (LE), ruiss. qui prend sa source dans la c^{ne} d'Amorots-Succos et se jette dans le Minhuriéta, après avoir arrosé Béguios.

HARHANCÉTABÉHÈNE, f. c^{ne} d'Aussurucq; mentionnée en 1520 (cout. de Soule).

HARISMENDIA, chât. c^{ne} de Sare.

HARISMENDY, fief, c^{ne} d'Ossès; vassal du royaume de Navarre.

HARISMENDY (LA CROIX DE), pèlerinage, c^{ne} d'Iholdy.

HARISPE, chât. c^{ne} de Lacarre; tire son nom de son ancien propriétaire, le maréchal Harispe.

HARISPURU, redoute, c^{ne} de Çaro. — *Sala de Urruzpuru*, 1621 (Martin Biscay).

HARITCHURY, mont. c^{nes} de Hosta et de Saint-Just-Ibarre.

HARITZARTÉ (LE COL DE), c^{nes} de Béhorléguy et de Mendive.

HARLA, f. c^{ne} de Sare.

HARLÉGUY, mont. c^{ne} d'Ossès.

HARLUCHÉ, mont. c^{ne} des Aldudes, sur la frontière d'Espagne.

HARLUP, éc. c^{ne} d'Oloron-Sainte-Marie, près de Légugnon.

HARMIAGUE (LE), ruiss. qui arrose la c^{ne} d'Espelette et se mêle au Bassabure.

HARNABAR, f. c^{ne} de Louhossoa. — Il y avait, en 1755, une prébende de ce nom fondée dans l'église de Louhossoa.

Harnavalt, h. c^{ne} de Bidarray.
Haronia (Le), ruiss. qui sépare la c^{ne} de Jatxou de celle de Halsou et se jette dans le Latxa.
Hanon, vill. c^{ne} de Mascaras; anc. commune. — *Farao*, 1402 (cens.).
Hanotça, f. c^{ne} d'Ossès. — *Harotza*, 1675 (réform. de Béarn, B. 687, f° 54).
Happé (Le), ruiss. qui coule sur la c^{ne} d'Estérençuby et se jette dans la Nive de Béhèrobie.
Un autre ruisseau du même nom prend sa source en Espagne, coule aussi sur la c^{ne} d'Estérençuby et se jette également dans la Nive de Béhèrobie.
Hannéguy, f. c^{ne} de Mendionde. — En 1768, il y avait une prébende de ce nom fondée dans l'église de Grécielte.
Harria, mont. c^{ne} de Sare.
Harria (La croix), pèlerinage, c^{ne} d'Iholdy.
Harriague, h. c^{ne} d'Arbonne.
Harribelcéta, mont. c^{ne} de Licq-Atherey.
Harribelcuet, f. c^{ne} d'Espès-Undurein. — *Harribelsete*, 1382 (contrats de Luntz, f° 82).
Harridonna (Le), ruiss. qui arrose la c^{ne} de Larceveau et se jette dans la Bidouse.
Harriette, h. c^{ne} de Saint-Jean-le-Vieux; anc. paroisse succursale d'Urrutialde. — *Ferriette*, xii° s° (cart. de Bayonne, f° 15). — *Arrieta*, 1525 (ch. de la Camara de Comptos). — *Harrieta*, 1621 (Martin Biscay).
Harriondo, mont. c^{ne} d'Urepel.
Harritolde, h. c^{ne} de Saint-Jean-le-Vieux.
Harruguet, f. c^{ne} de Castetbon. — *Farruguet*, 1384 (not. de Navarrenx). — *Herruguet*, 1385 (cens. f° 25). — *Ferruguet*, 1397 (not. de Navarrenx).
Harsain, h. c^{ne} de Cambo.
Hartcamendy, mont. c^{ne} d'Itsatsou.
Hasparren, arrond. de Bayonne. — *Hesperenne*, 1247 (cart. de Bayonne, f° 57). — *Sanctus Johannes de Ahesparren*, 1255; *Hesparren, Haesparren*, 1288 (ch. du chap. de Bayonne). — *Ahezparenne*, 1288 (rôles gascons).— *Esparren*, 1310 (cart. de Bayonne, f° 94). — *Aezparren, Hesperren*, 1348; *Hasparren, Hesparrem*, 1501 (ch. du chap. de Bayonne). — *Hasparn*, 1686; *Haspar*, 1754 (collat. du dioc. de Bayonne). — On dit en basque *Ahazparne*.
En 1790, le canton de Hasparren, dépendant du district d'Ustaritz, comprenait les c^{nes} de Briscous, d'Hasparren et d'Urt.
Hassanx (Le ruisseau), coule sur la c^{ne} de Lahourcade et se jette dans le Geü.
Hau, fief, c^{ne} de Bérenx; mentionné en 1673 (réform. de Béarn, B. 672, f° 13). — Ce fief était vassal de la vicomté de Béarn.

Hau (Le), ruiss. qui arrose la c^{ne} de Maslacq et se jette dans le Gave de Pau.
Haubieil (Le), ruiss. qui coule sur la c^{ne} de Tabaille-Usquain et se perd dans le Saison.
Haubis, éc. c^{ne} d'Autevielle-Saint-Martin-Bidéren.
Hauret, h. c^{ne} de Castéide-Candau.
Hauret, h. c^{ne} de Loubieng. — *Lo Fauret*, 1540 (réform. de Béarn, B. 726, f° 44).
Haurie, f. c^{ne} de Vielleségure. — *Faurie*, 1385 (cens. f° 35). — Le ruisseau de Haurie se jette dans le Larus.
Haurie, fief, c^{ne} de Rivehaute; mentionné en 1683 (réform. de Béarn, B. 685, f° 245). — Ce fief relev. de la vicomté de Béarn.
Hausquette, m^{in}, c^{ne} d'Anglet. — *Molin de Fausquete*, 1259 (cart. de Bayonne, f° 43). — *Moulin de Hausquete*, 1556 (ch. de l'abb. de Sainte-Claire de Bayonne).
Haussecame (Le chemin de), conduit de Salies à Salies-Mongiscard.
Haut-de-Gan (Le), h. c^{ne} de Gan.
Haute, vill. c^{ne} de Charre. — *Faute*, 1384 (not. de Navarrenx). — En 1385, Haute et Lichos ne formaient qu'une paroisse, qui comptait 20 feux et ressort. au baill. de Sauveterre.
Haux, c^{on} de Tardets. — *Hausa*, xiii° s° (coll. Duch. vol. CXIV, f° 36). — *Hauns*, 1775 (intendance).
Hayet, f. et m^{in}, c^{ne} d'Etsaut. — *Fayet*, 1385 (cens. f° 73). — *Le moulin Troussilh*, xviii° siècle (reg. d'Etsaut). — Ce moulin tire ce dernier nom de son ancien propriétaire.
Hayet, f. c^{ne} de Loubieng. — *Haget*, 1612 (réform. de Béarn, B. 816).
Hayet, f. c^{ne} de Puyôo. — *Lo Fayet*, 1385 (cens. f° 9). — *Faget*, vers 1540 (réform. de Béarn, B. 801, f° 9).
Hayet, h. c^{ne} de Crouseilles. — *Fayet*, 1385 (cens. f° 57). — *Faget*, 1546; *Haget*, vers 1675 (réform. de Béarn, B. 654, f° 24; 754). — En 1385, Hayet comprenait 15 feux et ressortissait au baill. de Lembeye. — Le fief de Hayet était vassal de la vicomté de Béarn.
Haypé (Le), ruiss. qui coule sur la c^{ne} de Bidache et se jette dans le Lihurry.
Hayra, forêt, c^{nes} de la Fonderie et d'Urepel. — Le ruisseau Hayra coule sur la c^{ne} de la Fonderie et se jette dans la Nive de Baïgorry.
Hazla, éc. c^{ne} d'Orthez.
Hèche (La pène de la), mont. c^{ne} d'Asson.
Hédas, fief, maison à Pau; mentionné en 1678 (dénombr. de Pau, E. 40), vassal de la vicomté de Béarn.

Hédas (Le), ruisseau qui traverse la c{{ne}} de Pau et se jette dans le Gave de Pau. — *Lo Fedaas*, 1388 (not. de Pau, n° 3, f° 25). — *Hedaas*, 1535 (réform. de Béarn, B. 704, f° 9).

Hédat (Le), m{{in}}, c{{ne}} de la Bastide-Cézéracq. — *Lo Fedac de Cecerac*, 1344 (not. de Pardies). — *Lo molii aperat deu Fedat de Cesserac*, 1443 (contrats de Carresse, f° 284).

Hédembaigt, f. c{{ne}} de Salies. — *Fedembag-Jussoo*, 1433 (not. de Salies, n° 1, f° 5). — *Le molin de Fedembaig*, 1675 (réform. de Béarn, B. 680, f° 21). — *Hérimbaigt* (carte de Cassini).

Hégoburu, f. c{{ne}} de Barcus. — *Hegoaburu*, 1479 (contrats d'Ohix, f° 71).

Hégoburu, fief, c{{ne}} d'Uhart-Cize; vassal du royaume de Navarre.

Hégoin, h. c{{ne}} de Cambo.

Héguaritz, mont. c{{nes}} de Bunus et de Juxue.

Héguiçounia, mont. c{{ne}} de Larrau.

Héguiluce, montagne, c{{ne}} d'Ossès. — *Héguilus*, 1675 (réform. d'Ossès, B. 687, f° 11).

Héguiluce (L'), ruiss. qui arrose la c{{ne}} d'Orègue et se jette dans l'Aphataréna.

Héguy, f. c{{ne}} d'Orègue. — *Eguia*, 1621 (Martin Biscay).

Héguy, mont. c{{ne}} d'Ahaxe-Alciette-Bascassan.

Héguy (Le), ruiss. qui coule sur la c{{ne}} d'Isturits et se jette dans l'Arberoue.

Helbarren, h. c{{ne}} de Sare. — Le ruisseau de Helbarren arrose la c{{ne}} d'Urrugne et se jette dans le Lessanté.

Helbarron, h. c{{ne}} de Saint-Pée-sur-Nivelle.

Hélette, c{{on}} d'Iholdy. — *Helete*, 1302 (ch. du chap. de Bayonne). — *Eleta*, 1513 (ch. de Pampelune). — *Beata Maria de Helette*, 1757 (collat. du dioc. de Bayonne).

Hemgarot, f. c{{ne}} de Lasseube.

Hendaye, c{{on}} de Saint-Jean-de-Luz. — *Handaye*, 1510 (arch. de l'Emp. J. 867, n° 7). — *Endaye*, 1565 (voyage de Charles IX). — *Sanctus Vincentius de Handaye*, 1768 (collat. du dioc. de Bayonne).

Henri IV (Le chemin de), conduit de Bizanos au hameau de la c{{ne}} de Coarraze, en suivant la crête des coteaux; il longe les c{{nes}} d'Aressy, Idron, Lée, Meillon, Ousse, Assat, Bordes (c{{on}} de Clarac), Artiguelouton, Angaïs, Nousty, Bœil, Gomer, Lucgarrier, Beuste, Lagos, Bordères, Hours, Bénéjac et Labatmale. — Ce chemin, très-ancien, était autrefois connu sous le nom de *chemin de Saint-Pé*, parce qu'il conduisait du Béarn à l'abbaye de Saint-Pé (Hautes-Pyrénées). — Le nom actuel ne remonte pas au delà de 1790. — Il est probable que ce vieux chemin correspond à une portion de la voie romaine de Lescar (Beneharnum) à Toulouse et au chemin vicomtal de Saint-Pé à Biussaillet.

Hens (L'), ruiss. qui prend sa source à Serres-Sainte-Marie, limite les c{{nes}} d'Audéjos et de Lacq, arrose Mont (c{{on}} de Lagor) et Gouze et se jette dans le Gave de Pau. — *L'ostau de Lhens* (à Mont), 1385 (cens. f° 42). — *L'Henx*, 1754 (terrier d'Audéjos, E. 250).

Herbèche, mont. c{{nes}} d'Etchebar et de Lacarry. — Le ruisseau d'Herbèche prend sa source à Etchebar et s'y perd dans l'Elgabaréna.

Herbourre, h. c{{ne}} d'Urrugne.

Hergaroy-Olhasso, h. c{{ne}} de Saint-Pée-sur-Nivelle.

Herm, h. c{{ne}} d'Audéjos. — *Erm*, 1344 (not. de Pardies, f° 117). — *Lerm*, 1546 (réform. de Béarn). — *Ermh*, 1754 (terrier d'Audéjos).

Herm (L'), h. c{{ne}} d'Aydie. — *Lerm*, 1538 (réform. de Béarn, B. 833). — Le fief de l'Herm était vassal de la vicomté de Béarn.

Hermitage (L'), motte, c{{ne}} d'Asson. — *Lo Castet d'Assoo*, 1538; *la Bielle d'Asson*, 1675 (réform. de Béarn, B. 674, f° 337; 807, f° 87). — Le nom actuel vient de ce qu'au xvii{{e}} siècle Isaac Vergès, de Nay, construisit sur cette motte un hermitage.

Herna (Le col de), entre les c{{nes}} de Larrau et de Sainte-Engrace.

Hénonits, h. c{{ne}} d'Ustarits. — *Harauriz*, 1233; *Farauriz*, xiii{{e}} s{{e}} (cart. de Bayonne, f{{os}} 25 et 28).

Hénosé-Lépho, mont. c{{nes}} d'Armendarits, de Saint-Esteben et de Saint-Martin-d'Arberoue.

Hernan (Le), ruiss. qui arrose Vielleségure et se jette dans le Larus. — Une ferme du même nom est mentionnée à Vielleségure, en 1385 (cens. f° 35).

Herrana, bois, c{{ne}} de Laruns.

Herré (Le) ou ruisseau du Bois, prend sa source dans le bois de Bastanès et se jette dans le Saleys, après avoir arrosé Bugnein et Audaux.

Herrère, c{{on}} d'Oloron-Sainte-Marie-Est. — *Ferrere*, 1385 (cens.). — *Ferere*, 1433 (not. d'Oloron, n° 3, f° 13). — *Ferrera*, 1546 (réform. de Béarn, B. 754). — *Saint-Jean de Ferrère*, 1656 (insin. du dioc. d'Oloron). — En 1385, Herrère ressort. au baill. d'Oloron et comptait 35 feux.

Herrère, h. c{{ne}} de Sainte-Suzanne; ancienne commune. — *Villa quæ dicitur Ferrera*, xii{{e}} siècle (cart. de l'abb. de Sordes, p. 15). — *Fferrere*, 1385 (cens.). — *Ferrere*, 1444 (contrats de Carresse, f° 326). — *Ferreyre*, 1546 (réform. de Béarn, B. 754). — En 1385, Herrère ressort. au baill. de Larbaig et comprenait 21 feux. — Le fief de Herrère était vassal de la vicomté de Béarn. — L'église de Herrère dép. de l'abb. de Sordes (départ. des Landes).

Herrère (La), ruiss. qui limite les c^nes de Béost-Bagès et de Louvie-Soubiron et se jette dans l'Ouzon.

Herrère (La), ruiss. qui prend sa source au Hameau (c^ne de Pau) et se jette à Billère dans le Gave de Pau. — *L'aigue de la Ferrere*, 1450 (cart. d'Ossau, f° 247).

Hennou, f. c^ne de Morlàas. — *Ferroo*, 1385 (cens. f° 65).

Herrua, f. c^ne de Saint-Faust. — *Aruaa*, 1385 (cens. f° 56).

Heuga, h. c^ne de Lembeye. — *Lo parsan deu Feugar*, v. 1540 (réform. de Béarn, B. 786, f° 45). — Le fief de Heuga relevait de la vicomté de Béarn.

Heuganès, h. c^ne de Sarpourenx.

Heugassas, mont. c^ne de Laruns.

Heurqué (Le), ruiss. qui prend sa source dans la c^ne de Lohitzun-Oyhercq et se jette dans le Lauhirasse, après avoir arrosé les c^nes d'Ithorots-Olhaïby et de Domezain-Berraute.

Heyle (Le ruisseau), coule sur la c^ne de Sainte-Engrace et se perd dans l'Uhaïtxa.

Hiaa (Le col de l'), entre les c^nes de Bedous et de Sarrance.

Hialé, f. c^ne de Saint-Castin. — *Lo Fialer*, 1535 (réform. de Béarn, B. 704, f° 172).

Hialère (La lande), c^nes d'Ogeu et de Herrère.

Hialès (Le chemin des) ou des Fileurs, dans la c^ne de Hours.

Hiarède (La), éc. c^ne de Saucède.

Hiay (Le), ruiss. qui arrose la c^ne de Vielleségure et se jette dans le Làa.

Hies (Les), ruiss. qui prend sa source près du hameau de Belair, arrose Gan, Laroin, Artiguelouve, et se jette dans la Juscle. — *Las Ies*, 1488 (not. de Pau, n° 3, f° 13). — *Las Iees, las Yees*, 1535; *las Yas, las Hüas*, 1540 (réform. de Béarn, B. 701, f° 5 et 128; 725, f° 223 bis; 785, f° 120).

Hieyte (La), f. c^ne d'Autevielle-Saint-Martin-Bidéren. — *La Hüte de Sent Marthü*, 1385 (cens. f° 13 et 14). — *La Fieyta de Sanct-Martii, Lafiite, la Hieyta*, 1538; *la Fieyte, 1546; la Hiete*, 1588 (réform. de Béarn, B. 683, f° 336; 754; 833; 848, f° 9). — Le fief de la Hieyte ressort. au baill. de Sauveterre et relevait de la vicomté de Béarn.

Hieytes, bois, c^ne d'Oràas.

Higuères, c^on de Morlàas. — *Figueras*, v. 1030 (cart. de l'abb. de Saint-Pé). — *Figeres*, 1154 (ch. de Barcelone, d'après Marca, Hist. de Béarn, p. 246 et 465). — *Figueres*, 1421 (ch. de Béarn, E. 2841). — *Higuères-Souye*, depuis la réunion de Souye : 27 juin 1842. — Au xie siècle, ce village était une dépendance de Saint-Castin. — Le fief de Higuères faisait partie de la baronnie d'Idron et relevait de la vicomté de Béarn.

Higuères, h. c^ne de Lembeye; mentionné en 1675 (réform. de Béarn, B. 649, f° 270).

Higuères (Le ruisseau de), prend sa source dans la c^ne d'Arzacq, sort des Basses-Pyrénées et se jette à Philondeux (départ. des Landes) dans le Lous.

Hiis, f. c^ne de Gan; fief, créé en 1611, vassal de la vicomté de Béarn.

Hillant, f. c^ne de Castetnau-Camblong. — *Filhan*, 1538; *Hillan*, v. 1540 (réform. de Béarn, B. 799, f° 9; 848, f° 11). — Le fief de Hillant relevait de la vicomté de Béarn.

Hillègue (Le pic de), c^nes de Haux et de Sainte-Engrace.

Hiribéhère, h. c^ne d'Iholdy.

Hiribéhère, h. c^ne d'Ustarits.

Hiriberry, h. c^ne d'Amendeuix-Oneix.

Hiriberry, h. c^ne de Saint-Pée-sur-Nivelle.

Hirigoyen, f. c^ne d'Ustarits. — *La maison de Hurigoien d'Ustariz*, 1256 (cart. de Bayonne, f° 54).

Hirucurutcia, mont. c^ne d'Espelette.

Hiscondisse, bois, c^ne de Sainte-Engrace.

Hiton, fief, c^ne de Garlin. — *Hitton*, 1727 (dénombr. de Conchez, E. 26). — Le fief de Hiton, créé en 1602, était vassal de la vicomté de Béarn.

Hitos, f. c^ne d'Orriule. — *Heytos*, 1385 (cens. f° 26).

Hochéténéa (Le ruisseau), sépare les c^nes d'Arnéguy et d'Uhart-Cize et se jette dans l'Aïri.

Hoges, h. c^ne de Lys; distrait, le 2 janvier 1858, de la commune de Sainte-Colomme.

Holçarté, bois, c^ne de Larrau.

Hombéiti, éc. c^ne de Biarritz. — *Hanbeiti juxta molendinum de Bearriz*, xiiie s° (cart. de Bayonne, f° 24).

Hondarnas (Le), ruiss. qui prend sa source à Sévignac (c^on d'Arudy), arrose Bescat et Rébénac et se jette dans le Nées. — *Hondusnas*, 1753; *Hondernas*, 1773 (dénombr. E. 21 et 40).

Hondarrague, h. détruit, c^ne de Biarritz. — *Fondarraga*, xiiie s° (cart. de Bayonne, f° 12).

Hondas, oratoire, c^ne de Bilhères.

Honderitz, h. c^ne d'Anglet. — *Underitz*, 1149; *Honderiz*, 1198; *Onderidz*, 1255 (cart. de Bayonne, f°s 10, 23 et 37).

Honnède (La), ruiss. qui coule sur la c^ne de Castet et se perd dans le Lacondre.

Honnède (La), ruiss. qui arrose les c^nes de Pontacq et de Ger et se jette dans le Gabas.

Hontàas (Le chemin de las), dans la c^ne d'Urdos; c'est l'ancienne route d'Espagne.

Hontarède, h. détruit, c^nes de Bizanos et d'Idron; mentionné au xiie siècle (Marca, Hist. de Béarn,

p. 458). — *Fonta-Rede*, 1385 (cens. f° 56). — *Fondaa-Freda*, 1457 (cart. d'Ossau, f° 161). — *Fondaafrede*, 1548 (réform. de Béarn, B. 763). — *Frontefrede*, 1781 (terrier de Bizanos, E. 303). — En 1385, Hontarède ressort. au baill. de Pau et comprenait 2 feux.

HONTECAUTE, éc. c^{ne} de Tarsacq. — *Fontecaute*, 1775 (terrier de Tarsacq, E. 290).

HONTINE (LA), ruiss. qui prend sa source dans la c^{ne} de Montfort, arrose Tabaille-Usquain et Gestas et se jette dans le Saison.

HONTO, h. c^{ne} de Saint-Michel.

HÔPITAL (L'), h. c^{ne} d'Osserain; il tire son nom d'un hôpital pour les pèlerins.

HÔPITAL-D'ORION (L'), c^{on} de Sauveterre. — *Espitau d'Orion*, 1255 (fors de Béarn, p. 48). — *L'Espitau d'Aurion*, 1334 (not. de Navarrenx). — *L'Hopital d'Érion* (Froissart). — *La Commande de Aurion*, 1537 (réform. de Béarn, B. 820). — *Sainte-Marie-Magdaleine de l'Hospital d'Orion*, 1620 (insin. du dioc. d'Oloron). — En 1385, l'Hôpital-d'Orion ressort. au baill. de Sauveterre et comptait 27 feux. — Cette paroisse fut plus tard divisée en trois quartiers : les Sept Bordes, l'Hôpital, la Commande de l'Hôpital; le premier appartenait au bailliage de Navarrenx, les deux autres au bailliage de Larbaig. En 1544; le premier fut du ressort du bailliage de Sauveterre et les autres de celui de Montestrucq.

HÔPITAL-DU-LUY (L'), h. détruit antérieurement à 1719, c^{ne} de Buros, près du Luy-de-Béarn. — *Hospitalis deu Huy*, 1286 (*Gall. christ.* I, instr. Lescar). — *L'Espitau*, 1385 (cens. f° 65). — *L'Espitau de Luy assis a Buros*, 1538 (réform. de Béarn, B. 654, f° 256). — *L'Ospital du Luy*, 1719 (dénombr. de Sauvelade; E. 43). — L'Hôpital-du-Luy et son moulin dépendaient de l'abbaye de Sauvelade.

HÔPITAL-SAINT-BLAISE (L'), c^{on} de Mauléon. — *La Commanderie de Misericordi*, 1334 (not. d'Oloron, n° 4, f° 48). — *Saint-Blas*, 1670 (reg. des États de Navarre). — *L'Hôpital de Saint-Blaise de Misericorde*, xviiie s^e (intendance). — L'Hôpital-Saint-Blaise tire son nom d'un hôpital pour les pèlerins qui, au xviie siècle, appartenait aux Barnabites de Lescar.

HORE, mⁱⁿ, c^{ne} de Lacommande; mentionné en 1667 (not. de Monein, n° 192, f° 145).

Hos, éc. c^{ne} de Ponson-Debat-Pouts; mentionné en 1675 (réform. de Béarn, B. 648, f° 340).

HOSTA, c^{on} d'Iholdy. — *Ozta*, 1402 (ch. de Navarre, E. 459). — *Hoste*, 1472 (not. de la Bastide-Villefranche, n° 2, f° 22). — *Osta*, 1513 (ch. de Pampelune). — *Hozta*, 1621 (Martin Biscay). — Le ruisseau de Hosta prend sa source à Hosta, arrose Saint-Just-Ibarre et Bunus et va se jeter dans la Bidouse.

Hou, fief, c^{ne} de Loubieng. — *L'ostau de Foo*, 1385 (cens. f° 5). — *Hoo*, 1538 (réform. de Béarn, B. 848, f° 6). — Le fief de Hou était vassal de la vicomté de Béarn et ressortissait au baill. de Larbaig.

HOUCHON (LE), ruiss. qui arrose la c^{ne} de Ger et se jette dans le Lys.

HOUCHOU (LE), ruiss. qui coule à Aubertin et se perd dans la Baïse.

HOUNAU (LE RUISSEAU), arrose la c^{ne} de Salies et se perd dans le Saleys.

HOUN-BARADE (LE COL DE LA), c^{nes} d'Arudy et d'Izeste.

HOUNBERNOUS, lande, c^{ne} de Ger.

HOUN-BOURIDEN (LA), éc. c^{ne} de Nousty; en 1785, ce lieu faisait partie de la lande du Pont-Long (intendance).

HOUN-DU-MUR (LA), fontaine, c^{ne} de Lescar. — *La Hou deu Mur*, 1643 (cens. de Lescar, f° 95).

HOUNRÈDE (LA), éc. c^{ne} de Samsons-Lion.

HOUNTAS, f. c^{ne} d'Oraas. — *La Fontaa*, 1385 (cens. f° 14). — *Fontaas*, 1538 (réform. de Béarn, B. 828). — Le ruisseau de Hountas arrose la c^{ne} d'Oraas et se jette dans le Gave d'Oloron.

HOUR, f. c^{ne} de Gayon.

HOUR, fief, c^{ne} de Castagnède. — *La domengedure deu Forn de Mur, lo Horn*, 1538 (réform. de Béarn, B. 833; 848, f° 10). — Ce fief était vassal de la vicomté de Béarn.

HOURACATE, f. c^{ne} d'Estialescq. — *Foracate*, 1376 (montre milit.). — *Houratale* (carte de Cassini).

HOURAT (LE), h. c^{ne} de Louvie-Juzon. — *Forat de Lobier-Juson*, 1443 (reg. de la Cour Majour, B. 1, f° 122).

HOURAT (LE), oratoire, c^{ne} de Laruns.

HOURÇABAL (LE), ruiss. qui prend sa source dans la c^{ne} de Chéraute et se jette dans le Lausset, après avoir arrosé Barcus et l'Hôpital-Saint-Blaise.

HOURCADE, f. c^{ne} d'Andoins. — *La Forcade*, 1385 (cens. f° 51).

HOURCADE (LA), f. c^{ne} de Gan.

HOURCADE, f. c^{ne} d'Ogenne-Camptort. — *Forcade*, 1397 (not. de Navarrenx).

HOURCADE (LA), ruiss. qui arrose la c^{ne} d'Aubertin et s'écoule dans la Baïse.

HOURCADES, f. c^{ne} de Lucq-de-Béarn. — *Forcades*, 1385 (cens. f° 31).

HOURCAT (LE PIC), c^{nes} de Bilhères et d'Izeste.

HOURCE, bois, c^{ne} d'Oloron-Sainte-Marie.

Hourcère (Le col de la), c^nes de Lanne et de Sainte-Engrace.

Hourcoubé (Le), ruiss. — C'est le même que le Beigmau (voy. ce mot).

Houncq, f. c^ne d'Orriule. — *Lo Forc*, 1385 (cens. f° 26).

Houncq, lande, c^ne d'Asasp.

Houncq, lande, c^ne d'Uzein, dans le Pont-Long.

Houndespahy, mont. c^ne de Larrau.

Hourgalabé, f. c^ne de Loubieng. — *Forgalabee, Forcalabee*, 1540; *Forgualabee*, 1568 (réform. de Béarn, B. 726, f° 9; 797, f° 5).

Hourmayou (Le), ruiss. qui coule sur la c^ne de Lanne et se jette dans le Vert du Barlanès.

Hourner (Le), ruiss. qui arrose la c^ne d'Arette et se perd dans la Chousse.

Hourpancé (Le), ruiss. qui prend sa source à Pontacq et se jette dans le Gabas, à Luquet, départ. des Hautes-Pyrénées, après avoir arrosé, dans celui des Basses-Pyrénées, les communes de Barzun et de Livron.

Hourpelat, maison à Navarrenx. — *La maison du roy apellé Hourpellat*, 1661 (ch. de la Chambre des Comptes, B. 3949).

Hourque, m^in, c^ne de Pontacq; mentionné en 1703 (dénombr. de Pontacq, E. 40).

Hourque de Lauga (La) ou de l'Auga, ruiss. qui descend des montagnes de Lescun et se jette dans le Gave d'Ansabé.

Hourques (Les), lieu d'exécution placé aux limites des c^nes de Monségur et de Vidouze (départ. des Hautes-Pyrénées); mentionné en 1675 (réform. de Béarn, B. 649).

Hourquet (Le), ruiss. qui prend sa source à Aramits et se jette dans le Vert, après avoir arrosé la c^ne d'Ance.

Hourquet (Le), ruiss. qui prend sa source à Arget, sert de limite aux départements des Basses-Pyrénées et des Landes et se jette dans l'Arance.

Hourquet (Le), ruiss. qui coule sur la c^ne d'Aroue et se perd dans la Phaure.

Hourquet (Le), ruiss. qui arrose la c^ne de Saubole et se jette dans le Léès.

Hourquette (Le pic), c^nes de Laruns et d'Urdos.

Hourquette de Baygran (La), bois et montagne, c^ne d'Oloron-Sainte-Marie. — *Lo bosc Baigs-Gran*, 1538; *Batgran*, 1544 (réform. de Béarn, B. 721; 744).

Hourquie (La), h. c^ne de Monségur; mentionné en 1675 (réform. de Béarn, B. 649, f° 346); il a pris son nom des fourches patibulaires qui l'avoisinaient.

Hourquie (La), quartier de la c^ne de Morlàas. — *Moneta Forcensis*, v. 1072 (cart. de Lescar). — *Furcas*, 1096 (Marca, Hist. de Béarn, p. 356 et 384). — *Forcas*, xii° s° (denier de Centulle). — *Furquina Morlanis*, xii° s° (Marca, Hist. de Béarn, p. 310). — *La justicie de la Forquiee*, 1457 (cart. d'Ossau, f° 205). — *Forcie Morlani*, xv° s° (monnaie de Catherine, reine de Navarre). — *La Forquie*, 1539; *la Forquia*, v. 1540; *la Forquie-Vielho*, 1581 (réform. de Béarn, B. 723; 791, f° 99; 808, f° 251). — *Lo vic de la Horquia*, 1645 (cens. de Morlàas). — La Hourquie tire son nom du château des vicomtes de Béarn, où l'on battit monnaie dès le x° siècle. — Le château de la Hourquie, aujourd'hui détruit, était placé sur le coteau qui domine Morlàas.

Hourquillot, lande, c^ne de Lanneplàa.

Hours, c^on de Pontacq. — *Forcx*, 1385 (cens. f° 51). — *Forcxs*, 1535; *Forcs*, v. 1540 (réform. de Béarn, B. 704, f° 196; 841, f° 39). — *Horxs*, 1575 (reg. des États de Béarn, f° 41). — *Fourqs*, 1612 (ch. de Luegarrier, E. 360). — Il y avait une abbaye laïque vassale de la vicomté de Béarn. — En 1385, Hours comprenait 4 feux et ressortissait au baill. de Pau. — Ce village dépendait de la baronnie d'Espoey.

Hoursalié, lande, c^ne de Narp.

Hoursoumou, ruiss. et marais, traverse les c^nes de Barzun et de Livron et s'écoule dans le Gabas, à Luquet (départ. des Hautes-Pyrénées).

Hourtou (Le pic de), c^nes d'Accous et de Lescun.

Houssalènes, lande. — Voy. Fossalèues.

Houssats, f. c^ne de Castetbon. — *Fossatz*, 1385 (cens. f° 25).

Housse (Le moulin de), c^ne de la Bastide-Villefranche.

Hunde (La), mont. c^nes de Lourdios-Ichère et de Sarrance. — Le ruisseau de la Hunde sort de cette montagne et se jette dans le ruisseau de Lourdios, à Issor; il sert de limite aux c^nes d'Issor et de Lourdios-Ichère.

Hurbelça (Le), ruiss. qui prend sa source à Mendive et se jette dans l'Erréquidor, après avoir arrosé Lécumberry et Larrau.

Hurçabal (Le), ruiss. qui arrose la c^ne de Hélette et se perd dans l'Erroïty.

Huré, f. c^ne de Lembeye.

Hureux, éc. c^ne d'Os-Marsillon; mentionné en 1714 (terrier d'Os, E. 280).

Hurlague, h. c^ne de Biarrits.

Hurmalague, h. c^ne d'Arbonne.

Hurou, f. c^ne d'Oràas. — *Furoo*, 1385 (cens. f° 14).

Hurquepeyre (Le) ou l'Arriuèrand, ruiss. qui prend sa source dans la c^ne d'Arancou, arrose Came, Léren,

Saint-Pé-de-Léren et se perd dans l'Adour à Oeyregave (départ. des Landes). — *Arriugran*, v. 1360 (ch. de Came, E. 425).

Hurterot, f. c^{ne} de Castétis. — *Hurtere*, 1385 (cens. f° 39).—*Furtera*, 1538 (réform. de Béarn, B. 713, f° 140).

I

Iban (Le bois d'), c^{ue} de Buros.
Ibantelly, montagne, c^{ne} de Sare, sur la frontière d'Espagne.
Ibarbéity, fief, c^{ne} de Saint-Just-Ibarre; vassal du royaume de Navarre. — *Ybarbeyti*, 1621 (Martin Biscay).
Ibardidéa (L'), ruiss. qui coule sur la c^{ne} de Briscous et se jette dans le Mendialçu.
Ibarduria (L'), ruiss. qui arrose la c^{ne} de Garindein et se perd dans la Saison.
Ibancq, f. c^{ne} de l'Hôpital-d'Orion; mentionnée en 1627 (réform. de Béarn, B. 818).
Ibardain (Le col d'), fait communiquer la commune d'Urrugne avec l'Espagne.
Ibarla, f. c^{ne} de Bidarray. — *Ibarola*, 1675 (réform. d'Ossès, B. 687, f° 10).
Ibarla, mⁱⁿ, c^{ne} de Saint-Pée-sur-Nivelle.
Ibarle (L'), ruiss. qui coule sur la c^{ne} d'Arette et se jette dans le Bihoucy.
Ibarle (L'), ruiss. qui prend sa source dans la c^{ne} de Saint-Goin et se jette dans le Lausset, après avoir arrosé les c^{nes} de Geus (c^{on} d'Oloron-Sainte-Marie-Ouest), d'Aren et de Préchacq-Josbaig.
Ibarre, vill. c^{ne} de Saint-Just; anc. c^{ne} réunie à Saint-Just le 25 juin 1841. — *Nostre-Done d'Ibarre*, 1472 (not. de la Bastide-Villefranche, n° 2, f° 22). — *Ibarren*, 1513 (ch. de Pampelune).
Ibarrolle, c^{on} d'Iholdy. — *Yvarole, Yvarola*, 1168 (coll. Duch. vol. CXIV, f° 35). — *Yvarrola*, 1402 (ch. de Navarre, E. 459). — *Ibarrole*, 1441 (not. de la Bastide-Villefranche, n° 1, f° 35). — *Ybarrole*, 1477 (contrats d'Ohix, f° 48). — *Ibarrola*, 1513 (ch. de Pampelune). — *Ybarrola*, 1621 (Martin Biscay).
Ibarron, vill. c^{ne} de Saint-Pée-sur-Nivelle. — *Ibarre en Labort, Ybarre*, 1450 (ch. de Navarre, E. 426).
Ibarrondoa (L'), ruiss. qui prend sa source sur la c^{ne} de Larrau et se jette dans l'Iraty en Espagne.
Ibarrondoa (L'), ruiss. qui coule dans la c^{ne} de Sainte-Engrace et se perd dans l'Uhaïtxa.
Ibassunia, f. c^{ne} de Hasparren. — *Bassuen*, 1193; *Bassuen*, 1247 (cart. de Bayonne, f°s 16 et 57).
Ibeixs, montagne, c^{ne} de Gère-Bélesten; mentionnée en 1675 (réform. de Béarn, B. 655, f° 483).

Ibidia (L'), ruiss. qui arrose la c^{ne} d'Ostabat-Asme et se jette dans la Bidouse.
Ibily (L'), ruiss. qui prend sa source à Musculdy et se perd à Saint-Just-Ibarre dans la Bidouse.
Ichantes (Les), h. c^{ne} d'Aydius.
Ichère, h. c^{ne} de Sarrance.
Ichère, vill. c^{ne} de Lourdios. — Le ruisseau d'Ichère arrose la c^{ne} d'Osse et se mêle au Lourdios.
Ichonox (La croix d'), pèlerinage, c^{ne} d'Amorots-Succos.
Içoquy, h. c^{ne} d'Itsatsou. — *Issoqui*, 1690 (collations du dioc. de Bayonne).
Idaux, c^{on} de Mauléon. — *Sent-Pee d'Udaus*, 1454; *Ydauze*, 1479 (ch. du chapitre de Bayonne). — *Hidaus*, 1482 (not. de Larreule, n° 1, f° 12). — *Idauns, Ideaux*, 1775 (intendance). — *Idaux-Mendy*, depuis la réunion de Mendy : 27 juin 1842. — Le commandeur d'Ordiarp avait droit de présentation à la cure d'Idaux, qui avait pour annexe Saint-Martin de Mendy.
Idernes, fief, c^{ne} d'Abos. — *Ydernas*, 1538; *Ydernes*, 1546 (réform. de Béarn, B. 754; 833). — Le fief d'Idernes était vassal de la vicomté de Béarn.
Idernes, vill. c^{ne} d'Aurions; anc. c^{ne} réunie à Aurions en 1844. — *Ydernes*, 1385 (cens.). — *Ydernas*, v. 1540 (réform. de Béarn, B. 786, f° 29). — En 1385, Idernes ressortissait au baill. de Lembeye et comprenait 8 feux.
Idiondo (L'), ruiss. qui arrose la c^{ne} d'Ainhice-Mongélos et se jette dans l'Arangorry.
Idoco, mont. c^{ne} de Saint-Étienne-de-Baïgorry, sur la frontière d'Espagne.
Idron, c^{on} de Pau-Est. — *Idronium*, xie s^e (cart. de l'abb. de Saint-Pé, d'après Marca, Hist. de Béarn, p. 291). — *Ydroo*, 1385; *Ydro*, 1402 (cens.). — *Sent Germe de Ydroo*, 1505 (not. d'Assat, n° 3, f° 21). — En 1385, Idron ressort. au baill. de Pau et comprenait 22 feux. — La baronnie d'Idron, créée en 1655, comprenait aussi Higuères et était vassale de la vicomté de Béarn.
Igon, c^{ne} de Clarac; mentionné au xiie s^e (cart. de l'abb. de Saint-Pé, d'après Marca, Hist. de Béarn, p. 432). — *Ygon*, 1385 (cens.). — *Igoo*, 1535; *Yguon*, 1538 (réform. de Béarn, B. 704, f° 160;

828). — En 1385, Igon ressort. au baill. de Nay et comptait 35 feux.

IGUELHERRY, mont. c^{nes} de Hélette et de Mendionde.

IGUSCAY, montagne, c^{ne} d'Itsatsou, sur la frontière d'Espagne.

IHARCE (LE MOULIN D'), c^{ne} de la Bastide-Clairence, sur la Joyeuse.

IHARCEGARAYA, h. c^{ne} de Sare.

IHARTÉ (L'), ruiss. qui arrose la c^{ne} de Briscous et se perd dans l'Ardanavie.

IHAURY (L'), ruiss. qui coule sur la c^{ne} d'Itsatsou et se jette dans la Nive.

IHERNNOTS (L'), ruiss. qui prend sa source dans la c^{ne} d'Arbouet-Sussaute et se jette dans le Saison, après avoir arrosé les c^{nes} d'Osserain-Rivareyte et d'Autevielle-Saint-Martin-Bidéren.

IHICOBURIA, pèlerinage, c^{ne} d'Ossas-Suhare.

IHINS, h. c^{ne} de Saint-Pée-sur-Nivelle.

IHIXART (L'), ruiss. qui sert de limite aux c^{nes} de Sauguis-Saint-Étienne et de Trois-Villes, arrose Menditte et se jette dans le Saison.

IHOLDY, arrond. de Mauléon. — *Sanctus Joannes d'Iholdy*, 1755 (collations du dioc. de Bayonne).

En 1790, le canton d'Iholdy, dépendant du district de Saint-Palais, était composé des communes d'Armendarits, Hélette, Iholdy, Irissarry, Lantabat et Suhescun.

ILBARRITS, h. c^{ne} de Bidart. — *Ilbarritz*, 1761 (collations du dioc. de Bayonne). — Il y avait une prébende de ce nom fondée dans l'église de Bidart.

ÎLE (L'), éc. c^{ne} de Ramous. — *Ung parsaa apperat la Irle qui lo Gabe a getat devers lo costat de Belloc*, vers 1540 (réform. de Béarn, B. 801, f° 26).

ILHARRE, c^{on} de Saint-Palais. — *Ilarre*, 1513 (ch. de Pampelune). — *Ylharra*, 1519 (ch. de Soule, E. 470). — *Ylharre*, *Ylarre*, 1621 (Martin Biscay).

ILHARRE, fief, c^{ne} de Larribar; vassal du royaume de Navarre.

ILHÉE, h. détruit, aujourd'hui lande, c^{ne} de Lescar, dans le Pont-Long. — *Ilhe*, 1121 (cart. de Lescar, d'après Marca, Hist. de Béarn, p. 375). — *Ylhee*, 1337 (cart. d'Ossau, f° 245). — Le hameau d'Ilhée fut détruit, en 1337, par les habitants de la vallée d'Ossau.

ILHUNO (L'), ruiss. qui coule sur la c^{ne} de la Fonderie et se jette dans le Hayra.

ILLASSE, lande, c^{ne} d'Esquiule. — *La boerie de Laduix aperade Ylasse*, 1385 (cens. f° 24). — *Ilasse*, 1465; *Ilassa*, 1470 (not. d'Oloron, n° 4, f°s 79 et 212). — *Ylaze*, 1538; *Yllasse*, 1548 (réform. de Béarn, B. 759; 848, f° 19). — Le fief d'Illasse relevait de la baronnie de Mesplès.

ILLECQ (L'), ruiss. qui arrose la c^{ne} d'Aydius et se jette dans le Gabarret.

IMAGINE (LE CHEMIN DE L'), c^{ne} de Lasseubétat.

IMBÉLESTÉGUY (L'), ruiss. qui prend sa source dans les Pyrénées espagnoles, entre en France sur la c^{ne} d'Urepel et s'y jette dans la Nive de Baïgorry.

INCAMPS, fief, c^{nes} de Bénéjac et de Coarraze. — *La maison de Incamp, scituade a Coarrasa*, 1538 (réform. de Béarn, B. 840). — *La domengedure deu Clos autrement de Incamps de Beneyac*, 1575 (reg. des États de Béarn). — *La domenjadure d'Incans*, 1666 (réform. de Béarn, B. 677, f° 7). — Ce fief relev. de la vicomté de Béarn.

INDA (L'), ruiss. qui coule sur la c^{ne} d'Urrugne et se jette dans l'Unxain.

INJUSTE (LE CHEMIN DE L'), mène de la c^{ne} de Poey (c^{on} d'Oloron-Sainte-Marie-Est) à Ledeuix.

INSHARGA (L'), ruiss. qui arrose la c^{ne} de Saint-Pée-sur-Nivelle et se jette dans la Nivelle.

INTHALATZIA, h. c^{ne} de Larressore.

INTHARTÉ (L'), ruiss. qui arrose la c^{ne} d'Armendarits et se perd dans le Béhobie.

IPHARCÉ, f. et fief, c^{ne} de Çaro. — *Iparse*, 1665 (reg. des États de Navarre). — Ce fief. était vassal du royaume de Navarre. — Il y avait une prébende de ce nom dans l'église de Çaro.

IPHARIS, f. c^{ne} d'Ordiarp. — *Ipariüs*, 1474 (contrats d'Ohix, f° 42).

IPHARLA, mont. c^{ne} de Saint-Étienne-de-Baïgorry, sur la frontière d'Espagne.

IPHARLATXÉ (LE COL D'), c^{nes} de Lantabat et d'Ostabat-Asme.

IPHARRAGUER, mont. c^{ne} d'Estérençuby, sur la frontière d'Espagne.

IPHARRAGUER (L'), ruiss. qui coule sur la c^{ne} de Cambo et se perd dans l'Urcuray.

IPY, mont. c^{nes} de Cette-Eygun et d'Etsaut.

IRABIE (L'), ruiss. qui sert de limite à la c^{ne} de Lécumberry du côté de l'Espagne et se jette dans la rivière d'Iraty.

IRAÇABAL, f. c^{ne} d'Espelette. — *Hirassabal*, 1686 (collations du dioc. de Bayonne).

IRAÇABAL, f. c^{ne} de Saint-Jean-de-Luz. — *Iradcesabau*, 1235 (cart. de Bayonne, f° 29).

IRACELHAY (LE COL D'), c^{nes} d'Ossès et de Saint-Étienne-de-Baïgorry.

IRANDATS, chât. c^{ne} d'Urrugne. — *Irandatz*, XIIe s^e (cart. de Bayonne, f° 9).

IRAPISTIA, pèlerinage, c^{nes} d'Irissarry et d'Ossès.

IRATÇABALÉTACO-IBARRA (L'), ruiss. qui arrose les communes de Larrau et de Mendive et se jette dans le Hurbelça.

IRATY (L'), riv. qui prend sa source dans les Pyrénées espagnoles, arrose en France une partie du territ. de Lécumberry et se jette en Espagne dans le Rio Aragon, près de Sanguesa.

La forêt d'Iraty couvre une partie des c^{nes} de Larrau, de Lécumberry et de Mendive; elle s'étend aussi sur le versant espagnol des Pyrénées.

IRATY (L'), ruiss. qui arrose les c^{nes} de Jaxu et de Bustince-Iriberry et se jette dans le Harçuby.

IRAU (L'), ruiss. qui coule sur la c^{ne} de Lécumberry et se jette dans l'Irabie.

IRAUCOTUTURU, mont. c^{ne} de Lécumberry.

IRE, mont. c^{nes} d'Arette et d'Osse.

IRÉGUY (LE COL D'), c^{nes} de Juxue et de Saint-Just-Ibarre. — Le ruiss. d'Iréguy prend sa source près de ce col et se jette dans la Bidouse.

IREY (LE COL D'), c^{nes} d'Estérençuby et de Saint-Michel.

IRIARD, f. c^{ne} de Barcus; mentionnée en 1520 (coutume de Soule).

IRIARD, f. c^{ne} de Menditte; mentionnée en 1520 (coutume de Soule).

IRIART, f. c^{ne} de Camou-Cihigue; mentionnée en 1520 (coutume de Soule).

IRIART, f. c^{ne} de Licq-Athérey; mentionnée en 1520 (coutume de Soule).

IRIART, f. c^{ne} d'Ossas-Suhare; mentionnée en 1520 (coutume de Soule).

IRIARTIA, f. c^{ne} de Sauguis-Saint-Étienne; mentionnée en 1520 (coutume de Soule).

IRIBARNE, f. c^{ne} d'Aussurucq; mentionnée en 1520 (coutume de Soule).

IRIBARNE, f. c^{ne} d'Ossas-Suhare; mentionnée en 1520 (coutume de Soule).

IRIBARNE (L'), ruiss. qui limite la c^{ne} de Lahonce et celle de Mouguerre; il se perd dans l'Adour.

IRIBARNE (L'), ruiss. qui prend sa source à Trois-Villes et se jette dans le Saison, après avoir arrosé Sauguis-Saint-Étienne.

IRIBARNIA, f. c^{ne} de Méharin. — *Iribarren*, 1513 (ch. de Pampelune). — *Yribarne*, 1621 (Martin Biscay).

IRIBERRY, h. c^{ne} d'Ossès. — *Villanueva*, 1513 (ch. de Pampelune).

IRIBERRY, vill. c^{ne} de Bustince; anc. c^{ne}. — *Villanova*, 1513 (ch. de Pampelune). — *Villanueva*, 1621 (Martin Biscay). — *Villeneuve vulgairement appelé Iriberry*, 1708 (reg. de la commanderie d'Aphat-Ospital). — (Villeneuve est la traduction du mot basque *Iriberry*.)

IRIDOY, mont. c^{nes} de Lanne et de Montory.

IRIGARAY, fief, c^{ne} d'Alçay-Alçabéhéty-Sunharette; mentionné en 1385 (coll. Duch. vol. CXIV, f° 43). — Ce fief était vassal de la vicomté de Soule.

IRIGOYEN, f. c^{ne} d'Ossas-Suhare. — *Irigoyhen*, 1520 (coutume de Soule).

IRISSANRY, c^{on} d'Iholdy; anc. commanderie de Malte.— *Hospital et oratorium de Irizuri*, 1186 (cart. de Bayonne, f° 32). — *Irissarri*, 1352 (coll. Duch. vol. CXIV, f° 186). — *Ospital de Sent Johan de Irisarri*, 1518 (ch. du chap. de Bayonne). — *Yrisarri*, 1621 (Martin Biscay). — Le commandeur présentait aux cures d'Irissarry et de Jaxu.

IRISSUNA, île dans la Bidassoa, c^{ne} d'Urrugne; mentionnée en 1511 (coll. Duch. vol. CXIV, f° 287).

IROULÉGUY, c^{ne} de Saint-Étienne-de-Baïgorry. — *Irulegui*, 1513 (ch. de Pampelune). — *Yrulegui*, 1621 (Martin Biscay). — *Sanctus Vincentius de Iruleguy*, 1764 (collations du dioc. de Bayonne).

IROURTET (L'), ruiss. qui prend sa source dans le bois de Josbaig, sur la c^{ne} de Géronce, et se jette dans l'Agrioulet, après avoir arrosé la c^{ne} de Saint-Goin.

IROY (LE BOIS D'), c^{ne} de Beyrie (c^{on} de Saint-Palais).

IROY (LE COL D'), c^{nes} de Bussunarits-Sarrasquette et de Gamarthe.

IRUMBERRY, chât. c^{ne} de Saint-Jean-le-Vieux.— *La salle d'Irumberri*, 1328 (coll. Duch. vol. CXIV, f° 172). — *Yrumberri*, 1621 (Martin Biscay). — Ce fief relevait du roy. de Navarre.

IRUMENDY, h. détruit, c^{ne} d'Anglet. — *Yrumendie*, XIIe s^e; *Irumendie*, XIIIe s^e (cart. de Bayonne, f°s 10 et 13).

IRUN, chât. c^{ne} de Mendionde. — *Iron*, 1693 (collations du dioc. de Bayonne). — Il y avait dans l'église de Mendionde une prébende de ce nom.

IRUSSU, mont. c^{ne} de Bidarray.

ISALE (LA FORGE D'), c^{ne} de Louvie-Soubiron.

ISALIBARNÉ, h. c^{ne} de Gabat. — *Ysale*, 1621 (Martin Biscay).

ISARBE (LA FORÊT D'), c^{nes} de Lanne et de Sainte-Engrace.

ISCIATE, pèlerinage, c^{ne} d'Irissarry.

ISELETS (LES), éc. c^{ne} de Poey (c^{on} d'Oloron-Sainte-Marie-Est).

ISLE (L'), h. c^{ne} de Lahonce.

ISOSTE, fief, c^{ne} d'Orègue; était vassal du royaume de Navarre.

ISPÉGUY, h. c^{ne} de Saint-Étienne-de-Baïgorry. — Le ruiss. d'Ispéguy coule sur la c^{ne} de Saint-Étienne-de-Baïgorry et se jette dans la Nive de Baïgorry.

ISPOURE, c^{on} de Saint-Jean-Pied-de-Port. — *Yspore de la terre de Sisie*, 1472 (not. de la Bastide-Villefranche, n° 2, f° 21). — *Izpura*, 1513 (ch. de Pampelune). — *Yzpura*, 1621 (Martin Biscay). — *Sanctus Laurentius d'Ispoure*, 1685 (collations du dioc. de Bayonne). — La paroisse d'Ispoure avait pour annexe le prieuré de la Madeleine (c^ne de Saint-Jean-le-Vieux) et elle dépendait de l'abbaye de Lahonce.

Issaca (L'), ruiss. qui prend sa source à Saint-Pée-sur-Nivelle et se jette à Saint-Jean-de-Luz dans le golfe de Gascogne.

Issalaya, mont. c^ne d'Ascain.

Isseaux (La Forêt d'), c^ne d'Osse.

Isson (L'), ruiss. qui arrose la c^ne de Sarrance et se jette dans le Gave d'Aspe.

Isson, c^on d'Aramits. — *Isoo*, XIIIe s^e (for de Barétous). — *Içor*, 1270 (ch. d'Ossau). — *Issoo en Baratos*, 1385; *Ysoo*, XIVe s^e (cens.). — *Yssoo*, 1444 (reg. de la Cour Majour, B. 1, f° 240). — *Yssor, Ysso*, 1538 (réform. de Béarn, B. 826 et 833). — *Sent Joan d'Isso*, 1655 (insin. du dioc. d'Oloron). — Le fief d'Issor était vassal de la vicomté de Béarn.

Istillarte, h. c^ne de Sare.

Isturits, c^on de la Bastide-Clairence. — *Isturiz*, 1321 (ch. de la Camara de Comptos). — *Izturiz*, 1513 (ch. de Pampelune). — *Sancta Eulalia d'Isturits*, 1754 (collations du dioc. de Bayonne).

Itçaléta, mont. c^nes de Béhorléguy et de Mendive.

Itchasuéguy, mont. c^nes d'Arnéguy et de Saint-Michel.

Itchax (L'), ruiss. qui coule sur la c^ne de Lescun et se jette dans le Gave d'Ansabé.

Ithamastoy (L'), ruiss. qui arrose la c^ne de Saint-Étienne-de-Baïgorry et se jette dans le ruisseau de la Bastide.

Ithancé, redoute, c^ne de Souraïde.

Ithola, f. c^ne d'Ossès; mentionnée en 1675 (réform. d'Ossès, B. 687, f° 20).

Ithola, h. c^ne de Lasse.

Ithorots, c^on de Saint-Palais. — *Itorrotz*, 1469; *Utorrotz*, 1478; *Uturrotz*, vers 1480; *Ytorrotz*, 1482 (contrats d'Ohix, f° 46, 53, 64, 102). — *Ithorots-Olhaïby*, depuis la réunion d'Olhaïby. — Il y avait à Ithorots une abbaye laïque vassale de la vicomté de Soule.

Ithorrondo, f. c^ne d'Arraute-Charritte. — *Yturrondo*, 1621 (Martin Biscay).

Ithuncuilo (L'), ruiss. qui arrose les c^nes d'Anhaux et de Lasse et se jette dans l'Airi.

Ithurralde (L'), ruiss. qui coule à Irissarry et se perd dans l'Uharté.

Ithurramburu, mont. c^nes d'Estérençuby et de Lécumberry.

Ithurrantia (L'), ruiss. qui arrose la c^ne d'Espelette et se mêle au ruisseau Bassabure.

Ithurréto (L'), ruiss. qui coule sur la c^ne des Aldudes et se jette dans la Nive de Baïgorry.

Ithurry (L'), ruiss. qui sort des Pyrénées espagnoles, arrose la c^ne d'Urepel et se perd dans la Nive de Baïgorry.

Itsalquy, h. c^ne d'Ispoure.

Itsatsou, c^on d'Espelette. — *Sanctus Fructuosus d'Itsatzou*, 1685 (collations du dioc. de Bayonne). — Union, 1793.

Itturriste, fief, c^ne de Bussunarits; vassal du royaume de Navarre.

Iustéguy, maison noble du Labourd, c^ne de Ciboure.

Izabe (Le Pic d'), c^nes d'Accous, de Cette-Eygun et de Laruns. — Le lac d'Izabe est dans la c^ne de Laruns.

Izarthes (Les), landes, c^nes de Mazerolles et d'Uzan. — *Le terroir d'Isarté où estoit batie une église*, 1649 (ch. de Larreule, F F). — *Izarthe*, 1777 (terrier de Mazerolles, E. 314).

Izaure, f. c^ne d'Accous. — *Usaure*, 1376 (montre militaire, f° 76). — *Ixaure, Isaurs, Isaure*, 1385 (cens. f° 73).

Izeste, c^on d'Arudy. — *Yseste*, 1270 (ch. d'Ossau). — *Issesta*, 1614 (réform. de Béarn, B. 817). — *Sent Estienne d'Izesta*, 1621 (insin. du dioc. d'Oloron). — Il y avait une abbaye laïque vassale de la vicomté de Béarn. — En 1385, Izeste comprenait 12 feux et ressort. au baill. d'Ossau.

Izou, mont. c^ne d'Asson.

Izterbéguy, montagne, c^ne d'Urepel, sur la frontière d'Espagne.

J

Jagou, f. c^ne d'Aubertin. — *Jaguo*, 1385 (cens. f° 56).

Jagou, h. c^ne de Garos. — *Jago*, 1343 (hommages de Béarn, f° 34). — *Jaguo*, 1538 (réform. de Béarn, B. 846). — *Jagon*, 1749 (reg. du parlement de Navarre, f° 183). — Il y avait une abbaye laïque vassale de la vicomté de Béarn.

Jalar, h. c^ne de Sare.

Jalday, f. c^ne de Saint-Jean-de-Luz. — *Jaldai*, 1233 (cart. de Bayonne, f° 28).

Janits, h. c^ne de Lécumberry; anc. paroisse. — *Yaniz*, 1513 (ch. de Pampelune). — *Sanctus Martinus de Janits*, 1763 (collat. du dioc. de Bayonne).

Jarra, mont. c^nes de Béhorléguy et d'Ossès. — Un ruisseau du même nom descend de cette montagne et se jette à Saint-Étienne-de-Baïgorry dans la Nive de Baïgorry.

Jasses, c⁽ᵒⁿ⁾ de Navarrenx. — *Jaces*, xıᵉ sᵉ; *Iaçes*, 1193 (ch. de Sauvelade, d'après Marca, Hist. de Béarn, p. 272 et 504). — *Sent Bertomiu de Iasses*, 1388 (not. de Navarrenx). — En 1385, Jasses comptait 22 feux et ressort. au baill. de Navarrenx. — La baronnie de Jasses, créée en 1644, relevait de la vicomté de Béarn et comprenait Araujuzon, Araux, Jasses, Montfort et Viellenave (cᵒⁿ de Navarrenx).

Jasses, chât. cⁿᵉ de la Bastide-Villefranche. — *La poble aperade de Jasses*, 1439 (contrats de Carresse, fᵒ 89).

Jasses, fief, cⁿᵉ de Denguin; mentionné en 1538 (réform. de Béarn, B. 839). — Ce fief était vassal de la vicomté de Béarn.

Jatxou, cᵒⁿ d'Ustaritz. — *Jathsu*, 1253; *Jatsu*, 1264 (cart. de Bayonne, fᵒˢ 49 et 65). — *Jatsou*, 1686 (collat. du dioc. de Bayonne).

Jaupins (Les), h. cⁿᵉ d'Aydius.

Jaura (Le pic de), cⁿᵉ de Sainte-Engrace.

Jauréduéty, fief, cⁿᵉ de Charre. — *L'ostau de Jauribeheti*, 1385 (cens. fᵒ 14). — Ce fief était vassal de la vicomté de Béarn et ressort. au baill. de Sauveterre.

Jaurégain, fief, cⁿᵉ d'Ossas-Suhare. — *Jaurgain*, xvııᵉ sᵉ (ch. d'Arthez-Lassalle). — Ce fief relevait de la vicomté de Soule.

Jauréguia, f. cⁿᵉ d'Arcangues.

Jauréguia, f. cⁿᵉ de Mendionde. — *Jauregui*, 1693 (collat. de Bayonne). — Il y avait une prébende de ce nom dans l'église de Mendionde.

Jauréguiberry, f. cⁿᵉ de Camou-Cihigue. — *Jaureguivari*, 1520 (cout. de Soule).

Jauréguiberry, fief, cⁿᵉ d'Espès-Undurein. — *Jaureguiberri d'Undurain*, xvııᵉ sᵉ (ch. d'Arthez-Lassalle). — Ce fief relevait de la vicomté de Soule.

Jauréguiberry, fief, cⁿᵉ de Gotein-Libarrenx, à Libarrenx; mentionné en 1385 (coll. Duch. vol. CXIV, fᵒ 43), il était vassal de la vicomté de Soule.

Jauréguiberry, fief, cⁿᵉ de Menditte; mentionné au xvııᵉ siècle (ch. d'Arthez-Lassalle), il relevait de la vicomté de Soule.

Jauréguiberry-Harra, h. cⁿᵉ de Barcus.

Jauréguissahar, fief, cⁿᵉ de Menditte. — *Jaureguisahar*, xvııᵉ sᵉ (ch. d'Arthez-Lassalle); vassal de la vicomté de Soule.

Jauréguy, f. cⁿᵉ de Bardos; mentionnée en 1756 (collations du dioc. de Bayonne).

Jauréguy, f. cⁿᵉ d'Orègue. — *Jauregui*, 1621 (Martin Biscay).

Jauréguy, fief, cⁿᵉ d'Amendeuix; vassal du royaume de Navarre.

Jauréguy, fief, cⁿᵉ d'Anhaux; vassal du royaume de Navarre.

Jauréguy, fief, cⁿᵉ d'Ascarat; il relevait du royaume de Navarre.

Jauréguy, fief, cⁿᵉ d'Ispoure; il relevait du royaume de Navarre.

Jauréguy, fief, cⁿᵉ d'Ostabat-Asme; vassal du royaume de Navarre.

Jaut, mont. cʰᵉˢ de Castet, de Louvie-Juzon et de Louvie-Soubiron. — *Jaud*, 1443 (reg. de la Cour Majour, B. 1, fᵒ 122).

Jaxu, cᵒⁿ de Saint-Jean-Pied-de-Port. — *Jaxou*, 1703 (reg. des visites du dioc. de Bayonne). — La cure de Jaxu était à la présentation du commandeur d'Irissarry.

Jeandouet (Le ruisseau de), coule sur la cⁿᵉ de Corbères-Abère-Domengeux et se jette dans l'Arcis.

Jean-d'Amou, h. cⁿᵉ de Bayonne.

Jean-de-Béarn, f. cⁿᵉ de Biron. — *Joan de Béarn*, 1777 (terrier de Biron, E. 253).

Jean-de-Pès (Le ruisseau de), sert de limite aux communes de la Bastide-Clairence et d'Orègue et se jette dans l'Arberoue.

Jeandoy (Le), ruiss. qui coule sur la cⁿᵉ de Sainte-Engrace et se perd dans l'Uhaïtxa.

Jeantet (Le), ruiss. qui arrose la cⁿᵉ d'Aydie et se jette dans le Sagé.

Joaluce (Le ruisseau de), arrose la cⁿᵉ d'Urepel et va se perdre dans l'Otçorots.

Joanna, f. cⁿᵉ de Bassussarry.

Joers ou Jouers, vill. cⁿᵉˢ d'Accous. — *Joertz*, 1345 (hommages de Béarn, fᵒ 39). — En 1385, Joers comprenait 6 feux et ressort. au baill. d'Aspe.

Jolis, f. cⁿᵉ de Gan. — *Lo Joliu, Joris*, vers 1540 (réform. de Béarn, B. 785, fᵒ 128).

Jollettes (Les), fief, cⁿᵉ de Ledeuix; dép. de la seigneurie de Ledeuix; mentionné en 1758 (maîtrise des eaux et forêts, B. 4050).

Joos (Le), riv. qui prend sa source à Oxoaix (cⁿᵉ de Tardets-Sorholus), traverse Barcus, Esquiule, Orin, Géronce, Saint-Goin, Geus, et se jette à Préchacq-Josbaig dans le Gave d'Oloron. — *Lo Jos*, 1444 (contrats de Carresse, fᵒ 307). — *Le Jois*, 1666 (réform. de Béarn, B. 662, fᵒ 9).

Josbaig (La vallée de), arrond. d'Oloron et d'Orthez, comprend les cⁿᵉˢ d'Aren, Esquiule, Géronce, Geus (cᵒⁿ d'Oloron-Sainte-Marie-Ouest), Orin, Préchacq-Josbaig et Saint-Goin. — *Iausbag, Yausbag*, 1249 (not. d'Oloron, nᵒ 4, fᵒ 50). — *Josbag*, xıııᵉ sᵉ (fors de Béarn). — *La bag de Geus, Jeus-Bag*, 1328 (contrats de Barrère). — *Yeusbag*, 1368 (ch. de Béarn). — *Josbacum*, 1384 (not. de Navarrenx).

— *Jousbaig*, 1477 (priviléges d'Aspe, f° 25). — *Geusbaxs, lo boscq de Geusbagt*, 1538; *Josbaix*, 1675 (réform. de Béarn, B. 660, f° 370; 716, f° 3; 856). — La notairie de Josbaig, dont le chef-lieu était Géronce, avait pour ressort Aren, Dous, Geus, Orin, Préchacq-Josbaig et Saint-Goin; au XIV° s°, elle était jointe à celle de Navarrenx. — La vallée de Josbaig tire son nom de la rivière de Joos, qui l'arrose.

JOSSET (LE), ruiss. qui prend sa source à Esquiule et se jette dans le Joos, après avoir arrosé Moumour et Géronce. — *Lo Josseg*, 1462; *lo Joseg*, 1465 (not. d'Oloron, n° 4, f°˙ 8 et 63).

JOY (LE), ruiss. qui coule sur la c^ne d'Orthez et se jette dans l'Oursòo, près de Bernet.

JOYEUSE (LA), riv. qui prend sa source à Armendarits et se jette à Amendeuix-Oneix dans la Bidouse, après avoir arrosé Lantabat, Beyrie et Saint-Palais.

JOYEUSE (LA) ou L'ARAN, riv. qui prend sa source à Mendionde et se jette à Urt dans l'Adour, après avoir traversé les c^nes de Bonloc, Hasparren, Ayherre, la Bastide-Clairence et Bardos.

JUILLAC, vill. c^ne de Maspie; anc. commune réunie à Maspie en 1842. — *Jullac*, XII° s°; *Saint-Pierre de Julhac*, 1227 (Marca, Hist. de Béarn, p. 453 et 571). — *Jullaq*, 1777 (terrier de Gerderest, E. 190). — Il y avait une abbaye laïque vassale de la vicomté de Béarn. — En 1385, Juillac ressortissait au baill. de Lembeye et comprenait 23 feux.

JUNCA (LE), éc. c^ne d'Aressy.

JUNCA (LE), ruiss. qui prend sa source sur la c^ne de Ger, sort du départ. des Basses-Pyrénées, y rentre à Montaner et se jette dans le Lys.

JUNQUÉ (LE), place publique, c^ne de Jurançon. — *Lo padoent aperat lo Junquee*, 1488 (not. de Pau, n° 3, f° 26).

JUPITER, éc. c^ne de Bayonne.

JURANÇON, c^on de Pau-Ouest. — *Jurenco*, 1263 (coll. Du Cange, n° 1226). — *Juransoo*, XIII° s° (fors de Béarn). — *Duransoo, Duranson*, 1376 (montre milit. f° 96). — *Juránssoo*, 1385 (cens.). — *Nostre-Done de Juranson*, 1484 (not. de Pau, n° 1, f° 38).

— *Guranso, Guiranso*, 1538; *Sanct-Johan de Jurançon*, vers 1540 (réform. de Béarn, B. 785, f° 92; 834). — Il y avait une abbaye laïque vassale de la vicomté de Béarn. — En 1385, Jurançon ressort. au baill. de Pau et comptait 54 feux.

JUREN, h. c^ne de Saint-Médard. — *Jurent*, 1504 (not. de Garos). — Le ruisseau de Juren prend sa source à Castéide-Candau, arrose Saint-Médard et Labeyrie et se jette dans le Luy-de-Béarn.

JUREN (LE), ruiss. qui prend sa source à Arthez et se jette dans le Gave de Pau, après avoir traversé Argagnon-Marcerin. — En 1385, il y avait dans la c^ne d'Arthez *l'ostau de Juren* (cens. f° 41).

JURQUE, f. c^ne de Jurançon; mentionnée en 1385 (cens. f° 50). — Le fief de Jurque, créé en 1617, était vassal de la vicomté de Béarn.

JUSCLE (LA), ruiss. qui prend sa source dans la c^ne de Gan, arrose Artiguelouve et Arbus et se jette dans le Gave de Pau. — *La Juscla*, 1540 (réform. de Béarn, B. 725, f° 241).

JUSCLET (LE), ruiss. qui coule sur la c^ne d'Aubertin et se perd dans la Juscle. — *Le Jusclot*, 1775 (terrier de Tarsacq, E. 290).

JUSGLA, h. c^ne de Sault-de-Navailles.

JUSON, fief, c^ne de Masparraute; vassal du royaume de Navarre.

JUSTICES (LES), éc. c^ne de Bougarber. — Le chemin des Justices mène de Bougarber au ruisseau de Loussy.

JUSTICES (LES), éc. c^ne de Castetner.

JUSTICES (LES), éc. c^ne de Lembeye. — *Las Justicies*, 1675 (réform. de Béarn, B. 649, f° 265).

JUSTICES (LES), éc. c^ne de Lescar. — *Las Justicis*, 1643 (cens. de Lescar, f° 590); anc. dépendance de la seigneurie du Laur.

JUSTICES (LES), tertre, c^ne de Sauveterre; lieu d'exécution. — *Las Justicis*, 1675 (réform. de Béarn, B. 680, f° 33).

JUXUE, c^on d'Iholdy. — *Judsue*, XIII° s° (coll. Duch. vol. CXIV, f° 47). — *Jutsue*, 1472 (not. de la Bastide-Villefranche, n° 2, f° 21). — On dit en basque *Yutsia*.

L

LÀA, c^on de Lagor. — *Sanctus Estephen de Lar*, X° s° (cart. de l'abb. de Sordes, d'après Marca, Hist. de Béarn, p. 229). — *Làa-Mondrans*, depuis la réunion de Mondrans. — Il y avait à Làa une abbaye laïque vassale de la vicomté de Béarn. — En 1385, Làa ressort. au baill. de Larbaig et comprenait 32 feux. — Cette commune tire son nom du ruisseau de Làa, qui l'arrose.

LÀA, fief, c^ne de Maslacq. — *Larr*, 1343 (hommages de Béarn, f° 30). — Le fief de Làa était vassal de la vicomté de Béarn et ressortissait au baill. de Larbaig.

Làa (Le), ruiss. qui prend sa source à Lucq-de-Béarn et se jette dans le Gave de Pau, après avoir arrosé les c^{nes} de Lagor, Vielleségure, Sauvelade, Maslacq, Loubieng, Làa-Mondrans et Sainte-Suzanne. — *Lo Lar*, 1298 (ch. de Maslacq, E. 360). — *Lo Laar*, 1345 (not. de Pardies, n° 2, f° 124). — *Lo Larr*, 1345 (hommages de Béarn, f° 37).

Làas, c^{on} de Sauveterre; mentionné en 1205 (ch. de Bérérenx, E). — *Sent-Bertomiu de Laas*, *Lus*, 1384 (not. de Navarrenx). — Il y avait dès 1538 un bac sur le Gave d'Oloron : *la nau de Laas* (réform. de Béarn, B. 820). — En 1385, Làas comprenait 20 feux et ressort. au baill. de Navarrenx. — La baronnie de Làas, érigée en 1610, relevait de la vicomté de Béarn.

Làas (Le), ruiss. qui prend sa source à Boast (c^{ne} de Coslédàa) et se jette à Sévignacq (c^{on} de Thèze) dans le Lasset.

Làay (Le), f. c^{ne} de Castétis.

Labader (Le), éc. c^{ne} de Lembeye; mentionné en 1675 (réform. de Béarn, B. 649, f° 260).

Labadie (Le ruisseau), arrose Simacourbe et Juillac et se perd dans le Léès. — Il tire son nom de l'abbaye laïque de Juillac. — La véritable orthographe est l'Abbadie.

Labailh, h. c^{ne} de Salies.

Labasse, f. c^{ne} de Baigts. — *La Basse*, v. 1540 (réform. de Béarn, B. 802, f° 21). — Le véritable nom paraît être la Basse.

Labasse, f. c^{ne} de Cuqueron. — *Las Basses*, 1385 (cens. f° 36). — Le nom de cette ferme devrait s'écrire la Basse.

Labassère, f. c^{ne} de Montaner. — *Labasere*, 1547 (réform. de Béarn, B. 756, f° 6). — La baronnie de Labassère, créée en 1664, était vassale de la vicomté de Béarn.

Labasses (Les), ruiss. qui arrose la c^{ne} d'Asson et se jette dans l'Arriu-Sec.

Labat, f. c^{ne} de Castetbon. — *Labbat de Bauta*, 1581 (réform. de Béarn, B. 808, f° 48).

Labat, f. c^{ne} de Castillon (c^{on} d'Arthez). — *La Bay*, 1385 (cens. f° 45). — Le véritable nom est la Bat.

Labat, fief, c^{ne} d'Estos; créé en 1607, vassal de la vicomté de Béarn.

Labat, h. c^{ne} de Pontacq.

Labatmale, c^{on} de Pontacq; village qui dépendait autrefois de la c^{ne} de Coarraze. — *Villa de Bas*, XIe s^e (Marca, Hist. de Béarn, p. 451).

Labatut, f. c^{ne} de Lucq-de-Béarn; mentionnée en 1385 (cens. f° 30).

Labatut-Figuère, c^{on} de Montaner. — *Labatut-Figuera*, 1536 (réform. de Béarn, B. 806, f° 41). — *Labatut-Figuière*, 1728 (dénombr. de Labatut, E. 32). — En 1385, Labatut-Figuière ressort. au baill. de Montaner et comprenait 13 feux.

Labée, f. c^{ne} de Moncin. — *Laber*, v. 1540 (réform. de Béarn, B. 789, f° 123).

Labenne, f. c^{ne} de Salies. — *La Bene*, 1535; *Labena*, 1550 (réform. de Béarn, B. 705, f° 218; 741).

Laber, h. c^{ne} de Lestelle. — *Laverr*, *Laver*, 1385 (censier). — Ce hameau dépendait de l'abbaye de Saint-Pé (Hautes-Pyrénées).

Labérou (Le), ruiss. qui prend sa source à Escout et se jette à Ledeuix, dans le Gave d'Oloron après avoir arrosé les c^{nes} de Précillon, Goès, Oloron et Estos. — *L'hostau d'Avero* (à Estos), 1433 (not. d'Oloron, n° 3, f° 9). — *Lo riu aperat Aberon*, 1538 (réform. de Béarn, B. 847). — Le véritable nom est l'Abérou.

Labérou (Les bains de), c^{rie} de Lescun. — Le ruisseau de Labérou y prend sa source et se jette dans la Hourque de Lauga.

Labétoure, f. c^{ne} de Montfort. — *Labetore*, 1385 (cens. f° 28).

Labets, c^{on} de Saint-Palais. — *Labedz*, 1120 (cart. de l'abb. de Sordes, p. 21). — *Labetz*, 1472 (not. de la Bastide-Villefranche, n° 2, f° 22). — *Labez*, 1513 (ch. de Pampelune). — *Labets-Biscay*, depuis la réunion de Biscay : 12 mai 1841.

Labeyrie, c^{on} d'Arthez. — *La Beyria*, 1538 (réform. de Béarn, B. 833). — La cure de Labeyrie était une annexe de celle de Lacadée. — Labeyrie dép. de la subdélégation de Saint-Sever (départ. des Landes). — Le véritable nom serait la Beyrie.

Labeyrie, h. c^{ne} de Saint-Médard.

Labiague, fief, c^{ne} de Saint-Palais; vassal du royaume de Navarre.

Labiarine (Le), h. c^{ne} des Aldudes.

Labie, f. c^{ne} de Montaut. — *La Vie*, 1535 (réform. de Béarn, B. 702, f° 124). — Le nom de cette ferme, placée sur le chemin de Montaut à Pontacq, paraît être la Bie.

Labigouer, mont. c^{nes} d'Accous et de Borce. — L'orthographe de ce nom nous semble être la Bigouer.

Labiry, h. c^{ne} de Hasparren.

Laborde, f. c^{ne} de Diusse. — Les noms écrits aujourd'hui Laborde devraient l'être en deux mots : la Borde.

Laborde, f. c^{ne} de Montagut; mentionnée en 1385 (cens. f° 66). — *Laborda*, 1559 (réform. de Béarn, B. 765, f° 23).

Laborde, fief, c^{ne} de Bordères; mentionné en 1502, vassal de la vicomté de Béarn.

Laborde, fief, c^{ne} de Guinarthe-Parenties; mentionné en 1673 (réform. de Béarn, B. 683, f° 129), vassal de la vicomté de Béarn.

LABORDE, fief créé en 1609, c^{ne} de Lagor; maison citée en 1344 (not. de Pardies, n° 2, f° 76).

LABORDE, fief, c^{ne} de Saint-Gladie-Arrive-Muncin. — *La Borda en loc d'Arribe*, 1538 (réform. de Béarn, B. 826). — Ce fief relevait de la vicomté de Béarn.

LABORDE, h. c^{ne} de Lacq.

LABOUÈRE, éc. c^{ne} de Castillon (c^{on} de Lembeye).

LABOURD (LE), pays, arrond. de Bayonne. — Borné au N. par l'Adour, à l'E. par la basse Navarre, au S. par la Navarre espagnole et à l'O. par le golfe de Gascogne, le Labourd se composait des paroisses formant les cantons d'Espelette, Saint-Jean-de-Luz et Ustaritz en entier; des cantons de Bayonne Nord-Ouest et Nord-Est, moins Bayonne et le Boucau; des paroisses de Bardos et de Guiche, du canton de Bidache; Bonloc, Hasparren, Macaye et Mendionde, du canton de Hasparren; Briscous, du canton de la Bastide-Clairence. — *Episcopatus Lasburdensis, Laburdensis*, v. 983 (ch. et cart. du chap. de Bayonne). — *Labort*, 1120 (coll. Duch. vol. CXIV, f° 34). — *Vallis quæ dicitur Laburdi*, 1186; *Labord*, XIIe s^e (cart. de Bayonne, f°s 13 et 32). — *Labourt*, 1320 (rôles gascons). — Le Labourd formait le premier archidiaconé de l'évêché de Bayonne. — Cette vicomté relevait du duché de Gascogne. — Le baill. de Labourd, dont le siége était à Ustaritz, ressortissait au Sénéchal de Bayonne et portait ses appels au Parlement de Bordeaux. — Le nom antique du Labourd était *Lapurdum*. — On dit en basque *Laphurdi*.

LABOURDADÉ, lac, c^{ne} de la Bastide-Villefranche.

LABOURT, m^{in}, c^{ne} de Sauveterre, sur le Labourt-Heuré. — *Labort*, 1385 (cens. f° 11).

LABOURT-HEURÉ (LE), ruiss. appelé aussi LES SAUQUET-AGNÈS, prend sa source à Orion et se jette dans le Gave d'Oloron, après avoir arrosé Burgaronne, Sauveterre, Athos-Aspis et Oràas. — *Saaquet* (carte de Cassini). — Le nom de Labourt vient d'un moulin placé sur son cours.

LACABANNE, f. c^{ne} de Lanneplàa. — *La Cabane de Lancplaa*, 1627 (réform. de Béarn, B. 818, f° 12). — La véritable orthographe est LA CABANE.

LACADÉE, c^{on} d'Arthez. — *La Cadeye*, 1471 (not. de la Bastide-Villefranche, n° 2, f° 4). — Ancienne baronnie. — La cure de Lacadée avait pour annexe Labeyrie. — Ce village faisait partie de la subdélégation de Saint-Sever (départ. des Landes).

LACARRAMENDY, mont. c^{nes} de Bussunarits-Sarrasquette et de Lacarre.

LACARRE, c^{on} de Saint-Jean-Pied-de-Port. — *Lecarre*, milieu du XIIe siècle (cart. de Bayonne, f° 11). — *Lekarre*, 1168; *Lacarra*, XIVe siècle (coll. Duch. vol. CXIV, f°s 35 et 171). — *Sanctus Martinus de Lacarre*, 1767 (collations du dioc. de Bayonne). — La paroisse de Lacarre était une annexe de celle de Gamarthe. — La baronnie de Lacarre relevait du royaume de Navarre.

LACARNOIX, mont. c^{nes} d'Accous et de Borce.

LACARRY, c^{ne} de Tardets. — *Lachari*, 1178 (coll. Duch. vol. CXIV, f° 36). — *Lacarri*, v. 1475 (contrats d'Ohix, f° 21). — *Laccarri*, 1520 (cout. de Soule). — *Lacarry-Arhan-Charritte-de-Haut*, depuis la réunion d'Arhan et de Charritte-de-Haut.

LACAUSE, f. c^{ne} de Sainte-Suzanne. — *Lacosa*, 1536 (réform. de Béarn, B. 713, f° 341).

LACAY, f. c^{ne} de Lagor. — *Laquay*, 1572 (réform. de Béarn, B. 796).

LACAZE, fief, c^{ne} de Lembeye. — *La Casa*, 1538 (réform. de Béarn, B. 857). — *La maison de la Caze*, 1742 (dénombr. de Lembeye, E. 33). — Le fief de Lacaze, créé en 1742, relevait de la vicomté de Béarn. — Le véritable nom est LA CAZE.

LACOA (LE), ruiss. qui prend sa source à Iholdy et se jette dans la Nive de Baïgorry, après avoir arrosé Irissarry et Ossès.

LACHÉ, église détruite, c^{ne} de Bedous; ancien prieuré du dioc. d'Oloron. — *Laxe*, XIIIe s^e (for d'Aspe). — *Sainct Johan de Laxce*, 1398 (ch. de la vallée d'Aspe). — *Sent Johan de Laxer*, 1608 (insin. du dioc. d'Oloron). — Les archives de la vallée d'Aspe étaient déposées autrefois dans cette église.

LACHEPAILLET, quartier de la c^{ne} de Bayonne. — *Lo portau de Lachepaillet*, 1516 (ch. du chapitre de Bayonne). — C'était le nom d'une des portes de Bayonne, appelée auparavant *Portail de Tarride*.

LACLERGUE, éc. c^{ne} de Gan.

LACOMMANDE, c^{ne} de Lasseube. — *Hospitale de Faget et Domus Albertini*, 1128 (ch. d'Aubertin, d'après Marca, Hist. de Béarn, p. 421). — *L'Espitau d'Aubertii*, 1344 (not. de Pardies, n° 2, f° 91). — *La Commanderie d'Aubertin*, 1768 (dénombr. d'Aubertin, E. 19). — Ancienne commanderie de Saint-Jean-de-Jérusalem fondée en 1128 sur le territ. d'Aubertin, d'abord dépendance de l'abbaye de Sainte-Christine (Espagne), puis propriété des Barnabites de Lescar au XVIIe siècle. — L'orthographe véritable est LA COMMANDE.

LACOMME, fief, c^{ne} de Garos; mentionné en 1675 (réform. de Béarn, B. 670, f° 261). — Ce fief était vassal de la vicomté de Béarn.

LACOMME, f. c^{ne} de Lagor. — *Lacoma*, 1538; *la domengerie de Lacoume*, 1674 (réform. de Béarn, B.

671, f° 107; 833). — Le fief de Lacomme était vassal de la vicomté de Béarn.

Lacomme, h. cne de Monségur; mentionné en 1675 (réform. de Béarn, B. 649, f° 348).

Lacondre (Le bois de), cne de Féas.

Lacondre (Le ruisseau), descend des montagnes de Louvie-Juzon, arrose Castet et se jette dans le Gave d'Ossau. — La Condra, 1484 (not. d'Ossau, n° 1, f° 9). — Le vrai nom paraît être la Condre.

Lacoste, f. cne de Cuqueron; mentionnée en 1385 (cens. f° 36).

Ce nom et les suivants devraient s'écrire la Coste.

Lacoste, f. cne de Gan.

Lacoste, f. cne de Lalongue; mentionnée en 1385 (cens. f° 61).

Lacoste, f. cne de Momas; citée en 1385 (cens. f° 48).

Lacoste, f. cne de Nay.

Lacoste, fief, créé en 1634, cne de Bugnein; vassal de la vicomté de Béarn.

Lacoste, h. cne de Lembeye; mentionné en 1675 (réform. de Béarn, B. 649, f° 269).

Lacoumayou, f. cne de Baigts. — Cau-Mayor, 1385 (cens. f° 8). — La Caumayo, v. 1540 (réform. de Béarn, B. 802, f° 17). — Le véritable nom paraît être la Coumayou.

Lacoumette, mont. cne de Borce.

Lacourre, mont. cne de Sainte-Engrace, sur la frontière d'Espagne.

Lacq, con de Lagor. — Ecclesiola Beati Fausti, x° s° (cart. de Lescar). — Log, 1195 (cart. de l'abb. de Sauvelade, d'après Marca, Hist. de Béarn, p. 214 et 504). — Lac, xiii° s° (fors de Béarn). — Dès 1345, il y avait un bac sur le Gave de Pau (not. de Pardies, n° 2, f° 112). — En 1385, Lacq ressort. au baill. de Pau et comprenait 54 feux.

Lacuara (Le), ruiss. qui prend sa source à Saint-Martin-d'Arberoue, arrose Isturits et se jette dans l'Arberoue.

Lacuarde, montagne, cne d'Accous, sur la frontière d'Espagne, au fond de la vallée d'Aspe.

Lacugne (Le ruisseau), prend sa source à Beyrie (con de Saint-Palais) et s'y jette dans la Joyeuse.

Lacurde (Le col de), entre les cnes de Lanne et de Sainte-Engrace. — Lo cog. de la Curda, 1589 (réform. de Béarn, B. 808, f° 93). — Le vrai nom paraît être la Curde.

Ladebat, f. cne d'Escoubès. — Ladebag, 1385 (cens. f° 55).

Ladevèze, bois, cne de Barzun. — La Debesa, 1538 (réform. de Béarn, B. 831). — La véritable orthographe est la Devèze.

Laducq, f. cne de Bayonne. — Laduis, 1198 (cart. de Bayonne, f° 23). — Laduche, 1689 (collations du dioc. de Bayonne). — Il y avait une prébende de ce nom fondée dans l'église cathédrale de Bayonne.

Lafaille, fief, cne de Miropeix. — La Falhe, 1538 (réform. de Béarn, B. 854); relev. de la vicomté de Béarn.

Lafaurie, f. cne de Lécumberry.

Lafitau, bois, cne de Morlàas. — Lafitau, 1457 (cart. d'Ossau, f° 184). — Lafittau, 1545 (ch. d'Andoins, E. 359). — Laffitau, v. 1546 (réform. de Béarn, B. 747). — La lana de Morlaas aperada Lahitau, 1645 (cens. de Morlàas, f° 258). — En 1645, ce bois contenait 331 arpents.

Lafite, fief, cne d'Abitain. — L'ostau de Lafite d'Abitenh, 1538 (réform. de Béarn, B. 848, f° 9). — Ce fief relevait de la vicomté de Béarn.

Lafite, fief, cne de Navarrenx. — La Fite, 1391 (not. de Navarrenx). — Ce fief relev. de la vicomté de Béarn.

Lafite, fief, cne de Pau. — Lafita de Pau, 1538 (réform. de Béarn, B. 848, f° 4). — Ce fief était vassal de la vicomté de Béarn.

L'orthographe des trois noms qui précèdent doit être la Fite.

Lafitole, h. cne d'Arricau. — La Fitola, 1538; Lahitolle, 1673 (réform. de Béarn, B. 652, f° 54; 839). — Ce fief relev. du marquisat de Gassion. — Le vrai nom est la Fitole.

Lafitte, fief, cne de Monein, au h. de Loupien. — L'ostau de Lafite, 1385 (cens. f° 37). — Lafita, 1538 (réform. de Béarn, B. 833). — Ce fief était vassal de la vicomté de Béarn et ressort. au baill. de Monein. — Le véritable nom serait la Fitte.

Lafont, fief, cne de Narcastet. — La Font de Narcastet, 1538; Lafon, 1683; Laffon, 1684 (réform. de Béarn, B. 678, f°s 9 et 328; 833). — Ce fief relev. de la vicomté de Béarn.

Lagarde, f. cne d'Escos. — L'ostau de la Goarde, 1471 (not. de la Bastide-Villefranche, n° 2, f° 16).

Lagarde, f. cne de Lucq-de-Béarn. — Lagoarde, 1385 (cens. f° 31). — Lagard, 1452 (not. de Lucq).

Lagarde, fief, cne d'Oràas. — L'ostau de Lagoarde, 1385 (cens. f° 15). — Lagoarda, 1538; la Guoarde d'Oras, 1546 (réform. de Béarn, B. 754; 848, f° 10). — Ce fief était vassal de la vicomté de Béarn et ressort. au baill. de Mu.

Lagarretche, bois, cne d'Arette.

Lagarrigue, fief créé en 1653, cne de Thèze. — Laguarrigue, 1789 (reg. des États de Béarn). — Le vrai nom serait la Garrigue.

Lagarrots et Saint-Ladony (Le ruisseau de), coule sur la cne de Bougarber et se perd dans l'Uzan.

LAGATIU, éc. c^{ne} de Sedze-Maubec; mentionné en 1682 (réform. de Béarn, B. 648, f° 241).

LAGAUDE, mont. c^{nes} d'Urdos et d'Etsaut.

LAGEUGUE (LE PIC DE), c^{nes} de Béost-Bagès et des Eaux-Bonnes.

LAGLOUT, bois, c^{ne} de Castet.

LAGNESTOUSE, h. c^{ne} de Lembeye; mentionné en 1675 (réform. de Béarn, B. 648, f° 261).

LAGNOS (LE), bois, c^{ne} d'Asasp. — *Lo Lanhos*, 1538 (réform. de Béarn, B. 824).

LAGOIN (LE), riv. qui prend sa source à Serres (c^{ne} de Coarraze) et se jette dans le Gave de Pau, après avoir arrosé Bénéjac, Bordères, Lagos, Beuste, Bocil, Angaïs et Bizanos. — *Lagoenh*, XIIIe s^e (fors de Béarn). — *Lo Lagohenh*, 1505 (not. d'Assat, n° 3, f° 8). — *Lo Laguenh*, 1538; *le Lagoein*, 1675 (réform. de Béarn, B. 676, f° 6; 834). — *Le Lagouin*, 1776 (terrier de Meillon, E. 315).

LAGOR, arrond. d'Orthez; mentionné au XIe s^e (for d'Oloron). — *Lago*, 1376 (montre militaire, f° 92). — *Laguor*, 1607 (ch. de Lagor, FF. 3). — Prieuré de l'archidiaconé de Larbaig (dioc. de Lescar). — Le baill. de Lagor et Pardies (c^{ne} de Monein) comprenait en 1385 : Abos, Bésingrand, Lagor, Mourenx, Noguères, Os-Marsillon, Pardies, Tarsacq et Vielleségure. A la même époque, la paroisse de Lagor comptait 146 feux. — Lagor était divisé en sept vics ou quartiers : les Bordes, la Carrère, Castet, Muret, Ségalas, Serredingue et la Toey. — C'était le siège d'une notairie dont le ressort ne comprenait que la commune.

En 1790, le c^{on} de Lagor se composait des communes du c^{on} actuel, moins Biron, Làa-Mondrans, Loubieng, Montestrucq et Ozenx; plus Argagnon.

LAGOR, fief, c^{ne} de Gurs; mentionné en 1676 (réform. de Béarn, B. 686, f° 119), vassal de la vicomté de Béarn.

LAGOS, c^{on} de Clarac; mentionné au XIe s^e (Marca, Hist. de Béarn, p. 456). — *Lagoos*, 1580 (réform. de Béarn, B. 809). — En 1385, Lagos ressort. au baill. de Pau et comprenait 18 feux.

LAGOUARDE, f. c^{ne} d'Orion. — *Lagoarde*, 1385 (cens. f° 14).

LAGOUARDÈRE, f. c^{ne} de Salies. — *Lagoardere*, 1385 (cens. f° 6).

LAGOUÉ (LE RUISSEAU), coule sur la c^{ne} de Lescar, y prend sa source dans la basse ville et se jette dans le canal des Moulins.

LAGRAULET, lande, c^{ne} de Diusse.

LAGUINGE, c^{on} de Tardets. — *Leguinge*, 1080; *Laguinga*, 1193 (coll. Duch. vol. CXIV, f°s 32 et 36).

— *Laguinge-Restoue*, depuis la réunion de Restoue : 22 mars 1842.

LAHARANE, h. c^{ne} d'Orègue. — Le ruisseau de Laharane prend sa source à Amorots-Succos, arrose Orègue et se jette dans le Lihurry.

LAHEUGUÈRE, f. c^{ne} de Balansun. — *La Fougere*, 1538 (réform. de Béarn, B. 830).

LAHEUGUÈRE, f. c^{ne} de Sainte-Suzanne. — *La Feuguera*, 1568; *la Feuguere*, 1627 (réform. de Béarn, B. 797, f° 20; 818, f° 13). — L'orthographe de ce nom et du précédent doit être LA HEUGUÈRE.

LAHIEYTE, f. c^{ne} de Carresse.

LAHITTE, f. c^{ne} de Puyòo. — *La Fite*, 1385 (cens. f° 9).

LAHITTE, f. c^{ne} de Sallespisse. — *Lafitte*, 1385 (cens. f° 55).

LAHITTE, h. c^{ne} de Morlanne. — Ce nom et les deux précédents devraient être écrits LA HITTE.

LAHONCE, c^{on} de Bayonne-Nord-Est; anc. abb. de Prémontrés fondée en 1227. — *Lefonce*, v. 1150 (cart. de Bayonne, f° 11). — *Honcia*, 1227 (*Gallia christ.* instr. Bayonne, n° 5). — *Le Fonse*, XIIIe s^e (cart. de Bayonne, f° 84). — *Conventus Foncie*, 1302 (ch. du chap. de Bayonne). — *Lehonce*, 1328 (coll. Duch. vol. CXIV, f° 172). — *Nostra Domina de la Honce*, 1693 (collations du dioc. de Bayonne). — On dit en basque *Lehonza*.

LAHONTAN, c^{on} de Salies. — *Lafontaa*, XIIIe s^e (fors de Béarn). — *Larfontan*, XIIIe s^e (cart. de Bayonne, f° 85). — *Larfontaa*, v. 1360 (ch. de Came, E. 425). — *Lafontan*, 1538 (réform. de Béarn, B. 828). — *Beata Maria de Lahuntan*, 1689 (collations du dioc. de Bayonne). — Lahontan faisait partie de l'archiprêtré de Rivière-Gave (dioc. de Dax) et dépendait de la subdélégation de Dax.

LAHORRIAGUE, fief, c^{ne} de Charre. — *L'ostau d'Ulhurriague*, 1385 (cens. f° 14). — *Orriague*, 1546 (réform. de Béarn, B. 754). — Ce fief était vassal de la vicomté de Béarn et ressort. au baill. de Sauveterre.

LAHOURBAT, éc. c^{ne} de Sedze-Maubec; mentionné en 1675 (réform. de Béarn, B. 648, f° 263).

LAHOURCADE, c^{on} de Monein. — *Lo Casteg et la Mote de Pardies*, 1344 (not. de Pardies, n° 2, f° 85.) — *Laforcade de Pardies*, 1438 (not. d'Oloron, n° 3, f° 56). — *Laforcade deu Casterot de Pardies*, 1546; *Laforcada*, 1572 (réform. de Béarn, B. 754; 769, f° 46). — *Lafourcade*, 1607 (reg. de Lagor, FF. 3, f° 15). — *Sainte Agathe de Lahorcade*, 1678 (insin. du dioc. d'Oloron). — *Lafforcade*, 1704 (dénombr. d'Orthez, E. 39). — En 1385, Lahourcade comprenait 48 feux et ressort. au baill. de Lagor et Pardies.

Lahurgue, h. c^{ne} de Lembeye; mentionné en 1675 (réform. de Béarn, B. 649, f° 283).

Lainre, mont. c^{ne} d'Arette.

Laïza ou Lyzau (Le), ruiss. qui prend sa source à Pontiacq-Viellepinte, arrose Lamayou et Labatut-Figuère et se jette à Castéra-Loubix dans le Lys.

Lalande, f. c^{ne} de Lucq-de-Béarn. — *Lalane*, 1385 (cens. f° 31).

Lalanne, fief, c^{ne} d'Ispoure. — *Sala de la Lana*, 1621 (Martin Biscay). — Ce fief relevait du royaume de Navarre.

Lalanne, fief, c^{ne} d'Orthez, à Casletarbe; créé en 1555, vassal de la vicomté de Béarn.

Lalanne, forge détruite, c^{ne} de Capbis. — *Le martinet de Lalanne*, 1771 (intendance).

Lalanne, h. c^{ne} d'Asson.

Lalongue, c^{on} de Lembeye. — *Lanelongue*, 1101 (cart. de Lescar, d'après Marca, Hist. de Béarn, p. 375). — *Lanelongue*, 1402 (cens.). — *Lalonca*, 1538; *Lalongua*, v. 1540; *Lalongue*, 1683 (réform. de Béarn, B. 654, f° 161; 805, f° 10; 833). — *Saint-Martin de Lalongue*, 1779 (terrier, E. 196). — Il y avait une abb. laïque vassale de la vicomté de Béarn. — En 1385, Lalongue ressort. au baill. de Lembeye et comprenait 27 feux.

Lalonquère, vill. c^{ne} de Maspie; anc. c^{ne}; mentionné en 1385 (cens. f° 59). — *La Loncquera*, 1538 (réform. de Béarn, B. 833). — En 1385, Lalonquère ressort. au baill. de Lembeye et comptait 10 feux. — C'était un membre de la commanderie de Malte de Caubin et Morlàas.

Lalonquette, c^{on} de Thèze. — *Laalonquette*, 1376 (montre milit. f° 32). — *Lane-Lonquette*, 1385 (cens.). — *Naulonquette*, 1538 (réform. de Béarn, B. 844). — En 1385, Lalonquette ressort. au baill. de Pau et comprenait 13 feux. — Lalonquette dépendait de la baronnie de Mondebat.

Lamaignère (Le moulin de), c^{ne} de Sainte-Suzanne.

Lamarque, fief, c^{ne} de Maucor. — *La maison seigneuriale de Maucor appelée la Tour de Lamarque*, 1682 (réform. de Béarn, B. 652, f° 423). — Ce fief relevait de la vicomté de Béarn.

Lamarque, h. c^{ne} de Sainte-Suzanne.

Lamatabois, f. c^{ne} de Salies. — *La Matebosc*, 1385 (cens. f° 6). — *Lamataboscq*, 1535 (réform. de Béarn, B. 705, f° 214).

Lamatte, mont. c^{nes} d'Accous et de Lescun.

Lamayou, c^{on} de Montaner. — *Lamayor*, 1429; *Lamayoo*, 1436 (cens. de Montaner). — *La Mayo*, 1602; *Lamayour*, 1674 (réform. de Béarn, B. 652, f° 253; 812). — Il y avait une abb. laïque vassale de la vicomté de Béarn.

Lamayson, f. c^{ne} de Navailles-Angos. — *La Masoo*, 1385 (cens. f° 47). — Le véritable nom paraît être la Mayson.

Lambarre, h. et bois, c^{nes} de Garindein et d'Ainharp. — *Lo bedat de Lambarre*, 1476 (contrats d'Ohix, f° 39).

Lamidou, vill. c^{ne} de Lay; anc. c^{ne} réunie à Lay le 18 avril 1842. — *Lamito*, xie s^e (Marca, Hist. de Béarn, p. 272). — *Laymidoo*, 1376 (montre milit. f° 64). — *Lamidoo*, 1385 (cens.). — *Lamidon*, 1546 (réform. de Béarn). — En 1385, Lamidou ressort. au baill. de Navarrenx et comptait 8 feux.

Laminosiné (Le), ruiss. qui prend sa source à Bussunarits-Sarrasquette, arrose Gamarthe, Ibarrolle, Bunus, et se jette dans la Bidouse.

Lamolère, f. c^{ne} de Morlàas; mentionnée en 1645 (cens. de Morlàas).

Lamothe, fief, c^{ne} d'Anglet.

Lamothe, fief, c^{ne} de Monein; mentionné en 1750 (dénombr. de Monein, E. 36), vassal de la vicomté de Béarn.

Lamothe, m^{in}, c^{ne} d'Arrosès.

Lamothe, m^{in}, c^{ne} de Bayonne, à Saint-Esprit. — *Lo molin de la Mote*, 1259 (cart. de Bayonne, f° 62).

Lamotte, fief, c^{ne} de la Bastide-Cézéracq. — *La Mote de Cesserac*, 1345 (hommages de Béarn, f° 36). — *La Mota de la Bastida*, 1538 (réform. de Béarn, B. 833). — Ce fief relevait de la vicomté de Béarn. — La véritable orthographe serait la Motte.

Lamude, éc. c^{ne} d'Aurions-Idernes.

Lamude, éc. c^{ne} de Castillon (c^{on} de Lembeye).

Lanabé (Le pic), c^{nes} d'Aydius et de Laruns.

Lanalei, lande, c^{ne} de Sauvelade; mentionnée au xiie s^e (cart. de l'abb. de Sauvelade, d'après Marca, Hist. de Béarn, p. 443).

Lanamia (Le), éc. c^{ne} de Luccarré.

Lancette (La), ruiss. qui coule sur la c^{ne} de Biriatou et se jette dans la Bidassoa.

Lancy (Le), ruiss. qui arrose la c^{ne} d'Arette et se mêle au Vert d'Arette.

Lande-Dehore (La), lande, c^{ne} de Gerderest.

Landibar (Le pont), c^{ne} d'Ainhoue, sur le Haïçaguerry.

Landistou (Le), ruiss. qui prend sa source près de Sainte-Colomme, arrose Bruges et se jette à Asson dans le Béés. — *Landistoo, Landiston*, 1538 (réform. de Béarn, B. 779, f° 1; 854). — *Laudiston*, 1752 (dénombr. de Sainte-Colomme, E. 42).

Landonde (Le), ruiss. qui coule à Mouguerre et se perd dans l'Uronte.

Landrosque, bois, c^{ne} de Lescun.

Lanevieille, fief, c^{ne} d'Amendeuix-Oneix. — *La noble salle de Lanevielhe d'Amenduxs*, 1600 (ch. de la

Chambre des comptes, B. 3269). — *Lanavieja*, 1621 (Martin Biscay). — Ce fief relevait du royaume de Navarre.

LANGASSOUS, h. c^ne de Lasserre. — *Lanegassos*, 1385 (cens.). — *Lane-Gassoos*, 1443 (reg. de la Cour Majour, B. 1, f° 107). — *Lanagasoos*, 1538; *Langassos*, 1546 (réform. de Béarn, B. 754; 833). — En 1385, Langassous ressort. au baill. de Lembeye et comprenait 2 feux. — Le fief de Langassous était vassal de la vicomté de Béarn.

LANGLADURE, chât. c^ne de Nay. — *Angladure*, 1385 (cens. f° 68). — *L'Angladure*, 1754 (dénombr. de Nay, E. 38). — Le fief de Langladure, créé en 1753, était vassal de la vicomté de Béarn. — Ce château fut bâti vers 1750 par Roux de Gaubert, premier président du parlement de Navarre. — Le véritable nom paraît être L'ANGLADURE.

LANGOS (LE), ruiss. et marais qui traverse les communes de Pomps et d'Haget-Aubin, puis se mêle au ruisseau de l'Aubin.

LANNAGRAND, f. c^ue de Gan. — *Lanagran*, 1535 (réform. de Béarn, B. 701, f° 115).

LANNE, c^on d'Aramits. — *Lane*, 1385 (cens. f° 20). — *Lana*, 1444 (reg. de la Cour Majour, B. 1, f° 240). — *Sanctus Martinus de Lanne*, 1673 (insin. du dioc. d'Oloron). — Il y avait à Lanne une abbaye laïque vassale de la vicomté de Béarn. — En 1385, ce village ressortissait au baill. d'Oloron et comptait 17 feux.

LANNE, f. c^ne d'Arudy. — *Lane*, 1385 (cens. f° 72).

LANNE (LA), éc. c^ne d'Audéjos.

LANNE (LA), éc. c^ne de Portet.

LANNE (LA), f. c^ne de Gayon.

LANNE (LA), lande, c^ne de Garlède-Mondebat.

LANNE (LA), landes et marais, c^ne de Baleix. — Ce territoire comprenait 309 arpents en 1769.

LANNE-CAMY (LE RUISSEAU DE), qui arrose la c^ne de Làas et se jette dans le Gave d'Oloron.

LANNECAUBE, c^on de Lembeye. — *Lanecalba*, 1104 (cart. de Lescar, d'après Marca, Hist. de Béarn, p. 397). — *Lane-Caube*, 1385 (cens.). — *Lanecauba*, 1538; *Lana-Cauba*, v. 1540 (réform. de Béarn, B. 805, f° 11; 854). — *Lannecaube-Meillac*, depuis la réunion de Meillac. — Il y avait une abbaye laïque vassale de la vicomté de Béarn. — En 1385, Lannecaube ressort. au baill. de Lembeye et comptait 29 feux. — La baronnie de Lannecaube comprenait Lannecaube, Lube, Meillac et Mouhous; elle relevait de la vicomté de Béarn.

LANNE DE CASTAING (LA), éc. c^ne de Diusse.

LANNE DE CASTETNAU (LA), lande, c^ne de la Bastide-Monréjau.

LANNEGRASSE, vill. c^ne de Lespielle; ancienne commune. — *Villa quæ Lanagrassa vocatur*, xie s^e (cart. de l'abb. de Saint-Pé, d'après Marca, Hist. de Béarn, p. 324). — *Lane-Grasse*, 1385 (cens. f° 60). — *Lanegrace*, 1538 (réform. de Béarn, B. 855). — En 1385, Lannegrasse ressort. au baill. de Lembeye et comprenait 6 feux. — Lannegrasse était une dépendance du marquisat de Gassion.

LANNEJUS, m^in, détruit dès 1605, c^ne de Castet. — *Lanneyeux*, 1675 (réform. de Béarn, B. 655, f° 77).

LANNE-LONGUE, éc. c^ne de Saucède.

LANNEMAJOUR, landes, c^nes de Barraute-Camu, Montfort, Saint-Gladie-Arrive-Munein et Taballe-Usquain. — *Lande-major*, 1675 (réform. de Béarn, B. 681, f° 130).

LANNEMIÀA, lande, c^ne d'Audéjos.

LANNEPAÏS, lande, c^ne de Diusse.

LANNEPLÀA, c^on d'Orthez. — *Lanepla*, x^e s^e (cart. de l'abb. de Sordes, d'après Marca, Hist. de Béarn, p. 229). — *Laneplan*, 1323 (cart. d'Orthez, f° 11). — *Llaneplaa*, 1385 (cens.). — *Lanaplaa*, 1536; *Lanaplan*, 1538 (réform. de Béarn, B. 713, f° 343; 754; 848, f° 6). — Il y avait une abbaye laïque vassale de la vicomté de Béarn. — En 1385, Lanneplàa ressort. au baill. de Larbaig et comprenait 39 feux.

LANNEPLÀA, lande, c^nes de Came et de Saint-Dos.

LANNEPUGEZ, f. c^ne de Saucède. — *Lanepoyes*, 1385 f° 24). — *Lane-Puyes*, 1481 (not. d'Oloron, n° 5, f° 22).

LANNE-RÈDE (LA), éc. c^ne de Maspie-Lalonquère-Juillac.

LANNES, fief, c^ne de Pomps; mentionné en 1682 (réform. de Béarn, B. 671, f° 73). — Ce fief était vassal de la vicomté de Béarn.

LANNES (LES), éc. c^ne de Dognen.

LANNES (LES) ou LES LANDES, pays, arrond. de Pau. — *Las Lanes*, xiiie s^e (fors de Béarn, p. 36). — Ce nom s'appliquait au ressort d'une notairie qui comprenait Abère (c^on de Morlàas), Andoins, Arrien, Baleix, Eslourenties-Dabant, Eslourenties-Darré, Espéchède, Gabaston, Lespourcy, Limendoux, Maubec, Ouillon, Romas, Saint-Laurent, Saubole, Serres-Morlàas et Urost. Le chef-lieu était Eslourenties-Dabant. — Cette notairie, unie à celle de Rivière-Ousse au xvie siècle, en fut séparée au xviie.

LANNUSSE (LE RUISSEAU DE), arrose Baigts et Ramous et se jette dans le Gave de Pau. — *L'ostau de Lalanusse* (à Ramous), 1385 (cens. f° 9).

LANOT, f. c^ne d'Igon. — *La borie aperade Lanota*, 1538 (réform. de Béarn, B. 807, f° 84).

Lanot, mont. c^ne. d'Arudy.

Lanot (Le), ruiss. qui arrose Morlàas et Serres-Morlàas et se jette dans le Luy-de-France.

Lansalorbe, bois, c^ne de Sedze-Maubec; mentionné en 1675 (réform. de Béarn, B. 648, f° 234).

Lantabat, c^on d'Iholdy; mentionné au xiie s° (coll. Duch. vol. CXIV, f° 161). — La baronnie de Lantabat était vassale du royaume de Navarre. — On dit en basque *Landibarre*.

Lanusse, éc. c^ne de Poey (c^on d'Oloron-Sainte-Marie-Est).

Lanusse, éc. c^ne de Samsons-Lion.

Lanusse, f. c^ne d'Escos. — *La Nusse*, 1537 (ch. de Béarn, E. 426).

Lanusse, fief, c^ne d'Assat. — *La Nussa*, 1538 (réform. de Béarn, B. 830). — Ce fief relevait de la vicomté de Béarn.

Lanusse, fief, c^ne de Morlanne; mentionné en 1701 (dénombr. de Morlanne, E. 37), il était vassal de la vicomté de Béarn.

Lanusse, h. c^ne de Came.

Lanusse, vill. c^ne de Miossens; ancienne commune réunie, le 16 août 1841, à Miossens. — *Lanuce*, xiie s° (Marca, Hist. de Béarn, p. 454). — *Lanusce*, 1318 (ch. de Béarn, E. 846). — *Lanussa*, 1538 (réform. de Béarn, B. 833). — Lanusse formait avec Miossens et Carrère une circonscription appelée *lo clau de Miossens*, 1546 (réform. B. 752).

Lanusse (La), éc. c^ne de Baleix.

Lapadu, h. c^ne de Salies. — *Padun*, 1450 (reg. de la Cour Majour, B. 1, f° 46). — *Lapaduu*, 1535 (réform. de Béarn, B. 705, f° 214).

Lapalle (Le ruisseau), arrose la c^ne de Siros et va se jeter, par le canal des Moulins, dans le Gave de Pau.

Lapaxalé (Le col de), entre les c^nes d'Iholdy et de Lantabat.

Lapayre, f. c^ne de Sauvelade. — *Lapeyre*, 1385 (cens. f° 3).

Lapèdes, h. c^ne de Séméac-Blachon. — *Lapedas*, 1538 (réform. de Béarn, B. 859).

Lapeyrère (Le moulin de), c^ne d'Orthez.

Laphitz, f. c^ne d'Ossas-Suhare. — *Lapitz de Suhare*, v. 1475 (contrats d'Ohix, f° 21).

Lapiste, vill. c^ne de Béhasque; ancienne commune réunie, le 16 octobre 1842, à Béhasque. — *Lapista*, 1513 (ch. de Pampelune).

Lapitça (Le), ruiss. qui arrose la c^ne de Sainte-Engrace et se jette dans l'Uhaïtxa.

Lapitztoy, f. c^ne d'Aussurucq; mentionnée en 1520 (cout. de Soule).

Lapixe (Le col de), entre les c^nes de Lanne et de Montory. — *Lo cogt aperat a la Piste*, 1589 (réform. de Béarn, B. 808, f° 93).

Laplace, f. c^ne de Castetnau-Camblong. — *La Place de Casteg-Nau*, 1385 (cens. f° 32). — *La Plassa de Camp-Loncq*, 1538 (réform. de Béarn, B. 835). — Le fief de Laplace était vassal de la vicomté de Béarn et ressort. au baill. de Navarrenx. — Ce nom devrait être écrit la Place.

Laplace, h. c^ne de Gescau.

Laplagne, f. c^ne de Montagut. — *La Plainhe*, v. 1540 (réform. de Béarn, B. 798, f° 5).

Laplagne, h. c^ne de Louvigny.

Laporte (Le ruisseau), qui coule à Gescau et se jette dans la Geule.

Laporte (Le ruisseau). — Voy. Taillade (La).

Lapouble, f. c^ne de Loubieng; mentionnée en 1612 (réform. de Béarn, B. 816).

Lapoueye, mont. c^nes de Bielle et de Sarrance.

Laquidée, lande et bois, c^ne de Monein. — *Le bois Laquider*, 1675 (réform. de Béarn, B. 661, f° 8).

Lar, h. détruit, c^nes de Bernadets et de Saint-Castin. — En 1030, ce hameau dépendait de Saint-Castin (cart. de l'abb. de Saint-Pé). — *Saint-Martin de Lar* est mentionné au xiie s° (Marca, Hist. de Béarn, p. 248 et 450).

Laragnon, f. c^ne de Pau. — *Laraignon*, 1683 (réform. de Béarn, B. 679, f° 1). — Le fief de Laragnon était vassal de la vicomté de Béarn.

Laragnou, f. c^ne d'Ousse, à Mondaut. — *Laranhou*, *Laranhon*, 1505 (not. d'Assat, n° 3, f°s 22 et 25).

Laragnous, f. c^ne d'Arros (c^on de Nay). — *Laranhoet*, 1385 (cens. f° 54).

Laranduch, bois, c^ne de Rivehaute.

Larbaig (Le), pays, arrond. d'Orthez. — *Vicaria de Larbat*, 1194 (cart. de Sauvelade, d'après Marca, Hist. de Béarn, p. 504). — *Arvallum*, 1270 (ch. de Béarn, E. 419). — *Archidiaconatus Larvallensis*, xiiie s° (inscription tumulaire de Lescar). — *Larbag*, 1321 (cart. d'Orthez, f° 6). — La vallée de Larbaig tire son nom du ruisseau de Léa, qui l'arrose; elle comprend Aragnon, Biron, Castetner, Départ, Léa-Mondrans, Lanneplàa, Loubieng, les Marmous, Maslacq, Montestrucq, Ozenx, Sainte-Suzanne, Sarpourenx et Sauvelade. — Le Larbaig formait un archidiaconé du dioc. de Lescar; il avait pour ressort ce pays, plus le canton de Monein, sauf la c^ne de Lucq. — C'était, en 1385, le siège d'un bailliage dont le chef-lieu était Castetner. Cette commune était aussi le siège du notaire de Larbaig.

Larban, f. c^ne d'Asson; mentionnée v. 1540 (réform. de Béarn, B. 787, f° 39).

LARDARENG, éc. c^{ne} d'Arrosès.

LARÇABAIG (LE), ruiss. qui coule sur la c^{ne} de Sus et se jette dans le Lausset.

LARÇABAL, f. c^{ne} d'Isturits. — *Larzabal*, 1435 (ch. de Pampelune). — Le fief de Larçabal, créé en 1435, relevait du royaume de Navarre.

LARÇABAL (LE), ruiss. qui arrose la c^{ne} de Hasparren et se mêle à l'Esley.

LARCEDAU (LE) ou RUISSEAU D'ESCOUNEDIETS, prend sa source à Araujuzon, traverse Araux et Viellenave (c^{on} de Navarrenx) et se jette dans le Harcilanne.

LARCEVEAU, c^{on} d'Iholdy. — *Larsaval*, 1119; *Larseval*, 1167 (coll. Duch. vol. CXIV, f°s 32 et 35). — *Larssabau*, 1477 (contrats d'Ohix, f° 51). — *Larcabau*, 1513 (ch. de Pampelune). — *Larsabau*, 1518 (ch. du chap. de Bayonne). — *Larçaval*, *Larçabal*, *Larzabal*, 1621 (Martin Biscay). — *Larceveau-Cibits-Arros*, depuis la réunion de Cibits et d'Arros : 20 juin 1842. — On dit en basque *Larzabale*.

En 1790, Larceveau fut le chef-lieu d'un canton, dépendant du district de Saint-Palais, composé des communes d'Arhansus, Bunus, Hosta, Ibarrolle, Juxue, Larceveau-Cibits-Arros, Ostabat-Asme, Saint-Just-Ibarre, du c^{on} d'Iholdy; Ainhice, du c^{on} de Saint-Jean-Pied-de-Port.

LARDAS, fief, c^{ne} de Salies; mentionné en 1385 (cens. f° 5). — *Larduas*, 1538 (réform. de Béarn, B. 705, f° 67). — *Lardasse* (carte de Cassini). — Ce fief relevait de la vicomté de Béarn.

LAREDJAT, f. c^{ne} de Jurançon. — *Larexaa*, 1488 (not. de Pau, n° 3, f° 26). — *Larrecha*, v. 1540 (réform. de Béarn, B. 785, f° 117).

LARESTA (LE), ruiss. qui arrose la c^{ne} de Cambo et se jette dans la Nive.

LARGENTÉ, f. c^{ne} de Bayonne.

LARGOULET (LE RUISSEAU), qui coule sur la c^{ne} de Maure et se perd dans le Louet.

LARIE (LE PIC DE), c^{nes} d'Aydius et de Bielle.

LARINCQ, h. et bois, c^{ne} de Monein. — *Arinc*, 1267 (cart. d'Oloron, f° 58). — *Larrinco*, 1323 (ch. de Béarn, E. 953). — *Larinc*, 1441 (not. d'Oloron, n° 3, f° 115). — *Laryncq*, 1548; *Larings*, 1675 (réform. de Béarn, B. 655, f° 5; 759).

LARLAS, marais, dans les landes du Pont-Long, c^{ne} de Buros; mentionné en 1468 (cart. d'Ossau, f° 373).

LARLÈNE (LE COL DE), entre les c^{nes} d'Aste-Béon et de Castet.

LARMANE, f. c^{ne} d'Orthez. — *Larmano*, 1614 (réform. de Béarn, B. 817, f° 1).

LARMANOU, éc. c^{ne} de Sedze-Maubec; mentionné en 1675 (réform. de Béarn, B. 648, f° 253).

LAROIN, c^{on} de Pau-Ouest; mentionné au XIe s° (Marca, Hist. de Béarn, p. 246). — *Laroenh*, 1243 (cart. d'Ossau, f° 34). — *Laroeinh*, 1540 (réform. de Béarn, B. 725, f° 225). — *Lo cami de la nau de Laroinh*, 1645 (cens. de Lescar, f° 121), bac entre Lescar et Laroin, sur le Gave de Pau. — En 1385, Laroin, réuni à Saint-Faust, comprenait 80 feux et ressort. au baill. de Pau. — Autrefois uni à Saint-Faust et à Monhauba, Laroin fut érigé en commune en 1774. — Laroin était un prieuré du dioc. de Lescar.

LAROUTIS, f. c^{ne} de Livron.

LARRAGOYEN, fief, c^{ne} d'Ascarat; vassal du royaume de Navarre.

LARRAILLÉ, mont. c^{nes} d'Arette et d'Issor.

LARRALDIA, h. c^{ne} de Villefranque.

LARRAMENDY, f. c^{ne} de Juxue. — *Larramendi*, 1621 (Martin Biscay). — Le fief de Larramendy relev. du royaume de Navarre.

LARRANCHU, bois, c^{ne} de Hosta.

LARRANDO (LE), ruiss. qui arrose les c^{nes} de Menditte et de Béhorléguy et va se perdre dans le ruisseau de Béhorléguy.

LARRART (LE), ruiss. qui coule sur la c^{ne} d'Ordiarp et se jette dans l'Arangorène.

LARRASCA (LE), ruiss. qui arrose la c^{ne} de Charritte-de-Bas et se perd dans l'Oyhanaco.

LARRAU, c^{on} de Tardets; anc. prieuré qui dép. de l'abb. de Sauvelade. — *Sanctus Johannes de Larraun*, 1174; *l'ospitau de Larraun*, 1385 (coll. Duch. vol. CXIV, f°s 36 et 43).

La rivière de Larrau prend sa source dans la commune du même nom et se jette à Licq-Atherey dans le Saison. — Le col de Larrau est sur la frontière d'Espagne.

LARRE, f. c^{ne} de Jurançon. — *Lare*, v. 1540 (réform. de Béarn, B. 785, f° 96).

LARRE (LA CRÊTE DE), mont. qui sépare les c^{nes} d'Arette et de Sainte-Engrace.

LARRÉA, h. c^{ne} de Hasparren.

LARREBIEU, vill. c^{ne} d'Arrast; anc. c^{ne} réunie à Arrast le 16 octobre 1842. — *Larrebiu*, 1384 (not. de Navarrenx).

LARREBIU, fief, c^{ne} de Tabaille-Usquain, au hameau de Campagne. — *Larribiu*, 1784 (reg. des États de Béarn). — Le fief de Larrebiu relev. de la vicomté de Béarn.

LARREBURU (LE), ruiss. qui arrose la c^{ne} de Mouguerre et se jette dans l'Uhandia.

LARRÉIA, f. c^{ne} de Geus (c^{on} d'Oloron-Sainte-Marie-Ouest).

LARRÉJA, h. c^{ne} de Barcus.

Larréluché (Le), ruiss. qui coule sur la c^{ne} de Lécumberry et se perd dans le Hurbelça.

Larressore, c^{on} d'Ustaritz; anc. annexe de la c^{ne} de Cambo. — *Sanctus Martinus de Larressorre*, 1757 (collations du dioc. de Bayonne).

Larreule, c^{on} d'Arzacq. — *Barbapodium*, *Liserat*, *Regula*, x^e s^e (Marca, Hist. de Béarn, p. 267). — *Conventus Reulæ Silvestrensis*, 1291 (rôles gascons). — *Lo mostier de Larreule de Saubeste*, 1343 (hommages de Béarn, f° 33). — *La Reule*, 1385 (cens.). — *La Reula*, 1538 (réform. de Béarn, B. 854). — Abbaye de Bénédictins (dioc. de Lescar), fondée en 977 sous l'invocation de saint Pierre; en 1773, cette abbaye fut supprimée et ses biens passèrent au séminaire de Pau. — En 1385, Larreule comprenait 32 feux et ressort. au baill. de Garos. — Larreule était le chef-lieu d'une notairie composée d'Aubin, Bournos, Caubios-Loos, Larreule, Mazerolles, Momas, Uzan et Uzein. — Le véritable nom serait LA REULE.

Larrey, mⁱⁿ, c^{ne} de Saucède, sur le ruiss. d'Auronce; il appartenait à l'abb. de Lucq.

Larreya, f. c^{ne} de Rébénac. — *La Reyaa*, 1385 (cens. f° 68).

Larriau (Le), ruiss. qui coule sur la c^{ne} de Cette-Eygun et se jette dans le Gave d'Aspe.

Larribar, c^{on} de Saint-Palais. — *Nostre-Done de Larribar*, 1472 (not. de la Bastide-Villefranche, n° 2, f° 22). — *Larriba*, 1513 (ch. de Pampelune). — *Larribar-Sorhapuru*, depuis la réunion de Sorhapuru : 12 mai 1841.

Larribas (Le ruisseau) ou Camou, coule sur la c^{ne} d'Autevielle-Saint-Martin-Bidéren et se jette dans le Gave d'Oloron.

Larron (Le pont), c^{ne} d'Arette, sur le Vert d'Arette; il tire son nom du Vert d'Arette, ruisseau autrefois appelé *Larron*.

Larrondo, f. c^{ne} d'Ossas-Suhare; mentionnée en 1520 (coutume de Soule).

Larrondua, f. c^{ne} de Méharin. — *Larrando*, 1435 (ch. de Pampelune). — Le fief de Larrondua, créé en 1435, était vassal du royaume de Navarre.

Larroque, f. c^{ne} de Montestrucq; mentionnée en 1581 (réform. de Béarn, B. 808, f° 51).

Larroque, fief, c^{ne} de Bérenx; mentionné en 1385 (cens. f° 9). — *Larocque*, 1538 (réform. de Béarn, B. 831). — Ce fief était vassal de la vicomté de Béarn et ressort. au baill. de Rivière-Gave.

Larrory, vill. c^{ne} de Moncayolle; anc. c^{ne} réunie à Moncayolle le 5 août 1842. — *Larrori*, 1475 (contrats d'Ohix, f° 34). — *Larori*, 1607 (insin. du dioc. d'Oloron).

Larroumiu, éc. c^{ne} de Ponson-Debat-Pouts; mentionné en 1675 (réform. de Béarn, B. 648, f° 349).

Larrouy, h. c^{ne} de Pocy (c^{on} de Lescar).

Larrouyat, f. c^{ne} de Gan.

Larry, mont. c^{nes} d'Etsaut, de Laruns et d'Urdos. — Le ruisseau de Larry sort de cette montagne et se jette à Urdos dans le Gave d'Aspe.

Lars, mont. c^{nes} d'Aste-Béon et de Louvie-Soubiron. — *Lers*, 1675 (réform. de Béarn, B. 658, f° 658).

Larsun, h. c^{ne} d'Andrein. — *Larsuno*, v. 1540 (réform. de Béarn, B. 804, f° 24).

Larté, h. c^{ne} d'Orthez. — *Llarte et Castanh*, 1385 (cens. f° 9). — *Lo parssan de Larta*, 1536; *Larthe*, 1675 (réform. de Béarn, B. 665, f° 175; 713, f° 420). — En 1385, ce hameau, uni à Castaing, ressort. au baill. de Rivière-Gave et comprenait 33 feux.

Laru, h. c^{ne} de Maslacq.

Larue, mont. c^{ne} de Béost-Bagès.

Laruns, arrond. d'Oloron; mentionné en 1096. — *Larus*, 1154 (ch. de Barcelone, d'après Marca, Hist. de Béarn, p. 356 et 465). — *Laruntz*, 1270 (ch. d'Ossau). — *Saint-Pierre de Larhuns*, 1612 (insin. du dioc. d'Oloron). — En 1385, Laruns comptait 114 feux et ressort. au baill. d'Ossau.

Laruns, vill. c^{ne} de Berrogain; anc. c^{ne}. — *Laruntz*, 1383 (contrats de Luntz, f° 84). — *Leruntz*, 1386 (not. de Navarrenx). — La deguerie de Laruns, dépendance de la Barhoue, formait un des sept vics de la Soule.

Laruntaldéa, h. c^{ne} d'Ahetze. — *Larungoriz*, XIIIe s^e (cart. de Bayonne, f° 12).

Larus (Le), ruiss. qui prend sa source sur la limite des c^{nes} de Lucq-de-Béarn et d'Ogenne-Camptort et se jette à Viellességure dans le Laa. — *Lo Larrus*, 1345 (hommages de Béarn, f° 37).

Lasabos, lande, c^{ne} de Lespielle-Germenaud-Lannegrasse.

Lasaque, bois, c^{ne} d'Urdos.

Lascades, f. c^{ne} de Bugnein. — *Las Caves*, 1386; *las Cavas*, 1405 (not. de Navarrenx). — Le véritable nom serait LAS CADES.

Lasclaveries, c^{on} de Thèze. — *Las Claberies*, 1547 (réform. de Béarn, B. 757, f° 1). — Ce nom devrait être écrit LAS CLAVERIES.

Lascon, fief, c^{ne} de Jaxu; vassal du royaume de Navarre.

Lascoure, canal dérivé du Gave de Pau, commence à Narcastet, traverse Rontignon, Uzos, Mazères-Lezons, et finit à Gélos. — *Lescorre de las Basses*, 1485 (not. de Pau, n° 1, f° 58). — *Lascore dou Guube*, 1538 (réform. de Béarn, B. 856).

Lasentiab, f. c^{ne} de Livron.

Lasenque, mont. cne d'Izeste. — *Lazerquou*, 1675 (réform. de Béarn, B. 655, f° 195).

Lasies (Le), ruiss. qui coule à Cette-Eygun et se jette dans le Gave d'Aspe.

Laspart, mont. cne de Béost-Bagès.

Lasque, vill. cne de Bouoilh; anc. cne réunie à Bouoilh en 1843.

Lassabaig (Le), ruiss. qui arrose la cne de Lahourcade et se jette dans la Lèze.

Lassadaig (Le), ruiss. qui prend sa source sur la cne de Ledeuix, traverse Verdets, Poey (con d'Oloron-Sainte-Marie-Est), Saucède, et se jette dans le Gave d'Oloron.

Lassalle. — Voy. Salle (La).

Lassansaa (Le bois de), cne de Pau, près de Billère. — *Lo bosc de Lasansaa*, v. 1560 (réform. de Béarn, B. 793, f° 9).

Lasse, con de Saint-Étienne-de-Baïgorry. — *Lasa*, 1513 (ch. de Pampelune). — *Santus Martinus de Lasse*, 1764 (collations du dioc. de Bayonne).

Lassères (Les), lande, cne de Narp.

Lasserre, con de Lembeye. — *La Serre*, xiiie se (fors de Béarn). — *La Serre de Bic-Bilh*, 1375 (contrats de Luntz, f° 101). — *La Serra de Siro*, 1538 (réform. du Vicbilh). Ce dernier nom vient d'une ferme appelée Siro (cne de Crouseilles). — En 1385, Lasserre ressort. au baill. de Lembeye et comprenait 3 feux. — Ce nom et le suivant devraient s'écrire la Serre.

Lasserre, h. cne de Montaner. — *La Serre*, xiiie se (fors de Béarn). — *Saint-Martin de Lasserre*, 1675 (réform. de Béarn, B. 652, f° 188). — C'était, au xiiie siècle, le titre d'un archiprêtré du dioc. de Tarbes.

Lasset (Le), ruiss. qui prend sa source à Monassut-Audiracq, arrose Riupeyrous, Escoubès, Coslédàa-Lube-Boast, Sévignacq (con de Thèze), Mouhous, Taron-Sadirac-Viellenave, et se jette à Balirac-Maumusson dans le Gros-Léès.

Lasset (Le), petit ruiss. qui sépare les cnes de Morlàas et d'Ouillon et se perd dans le Luy-de-France. — *L'arriu aperat l'Usset*, 1645 (cens. de Morlàas, f° 143).

Lasseube, arrond. d'Oloron. — *Sylvœ*, 1305 (ch. de Béarn, E. 524). — *La Soube d'Escot*, 1385 (cens.). — *Laseube*, 1434 (not. d'Oloron, n° 3, f° 19). — *La Seuba*, 1540 (réform. de Béarn, B. 725, f° 291). — En 1385, Lasseube comptait 12 feux et ressort. au baill. d'Oloron. — Le véritable nom serait la Seube.

La circonscription du canton de Lasseube n'a pas varié depuis 1790.

Lasseubétat, con de Lasseube. — *La Saubetat*, 1450 (reg. de la Cour Majour, B. 1, f° 76). — *Sanctus Martinus de Lasaubetat*, 1609 (insinuat. du dioc. d'Oloron).

Lassus, f. cne de Momas. — *La Suus*, 1385 (cens. f° 48).

Laste (Le), ruiss. qui coule sur la cne de Garlin et se jette dans le Gros-Léès. — *Leste*, 1542 (réform. de Béarn, B. 732, f° 40).

Lastounte, redoute, cne d'Anglet.

Lasunan, éc. cne de Livron.

Latarce, h. cne de Lécumberry; mentionné en 1708 (reg. de la commrie d'Irissarry).

Latatxé, bois, cnes de Bidache et d'Orègue.

Latça (Le), ruiss. qui arrose Espelette et Larressore et se jette dans la Nive.

Latris, h. cne de Monein, mentionné en 1431 (cens. de Monein, CC. 1, f° 32).

Latuné, h. cne de Denguin.

Latxa (Le), ruiss. qui prend sa source sur la cne de Halsou et se perd dans la Nive, après avoir arrosé Jatxou et Ustarits.

Latxé (Le), ruiss. qui sert de limite aux cnes de Jatxou et d'Ustarits et se jette dans le Latxa.

Lau, f. cne de Vialer. — *Lo*, 1385 (cens. f° 58). — *Loo*, 1542; *la maison noble du Lôo ou Los*, 1673 (réform. de Béarn, B. 652, f° 98; 738, f° 5). — Le fief de Lau était vassal de la vicomté de Béarn. — D'après ces exemples, la véritable orthographe semble devoir être Loo.

Lau (Le), ruisseau. — Voy. Loou (Le).

Lau (Le), ruiss. qui prend sa source à Saint-Castin, arrose Saint-Armou et Anos et se jette dans le Luy-de-France.

Laubequet, f. cne de Lalonquette.

Laucibar (Le), ruiss. qui arrose Tardets-Sorholus et se jette dans le Saison.

Laudure, landes, cne de Salies. — *Lo bosq de Laudur*, 1548 (réform. de Béarn, B. 762, f° 36).

Lauga, f. cne de Monein. — *Laugar*, v. 1540 (réform. de Béarn, B. 789, f° 63).

Lauga, f. cne d'Oràas. — *Laugaa*, 1385 (cens. f° 14).

Lauga, f. cne de Salies. — *Laugaa*, 1535 (réform. de Béarn, B. 705, f° 245).

Lauga, fief, cne d'Andrein; mentionné en 1728 (dénombr. d'Andrein, E. 17), vassal de la vicomté de Béarn.

Laugadiasse (Le), ruiss. qui arrose la cne de Laroin et se jette dans le ruisseau des Hies. — *Laugadiassa*, 1540 (réform. de Béarn, B. 725, f° 406).

Lauhirasse (Le), ruiss. qui prend sa source dans la cne d'Arbouet-Sussaute, arrose Gabat, Ilharre, la Bastide-Villefranche, Bergouey, et se jette à Arancou dans la Bidouse. — *La Laufirasse*, v. 1360 (ch. de Came, E. 425).

Lauhirasse (Le), ruiss. qui prend sa source à Domezain-Berraute, arrose Osserain-Rivareyte et se jette dans le Saison. — *L'aygue aperade Laufirasse*, 1547 (ch. de Béarn, E. 470).

Lauhire, bois et landes, c^{nes} d'Abitain, Arbouet-Sussaute, Autevielle-Saint-Martin-Bidéren, la Bastide-Villefranche, Bergouey, Ilharre et Osserain. — *Nemus quod dicitur Laufire*, 1256; *Lauphire*, xve siècle (ch. de Came, E. 425). — *Laufira*, 1538 (réform. de Béarn, B. 855).

Laulhé, f. c^{ne} de Simacourbe. — *Laulher*, v. 1540 (réform. de Béarn, B. 786, f° 26).

Laumette (Le), ruiss. qui coule sur la c^{ne} de Lacq et se jette dans le Gave de Pau.

Laur (Le), h. c^{ne} de Lescar. — *Laurum*, 1286 (ch. de Béarn, E. 267). — *Lo Laur*, 1457 (cart. d'Ossau, f° 159). — Le fief du Laur était vassal de la vicomté de Béarn.

Launciry, h. c^{ne} de Musculdy.

Laurède, colline, c^{ne} de Luc-Armau. — *La podge de Larrede*, xiii° s° (fors de Béarn). — *La Laurade*, 1655 (cens. de Luc-Armau, CC). — Un des trois grands chemins vicomtaux de Béarn commençait à cette colline, limite du Béarn et de la Bigorre, et conduisait à Somport, sur la frontière d'Espagne; une partie de ce chemin (de Somport à Oloron) était l'ancienne voie romaine de Saragosse en Aquitaine.

Lauret, fief, c^{ne} de Jurançon. — *La maison noble de Laurets*, 1675 (réform. de Béarn, B. 677, f° 234). — Ce fief, créé en 1639, relevait de la vicomté de Béarn.

Laurets (Les), éc. c^{ne} de Bizanos.

Laurhibar (Vallée et rivière de), prend naissance à Mendive, traverse Lécumberry, Ahaxe-Alciette-Bascassan, Saint-Jean-le-Vieux, Saint-Jean-Pied-de-Port, et se jette dans la Nive.

Lauriers (Les), h. c^{ne} de Bayonne.

Laurigna, mont. c^{ne} de la Fonderie, sur la frontière d'Espagne.

Laurio et Rey (Le ruisseau), prend sa source à Labeyrie et s'y jette dans le Luy-de-Béarn.

Lauriole (Le pic), c^{nes} d'Aydius, de Bielle et de Gère-Bélesten.

Lauroua, f. c^{ne} de Salies. — *Lauroa*, *Lauroaa*, 1535 (réform. de Béarn, B. 705, f^s 214 et 239).

Laurous, lande, c^{ne} de Castillon (c^{on} de Lembeye).

Laus (Le), ruiss. qui prend sa source à Lucq-de-Béarn et se jette dans le Gave d'Oloron, après avoir arrosé Ogenne-Camptort, Dognen, Jasses et Navarrenx. —

Osies, x° s° (cart. de l'abb. de Lucq, d'après Marca, Hist. de Béarn, p. 269).

Laussade (Le), ruiss. qui coule à Bellocq et se jette dans le Gave de Pau.

Laussat, chât. c^{ne} de Pardies (c^{on} de Nay).

Lausset (Le), riv. qui prend sa source dans la c^{ne} de Roquiague et se jette dans le Gave d'Oloron, après avoir arrosé les communes de Chéraute, l'Hôpital-Saint-Blaise, Préchacq-Josbaig, Gurs, Sus, Susmiou, Castelnau-Camblong, Araux, Viellenave (c^{on} de Navarrenx) et Araujuzon. — *L'Aucet*, 1384 (not. de Navarrenx). — *L'ariu aperat Lauset*, *Laucet*, 1536 (réform. de Béarn, B. 821, f°s 51 et 127).

Lauste, éc. c^{ne} de Lembeye.

Lavedan (Le col de), dans les montagnes de la c^{ne} des Eaux-Bonnes, à Aas; il fait communiquer le départ. des Basses-Pyrénées avec celui des Hautes-Pyrénées. — Ce col tire son nom du pays de Lavedan (départ. des Hautes-Pyrénées).

Laviegave, h. c^{ne} d'Artix. — On devrait écrire la Vie-Cave.

Lavignolle, mⁱⁿ, c^{ne} de Bescat.

Laxa (Le), ruiss. qui prend sa source à Ispoure, sépare cette commune de celle d'Ossès et se jette dans la Nive de Baïgorry.

Laxague, fief, c^{ne} de Laguinge-Restoue; il était vassal de la vicomté de Soule.

Laxague (Le), ruiss. qui coule à Ostabat-Asme et se perd dans la Bidouse. — Il y avait à Asme un fief de ce nom, qui était vassal du royaume de Navarre.

Laxarre (Le), ruiss. qui arrose les c^{nes} de Saint-Étienne-de-Baïgorry et de Bidarray et se jette dans la Nive de Baïgorry. — *Latsari*, 1675 (réform. d'Ossès, B. 687, f° 40).

Laxaty (Le), ruiss. qui coule sur la c^{ne} d'Arrast-Larrebieu et se mêle à l'Aphanire.

Laxia, h. c^{ne} d'Itsatsou.

Lay, c^{on} de Navarrenx; mentionné en 1205 (ch. de Bérérenx). — *Sent-Pee de Lay*, 1412 (not. de Navarrenx, f° 65). — *Lay-Lamidou*, depuis la réunion de Lamidou : 18 avril 1842. — Il y avait une abbaye laïque vassale de la vicomté de Béarn. — En 1385, Lay comptait 24 feux et ressort. au baill. de Navarrenx.

Layers, mont. c^{nes} de Lourdios-Ichère et d'Osse.

Layou (Le), riv. qui prend sa source à Lucq-de-Béarn et se jette dans le Gave d'Oloron, après avoir arrosé les c^{nes} de Préchacq-Navarrenx, Lay-Lamidou, Dognen et Jasses. — *L'arriu deu Layoo*, 1391 (not. de Navarrenx). — *Lo Lajo*, 1393; *lo Layo*, 1448 (not. de Lucq).

Layracq, f. c^ne de Garos. — *Layrac*, 1385 (cens. f° 66).

Layus (Le), ruisseau qui prend sa source à Cescau et se jette à Viellenave (c^on d'Arthez) dans le ruisseau d'Uzan.

Lazaret (Le), aujourd'hui dépôt de mendicité, c^ne d'Anglet.

Lazaret (Le), ruines, c^ne d'Urdos; sur la route d'Espagne.

Lazive, mont. c^nes de Béost-Bagès et des Eaux-Bonnes.

Lé, mont. c^nes de Béost-Bagès et de Louvie-Soubiron.

Léarchilo (Le), ruiss. qui prend sa source dans les Pyrénées espagnoles, entre en France sur la c^ne des Aldudes et se perd dans le Lohitce.

Léarné, mont. c^ne d'Ossès.

Lech ou Leich (Le), ruiss. qui prend sa source à Arnos et se jette dans le ruisseau d'Aubin, après avoir arrosé Doazon, Castillon (c^on d'Arthez), Pomps et Arthez.

Lèche, mont. et bois, c^nes d'Arette et de Sainte-Engrace. — *La singla de Lexe*, 1589 (réform. de Béarn, B. 808, f° 94).

Lechondo, mont. c^nes d'Ossès et de Saint-Étienne-de-Baïgorry.

Lécumberry, c^on de Saint-Jean-Pied-de-Port; mentionné en 1402 (ch. de Navarre, E. 459). — *Saint-Martin de Lecumberry*, 1703 (visites du dioc. de Bayonne). — *Sanctus-Martinus de Janits vulgò de Lecumberry*, 1763 (collations du dioc. de Bayonne).

Ledeuix, c^on d'Oloron-Sainte-Marie-Est. — *Ledux*, x^e s^e (cart. de l'abb. de Lucq, d'après Marca, Hist. de Béarn, p. 269). — *Leduixs*, xiiie s^e (fors de Béarn). — *Laduix, Laduixs*, 1323 (ch. de Béarn, E. 953). — *Laduxs*, 1344 (not. de Pardies, n° 2, f° 50). — *Laduxium*, 1374 (contrats de Luntz). — *Sent-Martii de Leduxs*, 1420 (not. de Lucq). — *Leduix*, 1538 (réform. de Béarn, B. 833). — *Leduch*, 1779 (dénombr. de Goès, E. 30). — Il y avait une abbaye laïque vassale de la vicomté de Béarn. — En 1385, Ledeuix comptait 43 feux et ressort. au baill. d'Oloron.

Ledeuix, fief, c^ne d'Estialescq. — *L'ostau de Laduix qui es Esquialest*, 1385 (cens. f° 24). — Ce fief relevait de la vicomté de Béarn et ressort. au baill. d'Oloron.

Ledeuix, lande, c^ne d'Esquiule. — *Laduix*, 1385 (cens. f° 24). — *Leduixs*, 1456 (ch. d'Esquiule).

Lée, c^on de Pau-Est; mentionné au xiie s^e (Marca, Hist. de Béarn, p. 447). — En 1385, Lée comprenait 14 feux et ressort. au baill. de Pau.

Lées, c^on d'Accous; mentionné en 1215 (cart. de l'évêché d'Oloron, d'après Marca, Hist. de Béarn, p. 530). — *Leet*, 1449 (reg. de la Cour Majour, B. 1, f° 16). — *Les*, 1538 (réform. de Béarn, B. 824). — *Sancta-Maria de Lées*, 1603 (insin. du dioc. d'Oloron). — *Lées-Athas*, depuis la réunion d'Athas. — Il y avait une abbaye laïque vassale de la vicomté de Béarn. — En 1385, Lées ressort. au baill. d'Aspe et comprenait 29 feux.

Lées (Le), riv. qui prend sa source dans la c^ne de Gardères (départ. des Hautes-Pyrénées) et se jette dans le Gros-Lées près de Ségos (départ. du Gers); elle arrose, dans les Basses-Pyrénées, les communes de Saubole, Lombia, Sedze-Maubec, Baleix, Anoye, Maspie-Lalonquère-Juillac, Simacourbe, Lembeye, Escurès, Lespielle-Germenaud-Lannegrasse, Gayon, Castillon (c^on de Lembeye), Arricau, Vialer, Cadillon, Saint-Jean-Poudge, Conchez, Tadousse-Ussau, Diusse, Portet, Castetpugon et Moncla. — *Le Léez d'arré*, 1675 (réform. de Béarn, B. 652, f° 211).

Lées (Le Gnos-), riv. qui se forme à Simacourbe par la réunion des ruisseaux de Mendane et de Riutort et se jette dans l'Adour près de Saint-Mont (départ. du Gers); elle arrose, dans les Basses-Pyrénées, les communes de Lussagnet-Lusson, Lalongue, Lannecaube-Meillac, Burosse-Mendousse, Taron-Sadirac-Viellenave, Mascaras-Haron, Balirac-Maumusson, Castetpugon, Garlin et Moncla. — *L'aygue deu Les*, 1542 (réform. de Béarn, B. 730, f° 51).

Lées (Le Petit-), ruiss. qui prend sa source à Luccarré, arrose Peyrelongue-Abos et Samsons-Lion et se jette à Lembeye dans le Lées.

Légarne (Le), ruiss. qui coule à Bidarray et se perd dans le Bastan.

Légatcé (Le), ruiss. qui prend sa source à Bidarray, sépare cette commune de celle de Louhossoa et se jette dans la Nive.

Legnère (Le), ruiss. qui sort de la montagne Anouillas (c^ne de Laruns) et se jette dans le Gave d'Ossau à Laruns.

Legnère (Le), ruiss. qui arrose la c^ne de Gère-Bélesten et se jette dans le Gave d'Ossau à Géteu (c^ne de Laruns).

Legnère (Le pic de), c^ne d'Arudy.

Legorre, mont. c^ne d'Arette.

Légugnon, vill. c^ne d'Oloron-Sainte-Marie; anc. c^ne réunie le 14 avril 1841 à Sainte-Marie, puis à Oloron en 1858. — *Lugunhoo*, 1375 (contrats de Luntz, f° 108). — *Lugunhon*, xive s^e (cens.). — *Legunhoo*, 1538 (réform. de Béarn, B. 833). — *Sanctus-Johannes de Legunhon*, 1612; *Sanctus-Petrus de Legunhon*, 1619 (insin. du dioc. d'Oloron). — Il y avait une abbaye laïque vassale de la vicomté de Béarn. — En 1385, Légugnon ressort. au baill. d'Oloron et comptait 11 feux.

Léguie, fief, c^ne d'Espiute. — *La maison noble de Leguié*, 1675; *Ligie*, 1676 (réform. de Béarn, B. 864, f°s 1 et 27). — Ce fief relevait de la vicomté de Béarn.

Léhembiscay, h. c^ne de Sare.

Léhenné (Le), ruiss. qui arrose la c^ne de Larrau et se jette dans le Hurbelça.

Léhétia, chât. c^ne de Sare. — *Lahet*, 1233 (cart. de Bayonne, f° 28).

Leïçabathéca, mont. c^ne de Saint-Michel, sur la frontière d'Espagne.

Leïçancé, mont. c^ne de Saint-Étienne-de-Baïgorry.

Leïçarnague, fontaine, c^ne de Bussunarits-Sarrasquette; c'est la source du ruisseau d'Aphat.

Leisarrague (Le), ruiss. qui arrose la c^ne d'Itsatsou et se perd dans la Nive.

Leïspans, h. c^ne de Saint-Étienne-de-Baïgorry. — *Leizparz*, 1513 (ch. de Pampelune). — Le ruisseau de Leïspars arrose ce hameau et se jette dans la Nive de Baïgorry.

Leitoure, éc. c^ne d'Arthez.

Lekorne, h. c^ne de Mendionde.

Lembeye, arrond. de Pau. — *Invidia*, 1286 (reg. de Bordeaux, d'après Marca, Hist. de Béarn, p. 662). — *Lambeya*, 1318 (ch. de Béarn, E. 846). — *Lambeye*, 1367 (not. de Lucq). — *Lembeye*, 1402 (cens.). — *La vegarie de Lambeye*, 1538; *Lembeya*, 1542; *Nostre-Dame de Lembeye*, 1684 (réform. de Béarn, B. 649; 733, f° 5; 826). — Lembeye était un archiprêtré du dioc. de Lescar. — Il y avait à Lembeye un couvent de Récollets, fondé en 1676, et un hôpital dépendant de l'abbaye de Sainte-Christine (Espagne). — En 1385, Lembeye comptait 58 feux et était le chef-lieu d'un bailliage comprenant le canton de Lembeye, moins les communes d'Anoye, Momy et Luccarré; le canton de Garlin, sauf Balirac-Maumusson, Boueilh-Boueilho-Lasque, Mouhous, Pouliacq et Ribarrouy; la c^ne de Sévignacq (c^on de Thèze). — Lembeye était le chef-lieu d'une notairie composée des c^nes du canton de Lembeye, moins Momy et Luccarré; du canton de Garlin, moins Boueilh-Boueilho-Lasque, Garlin et Pouliacq; de la c^ne de Saint-Laurent.

En 1790, le canton de Lembeye comprenait les mêmes communes que le canton actuel, moins celles d'Arricau, Arrosès, Aurions (sauf le village d'Idernes), Cadillon, Crouseilles et Lasserre.

Lembeye, f. c^ne d'Orion. — *Lembeye*, 1614 (réform. de Béarn, B. 817, f° 2).

Lembeye, fief, c^ne de Lagor, au hameau de Muret; mentionné en 1538 (réform. de Béarn, B. 847). — Ce fief relevait de la vicomté de Béarn.

Lembeye, fief, c^ne de Salies; mentionné en 1385 (cens. f° 6). — *Lembeya*, 1538 (réform. de Béarn, B. 833). — Le fief de Lembeye, vassal de la vicomté de Béarn, ressort. au baill. de Salies.

Lembeye, h. c^ne de Lasseube.

Lembielle, éc. c^ne de Sedze-Maubec; mentionné en 1675 (réform. de Béarn, B. 648, f° 245).

Lème, c^on de Thèze; mentionné au xiie s^e (fors de Béarn). — *Lema*, 1538 (réform. de Béarn, B. 833). — *Lheme*, 1777 (dénombr. E. 33). — Il y avait une abbaye laïque vassale de la vicomté de Béarn. — En 1385, Lème ressort. au baill. de Pau et comprenait 26 feux. — Au xvie siècle, la seigneurie de Lème dépendait de la baronnie de Coarraze.

Lems, f. c^ne de Riupeyrous. — *La Emz*, 1535 (réform. de Béarn, B. 704, f° 175).

Lendresse, c^ne de Lagor. — *Landresse*, xie s^e (Marca, Hist. de Béarn, p. 399). — *Landressa*, 1194 (cart. de l'abb. de Sauvelade, d'après Marca, p. 504). — *Lendressa*, 1235 (réform. de Béarn, B. 864). — Il y avait une abbaye laïque vassale de la vicomté de Béarn. — En 1385, Lendresse comprenait 16 feux et ressort. au baill. de Pau.

Lengoust, éc. c^ne de Baliros. — *L'Engoust*, 1775 (terrier de Baliros, E. 300).

Lengoust (Le chemin de), conduisait de Pau à Monein en suivant la rive gauche du Gave de Pau. C'était la route suivie pour aller du Béarn dans la Soule et la Navarre, par Navarrenx et Saint-Jean-Pied-de-Port. — *Lengos*, vill. détruit, paraît avoir été près de ce chemin, 1196 (Marca, Hist. de Béarn, p. 499). — *Lo camp de Lengost qui confronte avec lo cami dou Senhor* (à Jurançon), 1483 (not. de Pau, n° 1, f° 16). — *Cami qui a existat de tout temps*, 1766 (reg. des États de Béarn, délib. sur le chemin de Lengoust). — Ce chemin était très-fréquenté au xiie siècle, car Édrisi indique la distance entre Saint-Jean-Pied-de-Port et Monein.

Lépéden, mont. c^ne des Aldudes.

Léren, c^on de Salies; mentionné au xiie s^e (cart. de l'abb. de Sordes). — *Sent-Bisentz de Leren*, 1472 (not. de la Bastide-Villefranche, n° 2, f° 22). — Léren faisait partie de l'archiprêtré de Rivière-Gave (dioc. de Dax), de la subdélégation de Dax et du duché de Gramont.

Lerle, éc. c^ne de Ponson-Debat-Pouts; mentionné en 1675 (réform. de Béarn, B. 648, f° 343).

Lesca, éc. c^ne d'Orthez.

Lescar, arrond. de Pau; ville fondée en 980 sur les ruines de Beneharnum, cité détruite en 841 par les Normands. — *Beneharnum, Benearnum* (Itin. d'Antonin). — *Benarnus, civitas Benarnensium* (notice des provinces). — *Benarna, Benarnum* (Grégoire de Tours). — *Ecclesiola Beati Joannis-Baptistæ, Lascurris*, 980 (cart. de Lescar). — *Laschurris*, 1128 (ch. d'Aubertin). — *Alescar*, 1170 (ch. de Barcelone, d'après Marca, Hist. de Béarn, p. 214, 421 et 471). — *Laschar*, xii° s° (ch. de Gabas).— *Lascaa*, xiii° s° (fors de Béarn). — *Diœcesis Lascurcensis*, 1289; *Lascurrensis*, 1313 (Historiens de France, XXI, p. 544 et 559). — *Lascar*, 1394 (ch. de Buros, E. 359). — *Lesca, Lasca*, 1538 (réform. de Béarn, B. 844 et 847).

L'évêché de Lescar, neuvième suffragant de l'archevêché d'Auch, remplaça vers 980 l'évêché de Bencharnum, ruiné par les invasions normandes. Le diocèse de Lescar comprenait l'archidiaconé de Lescar, *archidiaconatus Lascurrensis*; l'archidiaconé de Soubestre, *archidiaconatus Silvestrensis*; l'archidiaconé de Larbaig, *archidiaconatus Larvallensis*; l'archidiaconé de Balbielle, *arsidiagonat de Begbielle*; l'archidiaconé de Vicbilh, *archidiaconatus de Bigbilh*. — L'évêché de Lescar fut supprimé en 1793, réuni à celui d'Oloron, puis incorporé en 1802 au dioc. de Bayonne. — L'évêque de Lescar présidait les États de Béarn. — Lescar possède encore deux églises : Notre-Dame, ancienne cathédrale; Saint-Julien, ancien prieuré. — En 1582, il y avait *la Maladrie* de Lescar (ch. de la Chambre des Comptes, B. 2600). — Les Barnabites avaient un collège à Lescar. — En 1385, Lescar comprenait 187 feux et ressort. au baill. de Pau. — En 1643, la ville se divisait en quatre vics ou quartiers : la Ciutat, le Parvis, le vic de Debat l'Arriu, le Vialer. — Lescar était le chef-lieu d'une notairie dont le ressort comprenait Laroin, Lons, Monhauba, Saint-Faust et Siros.

Lescar, fief, c^{ne} de Bellocq; créé en 1662, vassal de la vicomté de Béarn.

Lescay (Le), ruiss. qui prend sa source dans la c^{ne} de Sault-de-Navailles, forme la limite des départ. des Basses-Pyrénées et des Landes et se jette dans le Luy-de-Béarn près de Bonnegarde (départ. des Landes).

Lescorreix (Le ruisseau), arrose la c^{ne} de Misaget et se jette dans le Lestarzou. — *Lo riu aperat Lescorrexs*, 1538 (réform. de Béarn, B. 854). — Les commandeurs de Misaget avaient leur moulin sur ce ruisseau.

Lescoube (Le moulin de), c^{ne} d'Estos. — *Lo molin de Lescuba*, 1614 (réform. de Béarn, B. 817, f° 7).

Lescourre (Le ruisseau), arrose la c^{ne} de Lescar et se perd dans le Loou.

Lescun, c^{on} d'Accous. — *Lascun*, 1077 (ch. de l'abb. de la Peña). — *Alaschu, Alaschun*, 1154; *Alascun*, 1170 (ch. de Barcelone, d'après Marca, Hist. de Béarn, p. 324, 465 et 471). — *Lescunium*, 1398 (ch. de Béarn, E. 2290). — *Lasquun, Sente-Aulalie de Lescun*, 1609 (insin. du dioc. d'Oloron).— La baronnie de Lescun était la troisième grande baronnie de Béarn; elle relevait, ainsi que l'abbaye laïque de Lescun, de la vicomté de Béarn. — En 1385, Lescun comptait 63 feux et ressort. au baill. d'Aspe.

Lescun, fief, c^{ne} de Larreule; maison mentionnée en 1385 (cens. f° 48), anoblie en 1492 et vassale de la vicomté de Béarn.

Lescun, h. c^{ne} de Monein.

Lésiague (Le), ruiss. qui coule sur la c^{ne} de Lanne et se jette dans le Vert du Barlanès.

Lesparre (Le), ruiss. qui arrose Bellocq et se jette dans le Gave de Pau.

Lespelat, mont. c^{nes} d'Aste-Béon et de Castet.

Lespelouse, mont, c^{ne} d'Etsaut.

Lesperon ou l'Esperon, f. c^{ne} de Bayonne, à Saint-Esprit; mentionnée en 1246 (cart. de Bayonne, f° 36).

Lespiau, f. c^{ne} de Bougarber; ancien hôpital pour les pèlerins, mentionné en 1170 (Marca, Hist. de Béarn, p. 486). — *Lespiaup*, 1290 (ch. de Béarn, E. 427).— *Lespiaub*, xiii° s° (fors de Béarn, p. 138). — *L'espitau de Lespiaup*, 1385 (cens. f° 44). — *Commenda Sancti Jacobi de Spinalba*, 1527 (ch. des Barnabites). — Lespiau était une commanderie de Saint-Jean-de-Jérusalem qui dépendait de l'abbaye de Sainte-Christine (Espagne). — Au xvii° siècle, ce fut une propriété des Barnabites. — L'hôpital de Lespiau était placé dans les landes du Pont-Long, sur le chemin *Romiu*.

Lespiaut, f. c^{ne} de Monein. — *Lespiaub*, 1385 (cens. f° 36).

Lespielle, c^{on} de Lembeye. — *Lespiele*, 1385; *Laspiele*, 1402 (cens.). — *Lespiela*, 1538; *Laspiela*, v. 1540 (réform. de Béarn, B. 786, f° 25; 833). — *Lespielle-Germenaud-Lannegrasse*, depuis la réunion de Germenaud et de Lannegrasse. — Il y avait une abbaye laïque vassale de la vicomté de Béarn. — En 1385, Lespielle comprenait 18 feux et ressort. au baill. de Lembeye.

Lesponne, éc. c^{ne} de Bourdettes.

Lesponné, lande, c^{ne} de Baliros. — *L'Espoune*, 1775 (terrier de Baliros, E. 300).

Lespourcy, c^{on} de Morlàas. — *Lustreporci*, xii° s° (Marca, Hist. de Béarn, p. 450). — *Lesporssii*, 1385; *Lesporcii*, xiv° s° (cens.). — *Lesporsin*, 1546; *Lespoursin*, 1683 (réform. de Béarn, B. 654, f° 275). — En 1385, Lespourcy comptait 10 feux et ressort. au baill. de Pau.

Lespreze (Le), ruiss. qui arrose la cne de Lurbe et se jette dans le Gave d'Aspe.

Lessanté (Le), ruiss. qui coule à Urrugne et se perd dans l'Unxain.

Lessette, mont. cne de la Fonderie, sur la frontière d'Espagne.

Lessia (Le), ruiss. qui arrose la cne de Sare et se mêle à l'Uri. — Il y a une grotte du même nom dans la cne de Sare.

Lessunague (Le), ruiss. qui coule sur la cne de Sare et se jette dans la Sogorria.

Lestapis, chât. cne de Lacq.

Lestapis, chât. cne de Mont (con de Lagor). — *L'ostau de Lastapis*, 1385; *Lastapies*, 1402 (cens.). — Le château actuel est moderne.

Lestarzou ou l'Estarnésou, ruiss. qui prend sa source dans les montagnes de Louvie-Juzon et se jette à Capbis dans le Bées. — *Lestarresso, l'aygua aperade Lestares*, 1538; *Lestarreson*, 1675 (réform. de Béarn, B. 656, f° 283; 779, f° 47; 854).

Lesté (Le), ruiss. qui coule à Castillon (con de Lembeye) et se perd dans le Lées.

Lestelle, con de Clarac; commune fondée au xiv° s° sur le territoire d'Asson, au quartier d'Artigaux. — *La bastide de Lestelle*, 1335 (réform. de Béarn, B. 673, f° 234). — *Lestele*, 1402 (cens.). — *La Stela*, 1429 (cens. de Bigorre, f° 153). — *Lestella*, 1544 (ch. de Béarn). — *Lastelle*, 1544; *l'Estelle*, 1675 (réform. de Béarn, B. 673, f° 236; 746). — *Saint-Jean de Lestelle*, 1675 (terrier de Lestelle, E. 311). — En 1385, Lestelle ressort. au baill. de Nay et comprenait 32 feux.

Lestère (La crête de), mont. cnes d'Accous, de Borce et de Cette-Eygun.

Leu (Le), h. cne d'Oràas; paroisse qui comptait 29 feux en 1385. — *Lo Lu, Olu*, xii° s° (cart. de l'abb. de Sordes, p. 21 et 25). — *Lo Leon*, xiii° s° (fors de Béarn). — *Le Lion* (Froissart). — Le fief du Leu ressort. au baill. de Mu et relevait de la vicomté de Béarn.

Leugat, mont. cne d'Arudy.

Leugé-Josué, f. cne de Pontacq.

Ley, mont. cne des Eaux-Bonnes, à Aas; mentionnée en 1675 (réform. de Béarn, B. 655, f° 288).

Ley (Le), ruiss. qui arrose la cne de Gerderest et se jette dans le Gros-Lées.

Leyre, bois, cne d'Arthez.

Léza (Le), ruiss. qui arrose les cnes de Lasseubétat et de Lasseube et se perd dans la Baïse.

Lèze (La), ruiss. qui prend sa source dans la cne de Cardesse, traverse Monein, Lahourcade, Pardies (con de Monein), Noguères, et se jette à Mourenx dans la Baïse. — *La Leza, Lesa*, v. 1540 (réform. de Béarn, B. 789, fos 4 et 6).

Lezons, vill. cne de Mazères; anc. cne réunie à Mazères le 22 mars 1842. — *Lezoos*, 1368 (ch. de Béarn, E. 1908). — *Lesoos*, 1382 (contrats de Luntz). — *Lezos*, 1536; *Lessoos*, 1546; *Lesons*, 1614 (réform. de Béarn, B. 709, f° 9; 817, f° 9). — *Saint-Pierre de Lezons*, 1714 (ch. du chap. de Lescar). — Il y avait une abb. laïque vassale de la vicomté de Béarn. — En 1385, Lezons comprenait 3 feux et ressort. au baill. de Pau.

Lhers, h. cne d'Accous.

Lhers, mont. cnes d'Aste-Béon et de Castet. — *Lers de Beon*, 1443 (reg. de la Cour Majour, B. 1, f° 122). — *Lertz*, 1486 (not. d'Ossau, n° 1, f° 63).

Liàas, min, sur le Luy-de-France, cne de Morlàas. — *Lo molin de Lias*, 1538 (réform. de Béarn, B. 855). — Le nom de ce moulin vient d'Antoine de Lias, son propriétaire avant le xvi° siècle, qui le donna aux Jacobins de Morlàas.

Liarescq (Le), lande, cne d'Uzein, dans le Pont-Long. — *La lane aperat lo Liarescq de l'Espitau* (de Lespiau), 1463 (cart. d'Ossau, f° 119). — *La peire appelée Liarescq*, 1778 (terrier de Bougarber, E. 306).

Liant (Le), ruiss. qui descend des montagnes d'Accous et se jette dans la Berthe.

Libarrenx, vill. cne de Gotein; ancienne cne réunie à Gotein le 12 mai 1841. — *Livarren*, xiii° s° (cart. de Bayonne, f° 26). — *Libarren*, 1383 (contrats de Luntz, f° 84).

Libé (Le), ruisseau qui prend sa source à Orriule, sépare cette commune de celle d'Orion et se jette dans l'Arriugrand.

Libénex, éc. cne d'Arthez.

Libiéta, f. cne d'Ahaxe-Alciette-Bascassan. — *Libiet*, 1621 (Martin Biscay).

Libiétabénère, fief, cne de l'Hôpital-Saint-Blaise; vassal du royaume de Navarre.

Libizi (Le), h. cne de Lembeye; mentionné en 1675 (réform. de Béarn, B. 649, f° 272).

Liçarlain (Le), ruiss. qui coule sur la cne de Biriatou et se jette dans la Bidassoa.

Licerasse, chât. cne de Saint-Étienne-de-Baïgorry. — *Liçaraçu*, 1402 (ch. de Navarre, E. 459). — *Licarasse*, 1445 (coll. Duch. vol. CXIV, f° 177). — *Lizarazu*, 1525 (ch. de la Camara de Comptos). — *Lizaraçu*, 1621 (Martin Biscay). — Le fief de Licerasse relevait du royaume de Navarre.

Lichabe, f. cne de Bardos. — *L'ostau de Lissave*, 1502 (ch. de Navarre, E. 424).

Lichagorry, mont. cne d'Aussurucq.

Lichans, c^on de Tardets. — *Lixans*, 1385 (coll. Duch. vol. CXIV, f° 43). — *Lissans*, v. 1475; *Lixantz*, 1480 (contrats d'Ohix, f°s 21 et 72). — *Lexans*, 1608; *Saint-André de Lichans*, 1678 (insin. du dioc. d'Oloron). — *Lichans-Sunhar*, depuis la réunion de Sunhar : 5 août 1842. — On dit en basque *Lechanzu*.

Lichansé, mont. c^nes de Lichans-Sunhar et de Licq-Atherey.

Licharre, plaine, c^on de Nay. — *Lisarre*, xiiie siècle (fors de Béarn). — *Las tres vesiaus de Lixarre : Pardies, Sent-Avit et Baliros*, 1449 (reg. de la Cour Majour, B. 1, f° 10). — Cette partie de la plaine de Nay comprenait les trois communes de Baliros, Pardies et Saint-Abit.

Licharre, vill. c^ne de Mauléon ; anc. c^ne réunie à Mauléon le 19 mars 1841. — *Lo noguer de Lixarre* (lieu d'assemblée judiciaire sous un noyer), 1385 (coll. Duch. vol. CXIV, f° 43). — *Sent-Johan de Lixare*, 1470 ; *la font de Sent-Johan de Lixare*, 1481 (contrats d'Ohix, f°s 9 et 100). — *Lixarra*, 1508 (ch. du chap. de Bayonne). — Licharre était le siège d'une juridiction, appelée la *cour de Licharre*, qui avait pour ressort tout le pays de Soule; les appels se portaient à la cour des jurats de Dax (départ. des Landes) et de là au sénéchal de Guyenne. — Les juges de la cour de Licharre étaient le châtelain de Mauléon, les dix *potestats* de Soule et les gentilshommes propriétaires : *Au pays de Sole son dets potestats, es assaver : lo senhor deu Domec de Lacarri, lo senhor de Bimeinh de Domasanh, lo senhor deu Domec de Sibas, lo senhor de Olhaibi, lo senhor deu Domec d'Ossas, lo senhor d'Amichalgun de Charri, lo senhor de Genteynh, lo senhor de la Sala de Charrite, lo senhor d'Espes et lo senhor deu Domec de Cherautе. Los quoaus son tenguts de venir a tout le menhs de oeitene a oeitene a la Cort de Lixarre tenir cort ab lo Capitaine Castellan*, 1520 (cout. de Soule).

Lichos, c^on de Navarrenx. — *Lesxos*, 1376 (montre milit. f° 123). — *Lixos*, 1385 (cens. f° 12). — *Lexos*, 1391 (not. de Navarrenx). — En 1385, Lichos et Haute, son annexe, comprenaient 20 feux et ressort. au baill. de Sauveterre. — Au xvie s^e, Lichos ne formait qu'une commune avec Charre et Haute.

Licq, c^on de Tardets. — *Lic*, 1386 (not. de Navarrenx). — *Licq-Atherey*, depuis la réunion d'Atherey, en 1843. — On dit en basque *Ligui*.

Liée, fief, c^ne de Béost-Bagès; mentionné en 1538 (réform. de Béarn, B. 856), vassal de la vicomté de Béarn.

Lies (Le col de las), entre les c^nes d'Aramits et de Lanne.

Lieste, f. et fontaine, c^ne de Jurançon; mentionnées en 1484 (not. de Pau, n° 1, f° 45). — *La maison aperade deu Tisnee, autrement de Lieste*, v. 1540 (réform. de Béarn, B. 785, f° 4).

Liet (Le col de), entre les c^nes d'Accous et de Cette-Eygun. — Le ruisseau de Liet prend sa source au pic d'Isabe (c^ne d'Accous) et se jette dans le Cuyala.

Ligance, mont. c^ne d'Osse.

Ligé, f. c^ne de Moncin. — *Liger*, 1658 (not. de Monein, n° 195, f° 112).

Lignac, h. c^ne d'Ance; mentionné en 1765 (reg. des États de Béarn).

Lignac, h. c^ne de Castéide-Cami. — *Linhac*, 1352 (not. de Pardies, n° 1).

Lihurry (Le), ruiss. formé de l'Arberoue et du Laharane; il sert de limite aux c^nes de Bardos et de Bidache et se jette dans la Bidouse.

Limaquère, lande, c^ne de Baigts; mentionnée en 1675 (réform. de Béarn, B. 665, f° 357).

Limendoux, c^on de Pontacq. — *Luc-Mendos*, 1385 (cens.). — *Lucmendoos*, 1547; *Lucmendous*, 1683 (réform. de Béarn, B. 654, f° 231; 757, f° 1). — En 1385, Limendoux comprenait 10 feux et ressort. au baill. de Pau.

Lindurre (Le col de), entre les c^nes de Lantabat et d'Ostabat-Asme.

Lindux, mont. c^ne de la Fonderie, sur la frontière d'Espagne.

Linsole (Le col de), c^ne de Lescun, sur la frontière d'Espagne.

Lion, vill. c^ne de Samsons; anc. c^ne. — *Lo Leon*, xiiie s^e (fors de Béarn). — *Aulioo*, 1385 (cens. f° 58). — *Lo Lioo*, 1544; *lo Lion*, 1546 (réform. de Béarn, B. 746). — *Le Lyon*, 1778 (dénombr. d'Anoye, E. 18). — En 1385, Lion ressort. au baill. de Lembeye et comprenait 4 feux. — Ce village dépendait de la *clau* d'Anoye.

Lioos, mont. c^ne d'Arette.

Liorce, f. c^ne de Salles-Mongiscard. — *Oliorsse*, 1385 (cens. f° 8). — *Liorse*, 1537; *Liorssa*, v. 1540 (réform. de Béarn, B. 800, f° 12; 807, f° 75).

Liorny (Le), ruiss. qui coule à Arette et se jette dans la Chousse.

Lire (La), fief, c^ne d'Orthez, aux Marmous; mentionné en 1677 (réform. de Béarn, B. 670, f° 320), vassal de la vicomté de Béarn.

Lissague, f. c^ne de Moncayolle, à Mendibieu; mentionnée en 1383 (contrats de Luntz, f° 84).

Lissague (Le Grand-), h. c^ne de Saint-Pierre-d'Irube. — *Lisague*, xiiie s^e (cart. de Bayonne, f° 25).

LISSARRE (LE), ruiss. qui arrose la c^{ne} de Luc-Armau et se perd dans le Louet.

LISTO, vill. c^{ne} de Louvie-Soubiron. — *Lobier et Listo*, 1487 (not. d'Ossau, n° 1, f° 39). — En 1385, ce village comptait 3 feux et ressortissait au baill. d'Ossau.

LITOS (LE), ruiss. qui prend sa source dans la c^{ne} de Barcus et se jette dans le Vert à Esquiule, en séparant cette commune de celles d'Aramits, Ance, Féas et Oloron-Sainte-Marie. — *L'ariu de Lixaut*, 1443 (contrats de Carresse, f° 307). — *L'aigue aperade Lytons*, 1589; *Littos*, 1675 (réform. de Béarn, B. 659, f° 14; 808, f° 93).

LIUHOA, pèlerinage, c^{ne} d'Espelette.

LIVRON, c^{ne} de Pontacq. — *Livro*, XIIe s^e (Marca, Hist. de Béarn, p. 454). — *Livroo*, 1402 (cens.). — En 1385, Livron ressort. au baill. de Pau et comprenait 11 feux. — La seigneurie de Livron dépendait, au XVIe s^e, de la baronnie de Coarraze; elle fut plus tard érigée en baronnie vassale de la vicomté de Béarn.

LIVRON, f. c^{ne} de Saint-Abit.

LIZA, h. c^{ne} de Monein. — *Lo Lisar*, 1385 (cens. f° 36). — *Lo Lizar*, 1420 (not. de Lucq). — En 1385, ce hameau était réuni à celui du Trouilh et l'on y comptait 24 feux; tous deux ressortissaient au baill. de Monein.

LIZLA, chât. c^{ne} de Gan.

LIZO (LE), ruiss. qui prend sa source dans la c^{ne} de Castillon (c^{on} de Lembeye) et se jette dans l'Arcis, après avoir arrosé Bordes (c^{on} de Lembeye), Arricau et Cadillon. — *Lo Lizoo*, 1542; *le Lizeau*, 1673 (réform. de Béarn, B. 659, f° 54; 730, f° 13). — *Liseau*, 1753 (dénombr. de Castillon, E. 25).

LOGE (LA), éc. c^{ne} d'Asasp.

LOGRAS, fief, c^{ne} de Saint-Jean-Pied-de-Port; vassal du royaume de Navarre.

LOGUE, h. c^{ne} de Musculdy.

LOHILUÇU, montagne, c^{ne} des Aldudes, sur la frontière d'Espagne.

LOHIOLA (LE), ruiss. qui coule sur la c^{ne} d'Iholdy et se perd dans l'Oxarty.

LOHITCE (LE), ruiss. qui sort des Pyrénées espagnoles et se jette dans la Nive de Baïgorry sur la c^{ne} des Aldudes.

LOHITÉGUY, fief, c^{ne} de Saint-Jean-Pied-de-Port. — *Loytegui*, 1621 (Martin Biscay). — Ce fief relevait du royaume de Navarre.

LOHITZUN, c^{on} de Saint-Palais. — *Lohitzsun*, 1476 (contrats d'Ohix, f° 39). — *Lohixun*, XVIIe siècle (ch. d'Arthez-Lassalle). — *Lohitzun-Oyhercq*, depuis la réunion d'Oyhercq : 13 juin 1841.

LOLAU (LE), ruiss. qui coule sur la c^{ne} de Castet et se jette dans le ruisseau de Lacondre.

LOM, éc. c^{ne} de Ponson-Debat-Pouts; mentionné en 1675 (réform. de Béarn, B. 648, f° 359).

LOMBART, fief, c^{ne} de la Bastide-Clairence. — Il relevait du royaume de Navarre et fut créé en 1780 en faveur de Sauveur Lombart, maire de la Bastide-Clairence dès 1750.

LOMBIA, c^{on} de Morlàas. — *Lombiaa*, 1402 (cens.). — *Lombyaa*, 1490 (ch. d'Eslourentics, E. 359). — *Lombian*, 1546 (réform. de Béarn, B. 754). — En 1385, Lombia ressort. au baill. de Montaner et comprenait 10 feux. — Lombia était un membre de la commanderie de Malte de Caubin et Morlàas.

LOMBNÉ, f. c^{ne} de Mirepeix.

LOMBNÉ (LE), ruiss. qui coule sur la c^{ne} d'Arette et se perd dans la Chousse.

LONÇON, c^{on} d'Arzacq. — *Lonso*, 1538; *Lonson*, 1673 (réform. de Béarn, B. 652, f° 185; 854).

LONDAÏTS, f. c^{ne} d'Ayherre. — *Londayz*, 1621 (Martin Biscay).

LONS, c^{on} de Lescar. — *Lod*, XIe s^e; *Sanctus-Petrus de Alod*, 1101 (cart. de Lescar). — *Laoos*, 1170; *Loth, Los*, XIIe s^e; *Laos*, 1214 (ch. de l'abb. de Sauvelade, d'après Marca, Hist. de Béarn, p. 375, 383, 446, 486 et 530). — *Loos*, 1385 (cens.). — *Loos*, 1540; *Leoos*, 1546 (réform. de Béarn, B. 725, f° 231). — En 1385, Lons comptait 31 feux et ressort. au baill. de Pau. — Lons, qui était une des petites baronnies de Béarn, fut érigé en marquisat en 1648, comprenant Abitain, Anoye, Baleix, Castillon (c^{on} de Lembeye), Juillac, le Leu, Lion, Lons, Maspie, Oràas, Peyrède, Sauvagnon et Viellepinte.

L'étang de Lons qui figure sur la carte de Cassini a été desséché.

LOOS, vill. c^{ne} de Caubios; anc. c^{ne} réunie à Caubios le 22 mars 1842. — *Alos*, 1376 (montre militaire, f° 33). — *Los*, 1385 (cens.). — A cette époque, Loos comprenait 13 feux et ressort. au baill. de Pau.

LOOS (LE), ruiss. qui coule à Tadousse-Ussau et se jette dans le Léés.

LOOU ou LAU (LE), ruiss. qui prend sa source sur la c^{ne} de Bizanos, arrose Pau, Billère, Lons, Lescar, et se jette dans le Gave de Pau. — *Lo Lou*, 1450 (reg. de la Cour Majour, B. 1, f° 66).

LOPEIMA, f. c^{ne} de Suhescun.

LORMAND (LE), f. c^{ne} de Pau, dans les landes du Pont-Long. — *La metairie d'Anoes, la metairie de Danois, la metairie du Norman appelée lo Bosquet*, 1558 (ch. du Lormand). — *Les meteries du Roy autrement Norman*, 1675 (réform. de Béarn, B. 650;

(f° 253). — *Les Anois*, 1785 (ch. de Buzy, AA. 2).
— Le nom actuel de cette ferme paraît être une corruption de celui d'une famille Normand qui en était propriétaire au xvi° siècle.

LORTHE, éc. c^(ne) d'Arrosès.

LONZAA, h. c^(ne) de Lembeye; mentionné en 1675 (réform. de Béarn, B. 649, f° 281).

LOSCO, montagne, c^(nes) de Licq-Athercy et de Sainte-Engrace.

LOUBAGNON, éc. c^(ne) d'Arbus. — *Looubagnon*, 1775 (terrier d'Arbus, E. 298).

LOUBÉ, h. c^(ne) de Sévignacq (c^(on) de Thèze). — *Lobee*, 1547; *le parsan de Lubbet*, 1673; *la seigneurie de Loubée*, 1683 (réform. de Béarn, B. 652, f° 180; 653, f° 181; 757, f° 48). — Le fief de Loubé était vassal de la vicomté de Béarn.

LOUBÈNES (LES), h. c^(ne) de Sedze-Maubec; mentionné en 1675 (réform. de Béarn, B. 648, f° 322).

LOUBIENG, c^(on) de Lagor. — *Lobiein*, 1286 (reg. de Bordeaux, d'après Marca, Hist. de Béarn, p. 662). — *Lobihen*, *Lobiheng*, 1286 (Gall. christ. I, instr. Lescar). — *Lobienh*, xiii° siècle (fors de Béarn). — *Lovienh*, 1385 (cens.). — *Loubiein*, *Louvienh*, 1675 (réform. de Béarn, B. 668, f° 182; 682, f° 263). — Anc. archiprêtré dép. de l'archidiaconé de Larbaig. — En 1385, Loubieng ressort. au baill. de Larbaig et comprenait 127 feux.

LOUBIX, vill. c^(ne) de Castéra; anc. c^(ne) réunie à Castéra le 30 décembre 1844. — *Lobix*, 1385; *Lobis*, xiv° s° (cens.). — *Lobixs*, 1429 (cens. de Montaner, f° 16). — *Loubis*, 1673 (réform. de Béarn, B. 652, f° 34). — En 1385, Loubix ressort. au baill. de Montaner et ne comprenait qu'un seul feu.

LOUBOEY, h. c^(ne) d'Artigueloutan. — *Lo Boey*, 1457 (cart. d'Ossau, f° 177). — Il y avait une abbaye laïque vassale de la vicomté de Béarn.

LOUBOUS (LA LANDE DE), c^(ne) de Bénéjac. — *Loboos*, xiv° s° (ch. de Labatmale, E. 360).

LOUEIT (LE), ruiss. qui prend sa source près de la c^(ne) de Gardères (départ. des Hautes-Pyrénées) et se jette dans le Louet à Bentayou-Sérée. — *Une petite aiguete aperade lo Loey*, 1538; *le Loeyt de Darrer*, 1682 (réform. de Béarn, B. 648, f° 100; 852).

LOUESQUE, mont. et lac, c^(ne) des Eaux-Bonnes, sur la limite du départ. des Hautes-Pyrénées.

LOUET (LE), riv. qui prend sa source sur la c^(ne) de Ger et se jette dans l'Adour près de Castelnau-Rivière-Basse (départ. des Hautes-Pyrénées); elle traverse, dans les Basses-Pyrénées, les communes d'Aast, Ponson-Dessus, Ponson-Debat-Pouts, Montaner, Pontiacq-Vieillepinte, Bentayou-Sérée, Castéra-Loubix et Labatut-Figuère. — *Lo Loyt*, 1555; *le Loeyt*, 1673; *le Loeyt-Daban*, 1682 (réform. de Béarn, B. 648, f° 100; 652, f° 34; 806, f° 83).

LOUGUE, mont. c^(nes) de Lourdios-Ichère et d'Osse.

LOUHOSSOA, c^(ne) d'Espelette. — *Beata Maria de Lahaussoa*, 1683; *Louhossoüa*, 1690 (collations du dioc. de Bayonne). — *Montagne-sur-Nive*, 1793.

LOUIS XIV (LA REDOUTE DE), sur les c^(nes) de Biriatou et d'Urrugne.

LOUMAGNE, f. c^(ne) de Lannecaube-Meillac.

LOUMÉ (LE COL DE), dans les montagnes de la commune d'Etsaut.

LOUP, f. c^(ne) de Gurs. — *Lo Lau*, 1385 (cens. f° 30). — *Lo Lop*, v. 1560 (réform. de Béarn, B. 796, f° 6).

LOUP (LE MOULIN DU), c^(ne) de Monein; mentionné en 1710 (not. de Monein, n° 211, f° 42).

LOUPÉ, mont. c^(ne) de Borce.

LOUPEICH (LE), ruiss. qui sort des landes du Pont-Long à Serres-Castet et se perd dans le Loussy.

LOUPIEN, h. c^(ne) de Monein. — *Lopienh*, 1385 (cens. f° 36). — *Lopieng*, 1657 (not. de Monein, n° 191, f° 69). — *La marque de Lospieng*, 1666; *Loupieing*, 1675 (réform. de Béarn, B. 661, f° 1; 662, f° 43). — En 1385, Loupien ressort. au baill. de Monein et comprenait 43 feux.

LOURAU, f. c^(ne) de Nay.

LOURDIOS, c^(on) d'Accous; ancienne annexe de la c^(ne) d'Osse. — *Ordios*, 1695 (dénombr. d'Aspe, E. 19). — *Lourdios-Ichère*, depuis la réunion d'Ichère. — Le vrai nom serait OURDIOS.

LOURDIOS (LE), ruiss. qui sort des montagnes de Lées-Athas et se jette dans le Gave d'Aspe à Asasp, après avoir arrosé Lourdios-Ichère et Issor. — *L'aygue aperade Lurdios*, 1538 (réform. de Béarn, B. 824). — *L'Ordios*, 1702 (dénombr. d'Issor, E. 31). — Le vrai nom serait L'OURDIOS.

LOURTICA (LE COL DE), c^(nes) d'Accous et d'Aydius.

LOURTOUE, mont. c^(nes) de Bilhères et de Sarrance.

LOUS ou LOUTS (LE), ruiss. qui prend sa source à Thèze et se jette dans l'Adour à Hinx (départ. des Landes) après avoir arrosé, dans les Basses-Pyrénées, Lème, Méracq, Vignes et Arzacq. — *Fluvius qui dicitur Lossium*, xii° s° (Gall. christ. inst. Dax).

LOUSÉNÉ (LE), ruiss. qui descend des montagnes de Béost-Bagès et se perd dans l'Ouzon.

LOUSPAUS, f. c^(ne) de Saint-Castin. — *Lous Paus*, 1535 (réform. de Béarn, B. 704, f° 170).

LOUSSY (LE), ruiss. qui se forme à Bougarber de la réunion de l'Aiguelongue et de l'Uilhède, traverse Uzein et Momas et se jette dans le Luy-de-Béarn. — *L'aigue aperade lo Locii*, 1457 (cart. d'Ossau, f° 227).

LOUSTALOT, éc. c^{ne} de Nay; ancienne forge de fer. — *Le martinet de Loustalot*, 1771 (intendance).
LOUSTAU, f. c^{ne} d'Ispoure.
LOUSTAU, fief, c^{ne} de Tabaille-Usquain; mentionné en 1666 (réform. de Béarn, B. 683, f° 1), vassal de la vicomté de Béarn.
LOUSTE, montagne, c^{nes} de Castet et de Louvie-Juzon; mentionnée en 1675 (réform. de Béarn, B. 655, f° 60).
LOUVIE, f. c^{ne} de Jurançon. — *L'ostau deu senhor de Lobier aperat Sent-Sadarnii pres de Pau, Sent-Johan de Sant-Sadarnii*, 1485 (not. de Pau, n° 1, f°^s 50 et 51). — *La maison de Sanct-Cedarin*, 1538; *la seigneurie de Saint-Saderny autrement de Louvie*, 1675 (réform. de Béarn, B. 677, f° 266; 850, f° 28). — Le fief de Louvie était vassal de la vicomté de Béarn. — Le nom de cette ferme vient des seigneurs de Louvie-Soubiron, qui en étaient propriétaires dès le XVe siècle.
LOUVIE-JUZON, c^{on} d'Arudy. — *Luperium*, 1100 (ch. de Misaget). — *Lobier*, 1154 (ch. de Barcelone, d'après Marca, Hist. de Béarn, p. 405 et 465). — *Lobierr-Juso*, 1270 (ch. d'Ossau). — *Lobiher-Jusoo*, 1376 (montre milit. f° 115). — *Lobier-Jusoo*, 1385 (cens.). — *Lobier-Jusson*, 1538; *Lobie-Juso*, 1614; *Loubié*, 1675 (réform. de Béarn, B. 657, f° 4; 817; 860). — En 1385, Louvie-Juzon comprenait 80 feux et ressort. au baill. d'Ossau.
LOUVIE-SOUBIRON, c^{on} de Laruns. — *Lobiher-Susoo*, 1376 (montre milit. f° 118). — *Lobier-Susoo*, 1414 (ch. de Louvie-Soubiron, E. 360). — *Lovier-Sobiroo*, 1489 (not. d'Ossau, n° 1 f° 121). — *Lobier-Sobiron*, 1538 (réform. de Béarn, B. 850). — *Sanctus-Martinus de Louvie*, 1606 (insin. du dioc. d'Oloron). — *Lovier-Souviron*, 1612 (ch. de Louvie-Soubiron, E. 360). — *Lobie-Souviron*, 1675 (réform. de Béarn, B. 658, f° 149). — En 1385, Louvie-Soubiron comprenait 9 feux et ressort. au baill. d'Ossau. — Ce village formait avec Listo une ruffe-baronnie érigée en 1615, vassale de la vicomté de Béarn; toutefois, dès 1538 le seigneur se qualifie de *prumer rufabaron*.
LOUVIGNY, c^{on} d'Arzacq. — *Vicecomitatus Lupiniacensis*, v. 984 (cart. de l'abb. de Larreule, d'après Marca, Hist. de Béarn, p. 269). — *Lobinhom*, 1272 (*Recognitiones feodorum*, n° 75; Archives historiques de la Gironde, t. III). — *Castrum de Lovinherio*, 1307 (rôles gascons). — *La baronie de Lobinher*, 1443 (contrats de Carresse, f° 247). — *Lobinhe*, 1513 (not. de Garos). — *Louvigher*, 1552 (ch. d'Escout, E. 359). — *La compté de Lovignier*, 1675 (réform. de Béarn, B. 667, f° 269). — Ancienne vicomté vassale des comtes de Gascogne, puis comté dépendant du duché de Gramont. — Louvigny faisait partie de la Chalosse et de la subdélégation de Saint-Sever (départ. des Landes).

C'est dans l'église Saint-Martin de Louvigny que le chapitre épiscopal de Lescar se retira lors de l'établissement du protestantisme en Béarn.

LUBE, vill. c^{ne} de Coslédàa; anc. c^{ne}. — *Luba*, 1546 (réform. de Béarn, B. 754). — En 1385, Lube ressort. au baill. de Lembeye et comprenait 3 feux. — Ce village dépendait de la baronnie de Lannecaube.
LUC, c^{on} de Lembeye. — *L'espitau deu Luc*, 1385 (cens. f° 62). — *Luc-Armau*, depuis la réunion d'Armau. — Ancienne commanderie de Malte dépendant de celle de Caubin et Morlàas. — En 1385, Luc comptait 4 feux et ressort. au baill. de Montaner.
LUC (LE COL DE), c^{nes} d'Asson et de Louvie-Juzon.
LUC (LE MOULIN DE), c^{ne} d'Ustarits, sur la Nive. — *Molendinum de Luco*, 1322 (rôles gascons).
LUC (LES FOSSES DE), limite ancienne des landes du Pont-Long avec les c^{nes} de Bizanos et d'Idron. — *Las fosses aperades de Luc*, 1457 (cart. d'Ossau, f° 161).
LUCARDON, h. c^{ne} de Bentayou-Sérée. — *Luccardon*, 1682 (réform. de Béarn, B. 648, f° 116).
LUCAT, f. c^{ne} de Loubieng. — *Lo Lucquat*, 1540 (réform. de Béarn, B. 726, f° 25).
LUCCARRÉ, c^{on} de Lembeye. — *Lucarree*, XIIIe s^e (fors de Béarn, p. 204). — *Luccarrer*, 1385; *Lucarer*, 1402 (cens.). — *Lucarrer*, 1538 (réform. de Béarn, B. 833). — Il y avait une abbaye laïque vassale de la vicomté de Béarn. — Luccarré était un membre de la commanderie de Malte de Caubin et Morlàas. — En 1385, ce village ressort. au baill. de Montaner et comptait 12 feux.
LUCET (LE), ruiss. qui coule à Andoins et se jette dans le Luy-de-France.
LUCGARRIER, c^{on} de Pontacq. — *Luc-Garice*, 1385 (cens.). — *Lucgarier*, 1434 (not. d'Oloron, n° 3, f° 21). — *Lucq-Garié*, 1675 (réform. de Béarn, B. 677, f° 87). — En 1385, Lucgarrier ressort. au baill. de Pau et comprenait 14 feux.
LUCHARRY, bois, c^{ne} de Cette-Eygun.
LUCQ, f. c^{ne} de Saint-Faust. — *Luc*, 1385 (cens. f° 56).
LUCQ ou LUCQ-DE-BÉARN, c^{on} de Moncin. — *Villa de Luco, villa quæ vocatur Luc*, Xe siècle; *Sanctus-Vincentius de Sylva-Bona*, XIe siècle (cart. de l'abb. de Lucq, d'après Marca, Hist. de Béarn, p. 202, 269 et 272). — *Lucus*, 1323 (ch. de Béarn, E. 953).

— *Sent-Bisentz de Luc*, 1365; *lo mostier de Sent-Vinssentz de Luc*, 1426 (not. de Lucq). — Ancienne abbaye de Bénédictins fondée au x⁰ siècle par Guillaume Sanche, comte de Gascogne; au xvii⁰ siècle, propriété des Barnabites de Lescar. — En 1385, Lucq-de-Béarn comptait 241 feux et ressort. au baill. de Navarrenx. — La notairie de Lucq comprenait Lucq et Saucède.

Lucq-Bieilh, h. c^ne de Lucq-de-Béarn. — *Luc-Vielh*, 1369 (not. de Lucq). — *Luc-Bieil*, 1691 (comptes de l'évêché d'Oloron).

Lucqs (Les), éc. c^ne de Montagut; mentionné en 1776 (terrier de Montagut).

Lucqs (Les), h. c^ne de Lescar. — *Lo parsaa deus Lucqs*, 1643 (cens. de Lescar, f⁰ 391).

Lucs (Les), lande, c^oo de Castillon (c^on de Lembeye).

Lucu (Le), ruiss. qui coule sur la c^ne d'Ayherre et se jette dans la Joyeuse.

Luns, h. c^ne de Castétis. — *Lo caperaa de Luntz* est mentionné en 1376 (montre milit. f⁰ 46).

Lupié (Le), éc. c^ne de Barzun.

Lurbe, c^on d'Oloron-Sainte-Marie-Est. — En 1385, Lurbe comprenait 14 feux et ressort. au baill. d'Oloron. — Il y avait une abbaye laïque vassale de la vicomté de Béarn.

Lundé (Le col de), c^ne de Laruns, entre les montagnes Anouillas et Arcizette.

Lurien, montagne, c^ne de Laruns. — *Eslurien*, 1675 (réform. de Béarn, B. 658, f⁰ 181).

Lurtalong, mont. c^bes d'Accous et de Cette-Eygun.

Lusque, mont. et bois, c^ne de Laruns; mentionnés en 1675 (réform. de Béarn, B. 655, f⁰ 9).

Lussagnet, c^on de Lembeye. — *Lucenket*, xii⁰ siècle (Marca, Hist. de Béarn, p. 450). — *Lusanhetum*, 1312 (ch. de Béarn, E. 634). — *Lucinheg*, 1385; *Lusanhet*, 1402 (cens.). — *Lussanhet*, 1482 (ch. de Béarn). — *Luxanet*, 1538; *Lusaulhet*, v. 1540; *Lusseignet*, 1681 (réform. de Béarn, B. 653, f⁰ 298; 805, f⁰ 4; 820). — *Lussagnet-Lusson*, depuis la réunion de Lusson. — Il y avait une abbaye laïque vassale de la vicomté de Béarn. — En 1385, Lussagnet comprenait 8 feux et ressort. au baill. de Lembeye.

Lussagnet, éc. c^ne de Bourdettes.

Lusson, vill. c^ne de Lussagnet; anc. c^ne. — *Luyssoo*, 1385; *Lussoo*, xiv⁰ siècle (cens.). — *Lussun*, 1777 (terrier de Lube, E. 205). — En 1385, Lusson ressortissait au baill. de Lembeye et comprenait 13 feux.

Luxe, c^on de Saint-Palais; ancien prieuré du dioc. de Dax. — *Luxa*, xii⁰ s⁰ (coll. Duch. vol. CXIV, f^rs 32 et 35). — *Luixe*, xiii⁰ s⁰ (cart. de Bayonne, f⁰ 80).

— *Lucxa*, 1384 (coll. Duch. vol. CX, f⁰ 86). — *Nostre-Done de Lucxe*, 1472 (not. de la Bastide-Villefranche, n⁰ 2, f⁰ 22). — *Luxe-Sumberraute*, depuis la réunion de Sumberraute : 27 juin 1842. — Le comté de Luxe relevait du royaume de Navarre. — Au xviii⁰ siècle, Luxe était une souveraineté qui app..·ait aux Montmorency (reg. de la maîtrise des eaux et forêts, B. 4012). — On dit en basque *Lukuce*.

Luy-de-Béarn (Le), riv. qui prend sa source à Andoins, se réunit près de Gaujacq (départ. des Landes) au Luy-de-France pour se jeter dans l'Adour à Tercis (départ. des Landes), après avoir arrosé dans les Basses-Pyrénées les c^nes de Morlàas, Serres-Morlàas, Buros, Pau, Montardon, Serres-Castet, Sauvagnon, Caubios-Loos, Uzein, Aubin, Momas, Mazerolles, Larreule, Uzan, Bouillon, Geus (c^on d'Arzacq), Pomps, Morlanne, Haget-Aubin, Saint-Médard, Labeyrie, Lacadée et Sault-de-Navailles. — *Lunius*, 1101 (cart. de Lescar, d'après Marca, Hist. de Béarn, p. 375). — *Lui*, 1170 (cart. de Sordes, p. 44). — *Lo Huy*, 1286 (*Gall. christ.* instr. Lescar). — *L'aygue deu Luy*, 1457 (cart. d'Ossau, f⁰ 184). — *Lo Luy de Berlana*, v. 1540; *le Lyu*, 1673 (réform. de Béarn, B. 654, f⁰ 251; 791, f⁰ 101). — *Lou Leuy*, 1756 (dénombr. d'Uzein, E. 45). — Le nom de Luy-de-Béarn a été donné à cette rivière parce qu'elle arrose une grande partie du Béarn et pour la distinguer du Luy-de-France.

Luy-de-France (Le), riv. qui prend naissance à Limendoux et se réunit au Luy-de-Béarn près de Gaujacq (départ. des Landes); elle traverse dans les Basses-Pyrénées les communes d'Andoins, Ouillon, Morlàas, Saint-Jammes, Maucor, Higuères-Souye, Bernadets, Saint-Armou, Anos, Barinque, Lasclaveries, Astis, Auriac, Thèze, Argelos, Viven, Auga, Lème, Séby, Méracq, Mialos, Vignes, Louvigny, Arzacq, Garos, Cabidos, Malaussanne et Montagut. — *Lo Luy*, 1540; *le Luû*, *le Lun*, *le Lu*, 1673; *le fleuve du Luuy*, *le Lééu*, 1675; *le l'Huy*, 1683 (réform. de Béarn, B. 652, f^rs 12, 64, 180, 327; 654, f⁰ 232; 667, f⁰ 270; 725, f⁰ 203). — *Le Lieu*, 1701; *le Leü*, 1728 (dénombr. de Morlàas, E. 37). — Le nom de Luy-de-France a été appliqué à cette rivière parce qu'elle a la plus grande partie de son cours hors du Béarn.

Luyer, anc. chapelle, c^ne de Bugnein. — *Nostre-Done de Luyer*, 1391 (not. de Navarrenx).

Luyos, h. c^ne de Cabidos. — *Les Luyos*, 1675 (réform. de Béarn, B. 667, f⁰ 269). — Ce hameau dépendait du comté de Louvigny.

Luy-Vieil (Le), bras du Luy-de-Béarn, à Caubios-Loos. — *La agau bielhe et canau antique aperat lo Luy Bielh, qui es enter lo Pont-Lonc et l'aygue deu Luy*, 1457 (cart. d'Ossau, f° 222).

Luz (Le), ruiss. qui prend sa source à Bosdarros, arrose les communes de Bruges, Arros (c^on de Nay), Saint-Abit, Pardies (c^on de Nay), Baliros, et se jette dans le Gave de Pau.

Luzoué (Le), ruiss. qui prend sa source sur la c^ne de Lahourcade, arrose Noguères, Mourenx, Os-Marsillon, Abidos, et se jette à Lagor dans le Gave de Pau. — *Luzies*, 1344 (not. de Pardies, n° 2, f° 56). — *Lo Luzué*, 1607 (reg. de Lagor, FF. 3, f° 54). — *Le Luzvé*, 1719 (dénombr. de Sauvelade, E. 43). — *Le Luzouer*, 1763 (terrier de Lagor, E. 267). — *Luzoé* (carte de Cassini).

Lys, c^on d'Arudy; ancienne annexe de la c^ne de Sainte-Colomme, érigée en commune le 2 janvier 1858. — *Lis-Sainte-Colomme*, 1727 (dénombr. de Sainte-Colomme, E. 42).

Lys (Le), ruiss. qui prend sa source à Ger et arrose dans les Basses-Pyrénées les communes de Ponson-Dessus, Ponson-Debat-Pouts, Montaner, Castéide-Doat, et se jette dans l'Adour près de Maubourguet (départ. des Hautes-Pyrénées). — *Lo Liis*, 1581 (réform. de Béarn, B. 808, f° 74). — *Lo Liis-Dabant*, 1586 (ch. de Ponson-Dessus, E. 361). — *Le Lis*, 1675 (réform. de Béarn, B. 648, f° 336).

M

Macaye, c^ne de Hasparren. — *Maccaie*, 1599 (ch. de Navarre, E. 427). — *Maquaie, Sanctus-Stephanus de Macaye*, 1683 (collations du dioc. de Bayonne). — La vicomté de Macaye relevait du royaume de Navarre.

En 1790, Macaye fut le chef-lieu d'un canton, dépendant du district d'Ustaritz, composé des communes de Macaye, Mendionde et Louhossoa.

Macepédouil, m^in détruit, c^ne d'Idron. — *Macepediculum*, XIe siècle (cart. de l'abb. de Saint-Pé, d'après Marca, Hist. de Béarn, p. 291).

Madeleine (La), chapelle, c^ne de Tardets-Sorholus, sur une montagne à laquelle elle a donné son nom. — *Magdalene*, v. 1460; *Magdalene d'Aranhe, Marie Magdalene d'Aranhe, Marie Maddalene d'Aranhe*, 1470 (contrats d'Ohix, f°s 9 et 10). — La chapelle de la Madeleine est bâtie sur l'emplacement d'un temple antique.

Madeleine (La), h. c^ne de Pau, dans les landes du Pont-Long. — *La Magdelenne*, 1582 (réform. de Béarn, B. 2566).

Madeleine (La), h. c^ne de Saint-Jean-le-Vieux. — *La Magdalena*, 1513 (ch. de Pampelune). — *La Magdelaine*, 1703 (visites du dioc. de Bayonne). — Ancien prieuré dépendant de l'abbaye de Lahonce et annexe de la paroisse d'Ispoure.

Magendie, fief, c^ne de Sauveterre; mentionné en 1755 (dénombr. de Sauveterre, E. 44), vassal de la vicomté de Béarn.

Magnabaigt, mont. c^ne de Laruns. — *Magnabaig*, 1675 (réform. de Béarn, B. 655, f° 354). — Le ruisseau de Magnabaigt sort de cette montagne et se jette à Laruns dans le Gave de Bious.

Magret, h. c^ne d'Orthez.

Maharin (Le), ruiss. qui coule à Anglet et se perd dans l'Adour.

Maidonne, f. c^ne de Castétis.

Mail-Adore, mont. c^ne de Bedous.

Mail-Casaula, mont. c^ne d'Escot.

Maillarroïbarré, h. c^ne de Gabat.

Mail-Rouy, mont. c^nes de Lées-Athas et de Lescun.

Mainé, croix, c^ne de Lées-Athas, au bois de Guilhers.

Maison-Neuve (La), h. c^ne de Pontacq.

Maison-Neuve de Brosser, fief, c^ne d'Orthez. — *La Maison-Neuve de Broussé*, 1728 (dénombr. d'Orthez, E. 39). — Ce fief, qui fut créé en 1711, relevait de la vicomté de Béarn.

Majesté, f. c^ne de Lucq-de-Béarn. — *Lo Mayeste*, 1385 (cens. f° 30).

Malaguar, mont. c^ne de Laruns.

Malapet, éc. c^ne de Moncaup; mentionné en 1675 (réform. de Béarn, B. 650, f° 204).

Malardenx, fief, c^ne de Sarpourenx; mentionné en 1385 (cens. f° 5). — *Malardencx*, 1538; *Malardenxs*, 1546 (réform. de Béarn, B. 754; 846). — Ce fief était vassal de la vicomté de Béarn et ressort. au baill. de Larbaig.

Malascrabes, f. c^ne de Montaut. — *Malascrabas*, 1552 (réform. de Béarn, B. 763).

Malaussanne, c^on d'Arzacq. — *Malaussana*, 1514 (not. de Garos). — *Malausana*, 1559; *Malausanne en France*, 1675 (réform. de Béarn, B. 667, f° 269; 765, f° 41). — Ancienne commanderie de Saint-Antoine, relevant du prieuré de Toulouse. — Malaussanne dépendait de la Chalosse et de la subdélégation de Saint-Sever (départ. des Landes).

Malbey (La crête de), mont. c^ne de Lécumberry.

Malenerdolle, éc. c^ne de Lembeye.

Malenode, m^in sur la Baïse, c^ne de Nogueres. — *Lo molii et moliar aperat Male-Arode*, 1439 (contrats de Carresse, f° 114). — *Malarrode*, 1538 (réform. de Béarn, B. 864).

Malet (Le), éc. c^ne de Castétis.

Male-Taule, montagne, c^ne d'Asson, sur la limite du départ. des Hautes-Pyrénées.

Malgor, montagne, c^ne de Larrau, sur la frontière d'Espagne.

Mallesores, mont. c^ne de Castet.

Malluquet, f. c^ne de Saint-Faust.

Malou, f. c^ne de Bosdarros.

Malta (Le), ruiss. qui prend sa source dans la c^ne de Larrau et s'y jette dans le Ciciralcia.

Malugar (Le), ruiss. qui coule à Léès-Athas et se perd dans le Gave d'Aspe.

Malyhern, marais auj. desséché, c^ne de Billère. — *La grave aperade de Malyfern*, 1443 (reg. de la Cour Majour, B. 1, f° 174).

Man, f. c^ne d'Arthez.

Manchola (Le), ruiss. qui sert de limite aux c^nes d'Arette et de Sainte-Engrace et se jette dans l'Uhaïtxa.

Mandabide, redoute, c^ne de Sare.

Mandemouly, éc. c^ne de Tarsacq.

Mandos, h. c^ne de Jaxu.

Mané, f. c^ne d'Arrosès.

Manestré, m^in sur le Lys, c^ne de Ponson-Dessus; mentionné en 1675 (réform. de Béarn, B. 651, f° 11).

Mansos, f. c^ne d'Uzein. — *Unes maseres aperades la glisie de Manssos*, 1463 (cart. d'Ossau, f° 120).

Marca, fief, c^ne de Gan. — C'est la maison de Pierre de Marca, historien du Béarn. — Ce fief, créé en 1612, relevait de la vicomté de Béarn.

Marcade, m^in sur le Lys, c^ne de Ponson-Debat-Pouts. — *La Marcade*, 1581 (réform. de Béarn, B. 808, f° 83).

Marcadet, quartier de Morlàas. — *Marcatellum*, 1131 (cart. de Morlàas, f° 2).

Marcadet, quartier d'Oloron.

Marcerin, vill. c^ve d'Argagnon; anc. c^ne réunie le 8 avril 1851 à Argagnon. — *Marcerii*, 1345 (not. de Pardies, n° 2, f° 94). — *Marsserii*, 1385 (cens.). — *Marsery*, 1779 (terrier de Marcerin, E. 272). — En 1385, Marcerin ressort. au baill. de Pau et comprenait 12 feux.

Marchand (Le chemin du), conduit de la c^ne de Garlède-Mondebat vers Lème.

Marchet (Le), ruiss. qui prend sa source à Simacourbe et se jette à Lalongue dans le Gros-Leès.

Marciron, f. c^ne de Mazères-Lezons.

Marcoueyre (Le), ruiss. qui coule sur la c^ne de Billères et se perd dans le Gave d'Ossau; mentionné en 1675 (réform. de Béarn, B. 655, f° 369).

Marcoueyt, f. c^ne de Puyòo. — *Marcoey-Susaa*, 1385 (cens. f° 9). — *Marcoey*, v. 1540 (réform. de Béarn, B. 800, f° 8).

Mardas (Le col des), c^ne d'Accous.

Mareilles (Les), vill. auj. détruit, c^ne de la Bastide-Villefranche. — *Besla-Marela*, xii° s° (cart. de Sordes, p. 24). — *L'arribere de Besle-Marelhe*, 1471 (not. de la Bastide-Villefranche, n° 2, f° 4).

Marère, f. c^ne de Sévignac (c^on d'Arudy); mentionnée en 1385 (cens. f° 71).

Maria, fief, c^ne de Baigts. — *Lo loc de Mariaa*, 1385 (cens. f° 9). — Ce fief relevait de la vicomté de Béarn et ressort. au baill. de Rivière-Gave.

Maridaig, m^in, c^ne de Moncin; mentionné en 1657 (not. de Moncin, n° 191).

Marie-Bène, mont. c^ne d'Aydius.

Marie-Blanque (Le col de), c^ne d'Izeste; fait communiquer les vallées d'Aspe et d'Ossau.

Mariette, éc. c^ne de Castillon (c^on d'Arthez).

Marignéla, f. c^ne de Bidarray. — *Marinella*, 1675 (réform. d'Ossès, B. 687, f° 10).

Marimbordes, f. c^ne de Louhieng; mentionnée en 1385 (cens. f° 3). — *Marrimbordes* (carte de Cassini).

Marion (Le lac de), c^ne de Biarrits.

Markan, f. c^ne de Billère.

Marlat (Le), éc. c^ne d'Oloron-Sainte-Marie, près de Légugnon.

Marlat (Le), ruisseau qui prend sa source sur la c^ne de Làas et s'y jette dans le Gave d'Oloron.

Marlère. — Nom générique de tous les lieux d'où l'on extrait la marne.

Marlère (La), ruiss. qui coule sur la c^ne d'Issor et se jette dans le Lourdios.

Marmaü (Le), ruiss. qui arrose la c^ne de Hasparren et se jette dans le Mendialçu.

Marmida, montagne, c^ne de Lescun, sur la frontière d'Espagne.

Marmous (Les), h. c^ne d'Orthez. — *Marmont*, 1385 (cens. f° 2). — *Sent-Berthomiu de Marmont*, 1457 (not. de Castetner, f° 90). — *Les Marmonts*, 1761 (dénombr. d'Agoès, E. 17). — *Les Marmons*, 1762 (terrier de Départ, E. 261). — Il y avait une abb. laïque vassale de la vicomté de Béarn. — En 1385, les Marmous dépend. de la paroisse de Départ.

Marque-Darré (La), h. c^ne de Sendets.

Marque-Debat (La), h. c^ne d'Andoins.

Marque-Debat (La), h. c^ne de Sendets.

Marque-Dehens (La), h. c^ne de Serres-Morlàas.

Marque-Dehore (La), h. c^ne d'Andoins.

Marque-Dehore (La), h. c^{ne} de Sendets.
Marque-Dessus (La), h. c^{ne} de Sendets.
Marquemale, h. c^{ne} de Lucq-de-Béarn. — *La marque de Marcamale*, 1368 (not. de Lucq).
Marquemale, h. c^{ne} de Monein; mentionné en 1385 (cens. f° 36) : à cette époque, on y comptait 7 feux.
Marque-Souquère, h. c^{ne} de Lucq-de-Béarn. — *Marca-Soquere*, 1367 (not. de Lucq). — *Marque-Soquere*, 1691 (comptes de l'évêché d'Oloron).
Marquette (La), h. c^{ne} de Lucq-de-Béarn; mentionné en 1691 (comptes de l'évêché d'Oloron).
Marquisat, f. c^{ne} d'Uzos.
Marquitte (La), éc. c^{ne} d'Arthez; mentionné en 1780 (terrier de Castetbielh, E. 257).
Marracq, chât. c^{ne} de Bayonne; ruiné en 1815. — Napoléon Ier habita ce château pendant son séjour à Bayonne, en 1808.
Marracq, f. c^{ne} de Coarraze. — *Marac*, 1535 (réform. de Béarn, B. 702, f° 161).
Marroq, fief, c^{ne} de Garris; était vassal du royaume de Navarre.
Marsains (Les), fief, c^{ne} d'Audaux. — *Los Marsains*, 1289 (ch. de Camptort, E. 359). — *Los Marsanhs*, 1376 (montre militaire, f° 68). — *Los Marssaynz*, vers 1540; *les Marsans*, 1683 (réform. de Béarn, B. 686, f° 24; 799, f° 19). — *Marsoinx*, 1719 (dénombr. d'Audaux, E. 10). — *Marseings*, 1728 (dénombr. de Gassion, E. 29). — Le fief des Marsains relevait du marquisat de Gassion.
Marsillon, vill. c^{ne} d'Os; anc. c^{ne} réunie à Os le 14 avril 1841. — *Marcello*, 1128 (ch. d'Aubertin). — *Marcelo*, xiie siècle (Marca, Hist. de Béarn, p. 421 et 447). — *Marselhoo*, 1220 (ch. de l'Ordre de Malte, Caubin). — *Marcelhoo*, 1343; *Sent-Martii de Marcelhon*, 1344 (not. de Pardies, n° 2, f° 92). — *Marssalhoo*, 1385 (cens.). — *Marsselhon*, 1443 (not. d'Oloron, n° 4, f° 76). — *Marseilhon*, 1607 (reg. de Lagor, FF. 3, f° 15). — *Marsillou*, 1766 (terrier de Marsillon, E. 271). — Dès le xiie siècle, il y avait une abbaye laïque vassale de la vicomté de Béarn. — En 1385, Marsillon comptait 16 feux et ressort. au baill. de Lagor et Pardies.
Mansòo, fief, c^{ne} de Saint-Boès; maison mentionnée en 1487 (cart. d'Orthez, f° 123). — *Marssou*, 1536; *Marsò, Marsau*, 1673 (réform. de Béarn, B. 670, f°s 5 et 7; 713, f° 130). — Ce fief, anobli en 1555, relev. de la vicomté de Béarn.
Mansou (Le), f. c^{ne} d'Idron.
Marte, f. c^{ne} de Gan; mentionnée en 1540 (réform. de Béarn, B. 785, f° 180).
Martina (Le), ruiss. qui prend sa source à Halsou et s'y jette dans la Nive.

Martindorre, mont. c^{nes} d'Anhaux et de Saint-Étienne-de-Baïgorry.
Martouné, lieu où l'on allumait les feux de la Saint-Jean, c^{ne} d'Arudy; mentionné en 1675 (réform. de Béarn, B. 657, f° 21). — Le chât. d'Arudy, auj. détruit, s'élevait sur ce mamelon.
Marty (Le), ruiss. qui coule sur la c^{ne} de Lâas et se jette dans le Riu-Secq.
Mascaras, c^{on} de Garlin. — *Masquaraas*, xiiie s^e (fors de Béarn, p. 22). — *Mascaraas*, 1402 (cens.). — *Masqueraas*, 1546 (réform. de Béarn, B. 754). — *Mascaras-Haron*, depuis la réunion de Haron. — Il y avait une abbaye laïque vassale de la vicomté de Béarn. — En 1385, Mascaras ressortissait au baill. de Lembeye et comprenait 6 feux.
Mascarie (La Fontaine de), c^{ne} de Lescun; c'est la source du Gave d'Ansabé.
Mascouette, h. c^{ne} de Haget-Aubin. — *Mascoete*, 1376 (montre militaire, f° 32). — *Mascoeto*, 1504 (not. de Garos, f° 4). — *Masquoeto*, vers 1538 (réform. de Béarn, B. 781, f° 16).
Maslacq, c^{on} de Lagor. — *Maslach*, 1170 (ch. de Barcelone). — *Marslag*, xiie siècle (Marca, Hist. de Béarn, p. 402 et 471). — *Maçlag*, 1249 (not. d'Oloron, n° 4, f° 50). — *Mazlag*, 1286 (Gall. christ. I, instr. Lescar). — *Maslac en Larbag*, 1298 (ch. de Béarn, E. 360). — *Sanct-Johan de Maslac*, 1476 (not. de Castetner, f° 79). — Ancien archiprêtré du dioc. de Lescar, dépendant de l'archidiaconé de Larbaig. — Il y avait une abb. laïque vassale de la vicomté de Béarn. — En 1385, Maslacq ressort. au baill. de Larbaig et comptait 90 feux.
Masparraute, c^{on} de Saint-Palais. — *Mauzbarraute*, 1080 (coll. Duch. vol. CXIV, f° 32). — *Mans-Barraute, Mazbarraute*, xiie s^e (cart. de Sordes, p. 24 et 29). — *Mazparraute*, 1402 (ch. de Navarre, E. 459). — *Masperaute*, 1434; *Masberrauta*, 1443; *Masparrauta, Masperrauta*, 1462 (not. d'Oloron, n° 3, f° 26; n° 4, f°s 9, 10 et 76). — *Mazparrauta*, 1513 (ch. de Pampelune).
Maspêtre, vallon, c^{ne} de Borce, près de la montagne Espélunguère. — Ce lieu, éloigné de toute habitation et au milieu des montagnes, renferme deux grands tumulus.
Maspie, c^{on} de Lembeye. — *Mespie*, 1385 (cens.). — *Maspie-Lalonquère-Juillac*, depuis la réunion de Lalonquère et de Juillac; ce dernier village a été annexé en 1842. — En 1385, Maspie comprenait 16 feux et ressort. au baill. de Lembeye.
Massecoste, mⁱⁿ sur la Baïse, c^{ne} de Monein; appelé aussi *d'Esgouarrebaque*, du nom de son propriétaire en 1750 (dénombr. de Monein, E. 36).

MASSEGOYE, f. c¹º de Lucq-de-Béarn. — *Massigoye*, 1368 (not. de Lucq). — *Missagoye*, 1385 (cens. f° 81).

MASSEY, f. cⁿᵉ de Loubieng; mentionnée en 1385 (cens. f° 3). — *Masey*, 1568 (réform. de Béarn, B. 797, f° 2).

MASSICAM, mⁿ et fief, cⁿᵉ de Bérenx; mentionné en 1751 (dénombr. de Bérenx, E. 21), vassal de la vicomté de Béarn.

MASSIHONTAS (LA FONTAINE DE), cⁿᵉ de Lahontan.

MASSOU (LE), éc. cⁿᵉ d'Arthez.

MATARDONNE, f. cⁿᵉ de Montaut. — *Matardona*, 1552 (réform. de Béarn, B. 763).

MATTARIA, montagne, cⁿᵉ de Lasse, sur la frontière d'Espagne.

MÂTURE (LE CHEMIN DE LA), dans les montagnes de la cⁿᵉ d'Urdos. — Son nom vient de l'administration navale, qui le fit établir pour l'exploitation des sapins des Pyrénées destinés aux mâts des navires.

MAUBEC, vill. cⁿᵉ de Sedze; ancienne commune réunie à Sedze le 13 février 1845. — *Malbeg*, 1170 (ch. de Barcelone). — *Malbec*, xiiᵉ siècle (cart. de Lescar, d'après Marca, Hist. de Béarn, p. 380 et 471). — *Maubecq*, 1546 (réform. de Béarn). — En 1385, Maubec comptait 6 feux et ressort. au baill. de Montaner.

MAUCON, cⁿ de Morlàas; ancienne annexe de Morlàas. — *Maucoo de Morlaas*, 1402 (cens.). — *Maucoo, dejuus Morlaas*, xvᵉ s (cart. d'Ossau, f° 203). — *Mauquo*, vers 1540 (réform. de Béarn, B. 791, f° 78).

MAUCON, fief, cⁿᵉ d'Abos. — *L'ostau de Maucoo*, 1385 (cens. f° 35). — Ce fief était vassal de la vicomté de Béarn et ressort. au baill. de Lagor et Pardies.

MAUFAGUET, h. cⁿᵉ de Lucq-de-Béarn. — *La marque de Maufaguet*, 1562 (cens. de Lucq). — *Maufreguet*, 1569 (ch. de Lucq, CC).

MAUGOUÈCHE, mont. cⁿᵉ d'Oloron-Sainte-Marie.

MAUHOURAT, h. cⁿᵉ d'Arbouet-Sussaute.

MAULÉON, ch.-l. d'arrond. — Mentionné au milieu du xiiᵉ s (cart. de Bayonne, f° 10). — *Malleon*, 1276 (rôles gascons). — *Lo marcadiu et bastide de Mauleoo*, 1387 (not. de Navarrenx). — *Malus-Leo*, 1454 (ch. du chap. de Bayonne). — *Mauleo, Mauleon de Sole*, 1460 (contrats d'Ohix, fˢ 3 et 6). — *Mauléon-Licharre*, depuis la réunion de Licharre : 19 mars 1841. — Mauléon était le siège d'une châtellenie, d'un bailliage royal et de la subdélégation du pays de Soule.

En 1790, Mauléon fut le chef-lieu d'un district composé des cantons de Barcus, Domezain, Mauléon, Sunharette et Tardets. — Le canton de Mauléon comprenait alors les communes du canton actuel, moins Barcus, l'Hôpital-Saint-Blaise, Roquiague; plus le village de Saint-Étienne (cⁿᵉ de Sauguis).

MAULÉON, chât. c¹ᵉ d'Anglet.

MAUMILLA (LE), ruiss. qui coule sur la cⁿᵉ de Séméac-Blachon et se jette dans l'Arcis; mentionné en 1675 (réform. de Béarn, B. 650, f° 233).

MAUMUSSON, vill. cⁿᵉ de Balirac; ancienne commune. — *Maumussou*, 1774 (terrier de Balirac, E. 177).

MAUPAS, éc. cⁿᵉ de Poey (cᵒⁿ d'Oloron-Sainte-Marie-Est).

MAUPOEY, fief, cⁿᵉ de Biron. — *L'ostau de Mau-Poey*, 1385 (cens. f° 5). — *Maupay* (carte de Cassini). — Ce fief était vassal de la vicomté de Béarn et ressort. au baill. de Larbaig.

MAURE, cᵒⁿ de Montaner. — *Maur*, 1385 (cens.). — En 1385, Maure comptait 12 feux et ressort. au baill. de Montaner. — La baronnie de Maure, créée en 1658, comprenait Maure, Samonzet et Sérée et relev. de la vicomté de Béarn.

MAURE (LA), éc. cⁿᵉ de Saint-Laurent-Bretagne.

MAURES (LA FONTAINE DES), cⁿᵉ d'Oloron-Sainte-Marie.

MAURES (LE PLATEAU DES), cⁿᵉ d'Urdos, près de Peyrenère. — Ce lieu touche l'ancienne voie romaine de Saragosse en Aquitaine et est à peu de distance de la frontière d'Espagne.

MAUVÉSY, f. cⁿᵉ de Moncin. — *Maubesii*, 1385 (cens. f° 35).

MAYNÉ, mont. cⁿᵉˢ de Bilhères et d'Izeste.

MAYNIEL, f. cⁿᵉ de Pau.

MAYOU (LE), ruiss. qui coule sur la cⁿᵉ de Peyrelongue-Abos et se perd dans le Léés. — En 1385, il y avait à Peyrelongue *l'ostau de Mayoo* (cens. f° 58).

MAYS (LE BOIS DE), cⁿᵉ de Denguin.

MAYSONABE, f. cⁿᵉ de Burgaronne; mentionnée en 1535 (réform. de Béarn, B. 705, f° 316).

MAYSONNAVE, éc. cⁿᵉ de Lasseube.

MAZADIUS (LES), éc. cⁿᵉ de Gayon.

MAZÈRES, cᵒⁿ de Pau-Ouest. — *Maseres*, 1368 (ch. de Béarn, E. 1908). — *Maserras*, 1536; *Mazeras*, 1538 (réform. de Béarn, B. 709, f° 40; 834). — *Saint-Barthélemy de Mazères*, 1714 (ch. du chap. de Lescar). — *Mazères-Lezons*, depuis la réunion de Lezons : 21 mars 1842. — En 1385, Mazères ressort. au baill. de Pau et comptait 5 feux.

MAZEROLES, cᵒⁿ d'Arzacq. — *Meroles* (?), vers 984 (cart. de Lescar). — *Villa Merolæ*, xiᵉ s (cart. de l'abb. de Saint-Pé, d'après Marca, Hist. de Béarn, p. 247 et 288). — *Maseroles*, 1385 (cens.). — *Maserolas*, 1538 (réform. de Béarn, B. 854). — *Mazerolles*, 1572 (ch. de Cassaber, E.). — *Maserolles*, 1595 (ch. de Mazeroles, DD. 2). — En 1385, Mazeroles ressort. au baill. de Pau et comprenait 27 feux. — Ce village dépendait de l'abbaye de Larreule.

Mecii, h. c^{ne} de Bidache.

Medjé (Le), h. c^{ne} de Garlin. — *Lo Meige, lo Metiat, lo Medyat*, 1542; *lo Medge*, 1675 (réform. de Béarn, B. 651, f° 183; 732, f°s 82 et 84).

Méhalçu, mont. c^{nes} de Juxue et de Pagolle.

Méharin, c^{on} de Hasparren. — *Mearin*, 1513 (ch. de Pampelune). — *Sanctus-Laurentius de Méharin*, 1770 (collations du dioc. de Bayonne). — La vicomté de Méharin était vassale du royaume de Navarre.

Méharoztéguy (Le col de), entre les c^{nes} des Aldudes et de la Fonderie.

Méhatcé (Le col de), c^{ne} de la Fonderie, sur la frontière d'Espagne.

Méhatxé (Le col de), c^{ne} de Larrau.

Méhaxe (Le col de), c^{ne} d'Itsatsou, sur la frontière d'Espagne.

Meillac, vill. c^{ne} de Lannecaube; ancienne commune. — *Melhac*, 1402 (cens.). — Il y avait une abbaye laïque vassale de la vicomté de Béarn. — La seigneurie de Meillac faisait partie de la baronnie de Lannecaube.

Meillon, c^{on} de Pau-Est; mentionné au XIe s^e (Marca, Hist. de Béarn, p. 246). — *Meilon*, 1286 (ch. de Béarn, E. 267). — *Melhoo*, 1385 (cens.). — *Sent-Pe de Melhon*, 1456 (not. d'Assat). — *Melho*, 1538 (réform. de Béarn, B. 833). — *Nostre-Dame de Melhoo*, 1539 (not. d'Assat, n° 8, f° 2). — *Meilhoo*, 1547 (réform. de Béarn). Il y avait une abbaye laïque vassale de la vicomté de Béarn. — En 1385, Meillon ressortissait au baill. de Pau et comprenait 47 feux.

Meix, h. c^{ne} de Came.

Méliande, f. c^{ne} de Pontacq; mentionnée en 1385 (cens. f° 63).

Méliande, f. c^{ne} de Sainte-Suzanne; mentionnée en 1385 (cens. f° 4). — *Melianda*, 1536 (réform. de Béarn, B. 713, f° 340). — Cette ferme dépendait de la seigneurie de Herrère (c^{ne} de Sainte-Suzanne).

Mélo (La fontaine de), c^{ne} de Pau.

Mélot, mⁱⁿ sur le Luy-de-France, c^{ne} de Morlàas. — *Molo*, 1385 (cens. f° 65). — *Lo molii aperat a Melot*, 1645 (cens. de Morlàas, f° 110).

Membrède, fief, c^{ne} de Castagnède. — *Membred*, XIIe s^e (cart. de Sordes, p. 38). — *Membreda*, 1538 (réform. de Béarn, B. 833). — Ce fief était vassal de la vicomté de Béarn et ressort. au baill. de Mu. — Au XVIe s^e, il y avait un bac sur le Gave d'Oloron, en face de la c^{ne} d'Escos.

Menaut ou Gauzère (Le), ruiss. qui prend sa source à Balansun et se jette dans le Gave de Pau, après avoir arrosé la c^{ne} de Castétis.

Mendane (Le), ruiss. qui prend sa source à Anoye et se perd dans le Gros-Lées, après avoir traversé Gerderest et Simacourbe. — *L'arriu de las Medailles*. 1532 (terrier de Gerderest, E. 190).

Mendebiu, f. c^{ne} de Tabaille-Usquain; mentionnée en 1385 (cens. f° 12).

Mendialçu (Le), ruiss. qui arrose les c^{nes} de Briscous et d'Urt et se jette dans la Joyeuse.

Mendialla (Le), ruiss. qui coule sur la c^{ne} de Saint-Michel et se jette dans la Nive de Béhérobie.

Mendibieu, vill. c^{ne} de Moncayolle; ancienne commune réunie à Moncayolle le 5 août 1842. — *Mendeviu*, 1383 (contrats de Luntz, f° 84). — *Mendibiu*, 1466 (contrats d'Ohix, f° 27).

Mendiburu, f. c^{ne} d'Aussurucq; mentionnée en 1520 (coutume de Soule).

Mendiburu, f. c^{ne} de Saint-Esteben. — Le fief de Mendiburu, créé en 1435, était vassal du royaume de Navarre.

Mendicelhay (Le), ruiss. qui coule à Briscous et se perd dans le Mendialçu.

Mendigorry, f. c^{ne} d'Ayherre. — *Mendigorria*, 1621 (Martin Biscay). — Le fief de Mendigorry relevait du royaume de Navarre.

Mendilahaxou, f. c^{ne} d'Isturits. — *Mendilaharsu*, 1435 (ch. de Pampelune). — Le fief de Mendilahaxou, créé en 1435, était vassal du royaume de Navarre.

Mendimutx, mont. c^{nes} de la Fonderie et de Lasse, sur la frontière d'Espagne.

Mendionde, c^{on} de Hasparren. — *Mendiondo*, XIIIe s^e (coll. Duch. vol. CXIV, f° 36). — *Sanctus-Cyprianus de Mendionde*, 1766 (collations du dioc. de Bayonne).

Mendionde, h. c^{ne} d'Urrugne.

Mendiondo, f. c^{ne} d'Ossas-Suhare; mentionnée en 1520 (coutume de Soule).

Mendirity (Le), ruiss. qui coule à Mouguerre et se jette dans l'Urhandia.

Mendisquer, fief, c^{ne} d'Alos-Sibas. — *Menrisqueta*, 1385 (coll. Duch. vol. CXIV, f° 43). — Ce fief relevait de la vicomté de Soule.

Menditte, c^{on} de Mauléon. — *Mendite*, 1454; *Medita*. 1471 (ch. du chap. de Bayonne). — On dit en basque *Mendikota*.

Mendive, c^{on} de Saint-Jean-Pied-de-Port. — *Mendibe*, 1513 (ch. de Pampelune). — La cure de Mendive dépendait de l'Ordre de Malte.

Mendousse, vill. c^{ne} de Burosse; ancienne commune réunie à Burosse le 27 juin 1842. — *Mendaosse*.

1286 (ch. de Béarn, E. 267). — *Mendeossa*, xiii° s° (fors de Béarn, p. 22). — *Bendaosse*, 1323 (ch. de Béarn, E. 940). — *Mendeosse*, 1385 (cens. f° 58). — *Mendosa*, 1538 (réform. de Béarn, B. 859).

Mendy, vill. c^{ne} d'Idaux; ancienne commune réunie à Idaux le 27 juin 1842. — *Sent-Marthii de Mendi*, 1454 (ch. du chap. de Bayonne). — La cure de Mendy était une annexe de la paroisse Saint-Pierre d'Idaux et à la présentation du commandeur d'Ordiarp.

Mendy (Le), ruiss. qui coule sur la c^{ne} de Jatxou et se jette dans l'Angélu.

Menguiague, f. c^{ne} de Chéraute. — *Menguiagua de Xeraute*, 1383 (contrats de Luntz, f° 84).

Ménine (La), ruiss. qui arrose la c^{ne} de Bidache et se perd dans le Lihurry.

Menta, h. c^{ne} d'Arbonne; mentionné en 1198 (cart. de Bayonne, f° 23). — *Mente*, 1523 (ch. du chap. de Bayonne).

Mentaberry (Le), ruiss. qui coule sur la c^{ne} d'Urrugne et se jette dans le golfe de Gascogne.

Méracq ou Louméracq, c^{on} d'Arzacq. — *Meirac*, xiii° s° (fors de Béarn). — *Honerac*, 1538 (réform. de Béarn, B. 840). — *Lo Merac*, 1546 (ch. de Béarn, E. 5919). — Méracq dépendait du Tursan et de la subdélégation de Saint-Sever.

Mercadieu (Le chemin), sur les communes d'Ainharp et d'Espès-Undurein. — *Lo cami Mercadiu, lo cami deu Mercat*, 1479 (contrats d'Ohix, f° 74).

Mercé, f. c^{ue} de Bosdarros.

Mercé, f. c^{ne} de Saint-Boès. — *Lo Mercer*, 1385 (cens. f° 8).

Merguilla (Le col de), c^{nes} de Lanne et de Sainte-Engrace.

Merdançon, mont. c^{ne} d'Asson. — *Merdansson*, 1356 (ch. de Louvie-Juzon).

Merdé (Le), ruiss. qui prend sa source au hameau de Louboucy (c^{ne} d'Artigueloutan) et se jette dans l'Ousse, après avoir arrosé les c^{nes} d'Assat, Meillon, Idron et Bizanos.

Merdé (Le), ruiss. qui arrose la c^{ne} de Morlàas et se jette dans le Luy-de-France. — *L'arriu Merdee qui vien deus fossats de la ville* (de Morlàas), 1581 (réform. de Béarn, B. 808, f° 88).

Méricain, h. c^{ne} de Ramous.

Mérignac ou Caradoc, f. c^{ne} de Bayonne.

Méritein, c^{on} de Navarrenx. — *Sanctus Meritensis, Meritengs*, xi° s° (cart. de Pau, d'après Marca, Hist. de Béarn, p. 272 et 294). — *Meriteing*, 1205 (ch. de Bérérenx, E.). — *Meriteng*, xiii° s° (fors de Béarn). — *Sent-Johan de Meritenh*, 1384 (not. de Navarrenx). — *Meritain*, 1481 (ch. de Béarn, E. 3820). — En 1385, Méritein ressort. au baill. de Navarrenx et comptait 42 feux. — La seigneurie de Méritein dépendait du marquisat de Gassion.

Le ruisseau de Méritein arrose la commune de ce nom et se perd dans le Gave d'Oloron.

Merlóu, bois, c^{ne} d'Audéjos.

Mesplatène, f. c^{ne} de Loubieng. — *Mespletere*, 1540; *Mesploter*, 1568 (réform. de Béarn, B. 726, f° 14; 797, f° 24).

Mesplède, c^{on} d'Arthez.

Mesplès, fief, c^{nes} de Barcus, Esquiule, Féas, Moumour et Oloron-Sainte-Marie. — Baronnie, érigée en 1633, qui comprenait Esquiule et les territoires de Berbielle et d'Illasse; elle relev. de la vicomté de Béarn. — Le nom de Mesplès est celui de la famille pour laquelle le fief fut créé.

Mesquit (Le), éc. c^{ne} d'Arthez.

Mestayou, mont. c^{ne} d'Issor.

Meste-Bertrand (Le chemin de), mène de la c^{ne} de Gayon à celle de Castillon (c^{on} de Lembeye).

Mesthelan, f. c^{ne} d'Arbonne. — *Mostelan*, 1760 (collations du dioc. de Bayonne). — Il y avait une prébende de ce nom dans l'église d'Arbonne.

Meyrac, fief, c^{ne} de Lons; mentionné en 1546 (réform. de Béarn, B. 754), vassal de la vicomté de Béarn.

Meyrac, vill. c^{ne} de Sévignac (c^{on} d'Arudy). — *Mayrac*, 1376 (montre milit. f° 116). — *Sanctus-Saturninus de Meyrac*, 1607 (insin. du dioc. d'Oloron). — *Meirac*, 1675 (réform. de Béarn, B. 657, f° 4). — En 1385, Meyrac ressortissait au baill. d'Ossau et comprenait 6 feux.

Mialès, lande, c^{ne} de Montestrucq. — *Myalees, Mialees*, 1581 (réform. de Béarn, B. 808, f° 51). — Cette lande contenait 79 arpents en 1581.

Mialos, c^{on} d'Arzacq. — *Mielos*, 1513 (not. de Garos). — Mialos dépendait de la subdélégation de Saint-Sever (départ. des Landes).

Micau, montagne, c^{ne} de Bidarray, sur la frontière d'Espagne.

Michés (La fontaine des), c^{ne} de Luccarré; mentionnée en 1751 (terrier de Luccarré, E. 206).

Michota, mont. c^{nes} de Bidarray et d'Ossès.

Midi (Le pic du), c^{ne} de Laruns. — *Lou piee de Mieydi* (Palma Cayet). — *Le picq de Midy*, 1675 (réform. de Béarn, B. 657, f° 24). — On appelle quelquefois cette montagne *pic du Midi d'Ossau*, pour la distinguer d'une autre du même nom située dans le départ. des Hautes-Pyrénées.

Mié, mont. c^{ne} de Lées-Athas.

Mielle (La), riv. qui prend sa source au bois de Bugangue (c^{ne} d'Issor) et se jette dans le Gave d'Oloron à Moumour; elle arrose les c^{nes} d'Arros (c^{on} d'Oloron-Sainte-Marie-Ouest), de Gurmençon, d'Agnos et d'Oloron-Sainte-Marie. — *La Miele*, 1438 (not. d'Oloron, n° 3, f° 58). — *La Meille*, 1779 (dénombr. d'Agnos, E. 17).

Miellote (La), ruiss. qui arrose Oloron-Sainte-Marie et se perd dans la Mielle.

Mifaget, c^on d'Arudy. — *Medium-Faget*, 1100 (ch. de Mifaget). — *Faied*, xii° s° (cart. de Lescar, d'après Marca, Hist. de Béarn, p. 380, 405). — *Medius-Fagetus*, 1257 (coll. Duch. vol. XCIX, f° 131). — *Mieyfaget*, 1287 (contrats de Barrère). — *L'espitau de Mieyfayet*, 1385 (cens. f° 68). — *Myfaget*, 1538; *M{i}eyhaget*, 1675 (réform. de Béarn, B. 674, f° 333; 854). — *Saint-Michel de Mieyhaget*, 1678 (insin. du dioc. d'Oloron). — L'hôpital de Mifaget fut fondé en 1100; c'était une commanderie dép. de l'abbaye de Sainte-Christine (Espagne). — La présentation à la cure de Mifaget appartenait à la maison d'Albret. — En 1385, ce village, compris dans la commune de Bruges, renfermait 3 feux.

Miguélu (Le), ruiss. qui prend sa source à Sare, arrose Ascain et Saint-Pée-sur-Nivelle et se jette dans la Nivelle.

Milho, f. c^ne d'Escurès.

Millagé, f. c^ne de Lucq-de-Béarn. — *Millayer*, 1369 (not. de Lucq). — *Milleyer*, 1385 (cens. f° 31). — *Miulayer*, 1431 (not. de Lucq).

Millas (Le pic de), c^ne de Laruns, sur la limite du départ. des Hautes-Pyrénées.

Minbielle, fief, c^ne de Préchacq-Josbaig; créé en 1611, vassal de la vicomté de Béarn.

*Minhuriéta (Le), ruiss. qui prend sa source dans la c^ne de Luxe-Sumberraute et se jette à Viellenave (c^on de Bidache) dans la Bidouse, après avoir arrosé Béguios, Masparraute et Labets-Biscay.

Ministre (Le champ du), éc. c^ne de Castéide-Cami.

Minjoulet, h. c^ne de Momas.

Minvielle, fief, c^ne d'Asson. — *La maison noble de Mainvielle, autrement de Galan*, 1673 (réform. de Béarn, B. 677, f° 42). — Ce fief relevait de la vicomté de Béarn.

Minvielle, fief, c^ne de Castagnède. — *Minbiela de Castanheda*, 1538 (réform. de Béarn, B. 848, f° 10). — Ce fief était vassal de la vicomté de Béarn.

Minvielle, fief, c^ne de Navarrenx, à Bérérenx; mentionné en 1675 (réform. de Béarn, B. 685, f° 50). — Le fief de Minvielle relevait de la vicomté de Béarn.

Minvielle, fief, c^ne de Ramous. — *L'ostau de Minbielle d'Arramos*, 1385 (cens. f° 9). — Le fief de Minvielle, créé en 1375, ressort. au baill. de Rivière-Gave et était vassal de la vicomté de Béarn.

Minvielle (Le moulin de), c^ne de Salies.

Miossens, c^on de Thèze. — Mentionné au x° siècle. — *Milcents*, 1072 (cart. de Lescar, d'après Marca, Hist. de Béarn, p. 268, 384). — *Miucents*, xiii° s° (fors de Béarn). — *Millesancti*, 1270 (cart. du château de Pau, n° 1). — *Miu-Sent*, 1385; *Miusentz*, xiv° siècle (cens.). — *Miucens*, 1443 (ch. de Béarn, E.). — *Lo clau de Miucentz* (comprenant Carrère, Lanusse et Miossens), 1546; *Miossans*, 1673 (réform. de Béarn, B. 652, f° 180; 752). — *Miossens-Lanusse*, depuis la réunion de Lanusse: 16 août 1841. — Miossens formait la sixième grande baronnie de Béarn, vassale de la vicomté de Béarn. — En 1385, ce village comprenait 21 feux et ressort. au baill. de Pau.

Miquélu, mont. c^nes de Bidarray et d'Ossès.

Miqueu, f. c^ne de Bosdarros.

Miqueu, h. c^ne de Lembeye; mentionné en 1675 (réform. de Béarn, B. 649, f° 272).

Miramon, f. c^ne de Lys. — *Miremon*, 1385 (cens. f° 71).

Miramon, fief, c^ne de Moncin; mentionné en 1538 (réform. de Béarn, B. 833), vassal de la vicomté de Béarn.

Mirande (La), h. c^ne de Ponson-Debat-Pouts.

Mirapoup (Le), ruiss. qui sépare la c^ne de Lombia de celle de Sedze-Maubec et se jette dans le Léés. — *Le Miraboup*, 1675 (réform. de Béarn, B. 648, f° 233).

Mirassou, f. c^ne de Bugnein. — *Miresor*, 1385 (cens. f° 26).

Mirepeix, c^on de Clarac. — *Mirapes*, 1131 (cart. de Morlàas, f° 2). — *Mirapiscis*, xiii° s° (cart. de l'abb. de Saint-Pé, d'après Marca, Hist. de Béarn, p. 432). — *Mirapeix*, 1286 (ch. de Béarn, E. 267). — *Mirapexs*, 1536; *Miripexs*, 1546; *Mirepoix*, 1684 (réform. de Béarn, B. 678, f° 92; 710). — En 1385, Mirepeix ressort. au baill. de Pau et comptait 22 feux. — La baronnie de Mirepeix, supprimée au xii° siècle, fut rétablie en 1611; elle relevait de la vicomté de Béarn.

Mirepeix, fief, c^ne de Baigts. — *L'ostau de Mirapeix*, 1538 (réform. de Béarn, B. 848, f° 8).

Mispiracoïts, h. c^ne de Mouguerre.

Mitchélénia, h. c^ne de Saint-Étienne-de-Baïgorry.

Miusadour, éc. c^ne de Noguères; mentionné en 1775 (terrier de Noguères, E. 279).

Mixe, h. c^ne de Bidache.

Mixe (Le pays de), arrond. de Mauléon, comprend les c^nes d'Aïcirits, Amendeuix-Oneix, Amorots-Succos, Arbérats-Sillègue, Arhouet-Sussaute, Arraute-Charritte, Béguios, Béhasque-Lapiste, Beyrie (c^on de

Saint-Palais), Camou-Suhast, Gabat, Garris, Ilharre, Labets-Biscay, Larribar-Sorhapuru, Luxe-Sumberraute, Masparraute, Orègue, Orsanco, Saint-Palais, Uhart-Mixe. — *Mixia, Amixa*, XII° s° (cart. de Sordes, p. 2 et 32). — *Archidiaconatus de Mira*, 1227 (ch. de l'abb. de Lahonce). — *Mizxa*, 1247 (ch. de la Camara de Comptos). — *Terra de Misse in Navarra*, 1305; *Myxe*, vers 1340 (ch. de Navarre, E. 430; 459). — *Mija*, 1343 (ch. de la Camara de Comptos). — *Micxe*, 1477 (contrats d'Ohix, f° 56). — Le pays de Mixe faisait partie du royaume de Navarre et avait pour chefs-lieux Garris et Saint-Palais. — L'archidiaconé de Mixe dépendait du dioc. de Dax.

Mizpira (Le col de), entre les c^{nes} des Aldudes et de la Fonderie.

Mizpirachar, mont. c^{ne} de la Fonderie, sur la frontière d'Espagne.

Mocarreto, pèlerinage, c^{ne} de Macaye.

Mocosail, f. c^{ne} de Lasse; anc. commanderie appartenant à l'évêque et au chapitre de Bayonne. — *Mocozuayn*, 1621 (Martin Biscay). — *Morsail*, 1690 (carte de Cantelli).

Mode (La), ruiss. qui coule à Urt et se jette dans la Joyeuse.

Moines (Le pic et le col des), c^{nes} de Laruns et d'Urdos, sur la frontière d'Espagne. — Ce nom leur vient du voisinage de l'abbaye de Sainte-Christine (Espagne). — *Porte d'Achmora*, 1154 (Édrisi).

Moliaas (Les), h. c^{ne} de Gan; mentionné en 1535 (réform. de Béarn, B. 701, f° 191).

Moliède, f. c^{ne} d'Athos-Aspis. — Le fief de Moliède, mentionné au XIII° siècle (fors de Béarn), était vassal de la vicomté de Béarn et ressort. au baill. de Sauveterre.

Molou, f. c^{ne} de Simacourbe; tire son nom de *Molo de Labatut*, son propriétaire en 1385 (cens. f° 60).

Momas, c^{on} de Lescar; commune distraite du canton d'Arzacq le 26 mars 1829. — Mentionné au X° siècle (Marca, Hist. de Béarn, p. 267). — *Momaas*, 1385 (cens.). — En 1385, Momas comprenait 69 feux et ressort. au baill. de Pau.

Momy, c^{on} de Lembeye. — *Sanctus-Johannes de Momii*, v. 970 (cart. de l'abb. de Larreule, d'après Marca, Hist. de Béarn, p. 359). — *Momi*, XIII° siècle (fors de Béarn). — *Mon-Mir*, XIV° siècle (cens.). — *Momin*, 1429 (cens. de Bigorre, f° 267). — *Moumy*, 1682 (réform. de Béarn, B. 653, f° 132). — Momy était un membre de la commanderie de Malte de Caubin et Morlàas.

En 1385, Momy ressort. au baill. de Montaner et comptait 48 feux.

Monassut, c^{on} de Lembeye. — Mentionné en 1372 (contrats de Luntz, f° 28). — *Monassud*, 1777 (terrier de Gerderest, E. 190). — *Monassut-Audiracq*, depuis la réunion d'Audiracq. — Il y avait une abb. laïque vassale de la vicomté de Béarn. — En 1385, Monassut était réuni à Audiracq et à Gerderest; ces trois paroisses ressort. au baill. de Lembeye et comprenaient ensemble 25 feux.

Monbalou, f. et fief, c^{ne} de Navarrenx. — *Mont-Valoor*, 1363 (not. de Lucq). — *Monbalor*, 1385 (cens. f° 32). — *Montvalor*, 1450 (reg. de la Cour Majour, B. 1, f° 37). — *Monbalour*, 1651 (réform. de Béarn, B. 683, f° 156). — Le fief de Monbalou était vassal de la vicomté de Béarn et ressort. au baill. de Navarrenx.

Monbeigt, f. c^{ne} de Lucq-de-Béarn. — *Monbeg*, 1385 (cens. f° 31).

Monbet, éc. c^{ne} de Moncaup; mentionné en 1542 (réform. de Béarn, B. 734, f° 11).

Monbet, f. c^{ne} de Lucgarrier.

Monbet (Le bois de), c^{ne} de Navarrenx. — *Lo bosc de Monbeig*, 1468 (cart. de Navarrenx, f° 34). — *Monbeg*, 1513 (ch. de Navarrenx, CC. 1).

Monbula (Le plateau de), dans les montagnes de la c^{ne} d'Asson, sur la limite du départ. des Hautes-Pyrénées.

Moncade, f. c^{ne} de Garlin; mentionnée en 1385 (cens. f° 61). — *Moncada*, 1542 (réform. de Béarn, B. 732, f° 4).

Moncade (La tour de), ruines du château des vicomtes de Béarn à Orthez, où Gaston-Phébus reçut Froissart. — *Castrum quod dicitur Nobile*, 1256 (très. des ch. d'après Marca, Hist. de Béarn, p. 606). — C'est le nom d'un quartier de la ville d'Orthez. — *Monchada*, 1321 (cart. d'Orthez, f° 4).

Moncaubet, h. c^{ne} de Lalongue; mentionné en 1385 (cens.). — *Mont-Caubet*, 1538 (réform. de Béarn, B. 846).

Moncaup, c^{on} de Lembeye. — *Mont-Caup*, 1343 (hommages de Béarn). — *Moncaub*, 1402 (cens.). — *Moncamp*, 1546; *Sainte-Luce de Moncaup*, 1680 (réform. de Béarn, B. 650; 754). — Moncaup était un membre de la commanderie de Malte de Caubin et Morlàas. — En 1385, Moncaup ressort. au baill. de Lembeye et comprenait 52 feux. — Au XVI° siècle, Moncaup avait pour annexe la commune de Monpézat.

Moncaup (Le), ruiss. qui descend des montagnes de Louvie-Juzon et se perd dans le Saux.

Moncayolle, c^{on} de Mauléon. — *Moncoyole*, 1391 (not. de Navarrenx). — *Moncayole, Moncayola*, v. 1480 (contrats d'Ohix, f° 12). — *Moncayolle*-

Larrory-Mendibieu, depuis la réunion de Larrory et de Mendibieu : 5 août 1842.

Moncla, c^on de Garlin. — *Mont-Clar*, 1343 (hommages de Béarn). — *Monclar*, 1385 (cens.). — *Mont-Claa*, 1487 (reg. des Établissements de Béarn). — *Monclaa*, 1548 (réform. de Béarn, B. 759). — Il y avait une abbaye laïque vassale de la vicomté de Béarn. — En 1385, Moncla ressort. au baill. de Lembeye et comptait 4 feux.

Monçogorry (Le), ruiss. qui arrose Urrugne et se jette dans l'Olette.

Moncole, éc. c^ue de Maslacq.

Moncoueyle, f. c^ne d'Araux. — *Mon-Coeyle*, 1385 (cens. f° 29). — *Moncoeyla*, 1397 (not. de Navarrenx).

Moncuq, éc. c^ne de Narp.

Mondarrain, mont. c^nes d'Espelette et d'Itsatsou.

Mondaut, f. c^ne de Lasseube; mentionnée en 1385 (cens. f° 22).

Mondaut, h. c^ne d'Ousse; mentionné en 1505. — *Lo terrador de Montaud, parropie d'Osse*, 1539 (not. d'Assat, n° 7, f° 35). — Le fief de Mondaut relevait de la vicomté de Béarn.

Mondaut, mont. c^nes d'Etsaut et de Laruns.

Mondaut (Le bois de), c^nes de Castetbon et de Montestrucq; mentionné en 1581 (réform. de Béarn, B. 808, f° 48). — Ce bois contenait 22 arpents en 1581.

Mondebat, vill. c^ne de Garlède; ancienne commune réunie à Garlède le 25 juin 1844. — *Monde-Abat*, 1385; *Mondebag*, XIVe siècle (cens.). — *Mondabat*, 1546 (réform. de Béarn, B. 754). — En 1385, Mondebat ressort. au baill. de Pau et comprenait 8 feux. — La baronnie de Mondebat, créée en 1658, comprenait Garlède, Lalonquette et Mondebat et relev. de la vicomté de Béarn.

Mondeil de Boupé (Le), éc. c^ne de Lalonquette. — *Moundeilh de Boupé*, 1775 (terrier de Lalonquette, E. 197).

Mondeils, éc. c^ne de Denguin.

Mondein, h. c^ne de Navailles-Angos. — *Lo territori aperat Mondenh*, 1538 (réform. de Béarn, B. 857). — L'abbaye de Pontaut (diocèse d'Aire) y percevait des fiefs.

Mondérous (Les), lande, c^ne de Mont (c^on de Garlin).

Mondérous (Les), vigne, c^ne d'Aydie.

Mondragon (Le bois de), c^ne de Louvie-Juzon.

Mondran, éc. c^ne de Montfort.

Mondran (Le), ruiss. qui prend sa source sur la c^ne de Lannepla̋a et se jette dans le Saleys, après avoir arrosé Bérenx et Salies.

Mondrans, vill. c^ne de Làa. — *Mondran*, 1385 (cens.

f° 2). — *Mondran-Dessus*, *Mondran-Debaig*, 1614 (réform. de Béarn, B. 817, f° 2). — *Les Mondrans*, 1728 (dénombr. de Mondrans, E. 36). — En 1385, Mondrans comptait 8 feux et ressort. au baill. de Larbaig.

Mondurèta, pèlerinage, c^ne d'Iholdy.

Mondusclat, f. c^ne de Bosdarros. — *Mondusclatz*, 1501 (not. de Nay, n° 1, f° 20).

Monein, arrond. d'Oloron. — *Monesi* (Pline, lib. IV, cap. 33). — *Moneng*, 1127 (ch. de Sauvelade). — *Moneing*, 1128 (ch. d'Aubertin). — *Monen*, XIIe s^e (cart. de Sauvelade, d'après Marca, Hist. de Béarn, p. 421 et 434). — *Munins*, 1154 (Édrisi). — *Monenh*, 1215 (cart. d'Oloron, d'après Marca, Hist. de Béarn, p. 530). — *Sent-Gironts de Monenth*, 1434 (not. d'Oloron, n° 3, f° 19). — *Monneinh*, *Mouneinh*, 1675 (réform. de Béarn, B. 661, f° 22; 666, f° 47). — Archiprêtré qui dép. de l'archidiaconé de Larbaig (dioc. de Lescar). — Il y avait une abbaye laïque dès le XIIe siècle, vassale de la vicomté de Béarn. — Le bailliage de Monein comprenait, en 1385, Cardesse, Cuqueron et Monein : la commune de Monein comptoit alors 414 feux. — Monein était le siège d'une notairie qui avait pour ressort Arbus, Aubertin et Monein. — La baronnie de Monein, créée en 1545, relev. de la vicomté de Béarn.

En 1790, le canton de Monein comprenait les mêmes communes qu'aujourd'hui, plus celle de Cardesse.

Mongaston, h. c^ne de Charre. — Mentionné en 1286 (reg. de Bordeaux, d'après Marca, Hist. de Béarn, p. 562). — *La Beguerie, l'ostau de Mon-Gastoo*, 1385 (cens. f° 12 et 14). — *Montgastoo*, 1387 (not. de Navarrenx). — *Montgaston, maison noble en lo loc de Xarra sus une montanhe aperada Monguaston*, 1538 (réform. de Béarn, B. 830; 853). — La vigueric de Mongaston dépendait du baill. de Sauveterre; elle comprenait Campagne (c^ne de Taballe-Usquain), Charre, Haute, Lichos et Rivehaute. — En 1385, Mongaston et ses annexes, Campagne et Usquain, renfermaient 12 feux.

Mongaston, h. c^ne de Lamayou; anc. c^ne. — *Mongastoo*, 1385 (cens.). — *Mont-Gaston*, 1429 (cens. de Bigorre, f° 295). — *Monguaston*, 1614 (réform. de Béarn, B. 817, f° 13). — En 1385, Mongaston ressort. au baill. de Montaner et comptait 20 feux.

Mongelos, vill. c^ne d'Ainhice; anc. c^ne réunie à Ainhice le 16 août 1841. — *Monjelos*, 1321 (ch. de la Camara de Comptos). — *Mongelos en Cize*, 1477 (contrats d'Ohix, f° 49). — *Saint-Jean de Mongelos*, 1703 (visites du dioc. de Bayonne).

Mongélous, f. c^ne de Gurs. — *Mongelos*, v. 1560 (réform. de Béarn, B. 796, f° 6).

Mongoy, f. c^ne de Montaut; mentionnée en 1535 (réform. de Béarn, B. 702, f° 109).

Monhauba, h. détruit par une inondation du Gave de Pau, en 1778; ancienne annexe de Saint-Faust. — *Monfabaa*, v. 1449 (reg. de la Cour Majour, B. 1, f° 23). — *Monthauba*, 1538; *Monhaubar*, 1540 (réform. de Béarn, B. 725, f° 342).

Monhédan, h. c^ne de Lons.

Monho, mont. c^nes de Béhorléguy, Hosta et Lécumberry.

Monho, mont. c^ne d'Ossès.

Monho, redoute, c^ne de Sare.

Monho (Le), ruiss. qui sort de la montagne Martindorré, arrose Saint-Étienne-de-Baïgorry et se jette dans la Nive de Baïgorry.

Monhoa, mont. c^ne d'Anhaux.

Moniz, redoute, c^ne de Sare.

Monjoie (Le chemin de la), dans la c^ne de Lons.

Monjoy, éc. c^ne d'Arthez.

Monlée, fontaine, c^ne d'Asson; mentionnée en 1675 (réform. de Béarn, B. 674, f° 334).

Monlong, lande, c^ne d'Asasp.

Monlong, lande, c^ne de Baigts. — *Morlong*, 1675 (réform. de Béarn, B. 666, f° 6).

Monnicat, f. c^ne de Castetpugon.

Monpeslé, f. c^ne de Garlin; mentionnée en 1542. — *L'espitau de la Magdelaine*, 1675 (réform. de Béarn, B. 651, f° 210; 732, f° 82).

Monpézat, c^on de Lembeye; ancienne annexe de la c^ne de Moncaup. — *La mote de Monpessat*, 1373 (contrats de Luntz, f° 65). — *Monpesat*, 1402 (cens.). — *Mons-Pazatus*, 1425 (cart. du château de Pau, n° 2). — *Mont-Pessat*, v. 1540 (réform. de Béarn, B. 786, f° 7). — *Monpézat-Bétrac*, depuis la réunion de Bétrac: 20 juin 1842. — En 1385, ce village ressort. au baill. de Lembeye et comprenait 10 feux.

Monplaisir, h. c^ne de Larans.

Monplaisir (Le ruisseau), prend sa source sur la c^ne de Sallespisse et se jette dans le Luy-de-Béarn, après avoir arrosé Sault-de-Navailles.

Monségur, c^on de Montaner. — *Mont-Segur*, 1343 (hommages de Béarn). — En 1385, Monségur comptait 30 feux et ressort. au baill. de Montaner.

Mont, c^on de Garlin. — *Ezmont*, xiie s^e (Marca, Hist. de Béarn, p. 449). — *Lo Mont de Vic-Vielh*, 1385 (cens.). — En 1385, Mont ressort. au baill. de Lembeye et comptait 9 feux.

Mont, c^on de Lagor. — *Villa de Mont*, 1235; *Mon*, 1538 (réform. de Béarn, B. 830; 864). — En 1385, Mont comprenait 33 feux et ressort. au baill. de Pau.

Mont, fief, c^ne de Baigts; mentionné en 1538 (réform. de Béarn, B. 830). — *Mon*, 1736 (dénombr. de Baigts, E. 20).

Mont (Le), éc. c^ne de Sedze-Maubec; mentionné en 1675 (réform. de Béarn, B. 648, f° 263).

Montagna, h. c^ne de Lahonce.

Montagnette (Le ruisseau), coule sur la c^ne de Lasseube et se jette dans la Baïse.

Montagnol, mont. c^nes d'Accous, d'Aydius et de Laruns.

Montagnou (Le pic), c^nes d'Aydius et de Bielle.

Montagut, c^on d'Arzacq. — *Mons-Acutus*, 1273 (reg. de Bordeaux, d'après Marca, Hist. de Béarn, p. 634). — *Lo bayliadge de Montagud*, 1540; *Sainct-Marti de Montagut*, 1559 (réform. de Béarn, B. 765; 869). — En 1385, Montagut ressort. au baill. de Garos et comptait 29 feux. — C'était le siége d'une notairie dont le ressort comprenait Arget, Lannes (c^ne de Pomps), Montagut, Moustrou et Piets.

Montagut, fief, c^ne d'Orthez; créé en 1611, vassal de la vicomté de Béarn.

Montaigu, f. c^ne de Bayonne.

Montaigu, fief, c^ne de Baigts. — *Lo loc de Montaygut*, 1385 (cens. f° 9). — Le fief de Montaigu, créé en 1446, ressort. au baill. de Rivière-Gave et était vassal de la vicomté de Béarn.

Montalivet, f. et fief, c^ne de Lucq-de-Béarn. — *La métairie de Montalibet*, 1712 (ch. de Lucq, FF). — Ce fief, créé en 1618, relevait de la vicomté de Béarn.

Montaner, arrond. de Pau. — *Montanerius*, v. 1030 (cart. de l'abb. de Saint-Pé, d'après Marca, Hist. de Béarn, p. 248). — *Montanerium*, 1118 (cart. du château de Pau, n° 1). — *Saint-Michel de Montaner*, 1675 (réform. de Béarn, B. 648). — La vicomté de Montaner était vassale des comtes de Gascogne. — L'archiprêtré de Montaner dép. du dioc. de Tarbes[1]. — Le bailliage de Montaner se composait, en 1385, de Bentayou-Sérée, Castéide-Doat, Castéra, Ger, Labatut-Figuère, Lombia, Loubix, Luc, Luccarré, Maure, Momy, Mongaston (c^ne de Lamayou), Monségur, Montaner, Ponson-Debat, Ponson-Dessus, Pontacq, Pontiacq-Viellepinte, Saubole, Sedze-Maubec. — A la même époque, Montaner renfermait 86 feux. — Montaner était le chef-lieu d'une notairie comprenant Aast, Castéide-Doat, Labatut-Figuère, Lamayou, Lombia, Luccarré, Maure, Momy, Mongaston, Monségur,

---

[1] Marca, dans son Hist. de Béarn (p. 252), cite l'archidiaconé de Montaner, qui sans doute comprenait les archiprêtrés de Montaner et de Pontacq.

Montaner, Ponson-Debat-Pouts, Ponson-Dessus, Pontiacq-Vieillepinte, Samonzet (c^ne de Lamayou), Sedze et Sérée. — En 1728, le sceau des jurats de Montaner portait *écartelé 1 et 4 d'une vache, 2 et 3 d'un M.*
La circonscription du canton de Montaner n'a pas varié depuis 1790.

Montanérès (Le), pays, arrond. de Pau. — Ce pays était borné au N. et à l'O. par le Vicbilh, à l'E. par la Bigorre, au S. par le pays de Rivière-Ousse et Pontacq. Il tire son nom de la c^ne de Montaner, son chef-lieu.

Montardon, c^on de Morlàas. — *Mont-Ardon*, 1385 (cens.). — A cette époque, Montardon ressort. au baill. de Pau et comptait 29 feux.

Montargou (Le moulin de), c^ne de Bonnut.

Montaricau, éc. c^ne de Rivehaute. — *Montarricau*, 1779 (terrier de Rivehaute, E. 341).

Montauban, f. c^ne de Loubieng. — *Moutaubaa*, 1540 (réform. de Béarn, B. 726, f° 105).

Montaut, c^on de Clarac. — *Mons-Altus*, 1283; *la bastide de Montaut* (fondée en 1327) (ch. de Béarn, E. 217 et 425). — *Montaud*, 1535 (réform. de Béarn, B. 702, f° 3). — En 1385, Montaut ressort. au baill. de Nay et comptait 39 feux.

Montaut, mont. c^nes d'Accous et de Laruns.

Montesquieu, f. c^ne de Monein. — *Montesquiu*, v. 1540 (réform. de Béarn, B. 789, f° 160).

Montestruc, f. c^ne de Lestelle.

Montestruc, f. c^ne de Pontacq.

Montestruc, fief, c^ne d'Escurès. — *Montastruc*, 1385 (cens. f° 60). — *Montestrucq* (carte de Cassini). — Ce fief était vassal de la vicomté de Béarn. — En 1538, ce domaine comprenait 200 arpents.

Montestrucq, c^on de Lagor. — *Montastruc*, 1385 (cens. f° 4). — A cette époque, Montestrucq comptait 45 feux et ressort. au baill. de Larbaig. — Au xvi° siècle, c'était le chef-lieu d'un bailliage comprenant Montestrucq et l'Hôpital-d'Orion.

Montfleury, éc. c^ne de Gélos.

Montfort, c^on de Sauveterre. — *Momfort*, 1385 (cens. f° 28). — *Monhort*, 1603 (ch. de Rivehaute, E. 361). — En 1385, Montfort ressort. au baill. de Navarrenx et comprenait 24 feux. — La seigneurie de Montfort dépendait de la baronnie de Jasses.

Montis, f. c^ne de Monein. — *Montiis*, v. 1540 (réform. de Béarn, B. 789, f° 184).

Montjoie (La), h. c^ne de Lescar. — *Lo parsaa de la Montjoia*, 1643 (cens. de Lescar, f° 485).

Montom, h. c^ne d'Anglet.

Montory, c^on de Tardets. — *Montori*, 1383 (contrats de Luntz, f° 84). — *Montoury*, 1563 (aveux de Languedoc, n° 3176). — *Notre-Dame de Montory*. 1654 (insin. du dioc. d'Oloron).

Montplaisir, éc. c^ne de Garos.

Montplaisir, éc. c^ne de Jurançon.

Montrose, éc. c^ne de Gélos.

Mont-Saint-Jean, f. c^ne d'Orthez. — *Lo Mont*, 1536 (réform. de Béarn, B. 713, f° 348).

Mont-Sandasse, lande, c^ne de Saint-Palais; mentionnée en 1760 (reg. de Saint-Palais).

Montsarrat, h. détruit, près d'Oloron-Sainte-Marie. — *Monsarrat*, 1434 (not. d'Oloron, n° 3, f° 19).

Morelles (Les), éc. c^ne de Ponson-Dessus; mentionné en 1675 (réform. de Béarn. B. 651, f° 25).

Morenguets, h. c^ne d'Os-Marsillon. — *Morenguetz, Morenguegs*, 1344 (not. de Pardies, n° 2, f°s 38 et 61).

Morlàas, arrond. de Pau. — *Morlas, villa Morlensis*, 1080 (cart. de Morlàas, f° 1). — *Sancta-Fides de Morlanis*, 1109 (bulle de Pascal II, d'ap. Marca, p. 302). — *Sancta-Fides et Sanctus-Andreas Morlanenses*, 1115 (cart. de Lescar, d'ap. Marca, p. 383). — *Vicaria Morlanensis*, 1123 (ch. de Morlàas). — *Morlars*, xii° s° (cart. de Morlàas, f° 5). — *Morlanum*, 1270 (cart. du chât. de Pau, n° 1). — *Castellum Mollans* (Guill. de Nangis). — *Morlens, Morlans en Berne* (Froissart). — *Sancte-Fe de Morlàas*, 1537 (réform. de Béarn. B. 714). — Le prieuré de Sainte-Foi et l'hôpital de Morlàas dép. de l'abb. de Cluny. — Morlàas possédait une commanderie de l'Ordre de Malte sous le titre de Caubin et Morlàas; les Jacobins et les Cordeliers y avaient des couvents. — Du x° au xii° siècle, cette ville fut la résidence des vicomtes de Béarn. — La charte de commune de Morlàas remonte à l'année 1101. — Au commencement du xii° s°, Morlàas comprenait le prieuré de Sainte-Foi, au N. O. le bourg de Saint-Nicolas, à l'E. le Bourg-Neuf, à l'O. Marcadet; en 1385, on y comptait 300 feux. — Elle était le siège d'un sénéchal dont le ressort comprenait les cantons de Lembeye et de Thèze en entier; le canton de Morlàas, moins Sendets; le canton de Garlin, moins Boueilh-Boueilho-Lasque et Pouliacq; le canton de Montaner, moins Bédeille; les communes de Caubios-Loos, Momas et Sauvagnou, du canton de Lescar; Eslourenties-Darré, Ger et Limendoux, du canton de Pontacq; le village de Riumayou et les communes de Larreule et Vignes, du canton d'Arzacq. — Le *parsan* de Morlàas, créé par Henri II, roi de Navarre, se composait du canton de Morlàas, moins Abère, Lespourcy, Lombia, Saubole, Sedzère, Serres-Castet et Urost; des communes d'Eslourenties-Darré et Limendoux, du c^on de Pontacq; des communes d'Argelos, Lasclaveries, Navailles-Angos et Sévignacq, du canton de Thèze; enfin du village de Boast. — La subdélégation de Morlàas, qui dép. successivement des intendances de Béarn et Navarre, d'Auch et Pau, de Pau et Bayonne, avait la même étendue que la sénéchaussée. — La notairie de Morlàas avait la commune pour ressort. — Les annexes ou vics de Morlàas étaient autour de la ville: Dugat, la Hagède, Higuères, la Hourquie, Maucor, Morlàas-Bielle et Saint-Jammes. — La monnaie de Morlàas eut cours dans le midi de la France pendant tout le moyen âge. — Les poids et mesures de cette commune servaient d'étalons pour le Béarn et quelquefois pour la Soule et la basse Navarre. — Les armoiries de la ville sont: *une croix cantonnée de cinq besans*[1].

En 1790, le canton de Morlàas comprenait les communes du canton actuel, plus Eslourenties-Darré et Limendoux, aujourd'hui du canton de Pontacq.

MORLÀAS, f. c^{ne} de Sauveterre; mentionnée en 1385 (cens. f° 10).

MORLÀAS-BIELLE, quartier de Morlàas. — *Vetus Burgus*, XII° s° (cart. de Morlàas, f° 9). — *Morlaás-Viella dehora lo portau*, 1643 (cens. de Morlàas).

MORLANNAIS (LE CHEMIN), nom générique de tous les chemins qui conduisaient à Morlàas; toutefois il s'appliquait plus particulièrement à celui qui part de Morlàas, passe à Buros, Montardon, Saint-Castin, Sauvagnon, Serres-Castet, Uzein, Viellenave (c^{on} d'Arthez), et se joint devant l'église de Cescau au chemin *Romiu*. — *Lo cami Morlacs* (de Nay à Morlàas), 1505 (not. d'Assat, n° 3, f° 6).

MORLANNE, cⁿ d'Arzacq; baronnie créée en 1643, vassale de la vicomté de Béarn. — *Morlana*, 1286 (ch. de Béarn, E. 267). — *Morlane*, 1288 (not. de Navarrenx de 1396, f° 35). — *Sent-Laurents de Morlana*, 1537 (not. de Garos, f° 4). — Il y avait une abbaye laïque qui relevait de la vicomté de Béarn. — En 1385, Morlanne ressortissait au baill. de Garos et comptait 72 feux.

MORLANNE, f. c^{ne} de l'Hôpital-d'Orion. — *Morlana*, 1476 (not. de Castetner, f° 85). — Le chemin dit *la Côte Morlanne* conduisait d'Orion à l'Hôpital-d'Orion; c'était une portion du chemin *Romiu*, d'Orthez à Sauveterre.

MORLANNE, f. c^{ne} de Lagor. — *Morlane*, 1385 (cens. f° 32). — *Morlana*, 1572 (réform. de Béarn, B. 796).

MORTALER (LE), fief, c^{ne} de Baigts; mentionné en 1538 (réform. de Béarn, B. 848, f° 8). — Ce fief relev. de la vicomté de Béarn.

MOSSEN-GUILHEM (LE CHEMIN DE), dans la c^{ne} de Maure.

MOTTÀA, éc. c^{no} de Lespielle-Germenaud-Lannegrasse.

MOTTE (LA), éc. c^{ne} de Gayon. — *Lamothe*, 1772 (terrier de Gayon, E. 189).

MOTTE (LA), fief, c^{ne} d'Arrosès. — *La Mota d'Arroses*, 1538 (réform. de Béarn, B. 848, f° 15). — Ce fief était vassal de la vicomté de Béarn.

MOTTE DE TURRY (LA), motte, c^{ne} de Sallespisse. — *Le Turon de Turin*, 1686 (réform. de Béarn, B. 665, f° 1). — *La Motte de Turenne* (carte de Cassini).

MOUGUERRE, c^{on} de Bayonne-Nord-Est. — *Sainct-Johan-de-Buitz*, 1564 (ch. de l'abb. de Lahonce). — *Saint-Jean-de-Biutz*, 1690 (carte de Cantelli). — *Sanctus-Johannes-Vetus vulgò Mouguerre*, 1763 (collations du dioc. de Bayonne). — Ancienne dépendance de l'abbaye de Lahonce.

En 1790, Mouguerre fut le chef-lieu d'un canton, dépendant du district d'Ustaritz, composé des communes de Lahonce, Mouguerre, Saint-Pierre-d'Irube et Urcuit.

MOUHOUS, c^{on} de Garlin. — *Mohoos*, 1343 (hommages de Béarn). — *Mofoos*, 1402 (cens.). — *Mohos*, 1538 (réform. de Béarn, B. 840). — Il y avait une abbaye laïque vassale de la vicomté de Béarn. — La seigneurie de Mouhous dépendait de la baronnie de Lannecaube.

MOULARDON, éc. c^{ne} de Sedze-Maubec; mentionné en 1675 (réform. de Béarn, B. 648, f° 264).

MOULARY (LA), montagne, c^{ne} de Viellenave (c^{on} de Bidache).

MOULÉ, canal d'un moulin près de l'Uzan, c^{ne} de Bougarber. — *Ung goar aperat Muler*, 1457 (cart. d'Ossau, f° 231).

MOULÈRES (LES), éc. c^{ne} d'Aydie.

MOULES, h. c^{ne} de Louvigny.

MOULES (LES), éc. c^{ne} de Cescau.

MOULIÀA (LE), fief, c^{ne} de Sarpourenx. — *L'ostau deu Moliaa*, 1385 (cens. f° 5). — Le fief du Monliàa relevait de la vicomté de Béarn et ressort. au baill. de Larbaig.

MOULIN (LE), éc. c^{ne} de Luccarré.

MOULIN (LE RUISSEAU DU), coule sur la c^{ne} de Lahontan et se jette dans le Pourteigt.

MOULIN (LE VIEUX), mⁱⁿ, c^{ne} de Saint-Jean-de-Luz.

MOULI-NAU, éc. c^{ne} de Lembeye.

MOULIN DE L'ABBAYE (LE), c^{ne} d'Orthez, sur le ruisseau le Grec. — *Lo Molii de l'Abadie*, 1536 (réform. de Béarn, B. 713, f° 60). — *Lo Mouliérot*, 1763 (dénombr. d'Orthez, E. 39).

---

[1] Nous avons relevé ces armoiries sur les poids de Morlàas de 1576, déposés aux archives des Basses-Pyrénées.

Moulin Dessus (Le), c^{ne} de Loubieng, sur le Làa. — *Lo Molin Dessus*, 1538 (réform. de Béarn, B. 849). — Le fief du Moulin-Dessus était vassal de la vicomté de Béarn.

Moulin du Bateau (Le), c^{ne} de Saucède. — Il appartenait à l'abbaye de Lucq.

Moulin du Bois (Le), c^{ne} de Saint-Jean-Pied-de-Port. — *Molino que se clame del Bosc*, 1368 (ch. de Navarre, E. 470).

Moulin du Comte (Le), c^{ne} de Denguin. — *Le Mouly deu Compte*, 1754 (terrier de Denguin, E. 308).

Moulin du Marché (Le), c^{ne} de Saint-Jean-Pied-Port. — *Molino del Mercado*, 1368 (ch. de Navarre, E. 470).

Moulin du Pont (Le), c^{ne} de Lahourcade, sur le Luzoué; mentionné en 1776 (terrier de Lahourcade, E. 268).

Mouline (La), ruiss. qui coule à Lées-Athas et se jette dans le Copeu.

Mouline (La), ruiss. qui arrose Louhossoa et se perd dans la Nive.

Moulins (Le canal des), dérivation du Gave de Pau, c^{nes} de Lescar et de Poey (c^{on} de Lescar). — *Lo baniuu deus Moliis*, 1643 (cens. de Lescar, f° 144).

Moulins (Le ruisseau des), prend sa source dans la c^{ne} de Montestrucq, arrose Lannepláa et se jette à Sainte-Suzanne dans le Pontet.

Mouliot (Le), mⁱⁿ, c^{ne} de Lembeye.

Moulle (La), ruiss. qui coule à Asson et se perd dans l'Arriu-Sec.

Moumour, c^{on} d'Oloron-Sainte-Marie-Ouest. — *Lo casteg de Momor*, 1249 (not. d'Oloron, n° 4, f° 50). — *Montmoo*, 1322 (ch. de Josbaig, E. 360). — *Montmor*, 1379; *Monmoo*, 1383 (contrats de Luntz, f° 9). — *Monmor*, 1385 (cens.). — *Sent Johan de Momor*, 1463 (not. d'Oloron, n° 4, f° 33). — *Momou*, 1675 (réform. de Béarn, B. 660, f° 367). — *Moumou*, 1727 (dénombr. de Légugnon, E. 33). — En 1385, Moumour ressort. au baill. d'Oloron et comprenait 55 feux. — La baronnie de Moumour, composée de Moumour et d'Orin, appartenait à l'évêché d'Oloron et relevait de la vicomté de Béarn.

Mounou (Le), ruiss. qui sert de limite aux communes de Bellocq et de Bérenx et se jette dans le Gave de Pau.

Moura, bois, c^{ne} de Sedze-Maubec; mentionné en 1675 (réform. de Béarn, B. 648, f° 234).

Moura, éc. c^{ne} de Ponson-Debat-Pouts; mentionné en 1675 (réform. de Béarn, B. 648, f° 340).

Moura (Le), ruiss. qui arrose la c^{ne} d'Escos et se jette dans le Pondis.

Mouraneus (Les), éc. c^{ne} d'Arthez.

Mouras (Les), éc. c^{nes} de Barzun et de Livron.

Mourenx, c^{on} de Lagor. — *Morengs*, xie siècle (Marca, Hist. de Béarn, p. 273). — *Morenx*, xiiie s^e (fors de Béarn, p. 15). — *Morenx*, 1385 (cens.). — *Morenx*, 1546 (réform. de Béarn). — Il y avait une abbaye laïque vassale de la vicomté de Béarn. — En 1385, Mourenx ressortissait au bailliage de Lagor et Pardies et comptait 27 feux. — La seigneurie de Mourenx dépendait du marquisat de Gassion.

Mounet (Le), éc. c^{ne} de Luccarré.

Moureu, f. c^{ne} de Jurançon.

Mouriscot (Le lac de), c^{ne} de Biarritz.

Mourle (Le bois de), c^{ne} de Montaut, sur la limite du départ. des Hautes-Pyrénées. — *Lo loc de Mosla*, xive siècle (ch. de Labatmale, E. 360). — *Lo bosc de Moslau*, 1429 (cens. de Bigorre, f° 185).

Mouscaté, mont. c^{ne} de Borce.

Mouscle (La), ruiss. qui sort du bois de Mourle, arrose Montaut et se jette dans le Gave de Pau. — *La Mosle*, 1501 (not. de Pau, n° 1, f° 96). — *La Moscla*, 1535; *la Moscle*, 1580 (réform. de Béarn, B. 702, f° 23; 808, f° 18).

Mousquarous, lande, c^{ne} de la Bastide-Monréjau.

Mousqué, f. c^{ne} de Castetbon. — *La Mosquere*, 1385 (cens. f° 25).

Mousqué, f. c^{ne} de Loubieng. — *Lo Mosquer*, 1385 (cens. f° 3). — *Mosques, Mosque*, 1540; *Mosquee*, 1568 (réform. de Béarn, B. 726, f° 109; 797, f° 2).

Mousqué (Le), ruiss. qui coule sur la c^{ne} de Buros et se jette dans le Luy-de-Béarn.

Mousqué (Le), ruiss. qui a sa source à Mespléde, sert de limite aux communes de Lacadée et de Sault-de-Navailles et se perd dans l'Esclause.

Mousquères (Le ruisseau), prend sa source à Araujuzon et se jette à Montfort dans le Gave d'Oloron. — Il y a une ferme du même nom à Araujuzon. — *La Mosquere*, 1385 (not. de Navarrenx).

Mousquéros, fief, c^{ne} de Salies. — *L'ostau de Mosquerous*, 1385 (cens. f° 6). — *Mosquaroos*, 1476 (not. de Castetner, f° 89). — *Mosqueroos*, 1538; *Mosqueros*, 1666 (réform. de Béarn, B. 683, f° 67; 833). — *Mouscaros* (carte de Cassini). — Le fief de Mousquéros était vassal de la vicomté de Béarn et ressort. au baill. de Salies.

Le ruisseau de Mousquéros coule à Salies et se perd dans le Saleys.

Mousquès (Les), éc. c^{ne} de Lucgarrier.

Mousquété, bois, c^{ne} d'Aydius.

Mousquette (La), f. c^{ne} de Montagut.

Mousserolles, vill. c^{ne} de Bayonne. — *Mossirole*.

1316; *Mosserole*, 1334 (ch. des Jacobins de Bayonne). — *Mosseyrolle*, 1509 (ch. de Sainte-Claire de Bayonne).

MOUSTARDÉ (LE PIC), c^{ne} de Laruns. — *Monseguat*, *Monsegat*, 1440 (cart. d'Ossau, f° 274).

MOUSTÉ, h. c^{ne} de Lème. — *Mostee*, 1538; *Moustée* 1673 (réform. de Béarn, B. 652, f° 126; 830).

MOUSTÉ, mont. c^{nes} d'Aydius et de Sarrance.

MOUSTROU, fief, c^{ne} de Maspie-Lalonquère-Juillac. — *La domenyadure et boyrie de Mostroo*, 1538 (réform. de Béarn, B. 852). — Ce fief relev. de la vicomté de Béarn.

MOUSTROU, vill. c^{ne} de Piets; anc. c^{ne} réunie à Piets le 22 mars 1842. — *Monstrou*, 1128 (ch. d'Aubertin, d'après Marca, Hist. de Béarn, p. 421). — *Mostror*, 1131 (cart. de Morlàas, f° 2). — *Mostroo*, 1385 (cens.). — *Mostruoo*, 1504 (not. de Garos). — *Monstroo*, 1538 (réform. de Béarn, B. 855). — En 1385, Moustrou ressort. au baill. de Garos et comptait 26 feux. — La baronnie de Moustrou, créée en 1647, était vassale de la vicomté de Béarn et comprenait Argel et Moustrou.

MOUTHA (LE), éc. c^{ne} de Bassillon-Vauzé.

MOUTONÉ, f. c^{ne} de Bassillon-Vauzé. — *Mountouné*, 1774 (terrier de Bassillon, E. 178).

MOUTOU (LE), ruiss. qui coule sur la c^{ne} de Làas et se jette dans le Gave d'Oloron.

MU ou MUR, h. c^{ne} de Castagnède. — *Sanctus-Severus de Muro*, XII° siècle (cart. de Sordes, p. 26). — *Mur*, 1246 (ch. de Came, E. 425). — *Murr*, 1376 (montre milit. f° 122). — *La domengedure de Mur-Mayor*, 1385 (cens. f° 15). — *Sent-Berthomiu de Mur*, 1442 (not. de la Bastide-Villefranche, n° 1, f° 44). — Le fief de Mu était vassal de la vicomté de Béarn. — En 1385, Mu comprenait 51 feux avec Castagnède. — A la même époque, le bailliage de Mu et la Bastide-Villefranche se composait de la Bastide-Villefranche, By, le Leu, Mu et Saint-Dos.

MUGAIN, f. c^{ne} de Thèze. — *Lo Mugan*, 1385 (cens. f° 64). — *Mugang*, 1544 (réform. de Béarn, B. 751).

MUGARITS, f. c^{ne} d'Oloron-Sainte-Marie. — *Mugaritz*, 1542 (réform. de Béarn, B. 731, f° 13).

MUGUES (LES), éc. c^{ne} de Lembeye.

MUGULAR, f. c^{ne} de Chéraute. — *Mugalar*, 1471 (contrats d'Ohix, f° 33).

MUNEIN, vill. c^{ne} de Saint-Gladie; anc. c^{ne} réunie à Saint-Gladie le 12 mai 1841. — *Munen*, XI°. siècle (Marca, Hist. de Béarn, p. 400). — *Munenh*, 1385 (cens.). — *Monehn*, 1472 (not. de la Bastide-Villefranche, n° 2, f° 21). — Il y avait une abbaye laïque vassale de la vicomté de Béarn. — En 1385, Munein ressort. au baill. de Sauveterre et comprenait 10 feux.

MUR, rochers, c^{ne} d'Arudy. — *Meur*, 1675 (réform. de Béarn, B. 657, f° 21). — But des processions et lieu où l'on allumait le feu de la Saint-Jean.

MURAILLE (LA BASSE), lande, c^{ne} de Buros, dans le Pont-Long. — Cette lande tire son nom des restes de murs de la garenne des rois de Navarre.

MURAILLES (LE CAMP DES), éc. c^{ne} de Tarsacq.

MURAILLES (LES), éc. c^{ne} de Lembeye.

MURAILLES (LES), f. c^{ne} de Bayonne.

MURCUGARAY, h. c^{nes} d'Ayherre et d'Isturits.

MURET, h. c^{ne} de Lagor; ancien prieuré du dioc. de Lescar. — *Murel*, XI° siècle; *Mureg*, 1101; *Castellum Morelli*, 1115 (cart. de Lescar). — *Sancta-Maria de Mured*, 1196 (cart. de Sauvelade, d'après Marca, Hist. de Béarn, p. 375, 383, 401 et 501). — *Mureigt*, 1538 (réform. de Béarn, B. 847). — *Lo vic de Mureig*, 1659 (reg. de Lagor, BB. 2, f° 27).

MURLANNE, lande, c^{ne} d'Oràas. — *Mourlanne*, 1780 (terrier d'Oràas, E. 339).

MURRUANE (LE), ruiss. qui prend sa source dans la c^{ne} d'Espelette, arrose Ainhoue et va se jeter dans la Nivelle.

MURUCHE, montagne, c^{nes} d'Étchebar, de Lacarry et de Larrau.

MURULU, f. c^{ne} de Larceveau-Cibits-Arros. — Le fief de Murulu était vassal du royaume de Navarre.

MUSANÈRES (LES), éc. c^{ne} de Móncaup; mentionné en 1675 (réform. de Béarn, B. 650, f° 94).

MUSCULDY, c^{on} de Mauléon. — *Sent-Ciprian de Musquildi*, v. 1460 (contrats d'Ohix). — *Musquildi*, 1520 (coutume de Soule).

MUSQUETS (LE), ruiss. qui arrose la c^{ne} de Bardos et se perd dans l'Eyhéradar.

MUSSURITS, h. c^{ne} d'Irouléguy.

N

NADABANDY, bois, c^{ne} de Jaxu.

NABAL, mont. c^{ne} d'Asson.

NABARLATS, ruiss. qui coule sur la c^{ne} de Sare et se jette dans le Harane.

Nabas, c^on de Navarrenx. — *Navars*, xie siècle (Marca, Hist. de Béarn, p. 400). — *Navas*, 1376 (cens. de 1388, f° 33). — La nau de Nabas (bac sur le Saison), 1542 (réform. de Béarn, B. 736, f° 1). — *Nabaas*, 1610; *Saint-Laurens de Nabas*, 1656 (insin. du dioc. d'Oloron). — Il y avait une abbaye laïque vassale de la vicomté de Béarn. — La baronnie de Nabas, créée en 1646, comprenait Nabas et Bisqueis; elle relevait de la vicomté de Béarn.

Nabéra, lande, c^ne de Lons, dans le Pont-Long.

Nabias, f. et fief, c^ne de Montaner. — *Nabia*, 1385 (cens. f° 62). — *Nabiaas*, 1547 (réform. de Béarn, B. 756, f° 7). — Ce fief était vassal de la vicomté de Béarn.

Nabos, f. c^ne de Samsons-Lion; mentionnée en 1385 (cens. f° 58).

Nabouras, h. c^ne de Montaner; mentionné en 1675 (réform. de Béarn, B. 652, f° 188).

Naguille, f. c^ne de Lahonce.

Napats, mont. c^nes d'Asasp, d'Issor et de Sarrance.

Narbé (Le), ruiss. qui prend sa source dans le bois d'Aramits, arrose Esquiule et se jette dans le Vert. — *Le Narbee*, 1476 (ch. d'Esquiule, CC. 7).

Narcastet, c^on de Pau-Ouest. — *Narcasted*, xie siècle; *Anercastellum*, 1117 (Marca, Hist. de Béarn, p. 323 et 452). — *Nercasteg*, 1385; *Narcasteg*, 1402 (cens.). — *Sent-Johan de Nercastet*, 1457; *Sent-Martin de Narcastet*, 1539 (not. d'Assat, n° 5, f° 49). — En 1385, Narcastet ressort. au baill. de Pau et comprenait 4 feux. — Il y avait, en 1538, un bac sur le Gave de Pau.

Nardet (Le), ruiss. qui arrose la c^ne de Borce et se jette dans le Gave d'Aspe. — En 1615, il y avait une prébende de ce nom dans l'église de Borce.

Nargassie, fief, c^ne de Meillon. — *Nargasie de Melhoo*, 1538 (réform. de Béarn, B. 833). — Ce fief, créé en 1553, était vassal de la vicomté de Béarn.

Narp, c^on de Sauveterre. — *Narb*, xive s^e (cens.). — *Sent-Pe de Narb*, 1412 (not. de Navarrenx). — Il y avait une abbaye laïque vassale de la vicomté de Béarn. — En 1385, Narp ressort. au baill. de Navarrenx et comptait 28 feux.

Nassans (Le), ruiss. qui prend sa source à Sallespisse et se jette dans le Luy-de-Béarn sur la c^ne de Bonnegarde (départ. des Landes).

Naubiste, f. c^ne de Loubieng. — *Nauviste*, 1385 (cens. f° 3). — *Naubista, Nauvista*, 1568 (réform. de Béarn, B. 797, f°s 5 et 25).

Naudé, f. c^ne de Lahourcade. — *Naudee*, vers 1540 (réform. de Béarn, B. 789, f° 295).

Naudemenion, bois, c^nes de Carresse et de Salies. — *Naudomenyor*, 1501 (ch. de Carresse, E. 359). —
Naudemenyon, 1572 (ch. de Cassaber, E. 359). — *Naudomenion*, 1675 (réform. de Béarn, B. 682, f° 432).

Nauleix (Les), éc. c^ne de Bizanos.

Naupernes, fief, c^ne de Sarpourenx. — *Naupernas*, 1476 (not. de Castetner, f° 82).

Naunies (Les), h. c^ne de Castetbon; mentionné en 1538 (réform. de Béarn, B. 784, f° 35).

Navailles, c^on de Thèze. — *Navales*, xiie s^e; *castrum de Navalhes*, 1205 (cart. de Lescar, d'après Marca, Hist. de Béarn, p. 384 et 507). — *Navalha*, 1270 (cart. du chât. de Pau, n° 1). — *Navalliœ*, 1283 (ch. de Béarn, E. 217). — *Nabalhes*, 1457 (cart. d'Ossau, f° 205). — *Nauvalhes*, 1546; *Nabalhas*, 1547 (réform. de Béarn, B. 754, 757, f° 1). — *Navailles-Angos*, depuis la réunion d'Angos : 8 mai 1845. — La baronnie de Navailles, qui était la première des grandes baronnies de Béarn, comprenait Astis, une partie de la c^ne d'Auriac, Lasclaveries, Navailles, Saint-Armou et Saint-Peyrus; elle relevait de la vicomté de Béarn. — En 1385, Navailles comptait 61 feux et ressort. au baill. de Pau. — Navailles était le chef-lieu de la notairie du *Navailhès* dont le ressort se composait du canton de Thèze, moins les c^nes d'Aubin, Bournos, Doumy (sauf le hameau de Saint-Peyrus) et Thèze; des c^nes d'Anos, Barinque, Buros, Higuères-Souye, Maucor, Montardon, Saint-Armou, Saint-Castin, Saint-Jammes, Saint-Laurent-Bretagne et Serres-Castet, du canton de Morlàas.

Navailles, chât. c^ne de Labatut-Figuère.

Navailles, chât. c^ne de Viven.

Navailles, f. c^ne d'Angais.

Navailles (Les), h. c^ne d'Angous; ancienne commune fondée en 1366. — *Navaillez*, 1366 (ch. des Navailles, E. 351). — *Los Nabalhes*, 1385 (cens. f° 30). — *Los Navalhees d'Angos*, 1412 (not. de Navarrenx). — *Los quoate Nabalhes*, 1538 (réform. de Béarn, B. 830). — *Les Navaillès*, 1593 (ch. d'Angous, E. 359). — En 1385, les Navailles ressort. au baill. de Navarrenx et comptaient 4 feux.

Navariz (La fontaine de), c^ne d'Anglet, à Montori; mentionnée en 1198 (cart. de Bayonne, f° 23).

Navarre (La basse) ou Navarre française, partie de l'ancien royaume de Navarre, arrond. de Mauléon et de Bayonne. — La basse Navarre était bornée au N. par le duché de Gramont et le Béarn, à l'E. par la Soule et le Béarn, au S. par la Navarre espagnole, à l'O. par le pays de Labourd. — *Navarri* (Éginhard). — *Navarrenses*, 1050 (Dicc. geogr. de España). — *Navarria*, vers 1160 (Hugues de Poitiers). — *Navarra-ultra-Puertos*, 1513 (ch. de Pampelune). — La basse Navarre était divisée en pays de Cize, de Mixe, d'Arberoue, d'Ostabaret, et vallées de Baïgorry et d'Ossès. — En 1513, la basse Navarre fut séparée de la Navarre espagnole, et, en 1589, réunie de fait à la France. Elle faisait partie des dioc. de Bayonne et de Dax. — La subdélégation de Navarre, dont les chefs-lieux étaient Garris et Saint-Jean-Pied-de-Port, fut successivement du ressort des intendances de Béarn et Navarre, d'Auch et Pau, de Pau et Bayonne; elle comprenait les cantons d'Iholdy, de Saint-Étienne-de-Baïgorry et de Saint-Jean-Pied-de-Port en entier; les communes d'Aïcirits, Amendeuix-Oneix, Amorots-Succos, Arbérats-Sillègue, Arbouet-Sussaute, Arraute-Charritte, Béguios, Béhasque-Lapiste, Beyrie, Camou-Mixe-Suhast, Gabat, Garris, Ilharre, Labets-Biscay, Larribar-Sorhapuru, Luxe-Sumberraute, Masparraute, Orègue, Orsanco, Saint-Palais, Uhart-Mixe, du canton de Saint-Palais; Bergouey, Viellenave, du canton de Bidache; Méharin, Saint-Esteben, Saint-Martin-d'Arberoue, du canton de Hasparren; Ayherre, Isturits et la Bastide-Clairence, du canton de la Bastide-Clairence; Escos, du canton de Salies.

Les armoiries de la Navarre sont *de gueules aux chaînes d'or posées en orle, en croix et en sautoir*.

NAVARRENX, arrond. d'Orthez. — *Sponda Navarrensis*, xi° s° (cart. de Pau, d'après Marca, Hist. de Béarn, p. 294). — *Navarrencxs*, 1235 (réform. de Béarn, B. 864). — *Navarrencæ*, 1286 (reg. de Bordeaux, d'après Marca, Hist. de Béarn, p. 662). — *Navarrencs*, 1290 (ch. de Béarn, E. 427). — *Lo molii de Navarrencx*, 1385; *Sent-Germer de Navarrencx*, 1387; *l'espitau de Sent-Antoni de Navarrencx*, 1391 (not. de Navarrenx). — *Nabarrencxs*, 1477 (contrats d'Ohix, f° 45). — *Navarrenx-Bérérenx*, depuis la réunion de Bérérenx. — Ancienne commanderie. — Il y avait à Navarrenx un couvent de Capucins. — En 1385, Navarrenx renfermait 85 feux. — Les fortifications de la ville furent commencées v. 1546. — Le bailliage de Navarrenx comprenait en 1343: Araujuzon, Audaux, Dognen, Gurs, Méritein, Sus, du canton de Navarrenx; Lààs, Ossenx et le hameau de Geup (c°° de Castetbon), du canton de Sauveterre. — En 1385, ce bailliage se composait du canton de Navarrenx, sauf les communes de Charre, Lichos, Nabas, Préchacq-Josbaig, Rivehaute et Sus; des c°°° de Barraute, Castetbon, Lààs, Montfort, Narp, Orriule et Ossenx, du canton de Sauveterre; Lucq-de-Béarn, du canton de Monein. — Le *parsan* de Navarrenx, établi au xvi° siècle par Henri II, roi de Navarre, avait la même étendue, moins la commune de Lucq-de-Béarn. — Le *begarau* de Navarrenx ou banlieue se composait des communes du canton de Navarrenx, moins Charre, Dognen, Lay-Lamidou, Lichos, Nabas, Préchacq-Josbaig, Préchacq-Navarrenx, Rivehaute; des c°°° de Barraute, Castetbon, Lààs, Montfort, Narp, Orriule, Ossenx et Tabaille, du canton de Sauveterre. — Le ressort de la notairie de Navarrenx était le même que celui du bailliage en 1385, plus la commune de Saucède; celle-ci et celle de Lucq-de-Béarn en furent distraites plus tard pour former une notairie particulière.

Navarrenx fut le chef-lieu du département des Basses-Pyrénées du 4 mars 1790 au 14 octobre de la même année. — Le canton de Navarrenx, classé alors dans le district d'Oloron, comprenait les communes d'Angous, Aren, Dognen, Gurs, Jasses, Lay-Lamidou, Méritein, Navarrenx-Bérérenx, Ogenne-Camptort, Préchacq-Josbaig, Préchacq-Navarrenx, Sus et Susmiou.

NAY, arrond. de Pau. — Mentionné au xii° s° (ch. de Gabas). — *Sant-Vincentz de Nay*, 1484 (not. de Pau, n° 1, f° 51). — *Nai*, xvii° s° (intendance). — Il y avait à Nay un couvent de Récollets. — L'hôpital de Nay dépendait de l'abbaye de Sainte-Christine (Espagne). — En 1385, Nay comptait 108 feux. — A la même époque, le bailliage de Nay comprenait Asson, Bruges, Igon, Lestelle, Montaut, Nay et Rébénac. — C'était le siège d'une notairie dont le ressort s'étendait sur tout le canton de Clarac, sauf Bézing et Bordes; sur le canton de Nay, moins Bourdettes, Bruges et Capbis, et sur la commune de Bosdarros. — Nay était, au xvi° et au xvii° siècle, le siège d'un colloque protestant.

En 1790, le canton de Nay se composait des cantons actuels de Nay et de Clarac, plus la commune de Bosdarros, du canton de Pau-Ouest.

NÉCAÏTZ (LE COL DE), c°° de Saint-Étienne-de-Baïgorry, sur la frontière d'Espagne. — Le ruisseau de Nécaïtz coule à Saint-Étienne-de-Baïgorry et se jette dans l'Ispéguy.

NÉCOL, f. c°° d'Aussurucq; mentionnée en 1520 (coutume de Soule).

NÉCORE (LE), ruiss. qui prend sa source dans le bois du Bager, sur le territoire d'Oloron-Sainte-Marie, et se jette dans l'Ourtau.

NÉCORE (LE COL DE), c°°° d'Arette et de Lanne. — Le ruisseau de Nécore descend de ce col et se jette à Arette dans le Vert d'Arette.

NÉES ou NÉEZ (LE), ruiss. qui commence à Rébénac et se jette dans le Gave de Pau, en arrosant Bosdarros, Gan et Jurançon. — *Lo Nees*, 1483 (not. de Pau, n° 1, f° 4). — *L'aygue deu Neys*, 1538; *le Nès*, 1674 (réform. de Béarn, B. 677, f° 57; 850). —

Un hameau de la c^{ne} de Gan portait ce nom : *lo bordalat deu vic deu Nees*, 1535 (réform. de Béarn, B. 701, f° 131).
NÉGRESSE (LA), h. c^{ne} de Biarritz.
NÉGUÉCHANNÉ (LE), ruiss. qui prend sa source à Lécumberry et se jette dans l'Irau.
NÉGUÉLOA (LE), ruiss. qui coule sur la c^{ne} de Juxue et se perd dans l'Etchebarne.
NÉGUMENDY, mont. c^{nes} de Larrau et de Sainte-Engrâce.
NÉTHÉ, mont. c^{nes} de Hosta et d'Ibarrolle.
NEURT (LE PIC DE LA), c^{ne} de Lescun.
NÉZAT, f. c^{ne} de Jurançon. — *Lo Nesat*, vers 1540 (réform. de Béarn, B. 785, f° 177).
NHAUX ou N'HAUX, h. c^{ne} d'Arthez. — *Anhaus, Ynhaus*, 1376 (montre milit. f°s 32 et 108).
NIVE (LA), riv. qui se forme à Eybarce (c^{ne} d'Ossès) par la réunion de la Nive de Baïgorry et de la Nive de Béhérobie; elle se jette à Bayonne dans l'Adour, après avoir arrosé les communes d'Ossès, Bidarray, Louhossoa, Itsatsou, Cambo, Halsou, Jatxou, Larressore, Ustarits, Villefranque et Bassussarry. — Mentionnée en 1288; *lo Niver*, 1291; *Niva*, 1322 (rôles gascons). — *La rivière du Nybe*, 1544 (ch. du chap. de Bayonne).
NIVE DE BAÏGORRY (LA), riv. qui prend sa source sur la c^{ne} des Aldudes et se joint, à Ossès, à la Nive de Béhérobie, pour former la Nive, en arrosant les c^{nes} de la Fonderie et de Saint-Étienne-de-Baïgorry. — *Le grand ruisseau de Baygorri*, 1675 (réform. d'Ossès, B. 687, f° 32).
NIVE DE BÉHÉROBIE (LA), riv. qui prend sa source dans la c^{ne} d'Estérençuby et se joint, à Ossès, à la Nive de Baïgorry, pour former la Nive, après avoir traversé les c^{nes} de Saint-Michel, de Çaro et de Saint-Jean-Pied-de-Port.
NIVELLE (LA), riv. qui sort des Pyrénées espagnoles, entre en France à Ainhoue, arrose Saint-Pée-sur-Nivelle, Ascain, Ciboure, Saint-Jean-de-Luz, et se jette dans le golfe de Gascogne.
NOARRIEU, h. c^{ne} de Castétis. — *Noarriu*, 1328 (cart. d'Orthez, f° 35). — *La prebende de Noariu*, 1343 (not. de Pardies, n° 2). — *L'espitau de Noariu*, 1385 (cens. f° 40). — *Le bois dit le Palu de Nouarriu*, 1675; *la maison noble de la Borde de Noarriu*, 1683 (réform. de Béarn, B. 665, f° 328; 671, f° 217). — Membre de la commanderie de Malte de Caubin et Morlàas.
NOGARO, mⁱⁿ, c^{ne} de Pontacq, sur l'Ousse; mentionné en 1675 (réform. de Béarn, B. 677, f° 127). — Le fief de Nogaro était vassal de la vicomté de Béarn.

NOGAROT (LA FORGE DE), c^{ne} de Louvie-Soubiron. — *La Ferrerie de Lobie*, 1600 (ch. de la Chambre des Comptes, B. 3292).
NOGUÈNES, c^{oal} de Lagor. — *Nogueras*, XIe s^e (Marca, Hist. de Béarn, p. 272). — *Nogeriæ*, 1344 (not. de Pardies, n° 2, f° 85). — Il y avait une abbaye laïque vassale de la vicomté de Béarn. — En 1385, Noguères ressort. au baill. de Lagor et Pardies et comprenait 11 feux. — La seigneurie de Noguères dépendait du marquisat de Gassion.
NOGUEZ, fief, c^{ne} de Charre. — *La domengedure de Noguees, Nogues*, 1538 (réform. de Béarn, B. 833; 839). — Ce fief relev. de la vicomté de Béarn.
NOLIVOS, f. c^{ne} d'Autevielle-Saint-Martin-Bidéren. — *Noliboos*, 1544 (ch. de Béarn, E. 426). — Le marquisat de Nolivos, créé en 1782, relevait de la vicomté de Béarn et comprenait Abitain, Camu, Munein, Orcite, Saint-Gladie et Saint-Martin (c^{ne} d'Autevielle).
NONDOLY, f. c^{ne} de Labourcade; mentionnée en 1572 (réform. de Béarn, B. 796).
NOTRE-DAME-DE-BON-SECOURS, ancienne chapelle, c^{ne} de Biarritz; mentionnée en 1767 (collations du dioc. de Bayonne).
NOTRE-DAME-DE-LA-PIERRE, chapelle, c^{ne} de Sarrance.
NOUGARAU (LE), ruiss. qui arrose Lucq-de-Béarn et se jette dans le Geü.
NOUGUÈS, f. c^{ne} d'Arricau. — *Noguer*, 1385 (cens. f° 60).
NOUGUÈS (LES), éc. c^{ne} de Samsons-Lion.
NOUHATÉ, mont. c^{nes} de Lacarry et de Larrau.
NOUSTY, c^{on} de Pau-Est. — *Nosti*, XIIe siècle (cart. de Morlàas, f° 8). — *Nostü*, 1402 (cens.). — *Nostin*, 1675 (terrier de Pau, f° 4). — *Noustin*, 1684 (réform. de Béarn, B. 654, f° 239). — Il y avait une abbaye laïque vassale de la vicomté de Béarn. — En 1385, Nousty ressort. au baill. de Pau et comptait 31 feux.
NOVEMPOPULANIE (LA) ou AQUITAINE IIIe, ancienne division de la Gaule qui comprenait en entier le territoire des Basses-Pyrénées. — *Novem-Populi*, IIIe s^e (inscription de Hasparren). — *Novempopulana*, 418 (Hist. du Languedoc, I, pr. col. 21). — *Novempopulania*, 1162 (cart. d'Auch, d'après Marca, Hist. de Béarn, p. 281). — La Novempopulanie était ainsi appelée parce qu'elle contenait neuf peuples; nous croyons que ceux dont le territoire s'applique en tout ou en partie au département actuel des Basses-Pyrénées étaient les *Tarbelli*, les *Benarni*, les *Osquidates* et les *Bigerrones*.

O

Onérit-Harry, mont. c^{ne} d'Aussurucq.

Onnaco, montagne, c^{ne} des Aldudes, sur la frontière d'Espagne.

Occabé, mont. c^{ne} de Lécumberry.

Occolarrondo, mont. c^{ne} d'Aussurucq.

Occonits, f. c^{ne} de Macaye. — *Oconyssia, la maison appellée Oconissia qui est la dernière de la paroisse de Macaye et qui fait la séparation d'icelle avec la paroisse de Mendionde*, 1625 (ch. de Louhossoa, E. 350).

Occos, h. c^{ne} de Saint-Étienne-de-Baïgorry. — *Oucoz, Aucoz*, 1328 (ch. de la Camara de Comptos). — *Oquoz*, 1513 (ch. de Pampelune).

Océan (L'). — Voy. Gascogne (Golfe de).

Ochacodorria, mont. c^{nes} d'Iholdy, de Lantabat et de Suhescun.

Oeillengoust, éc. c^{ne} de Tarsacq. — *Ouailhengoust, Ouaillengoust*, 1775 (terrier de Tarsacq, E. 290).

Ogenne, c^{on} de Navarrenx. — *Ogene*, xie s^e (Marca, Hist. de Béarn, p. 271). — *Oiena*, xiiie s^e (ch. de Préchacq, E. 413). — *Sent-Jacme d'Ojenne*, v. 1350 (not. de Lucq). — *Oyene*, 1385 (censier). — *Ogena*, 1548 (réform. de Béarn, B. 760, f° 19). — *Ogenne-Camptort*, depuis la réunion de Camptort : 12 mai 1841. — En 1385, Ogenne ressort. au baill. de Navarrenx et comptait 29 feux.

Ogeu, c^{on} d'Oloron-Sainte-Marie-Est. — *Oyeup*, 1376 (montre milit. f° 120). — *Oycu*, 1385 (censier). — *Sancti Justus et Pastor d'Ogeu*, 1654 (insinuat. du dioc. d'Oloron). — *Ougeu*, 1675 (réform. de Béarn, B. 660, f° 499). — *Augeu*, 1758 (dénombr. de Lucq, E. 34). — En 1385, Ogeu ressort. au baill. d'Oloron et comptait 40 feux.

Ohix, f. c^{ne} d'Ordiarp. — *Oys*, v. 1460; *Hohixs*, 1470 (contrats d'Ohix, f°s 3 et 9).

Oholbide (L'), ruiss. qui sépare les c^{nes} d'Anhaux et de Lasse et se perd dans l'Aïri.

Oillarandoy, mont. c^{ne} de Saint-Étienne-de-Baïgorry.

Oilloquy (Le col d'), entre les c^{nes} d'Ibarrolle et de Larceveau. — Le ruiss. d'Oilloquy y prend sa source et se jette à Ibarrolle dans le Laminosiné.

Okabro, mont. c^{ne} de Lécumberry.

Olce, chât. c^{ne} d'Iholdy. — *Olzo, Olço*, 1621 (Martin Biscay). — Il y avait une prébende de ce nom dans l'église d'Iholdy. — Le fief d'Olce relev. du royaume de Navarre.

Olette, h. c^{ne} d'Urrugne. — *Olete*, xiie siècle (cart. de Bayonne, f° 15). — Le ruisseau d'Olette prend sa source à Urrugne et se jette dans la Nivelle, en arrosant la c^{ne} d'Ascain.

Olha, h. c^{ne} de Saint-Pée-sur-Nivelle.

Olhabaratxa, f. c^{ne} de Saint-Pée-sur-Nivelle. — *Olhabarats*, 1695 (collations du dioc. de Bayonne). — Il y avait une prébende de ce nom dans l'église de Saint-Pée-sur-Nivelle.

Olhaberriéto, bois, c^{ne} d'Ordiarp.

Olhade, h. c^{ne} de Sare.

Olhado (L'), ruiss. qui coule à Larrau et se perd dans la rivière de Larrau.

Olhaïby, vill. c^{ne} d'Itholcts. — *Olhabie*, 1375 (contrats de Luntz, f° 102). — *Olfabie*, 1376 (montre militaire, f° 75). — *Olhaibie*, 1385; *Olhabia*, 1407 (coll. Duch. vol. CXIV, f°s 43 et 202). — *Olhayvi*, 1496 (contrats d'Ohix, f° 5). — *Olharby*, 1563 (aveux de Languedoc, n° 3176). — Le fief d'Olhaïby était vassal de la vicomté de Soule; le titulaire était un des dix *potestats* de Soule.

Olhain, pèlerinage, c^{ne} de Sare.

Olhaqui, f. c^{ne} de Licq-Atherey; mentionnée en 1520 (coutume de Soule).

Olhassarry, fief, c^{ne} d'Aroue. — *Olhassari*, xviie s^e (ch. d'Arthez-Lassalle). — Ce fief relevait de la vicomté de Soule.

Olhassoure, h. c^{ne} de Cambo. — *Olhassure*, 1625 (ch. de Louhossoa, E. 350).

Olhéguy, mont. c^{ne} d'Ossès. — *Oilléguy*, 1675 (réform. de Béarn, B. 687, f° 11).

Olhonce, chât. c^{ne} de Çaro. — *Sancta-Maria de Burunza*, 1119; *Bolunce*, 1167 (cart. de Sordes, p. 2 et 45). — *Olhonz*, 1621 (Martin Biscay). — Ce fief relev. du royaume de Navarre.

Olivé, f. c^{ne} d'Aramits. — *Oliber*, 1538 (réform. de Béarn, B. 825).

Oloeyri (L'), ruiss. qui coule à Iholdy et se jette dans l'Oxarty.

Oloron, ch.-l. d'arrond. — *Iluro* (borne milliaire). — *Civitas Lurunensium; Elarona, civitas Elloronensium; Elinia* (notice des provinces). — *Oloro civitas*, 506 (concile d'Agde). — *Loron*, 1009 (cart. de Saint-Sever). — *Elloreus*, 1073 (inscript. de Moissac). — *Holorna*, v. 1080 (cart. de Morlàas, f° 1). — *Eleron*, xie s^e (cart. de Bigorre, f° 11). — *Oleron*, 1208 (ch. de Barcelone, d'après Marca, Hist. de Béarn, p. 471). — *Olero*, 1212 (synode de Lavaur). — *Pagus Oloronensis*, 1235 (réform. de Béarn, B.

864). — *Sente-Crotz d'Oloron*, 1271 (not. d'Oloron, n° 3, f° 111). — *Oleiron*, 1286 (reg. de Bordeaux, d'après Marca, Hist. de Béarn, p. 662). — *Olaro*, xiii° s° (chron. des Albigeois, v. 2646).— *Diœcesis Oloronensis*, 1289 (Histor. de France, XXI, p. 544).— *Oloronium*, 1290 (ch. de Béarn, E. 267). — *Oloroo*, 1343 (not. de Pardies, n° 2, f° 116). — *Oron* (Froissart, iii, 58). — *Lo Loron*, 1442 (contrats de Carresse, f° 58).— *Oloron-Sainte-Marie*, depuis la réunion de Sainte-Marie: 18 mai 1858.

L'évêché d'Oloron, dont le siége était à Sainte-Marie-d'Oloron, tenait le huitième rang parmi les suffragants de l'archevêché d'Auch. Le dioc. d'Oloron comprenait cinq archidiaconés: l'archidiaconé d'Oloron, *archidiaconatus Oloronensis*; l'archidiaconé d'Ossau, *arcidiagonat d'Ossau*; l'archidiaconé d'Aspe, *arcidiagonat d'Aspa*; l'archidiaconé de Garenx; et l'archidiaconé de Soule, *archidiaconatus Solensis*. Ce dernier fut distrait, au xi° s°, du dioc. de Dax. L'évêché d'Oloron devint constitutionnel en 1791; il fut supprimé en 1802 et incorporé au dioc. de Bayonne. — Oloron possédait des couvents de Capucins et Cordeliers (la maison de ces derniers fut donnée aux Barnabites en 1612), une abbaye de Clairistes et un hôpital. — Oloron était, au xvi° et au xvii° s°, le siége d'un colloque protestant. — Le for ou coutume d'Oloron remonte à l'année 1080.

En 1385, Oloron comptait 366 feux: à la même époque, le bailliage d'Oloron comprenait le canton d'Aramits en entier; les communes d'Estialescq et de Lasseube; du canton de Lasseube; le canton d'Oloron-Sainte-Marie-Est, moins Cardesse; le canton d'Oloron-Sainte-Marie-Ouest, moins Esquiule; la commune de Préchacq-Josbaig, du canton de Navarrenx. — En 1487, le *parsan* d'Oloron se composait des vallées d'Aspe, d'Ossau et de Barétous, puis du *beguerau* ou banlieue d'Oloron, comprenant les cantons d'Oloron-Sainte-Marie-Est et d'Oloron-Sainte-Marie-Ouest en entier et les communes d'Estialescq, Lasseube, Monein et Préchacq-Josbaig. — La sénéchaussée d'Oloron renfermait les cantons d'Accous, Aramits, Laruns, Oloron-Sainte-Marie-Est et Oloron-Sainte-Marie-Ouest en entier; le canton d'Arudy, moins Mifaget et Rébénac; le canton de Lasseube, moins Aubertin et Lacommande; les c^{nes} de Cuqueron, Lucq-de-Béarn, Monein et Parbayse, du canton de Monein; Dognen, Lay-Lamidou, Préchacq-Josbaig et Préchacq-Navarrenx, du canton de Navarrenx.—La subdélégation d'Oloron, dépendant de l'intendance de Béarn et Navarre, puis de celle d'Auch et Pau, enfin de l'intendance de Pau et Bayonne, se composait des communes formant les cantons d'Accous, Aramits, Laruns, Oloron-Sainte-Marie-Ouest en entier; d'Arudy, moins Mifaget et Rébénac; de Lasseube, moins Aubertin et Lacommande; d'Oloron-Sainte-Marie-Est, sauf Cardesse et Saucède; des communes de Monein et de Lucq-de-Béarn, du canton de Monein; Préchacq-Josbaig, du canton de Navarrenx. — Le ressort des notaires d'Oloron s'étendait sur les communes du canton d'Oloron-Sainte-Marie-Est, moins Cardesse, sur celles du canton d'Oloron-Sainte-Marie-Ouest, moins Aren, Géronce, Geus, Orin et Saint-Goin, enfin sur la c^{ne} de Lasseube.

En 1790, Oloron devint le chef-lieu d'un district composé des cantons d'Accous, Aramits, Arudy, Bielle, Lasseube, Monein, Navarrenx, Oloron et Sainte-Marie. — Le canton d'Oloron comprenait alors les communes du canton d'Oloron-Sainte-Marie-Est, moins Cardesse. — Du 11 octobre 1795 au 5 mars 1796, Oloron fut le chef-lieu du département.

OMBRATIU, f. c^{ne} de Louvie-Juzon. — *Lombradiu* (carte de Cassini). — Le ruisseau d'Ombratiu sert de limite aux communes de Louvie-Juzon et de Sainte-Colomme; il se jette dans l'Estarrésou.

OMBRÉ, h. c^{ne} d'Arthez-d'Asson.

OMBRES (LES), bois, c^{nes} d'Angous et de Castetnau-Camblong. — *Omprez*, 1366 (ch. des Navailles, E. 351). — *Lo bosc deus Ompres*, 1538 (réform. de Béarn, B. 760, f° 6).

OMBRES (LES), h. c^{ne} de Bentayou-Sérée. — *Le parsan des Ombrez*, 1682 (réform. de Béarn, B. 648, f° 156).

ONDARROLLE, h. c^{ne} d'Arnéguy. — *Undarolle*, 1754 (comptes du chap. de Bayonne). — Le ruisseau d'Ondarrolle limite la commune d'Arnéguy et l'Espagne et se jette dans l'Aïri sur le territoire espagnol.

ONDATS, fief, c^{ne} de Sauveterre; mentionné en 1674 (réform. de Béarn, B. 683, f° 383), vassal de la vicomté de Béarn.

ONEIX, vill. c^{ne} d'Amendeuix; ancienne commune réunie le 27 août 1846 à Amendeuix. — *Onex*, 1472 (not. de la Bastide-Villefranche, n° 2, f° 22). — *Onecx*, 1513 (ch. de Pampelune). — *Oniz*, 1621 (Martin Biscay). — On dit en basque *Onaso*.

ONZE-CHÊNES (LES), éc. c^{ne} de Rivehaute. — *Les Onze-Cassous*, 1779 (terrier de Rivehaute, E. 341).

OQUILAMBERRO, f. c^{ne} de Saint-Étienne-de-Baïgorry. — *Oquinverro*, 1621 (Martin Biscay).

ORAAS, c^{on} de Sauveterre. — *Oras*, xiii° s° (fors de Béarn, p. 20). — *Nostre-Done d'Oras*, 1442 (not. de la Bastide-Villefranche, n° 1, f° 44). — *Horas*, 1538; *Horaas*, 1548 (réform. de Béarn, B. 737; 762, f° 9).

ORAATÉ (L'), ruiss. qui sort d'une mont. de ce nom, arrose la c^{ne} de Lécumberry et se perd dans le Hurbelça.

ORÇONNES, f. c^{ne} d'Urepel. — *Horsorrotz*, 1614 (coll. Duch. vol. CX, f° 113).

ORCUN, h. c^{ne} de Bedous. — *Orqunh*, 1247 (for d'Aspe). — *Orcunh*, 1441 (not. d'Oloron, n° 3, f° 117). — *Orchunh*, 1449 (reg. de la Cour Majour, B. 1, f° 16). — *Sanctus-Joannes d'Orcun*, 1608; *Orcuin*, 1621 (insin. du dioc. d'Oloron). — Il y avait une abbaye laïque vassale de la vicomté de Béarn. — En 1385, Orcun ressort. au baill. d'Aspe et comptait 15 feux.

ORDABURU (LE COL D'), c^{nes} de Haux et de Lanne.

ORDIARP, c^{on} de Mauléon. — *Urdiarb*, 1375 (contrats de Luntz, f° 106). — *Hospitau de Urdiarp*, 1421 (ch. du chap. de Bayonne). — *Sent-Miqueu d'Urdiarp*, v. 1460 (contrats d'Ohix). — *Sent-Miguel de Urdiarbe*, 1479 (ch. du chap. de Bayonne). — Ancienne commanderie qui dépendait de l'abbaye de Roncevaux (Espagne).

ORDIOS, h. c^{ne} de la Bastide-Villefranche. — *Urdios, Ordios*, 1150 (contrats de Barrère). — *Urduos*, 1151 (*Gall. christ.* I, instrum. Dax). — *L'ospitau d'Urdious*, v. 1360 (ch. de Came, E. 425). — *La Magdelene d'Urdios*, 1472 (not. de la Bastide-Villefranche, n° 2, f° 22). — Le prieuré d'Ordios, ancien hôpital pour les pèlerins de Saint-Jacques-de-Compostelle, fut fondé en 1150 par Raymond Poichet, prêtre.

ORDODY (L'), ruiss. qui prend sa source sur la c^{ne} de Menditte, arrose Gotein-Libarrenx et se jette dans le Saison.

ORDOTX, h. c^{ne} de Souraïde.

ORÈGUE, c^{on} de Saint-Palais. — *Oregay*, 1513 (ch. de Pampelune). — *Oregar*, 1621 (Martin Biscay). — *Oreguer*, 1665 (reg. des États de Navarre). — On dit en basque *Orabarre*.

OREINZ, h. détruit, c^{ne} d'Ahetze; mentionné au XIIIe s^e (cart. de Bayonne, f° 12).

ORÉITE, vill. c^{ne} de Sauveterre. — *Oreite*, 1273 (hommages de Béarn, f° 101). — *Oreyta*, 1305 (ch. de Béarn, E. 524). — *Oreyte*, 1307 (cart. d'Orthez, f° 19). — *Erreyti*, 1397 (not. de Navarrenx). — *Horeyte*, 1538 (réform. de Béarn, B. 855). — En 1385, Oréite ressortissait au bailliage de Sauveterre et comptait 6 feux.

ORGAMBIDE, f. c^{ne} d'Aussurucq; mentionnée en 1520 (coutume de Soule).

ORGAMBIDE (LE COL D'), c^{ne} d'Estérençuby, sur la frontière d'Espagne.

ORHI (LE PIC D'), c^{ne} de Larrau, sur la frontière d'Espagne.

ORIN, c^{on} d'Oloron-Sainte-Marie-Est. — *Orii*, 1385 (censier). — *Ory*, 1538; *Ori*, 1544 (réform. de Béarn, B. 748; 856). — *Sanctus-Martinus d'Orin*, 1609 (insinuations du dioc. d'Oloron). — *Ouri, Aurin*, 1675 (réform. de Béarn, B. 659, f° 36; 640, f° 173). — Il y avait une abbaye laïque vassale de la vicomté de Béarn. — En 1385, Orin ressort. au baill. d'Oloron et comptait 20 feux. — La seigneurie d'Orin faisait partie de la baronnie de Moumour.

ORION, c^{on} de Sauveterre. — *Aurion*, 1614 (réform. de Béarn, B. 817, f° 2). — Il y avait une abbaye laïque vassale de la vicomté de Béarn. — En 1385, Orion comptait 21 feux et ressort. au baill. de Sauveterre.

ORION (L'), ruiss. qui prend sa source sur la c^{ne} de Saint-Michel et se jette à Béhérobie dans la Nive de Béhérobie. — Le bois d'Orion couvre une partie des c^{nes} d'Estérençuby et de Saint-Michel.

ORIQUAIN, f. c^{ne} d'Ogenne-Camptort. — *Oriquenh*, 1384 (not. de Navarrenx).

ORISSON, f. c^{ne} de Saint-Michel; ancien prieuré dépendant de l'abbaye de Lahonce. — *Prioratus Sanctæ-Mariæ-Magdalenæ de Lorizun, Sancta-Maria-Magdalena d'Arisson*, 1686 (collat. du dioc. de Bayonne). — Ce prieuré servait d'auberge aux pèlerins de Saint-Jacques; il était placé près de l'ancienne voie romaine d'Astorga à Bordeaux. — Le bois d'Orisson est dans la commune d'Uhart-Cize.

ORIUS, h. c^{ne} d'Audéjos, XIIe s^e (Marca, Hist. de Béarn, p. 447). — *Rius*, 1376 (montre militaire, f° 30). — *Ouriux*, 1754 (terrier d'Audéjos, E. 250). — *Ourius*, 1777 (terrier de Castéide-Cami, E. 256). — *Ourrius*, 1778 (dénombr. d'Audéjos, E. 19). — En 1385, Orius ressort. au baill. de Pau.

ORLE (L'), ruiss. qui arrose Urdès et se mêle à la Geule.

ORMIÉLAS, mont. et lac, c^{ne} de Laruns. — *Domialar*, 1440 (cart. d'Ossau, f° 281). — *La montanhe de Domialas, Donalas*, 1538 (réform. de Béarn, B. 832, f° 5; 842).

OROIGNEN, chât. c^{ne} de Dognen. — *Ororeng, Ororenh*, XIIIe s^e (ch. de Préchacq, E. 413). — *Lo molii d'Ororenh*, 1384 (not. de Navarrenx). — *L'ostau d'Aurorenh*, 1385 (censier, f° 32). — *Oronenh*, 1538; *Oronhen*, 1571 (réform. de Béarn, B. 848, f° 11; 2171). — Le fief d'Oroignen ressort. au baill. de Navarrenx et relevait de la vicomté de Béarn; en 1655, il fut érigé en baronnie, comprenant Lay, Oroignen et Préchacq-Navarrenx — Oroignen dépendait autrefois de la c^{ne} de Lay-Lamidou.

ORONOS, h. c^{ne} de Saint-Étienne-de-Baïgorry.

ONNIAÇAHAR, mont. c^{nes} de Bidarray et d'Ossès.

ONRIDE, f. c^{ne} de Ledeuix. — *La mayson de Horrida*, 1538 (réform. de Béarn, B. 847).

ONRIULE, c^{on} de Sauveterre. — *Oriure*, 1385 (censier). — *Orriure*, 1399 (not. de Navarrenx). — *Orriula*, 1544 (réform. de Béarn, B. 748). — *Sanctus-Laurentius d'Orriola*, 1618 (insin. du dioc. d'Oloron). — En 1385, Orriule ressortissait au baill. de Navarrenx et comptait 26 feux. — La seigneurie d'Orriule dépendait du marquisat de Gassion.

ONSANCO, c^{on} de Saint-Palais. — *Orsacoe*, 1120 (cart. de Sordes, p. 22). — *Orquancoe*, 1513 (ch. de Pampelune). — On dit en basque *Ostankoa*.

ONT, f. c^{ne} de Sainte-Suzanne. — *Ortz*, 1385 (cens. f° 71).

ONTEIX, mⁱⁿ, c^{ne} de Lucq-de-Béarn. — *Lo molii d'Ortegx*, 1394; *Ortegs*, 1431 (not. de Lucq). — *Le bois d'Ortheix*, 1780 (maîtrise des eaux et forêts, B. 4159).

ONTET, fief, c^{ne} de Castet. — *Orteig*, 1387 (réform. de Béarn, B. 655, f° 58). — *La domenjadura aperade Orteg*, 1538 (dénombr. de Mazères, B. 830). — *Lorteg*, 1682 (réform. de Béarn, B. 663, f° 230). — *Lorteig*, 1728 (dénombr. de Castet, E. 25). — Ce fief était vassal de la vicomté de Béarn.

ORTHES (LES), éc. c^{ne} de Bougarber.

ORTHEZ, ch.-l. d'arrond. — *Ortez*, 1193; *Ortesium*, 1194 (cart. de Sauvelade); — *Orthesium*, 1220 (cart. d'Orthez, d'après Marca, Hist. de Béarn, p. 337 et 504). — *Ortes*, 1375 (contrats de Luntz, f° 106). — *Ortais* (Froissart). — *Sent-Per d'Ortes*, 1391 (not. de Navarrenx). — *Hortes*, 1578 (ch. de la Chambre des Comptes de Pau, B. 2368). — Il y avait une abbaye laïque vassale de la vicomté de Béarn. — Orthez possédait des couvents de Cordeliers, Jacobins, Capucins, Trinitaires, de sœurs de Saint-Sigismond et d'Ursulines; trois hôpitaux : l'hôpital de la Trinité, l'hôpital de Saint-Gilles et l'hôpital des Cagots.

Du XIIIe au XVe siècle, Orthez fut la résidence des vicomtes de Béarn; en 1385, on y comptait 436 feux. — Le *parsan* d'Orthez, créé au XVIe siècle par Henri II, roi de Navarre, avait pour ressort les c^{nes} de Baigts, Bérenx, Biron, Castétis, Lanneplàa, Montestrucq, Orthez, Ozenx, Saint-Boès, Saint-Girons, Sainte-Suzanne, Salles-Mongiscard et Sallespisse. — La sénéchaussée d'Orthez comprenait le canton de Lagor en entier; le canton d'Orthez, moins Bonnut et Sault-de-Navailles; le canton d'Arthez, sauf Castéide-Candau, Cescau, Lacadée, Mesplède, Saint-Médard et Viellenave; les c^{nes} d'Arget, Bouillon, Garos, Geus, Montagut, Morlanne, Picts-Plasence-Moustrou, Pomps et Uzan, du canton d'Arzacq; Bellocq, Bérenx et Salles-Mongiscard, du canton de Salies; Abos, Lahourcade, Pardies et Tarsacq, du canton de Monein; enfin les paroisses d'Arbleix et de Picheby (départ. des Landes). — La subdélégation d'Orthez, dépendant de l'intendance de Béarn et Navarre, puis de celle d'Auch et Pau, enfin de celle de Pau et Bayonne, avait la même étendue que la sénéchaussée, plus la commune d'Arzacq. — La notairie d'Orthez ne comprenait que cette commune.

Au XVIe et au XVIIe siècle, Orthez fut le chef-lieu d'un colloque protestant.

Le sceau de la ville d'Orthez porte *un pont de trois arches inégales surmonté au milieu d'une tour accompagnée de deux clefs, le panneton en chef.*

En 1790, Orthez fut le chef-lieu d'un district que renfermait les cantons d'Arthez, Arzacq, Lagor, Orthez, Salies et Sauveterre. — Le canton d'Orthez était alors composé des communes du canton actuel, plus Labeyrie et Lacadée, du canton d'Arthez; Biron, Làa-Mondrans, Loubieng, Montestrucq et Ozenx, du canton de Lagor.

OS, c^{on} de Lagor. — *Aoss*, XIIe siècle (coll. Duch. vol. CXIV, f° 80). — *Ous*, 1220 (ch. de l'Ordre de Malte, Caubin). — *Dosse*, XIIIe siècle (fors de Béarn, p. 35). — *Oos*, 1343 (not. de Pardies, n° 2). — Os-Marsillon, depuis la réunion de Marsillon : 14 avril 1841. — Il y avait une abbaye laïque vassale de la vicomté de Béarn. — En 1385, ce village ressortissait au baill. de Lagor et Pardies et comptait 7 feux.

OSPITAL, f. c^{ne} d'Amorots-Succos. — *Zabala y l'Ospital*, 1513 (ch. de Pampelune). — *L'Hôpital d'Amorots*, 1708 (reg. de la commanderie d'Irissarry). — Il y avait une petite chapelle à côté de cette ferme; elle dépendait de la commanderie d'Irissarry.

OSPITAL, fief, c^{ne} d'Ossès, à Ugarçan; il était vassal du royaume de Navarre.

OSPITALIA, f. c^{ne} de Larressore.

OSSALOIS (LE CHEMIN) ou LA VOIE OSSALOISE, conduisait de la c^{ne} de Nay à la vallée d'Ossau. — Les chartes mentionnent cette route comme traversant Rontignon, Narcastet, Uzos, Arros (c^{on} de Nay), Bosdarros, Bruges, Asson et Sainte-Colomme. — Un chemin du même nom traversait les c^{nes} de Lasseube, Escout et Ogeu. — *Lo cami Ossales*, 1456 (not. d'Assat, n° 1). — *Le chemin appelé Loussalès;* — *Vente de deux chemins anciennement appelé Ossalois devenu inutiles attendu qu'ils étoient impraticables*, 1777 (intendance, Nay).

Ossas, c^on de Tardets; mentionné en 1178. — *Osas*, xiiie siècle (coll. Duch. vol. CXIV, f° 36). — *Ossas - Suhare*, depuis la réunion de Suhare : 14 juin 1845.

Ossau (La vallée d'), arrond. d'Oloron. — Elle commence à la frontière d'Espagne et finit à Oloron ; elle est bornée à l'E. par le départ. des Hautes-Pyrénées et à l'O. par la vallée d'Aspe. — *Oscidates*, *Osquidates Montani et Campestres* (Pline, Hist. Nat. lib. iv). — *Valis Ursaliensis*, 1127 (réform. de Béarn, B. 844). — *Orsalenses*, 1154; *Orsal*, 1170 (ch. de Barcelone, d'après Marca, Hist. de Béarn, p. 465 et 471). — *Arcidiagonat d'Ossau*, 1249 (not. d'Oloron, n° 4, f° 50). — *Ursi-Saltus*, 1270 (ch. d'Ossau). — L'archidiaconé d'Ossau dépendait du diocèse d'Oloron, le vic d'Ossau au xiiie siècle, le baill. d'Ossau en 1385, eurent tous la circonscription indiquée par la nature, c'est-à-dire le canton de Laruns en entier et celui d'Arudy, moins les communes de Misaget et de Rébénac. — La vicomté d'Ossau, vassale de celle de Béarn, y fut réunie en 1100. — Le chef-lieu de la vallée était Bielle.

Osse, c^on d'Accous. — *Ouce*, 1343 (hommages de Béarn, f° 23). — *Ousse*, xive s^e (cens.). — *Ousa*, 1449 (reg. de la Cour Majour, B. 1, f° 16). — *Oussa*, 1463 (ch. de Lées-Athas, FF). — *Sent-Stephen d'Ousse*, 1608 (insin. du dioc. d'Oloron). — Il y avait une abbaye laïque vassale de la vicomté de Béarn. — En 1385, Osse ressort. au baill. d'Aspe et comptait 42 feux.

Ossenx, c^on de Sauveterre. — *Osents*, xiiie s^e (fors de Béarn, p. 53). — *Ossenxs*, 1385 (cens. f° 27).— *Lo borguet d'Ossencx*, 1400 (not. de Navarrenx). — *Osenxs*, 1546 (réform. de Béarn). — En 1385, ce village comprenait 9 feux et ressort. au baill. de Navarrenx. — La seigneurie d'Ossenx faisait partie du marquisat de Gassion.

Osserain, c^on de Saint-Palais; ancien prieuré du dioc. d'Oloron. — *Castrum de Osaranho*, 1256 (ch. de Came, E. 425). — *Lo Sarunh*, xiiie siècle (fors de Béarn). — *Lo Sarainh, Osran*, xiiie siècle (coll. Duch. vol. CXIV, f°s 34 et 48). — *Lo pont deu Ssaranh*, 1342 (ch. du chap. de Bayonne). — *Osserannum*, 1351 (rôles gascons). — *Lo borc d'Ossaranh*, 1386; *la Magdalene d'Ossaranh*, 1400 (not. de Navarrenx). — *Osaranh*, 1542 (réform. de Béarn, B. 736; 806, f° 25). — *Osserain-Rivareyte*, depuis la réunion de Rivareyte : 5 août 1842. — Le pont d'Osserain, sur le Gave d'Oloron, fut rompu vers 1512 par Jean, roi de Navarre, qui craignait une invasion espagnole dans le Béarn; une enquête de 1542 dit que ce pont avait existé de tout temps. C'était le passage le plus fréquenté entre le Béarn, la Soule et la Navarre; au xiiie siècle, un des trois grands chemins vicomtaux de Béarn, venant de Sault-de-Navailles, y aboutissait.

Ossès, c^on de Saint-Étienne-de-Baïgorry. — *Vallis quæ Ursaxia dicitur*, v. 983 (ch. du chap. de Bayonne). — *Vallis quæ dicitur Orsais*, 1186; *Ossais*, xiie siècle (cart. de Bayonne, f°s 10 et 32). — *Ouses*, 1302 (ch. du chap. de Bayonne). — *Osses en la Sierra de Vayggurra*, 1446 (coll. Duch. vol. CXIV, f° 207). — *Oses, Orza*, 1513 (ch. de Pampelune). — *Horça, Orseys, Orça*, 1675 (réf. d'Ohix, B. 687, f° 2). — *Orses*, 1783 (visites du dioc. de Bayonne). — On dit en basque *Orzaice*.

Les annexes de la paroisse d'Ossès étaient Saint-Martin-d'Ossès et Bidarray. — La vallée d'Ossès faisait partie du royaume de Navarre.

En 1790, ce village fut le chef-lieu d'un canton, dépendant du district de Saint-Palais, composé des communes d'Ossès et de Bidarray.

Ossina (L'), ruiss. qui prend sa source à Armendarits et se jette à Iholdy dans l'Oxarty.

Ossue, f. c^ne de Sauveterre. — *Nostre-Done d'Ussue*, v. 1460; *Urssue*, 1470 (contrats d'Ohix, f° 9). — *Aussun de Sunarta*, 1538 (réform. de Béarn, B. 833).

Ostabaret (L'), pays, arrond. de Mauléon. — Il comprend les c^nes d'Arhansus, Bunus, Hosta, Ibarrolle, Juxue, Larceveau-Cibits-Arros, Ostabat-Asme, Pagolle et Saint-Just-Ibarre. — *Terra Ostabaresii*, xiie siècle; *Ostavales*, 1247 (coll. Duch. vol. CXIV, f°s 161 et 222). — *Terra de Hostebarezio in Navarra*, 1305 (ch. de Navarre, E. 459). — *Ostabares*, 1308 (coll. Duch. vol. CXIV, f° 224). — *Ostabarea*, 1312 (ch. de Navarre, E. 459). — *Hosta-Barisium*, 1351; *Ostaberesium*, 1361 (rôles gascons). — *Ostabarees*, v. 1405 (not. de Navarrenx). — *La terre d'Ostabare*, 1481 (ch. du chap. de Bayonne). — Le pays d'Ostabaret faisait partie du royaume de Navarre.

Ostabat, c^on d'Iholdy. — *Ostebad*, 1167 (cart. de Sordes, p. 45). — *Ostavayll*, xiie siècle (coll. Duch. vol. CXIV, f° 161). — *Aussebat*, 1243 (rôles gascons). — *Ostabailles*, 1383 (ch. de la Camara de Comptos). — *Sent-Johan d'Ostabat*, 1469 (ch. du chap. de Bayonne). — *Ostabag, Hostabat*, 1472 (not. de la Bastide-Villefranche, n° 2, f° 22). — *Nostre-Done de l'espitau d'Ostabat*, 1518 (ch. du chap. de Bayonne). — *Ostabat-Asme*, depuis la réunion d'Asme : 13 juin 1841. — On dit en basque *Izura*.

OTÇOROTS (L'), ruiss. qui prend sa source sur la commune des Aldudes et se perd dans l'Ithurry.

OTHA-MONHO, mont. c^{nes} de Hosta et de Saint-Just-Ibarre.

OTHÉÇARRA, bois, c^{ne} d'Arcangues.

OTHÉGAGNE, mont. c^{nes} de Bunus, Juxue et Larceveau.

OTHÉGUY (L'), ruiss. qui arrose Lantabat et se jette dans le ruiss. de Saint-Martin.

OTTIGOUEN, h. c^{ne} de Saint-Étienne-de-Baïgorry. — *Oticoren*, 1513 (ch. de Pampelune).

OTXIBARRE (LE COL D'), c^{nes} d'Alçay-Alçabéhéty-Sunharette et de Camou-Cihigue.

OTXOCHILO (L'), ruiss. qui coule sur la c^{ne} de Hasparren et se perd dans l'Etchechurry.

OTXOGORRY, mont. c^{nes} de Larrau et de Sainte-Engrace.

OUBERRY, h. c^{ne} de Lahonce.

OUEILLARISSE, mont. c^{nes} de Lées-Athas et de Lescun.

OUERBE, f. c^{ne} de Maslacq. — *Oerbo*, 1385 (cens. f° 1). — *Lo Hoerbo*, 1568; *Oerbou*, 1614 (réform. de Béarn, B. 797, f° 7; 816).

OUEYRE, bois, c^{ne} de Bellocq; mentionné en 1675 (réform. de Béarn, B. 666, f° 395).

OUHAS-ALDÉA, h. c^{ne} d'Ahetze.

OUILLON, c^{on} de Morlàas. — *Olon*, xiie s^e (cart. de Morlàas, f° 3). — *Olo*, xiie siècle (Marca, Hist. de Béarn, p. 450). — *Olion*, xive siècle (Marca, Hist. de Béarn.). — *Olhoo*, 1535; *Oilhon*, 1675 (réform. de Béarn, B. 674, f° 911; 704, f° 189). — Ouillon était un membre de la commanderie de Malte de Caubin et Morlàas. — En 1385, Ouillon ressort. au baill. de Pau et comprenait 10 feux.

OULIÉ (L'), ruiss. qui arrose la c^{ne} de Bellocq et se jette dans le Gave de Pau.

OURBÈRE, b. c^{ne} de Montaner. — *Orbere*, 1385 (cens. f° 62). — *Saint-Jean d'Orbère*, 1673 (réform. de Béarn, B. 652, f° 188).

OURCHABALÉTA (L'), ruiss. qui prend sa source à Larribar-Sorhapuru et se jette dans la Bidouse, après avoir arrosé Domezain-Berraute et Béhasque-Lapiste.

OURDIOS (L'), ruiss. — Voy. LOURDIOS (LE).

OURDIUSE (LE PAS D'), entre les c^{nes} d'Aydius et de Bedous.

OURROU (L'), ruiss. qui prend sa source à la fontaine de Pelat (c^{ne} de Coarraze) et se jette dans le Sosse, en arrosant Lahatmale, Hours et Lucgarrier. — *L'Orroo*, 1538; *l'Orrou*, 1675 (réform. de Béarn, B. 677, f° 190; 851). — *L'Ourau*, 1777 (dénombr. de Hours, E. 30).

OURS (LE LAC DE L'), c^{ne} de Laruns.

OURS (LE LAC DE L'), c^{ne} de Lescun.

OURSÒO (L'), ruiss. qui prend sa source sur la c^{ne} d'Orthez et se jette dans le Luy-de-Béarn près d'Amou (départ. des Landes), après avoir traversé dans les Basses-Pyrénées la c^{ne} de Bonnut.

OURTASSE (LE PIC D'), c^{ne} de Lescun.

OURTAU (L'), ruiss. qui prend sa source dans le bois de la Quinte (c^{ne} d'Oloron-Sainte-Marie) et se perd dans le Gave d'Aspe, en arrosant la c^{ne} d'Eysus; il est mentionné en 1675 (réform. de Béarn, B. 662, f° 127).

OUSQUETTE DE PONCE (LE COL D'), c^{ne} d'Accous.

OUSSE, c^{on} de Pau-Est. — *Ossa*, xiie s^e (cart. de Morlàas, f° 7). — *Osse*, xiie s^e (Marca, Hist. de Béarn, p. 451). — *Oose*, 1402 (cens.). — En 1385, Ousse ressort. au baill. de Pau et comprenait 12 feux.

OUSSE (L'), riv. qui prend sa source à Pontacq et se jette dans le Gave de Pau, après avoir arrosé les c^{nes} de Barzun, Livron, Espoey, Gomer, Soumoulou, Nousty, Artigueloutan, Ousse, Lée, Idron, Bizanos et Pau. — *La Oosse*, 1457 (not. d'Assat, f° 14). — *La Osse*, 1463 (cart. d'Ossau, f° 153). — *La Ossa*, 1535; *la ribera de l'Osa*, 1538 (réform. de Béarn, B. 706, f° 35; 857).

OUSSÈRE (L') ou L'OUSSE-DU-BOIS, ruiss. qui prend naissance à Limendoux, traverse les landes du Pont-Long sur les c^{nes} d'Andoins, Nousty, Artigueloutan, Sendets, Idron, Pau, Lons, Lescar, Poey (c^{on} de Lescar), Aussevielle, et se jette entre Denguin et la Bastide-Cézéracq dans le Gave de Pau. — *La Orssa de Lascar*, 1394 (ch. de Buros, E. 359). — *L'aygue longue aperade la Osse*, 1457 (cart. d'Ossau, f° 183).

OUSSEYT-LONG, mont. c^{ne} de Béost-Bagès.

OUSSIA, f. c^{ne} de Cambo. — *Ussi*, xiiie siècle (cart. de Bayonne, f° 25).

OUSTALOUP, bois, c^{ne} de Monein. — *Austalop*, 1523; *Ostaloup*, 1704 (ch. de Monein, E. 351).

OUZON (L'), torrent qui prend sa source à Ferrières (départ. des Hautes-Pyrénées) et se jette dans le Gave de Pau, après avoir traversé Asson, Arthez-d'Asson et Igon. — *Oson*, 1441 (contrats de Carresse, f° 198). — *L'Osom*, *l'Ozon*, *lo flubi de l'Osson*, 1538; *lo Lozon*, 1581 (réform. de Béarn, B. 717, f°s 6 et 136; 808, f° 54; 840). — *Lo Loson*, 1582 (ch. d'Asson, E. 359). — *L'Ouson*, 1675 (réform. de Béarn, B. 674, f° 331).

OXANCE, h. c^{ne} de Souraïde; ancien prieuré du dioc. de Bayonne. — *Prioratus Sanctœ-Mariœ-Magdalenœ d'Oxance*, 1757 (collat. du dioc. de Bayonne).

OXARENDA (L'), ruiss. qui arrose la c^{ne} d'Ossès et se jette dans la Nive de Baïgorry.

OXANTY, chapelle, c^{ne} d'Iholdy. — Le ruisseau d'Oxarty coule sur la c^{ne} d'Iholdy et se perd dans la Joyeuse.

OXIDOY (LE BOIS D'), c^{ne} de Saint-Palais.

OXOAIX, f. c^{ne} de Tardets-Sorholus.

Oxocorry, montagne, c^ne de Larrau, sur la frontière d'Espagne.

Oxolatxé (La fontaine d'), c^ne de Mendive.

Oyhanaco (L'), ruiss. qui prend sa source sur la c^ne d'Ainharp, arrose Espès-Undurein et Charritte-de-Bas et se jette dans le Saison à Lichos.

Oyhanart, fief, c^ne d'Etcharry. — *Oyhanard de Charri*, 1385 (coll. Duch. vol. CXIV, f° 43). — Ce fief était vassal de la vicomté de Soule.

Oyhanbelché (Le bois d'), c^ne de Saint-Just-Ibarre.

Oyhanbelché (Le col d'), c^nes d'Estérençuby et de Lécumberry.

Oyhandure, f. c^ne d'Ilharre. — *Oelhharburu*, 1223; *lo castet de Oelh-Arburu*, 1547 (ch. de Navarre, E. 425; 470).

Oyhançarré (Le col d'), c^nes de Bussunarits-Sarrasquette et de Lacarre.

Oyhane (L'), ruiss. qui coule sur la c^ne d'Ascain et se jette dans l'Olette.

Oyhanhandy (L'), ruiss. qui arrose Irissarry et se perd dans le Lacca. — Il y a une montagne du même nom près d'Irissarry, dans la c^ne d'Ossès. — *Oyhanhandia*, 1675 (réform. d'Ossès, B. 687, f° 11).

Oyhana, h. c^ne de Bidart.

Oyharçabal, mont. c^ne de Larrau.

Oyharçabal (L'), ruiss. qui arrose les c^nes de Macaye et de Mendionde et se perd dans la Joyeuse.

Oyharce (L'), ruiss. qui coule à Mendive et se jette dans le Halçaldé.

Oyharits (L'), ruiss. qui arrose Méharin et se mêle au ruisseau de Béhobie.

Oyhénart, f. c^ne d'Ostabat-Asme. — *Oyanart de Azme*, 1621 (Martin Biscay).

Oyhène (L'), ruiss. qui prend sa source sur la c^ne de Mendionde et se jette dans la Mouline, après avoir arrosé Macaye et Louhossoa.

Oyhéradar, f. c^ne de Lichos. — *Oeyheradar*, 1614 (réform. de Béarn, B. 817, f° 4).

Oyherco, vill. c^ne de Lohitzun; anc. c^ne réunie à Lohitzun le 13 juin 1841. — *Oyherc*, 1479 (contrats d'Ohix, f° 74).

Ozenx et le Haut-Ozenx, c^on de Lagor. — *Osenx*, xiie s° (cart. de Sordes, p. 15). — *Osenx*, 1282 (cart. d'Orthez, f° 5). — *Ossenx*, 1385 (cens. f° 2). — *Sent-Pee d'Osenx*, 1457; *Ozencxs*, 1476 (not. de Casteiner, f°s 84 et 108). — *Ozenxs*, 1536; *Osencxs*, 1556; *Oussenxs*, 1568 (réform. de Béarn, B. 713, f° 342; 797, f° 19). — *Ossenxs*, 1568 (ch. de Larbaig, E.). — Il y avait une abbaye laïque vassale de la vicomté de Béarn. — En 1385, Ozenx ressort. au baill. de Larbaig et comprenait 45 feux. — Le ruisseau d'Ozenx prend sa source à Loubieng, arrose Ozenx et se jette dans le Làa à Sainte-Suzanne. — *L'arriu d'Osencxs*, 1538 (réform. de Béarn, B. 837).

P

Paba, f. c^ne de Salies. — *Pavaa*, 1385 (cens. f° 6). — *Pabaa*, 1535 (réform. de Béarn, B. 705, f° 278).

Pabie, c^ne de Louvie-Juzon; lieu où était bâti le temple des protestants, démoli en 1688 (ch. de Louvie-Juzon, E. 350).

Pacharéta (Le), ruiss. qui arrose Amorots-Succos et se jette dans le ruisseau de Béhobie.

Pacq (Le bois du), c^ne d'Etsaut.

Padoum, montagne, c^nes d'Aste-Béon et de Castet. — *Lo Pàdoent de Coste-Busy*, 1675 (réform. de Béarn, B. 655, f° 64).

Page (Le), éc. c^ne d'Escurès.

Paget (Le), h. c^ne de Charre; mentionné en 1675 (réform. de Béarn, B. 681, f° 586).

Pagola (Le), ruiss. qui coule à Ilharre et se jette dans la Bidouse.

Pagolle, c^on de Saint-Palais. — *Grangia de Paguola*, 1178; *Pagaule*, xiiie s° (coll. Duch. vol. CXIV, f° 47). — *Nostre-Done de Paguole*, vers 1460; *Pagola*, vers 1470 (contrats d'Ohix, f° 3). — Anc. prieuré du dioc. d'Oloron, desservi par les Prémontrés. — Le ruisseau de Pagolle prend source à Pagolle, sert de limite aux communes de Lohitzun-Oyhercq et d'Uhart-Mixe, et se jette dans le Gave de Lambare. — *L'aygue qui dabare de Pagole*, 1479 (contrats d'Ohix, f° 73).

Pagolle-Oyhana, h. c^ne de Pagolle; distrait de la c^ne de Juxue le 19 mars 1829.

Pailhet (Le moulin de), c^ne de Balansun.

Paillassar, f. c^ne de Cardesse. — *Palhassaa*, 1385 (cens. f° 36).

Paillette, éc. c^ne d'Urdos.

Palaiso, h. c^ne de Saubole. — *Palasou*, 1548 (réform. de Béarn, B. 758, f° 6).

Palaitz, f. c^ne de Bayonne.

Palas (Le pic de), c^ne de Laruns, sur la limite du départ. des Hautes-Pyrénées et la frontière d'Espagne.

Pale (La), mont. c^nes de Castet et de Louvie-Juzon.

Paléso, f. c^ne de Mouhous. — *Paleso*, 1759 (dénombr. de Mouhous, E. 37).

Palézoo, éc. c^{ne} de Castillon (c^{on} de Lembeye).
Palombières (Le col des), entre les c^{nes} de Lantabat et de Suhescun.
Paloque, f. c^{ne} de Sévignacq; mentionnée en 1385 (cens. f° 56).
Palou, h. c^{ne} de Denguin.
Palouмas (Les), éc. c^{ne} de Corbères-Abère-Domengeux.
Palouмènes, f. c^{ne} de Bardos. — *L'ostau de las Palouneres*, 1502 (ch. de Navarre, E. 424).
Palu, f. c^{ne} d'Asson. — *Paluu*, 1385 (cens. f° 67).
Palu (La), ruiss. et marais qui prend sa source dans la c^{ne} d'Andoins, arrose Morlàas et Serres-Morlàas et se jette dans le Luy-de-Béarn. — *La grave aperade la Paluu*, 1457 (cart. d'Ossau, f° 186).
Palu (La), ruiss. qui prend sa source à Sévignacq et se jette dans les Gros-Lées, après avoir arrosé les c^{nes} de Carrère, Claracq, Taron, Ribarrouy, Garlin et Balirac-Maumusson.
Paluda (Le), éc. c^{ne} de Rivehaute.
Pampelune (Le chemin de), dans la c^{ne} d'Urepel; il se dirige vers l'Espagne.
Panacau, h. c^{ne} de Lacq.
Pandelles (Les), f. c^{ne} d'Asson. — *Las Pandeles*, 1443 (reg. de la Cour Majour, B. 1, f° 168).
Panecau, h. c^{ne} de Gabat.
Panecau (Le pont), c^{ne} de Bayonne, sur la Nive. — *Port de Bertaco*, XIIIe s^e (cart. de Bayonne, f° 82).
Papouret (Le), ruiss. qui prend sa source à la Bastide-Villefranche et se jette à Auterrive dans le Gave d'Oloron. — *La barte de Paporet*, XIVe siècle (ch. de Came, E. 425).
Paradis, f. c^{ne} d'Oraàs. — *Paravis*, 1385 (cens. f° 14).
Paradis, f. c^{ne} de Navarrenx. — *Lo Paradis*, *l'ostau de Paravis*, 1343 (hommages de Béarn, f°s 23 et 24). — *La mayson deu Paradis*, 1538 (réform. de Béarn, B. 848, f° 11).
Paradis (La fontaine de), c^{ne} de Morlàas; elle s'écoule dans le Luy-de-France.
Paradis (Le), chapelle, c^{ne} de Barcus. — Le ruisseau du Paradis arrose Barcus et se mêle au Guibéléguiet.
Paradis (Le Grand-), f. c^{ne} de Bayonne.
Parages, anc. paroisse, entre les c^{nes} de Balirac-Maumusson et de Taron; mentionnée au XIVe siècle.
Parbayse, c^{on} de Monein. — *Parbayse*, 1535 (ch. de Monein, E. 351). — *Part-Baysa*, 1538; *Parbaysa*, vers 1540 (réform. de Béarn, B. 789, f° 122; 848, f° 2). — *Parbaise*, 1776 (dénombr. E. 40). — *Les Parbaise* (carte de Cassini). — Cette commune doit son nom à sa situation près de la rivière de Baïse.
Parcq (Le), ruisseau qui coule sur la c^{ne} d'Orthez et se jette dans le Gave de Pau; mentionné en 1536 (réform. de Béarn, B. 713, f° 4). — Ce ruisseau tire son nom du parc du château d'Orthez, qu'il traversait.
Parcq-de-Juillac (Le), éc. c^{ne} de Castillon (c^{on} de Lembeye).
Pardiacq (Le), éc. c^{ne} de Barzun.
Pardières, h. c^{ne} de Pardies (c^{on} de Monein); mentionné en 1343 (not. de Pardies, n° 2). — Il y avait autrefois une abbaye laïque vassale de la vicomté de Béarn.
Pardies, c^{on} de Monein; anc. archiprêtré du dioc. de Lescar. — *Pardines*, Xe siècle; *Pardinæ*, 1176 (cart. de Sauvelade, d'ap. Marca, Hist. de Béarn, p. 267 et 490). — *Pardias*, 1290 (ch. de Béarn, E. 427). — *Lo plaa de Pardies*, 1343 (hommages de Béarn, f° 18). — Il y avait une abbaye laïque vassale de la vicomté de Béarn. — Le bailliage de Pardies comprenait, en 1343, Pardies, Saint-Laurent (c^{ne} d'Abos) et le fief d'Idernes. — En 1385, Pardies comptait 51 feux. — A la même époque, le baill. de Lagor et Pardies était composé des communes d'Abos, Bésingrand, Mourenx, Noguères, Os-Marsillon, Tarsacq et Vielleségure. — Pardies était le chef-lieu d'une notairie dont le ressort comprenait Abidos, Abos, Bésingrand, Lahourcade, Mourenx, Noguères, Os-Marsillon, Parbayse, Pardies et Tarsacq.
Pardies, c^{on} de Nay. — *Bardinæ*, XIe s^e (cart. de l'abb. de Saint-Pé). — *Pardies de Lissarre*, 1385 (cens. f° 54). — *Pardies de Lixarra*, 1450 (reg. de la Cour Majour, B. 1, f° 55). — *Pardiees de Lixarre*, 1535; *la seigneurie de Pardees*, 1675 (réform. de Béarn, B. 677, f° 184; 704, f° 150). — En 1385, Pardies ressort. au baill. de Pau et comprenait 40 feux.
Paren (Le), f. c^{ne} de Castétis.
Parent, f. c^{ne} d'Orthez, mentionnée en 1536 (réform. de Béarn, B. 806, f° 8).
Parenties, vill. c^{ne} de Guinarthe; anc. commune à laquelle Guinarthe avait été réuni le 20 juin 1842, mais réunie elle-même à Guinarthe le 16 mai 1845. — *Paranthies*, 1385 (cens.). — *Paranthias*, vers 1540 (réform. de Béarn, B. 804, f° 9). — *Saint-Pierre de Paranties*, 1672 (insin. du dioc. d'Oloron). — *Parenties-Guinarthe*, 1842 à 1845. — Il y avait une abbaye laïque vassale de la vicomté de Béarn. — En 1385, Parenties ressort. au baill. de Sauveterre et comptait 9 feux. — Le ruisseau de Parenties arrose Parenties et se jette dans le Saison.
Pargadaux, h. c^{ne} de Haget-Aubin. — *Le Pargadau*, 1682 (réform. de Béarn, B. 672, f° 128).
Pargade, f. c^{ne} d'Uzein; mentionnée en 1385 (cens. f° 48).

PARLARRIU ou PARTARRIU, f. et fief, c^{ne} d'Abitain. — *L'ostau de Part-l'Arriu d'Abitenh*, 1385 (cens. f° 14). — *Partarriu*, 1546 (réform. de Béarn, B. 754). — *Pallarieu*, 1778 (terrier d'Abitain, E. 324). — Ce fief était vassal de la vicomté de Béarn et ressort. au baill. de Sauveterre.

PARLAYOÜ, h. c^{ne} de Lucq-de-Béarn. — *Part-Layoo*, 1368 (not. de Lucq). — *Partlayo*, 1572 (réform. de Béarn, B. 769, f° 17). — *La marque de Parlajou*, 1691 (comptes de l'évêché d'Oloron). — Ce hameau doit son nom à sa position près du ruisseau du Layou.

PARLEMENTIA, h. c^{ne} de Bidart.

PARNABÈRE, f. c^{ne} de Mazeroles; mentionnée en 1580 (réform. de Béarn, B. 770).

PARSENIE (LA), h. c^{ne} de Moncaup; mentionné en 1675 (réform. de Béarn, B. 650, f° 76).

PARTARRIEU (LE RUISSEAU DE), arrose la c^{ne} de Baigts et se jette dans le Cazeloupoup. — Il y avait à Baigts, en 1385, *l'ostau de Partarriu* (cens. f° 9).

PASCALIS, f. c^{ne} de Claracq.

PASCU (LE), ruiss. qui coule à Jatxou et se jette dans le Latxa.

PAS DE L'AIGUE (LE), mont. c^{ne} de Lées-Athas.

PAS DU BEN (LE), éc. c^{ne} d'Aydie.

PASSAMÉA, éc. c^{ne} de Lembeye.

PASSET, f. c^{ne} de Lescun. — *Lapassat*, 1385 (cens. f° 74).

PASTEU (LE), ruiss. qui arrose Lannecaube-Meillac et se perd dans le Gros-Lées.

PASTISSOT, lande, c^{ne} de Lescar, dans le Pont-Long.

PASTORLE (LE MOULIN DE LA), c^{ne} d'Oloron-Sainte-Marie; mentionné en 1385 (cens. f° 17).

PASTOURE (LA), éc. c^{ne} de Monségur.

PASTURELLE, lande, c^{ne} d'Ogeu.

PATANBELCHA (LE), ruiss. qui coule à Lécumberry et se jette dans le Hurbelça.

PAU, ch.-l. du départ. — Mentionné en 1154 (ch. de Barcelone). — *Castrum de Pado*, XIIe siècle (cart. de Morlàas, f° 1). — *Castellum de Pal*, XIIe siècle (cart. de Lescar). — *Palum*, 1286 (reg. de Bordeaux, d'ap. Marca, Hist. de Béarn, p. 449, 465 et 662). — *Lo pont de Pau*, 1484; *Sant-Martii de Pau*, 1488 (not. de Pau, n° 1, f° 41; n° 2, f° 42). — Pau possédait des couvents de Cordeliers, Capucins, Filles de Notre-Dame, Ursulines, Orphelines, Dames de la Foi, un Hôtel-Dieu, des Lazaristes et un collège fondé par Louis XIII pour les Jésuites. — En 1385, Pau comptait 128 feux. — Capitale de la vicomté de Béarn depuis le XVe siècle, Pau obtint une charte de commune de Gaston X, comte de Foix, en 1464; c'était le siège d'un Conseil souverain créé en 1520, transformé en Parlement en 1620, d'une Chambre des Comptes établie en 1520, augmentée de celle de Nérac en 1624 et unie au Parlement en 1691. — Il y avait à Pau une maîtrise des eaux et forêts et un hôtel des monnaies. — Au XVIe et au XVIIe siècle, Pau fut le siège d'un colloque protestant. — La *bayarie* de Pau appartenait aux barons d'Andoins. — Le bailliage de Pau comprenait en 1385, dans l'arrondissement de Pau : le canton de Clarac, moins les c^{nes} de Clarac, Igon, Lestelle et Montaut; le canton de Lescar, moins Arbus et Siros; la c^{ne} de Baleix, du canton de Montaner; le canton de Morlàas, moins Anos, Higuères-Souye, Lombia, Maucor, Morlàas, Saint-Armou, Saint-Castin, Saint-Jammes, Saubole et Urost; le canton de Nay, moins Arthez-d'Asson, Asson, Bruges, Capbis et Nay; le canton de Pau-Est, moins Aressy; le canton de Pau-Ouest, moins Gan; le canton de Pontacq, moins Ger, Labatmale et Pontacq; le canton de Thèze, moins Astis, Auriac, Carrère, Garlède, Lasclaveries, Sévignacq et Thèze; dans l'arrondissement d'Oloron : la c^{ne} d'Aubertin, du canton de Lasseube; dans l'arrondissement d'Orthez : le canton d'Arthez, moins Arnos, Castéide-Candau, Labeyrie, Lacadée, Mesplède, Saint-Médard, Serres-Sainte-Marie; les c^{nes} de Mazeroles, Uzan et Vignes, du canton d'Arzacq; les c^{nes} d'Arance, Gouze, Lacq, Lendresse, Mont, du canton de Lagor; la c^{ne} de Balansun, du canton d'Orthez. — La sénéchaussée de Pau se composait des cantons de Clarac, Nay, Pau-Est et Pau-Ouest en entier; du canton de Lescar, moins Caubios-Loos et Sauvagnon; du canton de Pontacq, moins Eslourenties-Darré, Ger et Limendoux; de la c^{ne} de Rébénac, du canton d'Arudy; des c^{nes} d'Aubertin et Lacommande, du canton de Lasseube; des c^{nes} de Cescau et Viellenave, du canton d'Arthez; de la c^{ne} de Mazeroles, du canton d'Arzacq. — La subdélégation de Pau, dépendant de l'intendance de Béarn et Navarre, de celle d'Auch et Pau, enfin de l'intendance de Pau et Bayonne, avait la même étendue que la sénéchaussée, plus la commune de Caubios. — Le ressort de la notairie de Pau renfermait Billère, Bizanos, Gélos, Jurançon, Lezons, Mazères, Pau, Rontignon et Uzos.

En 1790, Pau fut le chef-lieu d'un district comprenant les cantons de Conchez, Garlin, Lembeye, Montaner, Morlàas, Nay, Pau, Pontacq et Thèze. — Le canton de Pau était alors composé des communes des cantons actuels de Pau-Est et Pau-Ouest, de celles du canton de Lescar, sauf Bougarber, Caubios-Loos, Momas, Sauvagnon et Uzein. — Pau fut déclaré chef-lieu du département le 14 octobre 1790; ce rang lui fut enlevé le 11 octobre 1795, puis rendu définitivement le 5 mars 1796.

Les armoiries de la ville de Pau sont *d'azur à la barrière de trois pals aux pieds fichés d'argent, sommée d'un paon rouant d'or et accompagnée en pointe et intérieurement de deux vaches affrontées et couronnées du même; au chef d'or, chargé d'une écaille de tortue au naturel, surmontée d'une couronne d'azur, rehaussée d'or et accompagnée à dextre d'un H et à sénestre du chiffre IV d'azur.* La devise est: *Urbis palladium et gentis.* Les anciennes armoiries étaient *d'argent à trois pals de gueules avec un paon rouant du même perché sur celui du milieu.*

PAUBORDE OU CANDAU, fief, cⁿᵉ de Garos; créé en 1645, vassal de la vicomté de Béarn.

PAULIER, h. cⁿᵉ de Lembeye. — *Peulié*, 1675 (réform. de Béarn, B. 649, f° 337).

PAUSAS, f. cⁿᵉ de Moncin; mentionnée vers 1540 (réform. de Béarn, B. 789, f° 237).

PAUSASAC, éc. cⁿᵉ d'Osserain-Rivareyte. — C'était la limite du Béarn, du pays de Mixe et de la Soule. — *La fiite aperade Pausesac*, 1491 (ch. de Mixe, E. 351). — *La fiite de Pausasac*, 1547 (ch. de Béarn, E. 470).

PAUSE (LA), h. cⁿᵉ de Vignes.

PAUSE (LA), lande, cⁿᵉ de Bénéjac. — Village détruit qui contenait, au XIVᵉ sᵉ, trois localités aujourd'hui disparues: la Pause, Sainte-Christine et Garue (ch. de Labatmale, E. 360). — *Pausa*, 1115 (cart. de Lescar, d'après Marca, Hist. de Béarn, p. 383).

PAYNOS, f. cⁿᵉ de Lembeye. — *Païros*, 1784 (terrier de Lembeye, E. 201).

PAYSA, fief, cⁿᵉ de Jurançon; créé en 1655, vassal de la vicomté de Béarn.

PAYSAS, bois, cⁿᵉ de Navarrenx; mentionné en 1468 (cart. de Navarrenx, f° 34).

PÉCO-HARRA, h. cⁿᵉ de Chéraute.

PÉDEFLOUS, f. cⁿᵉ de Jurançon. — *Pee-de-floos*, vers 1540 (réform. de Béarn, B. 785, f° 145).

PÉDEHER, mont. cⁿᵉ d'Asasp.

PÉDELABAT, f. cⁿᵉ de Garlin. — *Pe-de-Labat*, 1542 (réform. de Béarn, B. 782, f° 81).

PÉDELABORDE, f. cⁿᵉ de Saucède; mentionnée en 1614 (réform. de Béarn, B. 817, f° 8).

PÉDELUXE, fief, cⁿᵉ de Garris; vassal du royaume de Navarre.

PÉDEMARIE, f. cⁿᵉ de Gan. — *Pee-de-Marie*, v. 1540 (réform. de Béarn, B. 785, f° 178).

PÉ-DE-NAVARRE, f. cⁿᵉ de Bayonne.

PÉ-DEU-BOSCQ, f. cⁿᵉ d'Andoins.

PÉDEZERT, f. cⁿᵉ de Salies. — *Pee-desert*, 1535 (réform. de Béarn, B. 705, f° 96).

PÉDUROST, éc. cⁿᵉ de Lembeye; mentionné en 1675 (réform. de Béarn, B. 649, f° 276).

PEGNA, h. cⁿᵉ de Hasparren.

PEGUILLÉ (LE MOULIN DE), cⁿᵉ de Balansun.

PEIRETTE (LA), f. cⁿᵉ de Portet.

PEIRI, f. cⁿᵉ de Lalongue. — *Lo Peyrü*, 1385 (cens. f° 61).

PEIROLIS, f. cⁿᵉ d'Arrosès.

PELADES (LES), éc. cⁿᵉ d'Aressy.

PELAM (LE), éc. cⁿᵉ de Lembeye; mentionné en 1675 (réform. de Béarn, B. 649, f° 259).

PELAT (LA FONTAINE DE), cⁿᵉ de Coarraze. — C'est la source de l'Ourrou.

PELLADE (LA), lande, cⁿᵉ de Ponson-Debat-Pouts; mentionnée en 1675 (réform. de Béarn, B. 648, f° 350).

PELLEGRIAS (LES), éc. cⁿᵉ d'Eslourenties-Dabant; mentionné en 1675 (réform. de Béarn, B. 650, f° 51).

PÉLOUMAU, h. cⁿᵉ de Malaussanne.

PÉMARTIN, f. cⁿᵉ d'Arbonne.

PÉMOULIÉ, f. cⁿᵉ de Balirac-Maumusson.

PENDICHÉNIA, redoute, cⁿᵉ de Ciboure.

PÈNE-BLANQUE, mont. cⁿᵉ de Lescun.

PÈNE-DE-MU (LA), rochers, cⁿᵉ de Castagnède. — *La Pene de Mur*, 1675 (réform. de Béarn, B. 680, f° 458). — *La Penne de Mur fort escarpt et comme une espèce de précipice*, 1691 (ch. de Mu, E. 351).

PÈNE-D'ESCOT, rocher, cⁿᵉ d'Escot. — Il bordait l'ancienne voie romaine de Saragosse en Aquitaine et porte encore une inscription antique.

PÈNE-MAYOU, mont. cⁿᵉ de Lées-Athas.

PENOTE (LA), ruiss. qui prend sa source sur la cⁿᵉ de Garos et se jette à Morlanne dans le Luy-de-Béarn.

PENOTTE, éc. cⁿᵉ de Lembeye; mentionné en 1675 (réform. de Béarn, B. 649, f° 265).

PÉNOUGUÉ, f. cⁿᵉ de Lalongue.

PENOUILH, h. détruit, cⁿᵉ de Montardon. — *Penoilh*, 1385 (cens.). — *Penolh*, 1457 (cart. d'Ossau, f° 209). — *Penouilhe, Penos*, 1457 (ch. d'Ossau). — *Penouil*, 1675 (réform. de Béarn, B. 674, f° 911). — Il y a encore un chemin de ce nom dans la cⁿᵉ de Montardon.

PERBEILS, f. cⁿᵉ de l'Hôpital-d'Orion. — *Peroelhs*, 1476 (not. de Castetner, f° 84).

PERBEILS, f. cⁿᵉ de Narp. — *Peroelhs*, 1385 (cens. f° 27).

PÉRÉ, f. cⁿᵉ de Morlanne. — *Perer*, 1385 (cens. f° 66).

PÉRÉ, h. cⁿᵉ de Castéide-Cami.

PÉRÉDICAHÉGUY, mont. cⁿᵉ de Lécumberry.

PÉRET, f. cⁿᵉ de Navailles-Angos; mentionnée en 1385 (cens. f° 47).

PERLIE (LA), ruiss. et marais dans les landes du Pont-Long, qui traverse le territoire des cⁿᵉˢ de Pau, Lons et Lescar et se jette dans l'Oussère.

Permayou, mont. c^{nes} d'Accous et de Cette-Eygun.
Pernalatte, mont. c^{ne} d'Arette.
Pernotte (La), ruiss. qui coule à Arette et se jette dans la Chousse.
Perroix, f. c^{ne} de Pontacq. — *Perroixs-Dessus, Perroixs-Debat*, vers 1540 (réform. de Béarn, B. 800, f° 4).
Persilhou, h. c^{ne} de Salies.
Pérucain, h. c^{ne} d'Arbonne. — *Perucam*, xiiie siècle (cart. de Bayonne, f° 12).
Péruseigt, f. c^{ne} de Salies. — *Lo Peyruseg*, 1535 (réform. de Béarn, B. 705, f° 213).
Pescamou, mont. et col, c^{ne} d'Arette, sur la frontière d'Espagne.
Pessarrou, f. c^{ne} de la Bastide-Clairence.
Petchoénia (Le), ruiss. qui arrose Macaye et Cambo et se jette dans la Nive.
Pétraube, bois, c^{ne} de Lées-Athas.
Pétraube (Le), ruisseau qui descend des montagnes d'Etsaut et se jette dans la Baig de Cinq-Ours.
Pétrégaïne ou d'Anso (Le pont de), col de montagnes, c^{ne} de Lescun. — Il fait communiquer la vallée espagnole d'Anso avec la c^{ne} de Lescun.
Pétrichu (Le), ruiss. qui coule sur la c^{ne} d'Urt et se perd dans l'Ardanavie.
Peyrade (La), chemin dans la c^{ne} de Ger. — *La Vie Peirade tirant droit au bois le Cassaignau*, 1675 (réform. de Béarn, B. 651, f° 367).
Peyrade (La), chemin qui conduit de la c^{ne} d'Idron à celle de Nousty, en traversant Lée, Ousse, Sendets et Artigueloutan. — *Lo cami vielh qui viey de Ydroo per anar a Morlas*, 1457 (cart. d'Ossau, f° 195). — *La Peirade*, 1675 (réform. de Béarn, B. 676, f° 373). — Ce chemin, en partie détruit, est bordé par quelques tumulus.
Peyrade (La), éc. c^{ne} de Barzun.
Peyrade (La), f. c^{ne} de Sainte-Colomme; elle tire son nom d'un chemin qui passait devant l'hôpital de Mifaget.
Peyraget, mont. c^{ne} de Laruns. — *Peyregeb, Peyregep*, 1359 (ch. d'Ossau, DD. 3). — *Peyreget, Peyreger*, 1359 (cart. d'Ossau, f° 252). — *Peiraget*, 1675 (réform. de Béarn, B. 657, f° 24). — Le ruisseau de Peyraget coule sur la c^{ne} de Laruns; il sort du pic du Midi et se jette dans le Gave de Bious.
Peyrau (La pène), mont. c^{ne} de Louvie-Juzon.
Peyraube, h. c^{ne} de Lamayou; ancienne commune. — *Peyre-Aube*, 1379 (contrats de Luntz). — *Peyrauba*, 1549; *Peyracaube*, 1614 (réform. de Béarn, B. 741; 817, f° 13).
Peyre, fief, c^{ne} de Rébénac. — *Peyra*, 1535 (réform. de Béarn, B. 833). — Ce fief était vassal de la vicomté de Béarn.
Peyre (La), éc. c^{ne} d'Abitain.
Peyre (La), f. c^{ne} de Jurançon.
Peyre (La), fief, c^{ne} de Salies-Mongiscard. — *L'ostau de la Peyre de Sales*, 1385 (cens. f° 9). — Ce fief ressort. au baill. de Rivière-Gave et était vassal de la vicomté de Béarn.
Peyreblanque, éc. c^{ne} de Baleix.
Peyreblanque (Le chemin de), dans la c^{ne} d'Idron; tire son nom d'une borne, ancienne limite des landes du Pont-Long.
Peyredagna, rocher auj. à fleur de terre, c^{nes} de Bougarber et de Viellenave (c^{on} d'Arthez); c'était une des limites des landes du Pont-Long. — *Peyre-Danhau*, 1424; *la Peyre aperade Danhaa*, 1457 (cart. d'Ossau, f°s 97 et 227). — *Peyredeigná*, 1675; *Peyre d'Aignan*, 1680 (réform. de Béarn, B. 673, f° 94; 679, f° 28).
Peyrède, fief, c^{ne} d'Oraas. — *Oraas, Peyrede et las Bordes qui font une paroisse*, 1687 (réform. de Béarn, B. 686, f° 314). — Ce fief relevait de la vicomté de Béarn.
Peyregerbude, lieu d'assemblée, entre la c^{ne} de Gère et le village de Bélesten. — *La Peyre-Gerbude*, 1484 (not. d'Ossau, n° 1, f° 7).
Peyregétat, mont. et lac, c^{ne} de Laruns. — *Peyregepat*, 1359 (ch. d'Ossau, DD. 3). — *Peyregexat*, 1359 (cart. d'Ossau, f° 253).
Peyrelaudère, lande, c^{nes} de la Bastide-Villefranche et de Came. — *L'herm de Peyre-Laudere*, 1393 (ch. de Came, E. 425).
Peyrelongue, bois, c^{ne} de Narp. — *Peire-Longue*, 1779 (terrier de Narp, E. 338).
Peyrelongue, c^{on} de Lembeye. — Mentionné au xie s^e (Marca, Hist. de Béarn, p. 246). — *Peyralonca en Vic-Bilh*, 1544; *Peyrelonque*, 1548 (réform. de Béarn, B. 748; 758, f° 10). — *Peyrelongue-Abos*, depuis la réunion d'Abos. — Peyrelongue était un membre de la commanderie de Malte de Caubin et Morlàas. — En 1385, Peyrelongue ressort. au baill. de Lembeye et comptait 13 feux.
Peyrelue, mont. c^{ne} de Laruns. — *Peyralun*, 1486 (not. d'Ossau, n° 1, f° 64). — *Peyrelun*, 1538; *Peirralu*, 1675 (réform. de Béarn, B. 658, f° 658; 832, f° 5).
Peyrenère, éc. c^{ne} d'Urdos. — *L'espitau de Peyrenere*, 1385 (cens. f° 74). — Cette auberge était placée près de la voie romaine de Saragosse en Aquitaine.
Peyrère (La), bois, c^{ne} d'Escurès.
Peyrereu (La), ruiss. qui coule sur la c^{ne} de Hasparren et se jette dans l'Urcuray.

Peyresaubes, f. cne de Bellocq. — *Peyres-Aubes*, 1385 (cens. f° 7).
Peyres-Blanques (Les), éc. cne de Miíaget.
Peyret, f. cne d'Orthez; mentionnée en 1536 (réform. de Béarn, B. 713, f° 321).
Peyrette, fief, cne de Saint-Faust; métairie citée en 1535 (réform. de Béarn, B. 704, f° 184). — Ce fief, créé en 1718, était vassal de la vicomté de Béarn.
Peyri (Le), éc. cne de Monpezat-Bétrac.
Peyrie (La), mont. et carrière de marbre, cne d'Asson.
Peyriède, h. cne d'Ordiarp; mentionné en 1474 (contrats d'Ohix, f° 19). — *Peyrièda*, 1523 (ch. du chap. de Bayonne). — La *deguerie* de Peyriède formait le vic de la Petite-Arbaille, l'un des sept de la Soule.
Peynot, mont. cne de Laruns.
Peynou, h. cne de Denguin.
Phaaçaldéguy (Le col de), cne des Aldudes, sur la frontière d'Espagne.
Phagaburu (Le col de), cnes d'Ainhice-Mongélos et de Lantabat.
Phagaçorrots (Le), ruiss. qui arrose la cne d'Estérençuby et se jette dans la Nive de Béhérobie.
Phagalcette, h. cne d'Estérençuby.
Phagalies (Le), ruiss. qui coule sur la cne d'Ossès et se jette dans la Nive de Baïgorry.
Phago (Le), ruiss. qui arrose Hasparren et se perd dans l'Etcheber.
Phare (Le), h. cne de Biarritz.
Phare (Le), h. cne de Ciboure.
Phaure (La), ruiss. qui prend sa source à Aroue, traverse Etcharry et se jette à Espiute dans le Saison. — *La Phaura*, 1538 (réform. de Béarn, B. 823).
Phaure (La), ruiss. qui arrose Arrast-Larrebieu et Charre et se mêle au Saison. — *La Phaura*, 1538 (réform. de Béarn, B. 839).
Philippon, f. cne de Pau.
Pian (Le col de), cnes d'Aydius et de Bedous.
Picarres (Les), mont. cnes de Castet et de Louvie-Juzon.
Picas (Le col de), cne d'Aydius.
Picassarry, fief, cne de Larribar; vassal du royaume de Navarre.
Picharotte (La), éc. cne de Sedze-Maubec; mentionné en 1675 (réform. de Béarn, B. 648, f° 241).
Picoçury, redoute, cne de Çaro.
Picorle, f. cne de Montfort. — *Pincorles*, 1413 (not. de Navarrenx, f° 38).
Pierre-Saint-Julien (La), éc. cne de Lucgarrier. — *Peyre-Saint-Julia*, 1776 (terrier de Lucgarrier, E. 313).

Piétat, h. et pèlerinage, cne de Pardies (con de Nay); tire son nom d'une chapelle dédiée à Notre-Dame, fondée au xviie siècle.
Piets, con d'Arzacq. — *Pietz*, 1409 (ch. de Béarn, E. 2620). — *Piegs*, 1487 (reg. des Établissements de Béarn). — *Nostre-Done de Piets*, 1513 (not. de Garos). — *Piets-Plasence-Moustrou*, depuis la réunion de Plasence et de Moustrou : 22 mars 1842.
Pignon ou Pinon (Le château), cne de Saint-Michel, sur la frontière d'Espagne.
Piloury (Le), ruiss. qui coule sur la cne de Bardos et se jette dans la Joyeuse.
Pimbo, chât. cne de Castetbon. — *Pimbus*, 1227 (reg. de Bordeaux, d'après Marca, Hist. de Béarn, p. 752). — *La boeria aperada la Crotz deu senhor de Pimbo*, 1346 (hommages de Béarn, f° 41). — *Pimbou*, 1684 (réform. de Béarn, B. 684, f° 110). — Le fief de Pimbo était vassal de la vicomté de Béarn et ressort. au baill. de Navarrenx.
Pimi (Le), éc. cne de Baleix. — *Lou Pimy*, 1769 (terrier de Baleix, E. 184).
Pinada (Le), bois, cne d'Anglet.
Pinaquiherry, h. cne de Lahonce.
Pincorle (La), lande, cne de Bentayou-Sérée; mentionnée en 1682 (réform. de Béarn, B. 648, f° 134).
Pinsun, éc. cne d'Orthez.
Pinsun, fief, cne de Laa-Mondrans. — *L'ostau de Pinsun de Laa*, 1385 (cens. f° 5). — *Pinsu* (carte de Cassini). — Le fief de Pinsun était vassal de la vicomté de Béarn et ressort. au baill. de Larbaig.
Pinsun, fief, cne de Maslacq; créé en 1612, vassal de la vicomté de Béarn.
Pintarrou, min détruit, cne de Buzy, sur le ruisseau de Castède. — *Ung molya aperat Pintarroo*, 1538 (réform. de Béarn, B. 835).
Piraït, mont. cnes de Lées-Athas et d'Osse.
Pista, cascade, cne de Larrau.
Pitcho, éc. cne de Biarritz.
Plàa (Le), h. cne d'Aubertin.
Plàa del Soum (Le), mont. cne de Gère-Bélesten. — *Lo Plaa deu Som*, 1675 (réform. de Béarn, B. 655, f° 483).
Place (La), h. cne d'Arbonne.
Place (La), h. cne d'Ayherre.
Place (La), h. cne de Briscous.
Place (La), h. cne de Guiche.
Place (La), h. cne d'Itsatsou.
Place (La), h. cne de Larressore.
Place (La), h. cne de Macaye.
Place (La), h. cne de Mendionde.
Place (La), h. cne de Saint-Pée-sur-Nivelle.

PLACE (LA), h. c^ne d'Urrugne.
PLACE (LA), h. c^ne de Villefranque.
PLACIBARRÉ, h. c^ne de Camou-Mixe-Suhast.
PLAÇOO, h. c^ne de Bardos.
PLAGNE (LA), éc. c^ne de Lembeye.
PLAGNE (LA), éc. c^ne de Monségur.
PLAGNIUS (LES), éc. c^ne de Baleix. — *Plagniux, le Plagniu*, 1769 (terrier de Baleix, E. 184).
PLANOUILLET-ARREDONT, c^ne de Louvie-Soubiron; lieu où s'assemblaient jadis les habitants de Louvie-Soubiron.
PLANTÉ, f. c^ne de Doazon. — *Plantee*, 1385 (cens. f° 45).
PLAPERROU (LE), éc. c^ne de Luccarré.
PLAPY (LE COL DE), c^nes d'Accous et de Lescun.
PLASENCE, f. et fief, c^ne d'Uzein; vassal de la vicomté de Béarn.
PLASENCE, fief, c^ne de Monein; mentionné en 1538 (réform. de Béarn, B. 848, f° 13). — *Plaisance*, XVIII° s° (dénombr. de Monein, E. 36). — Ce fief relevait de la vicomté de Béarn.
PLASENCE, vill. c^ne de Piets; ancienne commune réunie à Piets le 22 mars 1842. — Mentionné en 1350 (hommages de Béarn, f° 43). — *Plasensa*, 1514 (not. de Garos). — *Plaisance*, 1675 (réform. de Béarn, B. 669, f° 415). — Plasence était sous la juridiction des jurats de Garos.
PLASSIS, h. et fief, c^nes de Balansun et de Castétis. — *Placiis*, 1538; *Plassins*, 1675 (réform. de Béarn, B. 665, f° 270; 826). — *Placis* (carte de Cassini). — La seigneurie de Plassis faisait partie de la baronnie de Candau.
PLECH (LE), ruiss. qui prend sa source à Araujuzon et se jette à Montfort dans le Gave d'Oloron.
PLÉCHAT, f. c^ne de Vialer. — *Plexat*, v. 1540; *Plexac*, 1542 (réform. de Béarn, B. 738, f° 67; 786, f° 12).
PLÉCHOT, h. c^ne de Sainte-Suzanne.
PLEIX (LE), fief, c^ne de Saint-Dos; mentionné en 1675 (réform. de Béarn, B. 683, f° 179), vassal de la vicomté de Béarn.
PLEY, éc. c^ne de la Bastide-Cézéracq.
PLOU, f. c^ne de Lys. — *Ploo*, 1385 (cens. f° 71).
PLOUCISCO, éc. c^ne de Maslacq.
POBLE (LA), lande, c^ne d'Oraas; mentionné en 1547 (réform. de Béarn, B. 806, f° 96).
POCALET, h. c^ne de Ciboure.
POCUELU, h. c^ne de Saint-Martin-d'Arberoue.
POCHOAU (LA), ruiss. qui descend des montagnes de Borce et se jette dans le Gave d'Aspe.
POEY, c^on de Lescar. — Mentionné en 1020 (Marca, Hist. de Béarn, p. 381). — *Poey de Sales et de France*, 1323; *Poey auprès de Lescar*, 1457 (cart.

d'Ossau, f°s 10 et 240). — *Poucy*, 1675 (réform. de Béarn, B. 677, f° 81). — En 1385, Poey ressort. au baill. de Pau et comprenait 15 feux.
POEY, c^on d'Oloron-Sainte-Marie-Est. — *Podium*, x° s° (cart. de l'abb. de Lucq, d'après Marca, Hist. de Béarn, p. 269). — *Sent-Martii de Poey*, 1422 (not. de Lucq). — Poey avait pour annexe la paroisse Saint-Jean de Verdets. — En 1385, Poey ressort. au baill. d'Oloron et comptait 14 feux.
POEY, f. c^ne de Navailles-Angos; mentionnée en 1385 (cens. f° 47).
POEY, fief, c^ne d'Abitain; mentionné en 1755 (dénombr. d'Abitain, E. 17), vassal de la vicomté de Béarn.
POEY, fief, c^ne de Bordes (c^on de Clarac); mentionné en 1538 (réform. de Béarn, B. 848, f° 4), vassal de la vicomté de Béarn.
POEY, fief, c^ne de Buzy. — *La mota de Poey*, 1538 (réform. de Béarn, B. 835). — *Poucy de Buzy*, 1752 (dénombr. de Lucq, E. 34). — Ce fief relevait de la vicomté de Béarn.
POEY, fief, c^ne de Castétis; mentionné en 1546 (réform. de Béarn, B. 754), vassal de la vicomté de Béarn.
POEY, fief, c^ne de Lacq; seigneurie citée en 1676, vassale de la vicomté de Béarn (réform. de Béarn, B. 671, f° 251).
POEY (LE), bois, c^ne de Ponson-Dessus.
POEY (LE), éc. c^ne d'Andrein.
POEY (LE), éc. c^ne de Lussagnet-Lusson.
POEY (LE), éc. c^ne de Maspie-Lalonquère-Juillac.
POEY (LE), éc. de Montardon. — *Le Pouey*, 1780 (terrier de Montardon, E. 214).
POEY (LE), fief, c^ne de Bérenx; mentionné en 1385 (cens. f° 9), vassal de la vicomté de Béarn; il ressort. au baill. de Rivière-Gave.
POEY (LE), fief, c^ne de Rivehaute; mentionné en 1538 (réform. de Béarn, B. 833), vassal de la vicomté de Béarn.
POEYBÉNÉ, lieu d'assemblée, entre les c^nes de Bielle et de Bilhères; mentionné en 1675 (réform. de Béarn, B. 655, f° 356).
POEY-CAMETTES (LE), éc. c^ne de Castetpugon.
POEY DE SAUVEMEA (LE), h. c^ne d'Aydie. — *Lo Poey de Seubemea*, 1487 (reg. des Établissements de Béarn). — *Lo Poey de Solamea*, 1546; *le Poey Sauvemea*, 1683 (réform. de Béarn, B. 653, f° 217; 754). — *Poey* (carte de Cassini). — En 1385, ce hameau comptait 6 feux et ressort. au baill. de Lembeye.
POEYDOMENGE, h. c^ne de Baigts. — *Lo loc de Poy-Domenge*, 1385 (cens. f° 9). — *Poueidomenge*, 1676 (réform. de Béarn, B. 672, f° 143). — Le

fief de Poeydomenge était vassal de la vicomté de Béarn et ressort. au baill. de Rivière-Gave.

POEYESTRUC, éc. c^{ne} de Lembeye. — *Poueyestrucq*, 1784 (terrier de Lembeye, E. 201).

POEYLANNE, éc. c^{ne} de Castétis.

POEYLAS, f. c^{ne} de Doazon; anc. comm^{rie} qui appartenait aux chanoines de Saint-Antoine de Toulouse. — *Poylas*, 1344 (not. de Pardies, n° 2). — *L'espitau de Poylas*, 1385 (cens. f° 56). — *Sant-Anthoni de Poeylas*, 1438 (not. d'Oloron, n° 3, f° 37). — *Pouylas*, 1755 (terrier de Doazon, E. 262). — *La chapelle de Poeillas*, 1756 (dénombr. d'Uzein, E. 45). — *Poeylaas*, 1777 (dénombr. d'Urdès, E. 45). — *Saint-Antony de Pouilas*, 1777 (terrier de Castéide-Cami, E. 256). — La comm^{rie} de Poeylas était placée sur le chemin *Romiu*.

POEYNÉ, éc. c^{ne} de Mourenx; mentionné en 1766 (terrier de Mourenx, E. 277).

POEYS (LES), éc. c^{ne} de Coslédàa-Lube-Boast. — *Les Poueys*, 1777 (terrier de Lube, E. 205).

POEY-SAINT-JEAN, h. c^{ne} de Salies. — *Lo parsan de Poey-Sanct-Johan*, 1535 (réform. de Béarn, B. 705, f° 214).

POISSY, fief, c^{ne} de Pau; mentionné en 1675 (réform. de Béarn, B. 677, f° 250).

POMBIE, mont. c^{ne} de Laruns. — *Pombice*, 1355 (cart. d'Ossau, f° 38). — Le ruisseau de Pombie sort du pic du Midi, coule sur la c^{ne} de Laruns et se jette dans le Gave de Brousset.

POMMÉ, f. c^{ne} de Lagor. — *Pome*, 1385 (cens. f° 32).

POMPS, c^{on} d'Arzacq. — *Poms*, XIVe siècle (cens.). — *Pombs*, 1443 (contrats de Carresse, f° 273).

POMPS-RIVEHAUTE, fief vassal de la vicomté de Béarn, c^{ne} de Castétis; nom sous lequel était jadis désigné le fief de Rivehaute (c^{ne} de Castétis), 1764 (reg. des États de Béarn).

PON, h. c^{ne} de Laruns. — *Pont*, 1385 (cens.). — En 1385, Pon ressort. au baill. d'Ossau et comprenait 33 feux.

PONDEILU (LE), ruiss. qui prend sa source à Mesplède et va se jeter à Sault-de-Navailles dans le Luy-de-Béarn.

PONDEPEYRE, f. c^{ne} d'Orion. — *Pont-de-Peyre*, 1385 (cens. f° 14).

PONDEPEYRE (LE) ou LE MIGNOU, ruiss. qui prend sa source à Làas et se jette à Narp dans le Gave d'Oloron.

PONDEPII, éc. c^{ne} de Tarsacq.

PONDETS (LES), éc. c^{ne} de Ponson-Debat-Pouts; mentionné en 1675 (réform. de Béarn, B. 640, f° 341).

PONDIS (LE), ruiss. qui sort des lacs de la Bastide-Villefranche et se jette dans le Gave-d'Oloron, en arrosant la c^{ne} d'Auterrive. — *La ribere de Poundis*, 1491 (ch. de Mixe, E. 351).

PONDOLY, h. et pont sur le Nées, c^{ne} de Jurançon. — *Lo Pont-Doli*, 1485 (not. de Pau, n° 1, f° 67). — *Lo cami de Pondoli*, 1538; *la borde de Pontdoly*, 1683 (réform. de Béarn, B. 679, f°s 251 et 261; 850). — Le fief de Pondoly, créé en 1581, était vassal de la vicomté de Béarn.

PONS, fief, c^{ne} de Bordes (c^{on} de Clarac); mentionné en 1538 (réform. de Béarn, B. 848, f° 4). — Ce fief relevait de la vicomté de Béarn.

PONSOMMÉ, éc. c^{ne} de Sedze-Maubec; mentionné en 1675 (réform. de Béarn, B. 648, f° 243).

PONSON-DEBAT, c^{on} de Montaner. — *Ponzo*, XIIe s^e (Marca, Hist. de Béarn, p. 453). — *Ponsoo-Jusoo*, 1376 (montre militaire). — *Ponso-Debag*, 1385 (*Ponsoo-Debat*, 1402 (cens.). — *Ponssoo-Dejus*, 1487 (reg. des Établissements de Béarn). — *Ponsson-Debag*, 1546; *Ponso-Debaig*, 1614 (réform. de Béarn, B. 817, f° 12). — *Ponson-Debat-Pouts*, depuis la réunion de Pouts : 30 décembre 1844. — En 1385, Ponson-Debat ressortissait au baill. de Montaner et comprenait 15 feux.

PONSON-DESSUS, c^{on} de Montaner. — *Ponzo*, XIIe siècle (Marca, Hist. de Béarn, p. 453). — *Ponsoo-Susoo*, 1376 (montre militaire). — *Ponso-Dessus*, 1385; *Ponsa-Dessus*, 1402 (cens.). — *Ponssoo-Dessus*, 1538; *Ponsson-Dessuus*, 1546; *Ponçon-Dessus*, 1675 (réform. de Béarn, B. 651, f° 5; 833). — Il y avait une abbaye laïque vassale de la vicomté de Béarn. — En 1385, Ponson-Dessus ressortissait au baill. de Montaner et comprenait 19 feux.

PONT, f. c^{ne} de Poey (c^{on} de Lescar); mentionnée en 1385 (cens. f° 43).

PONT (LE), h. c^{ne} de Puyôo.

PONTACQ, arrond. de Pau. — *Pontacum*, 970 (cart. de l'abb. de Larreule, d'apr. Marca, Hist. de Béarn, p. 359). — *Lo cami Pontagues*, 1429 (cens. de Bigorre, f° 153). — *Sant-Laurens de Pontac*, 1507 (not. de Pontacq, n° 1, f° 4). — L'archiprêtré de Pontacq, dépendant du dioc. de Tarbes, comprenait dans les Basses-Pyrénées: Pontacq, Hours, Montaut et Saint-Hilaire; dans les Hautes-Pyrénées : Gardères, Lamarque et Luquet. — Il y avait une abbaye laïque vassale de la vicomté de Béarn. — En 1385, Pontacq ressort. au baill. de Montaner et comptait 26 feux dans la ville et 82 hors des murs. — Le notaire de Pontacq n'avait d'autre ressort que la commune.

En 1790, le canton de Pontacq se composait des communes du canton actuel, moins Eslourenties-Darré et Limendoux.

Pontaut, éc. c^{ne} de Portet.
Pontaut, f. c^{ne} d'Orthez; mentionnée en 1457 (not. de Castetner, f° 101). — *Ponteau* (carte de Cassini).
Pont-de-Lourès, éc. c^{ne} de Luccarré. — *Poun de Lourès*, 1751 (terrier de Luccarré, E. 206).
Pont d'Enfer (Le), c^{ne} de Bidarray, sur le Bastan.
Pont d'Enfer (Le), c^{ne} d'Etsaut.
Pont d'Enfer (Le), c^{ne} de Laruns, aux Eaux-Chaudes, sur le Gave d'Ossau.
Pont d'Enfer (Le), c^{ne} de Sainte-Engrace, sur l'Uhaïtxa.
Pontet (Le), ruiss. qui coule à Abitain et se perd dans le Gave d'Oloron.
Pontet (Le), ruiss. qui prend sa source à Arbouet-Sussaute et se perd dans la Bidouse à Camou-Mixe-Suhast.
Pontet (Le), ruiss. qui prend sa source à Lannepláa, arrose Sainte-Suzanne et se jette dans le Làa.
Pont Germé (Le), c^{ne} d'Arudy, sur le Gave d'Ossau; mentionné en 1675 (réform. de Béarn, B. 657, f° 18).
Pont Goaillard (Le), c^{ne} de Lucq-de-Béarn, sur l'Auronce. — *Le bois Galard*, 1546 (ch. de Poey, E. 352). — *Lo Pont de l'Auronce*, 1581 (réform. de Béarn, B. 808, f° 79).
Pontiacq, c^{on} de Montaner. — *Ponteac*, 1385 (cens.).
— *Pontiacq-Viellepinte*, depuis la réunion de Viellepinte : 25 juin 1844. — En 1385, Pontiacq comprenait 10 feux et ressort. au baill. de Montaner.
Pont-Long (Le), arrond. de Pau, landes qui couvrent une partie du territoire des c^{nes} de Nousty, Andoins, Artigueloutan, Sendets, Ousse, Serres-Morlàas, Lée, Idron, Morlàas, Pau, Buros, Montardon, Lons, Lescar, Serres-Castet, Sauvagnon, Uzein, Bougarber, Denguin, Beyrie et Poey (c^{on} de Lescar).
— *Pont-Loncq*, 1277 (cart. d'Ossau, f° 1). — *Pau-Long sive Pont-Long*, 1539 ; *Pon-Loncq*, 1548 (réform. de Béarn, B. 723; 758, f° 1).— *Palloncq*, 1579 (lettre de Henri IV)[1]. — Les landes du Pont-Long ont aujourd'hui une étendue de 26 kilomètres en longueur sur une largeur moyenne de 3 ; elles couvraient autrefois tout l'espace compris entre le Luy-de-Béarn, l'Ousse et le Gave de Pau.
Pont-Neuf (Le), ruiss. qui coule à la Bastide-Cézéracq et se jette dans le Gave de Pau. — *Lo Pont-Nau*, 1538 (réform. de Béarn, B. 839).

[1] L'exemple de 1539, *Pau-Long*, est une mauvaise ruse de procédure inventée par le procureur du domaine de Béarn, et destinée à faire croire aux juges des contestations entre le souverain de Béarn et la vallée d'Ossau, propriétaire de ces landes, que le nom s'écrivait aussi bien *Pau-Long* que *Pont-Long*. La même observation s'applique à la citation de 1579, *Palloncq*, car la lettre de Henri IV fait mention du procès pendant entre lui et les habitants de la vallée d'Ossau.

Pont-Neuf (Le martinet de), forge, c^{ne} de Sévignac (c^{on} d'Arudy).
Pontots, h. c^{ne} d'Anglet.
Pont-Saint-Laurent, éc. c^{ne} de Léc.
Pont-Suzon, h. c^{ne} de Sarrance. — *Lo bosc deu Pont-Susaa*, 1538 (réform. de Béarn, B. 721).
Pòo (Le pic de la), c^{nes} d'Accous et de Cette-Eygun.
Porcelainerie (La), éc. c^{ne} de Bayonne.
Port (Le), h. c^{ne} de Cambo.
Port (Le), h. c^{ne} de Guiche.
Port (Le), h. c^{ne} d'Urcuit.
Port (Le), h. c^{ne} d'Urt. — *Portus de Aourt*, xiiie s^e (coll. Duch. vol. CXIV, f° 35).
Port (Le), h. c^{ne} de Villefranque.
Portalet (Le), ruines d'un fort, c^{ne} de Borce, sur la route d'Espagne.
Port de Béon (Le), h. c^{ne} d'Aste-Béon. — *Le parsan du Port*, 1756 (dénombr. d'Aste, E. 19).
Port de Peyré (Le), c^{ne} de Lahontan, sur le Gave de Pau.
Port du Vern (Le), h. c^{ne} d'Urt.
Porte (La), f. c^{ne} de Pau.
Porteig (Le bois de), c^{ne} d'Oloron-Sainte-Marie.
Porterie (La), éc. c^{ne} de Lembeye; mentionné en 1675 (réform. de Béarn, B. 649, f° 263).
Portes, fief, c^{ne} de Baigts; mentionné en 1385 (cens. f° 9). — *Portas de Bags*, 1538 (réform. de Béarn, B. 833).— Ce fief était vassal de la vicomté de Béarn et ressort. au baill. de Rivière-Gave.
Portet, c^{on} de Garlin. — *Porteg*, 1385 (cens.). — *Pourtet*, 1675 (réform. de Béarn, B. 650, f° 399). — *Saint-Laurens de Portet*, 1777 (terrier de Portet, E. 215). — Il y avait une abbaye laïque vassale de la vicomté de Béarn. — En 1385, Portet comprenait 7 feux et ressort. au baill. de Lembeye.
Port-Leyron, c^{ne} de Bayonne, à Saint-Esprit, sur l'Adour. — *Port-Layron*, 1544 (ch. du chap. de Bayonne).
Portou (Le), ruiss. qui sépare les c^{nes} de Mouguerre et de Saint-Pierre-d'Irube et se jette dans l'Adour.
Portuita, h. c^{ne} de Larressore.
Poublan, f. c^{ne} de Mazeroles.
Poublan, f. c^{ne} de Sauvelade. — *Poblancq*, 1540 (réform. de Béarn, B. 727, f° 11).
Pouge (Le chemin de la), nom générique des chemins qui suivent les hauteurs; cette dénomination s'emploie dans les arrond. d'Oloron, Orthez et Pau.
Poudique (La), éc. c^{on} de Dognen.
Poudyé, f. c^{ne} de Vignes.
Pouey, f. c^{ne} de Loubieng. — *Poey*, 1568 (réform. de Béarn, B. 797, f° 37).
Pouey, f. c^{ne} de Moncla. — *Poey*, 1385 (cens. f° 61).

DÉPARTEMENT DES BASSES-PYRÉNÉES. 139

Poueysaup, éc. c^{ne} de Garos.
Pouliacq, c^{on} de Garlin. — Cette paroisse dépendait du diocèse d'Aire.
Poulit (La croix), pèlerinage, c^{ne} de Féas.
Poumadère, éc. c^{ne} de Livron.
Pounte (La), lac, c^{ne} de la Bastide-Villefranche.
Pouquelou, éc. c^{ne} de Castillon (c^{on} d'Arthez).
Pouquets (Les), éc. c^{ne} d'Arthez.
Poursiègues, f. c^{ne} de Castetbon. — *Porciugues*, 1385 (cens. f° 25). — *Porssiugues*, 1411 (not. de Navarrenx, f° 28).
Poursiugues, c^{on} d'Arzacq. — *Poursiugues-Boucoue*, depuis la réunion de Boucoue : 11 juin 1841. — Cette paroisse faisait partie de la subdélégation de Saint-Sever (départ. des Landes).
Poursuca (Le col de), entre les c^{nes} de Lanne et de Montory. — *Lo coig deus Poursucaas*, 1589 (réform. de Béarn, B. 808, f° 93).
Pourtalet (Le), mont. c^{ne} de Laruns, sur la frontière d'Espagne. — *Porteg*, 1538 (réform. de Béarn, B. 842).
Pourteigt (Le), ruiss. qui prend sa source sur la c^{ne} de Lahontan, et se jette dans le Gave de Pau à Saint-Cricq-du-Gave (départ. des Landes).
Pourtet, mont. c^{nes} d'Arette et de Lées-Athas, sur la frontière d'Espagne.
Pourtet-Barat, mont. c^{ne} de Lescun, sur la frontière d'Espagne.
Pourtet-Oubert, mont. c^{ne} de Lescun, sur la frontière d'Espagne.
Pouts, f. c^{ne} d'Arudy. — *Potz*, 1385 (cens. f° 72).
Pouts, vill. c^{ne} de Ponson-Debat; anc. commune réunie à Ponson-Debat le 30 décembre 1844. — *Lo Potz*, 1402 (cens.).
Pouy, f. c^{ne} d'Arbonne. — *La chappelle de Pouy près Bayonne*, 1751 (intendance, C. 38).
Pouy, f. c^{ne} de Mazeroles. — *Lo Poey*, 1385 (cens. f° 52).
Pouyo, h. c^{ne} de Came.
Prada, f. c^{ne} de l'Hôpital-d'Orion. — *Lo Pradaa*, 1627 (réform. de Béarn, B. 718, f° 11).
Pradeu, lande, c^{ne} de Lons, dans le Pont-Long.
Pradeu (Le), éc. c^{ne} de Monségur.
Prat, f. c^{ne} de Haget-Aubin, à Mascouette. — *Lo Prat de Mascoetoo*, 1504 (not. de Garos).
Prat, f. c^{ne} de Sauveterre. — *Lo Prat*, 1385 (cens. f° 11).
Prébeil (Le), éc. c^{ne} de Lucgarrier.
Prébende (La), éc. c^{ne} de Lembeye; mentionné en 1675 (réform. de Béarn, B. 649, f° 295).
Préchacq-Josbaig, c^{on} de Navarrenx. — *Preciani* (Comment. de César). — *Prexac*, xie s^e (Marca, Hist. de Béarn, p. 271). — *Prexacum*, xiiie s^e (coll. Duch. vol. CXIV, f° 80). — *Prexac-de-Yeusbag*, 1368 (not. de Lucq, f° 32). — *Prexac-en-Jeus-Bag*, 1385 (cens.). — *Preyxac-de-Jeusbag*, 1396 (not. de Lucq). — *Prexac-dela*, 1572 (réform. de Béarn, B. 769, f° 45). — *Saincte-Marie-Magdeleine de Prexach*, 1674 (insin. du dioc. d'Oloron). — *Prexacq en Josbaig*, 1676 (réform. de Béarn, B. 686, f° 151). — Il y avait une abbaye laïque vassale de la vicomté de Béarn. — En 1385, Préchacq-Josbaig comprenait 30 feux et ressort. au baill. d'Oloron.
Préchacq-Navarrenx, c^{on} de Navarrenx. — *Preciani* (Comment. de César). — *Prexag*, xiiie s^e (ch. de Béarn, E. 413). — *Prexac-d'Arribere*, 1368 (not. de Lucq). — *Presxac*, 1385 (cens.). Il y avait alors un bac sur le Gave de Pau : *la nau de Prexac e lo passadge d'aquere*, 1385 (not. de Navarrenx). — *Prexacq-de-Rivere*, 1548; *Prechac-deça*, 1675 (réform. de Béarn, B. 682, f° 440; 760, f° 15). — En 1385, Préchacq-Navarrenx ressort. au baill. de Navarrenx et renfermait 39 feux.
Précillon, c^{on} d'Oloron-Sainte-Marie-Est. — *Precithon*, 1267 (ch. de Moncin, E. 351). — *Plessilhoo*, 1368 (not. de Lucq). — *Pressilhon*, 1375 (contrats de Luntz, f° 110). — *Precilhon*, 1385 (cens.). — *Pressilho*, 1405 (not. de Navarrenx, f° 17). — *Sent-Martii de Pressilhoo*, 1421 (not. de Lucq). — *Presilhon*, 1547; *Presylho*, 1548 (réform. de Béarn, B. 741; 759). — *Persillon*, 1776 (reg. des États de Béarn). — La cure de Précillon avait pour annexe Saint-Vincent d'Estialescq. — En 1385, Précillon comptait 30 feux et ressort. au baill. d'Oloron.
Préville, f. c^{ne} de Vielleségure.
Prieur (Le), éc. c^{ne} d'Assat; mentionné en 1675 (réform. de Béarn, B. 676, f° 3); propriété de l'évêché de Lescar.
Procession (Le chemin de la), dans la c^{ne} de Bougarber.
Prué, f. c^{ne} de Castétis; mentionnée en 1614 (réform. de Béarn, B. 816).
Pruer, fief, c^{ne} d'Orthez, à Départ; créé en 1612, vassal de la vicomté de Béarn.
Pruette, éc. c^{ne} de Denguin.
Pucheu, f. c^{ne} de Pau.
Pucheu (Le), ruiss. qui coule à Loubieng et se jette dans le Làa.
Puget, h. c^{ne} de Denguin; anc. paroisse. — *La parroquie de Sent-Jagme de Poyet*, 1341; *Sanctus-Jacobus de Puyeto*, 1344 (ch. de l'Ordre de Malte, Caubin). — *Puyet*, 1345 (not. de Pardies, n° 2, f° 123). — *Puiguet*, 1376 (montre militaire, f° 31). — *Lo moulin du Puget*, 1683 (réform. de Béarn, B. 672, f° 127).

18.

Pussacou ou le Bégué, fief, cˣᵉ de Pardies (cᵒᵐ de Monein). — *Pussaco*, 1344 (not. de Pardies, n° 2).
— Le nom de *Bégué* vient d'Arnaud de Pussacou, qui était *beguer* (viguier) du vicomte de Béarn en 1343 et 1344. — Ce fief était vassal de la vicomté de Béarn.

Pussacq, f. cⁿᵉ de Salies. — *Pussac*, 1385 (cens. f° 5). — *Pusac*, 1535 (réform. de Béarn, B. 705, f° 313). — Le ruisseau de Pussacq prend sa source à Salies, sert de limite à cette commune et à Castagnède et se jette dans le Saleys.

Putchondo (Le), ruiss. qui coule à Amorots-Succos et se perd dans l'Aphataréna.

Puyolet (Le), éc. cⁿᵉ de Ponson-Dessus; mentionné en 1675 (réform. de Béarn, B. 651, f° 17).

Puyòo, cᵒⁿ d'Orthez. — *Puyou*, 1327 (ch. de Came, E. 425). — *Poyou*, 1385 (cens.). — *Puyo*, 1399 (ch. de Came, E. 425). — *Saint-Jean de Puyou*, 1735 (ch. de Puyòo, E. 352). — Il y avait une abbaye laïque vassale de la vicomté de Béarn. — En 1385, Puyòo ressort. au baill. de Rivière-Gave et comptait 24 feux.

Puyòo, f. cⁿᵉ de Guinarthe-Parenties. — *Puyou*, 1385 (cens. f° 11).

Puyòo, f. cⁿᵉ de Serres-Sainte-Marie. — *Poyou*, 1385 (cens. f° 45).

Puyòo (Le) tumulus, cⁿᵉ de Bougarber. — *Ung Mondulh qui es passat lo camii gran qui va de Lescar a Beyriee*, 1425 (cart. d'Ossau, f° 238).

Puyòo (Le Grand et le Petit), deux tumulus, cⁿᵉ de Pau, dans la lande du Pont-Long, près du chemin Salier. — *Los Mondulhs qui son en lo cami Saliee qui va enta Morlaas*, 1463 (cart. d'Ossau, f° 119).

Puyos (Les), lande, cⁿᵉ d'Idron. — *La lande apelée aux Puyoos*, 1682 (dénombr. d'Idron, B. 912, f° 5). — Cette lande doit son nom à des tumulus.

Puyoude (La), éc. cⁿᵉ de Noguères; mentionnée en 1775 (terrier de Noguères, E. 279).

Py, f. cⁿᵉ d'Urost. — *Lo Pii*, 1385 (cens. f° 55).

Py (Le), ruiss. qui arrose Lussagnet-Lusson et se jette dans le Lées.

Pyrénées (Les), mont. qui forment la limite méridionale du départ. des Basses-Pyrénées et le séparent de l'Espagne. — *Pyrenœus* (Salluste). — Ἡ Πυρήνη (Strabon). — *Tarbella Pyrene* (Tibulle). — *Saltus Pyrenœus* (Pline). — *Pyrenen* (Ausone). — *Pyrrhenes* (Priscien). — *Pyrenœi montes* (Grégoire de Tours). — *Vaccœorum montana*, 750 (d'après Duchesne, Hist. franc. p. 786). — *Djebel-el-Bortat* (la montagne du Port), 1154 (Édrisi). — *Aspremont*, xiiᵉ sᵉ (chanson d'Agolant). — *Montes Empirei*, 1321 (rôles gascons). — Voici la traduction du passage d'Édrisi (1154) relatif aux Pyrénées : *Il y a quatre portes à l'entrée des défilés tellement étroits qu'il ne peut y passer qu'un cavalier après un autre. Ces portes sont larges et spacieuses, mais les chemins y sont affreux. L'une d'entre elles, située du côté de Barcelone, s'appelle la porte de Djaca* (voy. Somport); *une autre, voisine de la précédente, s'appelle Achmora* (voy. Moines [Col des]); *la troisième est celle qu'on nomme la porte de César* (voy. Cize [Pays de]) *et elle s'étend en longueur à travers la montagne sur un espace de 35 milles*.

Pys, f. et fief, cⁿᵉ d'Athos-Aspis. — *Piis-Jusoo et Piis-Susoo*, 1385 (cens. f° 13). — *Dues maysons aperades los Piis*, 1538 (réform. de Béarn, B. 828). — Le fief de Pys était vassal de la vicomté de Béarn.

Q

Quatre-Pas (Les), éc. cⁿᵉ de Maspie-Lalonquère-Juillac. — *Quate-Pas*, 1777 (terrier de Lalonquère, E. 197).

Québe de Barelhole, dolmen, cⁿᵉ d'Arudy.

Quénélhauquy, f. cⁿᵉ d'Espès-Undurein; mentionnée en 1520 (cout. de Soule).

Quénélini, f. cⁿᵉ d'Aussurucq; mentionnée en 1520 (cout. de Soule).

Quihilliry (Le), ruiss. qui prend sa source entre les cⁿᵉˢ de Garindein et d'Ordiarp, et se jette dans le Gave de Lambare.

Quint (Le), bois, cⁿᵉˢ de Béhorléguy et de Hosta.

Quint (Le), pays, cᵒⁿ de Saint-Étienne-de-Baïgorry. — Ce territoire est partagé entre la France et l'Espagne : la partie française comprend les cⁿᵉˢ des Aldudes et d'Urepel et une portion de celle de la Fonderie. — Le nom de Quint a été donné à ce pays «du «droit de glandage pour les pourceaux, qu'on «appelle communément *droit de quint*, transféré par «Charles III, roi de Navarre (1387-1425), aux «barons d'Espelette,» 1614 (coll. Duch. vol. CX, fᵒˢ 115 et suiv.).

Quinte (Le bois de la), cⁿᵉ d'Oloron-Sainte-Marie.

Quios, f. cⁿᵉ d'Aroue.

Quircou, f. cⁿᵉ de Nabas.

Quoate-Hontàas (Les), éc. cⁿᵉ de Saucède.

R

Racué, h. c^{ne} de Lourdios-Ichère.
Raguette, éc. c^{ne} de Baleix. — *Raguet*, 1769 (terrier de Baleix, E. 184).
Raméou, h. c^{ne} de Malaussanne.
Ramous, c^{on} d'Orthez. — *Sanctus-Anianus de Ramons*, x^e s^e (cart. de l'abb. de Sordes, d'ap. Marca, p. 229). — *Arramos*, x^e s^e (coll. Duch. vol. CXIV, f° 32). — *Aramos*, 1385 (censier). — *Arramoos*, v. 1405 (not. de Navarrenx). — *Aramoos*, 1546 (réform. de Béarn, B. 754). — *Arremos*, 1582 (aliénations du dioc. de Dax, pièce 19). — La cure de Ramous dépendait du dioc. de Dax. — En 1385, ce village ressortissait au baill. de Rivière-Gave et comprenait 37 feux.
Rance, fief, c^{ne} de Sauveterre; mentionné en 1728 (dénombr. E. 44), vassal de la vicomté de Béarn.
Rance, lande, c^{ne} de Lons, dans le Pont-Long.
Rance, mⁱⁿ, c^{ue} de Bayonne, à Saint-Esprit.
Randuches (Les), h. c^{ne} d'Angous; mentionné en 1366 (ch. des Navailles, E. 351).
Ranguetat, f. c^{ne} de Rivehaute. — *Ranquetat*, 1386 (not. de Navarrenx).
Ranquine, f. c^{ne} de Biarritz.
Rapatou, f. c^{ne} de Gélos.
Rassiet (Le), ruiss. qui arrose la c^{ne} de Bellocq et se jette dans le Gave de Pau. — *L'arrecq aperat de Rachet*, 1444 (ch. de Bellocq, E. 359). — *L'arriu Arraixiet*, 1444 (contrats de Carresse, f° 322).
Rébénac, c^{on} d'Arudy; ancien comté. — *Arrevenac*, 1346 (contrats de Barrère). — *Revenac*, 1385 (censier). — *La bastide de Rebenacq*, 1445 (ch. de Rébénac, E. 352). — *Arrebenag*, 1457 (not. d'Assat). — La c^{ne} de Rébénac fut créée en 1347. — En 1385, Rébénac ressort. au baill. de Nay et comptait 25 feux.
Reberville, éc. c^{ne} de Charre. — *Le touron d'Arreverbille*, 1680 (terrier de Charre, E. 332).
Récaldéa ou Récaldia', c^{ne} de Cambo; ancienne commanderie qui appartenait à l'évêque et au chapitre de Bayonne. — *Arcaldéa*, 1750 (pouillé de Bayonne).
Récalt (Le), ruiss. qui arrose Viodos-Abense-de-Bas et se jette dans le Saison.
Récant, f. et fief, c^{ne} d'Isturits. — Ce fief, créé en 1435, était vassal du royaume de Navarre.
Réchou, mⁱⁿ sur l'Oussère, c^{ne} de Sendets.
Récondo (Le), ruiss. qui coule à Viodos-Abense-de-Bas et se jette dans le Saison.

Réculus, h. c^{ne} de Saint-Michel; ancien prieuré du dioc. de Bayonne. — *Sente-Marie-Magdalene de Beitbeder*, 1328 (coll. Duch. vol. CXIV, f° 172). — *Prioratus Sanctæ-Magdalenæ de Reculuse*, 1685 (collat. du dioc. de Bayonne). — Ce prieuré servait jadis d'auberge aux pèlerins de Saint-Jacques et était placé près de l'ancienne voie romaine d'Astorga à Bordeaux.
Récurt, f. c^{ne} de Lurbe.
Refuge (Le), maison religieuse, c^{ne} d'Anglet.
Réglé, f. et mⁱⁿ sur le Vert d'Arette, c^{ne} d'Arette. — *Lo molii d'Arregle*, 1385 (censier, f° 20). — *Aregle en Baretous*, 1433 (not. d'Oloron, n° 3, f° 11). — *Aregla*, 1538 (réform. de Béarn, B. 825, f° 14).
Reliouses (Las), h. c^{ne} de Pau.
Renard, chât. auj. détruit, c^{ne} d'Osserain. — *Lo castet de Renart*, 1491 (ch. de Mixe, E. 351).
Renoir, f. c^{ne} de Gan. — *Renoart*, v. 1540 (réform. de Béarn, B. 785, f° 132).
Requemale, bois, c^{ne} de Castetbon; mentionné en 1675 (réform. de Béarn, B. 682, f° 288).
Requetou, mont. c^{ne} d'Arudy.
Résihourcq, h. c^{ne} de Lannepláa. — *Arrisehorc*, 1385 (censier, f° 13). — *Arresihourcq*, 1627 (réform. de Béarn, B. 818).
Restoue, vill. c^{ne} de Laguinge; ancienne commune réunie à Laguinge le 22 mars 1842. — *Restoa*, XIIIe siècle (coll. Duch. vol. CXIV, f° 36).
Ret-Caut (Le), ruiss. qui coule sur la c^{ne} d'Escout et se jette dans le Gave d'Ossau.
Révèque (La), ruiss. qui arrose Lescar et se perd dans le Gave de Pau. — *Ribera de la Revequa*, 1643 (censier de Lescar, f° 549).
Reveset, ancienne division du baill. de Sauveterre qui comprenait Arrive, Bidéren, Camu, Espiute, Guinarihe, Munein, Oréite, Parenties, Saint-Gladie et Tabaille. — *Revesellum*, XIe s^e (ch. de Dax, d'après Marca, Hist. de Béarn, p. 320). — *Arreveseig*, 1358 (réform. de Béarn, B. 680, f° 18). — *Arreveseg*, 1376 (montre militaire). — *Areveseg*, 1385 (cens. f° 11). — *Arrevezeg*, 1391 (not. de Navarrenx). — *La Rebaseg*, 1542; *Rebeseig*, *Arrebeseig*, *Rabeset*, 1675 (réform. de Béarn, B. 680, f° 13; 681, f° 592; 736). — *Larrebaseig*, 1675 (terrier de Lichos, E. 335). — *Le parsan de Larrebesseigt composé de dix paroisses*, 1776 (maîtrise des eaux et forêts de Pau, B. 4139).

Rey (Le), h. c^{le} de Lasseube.

Rey (Le), mont. c^{nes} de Castet et de Louvie-Juzon.

Rey (Le), mont. c^{ne} de Sarrance.

Reyau, f. c^{ne} de Jurançon.

Rhune (La), mont. c^{nes} d'Ascain, Sare et Urrugne, sur la frontière d'Espagne. — Le ruisseau de la Rhune descend de cette montagne et se jette à Urrugne dans le Berra; il sert de limite aux c^{nes} d'Ascain et d'Urrugne.

Rialé (Le Petit-), h. c^{ne} de Puyôo.

Ribarnouy, c^{on} de Garlin.—*Riverouy*, *Arriberoy*, 1675 (réform. de Béarn, B. 651, f° 108; 695).

Ribeaux (Le moulin de), c^{ne} d'Orthez.

Ribeigts (Le), ruiss. qui coule à Argagnon-Marcerin et se jette dans le Gave de Pau.

Ribetou (Le) ou las Costes, ruiss. qui sort du bois de la commune d'Ossenx et se perd dans le Galarou.

Ricarde, f. c^{ne} de Moncin, près de Cuqueron. — *Arricarde*, 1385 (censier, f° 36). — *Arricarda*, *Ricarda*, vers 1540 (réform. de Béarn, B. 789, f° 146).

Ricarriou (Le), ruiss. qui arrose Saint-Pé-de-Léren et se jette dans le Gave d'Oloron.

Rigabert, f. c^{ne} d'Artiguelouten.

Riglat (Le) ou lous Pradas, ruiss. qui prend sa source à Saint-Pé-de-Leren et se jette à Saint-Dos dans le Gave d'Oloron.

Rimblé (Le), ruiss. qui arrose Garlède-Mondebat et se perd dans le Gabas.

Ritzague, m^{in}, c^{ne} d'Anglet. — *Urruzaga*, v. 1140; *Urrucega*, 1149; *Urrusague*, xiie siècle (cart. de Bayonne, f°s 7, 10 et 16). — *Aritzague* (carte de Cassini).

Riu. — Pour les noms qu'on ne trouverait pas à Riu, voy. Arriu.

Riu (Le), ruiss. qui coule à Luc-Armau et se jette dans l'Arcis.

Riu-Caut (Le), ruiss. qui arrose Verdets et Poey (c^{on} d'Oloron-Sainte-Marie-Est) et se jette dans le Gave d'Oloron.

Riu-Codée (Le), ruiss. qui sépare les c^{nes} d'Asson et de Nay et se mêle au Bées. — *L'Ariu-Codee*, 1536 (réform. de Béarn, B. 807, f° 67).

Riu des Ponts (Le), ruiss. qui traverse Castetner et Biron et se jette près d'Orthez dans le Gave de Pau.

Riumayou, vill. c^{ne} de Fichous; ancienne commune réunie à Fichous le 22 mars 1842. — *Arrimaior*, 1385; *Arimaioo*, xive s^e (censiers). — *Arriu-Mayor*, 1487 (reg. des Établissements de Béarn). — *Riumayor*, 1513 (not. de Garos). — *Arriu-Mayoo*, 1546; *Riumayour*, 1675 (réform. de Béarn, B. 652, f° 197; 754). — En 1385, Riumayou ressort. au baill. de Garos et comptait 14 feux. — Le fief de Riumayou était vassal de la vicomté de Béarn. — Le ruisseau de Riumayou, qui a donné son nom au village, prend sa source à Bournos et se jette dans le Luy-de-France après avoir arrosé Lonçon, Fichous-Riumayou et Louvigny.

Riuméda (Le), ruiss. qui prend sa source sur la c^{ne} de Montaut et se jette dans le Sacq. — *L'ariu-Meda*, 1535 (réform. de Béarn, B. 702, f° 89).

Riupeynous, c^{on} de Morlàas. — *Riupeyroos*, 1336 (cart. d'Oloron, f° 62).—*Arripeiroos*, 1376 (montre militaire, f° 30). — *Ariupeyros*, 1385; *Arriu-Peyros*, xive s^e (censiers). — *Arriu-Peyroos*, 1492 (not. de Pau, n° 3, f° 119). — En 1385, Riupeyrous comprenait 12 feux et ressortissait au baill. de Pau.

Riu-Secq (Le), ruiss. qui coule sur la c^{ne} de Làas et se jette dans le Gamère.

Riutèque (Le), ruiss. qui arrose les c^{nes} de Sauveterre et d'Athos-Aspis et se perd dans le Gave d'Oloron. — *L'arriu de Ariuteca*, 1538 (réform. de Béarn, B. 836). — Ce ruisseau a donné son nom à un quartier de la c^{ne} de Sauveterre, *Arriuteque*, 1675 (réform. de Béarn, B. 680, f° 11).

Riutort, f. c^{ne} de Cardesse. — *Ariutort*, 1385 (cens. f° 36).

Riutort (Le), ruiss. qui arrose Bilhères et se jette dans le Clot de Hourat.

Riutort (Le), ruiss. qui prend sa source à Sedzère, arrose Lespourcy, Saint-Laurent, Monassut-Audiracq, Gerderest, et se jette à Simacourbe dans le Gros-Léés.

Riutort (Le col de), c^{nes} d'Aydius et de Laruns. — *Arriutort*, 1675 (réform. de Béarn, B. 656, f° 9).

Rivarès, f. c^{ne} d'Astis.

Rivareyte, vill. c^{ne} d'Osserain; ancienne commune réunie à Osserain le 5 août 1842. — *Arribarreyte*, 1385 (not. de Navarrenx).

Rivehaute, c^{on} de Navarrenx. — *Ecclesia de Aribalda*, xie s^e; *Sancta-Maria de Arribalte*, xiie s^e (cart. de Sordes, p. 3 et 23). — *Arribalda*, xiie s^e (coll. Duch. vol. CXIV, f° 32). — *Arribaute*, 1323 (cart. d'Orthez, f° 36). — *Ribaute*, 1385 (censier). — *Arribauta*, 1538; *Arribahauta*, v. 1540; *Ribahaute*, *Ribe-Aute*, 1548 (réform. de Béarn, B. 762, f°s 1 et 27; 804, f° 12; 833). — *Nostre-Dame de Rivehaute*, 1656 (insinuations du dioc. d'Oloron). — Il y avait une abbaye laïque vassale de la vicomté de Béarn. — En 1385, Rivehaute comprenait 26 feux et ressort. au baill. de Sauveterre.

Rivehaute, fief, c^{ne} de Castétis. — *L'ostau d'Aribaute*, 1385 (cens. f° 39). — *Arribaute*, 1546 (réform.

de Béarn, B. 754). — Ce fief relev. de la vicomté de Béarn. — Voy. Pomps-Rivehaute.

Rivière (La). — On donnait ce nom aux rives des grands cours d'eau. — *Riparia*, xi° s° (cart. de Lucq, d'après Marca, Hist. de Béarn, p. 272), désigne la plaine de Navarrenx, sur les bords du Gave d'Oloron.

Rivière-de-Lescar (La), dénomination qui s'appliquait autrefois à la plaine de Lescar. C'était le ressort d'une notairie jointe à celle de Castétis. — *Ribere-de-Lescar*, 1323 (cart. d'Orthez, f° 36).

Rivière-Fleuve, nom d'un archiprêtré du dioc. de Dax qui tirait son nom de l'Adour. Il comprenait dans les Basses-Pyrénées les cantons de Bidache et de Salies, moins les c^{nes} de Bellocq, Bérenx et Salles-Mongiscard.

Rivière-Gave, nom d'un archiprêtré du dioc. de Dax, qui tirait son nom du Gave de Pau. — *Ripperia-Gavari*, 1270 (ch. de Béarn, E. 427). — *Ribere-Gave*, 1385 (cens. f° 7). — *Arribere-Gave*, 1440 (contrats de Carresse, f° 140). — *Riberagabe*, 1538; *lous Arriberes deus Gabes*, 1548 (réform. de Béarn, B. 758; 848, f° 8). — Le baill. de Rivière-Gave comprenait, en 1385, Baigts, Bellocq, Bérenx, Larté et Castaiug, Puyòo, Ramous, Saint-Boès, Salles-Mongiscard. — La notairie de Rivière-Gave se composait de Baigts, chef-lieu, Bérenx, Castetarbe, Puyòo, Ramous, Saint-Boès, Saint-Girons et Salles-Mongiscard.

Rivière-Lagoin, nom donné à la plaine qu'arrose le Lagoin. — *Arribere-Lagoenh*, xiii° siècle (fors de Béarn).

Rivière-Luy, ancien archiprêtré du dioc. de Dax, qui tirait son nom du Luy-de-Béarn; le siége de cet archiprêtré était à Sault-de-Navailles.

Rivière-Ousse, nom donné à la plaine arrosée par l'Ousse. — *Rivere-Osse*, xiii° s° (fors de Béarn, p. 36). — *La notarie de las Lannes et Rivera-Ossa*, 1538 (réform. de Béarn, B. 835). — La notairie de Rivière-Ousse comprenait Artigueloutan, Barzun, Espoey, Gomer, Hours, Lée, Livron, Louboey, Lucgarrier, Nousty, Ousse, Sendets et Soumoulou.

Roaries ou Gachissans, fief, c^{ne} d'Orthez, créé en 1580, vassal de la vicomté de Béarn. — *Gassissantz*, 1536 (réform. de Béarn, B. 2079).

Roche-Percée (La), rocher sur le bord de la mer, c^{ne} de Biarritz.

Rocque, fief, c^{ne} de Jurançon. — *Roques*, 1783 (reg. des États de Béarn). — Ce fief, créé en 1614, était vassal de la vicomté de Béarn.

Rode, fief, c^{ne} de Bassillon-Vauzé. — *La senhorie de Rode et Bausee*, 1538 (réform. de Béarn, B. 826).

— *Arrode*, 1780 (terrier de Vauzé, E. 219). — Ce fief relevait de la vicomté de Béarn.

Roger, fief, c^{ne} de Monein. — *La maison noble de Berduc ou Rodger*, 1522 (réform. de Béarn, B. 679, f° 381). — *Rotger dit Berducq*, 1775 (reg. des États de Béarn). — Malgré l'exemple de 1522, le fief de Roger ne fut créé qu'en 1623; il était vassal de la vicomté de Béarn.

Roi (Chemin du), dénomination donnée à tous les grands chemins depuis le xvii° siècle. — Voy. Seigneur (Chemin du).

Roland (Le pas de), col, c^{ne} d'Itsatsou.

Roland (La pierre de), éc. c^{ne} de Mont (c^{on} de Garlin). — *La peire de Roulan*, 1777 (terrier de Mont, E. 213, p. 50).

Rolle (Ile de), dans l'Adour, c^{ne} de Lahonce. — *Alsontarrac*, 1749 (intendance, C. 106).

Romas, h. c^{ne} de Buros. — *Arromas*, xii° s° (cart. de Morlàas, f° 9). — *Romaas*, xii° s° (Marca, Hist. de Béarn, p. 450). — *Aromas*, 1385 (cens. f° 46). — *Lo goa d'Arromaas*, 1451 (cart. d'Ossau, f° 59). — Il y avait une abbaye laïque vassale de la vicomté de Béarn. — En 1385, Romas comptait 5 feux et ressort. au baill. de Pau.

Romassot (Le lac), c^{ne} de Laruns.

Romatel, h. c^{ne} du Boucau; distrait de la c^{ne} de Tarnos (départ. des Landes) et réuni au Boucau le 1er juin 1857. — *Villa quæ vocatur Formatellum*, v. 1140; *Formatel*, xii° siècle; *Formated*, xiii° siècle (cart. de Bayonne, f°s 8, 11 et 13).

Rome, forge, c^{ne} de Salies; mentionnée en 1417 (réform. de Béarn, B. 686, f° 35).

Romiu (Le chemin), venait d'Auch et commençait dans les Basses-Pyrénées à la c^{ne} de Luc-Armau, traversait Luccarré, Momy, Anoye, Abère, Saint-Laurent-Bretagne, Gabaston, Saint-Jammes, Morlàas et Buros, puis les landes du Pont-Long, Lescar, Bougarber, Cescau, Castéide-Cami, Serres-Sainte-Marie, Audéjos, Doazon, Castillon (c^{on} d'Arthez), Urdès, ensuite Arthez, Argagnon, Castétis, Orthez, Sainte-Suzanne, Launeplàa, l'Hôpital-d'Orion, Orion, Andrein, Burgaronne, Sauveterre, enfin d'Osserain joignait Saint-Jean-Pied-de-Port et la frontière d'Espagne par Saint-Palais et Larceveau. — Un autre chemin *Romiu*, venant du département des Landes, passait à Came et à Ordios (c^{ne} de la Bastide-Villefranche). — *L'Aromibau*, 1302 (ch. de Came, E. 425). — *Cami de Sent-Jagme*, 1336 (cart. d'Ossau, f° 49). — *Cami Romivau*, 1360; *lo camin Sent-Jacme*, 1372; *cami Arromivau*, 1389 (ch. de Came, E. 425). — *Lo gran camii public antic Aromiu qui va d'Ortes enta Castetiis*, 1444 (reg. de la Cour

Majour, B. 1, f° 205). — *Cami do Sant-Jacme*, 1489 (not. d'Ossau, n° 1, f° 123). — *Lo camii Arromiu*, v. 1670 (terrier de Buros, CC. 2). — *Lou cami de Roma*, 1675 (réform. de Béarn, B. 680, f° 267). — *Camii Roumii*, 1718 (terrier de Buros, CC. 2). — *Camy Roumieu*, 1751 (terrier de Luccarré, E. 206). — *Chemin Arroumiu*, 1779 (t rrier de Castillon, E. 260). — *Le chemin appelé Roumiu qui va de Lescar* [à] *Arthez*, xviii° s° (intendance, plan). — Le nom de *Romiu* s'appliquait à tous les chemins suivis depuis le ix° siècle par les pèlerins ou *Romius*. Les routes de ce genre étaient bordées de commanderies, d'hôpitaux ou auberges pour recevoir les pèlerins se rendant à Saint-Jacques-de-Compostelle. — Sur un grand nombre de points, le chemin *Romiu* se confondait avec les trois grands chemins vicomtaux du Béarn au xiii° siècle, et, par suite, avec les voies romaines.

Rondele, f. c^{ne} de Bougarber.

Ronglet (La pène de), montagne, c^{nes} d'Accous et de Cette-Eygun.

Rontau (Le), bois et lande, c^{ne} de Loubieng. — *Ronteau*, 1675 (réform. de Béarn, B. 668, f° 217).

Rontignon, c^{on} de Pau-Ouest. — *Frontinho*, 1367 (cart. d'Ossau, f° 388).—*Frontilhoo*, 1376 (montre militaire, f° 29). — *Rontinho*, 1385; *Frontihoo*, 1402 (censiers). — *Fronthinhoo*, 1457; *Sent-Pee de Rontinhoo*, 1511 (not. d'Assat, n° 4, f° 44). — *Frontinhon*, 1546 (réform. de Béarn). — En 1385, Rontignon ressort. au baill. de Pau et comprenait 9 feux. — La seigneurie de Rontignon faisait partie du marquisat de Gassion.

Rontun, h. c^{ne} de Sallespisse; mentionné en 1385 (cens. f° 55). — *Frontun*, 1487 (reg. des Établissements de Béarn). — En 1385, Rontun ressort. au baill. de Pau et comprenait 6 feux. — Le ruisseau de Rontun, appelé aussi la Peyrère, prend sa source à Sallespisse, arrose Orthez et se jette dans le Gave de Pau.

Roquain, fief, c^{ne} de Garindein; vassal de la vicomté de Soule. — *Arrocain*, xvii° s° (reg. de la Cour de Licharre).

Roquefort, f. c^{te} de Monein. — *Arroquefort*, 1385 (cens. f° 35). — *Roquafort*, v. 1540 (réform. de Béarn, B. 789, f° 186).

Roquefort, h. c^{ne} de Boueilh-Boueilho-Lasque. — *Arroquefort*, xiii° siècle (fors de Béarn). — Ce hameau prend aussi le nom de *Roquefort-de-Tursan* pour le distinguer de Roquefort-de-Marsan (départ. des Landes). — Roquefort faisait partie du Tursan et de la subdélégation de Saint-Sever (départ. des Landes).

Roquefort, h. c^{ne} de Puyôo. — *Lo loc et poble aperat Aroquefort en lo loc de Puyou*, 1440 (contrats de Carresse, f° 140).

Roquefort (Le moulin de), c^{ne} de Salies.

Roquiague, c^{on} de Mauléon, ancien prieuré du diocèse d'Oloron. — *Aroquiaga*, 1478; *Aroquiague*, 1495 (contrats d'Ohix, f°s 17 et 79). — On dit en basque *Arrokiaga*.

Rosiers (Les), f. c^{ne} de Sames.

Rospide, fief, c^{ne} d'Aroue. — *Arrospide*, 1385 (coll. Duch. vol. CXIV, f° 43). — Ce fief relevait de la vicomté de Soule.

Rostan, fief, c^{ne} de Bérenx. — *L'ostau d'Arrostau*, 1385 (cens. f° 9). — *Arostan, Arrostanh*, 1538 (réform. de Béarn, B. 831 et 833). — *Arroustaa-Vieilh*, 1599 (ch. de Béarn, E. 359). — Le fief de Rostan était vassal de la vicomté de Béarn et ressort. au baill. de Rivière-Gave.

Roture (La), ancienne borne placée au bout du chemin de Sedze-Maubec à Bedeille; mentionnée en 1682 (réform. de Béarn, B. 648).

Roucolle, f. c^{ne} de Lendresse.

Rouge (Le pic), c^{nes} d'Accous et de Borce, sur la frontière d'Espagne.

Roumieu (Le), ruiss. qui a sa source à Baleix, arrose la c^{ne} d'Abère et se jette à Gerderest dans le Gros-Léès. — Le nom de ce ruisseau vient de sa position près du chemin *Romiu*.

Rousse, h. c^{ne} de Jurançon.

Routure (La), éc. c^{ne} de Buros.

Rue (La), h. — Voy. Laru.

Ruillot (Le), ruiss. qui coule sur la c^{ne} de Corbères-Abère-Domengeux et se jette dans l'Arcis.

Ruscua (Le pic), c^{ne} de Béhorléguy.

S

Sabaig (La), ruiss. qui unit les lacs de la Bastide-Villefranche.

Sabare (La), h. c^{ne} de Lanne.

Sabareille, bois, c^{ne} de Féas.

Sabaté (Le), fief, c^{ne} de Monein; mentionné en 1681 (réform. de Béarn, B. 663, f° 45), vassal de la vicomté de Béarn.

Sabi (Le), f. c^{ne} d'Arthez.

Sabuca (Le), ruiss. qui coule à Arette et se jette dans l'Ibarle.
Saby, f. c^{ne} de Moncin. — *Savi*, 1385 (cens. f° 36). — *Lo Sabi*, v. 1540 (réform. de Béarn, B. 789, f° 175).
Sacase de Siot, fief, c^{ne} d'Arudy. — *Sciot*, 1675 (réform. de Béarn, B. 657, f° 178). — Ce fief relev. de la vicomté de Béarn.
Sacq (Le), ruisseau qui prend sa source à Montaut, sépare cette c^{ne} de celle de Coarraze et se jette dans le Gave de Pau. — *L'ariu de Sac*, 1535 (réform. de Béarn, B. 702, f° 71).
Sadirac, vill. c^{ne} de Taron. — Mentionné au xie siècle; *Sadiray*, xiie siècle (Marca, Hist. de Béarn, p. 282 et 453). — *Sedirac*, xiiie siècle (fors de Béarn, p. 22). — *Sadiracum*, 1286; *Sediracum*, 1305 (ch. de Béarn, E. 267); *Siderac*, 1546 (réform. de Béarn, B. 754). — En 1385, Sadirac ressort. au baill. de Lembeye et comprenait 16 feux. — La vicomté de Sadirac, vassale de la vicomté de Béarn, se composait des paroisses de Maumusson, Ribarrouy, Sadirac, Taron, Viellenave (c^{ne} de Taron).
Sadun (Le), ruiss. qui descend des montagnes d'Etsaut et se jette dans le Gave d'Aspe.
Sagarspe, f. c^{ne} d'Aussurucq; mentionnée en 1520 (cout. de Soule).
Sagé (Le), ruiss. qui prend sa source dans la c^{ne} de Crouseilles, baigne dans les Basses-Pyrénées Arrosès et Aydie, sort du département et se jette dans l'Adour près de Saint-Mont (départ. du Gers). — *L'ariu deu Sayet*, 1542 (réform. de Béarn, B. 729, f° 5).
Sagettes, lande, c^{ne} de Saucède. — *Sajettes*, 1779 (terrier de Saucède, E. 340).
Sagille (Le), ruiss. qui arrose Orègue et se perd dans le Laharane.
Sahores, f. c^{ne} d'Andrein. — *Safores*, 1397 (not. de Navarrenx).
Sahun (Le), ruiss. qui sépare les c^{nes} d'Accous et d'Aydius et se jette dans le Gabarret.
Saillets (Le), ruiss. qui sort de la forêt d'Isseaux et se jette dans le Gave d'Aspe, à Osse.
Sailleyt (Le), île dans le Gave de Pau, c^{ne} de Lahontan. — Ce nom s'applique à toutes les grèves des rivières.
Saint-Abit, c^{on} de Nay. — *Sanctus-Avitus*, 1286 (ch. de Béarn, E. 267). — *Sentebic*, xiiie siècle (fors de Béarn, p. 75). — *Sent-Abit en Lissarre*, 1375 (contrats de Luntz, f° 125). — *Sanct-Vit*, 1501 (not. de Nay, n° 1, f° 61). — *Sancta-Bit*, 1538 (réform. de Béarn, B. 633). — Il y avait deux abb. laïques vassales de la vicomté de Béarn. — En 1385, Saint-Abit ressort. au baill. de Pau et comprenait 26 feux.

Saint-Ambroise, éc. c^{ne} de Narcastet.
Saint-André, c^{on} de Morlàas. — Voy. Bourg-Neuf (Le).
Saint-André, h. c^{ne} de Musculdy.
Saint-Andreu, petite place, c^{ne} de Louvie-Juzon.
Saint-Andrieu, h. c^{ne} d'Orthez. — *Senct-Andriu*, 1538; *Sainct-Andreu*, 1674 (réform. de Béarn, B. 683, f° 139; 848, f° 13).
Saint-Antoine, chapelle détruite, c^{nes} d'Autevielle et d'Osserain. — *La capera de Sanct-Anthoni autrement aperade l'Armite*, 1547 (ch. de Béarn, E. 460).
Saint-Antoine, pèlerinage, c^{ne} de Musculdy.
Saint-Armou, c^{on} de Morlàas. — *Sent-Arromaa*, 1371 (contrats de Luntz, f° 14). — *Sanct-Armoo*, *Sainct-Harmon*, 1538; *Sent-Hermo*, 1542; *Sanct-Aramon*, 1546; *Saint-Armon*, 1683 (réform. de Béarn, B. 653, f° 94; 732, f° 78; 754; 855; 866). — *Saint-Amont* (carte de Cassini).
Saint-Aubin, fief, c^{ne} d'Assat. — *Sent-Aubi d'Assag*, 1385 (not. de Navarrenx). — *Sanct-Aubii d'Assat*, 1538 (réform. de Béarn, B. 833). — La baronnie de Saint-Aubin, vassale de la vicomté de Béarn, comprenait les fiefs de Candau, Castaing, Cauna et Soumoulou.
Saint-Aulaire, fief, c^{ne} de la Bastide-Cézéracq. — *Sancta-Eulalia*, 1220 (ch. de l'Ordre de Malte, Caubin). — *Sent-Aulari de Cesserac*, xiiie siècle (fors de Béarn, p. 199). — *Sente-Eulalie*, 1349 (not. de Pardies, n° 1). — *Saint-Aulary*, 1683 (réform. de Béarn, B. 671, f° 27). — Le fief de Saint-Aulaire relevait de la vicomté de Béarn.
Saint-Bernard, éc. c^{ne} d'Anglet.
Saint-Bernard (Le pont), c^{ne} de Bayonne, à Saint-Esprit. — *Sanctus-Bernardus de Baiona*, 1342 (rôles gascons). — Ce port tire son nom d'une anc. abb. de femmes de l'ordre de Cîteaux, située sur les bords de l'Adour.
Saint-Boès, c^{on} d'Orthez. — *Semboys*, 1290 (ch. de Béarn, E. 427). — *Somboes*, xiiie siècle (fors de Béarn, p. 97). — *Somboeys*, 1356 (cart. d'Orthez, f° 17). — *Sent-Boes*, xive siècle (cens.). — *Semboees*, 1442 (contrats de Carresse, f° 168). — *Senboes*, *Sent-Boees*, 1536; *Sanct-Boes*, 1546; *Saint-Boués*, 1686 (réform. de Béarn, B. 665, f° 1; 713, f° 420 et 421). — *Saint-Bois*, 1768 (reg. des États de Béarn). — En 1385, Saint-Boès ressort. au baill. de Rivière-Gave et comptait 44 feux.
Saint-Burein, éc. c^{ne} de Saint-Gladie-Arrive-Munein. — *Saint-Berin*, 1759 (terrier d'Arrive, E. 327).
Saint-Castin, c^{on} de Morlàas. — *Sanctus-Castinus*, 980 (cart. de Lescar). — *Curtis quæ dicitur Sancti-Castini cum appendiciis suis scilicet Lar, Figueras et*

Bernedet, v. 1032 (cart. de l'abb. de Saint-Pé, d'après Marca, Hist. de Béarn, p. 214 et 248). — *Sent-Castii*, 1385 (cens.). — En 1385, Saint-Castin comprenait 15 feux et ressort. au baill. de Pau. — La baronnie de Saint-Castin était vassale de la vicomté de Béarn.

Saint-Christau, chapelle, c^{ne} d'Accous.

Saint-Christau, fief, c^{ne} d'Orthez; mentionné en 1763 (dénombr. d'Orthez, E. 39), vassal de la vicomté de Béarn.

Saint-Christau, h. et eaux minérales, c^{ne} de Lurbe; ancienne commanderie dépendant de l'abbaye de Sainte-Christine (Espagne). — *Sen-Jacme de Bager*, 1438 (not. d'Oloron, n° 3, f° 38). — *Sent-Xristau*, v. 1443 (reg. de la Cour Majour, B. 1, f° 213). — *L'espital de Sanct-Jacme et Sanct-Cristau de Bayer*, *Saint-Jayme, Sainct-Jaime du Bagé*, 1538; *la maison de Sainct-Christau et quatre sources d'eau*, 1675 (réform. de Béarn, B. 662, f°s 127 et 129; 868). — *La commanderie du Bager d'Eysus vulgairement appelée Saint-Cristau*, 1777 (dénombr. d'Eysus, E. 28). — *Le Bagès ou Saint-Christau*, xviiie s^e (intendance).

Saint-Christau (Le ruisseau de), coule sur la c^{ne} d'Issor et se jette dans le Lourdios.

Saint-Cricq, f. c^{ne} d'Arthez.

Saint-Cricq, fief, c^{ne} d'Orthez; mentionné en 1676 (réform. de Béarn, B. 670, f° 242).

Saint-Dos, c^{on} de Salies. — *Sendos-Juson, Sendos-Suson*, 1120; *Sancta-Maria de Sendos*, xiie s^e (cart. de Sordes, p. 21 et 24). — *Scndos*, 1151 (Gall. christ. instr. Dax). — *Nostre-Done de Sendos*, 1442 (not. de la Bastide-Villefranche, n° 1, f° 44). — *Sandoos, Sandos de la juridiction de France*, 1538; *Saint-Doz*, 1675 (réform. de Béarn, B. 680, f° 566; 855). — En 1385, Saint-Dos comprenait 10 feux et ressort. au baill. de Mu. — L'orthographe véritable paraît être *Sendos*.

Sainte-Agathe, pèlerinage, c^{ne} de Lacarry-Arhan-Charritte-de-Haut.

Sainte-Anne, f. c^{ne} de Ciboure.

Sainte-Anne, h. et cap, c^{ne} d'Urrugne, sur le bord de l'Océan.

Sainte-Aradix (Le chemin de), mène d'Artiguelouve à Arbus.

Sainte-Barbe, chapelle, c^{ne} de Clarac.

Sainte-Barbe, éc. c^{ne} de Lestelle.

Sainte-Barbe, mont. c^{nes} d'Arcangues et d'Ustaritz.

Sainte-Barbe, pèlerinage, c^{ne} de Menditte.

Sainte-Barbe, pèlerinage, c^{ne} de Saint-Pée-sur-Nivelle.

Sainte-Barbe (Le port), c^{ne} de Saint-Jean-de-Luz.

Sainte-Catherine, ancienne chapelle, c^{ne} de Lescar. — *Lo cami de Sente-Cathalina*, 1643 (cens. de Lescar, f° 188).

Sainte-Catherine, chapelle, c^{ne} de Sare.

Sainte-Catherine, fief, c^{ne} de Luccarré. — *Santa-Cathaline de Lucarrer*, 1538 (réform. de Béarn, B. 833). — C'était une prébende noble vassale de la vicomté de Béarn.

Sainte-Catherine (Le chemin de), dans la commune de Lembeye.

Sainte-Christine, chapelle, c^{ne} de Monein, près de Parbayse et sur le chemin de Pardies à Lacommande.

Sainte-Christine, h. détruit, c^{ne} de Bénéjac. — Voy. Pause (La).

Sainte-Christine, lande, c^{ne} d'Esquiule. — *Sancte-Xristina*, 1548 (réform. de Béarn, B. 759).

Sainte-Cluque, f. c^{ne} d'Orthez, à Castetarbe. — *Sancta-Clucque*, 1536 (réform. de Béarn, B. 713, f° 344).

Sainte-Colomme, c^{on} d'Arudy. — *Sancta-Columba*, v. 1100 (ch. de Mifaget, d'après Marca, Hist. de Béarn, p. 405). — *Sente-Colome*, 1277 (cart. d'Ossau, f° 3). — *Sanctus-Silvester de Sainte-Colome*, 1655 (insin. du dioc. d'Oloron). — *Sainte-Coulome*, 1752 (dénombr. E. 42). — Il y avait une abbaye laïque vassale de la vicomté de Béarn. — En 1385, Sainte-Colomme ressortissait au baill. d'Ossau et comptait 91 feux.

Sainte-Confesse, h. détruit, c^{ne} de Poey (c^{on} de Lescar). — *Sancta-Confessa*, 1101 (cart. de Lescar, d'après Marca, Hist. de Béarn, p. 375). — *Sente-Confesse*, 1376 (montre militaire, f° 31). — *Lo camii de Sainte-Confessa*, 1643 (cens. de Lescar, f° 152).

Sainte-Croix, f. c^{ne} de Bayonne, à Saint-Esprit; mentionnée en 1544 (ch. du chap. de Bayonne).

Sainte-Engrace, c^{on} de Tardets; ancienne collégiale de chanoines de Saint-Augustin, fondée vers le xie s^e, qui dépend. de l'abb. de Leyre (Navarre espagnole). — *Sancta-Gracia*, 1178 (coll. Duch. vol. CXIV, f° 36). — *Sancta-Engracia*, 1215 (cart. d'Oloron, d'après Marca, Hist. de Béarn, p. 530). — *Sente-Gracie*, 1383 (contrats de Luntz, f° 84). — *Sente-Grace-deus-Portz*, 1386 (not. de Navarrenx). — *Sancte-Gratii*, v. 1460; *Urdaix, Urdays*, v. 1476 (contrats d'Ohix, f°s 11 et 38). — On dit en basque *Santa-Araci*. — Le nom ancien de Sainte-Engrace est *Urdaix*.

Sainte-Engrace, chapelle, c^{ne} de Béhorléguy. — *Chapelle Sainte-Grace*, 1703 (visites du diocèse de Bayonne).

Sainte-Engrace, f. c^{ne} de Juxue. — *Sancta-Gracia*,

Santa-Engracia, 1621 (Martin Biscay). — Le fief de Sainte-Engrace relev. du royaume de Navarre.

Sainte-Eulalie, chapelle, c^{ne} d'Isturits.

Sainte-Hélène, vill. détruit, c^{ne} d'Orin. — *La parroquia de Santa-Helena*, 1249; *l'espitau, la glisie qui es edificada en lo terratori de Sancta-Helena*, 1434; *Santa-Elena*, 1463; *Sente-Elene*, 1465; *Sente-Lene*, 1469 (not. d'Oloron, n° 4, f°s 33, 50, 53, 86 et 160).

Saint-Elix, h. c^{ne} d'Osserain-Rivareyte; ancien prieuré (diocèse d'Oloron). — *Sent-Helitz*, 1385 (cens. f° 11). — *Sanctus-Joannes de Licerio*, 1612 (insin. du dioc. d'Oloron). — Cette paroisse avait Guinarthe pour annexe.

Sainte-Lucie (Le bois de), c^{nes} de Burgaronne et d'Orion; tire son nom d'une ancienne chapelle. — *La sale de Sancta-Lucie*, 1385 (cens. f° 13). — *Santa-Luci*, 1391 (not. de Navarreux). — *Sainte-Lucii*, 1675 (réform. de Béarn, B. 680, f° 270).

Sainte-Madeleine, chapelle, c^{ne} de Bidart.

Sainte-Marie, fief, c^{ne} de Bielle. — *Sancta-Marie de Biele*, 1355 (cart. d'Ossau, f° 39). — *Sancta-Maria de Bila*, 1538 (réform. de Béarn, B. 833). — Il y avait une abb. laïque vassale de la vicomté de Béarn. — Ce fief tire son nom d'un prieuré de Bénédictins détruit en 1569.

Sainte-Marie, fief, c^{ne} de Hélette; vassal du royaume de Navarre.

Sainte-Marie, fief, c^{ne} d'Igon. — *Sancta-Maria deu loc de Ygon*, 1538 (réform. de Béarn, B. 840). — Ce fief, créé en 1583, relevait de la vicomté de Béarn.

Sainte-Marie, fief, c^{ne} de Larceveau; vassal du royaume de Navarre.

Sainte-Marie, fief, c^{ne} de Loubieng. — *L'ostau de Sancta-Marie*, 1385 (cens. f° 5). — Le fief de Sainte-Marie, vassal de la vicomté de Béarn, ressort. au baill. de Larbaig.

Sainte-Marie, fief, c^{ne} de Saint-Jean-Pied-de-Port. — *Santa-Maria*, 1621 (Martin Biscay).

Sainte-Marie, h. c^{ne} de Bonnut. — *Nostre-Done de Casteg de Bonuyt*, 1494 (not. d'Orthez, f° 92). — Ancienne dépendance de l'archiprêtré de Rivière-Luy (dioc. de Dax) et de la subdélégation de Saint-Sever (départ. des Landes).

Sainte-Marie, h. c^{ne} de Villefranque.

Sainte-Marie, ville, c^{ne} d'Oloron; anc. c^{ne} réunie à Oloron le 18 mai 1858. — *Maria in Eleron*, xie s^e (cart. de Bigorre). — *Sancta-Maria de Olorno*, 1215 (cart. d'Oloron, d'après Marca, Hist. de Béarn, p. 530). — *Nostre-Done de Lasee de Sancta-Maria, Nostre-Done de Lassee a Sente-Marie*, 1466 (not. d'Oloron, n° 4, f°s 106 et 218). — *Sainte-Marie-Légugnon*, depuis la réunion de Légugnon, du 14 avril 1841 au 18 mai 1858. — Sainte-Marie était le siège de l'évêché d'Oloron. — En 1385, Sainte-Marie ressort. au baill. d'Oloron et comprenait 85 feux.

En 1790, Sainte-Marie fut le chef-lieu d'un canton, dépendant du district d'Oloron, composé des communes du canton d'Oloron-Sainte-Marie-Ouest, moins Aren et Esquiule, plus la c^{ne} de Bidos.

Sainte-Marie (La crête de), mont. c^{nes} de Cette-Eygun et d'Etsaut.

Sainte-Quiterie, chapelle et fontaine, c^{ne} de Doumy; c'est la source de l'Aubiosse. — *La chapelle de Sainte-Quitterie*, 1756 (dénombr. d'Uzein, E. 45).

Sainte-Quiterie (La fontaine de), c^{ne} d'Aubous.

Sainte-Quiterie (La fontaine de), c^{ne} de Lescar. — *Lahon de Sente-Quitteri*, 1643 (cens. de Lescar, f° 383).

Sainte-Rose, chapelle, c^{ne} de Sarrance.

Saint-Esprit, ville, c^{ne} de Bayonne; anc. c^{ne} distraite du département des Landes le 1er juin 1857 et réunie à Bayonne. — *Domus quam fratres Hospitalarii Hierosolimitani habent in Capite Pontis Baione*, 1206 (ch. des Carmes de Bayonne). — *Sant-Johan del Cabo del Pont de Bayona*, 1243 (ch. de la Camara de Comptos). — *Sanctus-Spiritus in Capite Pontis Baionensis*, 1255; *l'espitau de Sent-Esperit*, 1258 (cart. de Bayonne, f°s 52 et 54). — *Sant-Esperit dou Cap dou Pont de Baione*, 1317 (ch. des Jacobins de Bayonne). — *L'ospitau de Mossenhor Sent-Johan dou Cap dou Pont de Baionne*, 1456 (ch. de l'abb. de Sainte-Claire de Bayonne). — *Sainct-Esprit-lès-Bayonne*, 1483 (ch. du chap. de Bayonne). — *Lo Cap deu Pont deu Sent-Esperit de Bayonne*, 1489 (ch. des Carmes de Bayonne). — *Le chastel biel et tours Sainct-Esperit de Bayonne*, 1506 (ch. de Bayonne, E. 424). — *Sainct-Sprit-lez-Bayonne*, 1544 (ch. du chap. de Bayonne). — *Jean-Jacques-Rousseau*, 1793. — Ancienne collégiale du dioc. de Dax. Le chapitre, fondé par Louis XI en 1483, avait la juridiction de la ville.

Saint-Esteben, c^{on} de Hasparren. — *San-Estevan de Arberoa*, 1321 (ch. de la Camara de Comptos). — *Sant-Esteban*, 1513 (ch. de Pampelune). — *Saint-Esteve d'Arberoue*, 1703 (visites du dioc. de Bayonne). — On dit en basque *Don-Este-Hiri*.

Sainte-Suzanne, c^{on} d'Orthez. — *Sancta-Susanna de Larbaig*, xe siècle (cart. de Sordes, d'après Marca, Hist. de Béarn, p. 229). — *Sancta-Susana*, 1172 (coll. Duch. vol. CXIV, f° 35). — *Senta-Susane*, xiiie siècle (fors de Béarn). — *Sente-Suzane*, 1344 (not. de Pardies, n° 2, f° 119). — Il y avait une abb. laïque, vassale de la vicomté de Béarn, qui appartenait à l'abbaye de Sordes (départ. des Landes). — En 1385, Sainte-Suzanne ressort. au baill. de Larbaig et comprenait 35 feux.

SAINT-ÉTIENNE, h. c^{ne} de Lantabat. — *Sanctus-Stephanus*, XIIe s^e (coll. Duch. vol. CXIV, f° 161). — *San-Steffano di Lantabat*, 1690 (carte de Cantelli).

SAINT-ÉTIENNE, vill. c^{ne} de Bayonne, à Saint-Esprit. — *Sanctus-Stephanus de Ripa-Laburdi*, v. 1149 (cart. de Bayonne, f° 5). — *Sent-Esteven de Ribelabort*, 1354 (ch. du chap. de Bayonne). — *Sent-Esteben de Rivelabor*, 1489 (ch. des Carmes de Bayonne). — *Sant-Esteven d'Arrive-Labort*, 1539 (ch. du chap. de Bayonne). — *Sainctus-Estienne-Rive-Labourt*, 1584 ; *Sainct-Estienne d'Aribelabourt en la baronnie de Seignaux* (départ. des Landes) *dependant du duché d'Albret*, 1594 (ch. de Bayonne, E. 424). — Le nom de *Saint-Étienne-Rive-Labourd* vient de la proximité du pays de Labourd, situé sur l'autre rive de l'Adour.

SAINT-ÉTIENNE, vill. c^{ne} de Sauguis; anc. c^{ne} distraite du canton de Mauléon et réunie à Sauguis le 27 juin 1843. — *Sent-Stephen*, v. 1475 (contrats d'Ohix, f° 21).

SAINT-ÉTIENNE-DE-BAÏGORRY, arrond. de Mauléon. — *Sanctus-Stephanus de Bayguerr*, 1335 (ch. du chap. de Bayonne). — *Sant-Esteban*, 1513 (ch. de Pampelune). — *Thermopile*, 1793. — En 1790, le canton de Baïgorry, dépendant du district de Saint-Palais, était composé des communes d'Anhaux, Ascarat, Irouléguy, Lasse et Saint-Étienne-de-Baïgorry.

SAINTE-TRINITÉ, f. c^{ne} de Salies. — *Sent-Trenitat*, 1385 (cens. f° 6). — *La glisie aperade de Sant-Trinitat*, 1444 (contrats de Carresse, f° 322).

SAINT-FAUST, c^{on} de Pau-Ouest; mentionné au XIe s^e (Marca, Hist. de Béarn, p. 246). — *Sent-Haust*, 1385 (cens.). — En 1385, Saint-Faust et Laroin, son annexe, comprenaient 89 feux et ressort. au baill. de Pau.

SAINT-FORCET, éc. c^{ne} de Bayonne.

SAINT-GERMAIN (LA FONTAINE), c^{ne} d'Uzein. — *La fon de Sent-Germa*, 1482 (not. de Larreule, n° 1, f° 13).

SAINT-GERMÉ, chapelle détruite dès 1682, c^{ne} d'Idron.

SAINT-GERMÉ (LE), ruisseau qui prend sa source à Coublucq et se jette dans le Gabas à Poursiugues-Boucoue.

SAINT-GILLES, quartier de la ville d'Orthez. — *Lo borc de Sent-Gili*, 1384 (not. de Navarrenx). — *Lo borc de Sent-Guili d'Ortes*, 1428 (contrats de Carresse, f° 27).

SAINT-GIRONS, c^{on} d'Orthez. — *Sanctus-Gerontius*, 1101 (cart. de Lescar, d'après Marca, Hist. de Béarn, p. 375). — *Sent-Girons*, 1322 (cart. d'Orthez, f° 3). — *Sent-Gerontz*, 1404 (ch. de Herrère, DD. 1). — *Sanctz-Guyrontz*, 1546 ; *Saint-Guirons*, 1675 (réform. de Béarn, B. 666, f° 9).

SAINT-GIRONS, fief, c^{ne} d'Abos. — *L'ostau de l'abat de Sent-Girontz*, 1385 (cens. f° 35). — Ce fief, vassal de la vicomté de Béarn, ressort. au baill. de Lagor et Pardies.

SAINT-GLADIE, c^{on} de Sauveterre. — *Sanctus-Lidorus*, XIIe siècle (coll. Duch. vol. CXIV, f° 33). — *Sent-Ledie*, 1384 ; *Sent-Ledier*, 1385 (not. de Navarrenx). — *Sent-Ladie*, 1385 (cens.). — *Sent-Ladier*, 1391 ; *Nostre-Done de Sent-Ladie*, 1413 (not. de Navarrenx). — *Sanladie*, 1538 ; *Sent-Ladia*, 1540 (réform. de Béarn, B. 804, f° 11). — *Saint-Jean-Baptiste de Saint-Gladie*, 1655 (insin. du diocèse d'Oloron). — *Saint-Gladie-Arrive-Munein*, depuis la réunion d'Arrive et de Munein à Saint-Gladie : 12 mai 1841. — Il y avait une abb. laïque vassale de la vicomté de Béarn. — En 1385, Saint-Gladie ressort. au baill. de Sauveterre et comptait 14 feux.

SAINT-GOIN, c^{on} d'Oloron-Sainte-Marie-Ouest. — *Sent-Goenh*, 1402 (cens.). — *Sengoenh*, 1536 ; *Sangoenh*, 1538 ; *Sanct-Guoenh*, 1546 (réform. de Béarn, B. 754 ; 821, f° 36 ; 856). — *Sent-Jayme de Sent-Goenh*, 1608 (insin. du dioc. d'Oloron). — En 1385, Saint-Goin était réuni à Geus (c^{on} d'Oloron-Sainte-Marie-Ouest), comptait 29 feux et ressort. au baill. d'Oloron.

SAINT-GRÉGOIRE, chapelle, c^{ne} d'Ordiarp.

SAINT-HILAIRE, ruines, c^{ne} de Montaut; anc. paroisse qui faisait partie de l'archiprêtré de Pontacq. — *Lassunni* (Pline, Hist. Nat. lib. IV). — *Villa de Lassu, Sanctus-Hilarius de Lassu*, v. 984 (cart. de Lescar). — *Villa Lassunis*, v. 1032 (cart. de l'abb. de Saint-Pé, d'après Marca, Histoire de Béarn, p. 247).

SAINT-HIPPOLYTE, h. c^{ne} d'Arudy. — *Sent-Polit d'Ossau*, XIIe siècle (fors de Béarn, p. 79). — *La cappelanie de Sent-Polit*, 1607 (insin. du dioc. d'Oloron).

SAINT-IGNACE, éc. c^{ne} de Sare.

SAINT-JACQUES, h. c^{ne} d'Arricau.

SAINT-JACQUES (LE CHEMIN DE). — Voy. ROMIU (LE CHEMIN).

SAINT-JAIME, château, c^{ne} de Saint-Just-Ibarre. — *Sant-Jaime*, 1513 (ch. de Pampelune). — *Sala de San-Jayme*, 1621 (Martin Biscay). — Le fief de Saint-Jaime relevait du royaume de Navarre.

SAINT-JAMMES, c^{on} de Morlàas; ancienne annexe de Morlàas. — *Sent-Jacme*, 1376 (montre militaire, f° 31). — *Saint-Jayme*, 1673 (réform. de Béarn, B. 652, f° 64).

SAINT-JEAN, éc. c^{ne} de Bentayou-Sérée; mentionné en 1682 (réform. de Béarn, B. 648, f° 132).

SAINT-JEAN, éc. c^{ne} d'Orthez. — *La capera de Senct-Johan de Goarlies*, 1536 (réform. de Béarn, B. 713, f° 319).

SAINT-JEAN, f. c^{ne} de Hasparren. — *Le mazon Sen-Johan*, 1247 (cart. de Bayonne, f° 57).

SAINT-JEAN, fief, c^{ue} d'Abos. — *L'ostau de Sent-Johan d'Abos*, 1385 (cens. f° 35). — Ce fief, vassal de la vicomté de Béarn, ressort. au baill. de Lagor et Pardies.

SAINT-JEAN (LE CHEMIN DE), dans la c^{ne} de Bœil.

SAINT-JEAN (LE CHEMIN DE), conduit de Samsons-Lion à la route qui va de Pau à Lembeye.

SAINT-JEAN-BAS, h. c^{ne} de Sames.

SAINT-JEAN-DE-LUZ, arrond. de Bayonne. — *Sanctus-Johannes-de-Luis*, 1186 (cart. de Bayonne, f° 32). — *Sanctus-Johannes-de-Luk*, 1315; *Sanctus-Johannes-de-Luys*, 1438 (rôles gascons). — *Sent-Johan-de-Luxs*, 1450 (ch. de Labourd, E. 426). — *Sent-Johan-de-Luus*, 1490 (not. de Pau, n° 3, f° 87). — *Sent-Johan-de-Lus*, 1491; *Sainct-Jehan-de-Lux*, *Sanctus-Johannes-de-Luce*, 1526 (ch. du chap. de Bayonne). — *Chauvin-le-Dragon*, 1793. — On dit en basque *Don-Iban-Lohizun*. — Il y avait à Saint-Jean-de-Luz un couvent de Récollets et un autre d'Ursulines. — La baronnie de Saint-Jean-de-Luz appartint au chapitre de Bayonne jusqu'en 1621. — En 1781, Saint-Jean-de-Luz était le siège d'une subdélégation de l'intendance de Bordeaux. — Les armes de la ville sont *de gueules au navire d'or en chef et trois coquilles d'argent en pointe*.

En 1790, le canton de Saint-Jean-de-Luz, alors dépendant du district d'Ustaritz, comprenait les communes de Bidart, Ciboure, Guétary et Saint-Jean-de-Luz.

SAINT-JEAN-D'ETCHART, h. c^{ne} de Sames. — *Echarz*, 1445 (coll. Duch. vol. CXIV, f° 177).

SAINT-JEAN-LE-VIEUX, c^{on} de Saint-Jean-Pied-de-Port. — *Sant-Juan-el-Viejo*, 1479 (ch. du chap. de Bayonne). — *San-Juan-lo-Bielh*, 1513 (ch. de Pampelune). — *Sanctus-Petrus de Saint-Jean-le-Vieux*, 1685 (collat. du dioc. de Bayonne). — La cure était à la présentation de l'abb. de Roncevaux (Espagne). — On dit en basque *Don-Iban-Zahar*.

SAINT-JEAN-PIED-DE-PORT, arrond. de Mauléon. — *Imus Pyrenæus* (Itin. d'Antonin). — *Saint-Jean est une jolie petite ville bâtie sur une éminence. On y remarque une église très-belle et très-fréquentée*, 1154 (Édrisi). — *Via Sancti-Johannis*, v. 1168; *Sanctus-Johannes-de-Cisera*, XIIe siècle (cart. de Bayonne, f°s 14 et 15). — *Sanctus-Johannes-sub-Pedo-Portus*, 1234; *San-Juan-del-Pie-de-Puertos*, 1253; *Sant-Johan-deu-Pe-deu-Port*, 1268; *vielle de camy per la quoau anaven reys, ducxs, comptes, legadz, arcevesques, abatz et moltz autres hommis de relligion; Sant-Johan-del-Pie-de-Puerto*, 1274 (coll. Duch. vol. CX, f° 96; CXIV, f° 166). — *Sant-Johan, Sant-Johans*, v. 1277 (Guerre de Navarre, v. 1462 et 2746). — *Sanctus-Johannes-de-Pede-Portus*, 1302 (ch. du chap. de Bayonne). — *Sainct-Jean-du-Pied-des-Ports*, *Sainct-Jean-du-Pied-pres-des-Ports* (Froissart). — *Nive-Franche*, 1793. — *Jean-Pied-de-Port*, 1794. — On dit en basque *Don-Iban-Garaci*. — Le sceau de la ville représentait, en 1785, saint Jean-Baptiste la main droite appuyée sur une tour crénelée, avec la légende *Sello y armas de San-Juanis* (maîtrise des eaux et forêts, B. 4185).

En 1790, le canton de Saint-Jean-Pied-de-Port, dépendant du district de Saint-Palais, était composé des communes du canton actuel, moins celle d'Ainhice-Mongélos.

SAINT-JEAN-POUDGE, c^{on} de Garlin. — *Sanctus-Johannes-de-Podio*, 1101 (cart. de Lescar, d'après Marca, Hist. de Béarn, p. 375). — *Sent-Johan-Potge*, 1385; *Sent-Johan-Podge*, 1402 (cens.). — *Saint-Jean-Pouge*, 1777 (dénombr. E. 42). — En 1385, Saint-Jean-Poudge ressort. au baill. de Lembeye et comprenait 15 feux.

SAINT-JOSEPH, chapelle, c^{ne} de Bidart.

SAINT-JOSEPH, pèlerinage, c^{ne} de Larrau.

SAINT-JULIA, éc. c^{ne} d'Aste-Béon. — *L'hermitage de Saint-Julian*, 1575 (réform. de Béarn, B. 658, f° 657).

SAINT-JULIA (LE), ruisseau qui prend sa source sur la c^{ne} de Lys et se jette à Bosdarros dans le Gest. — *L'ostau de Sent-Juliaa* est mentionné en 1385 à Lys (cens. f° 71).

SAINT-JULIA DIT L'ESTANGUET, h. c^{ne} d'Accous.

SAINT-JULIEN, h. c^{ne} d'Ossès. — *Sanctus-Julianus*, XIIe s^e (cart. de Bayonne, f° 14). — *Sainct-Julyan d'Ossès*, 1529 (ch. du chap. de Bayonne).

SAINT-JULIEN (LA PIERRE-), éc. — Voy. PIERRE-SAINT-JULIEN (LA).

SAINT-JUST, c^{on} d'Iholdy. — *Sent-Just deu pays d'Ostabares*, 1477 (contrats d'Ohix, f° 48). — *Sant-Just*, 1513 (ch. de Pampelune). — *Saint-Just-Ibarre*, depuis la réunion d'Ibarre : 25 juin 1841. — On dit en basque *Don-Isti*. — L'hôpital de Saint-Just était desservi par des Prémontrés.

SAINT-JUSTIN (LE CHAMP DE), éc. c^{ne} de Bougarber.

SAINT-LADONY (LE RUISSEAU DE). — Voy. LAGARROTS.

Saint-Lanne, éc. c^{ne} de Buros.
Saint-Lanne, éc. c^{ne} de Lussagnet-Lusson.
Saint-Laurent, c^{on} de Morlàas. — *Sent-Laurentz*, xiiie s^e (fors de Béarn). —*Sent-Laurens*, 1538 (réform. de Béarn, B. 844). — *Saint-Laurent-Bretagne*, depuis la réunion de Bretagne : 16 octobre 1842. — En 1385, Saint-Laurent comptait 7 feux et ressortissait au baill. de Pau. — Saint-Laurent, Gabaston et Bretagne ne formaient qu'une paroisse.
Saint-Laurent, chapelle, c^{ne} de Sainte-Engrace.
Saint-Laurent, éc. c^{ne} de Castéide-Doat; mentionné en 1682 (réform. de Béarn, B. 648, f° 208).
Saint-Laurent, f. c^{ne} d'Ispoure.
Saint-Laurent, h. c^{ne} d'Abos. — *Sent-Laurentz d'Abos*, 1343 (not. de Pardies, n° 2). — *La maison noble de Saint-Laurens d'Abos*, 1674 (réform. de Béarn, B. 670, f° 59). — Le fief de Saint-Laurent, vassal de la vicomté de Béarn, ressort. au baill. de Lagor et Pardies.
Saint-Laurent (Le chemin de), dans la c^{ne} de Denguin.
Saint-Léon, h. c^{ne} de Bayonne. — *Oratorium Sancti-Leonis prope et extra Bayonam*, 1686 (collations du dioc. de Bayonne).
Saint-Loup, éc. c^{ne} de Lembeye. — *La cure de Saint-Loup*, 1666 (réform. de Béarn, B. 653, f° 120).
Saint-Loup, anc. hôpital, c^{ne} d'Orthez, à Départ; dépendance de l'abbaye de Sauvelade. — *L'espitau de Sent-Lop*, 1385 (cens. f° 2). — *La capera aperade de Sanct-Lop et hospital fundatz en lo loc de Depart qui antiquementz es estades consecrades suus la invocation de Nostre-Dame*, 1538 (réform. de Béarn, B. 864).
Saint-Mamet, éc. c^{ne} d'Arbus.
Saint-Marc, h. c^{ne} de Sauveterre.
Saint-Martin, f. c^{ne} de Balansun. — *Sent-Marthii*, 1385 (cens. f° 40).
Saint-Martin, f. c^{ne} de Lucq-de-Béarn. — *Sent-Martii*, 1385 (cens. f° 31).
Saint-Martin, f. c^{ne} de Serres-Sainte-Marie. — *Sent-Martii*, 1385 (cens. f° 45).
Saint-Martin, f. c^{ne} de Tadousse-Ussau. — *Sent-Martii*, v. 1540; *Sent-Marthi*, 1542 (réform. de Béarn, B. 737, f° 39; 786, f° 23).
Saint-Martin, fief, c^{ne} de Coslédàa-Lube-Boast; mentionné en 1615 (reg. des États de Béarn), vassal de la vicomté de Béarn.
Saint-Martin, fief, c^{ne} de Lécumberry; mentionné en 1703 (visites du dioc. de Bayonne). — Ce fief, qui relevait du royaume de Navarre, donnait droit à la présentation pour la cure de Lécumberry.
Saint-Martin, h. c^{ne} d'Arricau.
Saint-Martin, h. c^{ne} de Bonnut. — *Sanctus-Martinus de Bonnut*, xiie s^e (cart. de Sordes, p. 2). — Cette paroisse dépendait de l'abb. de Sordes et faisait partie de l'archiprêtré de Rivière-Luy (dioc. de Dax) et de la subdélégation de Saint-Sever (départ. des Landes).
Saint-Martin, h. c^{ne} de Lantabat; mentionné en 1584 (ch. de l'abb. de Lahonce). — Le ruisseau de Saint-Martin prend sa source à Lantabat et se perd dans la Joyeuse.
Saint-Martin, vill. c^{ne} d'Autevielle; ancienne commune réunie à Autevielle le 18 avril 1842. — *Sent-Marti*, 1376 (montre militaire, f° 47). — *Sent-Marthin*, 1379 (ch. de Béarn, E. 2078). — *Sent-Marthii de Garanhoo*, 1385 (cens. f° 14). — En 1385, Saint-Martin était annexé à Autevielle et ressort. au baill. de Sauveterre.
Saint-Martin, vill. c^{ne} de Salies. — *L'ostau de Sent-Marthii*, 1385 (cens. f° 6). — *Sent-Marthii de Salies*, 1440 (not. de la Bastide-Villefranche, n° 1, f° 17). — La seigneurie de Saint-Martin faisait partie du marquisat de Gassion.
Saint-Martin (La pierre), c^{ne} d'Arette, sur la frontière d'Espagne; lieu d'assemblée pour les habitants des vallées de Barétous (France) et de Roncal (Espagne). — *La peyre de Sent-Martin, frontière de Navarre*, 1589 (réform. de Béarn, B. 808, f° 94).
Saint-Martin (La pointe), cap, c^{ne} de Biarritz.
Saint-Martin (Le), ruiss. qui coule sur la c^{ne} de Laruns, prend sa source à Saint-Mont et se mêle au Gave d'Ossau à Gètre.
Saint-Martin-d'Arberoue, c^{on} de Hasparren. — *Sant-Martin*, 1513 (ch. de Pampelune). — On dit en basque *Don-Amarti-Hiri*. — Anc. baronnie érigée en 1657, vassale du royaume de Navarre.

En 1790, Saint-Martin-d'Arberoue fut le chef-lieu d'un canton, dépendant du district de Saint-Palais, composé des c^{nes} de Méharin, de Saint-Esteben et de Saint-Martin-d'Arberoue, du canton de Hasparren; d'Ayherre et d'Isturits, du canton de la Bastide-Clairence.
Saint-Martin-d'Arrossa, vill. c^{ne} d'Ossès. — *Sanctus-Martinus d'Ouses*, 1302; *Sainct-Martin de Osses*, 1529 (ch. du chap. de Bayonne). — *Grand-Pont*, 1793.
Saint-Médard, c^{on} d'Arthez. — *Saint-Medart*, 1537 (not. de Garos). — Cette paroisse faisait partie de la subdélégation de Saint-Sever (département des Landes).
Saint-Michel, c^{on} de Saint-Jean-Pied-de-Port; anc. comm^{rie} qui appartenait à l'évêché et au chapitre de Bayonne. — *San-Miguel-el-Viejo en Ultra Puertos*, 1500 (ch. du chap. de Bayonne). — *Sant-Miguel*,

1513 (ch. de Pampelune). — *Nive-Montagne*, 1793. — On dit en basque *Eyheralarre*.

SAINT-MICHEL, chapelle, c^(ne) d'Arudy ; construite vers 1635 sur les rochers de Mur.

SAINT-MICHEL, fief, c^(ne) d'Aydie. — *Sanct-Miqueu d'Aydie*, 1538 (réform. de Béarn, B. 848, f° 15). — Il y avait une abbaye laïque vassale de la vicomté de Béarn.

SAINT-MICHEL, fief, c^(ne) de Burgaronne ; mentionné en 1658 (réform. de Béarn, B. 684, f° 156), vassal de la vicomté de Béarn ; ancienne propriété de l'abb. de Roncevaux (Espagne).

SAINT-MICHEL, h. détruit, c^(ne) de Lescar. — *Sent-Miqueu*, 1643 (cens. de Lescar, f° 87).

SAINT-MICHEL, h. c^(ne) de Lucq-de-Béarn. — *La marque de Sent-Miqueu*, 1562 (cens. de Lucq).

SAINT-MICHEL, h. c^(ne) d'Ustarits.

SAINT-MIQUEU, lande, c^(ne) d'Orion.

SAINT-MONT, h. c^(ne) de Laruns. — *Saint-Mon*, 1642 (ch. de Laruns, CC. 8).

SAINT-NICOLAS, h. c^(ne) de Sare.

SAINT-NICOLAS, h. c^(ne) de Sault-de-Navailles.

SAINT-NICOLAS, nom donné au moyen âge à la partie N. O. de Morlàas. — *Burgus Sancti-Nicholai*, 1123 (cart. de Morlàas, f° 1).

SAINT-NICOLAS (LA FONTAINE), c^(ne) d'Alçay-Alçabéhéty-Sunharette.

SAINTORA (LE), ruiss. qui coule sur la c^(ne) de Sainte-Engrace et se jette dans l'Uhaïtxa.

SAINT-OUNÈS (LE), ruiss. qui prend sa source dans la c^(ne) d'Arthez et se jette dans le Gave de Pau, en arrosant Argagnon-Marcerin.

SAINT-PALAIS, arrond. de Mauléon ; c'est le chef-lieu judiciaire de cet arrondissement. — *Sent-Palay*, 1385 (not. de Navarrenx). — *Sent-Palays*, 1474 (ch. de l'abb. de Lahonce). — *Sant-Pelay*, 1513 (ch. de Pampelune). — *Mont-Bidouze*, 1793. — On dit en basque *Don-Aphaleu*. — Ancien prieuré du dioc. de Dax. — Saint-Palais fut jusqu'en 1620 le siège de la chancellerie de Navarre ; il y eut un hôtel des monnaies.

En 1790, Saint-Palais devint le chef-lieu d'un district composé des cantons de Bidache, Came, Garris, Iholdy, Larceveau, Ossès, Saint-Étienne-de-Baïgorry, Saint-Jean-Pied-de-Port, Saint-Martin-d'Arberoue et Saint-Palais. — Le canton de Saint-Palais comprenait alors les communes d'Aïcirits, Amendeuix-Oneix, Arbérats-Sillègue, Arbouet-Sussaute, Béhasque-Lapiste, Camou-Mixe-Suhast, Gabat, Ilharre, Larribar-Sorhapuru, Orsanco, Saint-Palais et Uhart-Mixe.

SAINT-PAUL, h. c^(ne) d'Asson.

SAINT-PÉ, f. c^(ne) de Lucq-de-Béarn. — *Cemper de Luc*, 1376 (montre milit. f° 96).

SAINT-PÉ, f. c^(ne) de Moncin. — *Sent-Per*, 1385 (cens. f° 37). — *Sanct-Pee, la glisie de Sent-Pe*, v. 1540 (réform. de Béarn, B. 789, f^(os) 62 et 125). — Le fief de Saint-Pé, vassal de la vicomté de Béarn, ressort. au baill. de Moncin.

SAINT-PÉ, fief, c^(ne) de Baliros. — *La domenjadura de Sempee, scituade a Baliros*, 1538 (réform. de Béarn, B. 830). — Ce fief relevait de la vicomté de Béarn.

SAINT-PÉ, m^(in) et fief, c^(ne) de Salies, sur le Saleys. — *Lo molin de Sent-Per*, 1385 (cens. f° 6). — *La mayson de Sanct-Pee de Salies*, 1538 (réform. de Béarn, B. 828). — Le fief de Saint-Pé, vassal de la vicomté de Béarn, ressort. au baill. de Salies au xiv° siècle ; plus tard il fit partie du marquisat de Gassion.

SAINT-PÉ (CHEMIN DE), nom donné aux routes qui conduisaient à l'abb. de Saint-Pé (départ. des Hautes-Pyrénées). — Partie du chemin actuel de Morlàas à Nay, traversant Serres-Morlàas, Sendets, Ousse, et joignant le chemin de Henri IV (voy. ce mot) : *lo camii aperat de Sent-Pee qui da enta Morlaas, lo camii deus locxs de Sent-Pee-de-Gieres et de Nay*, 1457 (cart. d'Ossau, f^(os) 189 et 199). — Partie de l'ancien chemin d'Orthez à Saint-Pé : *la causade qui tire de Sent-Pee-de-Salies a Sent-Pee d'Ortes*, 1457 (cart. d'Ossau, f° 196).

SAINT-PÉ-DE-BAS et SAINT-PÉ-DE-HAUT, vill. c^(ne) d'Oloron-Sainte-Marie. — *Catron*, 1215 (Gall. christ. instrum. Oloron, n° 2). — *L'ostau de Messas, vulgarament aperat de Catro, ensemps ab la borde de Sent-Pee-de-Catro*, 1466 (not. d'Oloron, n° 4, f° 109). — *Sent-Pee de Catron*, 1538 ; *Sent-Pee de Catroo*, 1542 (réform. de Béarn, B. 731, f° 13 ; 856).

SAINT-PÉ-DE-LÉREN, c^(on) de Salies. — *Sent-Per*, 1302 (ch. de Béarn, E. 425). — *Sanctus-Petrus de Sendos*, 1413 (rôles gascons). — *Saint-Pé en France*, 1675 (réform. de Béarn, B. 680, f° 566). — Saint-Pé-de-Léren faisait partie de l'archiprêtré de Rivière-Fleuve (dioc. de Dax). — Saint-Pé-de-Léren formait, avec Came et Sames, une baronnie relevant du château de Dax et comprise dans le duché de Gramont.

SAINT-PÉE, chât. c^(ne) de Saint-Jean-le-Vieux. — *Samper*, 1513 (ch. de Pampelune). — La baronnie de Saint-Pée relevait du royaume de Navarre.

SAINT-PÉE, f. c^(ne) de Lasseube.

SAINT-PÉE-SUR-NIVELLE, c^(on) d'Ustarits. — *Sanctus-Petrus d'Ivarren*, 1233 (cart. de Bayonne, f^(os) 18 et 57). — *Sainct-Pee de Labour*, 1690 (cart. de

Cantelli). — *Saint-Pée-d'Ibarren*, 1736 (baux du chap. de Bayonne). — *Beaugard*, 1793.

En 1790, Saint-Pée-sur-Nivelle fut le chef-lieu d'un canton, dépendant du district d'Ustarits, composé des communes d'Ahetze et de Saint-Pée-sur-Nivelle.

SAINT-PÉLITOU (LE BOIS DE), c^{ne} de Salies. — *Lo bosc de Sanct-Peritous*, 1535; *Sanct-Philitoos*, 1547 (réform. de Béarn, B. 705, f° 239; 806, f° 86). — *Lo boscq de Sent-Pelito*, 1548 (ch. de Salies, E. 361). — *Semperitou*, 1675 (réform. de Béarn, B. 680, f° 316). — En 1547, ce bois contenait 153 arpents.

SAINT-PEYRUS, h. c^{ne} de Doumy; ancienne annexe de la c^{ne} de Navailles-Angos. — *Sent-Peyruxs*, *Sent-Peyruix*, 1385 (cens. f° 47). — *Saint-Peireux* (carte de Cassini). — Il y avait une abbaye laïque vassale de la vicomté de Béarn. — Le ruisseau de Saint-Peyrus coule sur ce hameau et se jette dans le Balaing.

SAINT-PIC, f. c^{ne} de Bérenx. — *Sent-Pic*, 1385 (cens. f° 8). — *Saint-Picq*, 1535; *Senpicq*, 1675 (réform. de Béarn, B. 666, f° 259; 807, f° 106).

SAINT-PIERRE, oratoire, c^{ne} de Baliros; mentionné en 1775 (terrier de Baliros, E. 300).

SAINT-PIERRE (L'HERMITAGE), c^{ne} de Viodos-Abense-de-Bas.

SAINT-PIERRE-D'IRUBE, c^{on} de Bayonne-Nord-Est. — *Yruber*, 1186; *Hyruber*, 1249; *Iruber*, 1256; *Hiruber*, XIIIe s^e (cart. de Bayonne, f°s 16, 39, 49 et 59). — *Sent-Pée-d'Irube*, 1509 (ch. de Sainte-Claire de Bayonne). — *Saint-Pé-d'Iruby*, 1585 (ch. des Jacobins de Bayonne). — *Pierre-d'Irube*, 1793. — On dit en basque *Hiriburu*.

SAINT-ROCH, f. c^{ne} d'Arrosès.

SAINT-ROCH, pèlerinage, c^{ne} de Baliros.

SAINT-SABRIA (LE BOIS DE), c^{ne} de Ger.

SAINT-SAUDENS, f. et fief, c^{ne} de Dognen. — *Senct-Saudeng*, 1267 (ch. de Monein, E. 351). — *L'ostau de Sent-Saudenh*, 1385 (cens. f° 32). — *Sen-Saudenh*, 1391 (not. de Lucq). — *La maison noble de Sent-Saudenh seiza a ung treyt et miey de baleste de Donhen*, 1536 (dénombr. de Navarrenx, B. 821, f° 57). — *Saint-Saudains*, 1675; *Saint-Saudeins*, 1676; *Sensaudens*, 1684 (réform. de Béarn, B. 659, f° 120; 662, f° 119; 686, f° 144). — Le fief de Saint-Saudens, vassal de la vicomté de Béarn, ressort. au baill. de Navarrenx.

SAINT-SAUDONH, bois compris dans celui de la Seube.

SAINT-SAUVEUR, chapelle, c^{ne} de Lahets-Biscay.

SAINT-SAUVEUR, chapelle, c^{ne} de Lécumberry. — *Sanctus-Salvator juxta Sanctum-Justum*, XIIIe s^e (coll. Duch. vol. CXIV, f° 35). — *Sent-Saubador-deus-Pors*, vers 1460 (contrats d'Ohix). — La présentation à cette chapellenie appartenait au commandeur d'Aphat-Ospital.

SAINT-SAUVEUR, pèlerinage, c^{ne} de Jatxou; chapelle mentionnée en 1686 (collat. du dioc. de Bayonne).

SAINT-SAUVEUR-DE-L'OUSSE, fief créé en 1770 dans la lande du Pont-Long, près de Pau, vassal de la vicomté de Béarn.

SAINT-SEVER, m^{in}, c^{ne} de Ponson-Debat-Pouts. — *Lo molin aperat de Sent-Ceber*, 1581 (réform. de Béarn, B. 808, f° 84). — *Lo molin de Sent-Cever*, 1586 (ch. de Ponson-Debat, E. 361).

SAINT-SIGISMOND, abbaye de femmes, ordre de Cîteaux, fondée à Orthez en 1127 et supprimée en 1774; elle fut alors réunie aux Ursulines de la même ville, et dép. du dioc. de Dax. — *Sanctus Sigismundus de Orthesia*, 1342 (*Gall. christ.* instrum. Lescar, n° 3).

SAINT-SIMES, f. c^{ne} d'Orion; mentionnée en 1264 (réform. de Béarn, B. 680, f° 17). — C'était la limite des bailliages de Salies, de Sauveterre et de Larbaig.

SAINT-VIGNE-LES-EAUX, h. et sources minérales, c^{ne} de Lanne.

SAINT-VINCENT, chapelle, c^{ne} de Hélette. — *Sanctus-Vincentius*, XIIe siècle (cart. de Bayonne, f° 15).

SAINT-VINCENT, fief, c^{ne} de Louvie-Juzon; anc. prieuré du dioc. d'Oloron. — *Lo priourat de Sent-Vincens de Louvier-Juzon*, 1615 (insin. du dioc. d'Oloron). — Ce fief relevait de la vicomté de Béarn.

SAINT-VINCENT, h. c^{ne} de Salies. — *Sant-Vincentz de Salies*, 1427 (contrats de Carresse, f° 24). — *Sent-Vizentz deu loc de Salies*, 1450 (reg. de la Cour Majour, B. 1, f° 46). — Le fief de Saint-Vincent faisait partie du marquisat de Gassion.

SAINT-VINCENT (LE BOIS DE), c^{ne} de Baigts. — *Le bois de Saint-Vincens, Sainbisens*, 1675 (réform. de Béarn, B. 665, f°s 357 et 361).

SAINT-VIVIEN, h. c^{ne} de Gère-Bélesten.

SAISON (LE) ou GAVE DE MAULÉON, riv. qui se forme entre Tardets-Sorholus et Alos-Sibas par la réunion de l'Aphourra et de la rivière de Larrau, arrose les c^{nes} de Troisvilles, Ossas-Suhare, Sauguis-Saint-Étienne, Menditte, Idaux-Mendy, Gotein-Libarrenx, Ordiarp, Garindein, Mauléon-Licharre, Chéraute, Viodos-Abense-de-Bas, Berrogain-Laruns, Espès-Undurein, Charritte-de-Bas, Charre, Lichos, Nabas, Rivehaute, Gestas, Espiute, Tabaille-Usquain, Saint-Gladie-Arrive-Munein, Osserain-Rivareyte, Guinarthe-Parenties, et se jette à Autevielle-Saint-Martin-Bidéren dans le Gave d'Oloron. — *Sazo*, 1538; *le Sason*, 1542; *le Gabe du Sazon*, 1674

DÉPARTEMENT DES BASSES-PYRÉNÉES.

(réform. de Béarn, B. 685, f° 259; 736; 839). — On dit en basque *Uhaitz-Handia* (le grand ruisseau).

SALADER, f. c^{ne} de Laguinge; mentionnée en 1520 (cout. de Soule).

SALABERRIA, h. c^{ne} de Villefranque.

SALADE (LE CHEMIN DE LA), c^{ne} de Pau; mentionné en 1629 (ch. de la Chamb. des Comptes, B. 3756). — Il conduisait au lieu d'inhumation des suppliciés.

SALAFRANQUE, f. c^{ne} de Lys. — *Sale-Ranque*, 1385 (cens. f° 71).

SALANAVE, f. c^{ne} de Licq-Atherey; mentionnée en 1520 (cout. de Soule).

SALARS (LES), h. c^{ne} d'Aydius.

SALATÉE (LE), ruiss. qui coule sur la c^{ne} de Lanne et se jette dans le ruisseau de Benou.

SALBOU (LE PIC), c^{ne} de Lescun.

SALDUN, fief, c^{ne} de Viodos-Abense-de-Bas; mentionné au xviie siècle (ch. d'Arthez-Lassalle), vassal de la vicomté de Soule.

SALEJUSAN, fief, c^{ne} de Masparraute; vassal du royaume de Navarre.

SALENAVE, f. c^{ne} de Bérenx; mentionnée en 1385 (cens. f° 9). — *Salanaba*, 1535 (réform. de Béarn, B. 833). — Le fief de Salenave, vassal de la vicomté de Béarn, ressortissait au baill. de Rivière-Gave.

SALENAVE, f. c^{ne} de Salies. — *Salanave*, 1535 (réform. de Béarn, B. 705, f° 217).

SALÈS (LE), ruiss. qui arrose les c^{nes} d'Ossenx et de Narp et se jette dans le Gave d'Oloron.

SALEYS (LE), riv. qui prend sa source dans la c^{ne} de Vielleségure, arrose Bastanès, Bugnein, Castetbon, Loubieng, Montestrucq, l'Hôpital-d'Orion, Salies, Carresse, et se jette à Cassaber dans le Gave d'Oloron. — *La Saleis*, 1448 (ch. de Salies, E. 361). — *Lo Salees*, 1536; *le ruisseau du Sallès, lo Salès*, 1675 (réform. de Béarn, B. 666, f° 288; 684, f° 286; 821, f° 110).

Le bois du Saleys couvre une partie des c^{nes} de Castetbon, de Vielleségure et de Navarrenx; mentionné en 1339. — *Lo bosc aperat lo Salles*, 1538; *Loussalès, le bois du Sallez*, 1675 (réform. de Béarn, B. 669, f°s 163, 165 et 175; 682, f° 267; 721).

SALHA, chât. c^{ne} d'Aïcirits. — *Çalaha*, 1384 (coll. Duch. vol. CX, f° 86). — *La maison deu senhor de Salha en lo pays de Micxe*, 1547 (ch. de Navarre, E. 470). — C'était un fief qui relevait du royaume de Navarre.

SALHA, chât. c^{ne} de Saint-Jean-le-Vieux.

SALHAGAGNE, mont. c^{nes} d'Etchebar et de Larrau.

SALHA-LUCHIA (LE), ruiss. qui arrose la c^{ne} de Hasparren et se jette dans l'Urhandia.

SALUARTÉ (LE), ruiss. qui prend sa source à Garris et se jette à Amendeuix-Oneix dans le Camito.

SALHADUNE, mont. c^{nes} d'Alçay-Alçabéhéty-Sunharette et de Camou-Cihigue.

SALIDÈS (LE), ruisseau. — Voy. AIGUELONGUE (L').

SALIER (LE CHEMIN), grand chemin qui conduisait de Tarbes (Hautes-Pyrénées) à Salies. — *Cami Salice, lo cami aperat Salier qui viey per lo Pont-Lonc de Pau, de Lescar, tiran a las Bordes d'Espoey*, 1451 (cart. d'Ossau, f°s 59, 180, 196). — *La carrera Saliera*, 1535 (réform. de Béarn, B. 704, f° 116). — *Le grand et large chemin qu'occupent les charretiers pour aller quérir du sel à Orthes et autres denrées*, 1657 (ch. d'Ossau, E.). — *Le chemin Sallié*, 1683 (réform. de Béarn, B. 678, f° 356). — *Le chemin Sallier*, 1756 (dénombr. de Doazon, E. 27).

SALIÈRES (LES), ruiss. qui prend sa source à Vielleségure, sépare cette commune de celle de Loubieng et se perd dans le ruisseau du Làa à Sauvelade.

SALIES, arrond. d'Orthez. — *Salinæ*, x^e s^e (cart. de Bigorre). — *Vicaria de Salies*, xie s^e (cart. de Lescar, d'après Marca, Hist. de Béarn, p. 280). — *Terra de Salinis*, 1120 (coll. Duch. vol. CXIV, f° 34). — *Villa quæ dicitur Salies*, 1127 (ch. de Sauvelade, d'après Marca, Hist. de Béarn, p. 421). — *Villa quæ dicitur Saline in Aquensi pago*, 1235 (réform. de Béarn, B. 864). — En 1385, Salies comptait 247 feux et son bailliage ne renfermait que la commune. — La notairie avait le même ressort que le bailliage.

En 1790, le canton de Salies se composait des communes du canton actuel, moins Escos, plus l'Hôpital-d'Orion, Oraàs et Orion.

SALIES, fief, c^{ne} de Jurançon; créé en 1652 et vassal de la vicomté de Béarn.

SALIGA (LE), lande, c^{ne} d'Aressy.

SALINES (LES), usine, c^{ne} de Briscous.

SALLABERRY, f. c^{ne} d'Arbouet-Sussaute. — *Salaverri*, 1621 (Martin Biscay).

SALLABERRY, f. c^{ne} d'Ilbarre. — *Salanova*, 1621 (Martin Biscay).

SALLABERRY (LE), ruiss. qui arrose Viodos-Abense-de-Bas et se jette dans le Saison.

SALLE (LA), chât. c^{ne} de Charre. — *Une salle forte aveu foussatz a maneyre de castet, vulgarement dite la Salle de Mongaston*, 1450 (coll. Duch. vol. CX, f° 186).

SALLE (LA), éc. c^{ne} de Castetpugon.

SALLE (LA), f. et fief, c^{ne} d'Alos-Sibas. — *La Sale de Sibas*, 1455 (coll. Duch. vol. CXIV, f° 43). — Ce fief relevait de la vicomté de Soule.

Salle (La), f. c^ne d'Arrosès. — *Lassale*, 1776 (terrier d'Arrosès, E. 173).

Salle (La), f. c^ne de Mazeroles. — *La Sale*, 1385 cens. f° 52).

Salle (La), fief, c^ne d'Amendeuix; vassal du royaume de Navarre.

Salle (La), fief, c^ne d'Ance. — *La Sala d'Ance*, 1538 (réform. de Béarn, B. 848, f° 20). — Ce fief était vassal de la vicomté de Béarn.

Salle (La), fief, c^ne d'Andrein. — *La Sale d'Andrenh*, 1385 (cens. f° 14). — *La Sala d'Andrenh*, 1538 (réform. de Béarn, B. 848, f° 9). — Ce fief, vassal de la vicomté de Béarn, ressortissait au baill. de Sauveterre.

Salle (La), fief, c^ne d'Assat. — *L'ostau de la Sala d'Assat*, 1538 (réform. de Béarn, B. 848, f° 4). — Ce fief relevait de la vicomté de Béarn.

Salle (La), fief, c^ne d'Athos-Aspis. — *La Sale d'Athos*, 1385 (cens. f° 14). — *La Sala d'Athos*, 1538 (réform. de Béarn, B. 828). — Le fief de la Salle, qui relevait de la vicomté de Béarn, ressort. au baill. de Sauveterre.

Salle (La), fief, c^ne de Balansun. — *La domenguedura aperada de la Sala*, 1538 (réform. de Béarn, B. 830). — Ce fief était vassal de la vicomté de Béarn.

Salle (La), fief, c^ne de Bardos. — *La Sale de Bardos*, 1502 (ch. de Navarre, E. 424).

Salle (La), fief, c^ne de la Bastide-Cézéracq. — *La Sala de Ceserac*, 1538 (réform. de Béarn, B. 848, f° 3). — Ce fief relevait de la vicomté de Béarn.

Salle (La), fief, c^ne de Bérenx. — *L'ostau de la Sale de Berenx*, 1385 (cens. f° 9). — *La Salla*, 1548 (réform. de Béarn, B. 760, f° 23). — Le fief de la Salle relevait de la vicomté de Béarn et ressort. au baill. de Rivière-Gave.

Salle (La) ou Frexou, fief, c^ne de Bidos. — *La Sala de Bedos*, 1267 (cart. d'Oloron, f° 58). — Ce fief était vassal de la vicomté de Béarn.

Salle (La), fief, c^ne de Billère. — *La Sala de Bilhera*, 1538 (réform. de Béarn, B. 833). — *Les métairies de Roques et de Poissy maintenant appelées de la Salle*, 1767 (dénombr. de Pau, E. 40). — Ce fief relevait de la vicomté de Béarn.

Salle (La), fief, c^ne de Bordes (c^on de Clarac); mentionné en 1675 (réform. de Béarn, B. 677, f° 69), vassal de la vicomté de Béarn.

Salle (La), fief, c^ne de Buzy. — *La Sala de Busi*, 1538; *la Sale de Busi*, 1546 (réform. de Béarn, B. 754; 833). — Ce fief, vassal de la vicomté de Béarn, fut créé en 1491 par Catherine, reine de Navarre, en faveur de Jean de La Salle, alors évêque de Couserans.

Salle (La), fief, c^ne de Camou-Mixe-Suhast. — *La Sala de Suhast*, 1547 (ch. de Navarre, E. 470). — Ce fief relevait du royaume de Navarre.

Salle (La), fief, c^ne de Cassaber. — *La Sala de Cassaver*, 1538 (réform. de Béarn, B. 828). — Ce fief était vassal de la vicomté de Béarn.

Salle (La), fief, c^ne de Castagnède. — *L'ostau de la Sala de Castanhede*, 1385 (cens. f° 15). — *La Sala*, 1538; *la Sale de Mur*, 1546 (réform. de Béarn, B. 754; 833). — Ce fief, vassal de la vicomté de Béarn, ressort. au baill. de Mu.

Salle (La), fief, c^ne de Charritte-de-Bas. — *La Sala de Charrite*, 1520 (cout. de Soule). — Le titulaire de ce fief, vassal de la vicomté de Soule, était un des dix *potestats* de Soule.

Salle (La), fief, c^ne d'Escos; vassal du royaume de Navarre.

Salle (La), fief, c^ne de Gotein-Libarrenx. — *La Sala de Gotenh*, 1391 (not. de Navarrenx). — Ce fief relevait de la vicomté de Soule.

Salle (La), fief, c^ne d'Idron. — *La Sala de Ydroo*, 1538 (réform. de Béarn, B. 833). — Ce fief relevait de la vicomté de Béarn.

Salle (La), fief, c^ne d'Ispoure, vassal du royaume de Navarre.

Salle (La), fief, c^ne de Lanne. — *La Sala de Lanu*, 1538 (réform. de Béarn, B. 848, f° 20). — Ce fief était vassal de la vicomté de Béarn.

Salle (La), fief, c^ne de Lanneplàa; mentionné en 1682 (réform. de Béarn, B. 671, f° 39), vassal de la vicomté de Béarn.

Salle (La), fief, c^ne de Larceveau, à Cibits; vassal du royaume de Navarre.

Salle (La), fief, c^ne de Lendresse; mentionné en 1675 (réform. de Béarn, B. 670, f° 145). — Ce fief relevait de la vicomté de Béarn.

Salle (La), fief, c^ne de Lons. — *La Sala de Laoos*, 1538 (réform. de Béarn, B. 848, f° 4). — Ce fief était vassal de la vicomté de Béarn.

Salle (La), fief, c^ne de Loubieng. — *L'ostau de la Sale de Lobienh*, 1385 (cens. f° 5). — *La Sala*, 1538 (réform. de Béarn, B. 833). — Le fief de la Salle relevait de la vicomté de Béarn et ressort. au baill. de Larbaig.

Salle (La), fief, c^ns de Masparraute; vassal du royaume de Navarre.

Salle (La), fief, c^ne de Montestrucq. — *La Sale*, 1385 (cens. f° 5). — *La Sala de Montastruc*, 1538 (réform. de Béarn, B. 848, f° 6). — Ce fief, vassal de la vicomté de Béarn, ressortissait au baill. de Larbaig.

Salle (La), fief, c^ne de Navarrenx, à Bérérenx; men-

Salle (La), fief, c^{ne} d'Oloron-Sainte-Marie, à Soeix. — Ce fief, créé en 1582, relevait de la vicomté de Béarn.

Salle (La), fief, c^{ne} d'Os-Marsillon; mentionné en 1675 (réform. de Béarn, B. 670, f° 141), vassal de la vicomté de Béarn.

Salle (La), fief, c^{ne} d'Osserain-Rivareyte; mentionné au XVIIe siècle (ch. d'Arthez-Lassalle), vassal de la vicomté de Soule.

Salle (La), fief, c^{on} de Poey (c^{on} de Lescar). — *L'ostau de la Sala de Poey*, 1538 (réform. de Béarn, B. 848, f° 3). — Ce fief relevait de la vicomté de Béarn.

Salle (La), fief, c^{ne} de Ramous. — *La Sale d'Arramos*, 1385 (cens. f° 9). — *La Sala d'Arramoos*, v. 1405 (not. de Navarrenx). — Ce fief, vassal de la vicomté de Béarn, ressort. au baill. de Rivière-Gave.

Salle (La), fief, c^{ne} de Rontignon. — *La Sala de Frontinhoo*, 1538 (réform. de Béarn, B. 848, f° 5). — Ce fief relevait de la vicomté de Béarn.

Salle (La), fief, c^{ne} de Sainte-Suzanne. — *La Sale de Begbeder*, 1385 (cens. f° 5). — Ce fief, vassal de la vicomté de Béarn, ressort. au baill. de Larbaig.

Salle (La), fief, c^{ne} de Salies. — *La domengedure de la Sala de Salies*, 1538; *la Sale de Salies*, 1546 (réform. de Béarn, B. 754; 833). — Ce fief, vassal de la vicomté de Béarn, ressort. au baill. de Salies.

Salle (La), fief, c^{ne} de Salles-Mongiscard; mentionné en 1675 (réform. de Béarn, B. 670, f° 218), vassal de la vicomté de Béarn.

Salle (La), fief, c^{ne} de Sauguis-Saint-Étienne. — *La Sale de Saint-Etiene*, XVIIe s^e (ch. d'Arthez-Lassalle). — Ce fief était vassal de la vicomté de Soule.

Salle (La), ruiss. qui prend sa source à la Bastide-Clairence, arrose Bardos et se jette dans la Joyeuse.

Salle-de-Candau (La), fief, c^{ne} d'Assat; mentionné en 1675 (réform. de Béarn, B. 678, f° 323), faisait partie de la baronnie de Saint-Aubin.

Salle-Ducamp (La), fief, c^{ne} de Puyòo. — *L'ostau de la Sale, l'ostau deu Cam de Poyou*, 1385 (cens. f° 9). — Ce fief relevait de la vicomté de Béarn.

Sallenave, fief, c^{ne} d'Ostabat, à Asme; vassal du royaume de Navarre.

Salles, f. c^{ne} de Salies. — *Sales*, 1535 (réform. de Béarn, B. 705, f° 214).

Salles (Le Pas de), ruiss. qui prend sa source à Salles-pisse, sépare cette commune de celle de Bonnut et se jette dans le Luy-de-Béarn près de Bonnegarde (départ. des Landes).

Salles (Le ruisseau de), sert de limite aux c^{nes} de Chéraute, Moncayolle-Larrory-Mendibieu, Berrogain-Laruns, et se jette dans le Saison. — *Lo pas de Salles*, 1479 (contrats d'Ohix, f° 93).

Salles-Mongiscard, c^{on} de Salies. — *Burgus apud castellum Montem Guiscardum*, 1106 (cart. de Dax, d'après Marca, Hist. de Béarn, p. 401). — *Monguiscart*, 1246 (ch. de Came, E. 425). — *Sales-Monguisquart*, 1385 (censier). — *Salus-Monguiscart*, 1476 (not. de Castetner, f° 86). — *Sales*, vers 1540; *Sales-Monguiscart*, 1548 (réform. de Béarn, B. 761, f° 1; 800, f° 12). — En 1385, Salles-Mongiscard ressort. au baill. de Rivière-Gave et comprenait 23 feux.

Sallespisse, c^{on} d'Orthez. — *Salespisso*, 1304 (ch. de Béarn, E. 3390). — *Salespisses*, 1307 (cart. d'Orthez, f° 19). — *Sales-Pissos*, 1346 (ch. de Béarn, E. 1810). — *Salespissoo*, 1385 (cens.). — *Salus-Pisso*, 1476 (not. de Castetner). — *Salespis*, 1583 (ch. de Garos, E. 349). — *Sales et Rontun*, 1546; *Salles-Pisse*, 1675 (réform. de Béarn, B. 665, f° 253; 754). — En 1385, Sallespisse ressort. au baill. de Pau et comptait 27 feux.

Sallette (La), fief, c^{ne} de Balansun; mentionné en 1684 (réform. de Béarn, B. 672, f° 3), vassal de la vicomté de Béarn.

Sallette (La), fief, c^{ne} d'Uzos. — *La Saleta de Usos*, 1538 (réform. de Béarn, B. 848, f° 5). — Ce fief relevait de la vicomté de Béarn.

Saltaussina, h. c^{ne} de Louhossoa. — *Saltaussinoa*, 1625 (ch. de Louhossoa, E. 350).

Salvéty, montagne, c^{ne} d'Estérençuby, sur la frontière d'Espagne.

Samadet, éc. c^{ne} de Bourdettes.

Samau, f. c^{ne} d'Irissarry; mentionnée en 1761 (collat. du dioc. de Bayonne). — Il y avait une prébende de ce nom dans l'église d'Irissarry.

Sames, c^{on} de Bidache; mentionné en 1255 (cart. de Bayonne, f° 53). — *Sammes*, 1463 (aveux de Languedoc, n° 2936). — Sames faisait partie de l'archiprêtré de Rivière-Fleuve (dioc. de Dax) et formait avec Came et Saint-Pé-de-Léren une baronnie qui relevait du château de Dax et dépendait du duché de Gramont.

Samonzet, f. c^{ne} de Pau. — Ce domaine tire son nom de son ancien propriétaire, le médecin Samonzet.

Samonzet, h. c^{ne} de Lamayou. — *Somonset*, 1429 (cens. de Montaner, f° 55). — *Sosmonset*, 1536; *Semonzet*, 1547; *Samonset*, 1673 (réform. de Béarn, B. 652, f° 134; 756, f° 10; 806, f° 40).

Samsons, c^{on} de Lembeye. — *Sanzos*, XIIe s^e (Marca, Hist. de Béarn, p. 450). — *Samssos*, 1385; *Sansou*, 1402 (censier). — *Sansoos*, 1442 (contrats de Carresse, f° 234). — *Sansoos*, 1492 (not. de Pau, n° 3, f° 119). — *Samsons-Lion*, depuis la réunion de Lion. — En 1385, Samsons ressortissait au baill. de Lembeye et comprenait 18 feux. — La baronnie de Samsons, vassale de la vicomté de Béarn, se composait de Bétrac, Crousseilles, Haget, Langassous, Lapèdes, Lasserre et Samsons. — Samsons était un membre de la commanderie de Malte de Caubin et Morlàas.

SANCERRE (LE MOULIN DE), c^ne de Morlàas, sur le Luy-de-France. — *Lo bosc et lo molii de Sansert*, 1643 (cens. de Morlàas, f° 107).

SANGLADER (LA SERRE DU), coteau qui sépare les c^nes de Monein et de Parbayse; mentionné en 1540 (réform. de Béarn, B. 789, f° 122).

SANGUINADAS (LES), h. c^ne de Castétis. — *Los Sanguinadaas*, 1536 (réform. de Béarn, B. 806, f° 3). — *Singuinadas* (carte de Cassini). — L'Ordre de Malte avait la juridiction de ce hameau.

SANSANÉ, mont. c^ne d'Urdos, sur la frontière d'Espagne.

SANSARRICQ, f. c^ne de Pau.

SANSAU, f. c^ne de Mourenx. — *Castera de Morenguets*, 1766 (terrier de Mourenx, E. 277).

SANS-CULOTTES (LA REDOUTE DES), c^ne d'Urrugne.

SANSOLE, f. c^ne d'Esquiule; mentionnée en 1443 (not. d'Oloron, n° 4, f° 76).

SANSOUS, f. c^ne de Barinque. — *Sunsou*, 1385 (cens. f° 55).

SARAMIA, éc. c^ne d'Arthez.

SARASQUÉTA, f. c^ne de Macaye. — *La maison appelée de Sarescquéta*, 1625 (ch. de Louhossoa, E. 350).

SARASTEY (LE), ruiss. qui coule sur la c^ne des Aldudes et se jette dans l'Autrin.

SARATCÉ, mont. c^nes de Larrau et de Sainte-Engrace.

SARAUBY, f. c^ne d'Orion. — *Saraubii*, 1385 (cens. f° 14). — *Saraubin*, 1675 (réform. de Béarn, B. 680, f° 266).

SARBOUNIÉTA, h. c^ne de Jatxou.

SARDAY (LE), ruiss. qui sépare les c^nes d'Alçay-Alçabéhéty-Sunharette et de Lacarry-Arhan-Charritte-de-Haut et se jette dans l'Aphourra.

SARDON (LE), ruiss. qui arrose Maspie-Lalonquère-Juillac et se perd dans le Léès.

SARE, c^ne d'Espelette. — *Sares*, XIIe siècle (cart. de Bayonne, f° 6). — En 1790, Sare fut le chef-lieu d'un canton dép. du district d'Ustaritz et composé des communes d'Ainhoue, Ascain et Sare.

SARGAILLOUSE, bois, c^ne de Coarraze.

SARGARAY (LE), ruiss. qui coule à Saint-Étienne-de-Baïgorry et se perd dans le ruisseau de la Bastide.

SARGUINDÉGUY, mont. c^ne des Aldudes, sur la frontière d'Espagne.

SARRY, fief, c^ne de Juxue; vassal du royaume de Navarre.

SARRY-IBARRÉ, h. c^ne de Gabat.

SARIES (LES), éc. c^ne de Mourenx; mentionné en 1766 (terrier de Mourenx, E. 277).

SARPOURENX, c^on de Lagor. — *Sarporenx*, 1385 (cens). — *Sarporencx*, 1538; *Sarporenxs*, 1546 (réform. de Béarn, B. 849). — Il y avait une abbaye laïque vassale de la vicomté de Béarn. — En 1385, Sarpourenx comprenait 25 feux et ressort. au baill. de Larbaig.

SARRA (LE), ruiss. qui arrose Itsatsou et se jette dans la Nive.

SARRA (LE), ruiss. qui coule à Tardets-Sorholus et se perd dans le ruisseau d'Erretçu.

SARRABÈRE, fief, c^ne de Salies. — *L'ostau de Sarrebere*, 1385 (cens. f° 6). — *Sarravere*, 1535; *la domengedure de Sarrabera*, 1538 (réform. de Béarn, B. 705, f° 278; 833). — Le fief de Sarrabère, vassal de la vicomté de Béarn, ressort. au baill. de Salies.

SARRAIL, f. c^ne de Lannepläa. — *Sorrolhe*, 1385 (cens. f° 4).

SARRAIL, f. c^ne de Montestrucq. — *Lo Sarralh de Montesquiu*, 1457 (not. de Castetner, f° 107).

SARRAMEYAN, éc. c^ne de Cescau.

SARRANCE, c^on d'Accous; ancienne annexe de Bedous érigée en commune le 22 mai 1778. — *Oratorium Beatæ-Mariæ de Sarrancia*, 1345 (ch. de Béarn, E. 430). — *Hospitau de Nostre-Dame de Sarrance*, 1364 (ch. de Sarrance). — *Sarransce*, 1396; *Nostre-Done de Sarranse*, 1450 (not. de Lucq). — Ancien prieuré de Prémontrés dépendant de l'abb. de Saint-Jean de la Castelle (départ. des Landes); Sarrance, placé sur une des routes qui conduisaient à Saint-Jacques de Compostelle, fut un lieu de pèlerinage célèbre au moyen âge. — Il y avait une abb. laïque vassale de la vicomté de Béarn.

SARRASINS (LA FONTAINE DES), c^ne de Bizanos. — *La font deus Sarrasiis*, 1535 (réform. de Béarn, B. 704, f° 10).

SARRASQUETTE, vill. c^ne de Bussunarits; anc. c^ne réunie à Bussunarits le 12 mai 1841. — *Sarasqueta*, 1513 (ch. de Pampelune).

SARRAUDE, f. c^ne de Salies. — *Sarraute*, 1535 (réform. de Béarn, B. 705, f° 239).

SARRAUTE, fief, c^ne de Taron, à Sadirac. — Ce fief était vassal de la vicomté de Béarn.

SARRECAUTE, f. c^ne d'Athos-Aspis; mentionnée en 1385 (cens. f° 13). — *Serracaute*, 1614 (réform. de Béarn, B. 817, f° 3).

SARROT (LE), chât. c^ne de Jurançon. — *Lo parsan deu*

Serot, 1538; lo Serrot, v. 1540 (réform. de Béarn, B. 785, f° 8; 850).

Sarruque (La), éc. c^ne de Castetpugon.

Sarrusons, éc. c^ne de Louvie-Soubiron.

Sartey (Le bois), c^nes d'Artigueloutan et de Nousty. — Lo bosc aperat Sarteh, 1457 (cart. d'Ossau, f° 177).

Sassus, fief, c^ne de Lucq-de-Béarn; créé en 1617, vassal de la vicomté de Béarn.

Satharits-Urruty, h. c^ne d'Isturits. — Satariz, 1621 (Martin Biscay). — Le fief de Satharits relevait du royaume de Navarre.

Saubagnac (Le), ruiss. qui sépare les c^nes de Ramous et de Puyôo et se jette dans le Gave de Pau.

Saubardenne, éc. c^ne de Lembeye; mentionné en 1675 (réform. de Béarn, B. 649, f° 336).

Saubatou (Le col de), c^nes d'Accous et de Borce.

Saubayot, mont. c^ne de Bielle.

Sauberan, lande, c^ne de Narp. — Saubaran, 1779 (terrier de Narp, E. 338).

Saubistes (Le pic de), c^ne de Laruns. — La pene de Saubista, 1456 (cart. d'Ossau, f° 261). — Le ruisseau de Saubistes descend de cette montagne et se jette à Laruns dans le Gave de Brousset.

Saubole, c^on de Morlàas. — Seubole, xiii° s° (fors de Béarn). — Seuvola, xiv° siècle (cens.). — Sceubola, 1544; Saubola, 1548 (réform. de Béarn, B. 758, f° 1). — En 1385, Saubole ressortissait au baill. de Montaner et comprenait 7 feux.

Saudote (Le), ruiss. qui prend sa source à Orion et se jette à l'Hôpital-d'Orion dans le Saleys; mentionné en 1264 (réform. de Béarn, B. 680, f° 17).

Saucane (Le), ruiss. qui coule à Lantabat et se jette dans le Saint-Martin.

Saucède, c^on d'Oloron-Sainte-Marie-Est. — Villa de Sauceta, xii° siècle (coll. Duch. vol. CXIV, f° 80). — Saussede, 1385 (cens.). — Sent-Per de Saucede, 1420 (not. de Lucq). — La présentation à la cure de Saucède appartenait à l'abbaye de Lucq. — En 1385, Saucède comprenait 27 feux et ressort. au baill. d'Oloron.

Saucède (Le bois de), c^ne de Bénéjac. — La barthe de Saucede, xiv° siècle (ch. de Labatmale, E. 360).

Saucède (Le col de), c^ne de Béost-Bagès, sur la limite du départ. des Hautes-Pyrénées.

Saucéta (Le), éc. c^ne de Maslacq. — Saucetàa, 1755 (terrier de Maslacq, E. 273).

Saucette, mont. c^nes de Castet et de Louvie-Juzon.

Saucq, f. c^ne de Montfort. — Saut, 1384 (not. de Navarrenx).

Saucq, mont. c^ne d'Oloron-Sainte-Marie.

Saudan (Le), langue de terre entre l'Adour et la Joyeuse, c^ne d'Urt.

Sauguet, fief, c^ne de Montagut. — Sauguette, 1783 (reg. des États de Béarn). — Ce fief, créé en 1618, relevait de la vicomté de Béarn.

Sauguis, c^on de Tardets; mentionné en 1470 (contrats d'Ohix, f° 11). — Sauguis-Saint-Étienne, depuis la réunion de Saint-Étienne : 27 juin 1843. — On dit en basque Zalguica. — Sauguis était une baronnie relev. de la vicomté de Soule.

Sault-de-Navailles, c^on d'Orthez. — Sanctus-Nicolaus de Saltu, 1273 (reg. de Bordeaux, d'après Marca, Hist. de Béarn, p. 633). — Salt, xiii° siècle (coll. Duch. vol. CXIV, p. 34). — Saltus et Navalliæ, 1305 (ch. de Béarn, E. 524). — La vesiau de Saut, 1321 (cart. d'Orthez, f° 3). — Las baronies de Navalhes et d'Essaut, 1385 (not. de Navarrenx). — Saut-de-Nabalhes, 1457 (not. d'Assat, n° 2, f° 22). — Saut et Nabalhes, 1491 (ch. de Béarn, E. 3992). — Nostre-Done de Bournau de Saud, 1505 (not. de Garos). — Ancienne vicomté. — Sault-de-Navailles fut au commencement du xii° siècle le siège d'un archidiaconé du dioc. de Dax, dont les limites paraissent avoir compris les archiprêtrés de Rivière-Luy et de Rivière-Gave et une partie de celui de Rivière-Fleuve. Dans la suite, Sault-de-Navailles resta chef-lieu de l'archiprêtré de Rivière-Luy. — Membre de la comm^rie de Caubin et Morlàas. — Sault-de-Navailles faisait partie de la subdélégation de Saint-Sever (départ. des Landes).

Sauques, mont. c^ne de Laruns. — Sahuexs, 1355; Sauexs, 1440 (cart. d'Ossau, f° 38 et 276). — Saucqs, 1538 (réform. de Béarn, B. 833, f° 5).

Saut, fief, c^ne de Charre. — Saud, 1538 (réform. de Béarn, B. 848, f° 10). — Ce fief était vassal de la vicomté de Béarn et ressort. au baill. de Sauveterre.

Saut, fief, c^ne de Larceveau, à Cibits; vassal du royaume de Navarre.

Sautarisse, fief, c^ne de Bellocq. — L'ostau de Sauterisse, 1385 (cens. f° 7). — Ce fief, qui relevait de la vicomté de Béarn, ressort. au baill. de Rivière-Gave.

Sautarisse, h. c^ne de Sauveterre; mentionné en 1431 (contrats de Carresse, f° 54). — Sauterisse, 1538 (réform. de Béarn, B. 721).

Saut-de-Monein (Le), bois, c^ne de Monein. — Lo bosc aperat lo Saud, 1523 (ch. de Monein, E. 351).

Sauvagnon, c^on de Lescar. — Sobalhoo, 1376 (montre militaire, f° 30). — Saubanhoo, 1385; Soobanhoo, 1402 (cens.). — Sobanhoo, 1441 (cart. d'Ossau, f° 54). — Sent-Jurons de Sobanho, 1481 (not. de Larreule, n° 1, f° 5). — Saubanhon, 1546; Sobaignon, 1673 (réform. de Béarn, B. 653, f° 184; 754). — Souvagnon, 1755 (dénombr. E. 44).

Il y avait une abb. laïque vassale de la vicomté de Béarn. — En 1385, ce village comptait 44 feux et ressort. au baill. de Pau. — La baronnie de Sauvagnon rel. de la vicomté de Béarn. — La notairie de Sauvagnon comprenait Doumy et Sauvagnon.

Sauvejunte, f. et fief, c^{ne} de Montestrucq. — *Seubejunte en Larbaig*, 1354 (hommages de Béarn, f° 93). — *Seubejuncte*, 1391 (not. de Navarrenx). — *Saubajunte*, 1546; *Saubajuncte*, 1581 (réform. de Béarn, B. 754; 808, f° 51). — Le fief de Sauvejunte, vassal de la vicomté de Béarn, ressort. au baill. de Larbaig.

Sauvelade, c^{ne} de Lagor; anc. abb. de Bénédictins, ordre de Cîteaux, fondée en 1127. — *Locus qui dicitur Sylva-Lata*, 1127 (ch. de Sauvelade, d'après Marca, Hist. de Béarn, p. 421). — *Beata-Maria de Silvalata*, 1178 (coll. Duch. vol. CXIV, f° 36). — *Selvalada*, v. 1290 (ch. de Béarn, E. 427). — *Seubalade*, 1343 (not. de Pardies, n° 2). — *Ceubalade*, 1457 (not. de Castetner, f° 72). — *Nostre-Dame de Saubalade*, 1536 (dénombr. de Navarrenx, B. 821, f° 12). — En 1385, Sauvelade comprenait 17 feux et ressort. au baill. de Larbaig.

Sauveladete, f. détruite, c^{ne} d'Orthez; c'était une dépendance de l'abbaye de Sauvelade. — *Hospitalis Silva-Latæ Orthesii*, 1286 (Gall. christ. I, instrum. Lescar). — *L'espitau de Saubaladete*, 1391 (not. de Navarrenx). — *L'espitau et grange de Ceubaladete de Depart*, 1457 (not. de Castetner, f° 101).

Sauvemale, bois, c^{ne} de Monein, compris dans celui du Larincq. — *Saubamala*, 1535 (ch. de Monein, E. 351).

Sauveméa, h. c^{ne} d'Arrosès. — *Seubemca*, 1323 (ch. de Béarn, E. 940). — *Saubemeaa*, 1385 (cens.). — *Sobamea*, 1538; *Soubamea*, 1542 (réform. de Béarn, B. 728, f° 11; 833). — En 1385, Sauveméa ressort. au baill. de Lembeye et comptait 6 feux.

Sauvemia, f. c^{ne} de Salies. — *Sobamea, Saubemea*, 1535 (réform. de Béarn, B. 705, f°^s 214, 260).

Sauveterre, arrond. d'Orthez; mentionné au XIe s^e (Marca, Hist. de Béarn, p. 291). — *Salvaterra*, 1235 (réform. de Béarn, B. 864). — *Sanctus-Andreas de Salvaterra*, 1251 (cart. d'Oloron, d'après Marca, Hist. de Béarn, p. 533). — *Saubaterra*, 1253 (ch. de Béarn, E. 56). — *Saubeterra*, 1273 (hommages de Béarn, f° 101). — *Saubaterra*, XIIIe s^e (fors de Béarn). —

> .... Sauveterre,
> Une ville bonne a devise,
> A l'entrée d'Espagne assise.
>
> (Guill. Guiart, Branche des royaux lignages, p. 124.)

— *Sent-Anthoni de Saubaterre*, 1471 (contrats d'Ohix, f° 45). — *Salvatierra*, 1520 (ch. de Béarn, E. 470). — En 1385, Sauveterre comprenait 226 feux, et son baill. était composé des paroisses de Carresse, Cassaber, Sauveterre, de celles comprises dans les subdivisions de Garenx et Revesel et dans la viguerie de Mongaston (voy. ces mots). — La sénéchaussée de Sauveterre, créée en 1606, se composait du canton de Sauveterre en entier; du canton de Navarrenx, moins Dognen, Lay-Lamidou, Préchacq-Josbaig et Préchacq-Navarrenx; des c^{nes} de Carresse, Cassaber, Castagnède, la Bastide-Villefranche, Saint-Dos et Salies, du canton de Salies. — La subdélégation de Sauveterre, dépendant de l'intendance de Béarn et Navarre, puis de celle d'Auch et Pau, enfin de l'intendance de Pau et Bayonne, renfermait le canton de Sauveterre, moins l'Hôpital-d'Orion, et celui de Navarrenx, moins Préchacq-Josbaig, et les c^{nes} de Carresse, Cassaber, Castagnède, la Bastide-Villefranche et Saint-Dos, du canton de Salies. — Au XVIe et au XVIIe siècle, Sauveterre fut le chef-lieu d'un colloque protestant. — En 1679, le sceau de Sauveterre représentait *une vache surmontée d'une croix*.

En 1790, le canton de Sauveterre comprenait les c^{nes} du canton actuel, moins l'Hôpital-d'Orion, Oràas et Orion; plus les c^{nes} d'Araujuzon, Araux, Audaux, Bastanès, Bugnein, Castetnau-Camblong, Charre, Lichos, Rivehaute et Viellenave, du canton de Navarrenx.

Saux, chât. c^{ne} de Hasparren. — *Le mazon de Saut*, 1247 (cart. de Bayonne, f° 57).

Saux (Le ruisseau de), arrose Louvie-Juzon et se jette dans le Gau d'Illens.

Sayberry, mont. c^{ne} de Sare.

Sayette ou Esturiendel, mont. c^{ne} de Laruns. — *Sagete*, 1429 (ch. de Buzy, DD. 1). — *Sagette*, 1675 (réform. de Béarn, B. 658, f° 181).

Sayquet, h. c^{ne} de Sarrance.

Sazie, f. et mⁱⁿ, c^{ne} d'Asson, sur le Béès. — *Sasie*, 1538; *Saisie, Saysie*, 1581 (réform. de Béarn, B. 807, f° 91; 808, f° 47).

Séberry, h. c^{ne} d'Etsaut.

Séby, c^{on} d'Arzacq. — *Sebii, Cebii*, 1538 (réform. de Béarn, B. 830; 831). — *Sébi*, 1734 (dénombr. de Vignes, E. 45). — Séby dép. de la subdélégation de Saint-Sever. — Le ruisseau de Séby arrose Séby et Mialos et se jette dans le Luy-de-France.

Secours ou Soucours, eaux minérales, c^{ne} de Sévignac (c^{on} d'Arudy).

Sécula (Le martinet de), c^{ne} d'Igon; forge mentionnée en 1771 (intendance).

Sède (La), éc. c^ne de Lalongue. — *Lassedes*, 1779 (terrier de Lalongue, E. 196).

Sède (La), éc. c^ne de Monpézat-Bétrac. — *Lacede, Lascedes*, 1748 (terrier de Bétrac, E. 179).

Sède (La), f. de Luc-Armau. — *Lassede*, 1774 (terrier d'Armau, E. 172).

Sède (La), lande, c^ne de la Bastide-Monréjau. — *La Scede*, 1777 (terrier de la Bastide-Monréjau, E. 266).

Sèdes (Las), éc. c^ne de Samsons-Lion.

Sedieys (Le), ruiss. qui coule à Méritein et se jette dans le Gave d'Oloron.

Sedze, c^on de Montaner. — *Villa quæ dicitur Cedza*, xie s^e (cart. de l'abb. de Saint-Pé, d'après Marca, Hist. de Béarn, p. 327). — *Setze*, 1290 (ch. de Béarn, E. 427). — *Sexse*, xiiie s^e (fors de Béarn, p. 36). — *Sedse*, 1402 (cens.). — *Setsa*, 1429 (cens. de Bigorre, f° 267). — *Sedza*, 1546 (réform. de Béarn, B. 754). — *Sedze-Maubec*, depuis la réunion de Maubec: 13 février 1845. — En 1385, Sedze comprenait 17 feux et ressort. au baill. de Montaner.

Sedzère, c^on de Morlàas. — *Sezere*, xiie s^e (Marca, Hist. de Béarn, p. 453). — *Setsere*, 1385; *Sedsere*, 1402 (cens.). — En 1385, Sedzère ressort. au baill. de Pau et comptait 15 feux.

Ségalas, f. c^ne de Salles-Mongiscard; mentionnée en 1385 (cens. f° 8). — *Segualas*, v. 1540 (réform. de Béarn, B. 800, f° 12).

Ségalas, f. c^ne de Sauveterre; mentionnée en 1385 (cens. f° 11).

Ségalas, h. c^ne de Lagor. — *Segualaas*, 1343 (not. de Pardies, n° 2).

Ségas, f. c^ne d'Arthez.

Ségot, éc. c^ne de Baleix.

Ségu, mont. c^nes d'Asasp et d'Issor.

Séguadache (Le ruisseau), coule à Vielleségure et se jette dans le Làa.

Sègues, éc. c^ne de Rivehaute.

Sègues, h. c^ne de Lucq-de-Béarn; mentionné en 1562 (cens. de Lucq).

Séguit (Le col de), c^ne d'Etsaut.

Ségur, chât. c^ne de Bayonne.

Séguna (Le), ruiss. qui prend sa source à Espelette et se jette à Ainhoue dans le Charra-Farandey.

Seigneur (Le chemin du), nom générique donné autrefois à tous les grands chemins publics dans les arrond. de Pau, d'Oloron et d'Orthez. — *Lo cami deu Senhor*, dans les campagnes; *la carrere deu Senhor*, dans l'intérieur des villages.

Seigneurie (La), f. c^ne de Maucor. — *La Segneurie, la Segnourie*, 1780 (terrier de Maucor, E. 208).

Semaïkénéguia, mont. c^nes de Lantabat et de Larceveau.

Séméac, c^on de Lembeye. — *Semeacum*, 1118 (cart. du chât. de Pau). — *Semeagon*, 1674; *Semiac*, 1683 (réform. de Béarn, B. 652, f° 365; 653, f° 201). — *Séméacq*, 1739 (dénombr. E. 44). — *Séméac-Blachon*, depuis la réunion de Blachon.

Sencubulle (Le col de), c^ne de Larrau.

Sendets, c^on de Morlàas. — *Sendets, Sendez*, xiie s^e (cart. de Morlàas, f°s 8 et 10). — *Sendegs*, 1385; *Scendetz*, 1402 (cens.). — *Saint-Detz*, 1675 (réform. de Béarn, B. 650, f° 248). — En 1385, Sendets ressort. au baill. de Pau et comptait 11 feux. — Au xvie siècle, Sendets faisait partie de la baronnie de Coarraze.

Sendets, éc. c^ne d'Anoye. — Voy. Caubin de Sendets.

Sénéchal (Le moulin du), c^ne de Maslacq. — *Le moulin du Senescau*, 1701 (dénombr. de Maslacq, E. 35).

Senzorques, éc. c^ne d'Arbus.

Sept-Bordes (Les), h. c^ne de l'Hôpital-d'Orion; mentionné en 1547 (réform. de Béarn, B. 748).

Sept-Camis (Les), lande, c^ne d'Escurès. — *Les Talabens, les Talabens*, 1775 (terrier d'Escurès, E. 188, p. 46).

Sept-Haus (Les), lande, c^ne d'Orriule; c'était en 1264 la limite des c^nes d'Orriule, de Làas et du pays de Garenx. — *L'ospitau de Sent-Johan de Set-Faus*, 1391 (not. de Navarrenx). — *Sethaus*, 1538 (réf. de Béarn, B. 820).

Serbou, f. c^ne de Loubieng. — *Laneserbo*, 1540; *la maison de Serboo*, 1568 (réform. de Béarn, B. 726, f° 115; 797, f° 2).

Séré, f. c^ne de Saint-Faust. — *Serer*, 1385 (cens. f° 56).

Sérée, vill. c^ne de Bentayou; ancienne commune réunie à Bentayou en 1845. — *Sere*, 1602; *Sainte-Catherine de Séré*, 1675 (réform. de Béarn, B. 648; 812). — En 1385, Sérée ressortissait au baill. de Montaner et comprenait 8 feux.

Serieys (Le moulin de), c^ne de Sainte-Suzanne.

Serrade (La), h. c^ne de Bardos.

Serrade (La), h. c^ne de Lanneplàa.

Serramédouse, éc. c^ne de Castillon (c^on d'Arthez).

Serramone, f. c^ne de Ledeuix. — *Serramone*, 1443 (not. d'Oloron, n° 4, f° 75). — *Serramona*, 1538 (réform. de Béarn, B. 847).

Serramone, fief, c^ne d'Aurions-Idernes. — *Serranona*, 1538; *Sarramonne*, 1675 (réform. de Béarn, B. 653, f° 343; 848, f° 105). — *Sarramoune*, 1780 (terrier d'Aurions, E. 175). — Ce fief relevait de la vicomté de Béarn.

Serrat-Jacéa (Le), ruiss. qui arrose la c^ne d'Osse et se jette dans le Lourdios.

Serre (La), bois, c^{ne} de Làas; mentionné en 1538 (réform. de Béarn, B. 820).

Serre (La), éc. c^{ne} d'Oloron-Sainte-Marie, à Légugnon.

Serre (La), f. c^{ne} de Gurs. — *La Serra*, v. 1560 (réform. de Béarn, B. 796, f° 6).

Serre (La), f. c^{ne} de Loubieng; mentionnée en 1540 (réform. de Béarn, B. 726, f° 100).

Serre (La), f. c^{ne} de Saint-Faust; mentionnée en 1385 (cens. f° 56).

Serre (La), fief, c^{ne} de Saint-Boès. — *La maison noble de Lasserre*, 1683 (réform. de Béarn, B. 671, f° 16). — Ce fief, créé en 1637, relevait de la vicomté de Béarn.

Serre (La), ruiss. qui prend sa source dans la c^{ne} de Moncayolle-Larrory-Mendibieu et se mêle au Laussét, en arrosant Angous et Castelnau-Camblong.

Serre (Le chemin de la), nom générique des chemins qui suivent les hauteurs. — Ce terme s'emploie dans les arrond. de Pau, d'Oloron et d'Orthez.

Serre-Bendouse, mont. c^{nes} d'Aramits, d'Arette et d'Issor.

Serre-Castet, mont. c^{nes} d'Agnos et d'Asasp. — *Serre-Casteig*, 1778 (terrier d'Asasp, E. 229).

Serre-de-Brosse (La), h. c^{ne} d'Asson.

Serre-de-Haut (La), h. c^{ne} d'Angous.

Serre-de-Pan (La), mont. c^{ne} de Bielle.

Serredingue, h. c^{ne} de Lagor. — *Serra de Mureg*, 1572 (réform. de Béarn, B. 796). — *Serradingou*, 1659 (reg. de Lagor, BB. 2, f° 27).

Serregayon (La), lande, c^{ne} de Baigts. — *Sarragayon*, 1675 (réform. de Béarn, B. 665, f° 358).

Serre-Martin, lande, c^{ne} de Garos. — *Sarre-Martii*, 1691 (ch. de Garos, E. 349).

Serremia, f. c^{ne} de Bugnein. — *Serremiaa*, 1385 (not. de Navarrenx).

Serreplàa, bois, c^{ne} de Momas. — *Sarreplaa, Sarraplaa*, 1775 (terrier de Momas, E. 210).

Serres, f. c^{ne} de Salies; mentionnée en 1535 (réform. de Béarn, B. 705, f° 229).

Serres, h. c^{ne} de Baigts.

Serres, h. c^{ne} de Coarraze.

Serres, redoute, c^{ne} d'Urrugne.

Serres, vill. c^{ne} d'Ascain; ancienne commune supprimée en 1845 et réunie à Ascain. — *Villa quæ dicitur Asseres*, v. 1140 (cart. de Bayonne, f° 8). — *Sanctus-Jacobus de Serres*, 1691 (collations du dioc. de Bayonne).

Serres-Castet, c^{on} de Morlàas. — *Sanctus-Julianus de Serra*, 984 (cart. de Lescar, d'après Marca, Hist. de Béarn, p. 270). — *Serres-Carboeres*, 1379 (contrats de Luntz). — *Serres de Sent-Exsentz*, 1385 (cens. f° 46). — *Serres-Casteg*, 1402 (cens.). — *Serras*, 1450 (reg. de la Cour Majour, B. 1, f° 51). — *Serres*, 1457 (cart. d'Ossau, f° 211). — *Seras-Castet*, 1481 (not. de Larreule, n° 1, f° 2). — *Serres-Saint-Icheux*, 1767 (intendance). — En 1385, Serres-Castet comprenait 54 feux et ressort. au baill. de Pau.

Serresèque, f. c^{ne} de Monein; mentionnée en 1385 (cens. f° 35). — *Serrasecque*, v. 1540 (réform. de Béarn, B. 789, f° 197).

Serres-Morlàas, c^{on} de Morlàas. — *Serre-Morlaas*, 1385 (cens.). — *Serra-Morlas*, v. 1540 (réform. de Béarn, B. 791, f° 112). — C'était un membre de la commanderie de Malte de Caubin et Morlàas. — En 1385, Serres-Morlàas ressort. au baill. de Pau et comprenait 5 feux.

Serre-Soeix, mont. c^{ne} d'Oloron-Sainte-Marie; mentionnée en 1443 (reg. de la Cour Majour, B. 1, f° 160). — *Serresoexs*, 1589; *Serrasoeix*, 1675 (réform. de Béarn, B. 655, f° 5; 808, f° 91).

Serre-Souquère, h. c^{ne} de Castetbon. — *Le parsan de Serra-Souquere*, v. 1538 (réform. de Béarn, B. 784, f° 18).

Serres-Sainte-Marie, c^{on} d'Arthez; anc. prieuré du dioc. de Lescar. — *Serre*, 1101 (cart. de Lescar, d'après Marca, Hist. de Béarn, p. 375). — *Serres*, xiiie s^e (fors de Béarn). — *Sancta-Maria de Serris*, 1342 (Gall. christ. instrum. Lescar, n° 3). — *Lo priorat de Sente-Marie de Serres*, 1343; *Nostre-Done de Serres*, 1344 (not. de Pardies, n° 2, f° 92). — En 1385, Serres-Sainte-Marie ressort. au baill. de Pau et comprenait 13 feux.

Serreuille, h. c^{ne} d'Aramits. — *Seruilhe*, 1376 (montre milit. f° 118). — *Sarrulhe-Susoo et Sarrulhe-Jusoo*, 1385 (cens. f° 21).

Serrisse (Le col de), c^{nes} d'Escot et de Sarrance.

Serrot, h. c^{ne} d'Angous.

Serrot-d'Ayrin (Le), mont. c^{ne} de Borce.

Servielle, f. c^{ne} d'Angous. — *Serviele*, 1385 (cens. f° 30).

Sescouet, f. c^{ne} d'Etsaut. — Le ruisseau de Sescouet coule à Etsaut et se jette dans le Gave d'Aspe.

Sesques, mont. c^{ne} de Laruns. — *Sesquas*, 1561 (ch. de Laruns, DD. 8).

Seube (La), bois et landes, c^{nes} de Mazerolles, Cescau, Boumourt et Castéide-Cami. — *Lasseubat, Lasceube*, 1572 (ch. de Cassaber, E. 359). — Ce bois comprenait 400 arpents en 1580. Ses divers quartiers s'appelaient le Bédat, le Saint-Saudonh, le Bédat-Dessus, les Forquetous, les Tausis-Espès.

Seubole, bois, c^{ne} de Bougarber. — *Boscq de Sseubole*, 1457 (cart. d'Ossau, f° 231).

DÉPARTEMENT DES BASSES-PYRÉNÉES.

Sévignac, c^{on} d'Arudy. — *Sevignag*, 1270 (ch. d'Ossau). — *Savinhacum*, 1286 (ch. de Béarn, E. 267). — *Sebinhac*, 1385 (cens.). — *Sebinach*, 1614 (réform. de Béarn, B. 817). — *Sanctus-Petrus de Sevignacq*, 1674 (insin. du dioc. d'Oloron). — Il y avait une abbaye laïque vassale de la vicomté de Béarn. — En 1385, Sévignac comprenait 29 feux et ressort. au baill. d'Ossau.

Sévignac, h. c^{ne} de Bordes (c^{on} de Lembeye); ancienne paroisse. — *Sevinhac*, *Sevignac-Mauco*, 1385 (cens.). — *Savinhaguo*, *Sebinhago*, 1538; *Sabinaguet*, *Sebinhaguot*, *Sevinhaguo*, v. 1540; *Sebinhagon*, 1546 (réform. de Béarn, B. 754; 805, f°s 2, 7, 10; 854). — En 1385, Sévignac ressort. au baill. de Lembeye et comprenait 27 feux.

Sévignac (La lande de), c^{nes} de Sallespisse et de Sault-de-Navailles. — *L'ostau de Sevinhac* (à Sallespisse), 1385 (cens. f° 55). — *Lo bosc de Sebinhac*, 1536 (réform. de Béarn, B. 713, f° 133).

Sévignacq, c^{on} de Thèze. — *Sanctus-Petrus de Sevinhac*, 1101; *Seviniacum*, 1115 (cart. de Lescar, d'après Marca, Hist. de Béarn, p. 375 et 383). — *Sevinhacum*, 1270 (cart. du chât. de Pau, n° 1). — *Sebinhac*, xiiie s^e (fors de Béarn). — *Sevinhac-Darrer*, 1385 (cens. f° 56). — Il y avait une abbaye laïque vassale de la vicomté de Béarn. — En 1385, Sévignacq comprenait 27 feux et ressortissait au baill. de Pau.

Sézinéite, mont. c^{ne} d'Aste-Béon.

Sibas, vill. c^{ne} d'Alos; ancienne commune réunie à Alos le 23 octobre 1843. — *Sivas*, 1178 (coll. Duch. vol. CXIV, f° 36). — *Sent-Martin de Sibas*, 1520 (cout. de Soule). — On dit en basque *Ciborotce*.

Sibe (Le ruisseau de), coule à Arbus et se jette dans la Baïse.

Sibers (Le pont), c^{ne} de Borce, sur le Gave d'Aspe.

Sieste (Le col de), c^{ne} de Laruns; mentionné en 1675 (réform. de Béarn, B. 656, f° 9).

Sillacondre (Le bois de), c^{ne} de Bielle.

Sillègue, vill. c^{ne} d'Arbérats; anc. commune réunie le 14 avril 1841 à Arbérats. — *Silegoe*, 1472 (not. de la Bastide-Villefranche, n° 2, f° 22). — *Silengoa*, 1513 (ch. de Pampelune). — *Sillègue-les-Domezain*, 1734 (reg. de la cour de Licharre, B. 4499). — On dit en basque *Silhecoa*.

Simacourbe, c^{on} de Lembeye. — *Cimacorba*, xiie s^e (cart. de Morlàas, f° 7). — *Simacorba*, xiiie s^e (fors de Béarn). — *Simbe-Corbe*, 1383 (contrats de Luntz). — *Cimecorbe*, 1402 (censier). — *Sima-Curva*, 1418 (ch. de Béarn). — *Symecorbe*, 1540; *Sumacourbe*, 1546 (réform. de Béarn, B. 725, f° 190; 754). — Simacourbe était le siège d'un archiprêtré du dioc. de Lescar. — Il y avait une abbaye laïque vassale de la vicomté de Béarn. — En 1385, Simacourbe ressort. au baill. de Lembeye et comprenait 40 feux. — La seigneurie de Simacourbe faisait partie du marquisat de Gassion.

Simpceux, h. c^{ne} de Lasclaveries. — *Simceus*, 1535; *Sinseu*, 1538; *Simceu*, 1548; *Simpseus*, 1673 (réform. de Béarn, B. 652, f° 180; 704, f° 188; 763; 866). — *Sinceux de las Claveries*, 1736 (dénombr. de Lasclaveries, E. 32).

Sincos, h. détruit, c^{ne} d'Anglet; mentionné en 1149 (cart. de Bayonne, f° 10).

Sinsoos, f. c^{ne} d'Arrosès.

Sincos, fief, c^{ne} de Serres-Sainte-Marie. — *Sergos*, 1220 (ch. de l'Ordre de Malte, Caubin). — *Sergoz*, 1414 (ch. d'Artix, E. 359). — *Sargos de Serres*, 1538 (réform. de Béarn, B. 833). — *Cirgos*, 1769 (reg. des États de Béarn). — Il y avait une abbaye laïque vassale de la vicomté de Béarn.

Sino, f. c^{ne} de Crouseilles. — *Siroo*, 1385 (censier, f° 57).

Siros, c^{on} de Lescar; mentionné en 1344 (not. de Pardies, n° 2, f° 81). — *Ciros*, 1385 (cens.). — *Siroos*, v. 1443 (reg. de la Cour Majour, B. 1, f° 217). — *Chiros*, *Xiros*, 1538; *Cyros*, 1682 (réform. de Béarn, B. 678, f° 313; 839). — Il y avait une abbaye laïque vassale de la vicomté de Béarn. — En 1385, Siros ressort. au baill. de Pau et comptait 12 feux.

Soans, h. c^{ne} d'Orthez. — *Lo parsan de Soarn*, 1536; *les Soarns*, 1686 (réform. de Béarn, B. 665, f° 1; 713, f° 5). — *Les Souards*, 1779 (terrier de Marcerin, E. 272). — *Les Souarns*, 1780 (terrier de Castétis, E. 258).

Soccoua, h. c^{ne} d'Ayherre.

Soclorondo, h. c^{ne} d'Ustaritz.

Socoa, h. c^{ne} de Ciboure. — *Sanctus-Petrus Dussoquoa*, 1684 (collations du dioc. de Bayonne).

Soeix, vill. c^{ne} d'Oloron-Sainte-Marie; anc. paroisse annexe de Gurmençon; mentionné en 980 (cart. de Saint-Savin). — *Soeixs*, xie s^e (for d'Oloron). — *Eixoes*, 1376 (montre milit. f° 67). — *Soexs*, 1380 (contrats de Luntz). — *Soex*, xive s^e (censier). — *Socis*, 1439; *Sente-Lucie de Soeix*, 1467 (not. d'Oloron, n° 3, f° 62; n° 4, f° 121). — *Soeyxs*, 1538 (réform. de Béarn, B. 826). — *Soueix*, 1620 (insin. du dioc. d'Oloron). — En 1385, Soeix ressort. au baill. d'Oloron et comptait 3 feux.

Soès (Le col de), c^{ne} d'Arette.

Sœurs (Les pics des), c^{ne} de Laruns. — *Las tres Serours*, *las tres Herrours* (Palma Cayet).

Sogornia (Le), ruiss. qui arrose la c^ne de Sare et se jette dans le Harbiénia.

Soulco-Malda, mont. c^nes de Bidarray et d'Itsatsou, sur la frontière d'Espagne.

Soldat (Le chemin du), dans la c^ne de Bentayou-Sérée.

Soldats (La halte des), chemin, c^ne de Gan; c'est une portion du chemin qui conduit de Saint-Faust à Oloron-Sainte-Marie. — *Lo cami qui es suns la serra qui thira en Ossau, venent de Saint-Faust*, 1535 (réform. de Béarn, B. 701, f° 122).

Sombiague (Le), ruiss. qui prend sa source à Sainte-Engrace et se jette dans l'Uhaïtxa en arrosant Licq-Atherey.

Somcasteig, h. c^ne d'Oloron-Sainte-Marie.

Somcouy, mont. c^nes d'Arette et de Lées-Athas.

Somport (Le col de), c^ne d'Urdos; il fait communiquer la vallée d'Aspe avec l'Espagne. — *Summus-Pyrenæus* (Itin. d'Antonin). — *Porte de Djaca* (du nom de Jaca, vill. espagnol voisin), 1154 (Édrisi). — *Portus Sanctæ-Christinæ*, xii° s° (Marca, Hist. de Béarn, p. 411).— *Sumus-Portus*, 1257 (coll. Duch. vol. XCIX, f° 131). — Le nom de col de Sainte-Christine vient du voisinage de l'ancienne abbaye de Sainte-Christine, située à 2 kilomètres, sur le territoire espagnol. — Une borne milliaire a été trouvée en 1860 près de Somport, ancienne station de la voie romaine conduisant de Saragosse en Aquitaine. — Un des grands chemins vicomtaux de Béarn (xiii° siècle), venant de Luc-Armau, aboutissait à Somport.

Soms, f. c^ne de Sainte-Colomme. — *Somps*, 1385 (cens. f° 71).

Somsus, chapelle, c^ne d'Eysus.

Songeü, f. c^ne de Lucq-de-Béarn. — *Sonjeu*, 1367 (not. de Lucq).

Soquia, mont. c^nes de Haux et de Licq-Atherey.

Sordes, f. c^ne de Sainte-Suzanne; elle tire son nom de l'abb. de Sordes (départ. des Landes), dont dépendait Sainte-Suzanne.

Sordes (Le ruisseau de), prend sa source près de Sordes (départ. des Landes), arrose dans les Basses-Pyrénées la c^ne de Cassaber et se jette dans le Gave d'Oloron.

Sorhaburu, f. c^ne de Saint-Esteben. — *Soraburu*, 1621 (Martin Biscay). — Le fief de Sorhaburu relevait du royaume de Navarre.

Sorhano, h. c^ne de Hasparren.

Sorhapuru, vill. c^ne de Larribar; ancienne commune réunie le 12 mai 1841 à Larribar. — *Sanctus-Martinus de Sorhapuru*, xii° s° (coll. Duch. vol. CXIV, f° 32). — *Soharpuru in Mixia*, *Soarpuru*, xii° s° (cart. de Sordes, p. 2). — *Sorhapure*, 1472 (not. de la Bastide-Villefranche, n° 2, f° 22). — *Sorhaburu*, 1665 (reg. des États de Navarre).

Sorhice (Le), ruiss. qui arrose Musculdy et Saint-Just-Ibarre et se jette dans la Bidouse.

Sorholus, vill. c^ne de Tardets; ancienne commune réunie à Tardets le 16 avril 1859. — *Sorholuce*, 1520 (cout. de Soule).

Sorhouet, f. c^ne d'Isturits. — *Soroeta*, 1435 (ch. de Pampelune). — Ce fief, créé en 1435, relevait du royaume de Navarre.

Sorhuéta, h. c^ne d'Irouléguy. — *Soroete*, xiii° s° (cart. de Bayonne, f° 49). — *Sorhete*, 1397 (not. de Navarrenx). — *Soroheta*, 1513 (ch. de Pampelune). — *Sorueta*, 1621 (Martin Biscay).

Sorits, f. c^ne de Saint-Martin-d'Arberoue. — *Soriz*, 1435 (ch. de Pampelune). — Le fief de Sorits, créé en 1435, relevait du royaume de Navarre.

Sorley (Le), ruiss. qui arrose la c^ne de Haux et se jette dans l'Aphaniche.

Sorp (Le), éc. c^ne de Moncaup; mentionné en 1542 (réform. de Béarn, B. 734, f° 37).

Sosset (Le), ruiss. qui prend sa source à Coarraze et se jette dans l'Ousse après avoir traversé les c^nes de Barzun, Bénéjac, Hours, Pontacq, Espoey, Lucgarrier, Gomer. — *L'arriu deu Sosced*, xiv° s° (ch. de Labatmale, E. 360).

Sottou, fief, c^ne de Charre. — *Lo Soto de Xarra*, 1538 (réform. de Béarn, B. 833). — Ce fief, vassal de la vicomté de Béarn, ressort. au baill. de Sauveterre.

Sou, mont. c^ne de Béost-Bagès.

Soubac, f. c^ne de Jurançon. — *Lo Sobac*, 1487 (not. de Pau, n° 1, f° 97).

Soudacs (Les), éc. c^ne de Tarsacq.

Soubayet (Le), ruiss. qui coule à Séméac-Blachon et se jette dans l'Arcis.

Soube (Le pic de), c^ne de Laruns, sur la frontière d'Espagne.

Souberbielle, fief, c^ne d'Ogeu. — *Soberville d'Ogeu*, 1546 (réform. de Béarn, B. 754). — Ce fief relevait de la vicomté de Béarn.

Soubestre (Le), pays borné au N. par la vicomté de Louvigny et la Chalosse, à l'E. par le Vicbilh, au S. et à l'O. par le reste du Béarn, suivant une ligne passant par Montardon, Bougarber, Boumourt, Arnos, Castillon, Arthez, Mesplède, Balansun, Orthez, Bonnut et Sault-de-Navailles. — *Pagus Vasconiæ qui dicitur Silvestrensis*, v. 980 (cart. de l'abb. de Larreule). — *Silvestrum*, v. 982 (cart. de Saint-Sever). — *Archidiaconatus Silvestrensis*, 1101 (cart. de Lescar, d'après Marca, Hist. de Béarn, p. 224, 269 et 375). — *Saubeste*, 1188 (fors de Béarn,

p. 277). — *Soubeste*, 1409 (ch. de Béarn, E. 2622).
— *Sobeste*, 1576 (rôle d'enquêtes, B. 2267). —
L'archidiaconé de Soubestre, dépendant de l'évêché de Lescar, comprenait les paroisses d'Arget, Aubin, Bouillon, Bournos, Casté-à-Bidau, Cauhiós, Garos (chef-lieu), Haget-Aubin, Labeyrie, Larreule, Loos, Mazeroles, Momas, Montagut, Morlanne, Moustrou, Piets, Plasence, Pomps, Riumayou, Sallespisse, Sauvagnon, Serres-Castet, Uzan, Uzein et Vignes, dans le départ. des Basses-Pyrénées; Arbleix et Picheby, dans celui des Landes. — La notairie de Soubestre, dont le chef-lieu était Garos, se composait de Bouillon, Casté-à-Bidau, Haget-Aubin, Labeyrie, Morlanne, Plasence, Riumayou et Vignes, plus, dans le départ. des Landes, d'Arbleix et de Picheby.

Soubielle, f. c^{ne} de Louvie-Juzon. — *Sobiele*, 1385 (cens. f° 71).

Soubré (Le), ruiss. qui arrose Salies et se jette dans le Saleys.

Soucagnon, fief, c^{ne} de Billère. — *La domengedure de Socanho, Socanhoo*, 1538 (réform. de Béarn, B. 833, f° 10). — Ce fief était vassal de la vicomté de Béarn.

Soud (Le), éc. c^{ne} de Barzun.

Soudet, mont. c^{ne} d'Arette.

Souet (Le), ruiss. qui coule à Cette-Eygun et se jette dans le Gave d'Aspe. — *L'arrec de Soet*, 1538 (réform. de Béarn, B. 824). — *Jouit*, 1767 (dénombr. de Cette-Eygun, E. 25).

Souhy, chât. c^{ne} d'Urcuit. — *Suhi*, 1693 (collat. du dioc. de Bayonne).

Souilliades, f. c^{ne} d'Orion. — *Solhades*, 1385 (cens. f° 14). — *Soeillades*, 1675 (réform. de Béarn, B. 680, f° 268).

Souilliède, mont. c^{nes} de Louvie-Juzon et de Mifaget. — *Territoire de Mifaget dépendant de la parroisse de Loubie communément appellé le parsan de Soulhebe; le parsan appellé Somlhebe*, 1761 (ch. de Louvie-Juzon, E. 350).

Soulaing, mont. c^{nes} d'Arette et d'Osse. — Le ruisseau de Soulaing coule à Osse et se jette dans le Lourdios.

Soulanou (Le), ruiss. qui arrose la c^{ne} de Lagor et se perd dans le Geü. — *Lo Soleroeu, lo Solar*, 1344 (not. de Pardies, n° 2, f°s 53 et 59).

Soulayet (Le), ruiss. qui coule à Arette et se jette dans le Vert d'Arette.

Soule (La), pays, arrond. de Mauléon; il comprend les cantons de Mauléon et de Tardets entiers et les communes d'Aroue, Domezain-Berraute, Etcharry, Gestas, Ithorots-Olhaïby, Lohitzun-Oyhercq, Osserain-Rivareyte et Pagolle, du canton de Saint-Palais. — *Sibyllates* (Pline). — *Vallis Subola* (Frédé-

gaire). — *Vallis Sobola* (Aimoin). — *Soula*, x^e s^e (ch. de Navarrenx, cart. de Bigorre). — *Vicecomitatus de Sola*, 1005 (Hist. de Languedoc, II, pr. col. 162). — *Solla*, 1120; *Seula*, xiie siècle (coll. Duch. vol. CXIV, f°s 33 et 34). — *Soule*, milieu du xiie siècle (cart. de Bayonne, f° 10). — *Arcidiagonat de Sola*, 1249 (not. d'Oloron, n° 4, f° 50). — *Soole*, 1391 (not. de Navarrenx). — *Sole*, 1454 (ch. du chap. de Bayonne). — *Lo pays de Solle*, v. 1480 (contrats d'Ohix, f° 12). — *Los habitans de Sole..... son assis en l'extremitat dou Reaume, circundats et clos entre los reaumes de Navarra, de Aragon et pays de Bearn... et tout lo dit pays et viscontat de Sole de tout ancienetat en ça, es compresa au conde de oeit cens foecs talhe pagans sens plus*, 1520 (cout. de Soule). — On dit en basque *Suberoa*. — L'archidiaconé de Soule dépendait de l'év. d'Oloron, après avoir, jusqu'au xie s^e, appartenu au dioc. de Dax. — La vicomté de Soule relev. du roi de France. — La Soule se divisait en trois parties : *Soule-Souverain*, *les Arbailles* et *la Barhoue*, et en sept vic^s : le *Val-Dextre* et le *Val-Sénestre*, en Soule-Souverain; la *deguerie de Peyriède* et celle *d'Arbaille*, dans les Arbailles; les *degueries de Laruns* (c^{ne} de Berrogain), *d'Aroue* et de *Domezain*, dans la Barhoue. — Le pays de Soule fut successivement dans le ressort du parlement de Bordeaux et dans celui du parlement de Navarre. — Pour la justice de Soule, voy. Licharre.

Soulenx, fief, c^{ne} de Salies. — *L'ostau deu Solenx aperat Marroc, l'ostau de Solencx*, 1385 (cens. f° 6). — *Solenx-Desus et Solenx-Dejuus*, 1546; *Soleinx*, 1675 (réform. de Béarn, B. 683, f° 338; 754; 848, f° 7). — Ce fief, vassal de la vicomté de Béarn, ressort. au baill. de Salies au xive s^e; plus tard il fit partie du marquisat de Gassion.

Soule-Souverain, pays, c^{on} de Tardets; subdivision du pays de Soule comprenant le Val-Dextre et le Val-Sénestre (voy. ces mots). — *Saole-Sobiraa*, 1383 (contrats de Luntz, f° 84). — *Sole-Sobira*, 1384 (not. de Navarrenx). — *Sola-Sobiran*, 1520 (coutume de Soule). — Le nom de Soule-Souverain désignait la partie méridionale du pays de Soule, dont les quartiers les plus élevés portent encore le nom de Bassabure. — *La Basse-Burie* (cart. de Cassini).

Soulou, f. c^{ne} d'Aramits. — *Soulon*, 1581 (réform. de Béarn, B. 808, f° 77).

Soulou (Le), ruiss. qui prend sa source à Angaïs et se jette à Bordes (c^{on} de Clarac) dans le Lagoin.

Soum, f. c^{ne} d'Asson. — *La maison deu Som*, 1538 (réform. de Béarn, B. 807, f° 91).

21.

Soum, f. c^{ne} de Lestelle. — *Lo Som; 7.* 1540 (réform. de Béarn, B. 787, f° 44).

Soumoulou, c^{on} de Pontacq. — *Somolon,* 1372 (contrats de Luntz, f° 14). — *Somoloo,* 1385 (cens.). — En 1385, Soumoulou ressort. au baill. de Pau et comprenait 8 feux.

Soumoulou, fief, c^{ne} d'Assat. — *Somolo,* 1510 (not. d'Assat, n° 4, f° 20). — *Somolon,* 1675 (réform. de Béarn, B. 676, f° 7). — Ce fief dépendait de la baronnie de Saint-Aubin.

Souperbat, f. c^{ne} de Lescun. — *Superbat,* 1621 (insin. du dioc. d'Oloron). — Il y avait une prébende de ce nom fondée dans l'église de Lescun.

Souraïde, c^{on} d'Espelette; ancien prieuré du dioc. de Bayonne. — *Sanctus-Jacobus de Souraïde,* 1693 (collat. du dioc. de Bayonne). — *Mendialde,* 1793. — Ce dernier nom signifie en basque *près de la montagne.*

Souratselle, f. c^{ne} de Rivehaute. — *Sorhatssete,* 1385 (cens. f° 12).

Sounde (La), ruiss. qui prend naissance à la montagne de Balour, arrose la c^{ne} des Eaux-Bonnes et se jette dans le Valentin.

Sounde (La), ruiss. qui descend des montagnes de Gère-Bélesten et se jette à Bielle dans l'Arriumage.

Soureix (Le), ruiss. qui prend sa source à Lonçon, sépare Fichous-Riumayou et Larreule et se jette dans le Luy-de-Béarn.

Sourius (Le col de), c^{nes} des Eaux-Bonnes et de Laruns, sur la limite du départ. des Hautes-Pyrénées. — *Lo coq de Soritz,* 1443 (reg. de la Cour Majour, B. 1, f° 122).

Sournouille (Le), ruiss. qui coule sur la c^{ne} de Samsons-Lion et se perd dans le Petit-Léès.

Sournouille (Le), ruiss. qui arrose la c^{ne} de la Bastide-Monréjau et se jette dans l'Aulouse.

Sousbielles (Le bois de), c^{ne} de Navarrenx. — *Lo bosc de Susbieles,* 1555 (cart. de Navarrenx, f° 36).

Soussouey (La plaine de), dans les montagnes de la c^{ne} de Laruns. — *Sozeu,* 1438 (not. d'Oloron, n° 3, f° 78). — *Sozoeu, Sosoeu,* 1440 (cart. d'Ossau, f°s 261 et 262). — *Sosoueu,* 1675 (réform. de Béarn, B. 655, f° 344). — Le ruisseau de Soussouey arrose cette plaine et se jette à Laruns dans le Gave d'Ossau.

Soust (Le), ruiss. qui prend sa source à Rébénac et se jette dans le Gave de Pau après avoir arrosé Bosdarros et Gélos. — *Lo Sost,* 1483 (not. de Pau, n° 1, f° 11).

Souturou, mont. c^{ne} d'Asasp.

Souye, vill. c^{ne} de Higuères; anc. c^{ne} réunie à Higuères le 27 juin 1842. — *Soyge,* 1538; *Soya,* 1547 (réform. de Béarn, B. 757, f° 22; 866). — *Souia,* 1645 (cens. de Morlàas, f° 314). — *Souge,* 1675; *Souie,* 1682 (réform. de Béarn, B. 652, f° 415; 654, f° 102).

Souye (La), ruiss. qui prend sa source sur la c^{ne} d'Espoey et se jette à Barinque dans le Luy-de-France, après avoir arrosé Eslourenties-Darré, Espéchède, Sedzère, Gabaston et Higuères-Souye; mentionné en 1492 (ch. de Higuères, E. 360). — *La Soja, Souja,* 1645 (cens. de Morlàas, f°s 376 et 377).

Souyers, f. c^{ne} de Castelbon. — *Soyees,* 1385 (cens. f° 25).

Soyharce, chapelle, c^{ne} d'Uhart-Mixe.

Soylando, mont. c^{nes} de Hélette et d'Irissarry.

Stéphanie, éc. c^{ne} de Gélos.

Sudéléta, f. c^{ne} d'Itsatsou. — *Soublette,* 1770 (collat. du dioc. de Bayonne). — Il y avait une prébende de ce nom fondée dans l'église d'Itsatsou.

Subercaze, f. c^{ne} de Jurançon.

Subercaze, fief, c^{ne} d'Asson. — *La maison noble de Subercase,* 1684 (réform. de Béarn, B. 678, f° 102). — Le fief de Subercaze relevait de la vicomté de Béarn.

Suberlaché, eaux minérales, c^{ne} de Bedous.

Subernoa, vill. c^{ne} d'Urrugne; ancien prieuré du dioc. de Bayonne qui dépendait de l'abbaye d'Arthous (départ. des Landes) et avait Biriatou pour annexe. — *Zubernie,* xiie s^e (cart. de Bayonne, f° 9). — *Soubernoa,* 1552 (ch. de Labourd, E. 426). — *L'hospital de Soubernoa,* 1581 (arch. de l'Empire, J. 867, n° 12).

Sudiçabaléta (Le), ruiss. qui prend sa source à Souraïde et se jette à Espelette dans le Latça.

Sudicot, f. c^{ne} d'Aussurucq; mentionnée en 1520 (coutume de Soule).

Sudissia, montagne, c^{ne} d'Urrugne, sur la frontière d'Espagne.

Succos, vill. c^{ne} d'Amorots; anc. c^{ne} réunie à Amorots le 16 août 1841. — *Suquos,* 1513 (ch. de Pampelune). — On dit en basque *Sokucce.*

Sudou (Le), ruiss. qui coule sur la c^{ne} de Laune et se jette dans le Vert de Barlanès.

Suhamendy, redoute, c^{ne} de Sare.

Suhare, vill. c^{ne} d'Ossas; anc. c^{ne} réunie à Ossas le 14 juin 1845; mentionnée en 1460 (contrats d'Ohix, f° 6).

Suhast, vill. c^{ne} de Camou-Mixe; anc. c^{ne} réunie à Camou-Mixe le 22 mars 1842. — *Suast,* 1513 (ch. de Pampelune).

Suhastoy, fief, c^{ne} de Rivehaute; créé en 1372 et vassal de la vicomté de Béarn (contrats de Luntz, f° 23).

Suuescun, c͞on d'Iholdy. — *Suescun*, 1397 (ch. de la Camara de Comptos). — *Sanctus-Laurentius de Suescun*, 1755 (collat. du dioc. de Bayonne).

Suhii, lande, c͞ne de Charre.

Suhio (La croix de), pèlerinage, c͞ne de Hasparren.

Sumberraute, vill. c͞ne de Luxe; anc. c͞ne réunie le 27 juin 1844 à Luxe. — *Alsumberraute*, 1472 (not. de la Bastide-Villefranche, n° 2, f° 22). — *Alçumbarrate*, 1513 (ch. de Pampelune). — *Azumbarraute*, 1621 (Martin Biscay).

Sunarthe, vill. c͞ne de Sauveterre; anc. c͞ne. — *Sunarte*, 1385 (cens.). — *Sunarta*, 1538 (réform. de Béarn, B. 833). — Il y avait une abbaye laïque vassale de la vicomté de Béarn. — En 1385, Sunarthe ressort. au baill. de Sauveterre et comprenait 10 feux.

Sunhar, vill. c͞ne de Lichans; anc. c͞ne réunie à Lichans le 5 août 1842.

Sunharette, vill. c͞ne d'Alçay; anc. c͞ne. — *Sunharrete*, v. 1475 (contrats d'Ohix, f° 21).

En 1790, Sunharette fut le chef-lieu d'un canton dépendant du district de Mauléon et composé d'Alçay-Alçabéhéty-Sunharette, Alos-Sibas-Abense, Camou-Cihigue, Etchebar, Lacarry-Arhan-Charritte-de-Haut, Lichans-Sunhar et Ossas-Suharc.

Supervielle, f. c͞ne de Bidos.

Supervielle, f. c͞ne de Navarrenx. — *Soberbielle*, 1386 (not. de Navarrenx).

Supervielle, m͞in, c͞ne de Préchacq-Josbaig; mentionné en 1589 (réform. de Béarn, B. 808, f° 92).

Sunçay (Le), ruiss. qui prend sa source sur la c͞ne de Lécumberry, sépare cette commune de celle de Mendive et se jette dans le Hurbelça. — Le col de Surçay est entre les c͞nes de Lécumberry et de Mendive.

Sunéatxhéguy (Le), ruiss. qui coule sur la c͞ne de Larrau et se jette dans la rivière de Larrau.

Sus, c͞on de Navarrenx. — *Sus-Maiour*, xiie s͞e (Marca, Hist. de Béarn, p. 272). — *Sancte-Cataline Dessus*, 1384; *Sent-Saubador Dessus*, 1396 (not. de Navarrenx). — *Sus*, 1548 (réform. de Béarn, B. 760, f° 8). — *Sent-Johan de Sus*, 1608 (insin. du dioc. d'Oloron). — Il y avait une abbaye laïque vassale de la vicomté de Béarn. — En 1385, Sus ressort. au baill. de Navarrenx et comprenait 30 feux.

Sus, chât. c͞ne de Bougarber. — *Sus prob Borgarber*, 1443 (contrats de Carresse, f° 280). — Le fief de Sus était vassal de la vicomté de Béarn.

Suscousse (Le col et le bois de), c͞nes de Lanne et de Sainte-Engrace.

Susmiou, c͞on de Navarrenx. — *Sus-Menour*, xiie siècle (Marca, Hist. de Béarn, p. 403). — *Susmeor*, xiiie s͞e (fors de Béarn). — *Sente-Katerine de Susmioo*, 1385 (not. de Navarrenx). — *Susmio*, 1536; *Suusmioo*, 1538; *Susmyon*, v. 1546 (réform. de Béarn, B. 799, f° 9; 821, f° 124; 830). — Il y avait deux abbayes laïques vassales de la vicomté de Béarn : *l'abadie-jusan* et *l'abadie-susan de Susmio*, 1535 (réform. de Béarn, B. 833). — En 1385, Susmiou ressort. au baill. de Navarrenx et comptait 18 feux. — Susmiou formait avec Navailles (c͞ne d'Angous) et Angous une baronnie, vassale de la vicomté de Béarn, qui portait le nom de baronnie de Gabaston.

Sussaute, vill. c͞ne d'Arbouet; anc. c͞ne réunie à Arbouet le 4 juin 1842. — *Sosaute*, 1384; *Sossaute*, 1405 (not. de Navarrenx). — *Susauta*, 1513 (ch. de Pampelune). — *Susaute*, 1519 (ch. de Mixe, E. 470).

Sussé (Le), ruiss. qui prend sa source à Oraàs, arrose Castagnède et se jette dans le ruisseau des Augas.

Susselgue (Le), ruiss. qui arrose les c͞nes de Haux et de Licq-Athérey et se perd dans le Saison.

Sustary (Le col de), c͞ne de Tardets.

Sutarre, h. c͞ne d'Anglet. — *Villa quæ dicitur Huzater*, xiie siècle; *Utsatarren*, 1149; *Usetarren*, 1198; *Ussutarren*, *Hucetarren*, xiiie siècle; *Sustaren*, xvie s͞e (cart. de Bayonne, f° 8, 10, 23, 49, 83 et notes).

T

Tabaille, c͞on de Sauveterre. — *Tavalhe*, 1385 (cens.). — *Tebalhe*, 1548 (réform. de Béarn, B. 762, f° 25). — *Tabaille-Usquain*, depuis la réunion d'Usquain : 18 avril 1842. — En 1385, Tabaille ressortissait au baill. de Sauveterre et comprenait 7 feux.

Tachies, f. c͞ne de Salies. — *Taxiees*, 1535 (réform. de Béarn, B. 705, f° 241).

Tachouas, lande, c͞ne d'Asasp.

Tachouères (Les), lande, c͞ne de Lescar, dans le Pont-Long.

Tachouères (Les), ruiss. qui descend des montagnes d'Arudy et se jette dans l'Ourtau en traversant le bois du Bager (c͞ne d'Oloron-Sainte-Marie).

Tadousse, c͞on de Garlin. — *Tadoossa*, xiiie siècle (fors de Béarn). — *Thedeossa*, 1343 (hommages de Béarn). — *Tedeosse*, 1385; *Tadoose*, 1402 (cens.). — *Tadaosse*, 1443 (contrats de Carresse, f° 289).

— *Tadossa*, v. 1540; *Tadoze, Tadoza*, 1542; *Tadosse*, 1546 (réform. de Béarn, B. 737, f°s 1 et 3; 786, f° 22). — *Tadousse-Ussau*, depuis la réunion d'Ussau. — En 1385, Tadousse ressort. au baill. de Lembeye et comprenait 21 feux.

TAILLAC, fief, c^{ne} d'Abos; mentionné en 1323 (ch. de Béarn, E. 953). — *La mayson de la Salla de Maucor alias de Talhac*, 1538 (réform. de Béarn). — Ce fief relevait de la vicomté de Béarn.

TAILLADE (LA), bois, c^{ne} de Làas. — *La Tailhade*, 1538 (réform. de Béarn, B. 820).

TAILLADE (LA), ruiss. qui prend sa source à Saint-Boès et se jette à Puyòo dans le Gave de Pau, après avoir arrosé les communes de Saint-Girons, de Baigts et de Ramous. Il sépare le département des Basses-Pyrénées de celui des Landes. — *La Talhade*, 1538 (dénombr. de Saint-Girons).

TAILLADE (LE COL DE LA), c^{nes} d'Arette et de Sainte-Engrace.

TAILLADES (LES), ruiss. qui coule à Laruns et se jette dans le Gave d'Ossau.

TAILLEFER, f. c^{ne} d'Uzos.

TALABOT, f. c^{ne} d'Arthez.

TALON ou CASEMAYON, mⁱⁿ, c^{ne} d'Issor; construit en 1628 (ch. d'Arette, DD. 19).

TALOU, f. c^{ne} de Lucq-de-Béarn. — *Lo Taloo*, 1385 (cens. f° 30).

TAMARPOEY, f. c^{ne} d'Arette; mentionnée en 1385 (censier, f° 20).

TAPIOTES (LES), éc. c^{ne} d'Aurions-Idernes.

TAPISSÉ (LE), fief, c^{ne} de Jurançon; créé en 1585, vassal de la vicomté de Béarn.

TARAMUN, f. c^{ne} de Sallespisse. — *L'ostau de Tarrumun aperat lo Rey, Teremun*, 1385 (cens. f° 55).

TARBELLIENS (LES), peuple aquitain qui habitait les bords du golfe de Gascogne et s'étendait dans les Basses-Pyrénées jusqu'à Orthez. — *Tarbelli* (Comment. de César). — Οἱ Τάρϐελλοι (Strabon). — Leur nom se retrouve dans *Aquæ Tarbellicæ* (Dax, départ. des Landes) et dans *Castetarbe* près d'Orthez.

TARDAN, h. c^{ne} de Malaussanne.

TARDETS, arrond. de Mauléon. — *Tardedz*, 1249 (not. d'Oloron, n° 4, f° 50). — *Tardetz*, XIIIe siècle (coll. Duch. vol. CXIV, f° 48). — *Tarzedz*, 1310 (cart. de Bayonne, f° 87). — *Tardix*, 1692 (reg. de la cour de Licharre, B. 4395). — *Tardets-Sorholus*, depuis la réunion de Sorholus : 17 avril 1859. — Les Basques disent *Atharatce*.

En 1790, le canton de Tardets comprenait les communes de Haux, Laguinge-Restoue, Larrau, Licq-Atherey, Montory, Sainte-Engrace, Sauguis, Sorholus, Tardets et Troisvilles.

TARON, c^{on} de Garlin. — *Tarusates* (Comment. de César). — *Taroo*, 1385 (censier). — *Taro*, 1538 (réform. de Béarn, B. 859). — *Taron-Sadirac-Viellenave*, depuis la réunion de Sadirac et de Viellenave. — En 1385, Taron ressort. au baill. de Lembeye et comptait 14 feux.

Autour de Taron existent encore quelques tumulus; au centre du village et sous l'église se trouvent des mosaïques romaines.

TARSACQ, c^{on} de Monein. — *Terçag*, 1286 (Gall. christ. I, instr. Lescar). — *Tarsac*, 1344 (not. de Pardies, n° 2). — *Terssac*, 1372 (contrats de Luntz). — *Tersac*, XIVe siècle (cens.). — En 1385, Tarsacq comptait 23 feux et ressortissait au baill. de Lagor et Pardies. — Il y avait une abbaye laïque vassale de la vicomté de Béarn.

TARTA (LE COL DE), c^{ne} de Larrau.

TARTAS (LE), lande, c^{ne} de Mont (c^{on} de Lagor); mentionnée en 1771 (terrier de Mont, E. 274).

TARTAS (LE BOIS DE), c^{ne} d'Orègue.

TARTASSA, f. c^{ne} de Gotein-Libarrenx; mentionné en 1520 (cout. de Soule).

TARTOIN, fief, c^{ne} de la Bastide-Monréjau. — *Tarton*, 1343 (not. de Pardies, n° 2). — *Tartoeing*, 1674; *Tartoins*, 1675 (réform. de Béarn, B. 669, f° 229; 670, f° 119). — *Tartoing*, 1750 (dénombr. de la Bastide-Céziracq, E. 32). — Ce fief était vassal de la vicomté de Béarn.

TASTE, fief, c^{ne} de Gan. — *La metayrie noble de Tatze*, 1683 (réform. de Béarn, B. 679, f° 374). — Ce fief, créé en 1611, relev. de la vicomté de Béarn.

TASTE (LA), h. c^{ne} de Lahontan.

TAULE (LA), mont. c^{ne} de Borce.

TAULE LAS SERRAS, mont. c^{ne} de Laruns.

TAUSIA (LE), lande, c^{ne} de Mont (c^{on} de Lagor); mentionnée en 1771 (terrier de Mont).

TAUSIAS (LES), éc. c^{ne} de Sedze-Maubec; mentionné en 1675 (réform. de Béarn, B. 648, f° 265).

TAUSIET (LE), lande, c^{ne} de Momas.

TAUSIS-ESPÈS (LES), bois compris dans celui de la Seube.

TAUZILA (LE) ou BARIDAIN, ruiss. qui coule à Montfort et se jette dans le Gave d'Oloron.

TÉBERNE (LE CAILLAU DE), rocher, c^{ne} de Buzy; tire son nom de *la maison de Taberne aperat lo Quaguot*, 1538 (auj. détruite); *lo cailhau de Baure*, 1675 (réform. de Béarn, B. 658, f° 349; 835).

TEILLÉRIA (LE), ruiss. qui prend sa source sur la c^{ne} de Beyrie (c^{on} de Saint-Palais), la sépare de celle de Lantabat et se jette dans la Joyeuse.

TEINTURERIE (LE RUISSEAU DE LA), coule sur la c^{ne} de Morlàas et se jette dans le Luy-de-France. — *L'ar-*

riu de la Teintureria, *l'arriu Tinturé*, 1645 (cens. de Morlàas, f⁰ˢ 105 et 130).

Télésa, lande, c^ne de Lescar, dans le Pont-Long.

Ten, éc. c^ne de Sedze-Maubec; mentionné en 1675 (réform. de Béarn, B. 648, f° 244).

Ténèbre (Le pic la), c^nes d'Accous et de Laruns.

Ténot, f. c^ne de Castillon (c^on de Lembeye).

Ténot (Le), ruiss. qui coule sur la c^ne de Higuères-Souye et se jette dans la Souye.

Terlayon, f. c^ne de la Bastide-Villefranche. — *La maison de Treslay*, 1547 (ch. de Béarn, E. 470).

Terme (Le), ruiss. qui sépare les c^nes de Bardos et de Bidache et se jette dans la Bidouse.

Termiès, éc. c^ne de Maslacq.

Termina (Le pic), c^ne de Béhorléguy.

Termy (Le), ruiss. qui descend des montagnes d'Arette et se jette à Sainte-Engrace dans l'Uhaïtxa.

Terrebert, éc. c^ne de Lichos.

Teschauchet, éc. c^ne de Castéra-Loubix. — Un ruisseau du même nom arrose Castéra-Loubix et se jette dans le Louet.

Testeber, f. c^ne d'Escurès.

Testeby, f. c^ne d'Orthez. — *Taste-Bii*, 1385 (cens. f° 39). — *Lo parsan de Tastabii*, 1536; *Tastaby et Corroscq*, 1548; *lo Testebii*, 1614; *Testevin*, 1675 (réform. de Béarn, B. 668, f° 309; 713, f° 130; 761, f° 1; 817). — *Destestevin* (carte de Cassini).

Testes (Les), éc. c^ne d'Oloron-Sainte-Marie, à Légugnon.

Tétignax, fief, c^ne de Maslacq. — *Titinhatz*, xiiie s^e (fors de Béarn, p. 155). — *Titinhacx*, 1376 (montre militaire, f° 10). — *Titinhax*, 1385 (cens. f° 5). — *Tithinhacxs*, 1538 (réform. de Béarn, B. 852). — Le fief de Tétignax, vassal de la vicomté de Béarn, ressort. au baill. de Larbaig.

Teule (La), ruiss. qui prend sa source à Lasclaveries et se jette dans le Gabas à Sévignacq.

Teulère (La), éc. c^ne de Garlin.

Teulère (La), éc. c^ne de Lembeye; mentionné en 1675 (réform. de Béarn, B. 639, f° 280).

Teulère (La), éc. c^ne de Montaner, dans le bois communal. — *Las Teuleres de Montaner*, 1375 (contrats de Luntz, f° 127).

Teulère (La), mont. c^nes de Bedous et de Sarrance.

Teulère (La), ruiss. qui coule à Léren et se jette dans le Gave d'Oloron.

Teulères (Les), ruiss. qui arrose Salies et se perd dans le Saleys.

Tuaïncoène (Le), ruiss. qui sépare les c^nes d'Ithorols-Olhaïby et d'Etcharry et se jette à Domezain dans le Heurqué.

Then, f. c^ne de Saint-Armou. — *Lo Ten*, 1385 (cens. f° 47).

Then (Le), éc. c^ne de Monpézat-Bétrac.

Thens (Le), ruiss. qui arrose Momy et se perd dans le Petit-Léès.

Thèze, arrond. de Pau. — *Tese*, xiie siècle (ch. de l'Ordre de Malte, Caubin). — *Theesa*, 1270 (cart. du château de Pau, n° 1). — *Teesa*, 1286 (ch. de Béarn, E. 267). — *Teeza*, 1301 (inscr. de Sainte-Foi de Morlàas). — *Theese*, 1376 (montre milit. f° 128). — *Tezee*, 1385; *Teze*, xive s^e (cens.). — *Tessa*, 1504 (not. de Garos). — *Teza*, 1544; *Saint-Pierre de Thèze*, 1675 (réform. de Béarn, B. 649; 751). — Thèze était un archiprêtré du dioc. de Lescar. — En 1385, il comprenait 41 feux. — Cette commune formait le ressort d'une notairie. En 1790, le canton de Thèze renfermait les c^nes du canton actuel, plus celles de Bougarber, Caubios-Loos, Sauvagnon et Uzein, du canton de Lescar, et le village de Riumayou (c^ne de Fichous).

Thibarrenne, landes et bois, c^nes de Mauléon-Licharre et de Viodos.

Thou, f. c^ne de Jurançon. — *Thoo*, v. 1540 (réform. de Béarn, B. 785, f° 105).

Thulière (La), ruiss. qui prend sa source à Bellocq, limite cette commune et celle de Lahontan et se jette près d'Abet dans le Gave de Pau.

Thux (Le), ruiss. qui coule à la Bastide-Villefranche et se perd dans le lac Dumirail.

Tilh, f. c^ne de Loubieng; mentionnée en 1385 (cens. f° 3).

Tillabé, éc. c^ne d'Accous; c'était le lieu d'assemblée des jurats de la vallée d'Aspe. — *Le Tillaber*, xviiie s^e (reg. des délibérations d'Accous).

Tillet, fief, c^ne de Ledeuix. — *Tilh de Leduixs*, 1268 (not. d'Oloron, n° 3, f° 111). — Il y avait une abbaye laïque vassale de la vicomté de Béarn. — Le fief de Tillet, créé en 1375, relevait aussi de la vicomté de Béarn et ressort. au baill. d'Oloron.

Tils, f. c^ne de Lasserre. — *Les Thils*, 1675 (réform. de Béarn, B. 650, f° 62).

Tipina (Le), ruiss. qui coule à Bidarray et se perd dans la Nive.

Tirecaze, f. c^ne de Momas. — *Trarcades*, 1385 (cens. f° 48).

Tisnère (La), f. et fief, c^ne de Gélos. — *La Tisnera*, 1536 (réform. de Béarn, B. 709, f° 14). — Ce fief était vassal de la vicomté de Béarn.

Tiuron, fief, c^ne de Montagut. — *Tiuroo*, 1538; *Saint-Martin de Tiuron*, 1674 (réform. de Béarn, B. 671, f° 285; 855). — Il y avait une abbaye laïque vassale de la vicomté de Béarn.

To (Le), éc. cne de Corbères-Abère-Domengeux.
Tolospia, h. cne de Camou-Mixe-Suhast.
Tolou, f. cne de Gan; mentionnée en 1675 (réform. de Béarn, B. 677, f° 325).
Tonet (Le), ruiss. qui coule à Séméac-Blachon et se jette dans l'Arcis.
Tonringuères, lande, cne de Charre.
Tontes (Le col de), cnes de Béost-Bagès et des Eaux-Bonnes.
Tos (Les), éc. cne de Lucgarrier; mentionné en 1776 (terrier de Lucgarrier, E. 313, p. 53).
Toscq (Le), éc. cne de Saint-Laurent-Bretagne.
Touderandes, f. cne de Rontignon.
Touchet (Le), ruiss. qui arrose Asson et Arthez-d'Asson et se jette dans l'Ouzon.
Toulouse, nom d'une des tours de Sauveterre.
Toupiettes (Les), mont. cne d'Asson, sur la limite du départ. des Hautes-Pyrénées.
Tour d'Assat (La), fief, cne d'Assat; mentionné en 1675 (réform. de Béarn, B. 679, f° 7), était vassal de la vicomté de Béarn.
Tour de France (La), fief, cne de Morlàas. — *Turris*, xiie se (cart. de Morlàas, f° 5). — *La Tor*, 1385 (cens. f° 65). — *La Tor de Fransa*, v. 1540 (réform. de Béarn, B. 791, f° 52). — *La Too de França*, 1645 (cens. de Morlàas, f° 205). — Ce fief relevait de la vicomté de Béarn.
Tourets (Les), éc. cne de Coslédàa-Lube-Boast.
Tournarie (La), f. cne de Lasseube.
Tourneboup, éc. cne de Lembeye; mentionné en 1675 (réform. de Béarn, B. 649, f° 297).
Tournecapet, min et fief, cne de Salies, sur le Saleys. — *Lo pont de Tornacapet, lo molii de Tornacapeg*, 1535; *le moulin de Tournecapeig*, 1675 (réform. de Béarn, B. 684, f° 47; 705, fos 214 et 239).
Tournombaux, éc. cne de Làa-Mondrans.
Touron, f. cne de Loubieng. — *Lo Toron*, 1540 (réform. de Béarn, B. 726, f° 88).
Touron, h. cne de la Bastide-Clairence.
Tournieu (Le), ruiss. qui prend sa source à Araujuzon et se jette à Viellenave (con de Navarrenx) dans le Harcilanne, après avoir arrosé la commune d'Araux.
Tournugot de Pey, landes, cne de Corbères-Abère-Domengeux. — *Tourruquo de Pey*, 1776 (terrier de Domengeux, E. 187).
Tournugoles (Les), éc. cne de Lembeye.
Toutsoulet, mont. cnes de Bilhères, Escot et Sarrance.
Tout-y-croit, f. cne de Gélos. — Domaine anobli le 4 septembre 1563 par Jeanne d'Albret en faveur d'Arnaud de Cazaux, son médecin.
Touya, f. cne de Gabaston. — *Toyaa*, 1385 (cens. f° 55).

Touya, f. cne de Viellenave (con d'Arthez). — *Toyaa*, 1504 (not. de Garos).
Touyanot, h. cne de Garos.
Touyarou, f. cne de Jurançon.
Traillère (Le bois de la), cnes d'Accous et d'Aydius.
Tranguère (La), ruiss. qui prend sa source sur la cne de Garlin et se jette dans le Gros-Lées.
Tredgeu (Le), ruiss. qui arrose Sarpourenx et se perd dans le Gave de Pau.
Tremeilh, mont. cnes d'Arette et de Lanne. — *Torrumio*, 1703 (reg. d'Arette, BB. 1).
Trémoulet (Le), éc. cne de Baleix.
Trépeig (Le), ruiss. qui arrose la cne de Sus et se jette dans le Laussel.
Tresarrres, fief, cne de Balansun; mentionné en 1538 (réform. de Béarn, B. 830). — Ce domaine, vassal de la vicomté de Béarn, comprenait 400 arpents, en 1538.
Trésarriu, éc. cne de Gan.
Trescoig (Le), h. cne de l'Hôpital-d'Orion.
Trescrouts, mont. cnes d'Asson et de Lestelle; mentionnée en 1281 (réform. de Béarn, B. 674, f° 332).
Treslay, fief, cne de Dognen; mentionné en 1385 (cens. f° 32). — *Ambielu alias Treslay*, 1548 (réform. de Béarn, B. 760, f° 18). — Ce fief, vassal de la vicomté de Béarn, ressort. au baill. de Navarrenx.
Trespoey (La fontaine de), cte de Pau. — Il y avait à Bizanos, près de cette fontaine, *l'ostau de Trespoey*, 1385 (cens. f° 56).
Trespoey (Le), place publique, cne de Louvie-Juzon; mentionnée en 1675 (réform. de Béarn, B. 656, f° 280).
Tresserre, h. cne de Moncin; mentionné en 1385 (cens. f° 36). — *Tres-Serra*, v. 1540 (réform. de Béarn, B. 789, f° 12). — En 1385, Tresserre ressort. au baill. de Monein et comprenait 28 feux.
Trey (La), ruiss. qui coule à Ance et se jette dans le Vert.
Trille (La), fief, cne de Mascaras-Haron. — *La Trilha*, 1538 (réform. de Béarn, B. 833).
Trois-Bonnets (Les), f. cne de Bayonne.
Trois-Croix (Les), pèlerinage, cnes de Larrau et de Sainte-Engrace.
Trois-Rois (Le pic des), cne de Lescun, sur la frontière d'Espagne.
Troissonat, cte d'Anglet. — C'était le nom de la côte de l'Océan où fut ouverte l'embouchure de l'Adour dite le Boucau, le 28 octobre 1578 (ch. du chap. de Bayonne).
Troisvilles, con de Tardets; ancien comté. — *Tres-Bielles*, v. 1475 (contrats d'Ohix, f° 21).

DÉPARTEMENT DES BASSES-PYRÉNÉES.

Trompe (La), nom du lieu où se trouve la fontaine salée, à Salies.

Tron (Le), ruiss. qui prend sa source à Livron et se jette dans le Gabas à Eslourenties-Darré, après avoir arrosé la c^{ne} d'Espoey.

Tronde (La), ruiss. qui arrose Livron et Espoey et se jette à Eslourenties-Darré dans le Gabas. — *La grabe de Trondée*, v. 1540 (réform. de Béarn, B. 841, f° 8).

Troueilh, f. c^{ne} d'Osse. — *Lo Trolh*, 1385 (cens. f° 74).

Trou-Garie, mont. c^{nes} d'Accous et de Borce.

Trouil, f. c^{ne} de Rontignon.

Trouilh, éc. c^{ne} de Castetner.

Trouilh (Le), h. c^{ne} de Monein. — *Lo Trolh*, 1385 (cens. f° 36). — Le Trouilh, alors annexe du hameau de Liza, comptait 24 feux et ressort. au bailļ. de Monein.

Trou-Madame (Le), rocher, c^{ne} de Biarrits, sur le bord de la mer.

Troussegaillau, fief, c^{ne} d'Amorots-Succos, vassal du royaume de Navarre.

Trubaénia (Le), ruiss. qui coule à Urrugne et se jette dans l'Unxain.

Trubessé, chât. c^{ne} de Cabidos. — *Trubesser*, 1675 (réform. de Béarn, B. 669, f° 144).

Truyóo, f. c^{ne} de Navailles-Angos. — *Truiou*, 1385 (cens. f° 47).

Tuco, éc. c^{ne} de Lalonquette.

Tuco, éc. c^{ne} de Lembeye. — *Tuquo*, 1675 (réform. de Béarn, B. 649, f° 300). — *Tucôo*, *Tucquo*, 1784 (terrier de Lembeye, E. 201).

Tuco (Le), éc. c^{ne} de Monségur. — *Le Tucau*, 1675 (terrier de Monségur, E. 212).

Tucos (Les), éc. c^{ne} de Castillon (c^{on} de Lembeye).

Tucoulets (Les), éc. c^{ne} de Bentayou-Sérée; mentionné en 1682 (réform. de Béarn, B. 648, f° 138).

Tucquet, f. c^{ne} de Pau.

Tuilerie (La), f. c^{ne} d'Abitain. — *La Teulere*, 1537 (ch. de Béarn, E. 426).

Tume (Le pas de la), dans les montagnes de la c^{ne} de Laruns.

Tumia (Le), ruiss. qui sépare Garindein et Mauléon et se jette dans le Saison.

Tuque (La), redoute, c^{ne} de Garris.

Tuquet, h. c^{ne} de Castetnau-Camblong.

Tuquet (Le), bois, c^{ne} d'Aressy.

Tuquets (Les), éc. c^{ne} de Samsons-Lion.

Turocq de Naudy (Le), éc. c^{ne} de Baleix.

Turon, f. c^{ne} d'Espoey. — *Toron*, 1385 (cens. f° 51).

Turon (Le), éc. c^{ne} de Meillon.

Turon (Le), éc. c^{ne} de Momas.

Turon (Le), éc. c^{ne} de Poey (c^{on} d'Oloron-Sainte-Marie-Est).

Turon (Le), fief, c^{ne} d'Andrein. — *La maison noble du Touron*, 1728 (dénombr. d'Andrein, E. 17).

Turon d'Andreu (Le), f. c^{ne} d'Arthez.

Turon d'Arradet (Le), bois, c^{ne} de Lanneplaa. — *Le Toron Darradet*, 1675 (réform. de Béarn, B. 667, f° 131).

Turon d'Ausène (Le), lande, c^{ne} de Puyòo; mentionnée en 1675 (réform. de Béarn, B. 667, f° 75).

Turon de Boundé (Le), éc. c^{ne} d'Arthez.

Turon de Cassaber (Le), landes et bois, c^{ne} de Lagor; mentionnés en 1328 (réform. de Béarn, B. 669, f° 322).

Turon de Castéra (Le), lande, c^{ne} de Baigts. — *Le Touron de Castéra*, 1675 (réform. de Béarn, B. 665, f° 357).

Turon de Gaeus (Le), lande, c^{ne} de Puyòo; mentionnée en 1675 (réform. de Béarn, B. 667, f° 75).

Turon de Heuguet (Le), lande, c^{ne} de la Bastide-Monréjau; mentionnée en 1495 (réform. de Béarn, B. 669, f° 229).

Turon de Hourcq (Le), éc. c^{ne} d'Orion. — *Le Touron de Hourcq*, 1691 (ch. d'Orion, E. 352).

Turon de Labader (Le), éc. c^{ne} de Denguin.

Turon de las Costes (Le), éc. c^{ne} de Méritein.

Turon de Millot (Le), éc. c^{ne} de Montfort. — *Le Touron de Millot*, 1779 (terrier de Montfort, E. 337).

Turon de Moncaudeig (Le), lande, c^{ne} de Lagor; mentionnée en 1328 (réform. de Béarn, B. 669, f° 322).

Turon de Mounet (Le), éc. c^{ne} de Lestelle.

Turon de Péhau (Le), c^{ne} de la Bastide-Monréjau.

Turon des Maures (Le), redoute, c^{ne} d'Arthez. — *Le Touron des Moures*, 1777 (terrier d'Arthez, E. 249).

Turon des Maures (Le), redoute, c^{ne} de Lay-Lamidou.

Turon des Sourrouilles (Le), lande, c^{ne} de la Bastide-Monréjau; mentionnée en 1495 (réform. de Béarn, B. 669, f° 229).

Turon du Bourier (Le), éc. c^{ne} de Cescau.

Turon du Gricot (Le), éc. c^{ne} d'Oràas.

Turon du Pastouret (Le), éc. c^{ne} de la Bastide-Monréjau.

Turon-Miey-Nougué (Le), lande, c^{ne} d'Espiute; elle contenait 370 arpents en 1691.

Turonnet de las Moulères (Le), éc. c^{ne} de Cescau.

Turonnets (Les), lande, c^{ne} de la Bastide-Monréjau.

Turons (Les), éc. c^{ne} de Castillon (c^{on} d'Arthez).

Turons (Les), éc. c^{ne} d'Eslourenties-Dabant. — *Lous Tourrôos*, 1675 (réform. de Béarn, B. 650, f° 40).

Turons (Les), éc. c^{ne} de Lespielle-Germenaud-Lannegrasse.

Turons (Les), éc. c^{ne} de Livron.

Turons (Les), éc. c^ie de Lucgarrier.

Turons (Les), fief, maison à Pau; ce fief, créé en 1609, relevait de la vicomté de Béarn.

Turons (Les), lande, c^ne d'Orion. — *Lous Tourons*, 1691 (ch. d'Orion, E. 352). — Cette lande contenait alors 100 arpents.

Turouquet (Le), éc. c^ne de Luccarré.

Turrecolle (La), éc. c^ne de Baleix. — *La Turequolle*, 1769 (terrier de Baleix, E. 184).

Tursan (Le), pays compris aujourd'hui en grande partie dans le département des Landes. Les c^nes de Poursiugues-Boucoue, de Boueilh-Boueilho-Lasque et de Pouliacq sont les seules localités du département des Basses-Pyrénées appartenant au Tursan. — *Civitas Aturrensium* (Notice des provinces). — Le Tursan tirait son nom de l'Adour (*Aturris*).

Turuilhon, éc. c^ne de Lembeye; mentionné en 1675 (réform. de Béarn, B. 649, f° 330).

Tustulant, f. c^ne de Chéraute. — *Tustolar*, v. 1480 (contrats d'Ohix, f° 89).

Tuturu, mont. c^nes d'Aincille et d'Estérençuby.

Tuturu, mont. c^ne de Lécumberry.

U

Uchàa, h. c^ne de Monein. — *Uxar*, 1385 (cens. f° 36). — *La marque d'Uxa*, 1441 (not. d'Oloron, n° 3, f° 115). — *La marcqua de Huxa*, 1548 (réform. de Béarn, B. 759). — Uchàa ressort. au baill. de Monein et comprenait 39 feux.

Udapet, mont. c^ne de Borce.

Udole, f. c^ne de Chéraute. — *La borde de Udolla*, 1496 (contrats d'Ohix, f° 17).

Udoy, f. c^ne de Barcus; mentionnée en 1479 (contrats d'Ohix, f° 82).

Ugange, h. c^ne de Saint-Jean-Pied-de-Port. — *Gange*, 1736 (reg. des baux du chap. de Bayonne).

Ugançan, h. c^ne d'Ossès. — *Ugarçanne*, 1513 (ch. de Pampelune). — *Hospital de Uharzan*, 1621 (Martin Biscay).

Ugand, lande, c^ne de Maslacq. — En 1752, elle appartenait aux communes de Loubieng et de Sauvelade et contenait 30 arpents.

Ugarré (L'), ruiss. qui coule à Estérençuby et se jette dans la Nive de Béhèrobie.

Ugarré (L'), ruiss. qui arrose la c^ne de Larrau et se perd dans la rivière de Larrau.

Ugart, île dans le Gave d'Oloron, c^ne de Navarrenx; mentionnée en 1538 (réform. de Béarn, B. 820).

Ugnoux, éc. c^ne de Denguin.

Uhabia (L'), ruiss. qui prend sa source sur la commune d'Arbonne et se jette dans la mer à Bidart.

Uhaïtxa (L') ou RIVIÈRE DE SAINTE-ENGRACE, prend sa source dans la commune de Sainte-Engrace et va se jeter dans le Saison, après avoir traversé Licq-Atherey.

Uhaïtxe (L'), ruiss. qui coule à Pagolle et se perd dans le ruisseau de Pagolle.

Uhaïtz-Çury (L'), ruiss. qui prend sa source à Jatxou et se perd dans l'Estang, après avoir arrosé la c^ne de Villefranque.

Uhajaribarne (L'), ruiss. qui coule sur la c^ne de Sainte-Engrace et se jette dans le Manchola.

Uhalde, fief, c^ne d'Ibarrolle; vassal du royaume de Navarre.

Uhalde (L'), ruiss. qui arrose Labets-Biscay et se mêle à la Bidouse.

Uhalde (L'), ruiss. qui traverse les c^nes de Suhescun et d'Irissarry et se jette dans l'Oyhanhandy.

Uhanqui (L'), ruiss. qui arrose la c^ne de Saint-Michel et se jette dans l'Orion.

Uharatia (L'), ruiss. qui coule à Iholdy et se perd dans l'Oxarty.

Uhart, f. c^ne de Barcus; mentionnée en 1520 (cout. de Soule).

Uhart-Cize, c^on de Saint-Jean-Pied-de-Port. — *Uhart*, 1193 (cart. de Bayonne, f° 19). — *Huart*, 1513 (ch. de Pampelune). — *Uharte*, 1621 (Martin Biscay). — La cure d'Uhart-Cize était à la présentation de l'abbaye de Roncevaux. — Le nom d'*Uhart-Cize* est donné à cette commune, située dans le pays de Cize, pour la distinguer de celle d'*Uhart-Mixe* (c^on de Saint-Palais), placée dans le pays de Mixe.

Uharté (L'), ruiss. qui prend sa source dans la c^ne de Hélette, arrose Irissarry et se jette dans le Lacca.

Uhartéa (L'), ruiss. qui coule à Ayherre et se perd dans la Joyeuse.

Uhart-Juson, fief, c^ne d'Aïcirits; vassal du royaume de Navarre.

Uhart-Mixe, c^on de Saint-Palais. — *Ufart*, xiie s^e (cart. de Sordes, p. 23). — *Huart*, 1384 (coll. Duch. vol. CX, f° 86). — *Uhart-Juson en Navarre*, 1599 (ch. de la Chambre des Comptes, B. 3264). — *Uharte-Juson*, *Uhart-Jusson*, 1621 (Martin Biscay). — Le nom d'*Uhart-Mixe* sert à distinguer cette commune de celle d'*Uhart-Cize* (voy. ce mot).

UHATZ (L'), ruiss. qui coule à Ascain et se jette dans la Nivelle.

UILHÈDE (L'), ruiss. qui sort des landes du Pont-Long sur le territoire de Pau, traverse les c^nes de Lons, Lescar, Pocy (c^on de Lescar), et se réunit à l'Aiguelongue pour former le Loussy. — *La Ulheda*, 1367 (cart. d'Ossau, f° 388). — *L'ayggue et grave aperade la Ulhade*, 1440 (contrats de Carresse, f° 149).

UNDUREIN, fief, c^ne de Haux. — *Undurain d'Aux*, XVIIe s^e (ch. d'Arthez-Lassalle). — Ce fief relevait de la vicomté de Soule.

UNDUREIN, vill. c^ne d'Espès; ancienne commune réunie à Espès le 10 janvier 1842. — *Andurenh*, 1382 (contrats de Luntz, f° 82). — *Undurenh*, 1455 (coll. Duch. vol. CXIV, f° 43).

UNXAIN (L'), ruiss. qui arrose Urrugne et se jette dans la baie de Saint-Jean-de-Luz.

URCHABALA (L'), ruiss. qui coule à Cambo et se perd dans la Laresta.

URCHILO (LE COL D'), c^nes d'Ossès et de Saint-Étienne-de-Baïgorry.

URCHURAY (LE COL D'), c^nes de Bidarray et de Macaye. — *Hoursuray*, 1675 (réform. d'Ossès, B. 687, f° 9).

URCUIT, c^on de Bayonne-Nord-Est. — *Auricoctus, Orquuit*, 1186; *Sanctus-Stephanus de Auricocta*, XIIe s^e; *Orcuit*, 1233 (cart. de Bayonne, f°s 8, 16 et 28). — *Le Laurier*, 1793. — On dit en basque *Urkéta*. — L'église d'Urcuit dépendait de l'abbaye de Lahonce.

URCULO (LA TOUR D'), mont. c^ne de Saint-Michel, sur la frontière d'Espagne.

URCULU, mont. c^ne de Lécumberry.

URCURAY, h. c^ne de Hasparren. — *Saint-Joseph d'Urcuraye*, 1662 (collations du dioc. de Bayonne). — Le ruisseau d'Urcuray prend sa source à Hasparren et se jette à Cambo dans la Nive.

URDACH (L'), ruiss. qui coule à Issor et se jette dans le Lourdios.

URDAINS, chât. c^ne de Bassussarry. — *Urdaidz*, 1255 (cart. de Bayonne, f° 37). — *Urdainz*, 1402 (ch. de Navarre, E. 459). — *Ourdains*, 1739 (pouillé de Bayonne).

URDAMENDY, mont. c^nes d'Iholdy, d'Irissarry et de Suhescun.

URDANDEY, mont. c^ne d'Ossès.

URDAYTÉ (LE PORT D'), c^ne de Sainte-Engrace, sur la frontière d'Espagne.

URDÈS, c^on d'Arthez; mentionné en 1220 (ch. de l'Ordre de Malte). — *Urdess*, 1286 (ch. de Béarn, E. 267). — *Urdeix*, 1376 (montre milit. f° 30). — Ancienne dépendance de la commanderie de Malte de Caubin et Morlàas. — En 1385, Urdès comprenait 25 feux et ressort. au baill. de Pau.

URDOS, c^on d'Accous. — *Forum Ligneum* (Itin. d'Antonin). — *Sancte-Maydaleine d'Urdos*, 1615 (insin. du dioc. d'Oloron). — En 1385, Urdos comptait 11 feux et ressort. au baill. d'Aspe.

URDOS, h. c^ne de Saint-Étienne-de-Baïgorry. — *Urdos de la Bastida*, 1513 (ch. de Pampelune). — *Urdoz*, 1621 (Martin Biscay). — Le ruisseau d'Urdos coule à Saint-Étienne-de-Baïgorry et se perd dans le ruisseau de la Bastida.

URDOSBURE, mont. c^ne de Saint-Michel, sur la frontière d'Espagne.

UREPEL, c^ne de Saint-Étienne-de-Baïgorry; vill. distrait de la commune des Aldudes et érigé en commune le 15 février 1862.

URESTY, mont. c^nes d'Espelette et d'Itsatsou.

URGATXA (L'), ruiss. qui coule à Urcuit et se jette dans l'Ardanavie.

URGOS, h. détruit, c^ne de Moumour. — *Lo loc d'Urgous*, 1468 (not. d'Oloron, n° 4, f° 145).

URGOURY, h. c^ne de Saint-Pée-sur-Nivelle.

URHANDIA (L'), ruiss. qui prend sa source à Hasparren, traverse Mouguerre et se jette dans l'Ardanavie.

URHANDIA (L'), ruiss. qui arrose Larrau et se joint à la rivière de Larrau.

URI (L'), ruiss. qui arrose la c^ne de Sare et se jette dans le Harane.

URIOA, grotte, c^ne de Sare.

URISÈS, montagne, c^ne des Aldudes, sur la frontière d'Espagne.

URISTY, redoute, c^ne d'Ainhoue.

URITCHANTÉ (L'), ruiss. qui sépare Irissarry et Suhescun et se jette dans l'Uhalde.

URLO (L'), ruiss. qui a sa source à Espelette et se perd dans le Halçabala, en arrosant Souraïde.

URMA (L'), ruiss. qui prend sa source à Ainhoue et se jette dans la Nivelle à Saint-Pée-sur-Nivelle.

URMENDY, h. détruit, c^ne d'Anglet. — *Urmendie*, 1235; *Urmendia*, XIIIe s^e (cart. de Bayonne, f°s 12 et 26).

URONTE (L'), ruiss. qui limite les c^nes de Jatxou et de Villefranque et se jette à Mouguerre dans l'Urhandia.

UROST, c^on de Morlàas. — En 1385, Urost comprenait 4 feux et ressort. au baill. de Pau.

URRUCHONO, f. c^ne d'Aussurucq; mentionnée en 1520 (cout. de Soule).

URRUGNE, c^on de Saint-Jean-de-Luz. — *Sanctus-Vincentius de Urruina*, v. 1140; *villa Urrungia*, XIIe s^e; *Orroina*, 1235 (cart. de Bayonne, f°s 8 et 29). — *Urruyne*, 1342 (rôles gascons). — *Urrunhe*, 1511 (coll. Duch. vol. CV, f° 287). — *Urruinhe*, 1519 (arch. de l'Empire, J. 867, n° 10). — *Urruigne*, 1552 (ch. de Labourd, E. 426).

En 1790, Urrugne fut le chef-lieu d'un canton dépendant du district d'Ustaritz et composé des communes de Biriatou, d'Hendaye et d'Urrugne.

Urrume, chapelle, c^{ne} de Bidart.

Urrutialde, h. c^{ne} de Saint-Jean-le-Vieux; anc. commune qui avait pour annexe Harrielte. — *Sanctus-Johannes d'Urrutie*, 1335 (ch. du chap. de Bayonne). — *Yrrutia, Urrutia*, 1621 (Martin Biscay).

Urrutiberria, f. c^{ne} d'Irissarry. — *Urruty*, 1757 (collations du dioc. de Bayonne).

Urrutigoïty, fief, c^{ne} de Lichans-Sunhar; mentionné en 1455 (coll. Duch. vol. CXIV, f° 43). — *Rutigoyti*, xviie s^e (reg. de la cour de Licharre). — Ce fief était vassal de la vicomté de Soule.

Urruty, éc. c^{ne} de Hélette.

Urruty (L'), ruiss. qui arrose Ahaxe-Alciette-Bascassan et se jette dans le Laurhibar.

Urruty (L'), ruiss. qui coule à Mendionde et se perd dans l'Oyharçabal. — Il y avait, en 1764, une prébende d'Urruty dans l'église de Mendionde (collations du dioc. de Bayonne).

Ursuya, mont. c^{nes} de Hasparren et de Macaye.

Urt, c^{on} de la Bastide-Clairence. — *Aurt*, 1193 (cart. de Bayonne, f° 18). — *Hurt*, 1243 (ch. de la Camara de Comptos). — *Aourt*, xiiie s^e (coll. Duch. vol. CXIV, f° 35). — *Beata Maria d'Urt*, 1686 (collations du dioc. de Bayonne). — *Liberté*, 1793. — La seigneurie d'Urt faisait partie du duché de Gramont.

Urtiague (Le col d'), c^{ne} des Aldudes, sur la frontière d'Espagne.

Urtubie, chât. c^{ne} de Mendionde; mentionné en 1450 (ch. de Navarre, E. 426).

Urtubie, chât. c^{ne} d'Urrugne; ancienne vicomté. — *Urtubia*, xiie s^e; *Urtebie*, 1233; *Urtebia*, 1235 (cart. de Bayonne, f°s 9, 12 et 28). — *Urthuby*, 1341 (rôles gascons). — *Urthubie*, 1519 (arch. de l'Empire, J. 867, n° 10).

Urumendy (La croix d'), pèlerinage, c^{ne} d'Ascain.

Urutxordoqui (L'), ruiss. qui coule à Sainte-Engrace et se jette dans le Manchola.

Usclade (L'), lande, c^{ne} de Narp.

Usclades (Les), éc. c^{ne} de Castetner.

Usclat (Le bois de l'), c^{ne} d'Aydius.

Usquain, vill. c^{ne} de Tabaille; anc. commune réunie à Tabaille le 18 avril 1842. — *Usquen*, xiie siècle (cart. de Sordes, p. 27). — *Usquenh*, 1385 (cens.). — *Usqueinh*, 1399 (contrats de Gots, f° 13). — Il y avait une abbaye laïque vassale de la vicomté de Béarn. — En 1385, Usquain comptait 12 feux avec ses annexes, Campagne et Mongaston, et ressort. au baill. de Sauveterre.

Ussau, vill. c^{ne} de Tadousse; ancienne commune. — *Ossau*, xiiie s^e (fors de Béarn, p. 204). — *Ossau en Vic-Bilh*, 1538 (réform. de Béarn, B. 833). — La baronnie d'Ussau, créée en 1671, relevait de la vicomté de Béarn.

Ustaritz, arrond. de Bayonne. — *Sanctus-Vincentius de Ustariz*, 1186; *Ustaridz*, 1194 (cart. de Bayonne, f°s 32 et 35). — *Ustaritz*, 1322 (rôles gascons). — *Marat-sur-Nive*, 1793. — Ustaritz était le chef-lieu du baill. de Labourd.

En 1790, Ustaritz fut le chef-lieu d'un district composé des cantons de Bardos, Biarritz, Cambo, Espelette, Hasparren, Macaye, Mouguerre, Sare, Saint-Jean-de-Luz, Saint-Pée-sur-Nivelle, Urrugne, Ustaritz, et de la ville de Bayonne. — Le canton d'Ustaritz comprenait alors les communes d'Arbonne, Jatxou, Ustaritz et Villefranque.

Ustarole (L'), ruiss. qui coule à Lécumberry et se jette dans le Laurhibar.

Ustéléguy, mine de fer, c^{ne} de Saint-Étienne-de-Baïgorry.

Utéia (Le bois d'), c^{ne} de Sainte-Engrace.

Uthalatia (L'), ruiss. qui arrose Lacarry-Arhan-Charritte-de-Haut et se jette dans l'Aphourra.

Uthurcocorça (L'), ruiss. qui coule à Larrau et se jette dans le Hurbelça.

Uthurnéchette, mont. c^{ne} de Larrau, sur la frontière d'Espagne.

Uthuroudinéta (Le col d'), c^{ne} de Larrau, sur la frontière d'Espagne.

Uthurry-Handy (L'), ruiss. qui coule à Suhescun et se perd dans l'Uhalde.

Utziat, h. c^{ne} de Larceveau. — *Uxiat*, 1227 (Gall. christ. instrum. Bayonne, n° 5). — *La Magdelene de l'espitau d'Utsiat*, 1441 (not. de la Bastide-Villefranche, n° 1, f° 35). — *Uxat*, 1488 (not. de Pau, n° 3, f° 21). — *Uciat*, 1513 (ch. de Pampelune). — *Utziate*, 1621 (Martin Biscay). — Ancien prieuré dont le titulaire siégeait aux États de Navarre.

Uzan, c^{on} d'Arzacq; mentionné au xe s^e (Marca, Hist. de Béarn, p. 267). — *Usan*, 1409 (ch. de Béarn, E. 2620). — *Sente-Quiterie d'Usan*, 1487 (not. de Larreule, n° 2, f° 15). — *Ussan*, 1505 (not. de Garos). — En 1385, Uzan ressort. au baill. de Pau et comprenait 23 feux.

Uzan (L'), ruiss. qui prend sa source dans les landes du Pont-Long, traverse le territoire des c^{nes} de Pau, Lons, Lescar, Poey (c^{on} de Lescar), Denguin, Beyrie (c^{on} de Lescar), Bougarber, Viellenave (c^{on} d'Arthez), Mazerolles, Larreule, et se jette à Uzan dans le Luy-de-Béarn. — *Usan*, 1424; *Usanh*, 1491 (cart. d'Ossau, f°ˢ 97 et 355).

Uzein, cᵒⁿ de Lescar. — *Usenh*, 1385 (cens.). — A cette époque, Uzein comprenait 15 feux et ressort au baill. de Pau.

Uzerte (L'), ruiss. qui prend naissance à Ger, sort du département, y rentre à Montaner et se jette dans le Lys près de Caixon (départ. des Hautes-Pyrénées).

— *L'aiga aperada Usarte*, 1429 (cens. de Bigorre, f° 210).

Uzos, cᵒⁿ de Pau-Ouest. — *Uzoss*, 1286 (ch. de Béarn, E. 267). — *Usos*, xiiiᵉ siècle (fors de Béarn, p. 25). — *Ussos*, 1536; *Usoos*, 1675 (réform. de Béarn, B. 655, f° 62; 709, f° 43). — En 1385, Uzos ressort. au baill. de Pau et comprenait 12 feux.

V

Valcarlos (Le chemin du), dans la cᵐᵉ de Lasse. — Ce nom vient de la vallée espagnole dite *le Valcarlos*, où mène ce chemin.

Val-Dextre (Le), vallée, cᵒⁿ de Tardets; subdivision du pays de Soule qui comprend Alçay, Alçabéhéty, Alos, Arhan, Camou, Charritte-de-Haut, Cihigue, Lacarry et Sunharette.

Valentin (Le), ruiss. qui prend sa source au pied de la montagne de Louesque, arrose la cᵒⁿ des Eaux-Bonnes et se jette à Laruns dans le Gave d'Ossau. — *Lo Balandrii*, 1443 (reg. de la Cour Majour, B. 1, f° 123). — *Lo Balentii*, 1538 (réform. de Béarn, B. 842). — *Le Balantin*, 1727 (dénombr. d'Espalungue, E. 28).

Valentin (Le moulin de), cᵐᵉ d'Anglet.

Valentz, lande, cᵐᵉˢ d'Arrien, Espéchède, Gerderest et Sedzère; mentionnée en 1400 (réform. de Béarn, B. 757, f° 11).

Val-Sénestre (Le), vallée, cᵒⁿ de Tardets; subdiv. du pays de Soule qui comprend Abense-de-Haut, Atherey, Etchebar, Haux, Laguinge, Lichans, Licq, Montory, Restoue, Sibas, Sunhar, Tardets et Troisvilles.

Vauzé, vill. cⁿᵉ de Bassillon; ancienne commune. — *Bausee, Bauser*, 1538; *Beauzé*, 1675; *Vauzer*, 1682 (réform. de Béarn, B. 648, f° 233; 654, f° 243; 826; 833). — *Vauser*, 1768 (dénombr. de Candau, E. 24). — Il y avait une abbaye laïque vassale de la vicomté de Béarn. — La baronnie de Vauzé, créée en 1641, relevait de la vicomté de Béarn et comprenait Peyrelongue-Abos et Vauzé.

Verbielle (Le bois de). — Voy. Bervielle.

Verdets, cᵒⁿ d'Oloron-Sainte-Marie-Est. — *Berdes*, xᵉ sᵉ (cart. de l'abb. de Lucq). — *Berdez*, xiᵉ sᵉ (Marca, Hist. de Béarn, p. 269 et 272). — *Bardez*, xiiᵉ sᵉ (coll. Duch. vol. CXIV, f° 80). — *Berdegs*, 1385 (cens.). — *Sent-Johan de Berdetz*, 1422 (not. de Lucq). — La paroisse était annexe de Saint-Martin-de-Poey. — En 1385, Verdets comprenait 17 feux et ressort. au baill. d'Oloron.

Vergé (Le moulin du), cᵐᵉ de Castagnède.

Vert (Le), riv. qui se forme à Aramits par la réunion du Vert d'Arette et du Vert de Barlanès et se jette dans le Gave d'Oloron à Moumour, après avoir arrosé Ance, Féas et Oloron-Sainte-Marie; mentionnée en 1322 (ch. de Josbaig, E. 360). — *Lo Bert*, 1468 (not. d'Oloron, n° 4, f° 144).

Vert (Le château du), cⁿᵉ de Moumour; tire son nom de la rivière du Vert. — *Lo cami qui va de pont de Bert* (placé en face du château) *entau pont de Xarrard*, 1467 (not. d'Oloron, n° 4, f° 126).

Vert d'Arette (Le), ruiss. formé à Arette par la Chousse et le Soulayet; il se joint au Vert de Barlanès, à Aramits, pour former le Vert. — *L'aiga de Laro*, 1538; *l'aigue aperade Larron*, 1589 (réform. de Béarn, B. 808, f° 92; 824).

Vert de Barlanès (Le), ruiss. qui descend des montagnes de Lanne et se réunit, à Aramits, au Vert d'Arette pour former le Vert.

Vésiau (La). — Cette dénomination s'applique à la réunion des trois communes de Cette-Eygun, d'Etsaut et d'Urdos pour l'exploitation des montagnes.

Vialé (Le), h. cⁿᵉ d'Arzacq.

Vialé (Le), h. cⁿᵉ de Castétis.

Vialé (Le), h. cⁿᵉ de Vignes.

Vialer, cᵒⁿ de Garlin. — *Lo Vieler de Tarnos*, 1385 (cens. f° 58). — *Vielaa*, 1402 (cens.). — *Lo Bialer*, 1542; *lo Vieler en Vic-Bilh*, 1544; *lo Vieller de Sanct-Johan-Podge*, 1546; *lo Vialer*, 1554; *le Vialler*, 1675; *Saint-Pierre du Vialer*, 1682 (réform. de Béarn, B. 651, f° 227; 738; 750; 754). — En 1385, Vialer ressortissait au baill. de Lembeye et comprenait 13 feux.

Vialuquère, éc. cⁿᵉ de Pontacq.

Vianne, fief, cⁿᵉ de Vielleségure. — *L'ostau y gentilesse de Biane*, 1457 (not. de Castetner, f° 118). — *Viane*, 1675 (réform. de Béarn, B. 668, f° 182). — Ce fief était vassal de la vicomté de Béarn.

VIASSE (LA), lande, c^ne de Monségur. — *La Biasse*, 1675 (terrier de Monségur, E. 212).

VIBARON, fief, c^ne de Làa-Mondrans. — *L'ostau de Bivaroo*, 1385 (cens. f° 5). — *Biberon*, 1546 (réform. de Béarn, B. 754). — *Bibaron*, 1701 (dénombr. de Làa, E. 32), — Le fief de Vibaron, vassal de la vicomté de Béarn, ressort. au baill. de Larbaig.

VICBILH (LE), pays, arrond. de Pau; borné au N. par le Tursan et l'Armagnac, à l'E. par la Bigorre et le Montanérès, au S. et à l'O. par le Béarn proprement dit, suivant une ligne qui passerait par Limendous, Espéchède, Ouillon, Higuères-Souye, Anos, Saint-Armou, Thèze et la limite des arrondissements de Pau et d'Orthez. — *Vicus-Vetulus*, x° s°; *Bigvilium*, xi° s° (cart. de l'abb. de Saint-Pé). — *Archidiaconatus de Bigbilh*, 1101 (cart. de Lescar). — *Bigbilius*, 1170 (reg. de Barcelone, d'après Marca, Hist. de Béarn, p. 268, 324, 375 et 471). — *Lo parsan de Vic-Vielh*, 1487 (reg. des Établissements de Béarn). — *Vic-Bielh*, v. 1540; *Viit-Bilh*, 1542; *Vic-Vil*, 1547; *Vig-Bilh*, 1548 (réform. de Béarn, B. 738, 754, 758, 786). — L'archidiaconé de Vicbilh, dépendant de l'évêché de Lescar, comprenait les paroisses qui forment aujourd'hui le canton de Lembeye, moins Luc-Armau, Luccarré, Momy; le canton de Garlin, moins Boueilh-Boueilho-Lasque et Pouliacq; le canton de Morlàas, moins Eslourenties-Daban, Lespourcy, Lombia, Saubole, Serres-Castet, Urost; le canton de Thèze, moins Aubin et Bournos. — Lembeye était le chef-lieu de cet archidiaconé.

VICNAU, m^in et fief, c^ne de Garlin, sur le Gabas; mentionné en 1674 (réform. de Béarn, B. 652, f° 228). — Le fief de Vicnau était vassal de la vicomté de Béarn.

VIDON, h. c^ne de la Bastide-Clairence.

VIE-BLANQUE (LA), lande, c^ne de Bentayou-Sérée; mentionnée en 1682 (réform. de Béarn, B. 648, f° 152).

VIEGRANE, éc. c^ne de Denguin. — *Viegranne*, 1754 (terrier de Denguin, E. 308).

VIELHE-MORTE, h. détruit, c^ne de Lescar, près du Gave de Pau. — *Lo parsaa de Vielha-Morte*, 1643 (cens. de Lescar, f° 105).

VIELLE (LA), ruiss. qui arrose Larreule et se jette dans le Luy-de-Béarn.

VIELLE (LA), vill. c^ne de Montaner.

VIELLE (LE MOULIN DE LA), c^ne de Montaut, sur la Mouscle; mentionné en 1580 (réform. de Béarn, B. 808, f° 18).

VIELLENAVE, c^on d'Arthez. — *Biele-Nave*, 1350 (not. de Pardies, n° 1). — *Biele-Nabe*, 1457 (cart. d'Ossau, f° 231). — *Vielenabe pres Cescau*, 1538 (réform. de Béarn, B. 840). — En 1385, Viellenave ressort. au baill. de Pau et comprenait 6 feux.

VIELLENAVE, c^on de Bidache. — *Villanueva*, 1247; *lo castet de Villanava*, 1308 (coll. Duch. vol. CXIV, f°s 222 et 224).

VIELLENAVE, c^on de Navarrenx; mentionné au xii° s° (Marca, Hist. de Béarn, p. 403). — *Vielenave*, 1387; *Sent-Per de Vielenave*, 1411 (not. de Navarrenx). — *Viellanave*, v. 1540; *Vielanava*, 1548 (réform. de Béarn, B. 760, f° 4; 799, f° 10). — *Viellanava*, 1620 (insin. du dioc. d'Oloron). — Il y avait une abbaye laïque vassale de la vicomté de Béarn. — En 1385, Viellenave ressort. au baill. de Navarrenx et comptait 22 feux. — La seigneurie de Viellenave faisait partie de la baronnie de Jasses.

VIELLENAVE, éc. c^ne de Mont (c^on de Lagor). — *Vielenave*, *Bielenave*, 1771 (terrier de Mont).

VIELLENAVE, vill. c^ne de Taron; ancienne commune. — *Vielenave de Sediraygues*, 1402 (cens.). — *Vilanaba*, 1542 (réform. de Béarn, B. 738, f° 96).

VIELLEPINTE, vill. c^ne de Pontiacq; ancienne commune réunie à Pontiacq le 25 juin 1842. — *Villa-Picta*, 1270 (cart. du chât. de Pau, n° 1). — *Biela-Pinto*, 1429 (cens. de Bigorre, f° 266). — *Vielapinta*, 1540 (réform. de Béarn, B. 741). — *Bielepinte*, 1737 (dénombr. de Maure, E. 35). — En 1385, Viellepinte ressort. au baill. de Morlàas et comprenait 14 feux.

VIELLE-ROUBY (LA), bois, c^ne de Lagor; mentionné en 1328 (réform. de Béarn, B. 669, f° 322).

VIELLESÉGURE, c^on de Lagor. — *La bastide de Viele-Segure*, 1343 (not. de Pardies, n° 2). — *Sent-Bertran de Viele-Segure*, v. 1350 (not. de Lucq). — *Bielesegure*, 1391 (not. de Navarrenx). — *Bielasegura*, 1572 (réform. de Béarn, B. 769, f° 18). — En 1385, Viellesègure comprenait 56 feux et ressort. au baill. de Lagor et Pardies.

VIE-MALE, chemin dans la c^ne de Mazerolles.

VIE-VIRONÈSE (LA), éc. c^ne de Montestrucq; mentionné en 1675 (réform. de Béarn, B. 666, f° 289); tire son nom du chemin qui mène à Biron.

VIGNAL (LE), f. c^ne de Gélos.

VIGNASSE (LA), éc. c^ne de Baleix.

VIGNASSE (LA), éc. c^ne de Monségur; mentionné en 1675 (réform. de Béarn, B. 649, f° 346).

VIGNAT, f. c^ne de Jurançon. — *Binhat*, 1485 (not. de Pau, n° 1, f° 50).

VIGNAU, f. c^ne de Sévignac (c^on d'Arudy). — *Binhau*, 1385 (cens. f° 71).

VIGNAU (LE), fief, c^ne d'Orthez. — *La domengedure deu*

Vinhau, 1536 (réform. de Béarn, B. 806, f° 8). — Ce fief était vassal de la vicomté de Béarn.

VIGNAU (LE MOULIN DU), c^{ne} de Lescar; mentionné en 1643 (cens. de Lescar, f° 159).

VIGNE (LA), fief, c^{ne} de Pardies (c^{on} de Monein), à Pardières; mentionné en 1683 (réform. de Béarn, B. 671, f° 277), vassal de la vicomté de Béarn.

VIGNE (LA), mont. c^{ne} de Laruns.

VIGNERTE, fief, c^{ne} de Saucède. — *Bignerte*, 1385 (cens. f° 24). — Ce fief, vassal de la vicomté de Béarn, ressort. au baill. d'Oloron.

VIGNES, c^{on} d'Arzacq. — *Vinhes*, 1385 (cens.). — *Binhes*, 1513 (not. de Garos). — En 1385, Vignes comptait 25 feux et ressort. au baill. de Pau.

VIGNES, éc. c^{ne} de Sault-de-Navailles.

VIGNOLES, h. c^{ne} de Denguin; ancienne commune. — *Binholes*, 1286 (ch. de Béarn, E. 267). — *Vinholes*, 1385 (cens.). — A cette époque, Vignoles ressort. au baill. de Pau. — La seigneurie de Vignoles faisait partie de la baronnie de Denguin.

VIGOULAS (LES), éc. c^{ne} de Bougarber.

VILEAU, f. c^{ne} de Lestelle.

VILLA-EUGÉNIE (LA), chât. impérial, c^{ne} de Biarrits, sur le bord de la mer.

VILLEFRANQUE, c^{on} d'Ustarits. — *Ville-Francque*, 1501; *Villefranque en Labort*, 1516 (ch. du chap. de Bayonne). — *Sanctus-Bartholomeus de Villefranque*, 1767 (collations du dioc. de Bayonne). — *Tricolor*, 1793.

VILLENEUVE, f. c^{ne} de Maslacq. — *Grangia de Villanova*, 1235 (réform. de Béarn, B. 864). — Ancienne dépendance de l'abbaye de Sauvelade.

VIODOS, c^{on} de Mauléon. — *Biodos*, 1496 (contrats d'Ohix, f° 5). — *Viodos-Abense-de-Bas*, depuis la réunion d'Abense-de-Bas en 1842. — On dit en basque *Bildoce*.

VISCONDATIA, fief, c^{ne} d'Ossès; vassal du royaume de Navarre.

VISCONDAU (LE), c^{ne} d'Oloron-Sainte-Marie; emplacement de l'ancien château d'Oloron. — *Biscondau*, 1718 (dénombr. d'Oloron, E. 38).

VISPALIE, fief, c^{ne} de Mont (c^{on} de Lagor); mentionné en 1675 (réform. de Béarn, B. 671, f° 125); vassal de la vicomté de Béarn.

VISSON, f. c^{ne} de Montaut.

VITAU, fief, c^{ne} de Navarrenx; mentionné en 1714 (reg. des États de Béarn), vassal de la vicomté de Béarn.

VIVÉ (LE MOULIN DU), c^{ne} de Lescar; tire son nom du vivier des évêques de Lescar auxquels il appartenait. — *Lo molii deu Biver*, 1385 (cens. f° 44). — *Lo molii deu Biber*, 1463 (cart. d'Ossau, f° 127). — *Moly deu Bibee*, 1538; *lo molin deu Viber*, 1539 (réform. de Béarn, B. 723; 847).

VIVEN, c^{on} de Thèze. — *Vivent*, 1385 (cens. f° 47). — *Biben*, 1481 (not. de Larreule, n° 1, f° 4). — *Bivent*, 1535; *Bibent*, 1538 (réform. de Béarn. B. 704, f° 188; 831). — En 1385, Viven ressort. au baill. de Pau et comprenait 15 feux. — La baronnie de Viven, vassale de la vicomté de Béarn, renfermait Argelos, Auriac et Viven.

W

WEYMANN, chât. c^{ne} de Bayonne.

Y

YLOS, h. de la commune de Gan. — *Iloos*, 1358 (charte de Buzy, FF. 1). — *Lo vic de Ylos*, 1535 (réformation de Béarn, B. 701, f° 153). — *Ilos, vicq d'Oulous*, 1753 (dénombrement de Rébénac, E. 41).

YORLA, mont. c^{nes} d'Armendarits et de Méharin.

Z

ZABALZA, h. c^{ne} de Souraïde.

TABLE DES FORMES ANCIENNES.

A

Aar. *Ar.*
Abarhoe (L'). *Barhoue* (*La*).
Abbadie. *Appatie* (Bedous).
Abbatbielles (Les). *Batbielle* (landes).
Abedcille. *Bedcille.*
Abence-Inferior. *Abense-de-Bas.*
Abense prope Tardetz. *Abense-de-Haut.*
Abenssa dejus Mauleon. *Abense-de-Bas.*
Abera. *Abère* (Asson).
Aberoe. *Arberoue* (*Le pays d'*).
Aberon. *Labérou* (*Le*).
Abescat. *Bescat.*
Abidos. *Bidos.*
Abitebn; Abithen. *Abitain.*
Aboos; Aboss; Abossium. *Abos* (Peyrelongue).
Abossium; Abous. *Abos* (Monein).
Achmora (Porte d'). *Moines* (*Le col des*).
Acos. *Accous.*
Ἀκουιτάνιος Ὠκεανός (ὁ). *Gascogne* (*Le golfe de*).
Acous. *Accous.*
Acris-Montis (Castrum). *Gramont.*
Ador. *Adour* (*L'*).
Adsaut. *Etsaut.*
Aespiis. *Aspis.*
Aezparren. *Hasparren.*
Affitaus (Los). *Ahitaux* (*Les*).
Affittes; Afiites (les). *Affittes* (*Les*).
Agarassi. *Agaras.*
Agarencs; Agarencum. *Garenx.*
Agnès. *Gourbères* (*Les*).
Agoees; Agoers; Agoes (les); Agoueix; Agones. *Agoès.*

Agramont; Agremont. *Gramont.*
Aguereinx; Aguerenx. *Garenx.*
Aguerre. *Daguerre.*
Aguoces. *Agoès.*
Ahas. *Aas.*
Ahaxa. *Ahaxé.*
Ahazparne. *Hasparren.*
Ahece. *Ahetze* (Ustarits).
Ahedce. *Ahetze* (Ordiarp).
Ahesparren. *Hasparren.*
Ahetce. *Ahetze* (Ustarits).
Ahetsa. *Ahetze* (Ordiarp).
Aheze. *Ahetze* (Ustarits).
Ahezparenne. *Hasparren.*
Ahtxe. *Ahaxe.*
Ahyerre. *Ayherre.*
Aidie. *Aydie.*
Aigabonne. *Eaux-Bonnes* (*Les*).
Aigas-Cautes. *Eaux-Chaudes* (*Les*).
Aignes (Los). *Agnès* (*Les*).
Aignès. *Gourbères* (*Les*).
Aignharp. *Ainharp.*
Aignos. *Agnos.*
Aigremont. *Gramont.*
Aigues-Caudes. *Eaux-Chaudes* (*Les*).
Aiherre. *Ayherre.*
Aincie. *Aincy.*
Aincile. *Aincille.*
Ainhisse. *Ainhice.*
Ainhoe. *Ainhoue.*
Ains. *Anx.*
Ainza. *Ainhice.*
Aïsus; Aisuus. *Eysus.*
Ajarra. *Ayherre.*
Alaçchun; Alaschu; Alascun. *Lescun* (Accous).
Albere. *Abère* (Corbères).

Alberoa. *Arberoue* (*Le pays d'*).
Albertini (Domus). *Lacommande.*
Albertinus. *Aubertin.*
Albii. *Aubin.*
Albinoridz. *Alminorits.*
Alçueta. *Alciette.*
Alçumbarrate. *Sumberraute.*
Aldaus; Aldeos. *Audaux* (Navarrenx).
Aldigua. *Aldiga.*
Alduide. *Aldudes* (*Les*).
Alescar. *Lescar* (Pau).
Algar. *Auga.*
Alod. *Lons.*
Alos. *Loos* (Caubios).
Alpheanus. *Adour* (*L'*).
Alsai; Alsay. *Alçay.*
Alsiette; Alsuete. *Alciette.*
Alsontarrac. *Rol* (*Île de*).
Alsumberraute. *Sumberraute.*
Alsuruku. *Aussurucq.*
Alzueta. *Alciette.*
Ambicla. *Treslay.*
Ambielle. *Ambille.*
Amendux; Amenduxs. *Amendeuix.*
Amichalgun. *Amichalgue.*
Amire. *Anire.*
Amixa. *Mixe* (*Le pays de*).
Amorotz; Amoroz. *Amorots.*
Anaux. *Ankaux.*
Andongns; Andongs; Andonhs; Audoniœ; Andons. *Andoins* (Morlàas).
Andoste. *Andouste.*
Andoyns. *Andoins* (Castetnau-Camblong).
Andoyns. *Andoins* (Morlàas).
Andreinh; Andrenh. *Andrein.*
Andriette. *Andariette.*

TABLE DES FORMES ANCIENNES.

Andurenh. *Undurein* (Espès).
Anéc. *Agnès.*
Anercastellum. *Narcastet.*
An'eu. *Anou.*
Angays. *Angaïs* (Castetpugon).
Angays. *Angaïs* (Clarac).
Angladure ; Angladure (l'). *Langladure.*
Angles. *Anglet.*
Angos. *Angous.*
Anguays. *Angaïs* (Clarac).
Angulue. *Anguélu.*
Anguos. *Angos.*
Anguos. *Angous.*
Anguùs. *Angus* (Castillon).
Anhanh. *Aignan.*
Anharp. *Ainharp.*
Anhaus. *Nhaux.*
Anhausse. *Anhaux.*
Anhos. *Agnos.*
Anhoue. *Ainhoue.*
Anhx. *Anx.*
Aniça; Aniza. *Ainhice.*
Anoes. *Lormand* (Le).
Anoge; Anoia. *Anoye.*
Anois (Les). *Lormand* (Le).
Anolhaas; Anouilhas. *Anouillas.*
Anoya. *Anoye.*
Ansa; Anse; Anssa; Ansse. *Ance.*
Anthiis (Los); Antiis (los); Antins (les). *Antin.*
Aoos. *Dous.*
Aoss. *Os.*
Aourt. *Urt.*
Apara. *Aphara.*
Apate; Apatospital. *Aphat-Ospital.*
Apesberro; Apezberro. *Aphezberro.*
Apha-Ospital. *Aphat-Ospital.*
Aqua-Minor. *Ayguemeu.*
Aques. *Agoès.*
Aquos. *Accous.*
Aracho; Arachoo; Araco; Arago. *Aracou.*
Arambels. *Harambels.*
Arambeus (L'). *Arambeaux.*
Aramburo. *Haramboure.*
Aramburu. *Harambure.*
Aramiçs; Aramitz. *Aramits.*
Aramoos; Aromos. *Ramous.*
Aranco; Arancocy; Arancoin; Arancoenh. *Arancou.*
Aranhon; Aranhoo. *Aragnon.*
Aranquoen. *Arancou.*
Aransa; Aransia; Aransse. *Arance.*
Aransus; Aransusi. *Arhansus* (Iholdy).
Araspin. *Araspy.*
Araudz. *Arunts.*
Araujuson. *Araujuzon.*

Araus. *Araux.*
Araus-Juson; Araus-Jusoo. *Araujuzon.*
Araus-Susoo; Araus-Susson. *Araux.*
Arbalhe; Arball; Arbaylhé. *Arbailles* (Les).
Arbendaritz. *Armendarits.*
Arberas; Arberatz; Arberaz. *Arbérats.*
Arberoa; Arberoc. *Arberoue* (Le pays d').
Arbiuze (l'). *Arbiuse* (L').
Arboet. *Arbouet.*
Arbore. *Arberoue* (Le pays d').
Arboti; Arbuet; Arbuete; Arbute. *Arbouet.*
Arbuus. *Arbus* (Bougarber).
Arbuus. *Arbus* (Lescar).
Arcaldéa. *Récaldéa.*
Arcangos; Archagos; Archangos. *Arcangues.*
Archiloue. *Archiloa.*
Arcii (L'); Arciis (l'). *Arcis* (L').
Ardaos; Ardoos. *Ardos.*
Ardelii. *Ardeilli.*
Ardengos. *Ardangos.*
Areci. *Aressy.*
Arees. *Arès.*
Aregla; Aregle. *Réglé.*
Aressa. *Aressy.*
Areta; Arete; Aretha. *Arette.*
Areveseg. *Reveset.*
Argalhoo. *Argagnon.*
Argangois; Argangos. *Arcangues.*
Arganhoo; Arganion. *Argagnon.*
Argiet. *Arget.*
Arguanhoo. *Argagnon.*
Aribalda. *Rivehaute* (Navarrenx).
Aribaute. *Rivehaute* (Castétis).
Aribe. *Arrive.*
Aribera; Aribere. *Arribère* (L') (Lagor).
Aricau. *Arricau.*
Arien. *Arrien* (Morlàas).
Arigran (L'). *Arrigran* (L').
Arimaioo. *Riumayou.*
Arine. *Larincq.*
Aris. *Arès.*
Arisson. *Orisson* (Saint-Michel).
Ariu. *Arrius.*
Ariu-Codec. *Riu-Codée* (Le).
Ariu-Meda (L'). *Riuméda* (Le).
Ariumonas. *Arriumanous* (L').
Ariupeyros. *Riupeyrous.*
Ariuteca. *Riutèque* (Le).
Ariutort. *Riutort* (Cardesse).
Arive. *Arrive.*
Arivets (Los). *Arribets* (Les) (marais).
Armendaridz; Armendaritz; Armendariz. *Armendarits.*

Armendux. *Amendeuix.*
Armenhon; Armenhoo. *Armagnou.*
Armenthiu; Armentiu. *Armentieu.*
Arminorits. *Alminorits.*
Armite (L'). *Saint-Antoine* (Osserain).
Arnas. *Arnos.*
Aroa; Aroe. *Aroue.*
Aromas. *Romas.*
Aromibau (L'); Aromiu (lo camii). *Romiu* (Le chemin).
Aroquefort. *Roquefort* (Puyòo).
Aroquiaga; Aroquiague. *Roquiague.*
Aroses; Arosser. *Arrosès.*
Arostan. *Rostan.*
Arozee. *Arrosès.*
Arr. *Ar.*
Arraase (L'); Arraasse (l'). *Arauce* (L').
Arrac. *Arracq.*
Arrac. *Darracq.*
Arragnon (L'). *Aragnon.*
Arraixiet. *Rassiet.*
Arramoos; Arramos. *Ramous.*
Arrancocynh. *Arancou.*
Arranegui. *Arnéguy.*
Arranhoo. *Aragnon.*
Arraudz. *Arunts.*
Arrauta. *Arrauto.*
Arrebenag. *Rébénac.*
Arrebeseig. *Reveset.*
Arrecii. *Aressy.*
Arregatiu. *Arrégatien.*
Arregle. *Réglé.*
Arremos. *Ramous.*
Arreneguy. *Arnéguy.*
Arresihourcq. *Résihourcq.*
Arressii. *Aressy.*
Arretçu. *Erretçu.*
Arrevenac. *Rébénac.*
Arreverbille. *Réberville.*
Arreveseg; Arreveseig; Arrevezeg. *Reveset.*
Arribagé. *Arribager.*
Arribahauta; Arribalda; Arribalte. *Rivehaute* (Navarrenx).
Arribarreyte. *Rivareyte.*
Arribarroy. *Arribarrouy.*
Arribau (L'). *Castéra* (Denguin).
Arribau-Jusoo. *Arribaujuzon.*
Arribauta; Arribaute. *Rivehaute* (Navarrenx).
Arribaute. *Rivehaute* (Castétis).
Arribe. *Arrive.*
Arribebes. *Arribabès.*
Arribere-Gave. *Rivière-Gave.*
Arribere-Lagoenh. *Rivière-Lagoin.*
Arriberes deus Gabes (Lous). *Rivière-Gave.*

TABLE DES FORMES ANCIENNES.

Arriberoy. *Ribarrouy.*
Arricarda; Arricarde. *Ricarde.*
Arricau-Viele. *Arricau.*
Arrieta. *Harriette.*
Arrimaior. *Riumayou.*
Arrimole. *Arriumoulé.*
Arripeiroos. *Riupeyrous.*
Arrisehore. *Résihourcq.*
Arriu. *Arrieu* (Monein).
Arriu. *Arrius* (Laruns).
Arriugran. *Arriugrand* (*L'*).
Arriugran. *Hurquepeyre* (*Le*).
Arriu-Mayoo; Arriu-Mayor. *Riumayou.*
Arriumolee. *Arriumoulé.*
Arriu-Monaxs. *Arriumanous* (*L'*).
Arriu-Peyroos; Arriu-Peyros. *Riupeyrous.*
Arriusecq. *Arriousecq.*
Arriuteque. *Riutèque* (*Le*).
Arriutort. *Riutort* (*Le*) (Laruns).
Arriveus (*L'*). *Arribeus* (*L'*).
Arrocain. *Roquain.*
Arrode. *Arros* (Nay).
Arrode. *Rode.*
Arrokiaga. *Roquiague.*
Arromaas; Arromas. *Romas.*
Arromiu (Lo camii); Arromivau (lo cami). *Romiu* (*Le chemin*).
Arroquefort. *Roquefort* (Boueilh).
Arroquefort. *Roquehort.*
Arroqueinh; Arroquenh. *Arroquain.*
Arrosees; Arroser. *Arrosès.*
Arrosere. *Arrouzère.*
Arrosers. *Arrosès.*
Arrospide. *Rospide.*
Arrossium. *Arros* (Nay).
Arrostaa; Arrostanh. *Rostan.*
Arroumiu (Chemin). *Romiu* (*Le chemin*).
Arroustaa-Vielh. *Rostan.*
Arrouzès. *Arrosès.*
Arrozere. *Arrouzère.*
Arrozes. *Arrosès.*
Arrudii. *Arrudy.*
Arrudy. *Arudy.*
Arruc. *Arue.*
Arruela. *Arraute.*
Arsiis (Lo); Arsis (l'). *Arcis* (*L'*).
Arsiset (*L'*). *Arcis d'Arsaud* (*L'*).
Arsoritz; Arsoriz. *Assorits.*
Arssis (*L'*). *Arcis* (*L'*).
Arssoriz. *Assorits.*
Artes; Artesium; Arthees; Arthes. *Arthez.*
Arthez-Deçà; Arthez-Delà. *Arthez-d'Asson.*
Arthiguelotan. *Artigueloutan.*
Arthiguos. *Artigues* (montagne).
Arthitz. *Artix.*
Articqs (Les). *Artics* (*Les*).
Artics; Artidx. *Artix.*
Artigaloba. *Artiguelouve.*
Artigalopta; Artigalotaas; Artigelobtaa. *Artigueloutan.*
Artiguas. *Artigues* (Castillon).
Artigue-Bielhe. *Artiguebielle.*
Artiguelobe. *Artiguelouve.*
Artigueloptaa. *Artigueloutan.*
Artigues. *Barthe* (*La*) (Conchez).
Artits; Artitz; Artixs. *Artix.*
Artizeta. *Arcizette.*
Artoste. *Artouste.*
Aruaa. *Herrua.*
Arudi. *Arrudy.*
Arudi; Aruri. *Arudy.*
Arvide. *Arbide.*
Aryoo. *Arrieu* (Monein).
Arys. *Aris.*
Arzet. *Arget.*
Asap. *Asasp.*
Ascaing. *Ascain.*
Ascot. *Escot.*
Asoste. *Assouste.*
Aspa. *Aspe* (*Vallée d'*).
Aspa-Luca. *Accous.*
Aspea. *Aspe* (*Vallée d'*).
Aspees. *Espès* (Salies).
Aspes. *Aspe* (*Vallée d'*).
Aspes. *Espès* (Mauléon).
Aspes (Lo molii). *Espès* (*Le moulin d'*).
Aspesherro. *Aphezberro.*
Aspocy. *Espoey* (Pontacq).
Aspremont. *Pyrénées* (*Les*).
Assad; Assag; Assai; Assatum. *Assat.*
Asseres (Villa). *Serres* (Ascain).
Asso; Assonium; Assoo. *Asson.*
Assoste. *Assouste.*
Assun. *Asson.*
Ast. *Aast.*
Asta. *Aste.*
Astoos (Los); Astos (los). *Astous* (*Les*).
Astos. *Estos.*
Astous. *Austous.*
Ataas. *Athas.*
Atagui. *Athaguy.*
Atas. *Athas.*
Aturey. *Athercy.*
Athagui. *Athaguy.*
Atos. *Athos.*
Ἄτουρις (ὁ). *Adour* (*L'*).
Atsaut; Atssaut. *Etsaut.*
Aturrensium (Civitas). *Tursan* (*Le*).
Aturris; Aturrus Tarbellicus; Aturus; Atyr. *Adour* (*L'*).
Auberti; Aubertii; Auberty. *Aubertin.*
Aubii. *Aubin.*
Aubii (Lo). *Aubin* (*L'*).
Aubons; Auboos; Aubos. *Aubous.*
Auby (*L'*). *Aubin* (*L'*).
Aucagnes. *Cagnez.*
Aucet (*L'*). *Lausset* (*Le*).
Aucevielle. *Aussevielle.*
Aucoz. *Occos.*
Aucruc. *Aussurucq.*
Audaus. *Audaux* (Monein).
Audaus. *Audaux* (Navarrenx).
Audeyos. *Audéjos.*
Audirac. *Audiracq.*
Audor. *Adour* (*L'*).
Audoz. *Audios.*
Augaar. *Auga.*
Augaas. *Augas* (Castelbon).
Augar. *Auga.*
Augeu. *Ogeu.*
Augua; Auguaa. *Auga.*
Auguas. *Augas* (*Les*) (Sedze).
Aulher. *Aulet.*
Aulioo. *Lion.*
Aulosa (*L'*); Aulose (l'); Auloze (l'). *Aulouse* (*L'*).
Auriag. *Auriac.*
Auricocta; Auricoctus. *Urcuit.*
Aurin. *Orin.*
Aurion. *Orion.*
Aurios. *Aurions.*
Auronse (*L'*). *Auronce* (*L'*).
Aurorenh. *Oroignen.*
Aurt. *Urt.*
Ausere (*L'*). *Barade* (*La*).
Auser-Juson. *Alçabéhéty.*
Auserucus. *Aussurucq.*
Ause-Viele. *Aussevielle.*
Ausii. *Auzin.*
Aussabiela; Aussavielle. *Aussevielle.*
Aussebat. *Ostabat.*
Ausse-Forque. *Aussehourque.*
Ausseruc. *Aussurucq.*
Ausset-Suson. *Alçay.*
Aussun. *Ossue.*
Aussuruc. *Aussurucq.*
Austalop. *Oustaloup.*
Austos. *Austous.*
Autabiela. *Autovielle.*
Autaribe; Autarribe; Autarrive en France. *Auterrive.*
Autavielle; Autebiele; Autebielle; Authevielle. *Autevielle.*
Avedele; Avedelha. *Bedeille.*
Avensa. *Abense-de-Bas.*
Avera. *Abère* (Corbères).
Averat. *Abérat.*
Avero. *Labérou* (*Le*).
Avidoos. *Abidos.*

23.

TABLE DES FORMES ANCIENNES.

Aviloin; Aviteing; Avitenh. *Abitain.*
Avitos. *Abidos.*
Avos. *Abos* (Peyrelongue).
Ayarza. *Eyharce.*
Ayciri. *Aiteiry.*
Aydia. *Aydie.*
Aygabere. *Aiguebère* (montagne).
Aygua-longa; Aygue-lonea. *Aiguelongue* (*L'*).
Aygues-Caules. *Eaux-Chaudes* (*Les*).
Ayharp. *Ainharp.*
Aynciburu. *Aincy.*
Aynharp. *Ainharp.*
Aynhos. *Agnos.*
Aynice. *Ainhice.*
Aynziburu. *Aincy.*
Ayrie. *Aydie.*
Ayxeriis. *Aïcirits.*
Ayza. *Ahaicé.*
Azasp. *Asasp.*
Azcarat; Azcarate. *Ascarat* (Saint-Étienne-de-Baïgorry).
Azcayn. *Ascain.*
Azme. *Asme.*
Azumbarraute. *Sumberraute.*

B

Bacarau; Bacarrau. *Baccarrau.*
Bacessari. *Bassussarry.*
Bachs. *Baigts.*
Bacilhon; Bacilhoo. *Bassillon.*
Badeg; Badegs. *Badet.*
Badegs. *Badeigt.*
Baese (La). *Baïse* (*La*).
Bag (La). *Baig* (*La*) (Lucq).
Bag (La). *Labat* (Castillon).
Bagbielhe. *Batbielle* (landes).
Bag de Geup (La). *Baig de Geup* (*La*).
Bag de Geus (La). *Josbaig* (*Vallée de*).
Bagé (Le); Bagee. *Bager* (*Le*).
Bagees. *Bagès.*
Bagès (Le). *Saint-Christau* (Lurbe).
Bag-longue. *Bailongue* (*La*).
Bag-Pregona (La); Bagpergonne; Bagpregone. *Baigprégone.*
Bags. *Baigts.*
Baies. *Bagès.*
Baigbiella. *Batbielle* (landes).
Baigs. *Baigts.*
Baigs-Gran. *Hourquette de Baygran.*
Baigueir; Baiguer; Baigur. *Baigorry.*
Baigx. *Baigts.*
Bailleinx; Baillens. *Baillenx.*
Baines. *Béarn* (*Le*).
Baiona; Baione; Baïonne. *Bayonne.*
Baïsa; Baise (la). *Baïse* (*La*).

Baits (La). *Baig* (*La*) (Lucq).
Bailz. *Baigts.*
Balagué; Balaguee. *Balaguer.*
Balaichon; Balaischon; Baluisson. *Balichon.*
Balandrii (Lo). *Valentin* (*Lo*).
Balanssun. *Balansun.*
Balantin (Lo). *Valentin* (*Lo*).
Balas. *Baleix.*
Balasco; Balasquo. *Balasque.*
Balechs; Baleixs. *Baleix.*
Balembitz. *Balambits.*
Balensu; Balensun. *Balansun.*
Balentii (Lo). *Valentin* (*Lo*).
Bales; Balesie; Balestoos; Balex. *Baleix.*
Baleychoun; Baleyson. *Balichon.*
Baleyxs. *Baleix.*
Balbenez; Balbenx; Balhenxs. *Baillenx.*
Balirag. *Balirac.*
Baliroos; Balliros. *Baliros.*
Balorn. *Balour.*
Balzunze. *Bolzunce* (Ayherre).
Banayacum. *Bénéjac.*
Baqua (La). *Baque* (*La*).
Barada (Moulin de). *Baradat* (*Moulin de*).
Baran d'Urdios. *Barain.*
Baratos. *Barétous* (*Vallée de*).
Barbaa. *Barban.*
Barbapodium. *Larreule.*
Barber (Lo). *Barbé.*
Barcelley. *Brassalay.*
Barcoys; Barcuix; Barcnixs; Barcux; Barcuys. *Barcus.*
Bardez. *Verdets.*
Bardinæ. *Pardies* (Nay).
Barelhes. *Bareille.*
Barelhes. *Bareilles* (Arudy).
Barelhes. *Bareilles* (Buzy).
Barelhes (Las). *Bareilles* (*Les*).
Barethous; Barétons; Baretoos. *Barétous* (*Vallée de*).
Barhanecha; Barhaneche; Barhenica. *Barnèche.*
Barhoa; Barhoba. *Barhous* (*La*).
Barinco. *Baringue* (la Bastide-Cézéracq).
Barinco; Barincou; Barincquo; Barinquo. *Baringue* (Morlàas).
Barkarrau. *Baccarrau.*
Barkoche. *Barcus.*
Baror. *Balour.*
Barrebowa (La). *Barhous* (*La*).
Barromeres. *Baroumères.*
Barssun; Barsun. *Barzun.*
Barta. *Barthe* (Navarrenx).

Bartaa (Lo). *Barthe* (*La*), bois (Clarac).
Barte. *Barthe* (Navarrenx).
Barte. *Barthet.*
Barte de Larus (La). *Barthe* (*La*) (Sainte-Suzanne).
Barthe du Buisson (La). *Buisson.*
Barzunum. *Barzun.*
Bas. *Labatmale.*
Basadglo; Basagle. *Basacle* (*Le*).
Bascas (Los); Bascle; Bascles; Basclois (les); Basclonia; Bascos. *Basque* (*Le pays*).
Basesp. *Baseigt* (*Lo*).
Baset (Lo); Basiot. *Baziet.*
Basilhon; Basilhoo. *Bassillon.*
Bassa (La). *Basse.*
Basse (La). *Labasse* (Baigts).
Basse-Burie (Lo). *Soule-Souverain.*
Basses (Las). *Labasse* (Cuqueron).
Bassessari; Bassessarri; Bassissari. *Bassussarry.*
Bassuen; Bassuron. *Ibassunin.*
Bassussarits. *Bassussarry.*
Bastances; Bastannes. *Bastanès.*
Bastarros. *Bastarous.*
Bastenes. *Bastanès.*
Bastida (La). *Bastide* (*La*) (Saint-Étienne-de-Baïgorry).
Bastida de Clarenca; Bastida de Clarencia; Bastida Nueva de Clarenza; Bastide (la); Bastide de Clarence (la); Bastide de Clérance; Bastide de Clérence. *Bastide-Clairence* (*La*).
Bastide de Duffort. *Duffort.*
Bastide de Montreyau (La). *Bastide-Monréjau* (*La*).
Bastide de Vielefranca (La). *Bastide-Villefranche* (*La*).
Bastide-Monreyau (La). *Bastide-Monréjau* (*La*).
Bastide vialer de Ceserac (La). *Bastide-Cézéracq* (*La*).
Batalha; Batalhe. *Bataille-Furé.*
Batalhes (L'ariu de). *Batailles* (*Le*).
Batbielho; Batbilhe. *Batbielle* (landes).
Batgran. *Hourquette de Baygran.*
Batkaral. *Baccarrau.*
Batrulague. *Barthulague.*
Baudreixs; Baudres; Baudrexs; Baudreys. *Baudreix.*
Daura. *Daure.*
Bausee; Bauser. *Vauzé.*
Bauta. *Baute.*
Baxardoo. *Bachardon.*
Baxilho. *Bassillon.*
Bayees. *Bagès.*
Bayer. *Bager.*

TABLE DES FORMES ANCIENNES.

Baygourra. *Baïgurra.*
Bayguer; Bayguerr. *Baïgorry (Vallée de).*
Bayoa; Bayone. *Bayonne.*
Baysa; Bayso (la); Bayze (La). *Baïse (La).*
Bazadgle. *Basacle (Le).*
Bazcacen. *Bascassan.*
Beardum. *Béarn (Le).*
Bearidz. *Biarritz.*
Bearnascs; Bearnium; Bearnum. *Béarn (Le).*
Bearridz; Bearrits; Bearritz; Bearriz. *Biarritz.*
Beart. *Béarn (Le).*
Beaugard. *Saint-Pée-sur-Nivelle.*
Beaure. *Baure.*
Beauzé. *Vauzé.*
Becaas. Beccas. *Becas.*
Bedat (Lo). *Boudat.*
Bedelhe. *Bedeille.*
Bedoos. *Bedous.*
Bedos. *Bidos.*
Bedose (La). *Bidouse (La).*
Befasquen. *Béhasque.*
Begarie. *Béguerie.*
Begbedee. *Betbéder (Loubieng).*
Begbeder. *Betbéder (Sainte-Suzanne).*
Begbielle. *Batbielle (landes).*
Begloc. *Bellocq (Salies).*
Begmau (L'arriu de). *Beigmau (Le).*
Bégossères (Les). *Bégoussère (La).*
Bégué. *Béguer (Sauveterre).*
Bégué. *Béguer (Sedze).*
Bégué (Le). *Pussacou.*
Beguerie (La). *Mongaston (Charre).*
Beguinos. *Béguios.*
Behascan; Behasquen. *Béhasgue.*
Behauce. *Béguios.*
Behaun. *Béhaune.*
Behorobie. *Béhérobie (Vallée de).*
Beiarridz; Beiarriz. *Biarritz.*
Beios. *Béguios.*
Beitbeder. *Réculus.*
Belai. *Belay.*
Belcayre. *Beucaire (Bordes).*
Belcunze. *Bélsunce (Ayherre).*
Belegarde. *Bellegarde.*
Belhaudi. *Belhaudy.*
Belhoscar. *Beloscar (Aroue).*
Belioos (Los). *Belliou.*
Belloc. *Bellocq (Salies).*
Belluix. *Beluix.*
Beloenhs; Beloin; Beloing. *Beloins (Les).*
Belste. *Beuste (Clarac).*
Beluixs. *Beluix.*
Belzunce. *Belsunce (Ayherre).*

Benadit. *Bénédit.*
Benarna. *Lescar.*
Benarnenses. *Béarn (Le).*
Benarnum; Benarnus; civitas Benarnensium. *Lescar.*
Benauyes. *Benauges.*
Bendaosse. *Mendousse.*
Benearnum. *Lescar.*
Benedict; Benediit. *Bénédit.*
Beneharnum. *Lescar.*
Beneigac; Beneyac. *Bénéjac.*
Beneyacq. *Bénéjacq (Lagor).*
Benne (La). *Labenne.*
Beno. *Benou (Le) (Bielle).*
Bentaio; Bentanhou; Bentayon; Bentayoo. *Bentayou.*
Beo; Beoo. *Béon.*
Beorleggui. *Béhorléguy.*
Beost; Beosta; Beoste. *Beuste (Clarac).*
Berat. *Abera.*
Berauta; Beraute. *Barraute.*
Beraute. *Berraute (Mauléon).*
Berbiela; Berbielle. *Bervielle.*
Berdegs; Berdes; Berdetz; Berdez. *Verdets.*
Berduc. *Roger.*
Bere. *Abère (Corbères).*
Bere. *Abère (Morlàas).*
Berenlx; Berenxs. *Bérenx (Salies).*
Berereneux; Bererens; Bererenxs. *Bérérenx.*
Bergebieil. *Béribjeilh.*
Bergoey; Bergoi. *Bergouey.*
Bergous. *Bergoue (Le).*
Bergoy; Bergui. *Bergouey.*
Berhaneze. *Barnèche.*
Berho. *Berro.*
Berindos. *Brindos.*
Berlana. *Berlane.*
Berlanes. *Barlanès.*
Berlanne. *Berlane.*
Bernadegs. *Bernadet.*
Bernadets. *Bernateix.*
Bernadetz. *Bernadets.*
Bernateg. *Bernatet.*
Bernateigts. *Bernateix.*
Berne. *Béarn (Le).*
Berne. *Bernet (Le bois).*
Bernedet. *Bernadets.*
Bernet. *Bernès.*
Bernetegs. *Bernateix.*
Berns. *Bers.*
Berraulte. *Berraute (Mauléon).*
Berraute. *Barraute.*
Berrerenxs. *Bérérenx.*
Berroganh; Berroganhe. *Berrogain.*
Bert (Lo). *Vert (Le).*
Bertaco. *Panecau.*

Bert-Biele. *Bercielle.*
Beryndes; Beryndos. *Brindos.*
Bes (Le). *Bés (Le).*
Besacorba; Besacourp. *Bésacour.*
Bescad. *Bescat.*
Besecorp. *Bésacour.*
Besiau (La). *Abésiaux (Les).*
Besii. *Bézing.*
Besii-Gran. *Bésingrand.*
Besin; Besinch. *Bézing.*
Besingran. *Bésingrand.*
Beskoitee. *Briscous.*
Besla-Marela; Besle-Marelhe. *Marcilles (Les).*
Besquat. *Bescat.*
Bessiart. *Baziart.*
Bessincq. *Bézing.*
Betarram. *Bétharram.*
Betereta; Beterete. *Betterette.*
Betloc. *Bellocq (Salies).*
Betloc. *Bellocq (Serres-Sainte-Marie).*
Beucayre. *Beucaire (Bordes).*
Beucayre. *Beucaire (Morlàas).*
Beuquayre. *Beucaire (Bordes).*
Beusta. *Beuste (Clarac).*
Beusta. *Beuste (Orriule).*
Beygorri. *Baïgorry (Vallée de).*
Beygoyz. *Béguios.*
Beygur. *Baïgorry (Vallée de).*
Beyos. *Béguios.*
Beyre in Amixa; Beyria. *Beyrie (Saint-Palais).*
Beyria. *Beyrie (Lescar).*
Beyria (La). *Labeyrie.*
Beyrice; Beyries. *Beyrie (Lescar).*
Bezacour; Bezacourp. *Bésacour.*
Bezii; Bezineq. *Bézing.*
Bialer (Lo). *Vialer.*
Biane. *Vianne.*
Biar; Biara; Biard; Biarn; Biarnium; Biarnum. *Béarn (Le).*
Biarriz. *Biarrits.*
Bias. *Béarn (Le).*
Biasse (La). *Viasse (La).*
Bibaron. *Vibaron.*
Bibee (Lo). *Vivé (Le).*
Biben; Bibent. *Viven.*
Biber (Lo). *Vivé (Le).*
Biberon. *Vibaron.*
Bidachune. *Bidache.*
Bidalas; Bidolla. *Bidala.*
Bidassoe; Bidassoua (la); Bidassoue. *Bidassoa (La).*
Bidaxen. *Bidache.*
Bidazoua. *Bidassoa (La).*
Biderein. *Bidéren.*
Bidos. *Abidos.*
Bidose (La); Bidoze (la). *Bidouse (La).*

TABLE DES FORMES ANCIENNES.

Biela. *Bielle.*
Bieln-Pinte. *Viellepinte.*
Bielnsegura. *Viellesegure.*
Biele. *Bielle.*
Bielefranca; Bielefranque. *Bastide-Villefranche (La).*
Bielenabe; Biele-Nave. *Viellenave (Arthez).*
Bielenave. *Viellenave (Mont).*
Bielepinte. *Viellepinte.*
Bielesegure. *Viellesegure.*
Bielle d'Assen (La). *Hermitage (L').*
Bier. *Bié.*
Biern; Bierne. *Béarn (Le).*
Bigbilh (Archidiaconatus de); Bighilius. *Vicbilh (Le).*
Bignerte. *Vignerte.*
Biguios. *Béguios.*
Bigur. *Baïgorry (Vallée de).*
Bigvilium. *Vicbilh (Le).*
Bii. *By.*
Biiron. *Biron.*
Biis (Los). *By.*
Bilaa (Lo). *Bilan (Le).*
Bildariz. *Dildarraits.*
Bildoce. *Viodos.*
Bileles. *Bilhères (Laruns).*
Bilhera. *Bilhères (Lagor).*
Bilheras. *Bilhères (Laruns).*
Bilhere. *Bilhère.*
Billaa (Lo). *Bilan (Le).*
Billere. *Bilhères (Laruns).*
Bimeinh. *Bimein.*
Binhat. *Vignat.*
Binhau. *Vignau (Sévignac).*
Binhes. *Vignes (Arzacq).*
Binholes. *Vignoles.*
Biodos. *Viodos.*
Biriato. *Biriatou.*
Biricute. *Bicuret.*
Biro; Biroo. *Biron.*
Bisanos; Bisanoss. *Bizanos.*
Biscay. *Bisqueis.*
Biscaya. *Biscay (Barcus).*
Biscondau. *Viscondau (Le).*
Bisquey; Bisqueys. *Bisqueis.*
Bissus. *By.*
Bitalhet (Lo). *Bitaillet.*
Bitengs; Bitenh. *Abitain.*
Bius. *Bious.*
Biusalheyt; Biussalheyt. *Biussaillet.*
Bivaron. *Vibaron.*
Bivent. *Viven.*
Biver (Lo). *Vivé (Le).*
Biys. *By.*
Bizenos. *Bizanos.*
Blaixoo; Blasxoo; Blaxon; Blaxoo; Bloysso; Blexoo. *Blachon.*

Boaast. *Boast.*
Boatium (Civitas). *Bayonne (?).*
Bocau (Lo). *Boucau (Lo) (l'Hôpital-d'Orion).*
Boeil. *Boueilh.*
Boeilho. *Boueilho.*
Boelh. *Boeil.*
Boeso. *Bouézon.*
Boet (Lo). *Bouet (Le).*
Bocu-Mort. *Boumourt.*
Boey (Lo). *Loubocy.*
Bocysoo; Boezo. *Bouézon.*
Boffehent. *Bouhaben (Cardesse).*
Bohaben. *Bouhaben (Gan).*
Bohaben; Bohabent; Bohebent. *Bouhaben (Loubieng).*
Bohe-bent. *Bouhaben (Cardesse).*
Boilho. *Boueilho.*
Boisdarros (Le). *Bosdarros.*
Bois de la Comptesse (Le). *Bois de la Comtesse (Le).*
Bola (Lou). *Boala (Le) (Izeste).*
Bolh. *Boeil.*
Bolhon; Bolhoo. *Bouillon.*
Bolhunce. *Olhonce.*
Bolmort; Bomort. *Boumourt.*
Bonafont; Bonehont. *Bonnefont (Abitain).*
Bonehont. *Bonnefont (Loubieng).*
Bonehont. *Bounehon.*
Boneseube. *Bonneseube.*
Bonlieu (Le); Bon-Loc. *Bonloc (Hasparren).*
Bonnehon. *Bonnefont (Loubieng).*
Bonnesiannes. *Bonneciannes.*
Bono-Loco (Ecclesia de). *Bonloc (Hasparren).*
Bonut; Bonuyt. *Bonnut.*
Booast. *Boast.*
Boo-Loc. *Bonloc (Araujuzon).*
Boomort. *Boumourt.*
Borc de Caubios (Lo). *Bourg de Caubios (Le).*
Borc-Garbe; Borc-Garber. *Bougarber.*
Borc-Nau. *Bourg-Neuf (Le) (Monein).*
Borc-Nau. *Bourg-Neuf (Le) (Morlàas).*
Borda (La). *Laborde (Sainte-Gladie).*
Bordanaba. *Bordenave.*
Bordas. *Bordes (Lembeye).*
Bordellas. *Bordères (landes).*
Borderas. *Bordères (Clarac).*
Borderes-Dessus. *Bourdères.*
Bordes de Somoloo (Las). *Bordes d'Espoey (Les).*
Bordetas; Bordetes; Bordettes. *Bourdettes.*
Bordiu (Lo). *Bourdiu (Jurançon).*
Bordiu (Lo). *Bourdiu (Le) (Garlin).*

Bordiu (Lo). *Bourdiu (Le) (Orin).*
Borgarber. *Bougarber.*
Borias (Las). *Bories (Les).*
Bornau. *Bourg-Neuf (Le) (Monein).*
Bornos. *Bournos.*
Borroma; Borrome (la). *Bourromme (La).*
Borsa; Borse. *Borce.*
Borteiry. *Borthéry.*
Bortouille (La). *Bartouille (La).*
Borza. *Borce.*
Bosc d'Arros (Lo); Boscq d'Arros (lo). *Bosdarros.*
Bosom. *Bouzoum.*
Bosquet (Lo). *Lormand (Le).*
Bouezou. *Bouézon.*
Bouhebent. *Bouhaben (Loubieng).*
Boumort. *Boumourt.*
Bourgarber. *Bougarber.*
Bourguet; Bouruguet. *Bourrugot (Le).*
Bourroume (La). *Bourromme (La).*
Bourruguet (Le). *Bourrugot (Le).*
Boyrie. *Beyrie (Lescar).*
Boyvie. *Béhobie.*
Boxoos. *Bouchous.*
Bracalay; Bracelai. *Brassalay.*
Branaa (Lo). *Brana (Salies).*
Brasc. *Brasquet.*
Braselay. *Brassalay.*
Breca. *Brèque (marais).*
Brescos (Lo). *Bruscos (Le).*
Bretaigne; Bretanhe. *Bretagne.*
Briscos. *Briscous.*
Brocar (Lo). *Brocq (Navailles).*
Broquisse. *Brouquisse.*
Brosee. *Broussé.*
Brosset. *Brousset.*
Broussez (Les). *Broussé.*
Brudges. *Bruges.*
Bruscoos (Lo). *Bruscos (Le).*
Bruscos. *Briscous.*
Brusquat. *Bruscat.*
Brutges. *Bruges.*
Bualer. *Bualé (Le).*
Buçunariz. *Bussunarits.*
Bugneng; Bugnhenh. *Bugnein.*
Bulgarona. *Burgaronne.*
Bulmor. *Boumourt.*
Buneinh; Bunhen; Bunheng; Bunhenh; Bunienh. *Bugnein.*
Bunos; Bunuz. *Bunus.*
Burgarona; Burgarone. *Burgaronne.*
Burgaux. *Burgaus.*
Burguarone. *Burgaronne.*
Burguer (Lo). *Burgué.*
Burguerone. *Burgaronne.*
Burgus-Novus. *Bourg-Neuf (Le) (Morlàas).*

TABLE DES FORMES ANCIENNES.

Burgus (Vetus). *Morlaas-Bielle.*
Buroos. *Buros.*
Buroose; Burossa; Burossium. *Burosse.*
Burunza. *Olhonce.*
Busalet. *Biussaillet.*
Busi; Busia. *Buzy.*
Busieg; Busiet, *Buziet.*
Busii. *Buzy.*
Bustinze. *Bustince.*
Busunarits. *Bussunarits.*
Busy. *Buzy.*
Buyangue. *Buyangue.*
Buzi en Bag. *Buzy.*
Buznaritz. *Bussunarits.*
Buztince; Buztinz. *Bustince.*
Buzunariz. *Bussunarits.*
Byas. *Béarn (Lo).*
Bydos. *Abidos.*
Byern. *Béarn (Lo).*
Byhoeyt. *Bihoucy (Lo).*
Bynet. *Binet.*

C

Cabane (La). *Lacabanne.*
Cabaré. *Cabéré.*
Cabbis. *Capbis.*
Cabee (Lo). *Cabé* (Athos-Aspis).
Cabee (Lo). *Cabé* (Bellocq).
Cabeilh. *Cabeil.*
Caber (Lo). *Cabé* (Athos-Aspis).
Cadalhoo; Cadelho; Cadelhoo; Cadelionense (castrum); Cadellio; Cadelo; Cadelon. *Cadillon.*
Cadeye (La). *Lacadée.*
Cadilhon. *Cadillon.*
Cagnès (Lo). *Cagnez.*
Cagots (La bon deus). *Cagot (La fontaine du)* (Arthez).
Cailhau de Baure (Lo). *Téberne.*
Caioo. *Gayon.*
Calaha. *Salha* (Aïcirits).
Calbinus. *Caubin.*
Calbios. *Caubios* (Lescar).
Calhau. *Callau.*
Calvi; Calvinus. *Caubin.*
Coma. *Came.*
Camalong. *Camlong.*
Cambe. *Cambo.*
Cambios. *Caubios* (Lescar).
Camboo. *Cambo.*
Cambus-Mayor. *Cambus* (Bielle).
Cam de Poyou (Lo). *Salle-Ducamp (La).*
Camer. *Came.*
Cami Ferrat (Lo). *Chemin Ferré (Lo).*
Camii. *Camy.*
Camis deu Rey. *Chemins du Roi.*
Camis deu Senhor. *Chemins du Seigneur.*
Camblonc. *Camblong.*
Cammes. *Came.*
Camo; Camo en Micxe. *Camou-Mixe.*
Camoere (La). *Camoire (La).*
Camoo. *Camu.*
Camoo (Lo). *Camou (Lo)* (Salies).
Carmourteres. *Camortères.*
Campaigne; Campanha. *Campagne* (Pardies).
Campanha. *Campagne* (Monein).
Campanha; Campanhe. *Campagne* (Tabaille).
Campanhe. *Campagne* (Ogenne).
Campanhe deu Plaa. *Campagne* (Pardies).
Camp - Batalhee; Camp - Batalher. *Champ-Batailler (Le).*
Camp de la Borda. *Camborde.*
Campfariee. *Camharrié.*
Campfrancq. *Campfranc.*
Camplonc; Camploncq. *Camblong.*
Camps. *Glain.*
Campsoo; Campsour. *Campsor.*
Campus-tortus; Cam-tort. *Camptort.*
Camu; Camur. *Camou-Mixe.*
Camur en Béarn; Camuu. *Camu.*
Cancer (Le). *Cancet (Le).*
Candalop. *Candeloup.*
Candalots. *Candelot.*
Candau. *Pauborde.*
Candelop. *Candeloup.*
Canee (Lo); Caneet (Lo). *Canet (Le).*
Cantor. *Camptort.*
Caparecx. *Caparrecq (Lo).*
Capatouya. *Capétouya.*
Capbiis; Capbisii (grangia). *Capbis.*
Capdelajon. *Capdelayou.*
Capdelas; Cap-de-Las-Debaig; Cap-de-Las-Dessus. *Capdeldas.*
Cap de Layoo. *Capdelayou.*
Capdepont. *Capdepon.*
Cap deu Pont de Mauleon. *Capdepont.*
Cap deu Pont deu Sent-Esperit de Bayonne. *Saint-Esprit.*
Caperaas (Lo Goa deus). *Capéras (Lo Goa des).*
Capicog. *Cappicot.*
Capite Pontis Baione (Domus in). *Saint-Esprit.*
Capito (Lo molii deu). *Espie (Le moulin d').*
Capmorteras; Capmorteres. *Camortères.*
Cappiquot. *Cappicot.*
Carapasse. *Carpasse.*
Carasa. *Garris.*
Cardesa. *Cardesse.*
Caremeretz (Los). *Carmerot.*
Carreissa (Curtis); Carressa. *Carresse.*
Carricaburue. *Carricaburu* (Ainharp).
Carsusan. *Carsuza.*
Casa (La). *Lacaze.*
Casabant. *Casabau.*
Casabé. *Cassaber* (Lagor).
Casabona; Casabone. *Casebonne* (Larbe).
Casaet. *Cassaet.*
Casamayor. *Casemajor.*
Casambosii; Casamboy. *Casamboucy.*
Casanaba; Casanave. *Casenave* (Monein).
Casanhe. *Cassaigne* (Miossens).
Casarer. *Casarer.*
Casauboo. *Casaubon* (Serres-Sainte-Marie).
Casaufranc. *Casauraug.*
Casaus. *Casaux* (Bougarber).
Casaus. *Casaux* (Laune).
Casaus. *Casaux* (Louvie-Juzon).
Casaux-Domec. *Casaus-Domecq.*
Casaver. *Cassaber.*
Case-avant. *Casaban.*
Casebone. *Casebonne* (Lucq).
Casemayor. *Casamayor* (Celle-Eygun).
Casemayor. *Talon.*
Casembosii; Casemboyé. *Casamboucy.*
Caslinus. *Garlin.*
Cassagne. *Cassaigne* (Miossens).
Cassambossy. *Casamboucy.*
Cassanhe. *Cassaigne* (Fichous-Riumayou).
Cassanhe. *Cassaigne* (Miossens).
Cassave; Cassavee; Cassaver; Casseber. *Cassaber.*
Casse-Cariera. *Cassie-Garière (La).*
Cassembocii; Cassemboussy. *Casamboucy.*
Cassevo; Cassever. *Cassaber.*
Cassever. *Cassabé.*
Cassi-Gariera. *Cassie-Garière (La).*
Casso. *Cassou* (Navailles-Angos).
Casso (Lo). *Casse.*
Casso (Lo). *Cassou* (Baigts).
Cassombossii. *Casamboucy.*
Castade-au-Cami. *Castéide-Cami.*
Castaeda. *Castagnède.*
Castaeda. *Castéide (La).*
Castaeda. *Castéide-Cami.*
Castaeda-Candau. *Castéide-Candau.*
Castaeda et lo terrador aperat de Doat. *Castéide-Doat.*
Castaede. *Castagnède.*
Castaede; Castaede-Camii. *Castéide-Cami.*
Castaede-Candau. *Castéide-Candau.*

Castaede de Montaneres. *Castéide-Doat.*
Castahede dou Camii. *Castéide-Cami.*
Castaigmajou. *Castetmayou.*
Castaignede. *Castagnède.*
Castainh. *Castaing* (Orthez).
Castaneta. *Castagnède.*
Castanh. *Castaing* (Assat).
Castanh. *Castaing* (Orthez).
Castanh. *Castaing* (Rontignon).
Castanh (Lo). *Castaing* (fief) (Orthez).
Castanhedu. *Castagnède.*
Castanheda dou Cami. *Castéide-Cami.*
Castanhede. *Castagnède.*
Castanhede; Castanhede de Doat. *Castéide-Doat.*
Castanhot. *Castagnot.*
Castaranh; Castarrain. *Castérin.*
Castayhede. *Castagnède.*
Castcede deu Camii. *Castéide-Cami.*
Casteg. *Casteigt.*
Casteg. *Castet* (Arudy).
Casteg. *Castet* (Pontacq).
Casteg. *Castets* (Escurès).
Casteg (Lo). *Castet* (Monein).
Casteg-Abidoo. *Casté-à-Bidau.*
Castegbielh. *Castetbielh.*
Castegbo; Castegbon; Casteg-boo. *Castetbon* (Sauveterre).
Casteg de Pardies. *Lahourcade.*
Casteg-Geloos. *Castetgélos.*
Castegnau (Le). *Castetnau* (Maslacq).
Casteg-Nau d'Arribere (Lo). *Castetnau* (Navarrenx).
Castegnee; Casteg-Ner. *Castetner.*
Castegner (Lo casteg de). *Castetner* (Le Haut).
Casteg-Pugo; Casteg-Pugoo; Casteg-Pungoo. *Castetpugon.*
Casteg-Tarbe. *Castetarbe.*
Casteg-Thiis; Casteg-Tiis. *Castétis.*
Castéide-Saint-Sever. *Castéide-Caudau.*
Casteig. *Casteigt.*
Casteig. *Castet* (Arudy).
Casteigbon. *Castetbon* (Sauveterre).
Casteigt-bielh. *Castetbielh.*
Castelar (Lo). *Castéra* (Montaner).
Castelbon. *Castetbon* (Sauveterre).
Castelbon; Castelhoo. *Castillon* (Lembeye).
Castelhoo. *Castillon* (Arthez).
Castelhoo-Susoo. *Castillon* (Baigts).
Castello. *Castillon* (Arthez).
Castellum. *Castet* (Arudy).
Castellum. *Castets* (Escurès).
Castellum Ursalicum. *Castetgélus.*
Castelnau (Castrum de). *Castetnau* (Navarrenx).
Casteraa. *Castéra* (Bellocq).

Casteraa; Castera au Vichilh (Lo). *Castéra* (Montaner).
Casterna. *Castéra* (Ozenx).
Castera de Morengueis. *Sansau.*
Casterar. *Castéra* (Argagnon).
Casterar. *Castéra* (Balirac).
Casterar. *Castéra* (Le) (Denguin).
Casterar (Lo). *Castéra* (Assat).
Casterar (Lo). *Castéra* (Bérenx).
Casterar (Lo). *Castéra* (Monein).
Casterar (Lo). *Castéra* (Montaner).
Casterar (Lo). *Castéra* (Ozenx).
Casterar (Lo). *Castéra* (Sendets).
Casterar deu Bilaa. *Bilan* (Lo).
Casteras (Lo). *Castéra* (Autevielle).
Casterasses (Les). *Castéras* (Monein).
Casterees. *Castérès.*
Casterra. *Castéra* (Montaner).
Casterranh. *Castérin.*
Castet (Le). *Castella* (Laroin).
Castetabidon; Castetabidoo. *Casté-à-Bidau.*
Castet d'Assoo. *Hermitage* (L').
Castet de Salies (Lo). *Château de Salies* (Le).
Castetebiel. *Castetbielh.*
Castethiis; Castetiis; Castétins. *Castétis.*
Castetnau. *Castérot* (Monein).
Casteine. *Castetner.*
Castetpugnon. *Castetpugon.*
Castet-Tarbe. *Castetarbe.*
Castetys. *Castétis.*
Casteyde. *Castéide-Doat.*
Casteymajour. *Castetnau*...
Castilhon. *Castillon* (Baigts).
Castrum Nobile. *Moncade* (Tour de).
Castrum-Pengon; Castrum-Pulgor. *Castetpugon.*
Catro; Catron. *Saint-Pé-de-Bas* et *Saint-Pé-de-Haut.*
Cattarie. *Guétary.*
Cau (La). *Lacaau.*
Caubaas. *Caubas* (Les).
Caubii. *Caubin.*
Caubii de Sendets. *Caubin de Sendets.*
Caubioos. *Caubios* (Lescar).
Caudarasa. *Coarraze.*
Cauferrere. *Caubarrère.*
Caug; Caugs. *Caüs.*
Cauhapee; Cauhaper. *Cauhapé.*
Caular (Lo). *Caula.*
Caumayo (La); Cau-Mayor. *Lacoumayou.*
Caumiaa. *Caumia.*
Caunar. *Cauna.*
Causada (La). *Caussade* (La) (Pontacq).

Causade (La). *Caussade* (La) (Bentayou).
Causeg (Lo); Causcig (le). *Canceig* (Lo).
Caussada (La). *Caussade* (La) (Lescar).
Cautz. *Caüs.*
Cavas (Las). *Lascabes.*
Caver (Lo). *Cabé* (Athos-Aspis).
Caves (Las). *Lascabes.*
Caze (La). *Lacaze.*
Cebii. *Séby.*
Cecerac. *Bastide-Cézéracq* (La).
Cedza. *Sedze.*
Cemper. *Saint-Pé* (Lucq).
César (La Porte de). *Cize* (Pays de).
Ceserag. *Bastide-Cézéracq* (La).
Ceta; Cete. *Cette.*
Ceubalade. *Sauvelade.*
Ceubaladette. *Sauveladete.*
Cezerdou. *Cézérou.*
Chabar. *Etchebar* (Tardets).
Chapitel. *Chapital.*
Chardiesse. *Chardèse.*
Charo. *Çaro.*
Charri. *Etcharry.*
Charrie. *Charie.*
Chauvin-le-Dragon. *Saint-Jean-de-Luz.*
Chebar. *Etchebar* (Tardets).
Cheborne. *Etchebar* (Alçay).
Chebers. *Chibers.*
Chelosse. *Chalosse* (La).
Cheraltus. *Chéraute.*
Cherbejuson. *Cherbes.*
Cheverce. *Chiverse.*
Cheverrie. *Chiberry.*
Cheze. *Chèse.*
Chiberie. *Chiberry.*
Chibers. *Cheverce.*
Chibersa. *Chiverse.*
Chibersse. *Chibers.*
Chiros. *Siros.*
Chiverce. *Chiverse.*
Chiverrie. *Chiberry.*
Cibitz. *Cibits.*
Ciborotce. *Sibas.*
Cihiga. *Cihigue.*
Cimacorba; Cimecorbe. *Simacourbe.*
Cirgos. *Sirgos.*
Ciros. *Siros.*
Cirzia (Vallis); Cisaire; Cisara; Cisera; Cisia; Cisre. *Cize* (Pays de).
Civitiz. *Cibits.*
Ciza; Cizia; Cizie. *Cize* (Pays de).
Clabarie. *Claverie* (Loubieng).
Clabaries (Las). *Lasclaveries.*
Clarac; Claracum. *Claracq.*

TABLE DES FORMES ANCIENNES.

Claragues (Lo cami); Clargues (lo cami). *Clerguat* (*Le chemin*).
Claveria. *Claverie* (Asson).
Claveria. *Claverie* (Loubieng).
Clerac. *Claracq.*
Clergues (Lo grant cami). *Clerguet* (*Lo chemin*).
Clos (Lo). *Incamps* (Bénéjac).
Coarasa; Coarasette (la vie); Coarasola (la via); Coarrasa; Coarrase. *Coarraze.*
Coch (Lo). *Cogh.*
Cocuro; Cocuroo; Cocurour. *Cuqueron.*
Coëgt (Lo); Coeyt (lo). *Coig de Denguin* (*Le*).
Cofiita; Cofite. *Coffite.*
Cog (Lo). *Cogh.*
Cog de Dengui (Lo). *Coig de Denguin* (*Le*).
Cogdesremps; Coigdaremps. *Coigdarrens.*
Coigt de d'Anguein (Lo). *Coig de Denguin* (*Le*).
Colombotz. *Colombots.*
Colomme. *Coulomme.*
Comanderie de Misericordi (La). *Hôpital-Saint-Blaise* (*L'*).
Comeg. *Coumeigt.*
Comiher (Lou). *Commiher.*
Commanda (La). *Commande* (*La*) (l'Hôpital-d'Orion).
Commande de Aurion (La). *Hôpital-d'Orion* (*L'*).
Commande de Sendets (La). *Caubin de Sendets.*
Commanderie d'Aubertin (La). *Lacommande.*
Commanderie de l'Espitau (La). *Commande* (*La*) (l'Hôpital-d'Orion).
Commanderie du Bager d'Eysus (La). *Saint-Christau* (Lurbe).
Comne d'Aneu (La). *Come d'Aneu* (*La*).
Conceæ; Conches; Conchies. *Conchez.*
Condra (La). *Lacondre.*
Conquees (Los); Conquetz; Conqûez. *Conques* (Audaux).
Constante. *Arbonne.*
Cootz. *Couts* (Asson).
Cootz (Los). *Cout* (*Le*).
Coquounhes (Fons de). *Glain.*
Coquron. *Cuqueron.*
Coralet. *Couralet.*
Corberas. *Corbères.*
Corbuü. *Corbun.*
Corrost (Lo). *Courroux.*
Cortade. *Courtade.*
Corthiade; Cortiade. *Courtiade.*
Cortiede. *Courtière.*

Cos. *Accous.*
Cos (Lo). *Coos* (Moncin).
Cosladua; Cosledaas; Cosledan. *Coslédàa.*
Cossirat. *Coussirat.*
Cot-d'Arremps. *Coigdarrens.*
Cotelhon. *Coteillon.*
Cotz (Los). *Cout* (*Le*).
Cotz (Los). *Couts* (*Les*) (landes).
Couarraze. *Coarraze.*
Coucuron. *Cuqueron.*
Coullomme. *Coulomme.*
Couraillhet. *Couraillet.*
Courberes. *Corbères.*
Courbuu. *Corbun.*
Couroues. *Croues.*
Courriés (Les). *Courriers* (*Les*).
Coz (Le). *Coos* (Moncin).
Crabosa; Crabossa; Crabosse. *Carabosse.*
Crampas. *Brampa.*
Cravere (La). *Crabère* (*La*).
Crestiaa (Lo). *Crestia* (Carresse).
Crestiaa (Lo). *Crestia* (Sallespisse).
Crestias (La hont deus). *Cagots* (*La fontaine des*).
Crodselhes; Croiscilles; Croseilles; Croselhes. *Crouseilles.*
Crotz (La). *Pimbo.*
Crouzeilles; Crozelha. *Crouscilles.*
Cuch deu Rey (Lo). *Cug.*
Cucq (Le). *Cuq* (*Le*).
Cucuroo; Cucuror; Cuquerour; Cuquroo. *Cuqueron.*
Curde (La). *Lacurde.*
Cuyeu. *Cugez.*
Cyceren. *Cize* (*Pays de*).
Cyros. *Siros.*

D

Dabancens; Dabanceux. *Davancens.*
Dabet. *Abet.*
Danginum; Danguii; Danguin. *Denguin.*
Danty. *Antin.*
Darrac. *Darracq.*
Darron (Le pont); Darront (lo pont). *Aron* (*Le pont d'*).
Debesa (La). *Ladovèse.*
Debeze (La). *Debèse* (*La*) (Gerderest).
Dedans-Couts. *Couts-Dedans.*
Delibet (Le). *Bouquchort* (*Le*).
Dengii; Dengui; Denguii; Denguinum; Dengun; Dengunum. *Denguin.*
Dessus. *Sus* (Navarrénx).
Detestevin. *Testoby.*

Dicharii. *Etcharry.*
Dicurette. *Bieuret.*
Diisse. *Disse.*
Diossa. *Diusse.*
Dissa. *Disse.*
Diusaboo. *Diusabeau* (Oràas).
Diusaboo; Dius-Abou. *Diusabeau* (Salies).
Dius-Ayde; Diusayude. *Diusajude* (Salies).
Diuse; Diussa. *Diusse.*
Diuzabeau. *Diusabeau* (Salies).
Djaca (Porte de). *Somport.*
Djebel-el-Bortat. *Pyrénées* (*Les*).
Doa (Molin de la). *Doue* (*Moulin de la*).
Doasoo. *Doazon.*
Doasoos; Doasou; Doassous. *Doasous.*
Doat-Casteyde. *Castéide-Doat.*
Doazous. *Doasous.*
Doignen. *Dognen.*
Domazanh; Domeçayn. *Domezain.*
Domec-Poc; Domecq (lo). *Domec* (Asasp).
Domecq. *Domec* (Bielle).
Domecq (Le). *Domec* (*Le*) (Dognen).
Domecq de Vidos. *Domec* (Viodos).
Domenger (Lo). *Domengé.*
Domengius; Domenjeus. *Domengeux.*
Domesahn; Domesaing; Domesang; Domezan; Domczay; Domezayn. *Domezain.*
Domi. *Doumy.*
Domialas; Domialar. *Ormiélas.*
Domii; Domin; Dominium; Domium. *Doumy.*
Donalas. *Ormiélas.*
Don-Amarti-Hiri. *Saint-Martin-d'Arberoue.*
Don-Aphaleu. *Saint-Palais.*
Donen; Doneng; Donenh (villa de). *Dognen.*
Don-Este-Hiri. *Saint-Esteben.*
Donez. *Aunez.*
Donheen. *Dognen.*
Don-Iban-Garaci. *Saint-Jean-Pied-de-Port.*
Don-Iban-Lohizun. *Saint-Jean-de-Luz.*
Don-Iban-Zahar. *Saint-Jean-le-Vieux.*
Don-Isti. *Saint-Just.*
Donzac (Le moly); Donzag (molendinum de). *Donzacq* (*Moulin de*).
Doos; Dosium. *Dous.*
Dosse. *Dousse.*
Dosse. *Os.*
Dotze (Lo). *Douze* (*Le*).
Douas (Las). *Doue* (*La*).
Doumecq (Le). *Domec* (Sarpourenx).
Doumengeux. *Domengeux.*

Basses-Pyrénées.

24

Doux. *Dous.*
Doze (Lo). *Douze (Le).*
Dufort. *Duffort.*
Duguat (Lo). *Dugat.*
Dulfort. *Duffort.*
Dumi. *Doumy.*
Duranson; Duransoo. *Jurançon.*
Durfort. *Duffort.*
Dussoquoa. *Socou.*
Dyssa. *Disse.*

E

Eaux d'arquebusades. *Eaux-Bonnes (Les).*
Eccheveree. *Chiverse.*
Eccheverrie. *Chiberry.*
Echabarne. *Etchebarnia.*
Echacopar. *Etchecopar* (Ossas).
Echogoyen. *Etchegoyen* (Camou-Cihigue).
Echaos. *Échaux.*
Echari. *Etcharry.*
Echart. *Etchart* (Bardos).
Echarz. *Saint-Jean-d'Etchart.*
Echaus; Echauz. *Échaux.*
Echeberri. *Etcheverry* (Saint-Martind'Arberoue).
Echegaray. *Etchegaray.*
Echegoyen. *Etchegoyen* (Méharin).
Echeparc. *Etcheparc* (Saint-Esteben).
Echevehere. *Etchebéhère.*
Egremont. *Gramont.*
Eguia. *Héguy* (Orègue).
Eixoes. *Soeix.*
Eizus. *Eysus.*
Elarona. *Oloron.*
Elben. *Aubin* (Thèze).
Eleron. *Oloron.*
Eleta. *Hélette.*
Eliceche. *Élichetche.*
Elicêche. *Élissetche* (Uhart-Cize).
Elinia; Elloreus; Elloronensium civitas. *Oloron.*
Elzurren. *Elsorron.*
Embarras (Les). *Embarrat* (L').
Embejette (L'). *Embegitte* (L').
Empirei (Montes). *Pyrénées (Les).*
Emz (La). *Lons.*
Endayo. *Hendaye.*
Engoust (L'). *Lengoust* (Baliros).
Enter-Gave-Baise; Enter-Guave et Bayse (lo vic de). *Entre-Gave-et-Baïse.*
Eoos. *Ayous.*
Erberua. *Arberoue.*
Erbide. *Arbide.*
Erciel; Ercies. *Arthez.*

Eressi. *Aressy.*
Eroto; Erotha. *Arotte.*
Erm; Ermh. *Herm* (Audéjos).
Err. *Er.*
Erreyti. *Oréite.*
Ersille. *Erxil.*
Erudi; Eruri. *Arudy.*
Esbor (Lo molin d'). *Esboucq* (Lo moulin d').
Escau. *Ascain.*
Escaratz. *Ascarat* (Bardos).
Escaut. *Escos.*
Escherue. *Chéraute.*
Eschot. *Escot.*
Esco (L'). *Escou* (L').
Escoben; Escobes. *Escoubès.*
Escoo. *Escou.*
Escoos. *Escos.*
Escoot; Escot. *Escout.*
Escoubees. *Escoubès.*
Escoz en Navarre. *Escos.*
Escurees; Escuresii (mercatus). *Escurès.*
Esgarrebaque; Esgoarrabaque. *Esgouarrebaque.*
Esgoarrabaque (Moulin d'). *Massecoste.*
Esguarrabaque. *Esgouarrebaque.*
Eslayon; Eslayoo; Eslayouez (lo terrado). *Eslayou.*
Eslouranties-Darrer. *Eslourenties-Darré.*
Eslouranties-Davant; Eslorenthies-Davant; Eslorenties-Daban. *Eslourenties-Dabant.*
Eslurien. *Lurien.*
Espalanuce; Espalenusse. *Espalanusse.*
Espalunga en Ossau. *Espalungue* (Laruns).
Esparren. *Hasparren.*
Espeçede. *Espéchède.*
Esperabasco. *Esperbasque.*
Esperabee. *Esperbe.*
Esperbasco. *Esperbasque.*
Espereben. *Esperbe.*
Esperce. *Espès* (Mauléon).
Espexede. *Espéchède.*
Espiauh-Baup; Espiaucau (l'). *Espiau-Caup* (L').
Espiis; Espis. *Aspis.*
Espitau (L'). *Hôpital-du-Luy* (L').
Espitau d'Auberlii (L'). *Lacommande.*
Espitau d'Aurion (L'); Espitau d'Orion (l'). *Hôpital-d'Orion* (L').
Espitau d'Osse (L'). *Grange d'Osse* (La).
Espiubeig; Espiubeigt. *Espiubèg* (L').
Espiut; Espiuta. *Espiute.*
Espoei; Espoi. *Espoey* (Pontacq).

Espoune (L'). *Lespoune* (Baliros).
Espuei; Espui. *Espoey* (Pontacq).
Esquerra. *Esquerre* (Montaut).
Esquialest; Esquielest. *Estialescq.*
Esquiula; Esquiulle. *Esquiule.*
Esquoot. *Escout.*
Estacam. *Estecam.*
Estarina. *Estaria.*
Estecamp. *Estecam.*
Esteilhon. *Estellon.*
Esteirol. *Esteyrou* (L').
Estello (L'). *Lestelle.*
Esterlus. *Estarlus.*
Estheles; Estialesc. *Estialescq.*
Estibayre. *Estibaire.*
Estielese. *Estialescq.*
Estiroo. *Estiron.*
Estis. *Astis.*
Estivayre. *Estibaire.*
Estrata. *Estrate.*
Estyalescxs. *Estialescq.*
Esus. *Eysus.*
Etchaus; Etchaux. *Échaux.*
Etcheberri. *Etcheverry* (Alçay).
Etchecoppar. *Etchecopar* (Laguinge).
Etcheverie. *Etcheberria.*
Etcheverrie. *Etcheverry* (Ithorots).
Exabe. *Exave.*
Exarc. *Charre.*
Exesa (Alodium de). *Chèse.*
Expexede. *Espéchède.*
Expouey. *Espoey* (Pontacq).
Eyharse. *Eyharce.*
Eyheralarre. *Saint-Michel* (Saint-Jean-Pied-de-Port).
Eyhereguie. *Eyhéréguy.*
Eyssus. *Eysus.*
Ezabe. *Exave.*
Ezmont. *Mont* (Garlin).
Ezus. *Eysus.*

F

Fabarnet, v. 1440. *Habarnet* (Le).
Fageda (La); Fagede (la). *Hagède* (La).
Faget. *Hayet* (Crouseilles).
Faget. *Hayet* (Puyòo).
Faget (Hospitale de). *Faget* (Le) (Oloron).
Faget; Fagetum-Albinum. *Haget-Aubin.*
Fagetz (Los). *Faget* (Le) (Oloron).
Fagosse. *Fagussoa.*
Faied. *Mifaget.*
Faiet. *Faget* (Sauvelade).
Faldracon. *Faldaracon.*
Falhe (La). *Lafaille.*

TABLE DES FORMES ANCIENNES.

Farauriz. *Hérorits.*
Fargoe (La). *Forge d'Angosse* (Aste-Béon).
Fargoes. *Hargous.*
Fargoes. *Hargues.*
Faroo. *Haron.*
Farruguet. *Harruguet.*
Fathse. *Haïtzéa.*
Fauret (Lo). *Hauret.*
Faurie. *Haurie* (Viellcségure).
Fausegui. *Courbet.*
Fausquete. *Hausquette.*
Fausti (Ecclesiola Beati). *Lacq.*
Faute. *Haute.*
Fayet. *Hayet* (Crouseilles).
Fayet. *Hayet* (Etsaut).
Fayet (Lo). *Hayet* (Puyòo).
Fayet-Aubii. *Hayet-Aubin.*
Fayet-Poey. *Fayet-Poey.*
Feaas. *Féas* (Aramits).
Fedaas (Lo). *Hédas* (Le).
Fedae (Lo); Fedat (lo). *Hédat* (Le).
Fedembag-Jussoo; Fedembaig. *Hédembaigt.*
Ferere. *Herrère* (Oloron).
Ferrarie d'Incomps (La). *Forges-d'Angosse* (Arthez-d'Asson).
Ferrera; Ferrere. *Herrère* (Oloron).
Ferrera; Ferrere. *Herrère* (Sainte-Suzanne).
Ferrere (La). *Herrère* (La) (Pau).
Ferrerie de Lobie (La). *Nogarot (La forge de).*
Ferreyre. *Herrère* (Sainte-Suzanne).
Ferriette. *Harriette.*
Ferroo. *Herrou.*
Ferruguet. *Harruguet.*
Feugar (Lo). *Houga.*
Feuguera (La); Feuguere (la). *Laheuguère* (Sainte-Suzanne).
Feuguere (La). *Laheuguère* (Bulansun).
Fexets. *Fichet.*
FFerrere. *Herrère* (Sainte-Suzanne).
FFlayon. *Eslayou.*
Fialer (Lo). *Hialé.*
Fichoux. *Fichous.*
Fieyta (La); Fieyte (la). *Hieyte (La).*
Figeres; Figueras; Figueres. *Higuères* (Morlàas).
Fiite (La). *Lafite* (Navarrenx).
Fiite (Lu). *Lahitte* (Puyòo).
Filhan. *Hillant.*
Fitola (La). *Lafitole.*
Fixets. *Fichet.*
Fixoos; Fixos; Fixous. *Fichous.*
Flayoo. *Eslayou.*
Florance. *Florence.*

Flor-de-Lis. *Fleur-de-Lis.*
Florenthias-Darrer; Florenthies-Darrer. *Eslourenties-Darré.*
Florenthies-Davant. *Eslourenties-Dabant.*
Flos. *Eslous.*
Foarcendulh. *Forcendiu.*
Foncie (Conventus). *Lahonce.*
Fondau-Freda; Fondaufrede. *Hontarède.*
Fonda-Rominu (La). *Fontaine de Rome (La).*
Fondarragu. *Hondarrague.*
Fonse (Le). *Lahonce.*
Font (La). *Lafont.*
Fontaa (La); Fontaas. *Hountas.*
Fonta-Rede. *Hontarède.*
Fontecaute. *Hontecaute.*
Foo. *Hou.*
Foracate. *Houracate.*
Forat. *Hourat (Le)* (Louvie-Juzon).
Fore (Lo). *Hourcq.*
Forcade (La). *Fourcade* (Lespielle).
Forcade (La). *Hourcade* (Andoins).
Forcade. *Hourcade* (Ogenne-Camptort).
Forcades. *Hourcades.*
Forcalabee. *Hourgalabé.*
Forcas; Forcensis (moneta); Forcie Morlani. *Hourquie (La)* (Morlàas).
Forcs; Forcx; Forexs. *Hours.*
Fore-Couts. *Couts-Dehors.*
Forgade. *Fourcade* (Lespielle).
Forgalabee. *Hourgalabé.*
Forges d'Asson (Les). *Forges d'Angosse* (Arthez d'Asson).
Forgnalabee. *Hourgalabé.*
Formated; Formatel; Formatellum. *Romatel.*
Forn (Lo). *Hour.*
Forquia (La); Forquic (la); Forquiee (la); Forquic-Vielhe (la). *Hourquie (La)* (Morlàas).
Forsenduc. *Forcendiu.*
Forum Ligneum. *Urdos.*
Foscau. *Auliou.*
Fossatz. *Houssats.*
Fosset (Lo molii de). *Housse (Le moulin de).*
Fourqs. *Hours.*
Freytet (Lo). *Freitet.*
Fricquet. *Friquet.*
Frontefrede. *Hontarède.*
Frontinhoo; Frontilhoo; Frontinho; Frontinhon; Frontinhoo. *Routignon.*
Frontun. *Rontun.*
Furcas. *Hourquie (La)* (Morlàas).
Furoo. *Hurou.*

Furquina Morlensis. *Hourquie (La)* (Morlàas).
Furtera. *Hurterot.*

G

Gaba (Lo). *Gave de Pau (Le).*
Gabareig (Le). *Gabarret (Le).*
Gabarus. *Gave de Pau (Le).*
Gabas. *Gabaston* (Morlàas).
Gabasot. *Gabarret (Le).*
Gabastoo. *Gabaston* (Morlàas).
Gabaxs. *Gabas* (Laruns).
Gabe (Lo). *Gave de Pau (Le).*
Gabe de Bius (Lo). *Gave de Bious (Le).*
Gabe de Brosset (Lo). *Gave de Brousset (Le).*
Gabe du Sazon (Le). *Saison (Le).*
Gabe Ossales (Lo). *Gave d'Ossau (Le).*
Gabardu; Gailhardu. *Gahardou.*
Gairosse. *Gayrosse* (Audéjos).
Galan. *Minvielle* (Asson).
Galanhon. *Galagnou.*
Galard. *Pont-Goaillard (Le).*
Galarede. *Garlède.*
Galaubet. *Galoubet.*
Galhees; Galhes; Galie. *Guillès.*
Galine (La). *Géline (La).*
Gallo. *Gallo.*
Gamarte. *Gamarthe.*
Gamassabal. *Gamaçabal.*
Gamoart. *Gamarthe.*
Gamou. *Camoy.*
Gand. *Gan.*
Gange. *Ugauge.*
Gant. *Gan.*
Garaci. *Cize (Pays de).*
Garaleda. *Garlède.*
Garat. *Gardia.*
Garatéhéguy. *Garatéguy.*
Garencs; Garenx.
Garindayn; Garindeing; Garindenh. *Garindein.*
Garlade. *Garlède.*
Garlii. *Garlin.*
Garpalou (Le). *Gaspalou (Le).*
Garra. *Garat* (Saint-Martin-d'Arberoue).
Garrabia; Garraibie. *Garraïbe.*
Garralede. *Garlède.*
Garrategui. *Garatéguy.*
Garraybie. *Garraïbe.*
Garrelede. *Garlède.*
Garriis. *Garris.*
Garro. *Gréciette.*
Garruce. *Garris.*
Gasonar. *Gassana.*
Gasli. *Garlin.*

24.

TABLE DES FORMES ANCIENNES.

Gassanar; Gassena; Gassenar. *Gassana.*
Gassies. *Gasies.*
Gassissantz. *Roaries.*
Gastelur. *Gastellur.*
Gaston (La terra). *Béarn* (*Lo*).
Gattari. *Guétary.*
Gaubios. *Càubios* (Lescar).
Gauleret; Gauregs; Gaureix. *Gaureret.*
Gavardere. *Gabardère.*
Gavarensis (Fera). *Gave de Pau* (*La foire du*).
Gavarin; Gavarn. *Gabarn.*
Gavarret. *Gabarret.*
Gavas. *Gabas* (Laruns).
Gavas (Lo); Gavasensis (fluvius). *Gabas* (*Le*).
Gavasto; Gavaston. *Gabaston* (Morlàas).
Gavaston (Lo). *Gabaston* (*Le*).
Gavastonium. *Gabaston* (Morlàas).
Gavat. *Gabat.*
Gave Béarnois (Le). *Gave de Pau* (*Le*).
Gave de Sauveterre (Lo); Gaver (lo). *Gave d'Oloron* (*Le*).
Gaves; Gavet (io). *Gave de Pau* (*Le*).
Gays. *Gaye* (Gayon).
Gayo. *Gaye* (Gan).
Gayoo. *Gayon.*
Gayros. *Garos.*
Gayros; Gayrosa; Gayrossa. *Gayrosse* (Audéjos).
Geerr. *Ger.*
Geest (Lo). *Gest* (*Le*).
Geleberria; Geliberie. *Giliberry.*
Gellos. *Gélos.*
Gelos. *Gélous* (*Le*).
Geloss. *Gélos.*
Gentain; Gentenh; Genteynh. *Gentein.*
Genzane. *Gensanne.*
Gera. *Gère.*
Gerbaigts-Gendro; Gerbays-Gendro. *Gerbas-Gendron.*
Gerderes; Gergerest. *Gerderest.*
Germanau; Germenau; Germenaut. *Germenaud.*
Geronse. *Géronce.*
Gerr; Gerre. *Ger.*
Gerzeresium; Gerzerest. *Gerderest.*
Ges (Lo). *Gé* (*Le*).
Gestaas; Gestazium. *Gestas.*
Goub. *Geup.*
Geusbag-Doos. *Dous.*
Geusbagt; Geusbaxs. *Josbaig* (*Vallée de*).
Giestaas; Giestars. *Gestas.*
Gieus. *Geus* (Arzacq).
Gileberrie; Giliberie. *Giliberry.*
Gironce; Gironsse. *Géronce.*

Giscoos. *Guiscous.*
Goarde (La). *Lagarde* (Escos).
Goarnalussa. *Gornalusse.*
Goeytaplaa. *Goeytaplàa.*
Goez. *Gods.*
Golhers. *Gouilhers.*
Gomerr; Gommer. *Gomer.*
Goosse. *Gouze.*
Gorrette. *Gourette.*
Gorsii; Gorzii. *Gourzy.*
Gose. *Gouze.*
Gostz. *Goust.*
Gotenh. *Gotein.*
Gotz. *Gouts.*
Gouarnalusse. *Gornalusse.*
Goues; Gouex. *Goës.*
Goumer. *Gomer.*
Gourrets. *Gorrets.*
Gourrette. *Gourette.*
Goursin. *Gourzy.*
Goutain. *Gotein.*
Goyat (Lo). *Gouyat.*
Goza; Goze. *Gouze.*
Grammontoises (Les). *Eaux-Chaudes* (*Les*).
Grand-Pont. *Saint-Martin-d'Arrossa.*
Granges (Les). *Bordes de Castillon* (*Les*).
Grantmont. *Gramont.*
Grecq (Le). *Grec* (*Le*).
Grumensoo. *Gurmençon.*
Guabas. *Gabas* (Laruns).
Guabas. *Gabas* (*Le*).
Guabastoo. *Gabaston* (Morlàas).
Guan; Guant. *Gan.*
Guaros. *Garos.*
Guarraybie. *Garraibe.*
Guarriz. *Garris.*
Guatarrom. *Bétharram.*
Guattary. *Guétary.*
Guavasto. *Gabaston* (Morlàas).
Guave (Lo). *Gave de Pau* (*Le*).
Guayrosse. *Gayrosse* (Audéjos).
Guermieta. *Guermiette.*
Guerreciette. *Gréciette.*
Guéthary. *Guétary.*
Guibelleguict. *Guibéléguiet.*
Guinarta; Guinarte. *Guinarthe.*
Guiranso. *Jurançon.*
Guirmenson. *Gurmençon.*
Guironce. *Géronce.*
Guiscoos. *Guiscous.*
Guissen (Villa). *Guiche.*
Guisseriu (Lo). *Guicheriou.*
Guixarner. *Guichané.*
Guoarde (La). *Lagarde* (Oràas).
Guoarrex. *Gorrets.*
Guoes. *Goës.*

Guoeytaplaa. *Goeytaplàa.*
Guomerr; Guomerre. *Gomer.*
Guoretz. *Gorrets.*
Guorrete. *Gourette.*
Guoyat. *Gouyat.*
Guoze. *Gouze.*
Guranso. *Jurançon.*
Gurmensoo; Gurmensson. *Gurmençon.*
Gurtz; Gurz. *Gurs.*

H

Haas. *Aas.*
Haas. *Aas* (montagne).
Hacha. *Haïtzéa.*
Haesparren. *Hasparren.*
Haget. *Hayet* (Crouseilles).
Haget. *Hayet* (Loubieng).
Hahetza de Peyriede. *Ahetze* (Ordiarp).
Hailhe. *Haille* (*La*).
Haisse; Haitçe. *Haïtzéa.*
Hajette (La). *Hagède* (*La*).
Halharet. *Hailleret.*
Halsu. *Halsou.*
Hanauz. *Anhaux.*
Hanbeiti. *Hombéiti.*
Handaye. *Hendaye.*
Harambeltz. *Harambels.*
Haramboure. *Haramburua.*
Harauriz. *Hérorits.*
Harchiloa. *Archiloa.*
Harciel. *Arthez.*
Harembels. *Harambels.*
Hargous. *Hargues.*
Harotza. *Harotça.*
Harribelsete. *Harribelchet.*
Harrieta. *Harriette.*
Harriste. *Ariste.*
Haspar; Hasparn; Hasparrem. *Hasparren.*
Hast. *Aast.*
Hatse. *Haïtzéa.*
Haube. *Habé.*
Hauns; Hausa. *Haux.*
Hausquete (Moulin de). *Hausquette.*
Havars. *Habas* (Saint-Jean-de-Luz).
Havitenh. *Abitain.*
Hayede (La). *Hagède* (*La*).
Hayet. *Haget* (Castillon).
Heaas. *Féas* (Aramits).
Hedaas. *Hédas* (*Le*).
Hegoaburu. *Hégoburc.*
Heguilus. *Héguiluce.*
Helete. *Hélette.*
Henx (L'). *Hens* (*L'*).
Heoos. *Ayous.*
Her. *Er.*

TABLE DES FORMES ANCIENNES.

Hereciel. *Arthez.*
Hereta. *Arette.*
Herimbaigt. *Hédembaigt.*
Hermau. *Armau.*
Herruguet. *Harruguet.*
Hesparrem; Hesparren; Hesperenne; Hesperren. *Hasparren.*
Hetse. *Ahetze* (Ordiarp).
Heyhereguie. *Eyhéréguy.*
Heytos. *Hitos.*
Hidaus. *Idaux.*
Hier. *Ger* (*Le pic de*).
Hiete (La); Hieyta (la), Hieyte (La).
Higan. *Chambre d'Amour* (La).
Hiias (Las). *Hies* (Les).
Hiite (La). *Hieyte* (La).
Hillan. *Hillant.*
Hitton. *Hiton.*
Hirassabal. *Iraçabal.*
Hiriberry. *Briscous.*
Hiriburu; Hiruber. *Saint-Pierre-d'Irube.*
Hoerbo. *Ouerbe.*
Hohixs. *Ohix.*
Holorna. *Oloron.*
Honce (La); Honcia. *Lahonce.*
Hondas. *Bettérette.*
Houdasnas. *Hondarnas* (Le).
Honderiz. *Hondritz.*
Hondernas. *Hondarnas* (Le).
Hon deu Mur (La). *Houn du Mur* (La).
Honerac. *Méracq.*
Hontaas; Hontas. *Bettérette.*
Hoo. *Hou.*
Hopital d'Amorots (L'). *Ospital* (Amorots).
Hopital d'Érion (L'). *Hôpital-d'Orion* (L').
Hopital de Saint-Blaise de Misericorde (L'). *Hôpital-Saint-Blaise* (L').
Horaas. *Oraas.*
Horça. *Ossès.*
Horeyte. *Oréite.*
Horn (Lo). *Hour.*
Horquia (La). *Hourquie* (La) (Morlàas).
Horrida. *Orride.*
Horsorrotz. *Orcorros.*
Hortes. *Orthez.*
Horxs. *Hours.*
Hospital d'Orion. *Hôpital-d'Orion* (L').
Hospitale de Faget. *Faget* (Le) (Oloron).
Hospitalis deu Huy. *Hôpital-du-Luy* (L').
Hospitalis-Novus. *Espitau-Nau* (L').
Hospitalis Silvæ-Latæ Orthesii. *Sauveladete.*

Hosta-Barisium. *Ostabaret* (L').
Hostabat. *Ostabat.*
Hoste. *Hosta.*
Hostcharezio (Terra de). *Ostabaret* (L').
Houratale. *Houracate.*
Hourpellat. *Hourpelat.*
Hoursuray. *Urchuray.*
Hozta. *Hosta.*
Huart. *Uhart-Cize.*
Huart. *Uhart-Mixe.*
Huarte. *Uhart-Cize.*
Hucotarren. *Sutarre.*
Hurigoien. *Hirigoyen.*
Hurt. *Urt.*
Hurtere. *Hurterot.*
Huxa. *Uchaa.*
Huy (Le L'). *Luy-de-France* (Le).
Huy (Lo). *Luy-de-Béarn* (Le).
Huzater (Villa). *Sutarre.*
Hyruber. *Saint-Pierre-d'Irube.*

I

Jaçes. *Jasses* (Navarrenx).
Iausbag. *Josbaig* (Vallée de).
Ibarola. *Ibarla.*
Ibarre en Labort. *Ibarron.*
Ibarren. *Ibarre.*
Ibarrola; Ibarrole. *Ibarrolle.*
Içor. *Issor.*
Idauns; Ideaux. *Idaux.*
Idronium. *Idron.*
Iees (Las). *Hies* (Les).
Iera. *Gère.*
Ies (Les). *Hies* (Les).
Igoo. *Igon.*
Igun. *Eygun.*
Ilarre. *Ilharre.*
Ilassa; Ilasse. *Illasse.*
Ilbarritz. *Ilbarrits.*
Ilhe. *Ilhéo.*
Iloos; Ilos. *Ylos.*
Iluro. *Oloron.*
Imus Pyrœneus. *Saint-Jean-Pied-de-Port.*
Incamp. *Incamps* (Coarraze).
Incans. *Incamps* (Bénéjac).
Invidia. *Lembeye* (Pau).
Ipariis. *Ipharis.*
Iparse. *Iphareé.*
Iradcesabau. *Iraçabal* (Saint-Jean-de-Luz).
Iramitz. *Aramits.*
Irandatz. *Irandats.*
Iribarren. *Iribarnia.*
Iribiu. *Erribieu.*
Irigoyhen. *Irigoyen* (Ossas).
Irisarri; Irissari; Irizuri. *Irissarry.*

Irle (La). *Île* (L').
Iron. *Irun.*
Iruber. *Saint-Pierre-d'Irube.*
Iruleguy. *Irouléguy.*
Irumberri. *Irumberry.*
Irumendie. *Urmendy.*
Isarté. *Izarthes* (Les).
Isaure; Isaurs. *Izaure.*
Isoo. *Issor.*
Issesta. *Izeste.*
Isso; Issoo. *Issor.*
Issoqui. *Içoquy.*
Istialieexs. *Estialescq.*
Isturiz. *Isturits.*
Isuici (Villa). *Eysus.*
Itorrotz. *Ithorots.*
Itsatzou. *Itsatsou.*
Ivarrola. *Ibarrolle.*
Ixaure. *Izaure.*
Izarthe. *Izarthes* (Les).
Izesta. *Izeste.*
Izpura. *Ispoure.*
Izturiz. *Isturits.*
Izura. *Ostabat.*

J

Jaces. *Jasses* (Navarrenx).
Jogo; Jagon; Jaguo, Jagou (Garos).
Joguo. *Jagou* (Aubertin).
Jaldai. *Jalday.*
Janits. *Lécumberry.*
Jarzerest. *Gerderest.*
Jathsu; Jatsou; Jatsu. *Jatxou.*
Jaud. *Jaut.*
Jauliberrie. *Giliberry.*
Jauregui. *Jauréguia.*
Jauregui. *Jauréguy* (Orègue).
Jaureguiberri. *Jauréguiberry* (Espès-Undurein).
Jaureguisahar. *Jauréguissahar.*
Jaureguiveri. *Jauréguiberry* (Camou-Cihigue).
Jaurgain. *Jaurégain.*
Jauribeheli. *Jaurébéhéty.*
Java. *Jave.*
Jaxou. *Jaxu.*
Jean-Jacques-Rousseau. *Saint-Esprit.*
Jean-Pied-de-Port. *Saint-Jean-Pied-de-Port.*
Jegoamorta. *Gègue-Morte* (Le ruisseau de).
Jeroncen. *Géronce.*
Jerre. *Ger.*
Jert (Le). *Gert.*
Jeub; Jeup. *Geup.*
Jeus-Bag. *Josbaig* (Vallée de).
Joan de Béarn. *Jean-de-Béarn.*

TABLE DES FORMES ANCIENNES.

Joertz. *Joers.*
Jois (Le). *Joos (Le).*
Jolin (Lo); Joris. *Jolis.*
Jorre. *Ger.*
Jos (Lo). *Joos (Le).*
Josbaenm; Josbaig; Joshaix. *Josbaig (Vallée de).*
Joseg (Lo); Josseg (lo). *Josset (Le).*
Jouit. *Souhet (Le).*
Jousbaig. *Josbaig (Vallée de).*
Judsuc. *Juxue.*
Jullac; Jullac; Jullaq. *Juillac.*
Junquee (Lo). *Junqué (Le).*
Jurauson; Juransoo; Juronssoo; Jurenco. *Jurançon.*
Jurent. *Juren.*
Jusela (La). *Jusclo (La).*
Jusclot (Le). *Jusclet (Le).*
Justicis (Las). *Justices (Les) (Lembeye).*
Justicis (Las). *Justices (Les) (Lescar).*
Justicis (Las). *Justices (Les) (Sauveterre).*
Jutsuc. *Juxue.*

L

Laalonquette. *Lalonquette.*
Laar (Lo). *Làa (Le).*
Labadie. *Abbadie (L') (Aydie).*
Labaig. *Baig (La) (Lucq-de-Béarn).*
Labaigs d'Audaus; Labaigt de Geup. *Baig de Geup (La).*
Labasere. *Labassère.*
Labatut-Figuera; Labatut-Figuiere. *Labatut-Figuère.*
Labhat de Bauta. *Labat (Castetbon).*
Labedz. *Labets.*
Labena. *Labenne.*
Laber. *Labée.*
Labetore. *Labétoure.*
Labetz; Labez. *Labets.*
Labord. *Labourd (Le).*
Laborda. *Laborde (Montagut).*
Labort; Labourt; Laburdensis (episcopatus); Laburdi (vallis). *Labourd (Le).*
Lac. *Lacq.*
Lacarra. *Lacarre.*
Lacarri. *Lacarry.*
Lacede. *Sède (La) (Monpézat-Bétrac).*
Lachari. *Lacarry.*
Lachepailhet. *Lachepaillet.*
Lacoma. *Lacomne (Lagor).*
Lacosa. *Lacaüse.*
Lacoste. *Castérès.*
Lacoume. *Lacomme (Lagor).*
Ladebag. *Ladébat.*

Laduche; Laduis. *Laduch.*
Laduix. *Ledeuix (Esquiule).*
Laduix; Laduixs. *Ledeuix (Oloron).*
Laduixs. *Ledeuix (Estialescq).*
Laduxium; Laduxs. *Ledeuix (Oloron).*
Laffitau. *Lafitau.*
Laffon. *Lafont.*
Lafforcade. *Lahourcade.*
Lafitau. *Lafitau.*
Lafite. *Hieyte (La).*
Lafite. *Lafite (Abitain).*
Lafite. *Lakitte (Sallespisse).*
Lafite; Lafita. *Lafitte (Monein).*
Lafita. *Lafite (Pau).*
Lafittau. *Lafitau.*
Lafon. *Lafont.*
Lafontaa; Lafontan. *Lahontan.*
Laforcada; Laforcade de Pardies; Laforcade deu Casterot; Lafourcade. *Lahourcade.*
Lag. *Lacq.*
Lagard. *Lagarde (Lucq-de-Béarn).*
Lago. *Lagor (Orthez).*
Logoarda; Lagoarde. *Lagarde (Oraas).*
Lagoarde. *Lagarde (Lucq-de-Béarn).*
Lagoarde. *Lagouarde.*
Lagoardere. *Lagouardère.*
Lagoein; Lagoenh; Lagohenh (Lo). *Lagoin (Le).*
Lagoos. *Lagos (Clarac).*
Lagouin (Le). *Lagoin (Le).*
Laguarrigue. *Lagarrigue.*
Laguenh (Lo). *Lagoin (Le).*
Laguinga. *Laguinge.*
Laguor. *Lagor (Orthez).*
Lahaussoa. *Louhossoa.*
Lahet. *Lehétia.*
Lahitau. *Lafitau.*
Lahitolle. *Lafitole.*
Lahorcade. *Lahourcade.*
Lahuntan. *Lahontan.*
Lajo (Lo). *Layou (Le).*
Lalane. *Lalande.*
Lalanusse. *Lanuse (Le).*
Lalas. *Aldas (L').*
Lalonca; Lalougna; Lalongue. *Lalongue.*
Lamatabuscq. *Lamatabois.*
Lamayoo; Lamayor; Lamayour. *Lamayou.*
Lambarre. *Lambare.*
Lambege; Lambeya; Lambeye. *Lembeye (Pau).*
Lamidon; Lamidoo. *Lamidou.*
Lamothe. *Motte (La) (Gayon).*
Lana. *Lanne (Aramits).*
Lana (La). *Lalanne (Ispoure).*
Lana-Cauba. *Lannecaube.*

Lanagasoos. *Langassous.*
Lanagran. *Lannagrand.*
Lanagrassa. *Lannegrasse.*
Lanaplaa; Lanaplan. *Lanneplàa (Orthez).*
Lanavieja; Lanevielhe. *Lanevieille.*
Lande-Major. *Laynemajour.*
Landibarre. *Lantabat.*
Landiston; Landistoo. *Landistou (Le).*
Landressa; Londresse. *Lendresse.*
Lane. *Lanne (Aramits).*
Lane. *Lanne (Arudy).*
Lanecalba; Lanecaubo. *Lannecaube.*
Lanefrancon. *Lanefranque.*
Lane-Gassoos; Lanegassos. *Langassous.*
Lanegrace; Lane-Grasse. *Lannegrasse.*
Lanelongue; Lanelonque. *Lalongue.*
Lane-Lonquette. *Lalonquette.*
Lanepla. *Lanneplàa (Orthez).*
Lane-Plaa (Lo); Lane-Plan (la). *Lanneplàa (lande).*
Laneplan. *Lanneplàa (Orthez).*
Lanepoyes; Lane-Puyes. *Lannepuyes.*
Lanes (Las). *Lannes (Les) (pays).*
Lanescrbo. *Serbou.*
Lanevielhe. *Lanevieille.*
Langassos. *Langassous.*
Lanhos (Lo). *Lagnos (Le).*
Lannes (Las). *Rivière-Ousse.*
Lanneyeux. *Lannejus.*
Lanota. *Lanot (Igon).*
Lanuce; Lanusee; Lanussu. *Lanusse (Miossens).*
Laoos; Laos. *Lons.*
Lapadun. *Lapadu.*
Lapassat. *Passet.*
Lapedas. *Lapèdes.*
Lapeyre. *Lapayre.*
Laphurdi. *Labourd (Le).*
Lapista. *Lapiste.*
Lapitz. *Laphitz.*
Lapurdum. *Bayonne.*
Laquay. *Lacay.*
Laquider. *Laquidée.*
Lar. *Làa (Lagor).*
Lar (Lo). *Làa (Le).*
Laraignon. *Laragnon.*
Laranhoet. *Laragnous.*
Laranhon; Laranboo. *Laragnou.*
Larbag; Larbat (vicaria de). *Larbaig (Le).*
Larçabal; Larçabau; Larçaval. *Larceveau.*
Lardaas; Lardasse. *Lardas.*
Lare. *Larre (Jurançon).*
Larejurent. *Arrejuren (L').*
Larexaa. *Laredjat.*

TABLE DES FORMES ANCIENNES.

Larfontaa; Larfontan. *Lahontan.*
Larbossa. *Louhossoa.*
Larhuns. *Laruns* (Oloron).
Loribeus. *Arribeus* (*L'*).
Larine; Larings. *Larineq.*
Larmano. *Larmane.*
Laro. *Vert d'Arette* (*Le*).
Larocque. *Larroque.*
Larocinh; Laroenh; Laroinh. *Laroin.*
Laron (Lo bosc de). *Bastard* (*La forét*).
Larori. *Larrory.*
Larr. *Lda* (Maslacq).
Larr (Lo). *Làa* (*Le*).
Larramendi. *Larramendy.*
Larrando. *Larrondua.*
Larraun. *Larrau.*
Larrebaseig; Larrebesseigt. *Revesct.*
Larrebiu. *Larrebieu.*
Larrecha. *Larredjat.*
Larredo (Podge de). *Laurède.*
Larressorre. *Larressore.*
Larriba. *Larribàr.*
Larribeus. *Arribeus* (*L'*).
Larribiu. *Larrebiu.*
Larrineo. *Larineq.*
Larron. *Vert d'Arette* (*Lo*).
Larron (Lo bosc de); Larrond; Larront. *Bastard* (*La forêt*).
Larrori. *Larrory.*
Larrossoa. *Louhossoa.*
Larrus (Lo). *Larus* (*Le*).
Larsabau; Larsaval; Larseval; Larssabau. *Larceveau.*
Larsuno. *Larsun.*
Larta; Larthe. *Larté.*
Larungoriz. *Laruntaldéa.*
Laruntz. *Laruns* (Berrogain).
Laruntz; Larus. *Laruns* (Oloron).
Larvallensis (Archidiaconatus); Larvallum. *Larbaig* (*Le*).
Laryneq. *Larineq.*
Larzabal. *Larçabal.*
Larzabal; Larzabale. *Larceveau.*
Las. *Làas.*
Lasa. *Lasse.*
Lasansaa. *Lassansàa.*
Lasaubetat. *Lasseubétat.*
Lasburdensis (Episcopatus). *Labourd* (*Le*).
Lasburdensis (Sancta-Maria). *Bayonne.*
Lasca; Lascaa; Lascar. *Lescar* (Pau).
Lascedes. *Sède* (*La*) (Moüpézat-Bétrac).
Lasceube. *Seube* (*La*).
Laschar; Laschurris. *Lescar* (Pau).
Lascorre deu Guabe. *Lascoure.*
Lascun. *Lescun* (Accous).

Lascurcensis (Diœcesis); Lascurrensis (diœcesis); Lascurris. *Lescar* (Pau).
Lasceube. *Lassoube.*
Lasp. *Aasp* (*L'*).
Laspiela; Laspicle. *Lespielle.*
Lasquun. *Lescun* (Accous).
Lassale. *Salle* (*La*) (Arrosès).
Lassedo. *Sède* (*La*) (Luc-Armau).
Lassedos. *Sède* (*La*) (Lalongue).
Lasserre. *Serre* (*La*) (Saint-Boès).
Lasseubat. *Seube* (*La*).
Lassu (Villa de); Lassuni; Lassunis (villa). *Saint-Hilaire.*
Lastapies; Lastapis. *Lestapis* (Mont).
Lastelle. *Lestelle.*
Latsari. *Laxarre.*
Lau (Lo). *Loup.*
Laucet. *Lausset* (*Le*).
Laudiston. *Landistou* (*Le*).
Laudur. *Laudure.*
Laufira. *Lauhire.*
Laufirasse (La), v. 1360. *Lauhirasse* (*Le*).
Lau(fi)rasse, 1547. *Lauhirasse* (*Le*).
Lau(fi)re. *Lauhire.*
Laugaa. *Lauga* (Oràas).
Laugaa. *Lauga* (Salies).
Laugadiassa. *Laugadiasse.*
Laugàr. *Lauga* (Monein).
Laulher. *Laulhé.*
Lauphire. *Lauhire.*
Laurade (La). *Laurède.*
Laurets. *Lauret.*
Laurier (Le). *Urcuit.*
Lauroa; Lauroaa. *Lauroua.*
Lauronce. *Auronce* (*L'*).
Laurum. *Laur.*
Lauset. *Lausset* (*Le*).
Laver; Laverr. *Laber.*
Laxce; Laxe; Laxer. *Laché.*
Laymidoo. *Lamidou.*
Layo (Lo); Layoo (lo). *Layou* (*Le*).
Layrac. *Layracq.*
Lazerquou. *Laserque.*
Lecarre. *Lacarre.*
Lechanzu. *Lichans.*
Leduch; Leduixs; Leduix. *Ledeuix* (Oloron).
Leduixs. *Ledouix* (Esquiule).
Ledux; Leduxs. *Ledeuix* (Oloron).
Leet. *Lées.*
Lééu (Le). *Luy-de-France* (*Le*).
Léez-d'Arré (Le). *Lées* (*Le*).
Lefonce. *Lahonce.*
Legié. *Léguie.*
Leguinge. *Laguinge.*
Legunhon; Legunhoo. *Légugnon.*

Lehonce; Lehonza. *Lahonce.*
Leizparz. *Léispars.*
Lekarre. *Lacarre.*
Lekhuine. *Bouloc* (Hasparren).
Lema. *Lème.*
Lembege; Lembeya. *Lembeye* (Pau).
Lembeya. *Lembeye* (Salies).
Lembeye. *Lembeye* (Orion).
Lendressa. *Lendresse.*
Lengos; Lengost. *Lengoust.*
Leon (Lo). *Leu* (*Le*).
Leon (Lo). *Lion.*
Leoo aperat Foscau; Leoo aperat Osquau. *Auliou.*
Leoos; Leos. *Lons.*
Lerm. *Herm* (Audéjos).
Lerm. *Herm* (*L'*) (Aydie).
Lers. *Lars.*
Lers; Lertz. *Lhers* (montagne).
Leruntz. *Laruns* (Berrogain).
Les. *Lées.*
Les (Lo). *Lées* (*Le Gros-*).
Lesa. *Lèze* (*La*).
Lesca. *Lescar* (Pau).
Lescorre de las Basses. *Lascourt.*
Lescorrexs. *Lescorreix.*
Lescuba. *Lescoube.*
Lescunium. *Lescun* (Accous).
Lesons; Lesoos. *Lezons.*
Lespada. *Lespadan.* *Fouchet-Pérignon.*
Lespiaub. *Lespiaut.*
Lespiaub; Lespiaup. *Lespiau.*
Lespiela; Lespiele. *Lespielle.*
Lesporcii; Lesporsii; Lesporsin; Lespoursin. *Lespourcy.*
Lessos. *Lezons.*
Lestares; Lestarreson; Lestarresso. *Lestarzou.*
Leste. *Lasts.*
Lestella. *Lestolle.*
Lesxos. *Lichos.*
Leü (Le). *Luy-de-France* (*Le*).
Leu (Lo). *Leu* (*Le*).
Leuy (Lou). *Luy-de-Béarn* (*La*).
Lexans. *Lichans.*
Lexe. *Leche.*
Lexos. *Lichos.*
Leza (La). *Lèze* (*La*).
Lezoos; Lezos. *Lezons.*
Lheme. *Lème.*
Lhens. *Heux* (*L'*).
Lias (Lo molin de). *Liaas.*
Libarren. *Libarrenx.*
Liberté. *Urt.*
Libet (Le). *Rouquehort* (*Le*).
Libiet. *Libiéta.*
Lie. *Licq.*
Liçaraçu; Liçarasse. *Licerasse.*

Lieu (Le). *Luy-de-France* (*Le*).
Liger. *Ligé*.
Ligie. *Léguie*.
Ligui. *Licq*.
Liis (Lo); Liis-Dabant (lo). *Lys* (*Le*).
Linhac. *Lignac* (Castéide-Cami).
Lion (Le). *Leu* (*Le*).
Lion (Lo); Lioo (lo). *Lion*.
Liorse; Liorsse. *Liorce*.
Lis (Lo). *Lys* (*Le*).
Lisague. *Lissague* (Le Grand-).
Lisar (Lo). *Liza*.
Lisarre. *Licharre* (Nay).
Liseau. *Lizo* (*Le*).
Liserat. *Larreule*.
Lis-Sainte-Colomme. *Lys*.
Lissans. *Lichans*.
Lissave. *Lichabe*.
Littos. *Litos* (*Le*).
Livarren. *Libarrenx*.
Livro; Livroo. *Livron* (Pontacq).
Lixans; Lixantz. *Lichans*.
Lixare; Lixarra; Lixarre. *Licharre* (Mauléon).
Lixarre. *Licharre* (Nay).
Lixaut. *Litos* (*Le*).
Lixos. *Lichos*.
Lizar (Lo). *Liza*.
Lizaraçu; Lizarazu. *Licerasse*.
Lizeau (Le); Lizoo (lo). *Lizo* (*Le*).
Llane-plaa. *Lanneplàa* (Orthez).
Llarte. *Larté*.
Lo. *Lau* (Vialer).
Lobce. *Loubé*.
Lobiein. *Loubieng*.
Lobie-Juso. *Louvie-Juzon*.
Lobienh. *Loubieng*.
Lobier. *Louvie*.
Lobier; Lobier-Jusoo; Lobier-Jusson; Lobierr-Jusoo. *Louvie-Juzon*.
Lobier-Sobiron; Lobier-Susoo; Lobie-Souviron. *Louvie-Soubiron*.
Lobihen; Lobiheng. *Loubieng*.
Lobiher-Jusoo. *Louvie-Juzon*.
Lobiher-Susoo. *Louvie-Soubiron*.
Lobinho; Lobinher; Lobinhom. *Louvigny*.
Lobis; Lobix; Lobixs. *Loubix*.
Loboos. *Loubous*.
Locii (Lo). *Loussy* (*Le*).
Lod. *Lons*.
Loey (Lo). *Loueit* (*Le*).
Loeyt (Le); Loeyt-Daban (le). *Louet* (*Le*).
Loeyt de Darrer (Le). *Loueit* (*Le*).
Lohitzsun; Lohixun. *Lohitzun*.
Lom. *Dulom*.
Lombiaa; Lombiañ. *Lombia*.

Lombradiu. *Ombratiu*.
Lombyaa. *Lombia*.
Lonequera (La). *Lalonquère*.
Londayz. *Londaits*.
Lonso; Lonson. *Lonçon*.
Loo. *Lau* (Vialer).
Loos. *Lons*.
Looubagnon. *Loubagnon*.
Lop (Lo). *Loup*.
Lopieng; Lopienh. *Loupien*.
Lorizun. *Orisson*.
Loron (Lo); Loron. *Oloron*.
Lorteg; Lorteig. *Ortet*.
Lorussoua. *Louhossoa*.
Los. *Lau* (Vialer).
Los. *Lons*.
Los. *Loos*.
Loson (Lo). *Ouzon* (*L'*).
Lospieng. *Loupien*.
Lossium. *Lous* (*Lc*).
Loth. *Lons*.
Lou (Lo). *Loou* (*Le*).
Loubée. *Loubé*.
Loubié. *Louvie-Juzon*.
Loubie. *Louvie-Soubiron*.
Loubiein. *Loubieng*.
Loubis. *Loubix*.
Louhossoüa. *Louhossoa*.
Loupieing. *Loupien*.
Loussalès. *Saleys* (*Le*) (bois).
Loussalès (Le chemin). *Ossalois* (*Le* chemin).
Louvienh. *Loubieng*.
Louvignher. *Lowigny*.
Lovienh. *Loubiêng*.
Lovier-Souviron. *Louvie-Soubiron*.
Lovignier; Lovinherio (castrum de). *Louvigny*.
Loyt (Lo). *Louet* (*Le*).
Loylegui. *Lohitéguy*.
Lozon (Lo). *Ouzon* (*L'*).
Lu (Le). *Luy-de-France* (*Le*).
Lu (Lo). *Leu* (*Le*).
Luba. *Lube*.
Lubbet. *Loubé*.
Luc. *Lucq* (Saint-Faust).
Luc. *Lucq-de-Béarn*.
Luc (Lo). *Luc* (Lembeye).
Lucarer; Lucarree; Lucarrer. *Luccarré*.
Luc-Bieil. *Lucq-Bieilh*.
Luccardon. *Lucardon*.
Luccarrer. *Luccarré*.
Lucenhet. *Lussagnet* (Lembeye).
Luc-Gariee; Lucgarier. *Lucgarrier*.
Lucinheg. *Lussagnet* (Lembeye).
Lucmendoos; Luc-Mendos; Lucmendous. *Limendoux*.

Luco (Molendinum de). *Luc* (*Moulin de*).
Luco (Villa de). *Lucq-de-Béarn*.
Lucq-Gariè. *Lucgarrier*.
Lucquat (Lo). *Lucat*.
Lucus. *Lucq-de-Béarn*.
Luc-Vielh. *Luc-Bieilh*.
Lucxa; Lucxe. *Luxe*.
Lugunhon; Lugunhoo. *Légugnon*.
Lui. *Luy-de-Béarn* (*Lo*).
Luixe; Lukuce. *Luxe*.
Lun (Le). *Luy-de-France* (*Lo*).
Lunius. *Luy-de-Béarn* (*Le*).
Luntz. *Luns*.
Luperium. *Louvie-Juzon*.
Lupiniacensis (Vicecomitatus). *Louvigny*.
Lurdios. *Lourdios* (*Le*).
Lurossoa; Lurrossoa. *Louhossoa*.
Lurunensium (Civitas). *Oloron*.
Lusanhetum; Lusaulhet; Lussanhet; Lusseignet. *Lussagnet* (Lembeye).
Lussoo; Lussun. *Lusson*.
Lustreporci. *Lespourcy*.
Luu (Le). *Luy-de-Béarn* (*Le*).
Luù (Le); Luüy (Le). *Luy-de-France* (*Le*).
Luxa. *Luxe*.
Luxanet. *Lussagnet* (Lembeye).
Luy (Lo). *Luy-de-France* (*Le*).
Luy (Lo); Luy de Berlana (lo). *Luy-de-Béarn* (*Le*).
Luy Bielh (Lo). *Luy-Vieil* (*Le*).
Luyos (Les). *Luyos*.
Luyssoo. *Lusson*.
Luzies; Luzoé; Luzouer (le); Luzué (lo); Luzvé (le). *Luzoué* (*Le*).
Lyon (Le). *Lion*.
Lytoos. *Litos* (*Le*).

M

Maccaie. *Macaye*.
Macepediculum. *Maccpédouil*.
Maçlag. *Maslacq*.
Magdalena (La). *Madeleine* (*La*) (Saint-Jean-le-Vieux).
Magdalene; Magdalene d'Aranhe. *Madeleine* (*La*) (Tardets).
Magdelaine (La). *Madeleine* (*La*) (Saint-Jean-le-Vieux).
Magdelaine (L'espitau de la). *Monpesle*.
Magdelenne (La). *Madeleine* (*La*) (Pau).
Magnabaig. *Magnabaigt*.
Mainvielle. *Minvielle* (Asson).

TABLE DES FORMES ANCIENNES.

Maison-Neuve de Broussé. *Maison-Neuve de Brosser.*
Malardenexs; Malardonxs. *Malardonx.*
Malarrode. *Malrode.*
Malascrabas. *Malascrabes.*
Malausana; Malausanne en France; Malaussana. *Malaussanne.*
Malbec; Malbeg. *Maubec.*
Male-Arode. *Malerode.*
Malleon; Malus-Leo. *Mauléon.*
Malyfern. *Malyherm.*
Mans-Barraute. *Masparraute.*
Manssos. *Mansos.*
Maquaie. *Macaye.*
Marac. *Marracq.*
Marat-sur-Nive. *Ustarits.*
Marcade (La). *Marcade.*
Marcamale. *Marquemale.*
Marca-Soquere. *Marque-Souquère.*
Marcatellum. *Marcadet.*
Marcelbon; Marcelboo; Marcello; Marcelo. *Marsillon.*
Marcerii. *Marcerin.*
Marcoey; Marcoey-Susaa. *Marcoueyt.*
Mariaa. *Maria.*
Maria in Eleron. *Sainte-Marie* (Oloron).
Marie Maddalene d'Aranhe; Marie Magdalene d'Aranhe. *Madeleine (La)* (Tardets).
Marinella. *Marignéla.*
Marmons (Les); Marmont; Marmonts (les). *Marmous (Les).*
Marque-Soquere. *Marque-Souquère.*
Marrimbordes. *Marimbordes.*
Marroc. *Soulenx.*
Marsanhs (Los); Marsains (los); Marsans (les). *Marsains (Les).*
Marsau. *Marsòo.*
Marscillion; Marseillou. *Marsillon.*
Marseings. *Marsains (Les).*
Marselboo. *Marsillon.*
Marsery. *Marcerin.*
Marslag. *Maslacq.*
Marso. *Marsòo.*
Marsoinx. *Marsains (Les).*
Marssalhoo. *Marsillon.*
Marssaynz (Los). *Marsains (Les).*
Marsselbon. *Marsillon.*
Marsserii. *Marcerin.*
Marssou. *Marsòo.*
Masberrauta. *Masparraute.*
Mascaraas. *Mascaras.*
Mascoete; Mascoeto. *Mascouette.*
Maseres. *Mazères.*
Maserolas; Maseroles; Maserolles. *Mazeroles.*
Maserras. *Mazères.*

Mascy. *Massey.*
Maslac en Larbag; Maslach. *Maslacq.*
Masoo (La). *Lamayson.*
Masparrauta; Masperaute; Masperrauta. *Masparraute.*
Masquaraas; Masqueraas. *Mascaras.*
Masquocto. *Mascouette.*
Massigoye. *Masseyoye.*
Matardona. *Matardonne.*
Matebose (La). *Lamatabois.*
Maubecq. *Maubec.*
Maubesii. *Mauvésy.*
Mau-Brosser. *Broussé.*
Maucoo. *Maucor* (Abos).
Maucoo; Maucoo dejus Morlaas. *Maucor* (Morlàas).
Maufreguet. *Maufaguet.*
Mauleo; Mauleoo. *Mauléon.*
Maumussou. *Maumusson.*
Maupay. *Maupoey.*
Mauquo. *Maucor* (Morlàas).
Maur. *Mauro.*
Mauzbarraute. *Masparraute.*
Mayeste (Lo). *Majesté.*
Mayo (La). *Lamayou.*
Mayoo. *Mayou (Lo).*
Mayrac. *Meyrac* (Sévignac).
Mazbarraute. *Masparraute.*
Mazeras. *Mazères.*
Mazerolles. *Mazeroles.*
Mazlag. *Maslacq.*
Mazparrauta; Mazparraute. *Masparraute.*
Mearin. *Méharin.*
Medailles (L'arriu de las). *Mendane (Le).*
Medge (Lo). *Medgé (Le).*
Medita. *Menditte.*
Medium-Faget; Medius-Fagetus. *Mifaget.*
Medyat (Lo); Meige (lo). *Medgé (Le).*
Meilhoo. *Meillon.*
Meille (La). *Mielle (La).*
Meilon. *Meillon.*
Meirac. *Méracq.*
Meirac. *Meyrac* (Sévignac).
Melhac. *Meillac.*
Melho; Melhon; Melhoo. *Meillon.*
Melianda. *Méliande.*
Membred; Membreda. *Membrède.*
Mendaosse; Mendeossa; Mendeosse. *Mendousse.*
Mendeviu. *Mendibieu.*
Mendi. *Mendy.*
Mendialde. *Souraïde.*
Mendiarte. *Ainhoue.*
Mendibe. *Mendive.*

Mendibin. *Mendibieu.*
Mendigorria. *Mendigorry.*
Mendikota. *Menditte.*
Mendilaharsu. *Mendilaharxou.*
Mendiondo. *Mendionde.*
Mendite. *Menditte.*
Mendosa. *Mendousse.*
Mendux. *Amendeuix.*
Menquiagua. *Menguiague.*
Menrisqueta. *Mendisquer.*
Mente. *Menta.*
Merac (Lo). *Méracq.*
Mercadiu (Lo cami); Mercat (lo cami deu). *Mercadieu (Le chemin).*
Mercer (Lo). *Mercé* (Saint-Boès).
Merdansson. *Merdançon.*
Merede (L'arriu). *Merdé (Le)* (Morlàas).
Meritain; Meriteing; Meriteng; Meritengs; Meritenh; Meritensis (Sanctus). *Méritein.*
Meroloe; Meroles. *Mazeroles (?).*
Mespie. *Maspie.*
Mespleter; Mespletere. *Mesplatère.*
Messas. *Saint-Pé-de-Bas* et *Saint-Pé-de-Haut.*
Mestelan. *Mesthelan.*
Metiat (Lo). *Medgé (Le).*
Meur. *Mur.*
Mialees. *Mialès.*
Micxe. *Mixe (Pays de).*
Midy (Le pic de). *Midi (Le pic du).*
Miele (La). *Mielle (La).*
Mielos. *Mialos.*
Mieydi (Lou pice de). *Midi (Le pic du).*
Mieyfaget; Mieyfayet; Mieyhaget. *Mifaget.*
Mija. *Mixe (Pays de).*
Milcents. *Miossens.*
Millayer. *Millagé.*
Millesancti. *Miossens.*
Milleyer. *Millagé.*
Minbiela. *Minvielle* (Castagnède).
Minbielle. *Minvielle* (Ramous).
Miossans. *Miossens.*
Miraboup (Le). *Mirapoup (Lo).*
Mirapeix. *Mirepeix* (Baigts).
Mirapeix; Mirapes; Mirapexs; Mirapiscis. *Mirepeix* (Clarac).
Miremon. *Miramon* (Lys).
Mirepoix. *Mirepeix* (Clarac).
Miresor. *Mirassou.*
Miripexs. *Mirepeix* (Clarac).
Missagoye. *Masseyoye.*
Misse. *Mixe (Pays de).*
Miucens; Miucents; Miucentz. *Miossens.*

Miulayer. *Millagé.*
Minsent. *Miossens.*
Mixa (Archidiaconatus de); Mixia; Mizxa. *Mixe (Pays de).*
Mocozuayn. *Mocosail.*
Mofoos; Mohoos; Mohos. *Mouhous.*
Molina (Lo). *Moulida* (Lo).
Molii de l'Abadie. *Moulin de l'Abbaye (Le).*
Moliis (Lo baniuu deus). *Moulins (Lo canal des).*
Molin Dessus (Lo). *Moulin Dessus (Le).*
Molino del Bosc. *Moulin du Bois (Le).*
Molino del Mercado. *Moulin du Marché (Le).*
Mollans (Castellum). *Morlàas* (Pau).
Molo. *Mélot.*
Momaas. *Momas.*
Mombeg. *Monbeigt.*
Momfort. *Montfort.*
Momi; Momii; Momin. *Momy.*
Momor; Momou. *Moumour.*
Mon. *Mont* (Baigts).
Mon. *Mout* (Lagor).
Monassud. *Monassut.*
Monbalor; Monbalour. *Monbalou.*
Monbeg; Monbeig (lo bosc). *Monbet (Le bois de).*
Moncada. *Moncade* (Garlin).
Moncamp; Moncaub. *Moncaup.*
Moncayola; Moncayole. *Moncayolle.*
Monclaa; Monclar. *Moncla.*
Moncoeyla; Mon-Coeyle. *Moncoueyle.*
Moncoyole. *Moncayolle.*
Mondabat; Monde-Abat; Mondebag. *Mondebat.*
Mondenh. *Mondein.*
Mondran; Mondran-Dehaig; Mondran-Dessus; Mondrans (les). *Mondrans.*
Mondulh. *Puyòo* (Le).
Mondulhs (Los). *Puyòo* (Le Grand et le Petit).
Mondusclatz. *Mondusclat.*
Monehn. *Monein.*
Moneing; Monen; Moneng; Monenh; Monenth; Monesi. *Monein.*
Monfabaa. *Monhauba.*
Mongarber. *Bougarber.*
Mongastoo. *Mongaston* (Charre).
Mongastoo. *Mongaston* (Lamayou).
Mongelos. *Mongélous.*
Mongelos en Cize. *Mongélos.*
Monguaston. *Mongaston* (Charre).
Monguaston. *Mongaston* (Lamayou).
Monguiscart. *Salles-Mongiscard.*
Monhaubar. *Monhauba.*
Monhort. *Montfort.*

Monjelos. *Mongélos.*
Mon-Mir. *Momy.*
Monmoo; Monmor. *Moumour.*
Monneinh. *Monein.*
Monpesat; Monpessat. *Monpézat.*
Mons-Acutus. *Montagut* (Arzacq).
Mons-Altus. *Montaut* (Clarac).
Monsegat; Monsegnat. *Moustardé.*
Mons-Pazatus. *Monpézat.*
Monstroo; Monstrou. *Monstrou* (Piets).
Mont (Lo). *Mont-Saint-Jean.*
Montagne-sur-Nive. *Louhossoa.*
Montagud. *Montagut* (Arzacq).
Montagut. *Montaigu* (Baigts).
Montalibet. *Montalivet.*
Montanerium; Montanerius. *Montaner.*
Mont-Ardon. *Montardon.*
Mont-Arricau. *Montaricau.*
Montastruc. *Montestruc* (Escurès).
Montastruc. *Montestrucq.*
Montaubaa. *Montauban.*
Montaud. *Mondaut* (Ousse).
Montaud. *Montaut* (Clarac).
Mont-Bidouze. *Saint-Palais.*
Mont-Caubet. *Moncaubet.*
Mont-Caup. *Moncaup.*
Mont-Claa; Mont-Clar. *Moncla.*
Mont de Vic-Vielh (Lo). *Mont* (Garlin).
Montem Guiscardum (Burgus apud castellum). *Salles-Mongiscard.*
Montesquiu. *Montesquicu.*
Montestrucq. *Montestruc* (Escurès).
Mont-Gaston. *Mongaston* (Lamayou).
Montgaston; Montgastoo. *Mongaston* (Charre).
Montgerbiel. *Bougarber.*
Monthauba. *Monhauba.*
Montiis. *Montis.*
Montjoia (La). *Montjoie (La).*
Montmoo; Montmor. *Moumour.*
Montori; Montoury. *Montory.*
Mont-Pessat. *Monpézat.*
Mont-Reyan. *Bastide-Monréjau (La).*
Mont-Segur. *Monségur.*
Mont-Valoor; Montvalor. *Monbalou.*
Morelli (Castellum). *Muret.*
Morenex; Morengs. *Mourenx.*
Morenguegs; Morenguetz. *Morenguets.*
Morenx; Morenxs. *Mourenx.*
Morlàas-Vielha. *Morlàas-Bielle.*
Morlaes (Lo cami). *Morlannais (Le chemin).*
Morlana. *Morlanne* (Arzacq).
Morlana. *Morlanne* (l'Hôpital-d'Orion).
Morlana. *Morlanne* (Lagor).
Morlane. *Morlanne* (Arzacq).

Morlane. *Morlanne* (Lagor).
Morlanensis (Vicaria); Morlanis (Sancta-Fides de); Morlans en Berne; Morlanum; Morlars; Morlas; Morlens; Morlensis (villa). *Morlàas* (Pau).
Merlong. *Moulong.*
Morsail. *Mocosail.*
Moscla (La); Moscle (la). *Mouscle (La).*
Mosla; Moslaa (lo bosc de). *Mourle (Le bois de).*
Mosle (La). *Mouscle (La).*
Mosquaroos. *Mousquéros.*
Mosque; Mosquee; Mosquer (lo). *Mousqué* (Loubieng).
Mosquere (La). *Mosquères.*
Mosquere (La). *Mousqué* (Castetbon).
Mosqueroos; Mosqueros; Mosquerous. *Mousquéros.*
Mosques. *Mousqué* (Loubieng).
Mosserole; Mosseyrolle; Mossirole. *Mousserolles.*
Mostee. *Mousté.*
Mostroo. *Moustrou* (Maspie).
Mostroo; Mostror; Mostruoo. *Moustrou* (Piets).
Mota d'Arroses (La). *Motte* (La) (Arrosès).
Mota de la Bastide. *Lamotte.*
Mote (La). *Lamothe* (Bayonne).
Mote de Cesserac (La). *Lamotte.*
Mote de Pardies (La). *Lahourcade.*
Mothe de Laroein (La). *Castella.*
Motte de Turenne (La). *Motte de Turry (La).*
Mouliérot (Le). *Moulin de l'Abbaye (Le).*
Mouly deu Compte (Le). *Moulin du Comte (Le).*
Moumou. *Moumour.*
Moumy. *Momy.*
Moundeilh de Boupé. *Mondeil de Boupé.*
Mouneinh. *Monein.*
Mountouné. *Moutoné.*
Mourlanne. *Murlanne.*
Monscaros. *Mousquéros.*
Moustée. *Mousté.*
Muffale (La). *Balichon.*
Mugalar. *Mugular.*
Mugan (Lo); Mugang. *Mugain.*
Mugaritz. *Mugarits.*
Muhale (La); Muhale (le). *Balichon.*
Muler. *Moulé.*
Munen; Munenh. *Munein.*
Munins. *Monein.*
Mur. *Mu.*
Mured; Mureg; Mureig; Mureigt; Murel. *Muret.*

TABLE DES FORMES ANCIENNES.

Muro (Sanctus-Severus de); Mur-Mayor; Murr. *Mu.*
Musquildi; Musquldi. *Musculdy.*
Myalees. *Mialès.*
Myfaget. *Mifaget.*
Myxe. *Mixe (Pays de).*

N

Nabaas. *Nabas.*
Nabalbas; Nabalhes. *Navailles* (Thèze).
Nabalhes (Los); Nabalhes (los quoate). *Navailles (Les).*
Nabarrencxs. *Navarrenx.*
Nabia; Nabiaas. *Nabias.*
Nai. *Nay.*
Narb. *Narp.*
Narbee (Le). *Narbé (Le).*
Narbona. *Arbonne.*
Narcasted; Narcasteg. *Narcastet.*
Nardos. *Ardos.*
Nargasie. *Nargassie.*
Naubista. *Naubiste.*
Naudee. *Naudé.*
Naudemenyon; Naudomenion; Naudomenyor. *Naudemenion.*
Naulonquette. *Lalonquette.*
Naupernas. *Naupernes.*
Nauvalhes. *Navailles* (Thèze).
Nauvista; Nauviste. *Naubiste.*
Navaillès (Les); Navaillez. *Navailles (Les).*
Navales; Navalha. *Navailles* (Thèze).
Navalhees d'Angos (Los). *Navailles (Les).*
Navalhes. *Navailles* (Thèze).
Navalhes et Essaut. *Sault-de-Navailles.*
Navalliæ. *Navailles* (Thèze).
Navarencæ. *Navarrenx.*
Navarra-Ultra-Puertos. *Navarre (La basse).*
Navarrenes; Navarrencx; Navarrencxs. *Navarrenx.*
Navarrenses. *Navarre (La basse).*
Navarrensis (Sponda). *Navarrenx.*
Navarri; Navarria. *Navarre (La basse).*
Navars; Navas. *Nabas.*
Nees (Lo). *Nées (Le).*
Nercasteg; Nercastet. *Narcastet.*
Nés (Le). *Nées (Le).*
Nesat (Lo). *Nézat.*
Neys (Lo). *Nées (Le).*
Niva. *Nive (La).*
Nive-Franche. *Saint-Jean-Pied-de-Port.*
Nive-Montagne. *Saint-Michel (Saint-Jean-Pied-de-Port).*
Niver (Lo). *Nive (La).*

Noariu; Noarriu. *Noarrieu.*
Nogeriæ. *Noguères.*
Nogues. *Noguez.*
Noguer. *Nouguès.*
Nogueras. *Noguères.*
Nogues. *Noguez.*
Noia. *Anoye.*
Noliboos. *Nolivos.*
Norman. *Lormand (Le).*
Nosti; Nostii; Nostin. *Nousty.*
Nostre-Dame. *Saint-Loup (Orthez).*
Nostre-Done de Casteg de Bonuyt. *Sainte-Marie (Bonnut).*
Nostre-Done de Lasce de Sancta-Maria; Nostre-Done de Lassee a Sente-Marie. *Sainte-Marie (Oloron).*
Nostre-Done de Serres. *Serres-Sainte-Marie.*
Nouarriu. *Noarrieu.*
Noustin. *Nousty.*
Novempopulana; Novempopulania; Novem-Populi. *Novempopulanie.*
Novus-Burgus. *Bourg-Neuf (Le) (Morlàas).*
Noya; Noye. *Anoye.*
Nussa (La). *Lanusse (Assat).*
Nusse (La). *Lanusse (Escos).*
Nybe (Le). *Nive (La).*

O

Oceanus Santonicus. *Gascogne (Golfe de).*
Oconissia; Oconyssia. *Occonits.*
Oelh-Arburu; Oelhharburu. *Oyhanbure.*
Oerbo; Oerbou. *Ouerbe.*
Oere. *Abère (Morlàas).*
Ocyheradar. *Oyhéradar.*
Oeyre. *Abère (Morlàas).*
Ogena; Ogene; Oiena. *Ogenne.*
Oilhon. *Ouillon.*
Oilleguy. *Olhéguy.*
Ojenne. *Ogenne.*
Olaro. *Oloron.*
Olço. *Olce.*
Oleiron; Olero; Oleron; Oleronensis (diœcesis). *Oloron.*
Olete. *Olette.*
Olfabie. *Olhaïby.*
Olhabarats. *Olhabaratxa.*
Olhabia; Olhabie; Olhaibie; Olharby. *Olhaïby.*
Olhassari. *Olhassarry.*
Olhassure. *Olhassoure.*
Olhayvi. *Olhaïby.*
Olhon. *Ouillon.*

Olhonz. *Olhouce.*
Olhoo. *Ouillon.*
Oliber. *Olivé.*
Olion. *Ouillon.*
Oliorsse. *Liorce.*
Olo; Olon. *Ouillon.*
Oloro (Civitas); Oloronensis (pagus): Oloronium; Oloroo. *Oloron.*
Olu. *Leu (Le).*
Olzo. *Olce.*
Ombrez (Les). *Ombrès (Les).*
Ompres (Los); Omprez. *Ombres (Les).*
Onaso. *Oneix.*
Onderidz. *Hondritz.*
Onecx. *Oneix.*
Oneix; Ones. *Aunez.*
Onex. *Oneix.*
Onice-Gaincoa. *Abense-de-Haut.*
Onicepia. *Abense-de-Bas.*
Onix. *Oneix.*
Oniznendi. *Donizmendy.*
Onze-Cassous (Les). *Onze-Chênes (Les).*
Oos. *Dous.*
Oose. *Os.*
Oose. *Ousse.*
Oosse (La). *Ousse (L').*
Oquinverro. *Oquilamberro.*
Oquoz. *Occos.*
Orabarre. *Orègue.*
Oras. *Ordas.*
Orbere. *Ourbère.*
Orça. *Ossès.*
Orchunh. *Orcun.*
Orcuit. *Urcuit.*
Orcunh. *Orcun.*
Ordios. *Lourdios (Accous).*
Ordios. *Lourdios (Le).*
Oregar; Oregay; Oreguer. *Orègue.*
Oreite; Oreyta; Oreyte. *Oréite.*
Ori; Orii. *Orin.*
Oriquenh. *Oriquain.*
Orit. *Aurit.*
Oriure. *Orriule.*
Oron. *Oloron.*
Oroo (Val d'). *Aurone (L').*
Oron. *Oloron.*
Oronenh; Oronhen; Ororeng; Orerénh. *Oroignen.*
Orquancoe. *Orsanco.*
Orqunh. *Orcun.*
Orquuit. *Urcuit.*
Orriague. *Lahorriague.*
Orrils. *Orius.*
Orriola; Orriula; Orriure. *Orriule.*
Orroina. *Urrugne.*
Orroo (L'); Orrou (l'). *Ourrou (L').*
Orsacoe. *Orsanco.*

Orsais. *Ossés.*
Orsal; Orsalenses. *Ossau (Vallée d').*
Orses; Orseys. *Ossés.*
Orssa (Ia). *Oussère (L').*
Ortais. *Orthez.*
Orteg. *Ortet.*
Ortegs; Ortegx. *Orteix.*
Orteig. *Ortet.*
Ortes; Ortesium; Ortez; Orthesium. *Orthez.*
Ortheix. *Orteix.*
Ortz. *Ort.*
Ory. *Orin.*
Orza; Orzaice. *Ossés.*
Osa (L'). *Ousse (L').*
Osaranh; Osaranho (castrum de). *Osserain.*
Osas. *Ossas.*
Oscidates. *Ossau (Vallée d').*
Osencs; Osencx; Osencxs; Osenx. *Ozenx.*
Osents; Osenxs. *Ossenx.*
Oses. *Ossés.*
Osies. *Laus (Le).*
Osom (L'); Oson. *Ouzon (L').*
Ospital du Luy (L'). *Hôpital-du-Luy (L').*
Osquau. *Auliou.*
Osquidates Montani et Campestres. *Ossau (Vallée d').*
Osran. *Osserain.*
Ossa. *Ousse.*
Ossa (La). *Ousse (L').*
Ossais. *Ossés.*
Ossales (Lo cami). *Ossalois (Le chemin).*
Ossaranh. *Osserain.*
Ossau en Vic-Bilh. *Ussau.*
Osse. *Ousse.*
Osse (La). *Ousse (L').*
Osse (La). *Oussère (L').*
Ossebiele; Osse-Bielle. *Aussevielle.*
Ossencx. *Ossenx.*
Ossenx; Ossenxs. *Ozenx.*
Ossenxs. *Ossenx.*
Ossera (La). *Barade (La).*
Osserannum. *Osserain.*
Osson (L'). *Ouzon (L').*
Osta. *Hosta.*
Ostabag; Ostabailles. *Ostabat.*
Ostabare; Ostabarea; Ostabarees; Ostabares; Ostabaresii (terra); Ostabaresium. *Ostabaret (L').*
Ostaloup. *Oustaloup.*
Ostankoa. *Orsanco.*
Ostavales. *Ostabaret (L').*
Ostavayll. *Ostabat.*
Ostebad. *Ostabat.*
Oticoren. *Otticoren.*

Ouailhengoust; Ouaillengoust. *Oeillengoust.*
Ouee. *Osse.*
Oucoz. *Occos.*
Ougeu. *Ogeu.*
Oulous. *Ylos.*
Ourau (L'). *Ourrou (L').*
Ourdains. *Urdains.*
Ouri. *Orin.*
Ourius; Ouriux. *Orius.*
Ouronce (L'). *Auronce (L').*
Ourrius. *Orius.*
Ous. *Os.*
Ousa. *Osse.*
Ouses. *Ossés.*
Ouson (L'). *Ouzon (L').*
Ousoa; Ousse. *Osse.*
Oussenxs. *Ozenx.*
Oyanart. *Oyhénart.*
Oyenne. *Ogenne.*
Oyeu; Oyeup. *Ogeu.*
Oyeup. *Geup.*
Oyhanard. *Oyhanart.*
Oyhanhandia. *Oyhanhandy* (montagne).
Oyherc. *Oyhercq.*
Oys. *Ohix.*
Ozencxs; Ozenxs. *Ozenx.*
Ozon (L'). *Ouzon (L').*
Ozta. *Hosta.*

P

Pabaa. *Paba.*
Pace (Isola della). *Conférence (Île de la).*
Pado (Castrum de). *Pau.*
Padoent de Coste-Busy (Le). *Padoum.*
Padun. *Lapadu.*
Pagaule; Pagola; Paguola; Paguole. *Pagolle.*
Païros. *Payros.*
Païsans (Les). *Hameau (Le) (Pau).*
Pal (Castellum de). *Pau.*
Palasou. *Palaise.*
Paleso. *Palésoo.*
Palhassaa. *Paillassar.*
Pallarieu. *Parlarriu.*
Palloncq. *Pont-Long (Le).*
Palum. *Pau.*
Paluu. *Pau.*
Paluu (La). *Palu (La) (Andoins).*
Pandeles (Las). *Pandelles (Les).*
Paradiis (Lo). *Paradis.*
Paranthius; Paranthies; Paranties. *Parenties.*
Paravis. *Parabis.*
Paravis. *Paradis.*

Parbaise (Los); Parbaïse; Parbaysa. *Parbayse.*
Pardees. *Pardies (Nay).*
Pardias. *Pardies (Monein).*
Pardices de Lixarre; Pardies de Lissarre; Pardies de Lixarra. *Pardies (Nay).*
Pardinæ; Pardines. *Pardies (Monein).*
Parenties-Guinarthe. *Guinarthe.*
Pargadau (Lo). *Pargadaux.*
Parlajou. *Parlayou.*
Parlarriu. *Parlarriu.*
Parlarriu. *Partarrieu (Lo).*
Part-Baysa; Parthayse. *Parbayse.*
Part-l'Arriu. *Parlarriu.*
Part-Layo; Part-Layoo. *Parlayou.*
Pas de Salles (Lo). *Salles (Le ruisseau de).*
Paucborde. *Candau (Garos).*
Pau-Long. *Pont-Long (Le).*
Paus (Lous). *Louspaus.*
Pausa. *Pause (La) (lande).*
Pausesac. *Pausasac.*
Pausu. *Béhobie.*
Pavaa. *Paba.*
Pe-de-Labat. *Pédelabat.*
Pee-de-Floos. *Pédeflous.*
Pee-de-Marie. *Pédemarie.*
Pee-Desert. *Pédezert.*
Peirade (La). *Peyrade (La).*
Peirade (La vie). *Peyrade (La) (Ger).*
Peïraget. *Peyraget.*
Peire-Longue. *Peyrelongue (Narp).*
Peirralu. *Peyrelue.*
Pelains (Lo riu des). *Grec (Le).*
Pene de Mur (La); Penne de Mur (la). *Pène-de-Mu (La).*
Penoilh; Penolh; Penos; Penouil; Penouilhe. *Penouilh.*
Perer. *Péré.*
Peroels. *Perbeils (l'Hôpital-d'Orion).*
Peroels. *Perbeils (Narp).*
Perroixs-Debat; Perroix-Dessuus. *Perroix.*
Persillon. *Précillon.*
Peulié. *Paulier.*
Peyra. *Peyre (Rébénac).*
Peyracaube. *Peyraube.*
Peyralonca. *Peyrelongue (Lembeye).*
Peyralun. *Peyrelue.*
Peyrauba; Peyre-Aube. *Peyraube.*
Peyre d'Aignan; Peyre Danhaa; Peyredeignà. *Peyredagna.*
Peyregeb; Peyregep. *Peyraget.*
Peyregepat. *Peyregétat.*
Peyreger; Peyreget. *Peyraget.*
Peyregexat. *Peyregétat.*
Peyrelonque. *Peyrelongue (Lembeye).*

Peyrelun. *Peyrelus.*
Peyre-Saint-Julia. *Pierre-Saint-Julien (La).*
Peyrieda. *Peyriède.*
Peyrignon. *Fouchet-Pérignon.*
Peyrii (Lo). *Peiri.*
Peyrinhoo (La font). *Fouchet-Pérignon.*
Peyruseg (Lo). *Péruscigt.*
Phaura (La). *Phaure (La)* (Aroue).
Phaura (La). *Phaure (La)* (Arrast-Larrebieu).
Piegs; Pietz. *Piets.*
Pii (Lo). *Py.*
Piis (Los); Piis-Jusso; Piis-Susoo. *Pys.*
Pimbou; Pymbus. *Pimbo.*
Pimy (Lo). *Pimi (Le).*
Pincorles. *Picorle.*
Pinsu; Pinssun. *Pinsun* (Làa-Mondrans).
Pintarroo. *Pinturrou.*
Piste (La). *Lapixe.*
Plaa de Pardies (Lo). *Pardies* (Monein).
Plaa deu Som (Lo). *Plàa del Soum (Le).*
Place (La). *Laplace* (Castetnau).
Placiis; Placis. *Plassis.*
Plagniu (Le). *Plagnius (Les).*
Plainhe (La). *Laplagne* (Montagut).
Plaisance. *Plasence* (Monein).
Plaisance. *Plasence* (Piets).
Plantee. *Planté.*
Plasence. *Casterot* (Monein).
Plasensa. *Plasence* (Piets).
Plassa (La). *Laplace* (Castetnau).
Plassins. *Plassis.*
Plessilhoo. *Précillon.*
Plexac; Plexat. *Pléchat.*
Ploo. *Plou.*
Poblan. *Poublan* (Mazeroles).
Poblancq. *Poublan* (Sauvelade).
Podium. *Poey* (Oloron).
Poeillas. *Poeylas.*
Poey. *Pouey* (Loubieng).
Poey. *Pouey* (Moncla).
Poey (Lo). *Pouy.*
Poey de Sales et de France. *Poey (Lescar).*
Poey de Seubemea; Poey de Solamea (Lo). *Poey de Sauveméa.*
Poeylaas. *Poeylas.*
Poey-Sanct-Johan. *Poey-Saint-Jean.*
Poissy. *Salle (La)* (Billère).
Pombiee. *Pombie.*
Pombs. *Pomps.*
Pome. *Pommé.*
Poms. *Pomps.*
Ponçon-Dessus. *Ponson-Dessus.*
Pondoli. *Pondoly.*
Pon-Loncq. *Pont-Long (Le).*

Ponsa-Dessus. *Ponson-Dessus.*
Ponso-Debag; Ponso-Debaig. *Ponson-Debat.*
Ponso-Dessus. *Ponson-Dessus.*
Ponsoo-Debat; Ponsoo-Jusoo. *Ponson-Debat.*
Ponsoo-Susoo. *Ponson-Dessus.*
Ponsson-Debag. *Ponson-Debat.*
Ponsson-Dessuus. *Ponson-Dessus.*
Ponssoo-Dejus. *Ponson-Debat.*
Ponssoo-Dessus. *Ponson-Dessus.*
Pont. *Pon.*
Pont (Moulin deu). *Commande (Moulin de la).*
Pontac; Pontacum; Pontagues (lo cami). *Pontacq.*
Pont de l'Auronce. *Pont-Goaillard (Le).*
Pont de Peyre. *Pondepeyre.*
Pont-Doli (Lo); Pontdoly. *Pondoly.*
Ponteae. *Pontiacq.*
Ponteau. *Pontaut.*
Pont-Loncq. *Pont-Long (Le).*
Pont-Nau (Lo). *Pont-Neuf (Le).*
Pont-Susaa. *Pont-Suzon.*
Ponzo. *Ponson-Debat* et *Ponson-Dessus.*
Porciugues; Porssiugues. *Poursiègues.*
Portas. *Portes.*
Porteg. *Portet* (Garlin).
Porteg. *Pourtalet.*
Port-Layron. *Port-Leyron.*
Portus de Aourt. *Port (Le)* (Urt).
Portus Sanctæ-Christinæ. *Somport.*
Potz. *Pouts* (Arudy).
Potz (Lo). *Pouts* (Ponson-Debat).
Poueidomenge. *Poeydomenge.*
Pouey. *Poey* (Buzy).
Pouey. *Poey* (Lescar).
Pouey (Le). *Poey (Le)* (Montardon).
Poueyestrucq. *Poeyestruc.*
Poueys (Les). *Poeys (Les)* (Coslédàa).
Pouilas. *Poeylas.*
Poun de Loures. *Pont-de-Lourès.*
Poundis (La ribere de). *Pondis (Le).*
Poursucaas (Lo coig deus). *Poursuca (Le col de).*
Pourtaux (Les). *Embarrat (L').*
Pourlet. *Portet* (Garlin).
Pouylas. *Poeylas.*
Poydomenge. *Poeydomenge.*
Poyet. *Puget.*
Poylas. *Poeylas.*
Poyou. *Puyòo* (Orthez).
Poyou. *Puyòo* (Serres-Sainte-Marie).
Pradaa (Lo). *Prada.*
Prechac-Deça. *Préchacq-Navarrenx.*
Prechacq en Josbaig. *Préchacq-Josbaig.*
Preciani. *Préchacq-Josbaig* et *Préchacq-Navarrenx.*

Precilhon; Presilhon; Pressilhon; Pressilhon; Pressilhoo. *Précillon.*
Presxac. *Préchacq-Navarrenx.*
Presylho. *Précillon.*
Prexac. *Préchacq-Josbaig.*
Prexac; Prexac d'Arribere. *Préchacq-Navarrenx.*
Prexac-Dela; Prexac de Yeusbag; Prexac en Jeus-Bag; Prexach. *Préchacq-Josbaig.*
Prexacq de Rivere. *Préchacq-Navarrenx.*
Prexacum. *Préchacq-Josbaig.*
Prexag. *Préchacq-Navarrenx.*
Preyxac de Jeusbag. *Préchacq-Josbaig.*
Pruetz (Los). *Desprués.*
Puget (Le); Puiguet. *Puget.*
Pulcher-Locus. *Bellocq* (Salies).
Pulchrum-Videre. *Betbéder* (Sainte-Suzanne).
Puncta; Punte (Le). *Boucau (Le)* (Bayonne).
Πυρήνη (ή). *Pyrénées (Les).*
Pusac; Pussac. *Pussacq.*
Pussaco. *Pussacou.*
Putta. *Boucau (Le)* (Bayonne).
Puyet; Puyetum. *Puget.*
Puyo. *Puyòo* (Orthez).
Puyoos (Les). *Puyos (Les)* (Idron).
Puyos (Los). *Despuyos.*
Puyou. *Puyòo* (Guinarthe).
Puyou. *Puyòo* (Orthez).
Puyoos (Los). *Despuyos.*
Pyrenen; Pyrenæi montes; Pyrenæus; Pyrenæus saltus; Pyrrhenes. *Pyrénées (Les).*

Q

Quamptort. *Camptort.*
Quansset (Lo). *Canceig (Le).*
Quasso (Lo). *Casse.*
Quasso (Lo). *Casso.*
Quastède. *Castéide-Cami.*
Quate-Pas. *Quatre-Pas (Les).*
Quindalos. *Guindalos.*
Quoate-Mas; Quoatlemas. *Couatemas.*
Quoquron. *Cuqueron.*

R

Raase (La). *Arance (L').*
Rabeset. *Reveset.*
Rachet. *Rassiet (Le).*
Raguet. *Raguette.*
Ramons. *Ramous.*
Rance (La). *Arance (L').*
Ranquelat. *Ranguelat.*

Rebaseg (La). *Revesel.*
Rebenacq. *Rébénac.*
Rebeseig. *Revesel.*
Reculuse. *Réculus.*
Regula. *Larreule.*
Renart. *Renard.*
Rénéguy. *Arnéguy.*
Renoart. *Renoir.*
Restoa. *Restoue.*
Rete. *Arette.*
Reula (La); Reulæ Silvestrensis (conventus); Reule (la). *Larreule.*
Revenac. *Rébénac.*
Reveqna. *Révêque (La).*
Revesellum. *Revesel.*
Rey (Lo). *Taramun.*
Reyaa (La). *Larreya.*
Ribahaute. *Rivehaute* (Navarreux).
Ribaujusoo. *Arribaujuzon.*
Ribaute. *Rivehaute* (Navarrenx).
Ribbe. *Arrive.*
Ribe-Aute. *Rivehaute* (Navarrenx).
Ribere. *Arribère (L')* (Lagor).
Ribere de Lescar (La). *Rivière-de-Lescar (La).*
Ribere-Gave. *Rivière-Gave.*
Ricarda. *Ricarde.*
Ricau. *Arricau.*
Rien. *Arrien* (Morlàas).
Rigau (La). *Arrigas (L').*
Riontz. *Aurions.*
Riparia. *Rivière (La).*
Ripperia-Gavari. *Rivière-Gave.*
Riu-Long (Le). *Aiguelongue (L').*
Riumayor; Riumayour. *Riumayou.*
Riupeyroos. *Riupeyrous.*
Rius. *Orius.*
Rivera-Gabe. *Rivière-Gave.*
Rivera-Ossa; Rivere-Osse. *Rivière-Ousse.*
Riverouy. *Ribarrouy.*
Rode. *Arros* (Nay).
Rodger. *Roger.*
Romaas. *Romas.*
Rome (Lou cami de). *Romiu (Le chemin).*
Romiau (La fonda). *Fontaine de Rome (La).*
Romivau (Cami). *Romiu (Chemin).*
Ronteau. *Rontau (Le).*
Rontinho; Rontinhoo. *Rontignon.*
Roquafort. *Roquefort.*
Roquefort - de - Tursan. *Roquefort.* (Boueilh).
Roques. *Rocque.*
Roques. *Salle (La)* (Billère).
Rosees; Rosez; Rosses. *Arrosès.*
Rotger dit Berducq. *Roger.*

Roumieu (Camy); Roumii (camii); Roumiu (Le chemin). *Romiu (Le chemin).*
Ruisseau de Baygorri (Le Grand). *Nive de Baïgorry (La).*
Rutigoyti. *Urrutigoïty.*
Ryons. *Aurions.*

S

Saaquet. *Labourt-Houré (Le).*
Sabalce. *Cabalce.*
Sabi (Lo). *Saby.*
Sabinaguet. *Sévignac* (Bordes).
Sac (L'ariu de). *Sacq (Le).*
Sadiracum; Sadirag. *Sadirac.*
Safores. *Sahores.*
Sagete; Sagette. *Sayette.*
Sahucxs. *Sauques.*
Sainbisens. *Saint-Vincent* (Baigts).
Sainct-Andreu. *Saint-Andrieu.*
Sainct-Christau. *Saint-Christau.*
Sainct-Esperit de Bayonne; Sainct-Esprit-lès-Bayonne. *Saint-Esprit.*
Sainct-Estienne d'Aribelabourt; Sainct-Estienne-Rive-Labourt. *Saint-Étienne* (Bayonne).
Sainct-Harmon. *Saint-Armou.*
Sainct-Jaime du Bagé. *Saint-Christau* (Lurbe).
Sainct-Jean-du-Pied-des-Ports; Sainct-Jean-du-Pied-près-des-Ports. *Saint-Jean-Pied-de-Port.*
Sainct-Jehan-de-Lux. *Saint-Jean-de-Luz.*
Sainct-Johan-de-Builz. *Mouguerre.*
Sainct-Julyan d'Ossès. *Saint-Julien* (Ossès).
Sainct-Martin de Osses. *Saint-Martin d'Arrossa.*
Sainct-Pee de Labour. *Saint-Pée-sur-Nivelle.*
Sainct-Sprit-lez-Bayonne. *Saint-Esprit.*
Saint-Amont; Saint-Armon. *Saint-Armou.*
Saint-Aulary. *Saint-Aulaire.*
Saint-Berin. *Saint-Burein.*
Saint-Blaise. *Aphat-Ospital.*
Saint-Blas. *Hôpital-Saint-Blaise (L').*
Saint-Bois; Saint-Bouès. *Saint-Boès.*
Saint-Cristau. *Saint-Christau* (Lurbe).
Saint-Dets. *Sendets.*
Saint-Doz. *Saint-Dos.*
Sainte-Colome. *Sainte-Colomme.*
Sainte-Confessa. *Sainte-Confesse.*
Sainte-Coulome. *Sainte-Colomme.*
Sainte-Grace. *Sainte-Engrace* (Béhorléguy).

Sainte-Lucii. *Sainte-Lucie.*
Sainte-Marie-Légugnon. *Sainte-Marie* (Oloron).
Sainte-Quitterie. *Sainte-Quiterie* (Doumy).
Saint-Esteve d'Arberoue. *Saint-Esteben.*
Saint-Guirons. *Saint-Girons* (Orthez).
Saint-Jacques (Boirie). *Caubin de Sendets.*
Saint-Jayme. *Saint-Christau* (Lurbe).
Saint-Jayme. *Saint-Jammes.*
Saint-Jean-de-Biutz. *Mouguerre.*
Saint-Jean-Pouge. *Saint-Jean-Poudge.*
Saint-Julian. *Saint-Julia* (Aste-Béon).
Saint-Laurens d'Abos. *Saint-Laurent* (Abos).
Saint-Martin de Garro. *Gréciette.*
Saint-Medart. *Saint-Médard.*
Saint-Mon. *Saint-Mont.*
Saint-Paul d'Asson. *Arthez-d'Asson.*
Saint-Pé (Le chemin de). *Henri IV (Le chemin de).*
Saint-Pe-d'Iruby. *Saint-Pierre-d'Irube.*
Saint-Pee-d'Ibarren. *Saint-Pée-sur-Nivelle.*
Saint-P en France. *Saint-Pé-de-Léren.*
Saint-Peireux. *Saint-Peyrus.*
Saint-Picq. *Saint-Pic.*
Saint-Saderny. *Louvie.*
Saint-Saudains; Saint-Saudeins. *Saint-Saudens.*
Saint-Vincens. *Saint-Vincent* (Baigts).
Saisie. *Sazie.*
Sajettes. *Sagettes.*
Sala (La). *Salle (La)* (Ance).
Sala (La). *Salle (La)* (Balansun).
Sala (La). *Salle (La)* (Billère).
Sala (La). *Salle (La)* (Charritte-Bas).
Sala (La). *Salle (La)* (Loubieng).
Sala d'Andrenh (La). *Salle (La)* (Andrein).
Sala d'Arramoos (La). *Salle (La)* (Ramous).
Sala d'Assat. *Salle (La)* (Assat).
Sala d'Athos (La). *Salle (La)* (Athos-Aspis).
Sala de Bedos. *Salle (La)* (Bidos).
Sala de Busi (La). *Salle (La)* (Buzy).
Sala de Cassaver (La). *Salle (La)* (Cassaber).
Sala de Ceserac. *Salle (La)* (la Bastide-Cézéracq).
Sala de Frontinhoo. *Salle (La)* (Rontignon).

TABLE DES FORMES ANCIENNES.

Sala de Gotenh (La). *Salle (La)* (Gotein).
Sala de Lana (La). *Salle (La)* (Lanne).
Sala de Laoos (La). *Salle (La)* (Lons).
Sala de Montastruc (La). *Salle (La)* (Montestrucq).
Sala de Poey (La). *Salle (La)* (Poey).
Sala de Salies (La). *Salle (La)* (Salies).
Sala de Suhast (La). *Salle (La)* (Camou-Mixe-Suhast).
Sala de Ydroo (La). *Salle (La)* (Idron).
Salanaba. *Salenave* (Béreux).
Salanave. *Salenave* (Salies).
Salanova. *Sallaberry* (Ilbarre).
Salas-Monguiscart. *Salles-Mongiscard*.
Salas-Pisso. *Sallespisse*.
Salaverri. *Sallaberry* (Arbouet).
Sale (La). *Salle (La)* (Mazeroles).
Sale (La). *Salle (La)* (Montestrucq).
Sale (La). *Salle-Ducamp (La)*.
Sale d'Andrenh (La); *Salle (La)* (Andrein).
Sale d'Arramos (La). *Salle (La)* (Ramous).
Sale d'Athos (La). *Salle (La)* (Athos-Aspis).
Sale de Bardos (La). *Salle (La)* (Bardos).
Sale de Begbeder (La). *Salle (La)* (Sainte-Suzanne).
Sale de Berenx (La). *Salle (La)* (Bérenx).
Sale de Busi. *Salle (La)* (Buzy).
Sale de Castanhede (La). *Salle (La)* (Castagnède).
Sale de Lobienh (La). *Salle (La)* (Loubieng).
Sale de Mur (La). *Salle (La)* (Castagnède).
Sale de Saint-Etiene. *Salle (La)* (Sauguis).
Sale de Salies (La). *Salle (La)* (Salies).
Sale de Sibas (La). *Salle (La)* (Alos-Sibas).
Salees (Lo); Saleis (la). *Saleys (Lo)*.
Sale-Ranque. *Salafranque*.
Sales. *Salles* (Salies).
Salès (Lo). *Saleys (Lo)*.
Sales et Rontan. *Sallespisse*.
Sales-Monguiscart; Sales-Monguisquart. *Salles-Mongiscard*.
Salespis; Salespisses; Salespisso; Salespissoo; Sales-Pissos. *Sallespisse*.
Saleta de Usos (La). *Sallette (La)* (Uzos).
Saliee (Cami); Saliera (la carrera);
Saliere (la vic). *Salier (Le chemin)*.
Salinæ; Saline in Aquensi pago. *Salies* (Orthez).
Salla (La). *Salle (La)* (Bérenx).
Salla de Maucor (La). *Taillac*.
Salle de Mongaston (La). *Salle (La)* (Charre).
Sallès (Le). *Saleys (Le)*.
Salles (Lo). *Saleys (Le)* (bois).
Salles-Pisse. *Sallespisse*.
Sallez (Le). *Saleys (Le)* (bois).
Sallie (Le chemin); Sallier (le chemin). *Salier (Le chemin)*.
Salt. *Sault-de-Navailles*.
Saltaussinoa. *Saltaussina*.
Saltus; Saltus et Navalliæ. *Sault-de-Navailles*.
Salvaterra; Salvatierra. *Sauveterre*.
Sammes. *Sames*.
Samper. *Saint-Pée* (Saint-Jean-le-Vieux).
Samonset. *Samonzet* (Lamayou).
Samssos. *Samsons*.
Sancta-Clucque. *Sainte-Cluque*.
Sancta-Columba. *Sainte-Colomme*.
Sancta-Confessa. *Sainte-Confesse*.
Sancta-Bit. *Saint-Abit*.
Sancta-Engratia. *Sainte-Engrace* (Tardets).
Sancta-Eulalia. *Saint-Aulaire*.
Sancta-Gracia. *Sainte-Engrace* (Juxue).
Sancta-Gracia. *Sainte-Engrace* (Tardets).
Sancta-Helena. *Sainte-Hélène*.
Sancta-Lucie. *Sainte-Lucie*.
Sancta-Lucie de Morlaas. *Dugat*.
Sancta-Maria. *Sainte-Marie* (Igon).
Sancta-Maria de Biela. *Sainte-Marie* (Bielle).
Sancta-Maria de Olorno. *Sainte-Marie* (Oloron).
Sancta-Maria de Serris. *Serres-Sainte-Marie*.
Sancta-Marie. *Sainte-Marie* (Loubieng).
Sancta-Marie de Biele. *Sainte-Marie* (Bielle).
Sanct-Antoni. *Saint-Antoine* (Osserain).
Sanct-Aramon; Sanct-Armoo. *Saint-Armou*.
Sancta-Susana; Sancta-Susanna. *Sainte-Suzanne*.
Sanct-Aubii. *Saint-Aubin*.
Sanct-Boes. *Saint-Boès*.
Sanct-Cedarin. *Louvie*.
Sancte-Gratii. *Sainte-Engrace* (Tardets).
Sancte-Xristina. *Sainte-Christine* (Esquiule).
Sanct-Guoenh. *Saint-Goin*.
Sancti-Johannis (Via). *Saint-Jean-Pied-de-Port*.
Sancti-Leonis (Oratorium). *Saint-Léon*.
Sancti-Nicholai (Burgus). *Saint-Nicolas* (Morlàas).
Sanct-Jacme et Sanct-Cristau de Bayer. *Saint-Christau* (Lurbe).
Sanct-Lop. *Saint-Loup* (Orthez).
Sanct-Miqueu. *Saint-Michel* (Aydie).
Sanct-Pee. *Saint-Pé* (Moncin).
Sanct-Pee de Salies. *Saint-Pé* (Salies).
Sanct-Peritous; Sanct-Philitoos. *Saint-Pélitou*.
Sanctus-Avitus. *Saint-Abit*.
Sanctus-Bernardus. *Saint-Bernard*.
Sanctus-Castinus. *Saint-Castin*.
Sanctus-Gerontius. *Saint-Girons* (Orthez).
Sanctus-Hilarius de Lassu. *Saint-Hilaire*.
Sanctus-Joannes de Licerio. *Saint-Élie*.
Sanctus-Joannes-Vetus. *Mouguerre*.
Sanctus-Johannes de Cisera. *Saint-Jean-Pied-de-Port*.
Sanctus-Johannes-de-Luce; Sanctus-Johannes-de-Luis; Sanctus-Johannes-de-Luk; Sanctus-Johannes-de-Luys. *Saint-Jean-de-Luz*.
Sanctus-Johannes-de-Pede-Portus. *Saint-Jean-Pied-de-Port*.
Sanctus-Johannes-de-Podio. *Saint-Jean-Poudge*.
Sanctus-Johannes-sub-Pede-Portus. *Saint-Jean-Pied-de-Port*.
Sanctus-Julianus. *Saint-Julien*.
Sanctus-Lidorus. *Saint-Gladie*.
Sanctus-Martinus de Bonut. *Saint-Martin* (Bonnut).
Sanctus-Martinus d'Ouses. *Saint-Martin d'Arrossa*.
Sanctus-Petrus de Sendos. *Saint-Pé-de-Léren*.
Sanctus-Petrus d'Ivarren. *Saint-Pée sur-Nivelle*.
Sanctus-Salvator juxta Sanctum-Justum. *Saint-Sauveur* (Lécumberry).
Sanctus-Sigismundus de Orthesia. *Saint-Sigismond*.
Sanctus-Spiritus in Capite Pontis Baionensis. *Saint-Esprit*.
Sanctus-Stephanus. *Saint-Étienne* (Lantabat).
Sanctus-Stephanus-de-Bayguerr. *Saint-Étienne-de-Baïgorry*.

TABLE DES FORMES ANCIENNES.

Sanctus-Stephanus de Ripa-Laburdi. *Saint-Étienne* (Bayonne).
Sanctus-Vincentius. *Saint-Vincent* (Hélette).
Sanct-Vit. *Saint-Abit.*
Sanctz-Guyrontz. *Saint-Girons* (Orthez).
Sandoos; Sandos. *Saint-Dos.*
San-Estevan de Arberoa. *Saint-Esteben.*
Sangoenh. *Saint-Goin.*
Sanguinadaas (Los). *Sanguinadas (Les).*
San-Jayme. *Saint-Jaime.*
San-Juan-del-Pic-de-Puertos. *Saint-Jean-Pied-de-Port.*
San-Juan-lo-Bielh. *Saint-Jean-le-Vieux.*
Sanladie. *Saint-Gladie.*
San-Miguel-el-Viejo en Ultra-Puertos. *Saint-Michel* (Saint-Jean-Pied-de-Port).
Sausert (Lo molii de). *Sancerre Le moulin de).*
Sansoo; Sansoos; Sanssoos. *Samsons.*
San-Steffano di Lantabat. *Saint-Étienne* (Lantabat).
Santa-Araci. *Sainte-Engrace* (Tardets).
Santa-Cathaline. *Sainte-Catherine* (Luccarré).
Santa-Elena. *Sainte-Hélène.*
Santa-Engracia. *Sainte-Engrace* (Juxue).
Santa-Helena. *Sainte-Hélène.*
Santa-Luci. *Sainte-Lucie.*
Santa-Maria. *Sainte-Marie* (Saint-Jean-Pied-de-Port).
Sant-Esperit dou Cap dou Pont de Baione. *Saint-Esprit.*
Sant-Esteban. *Saint-Esteben.*
Sant-Esteban. *Saint-Étienne-de-Baïgorry.*
Sant-Esteven d'Arrive-Labort. *Saint-Étienne* (Bayonne).
Sant-Jacme (Cami de). *Romiu* (Chemin).
Sant-Jaime. *Saint-Jaime.*
Sant-Johan. *Saint-Jean-Pied-de-Port.*
Sant-Johan del Cabo del Pont de Bayona. *Saint-Esprit.*
Sant-Johan-del-Pie-de-Puerto; Sant-Johan-dou-Pe-deu-Port; Sant-Johans. *Saint-Jean-Pied-de-Port.*
Sant-Juan-el-Viejo. *Saint-Jean-lo-Vieux.*
Sant-Just. *Saint-Just.*
Sant-Martin. *Saint-Martin d'Arberoue.*
Sant-Miguel. *Saint-Michel* (Saint-Jean-Pied-de-Port).
Sant-Pelay. *Saint-Palais.*
Sant-Sadarnii. *Louvie.*

Sant-Trinitat. *Sainte-Trinité.*
Sant-Vincentz de Salies. *Saint-Vincent* (Salies).
Sanzos. *Samsons.*
Saole-Sobiraa. *Soule-Souverain.*
Sarainh (Lo); Saranh (lo). *Osserain.*
Sarasqueta. *Sarrasquette.*
Saraubii; Saraubin. *Sarauby.*
Sarcs. *Sars.*
Sarescquéta. *Sarasquéta.*
Saro. *Çaro.*
Sarporencx; Sarporencxs; Sarporenxs. *Sarpourenx.*
Sarrabera. *Sarrabère.*
Sarragayon. *Serragayon (La).*
Sarralh de Montesquiu (Lo). *Sarrail* (Montestrucq).
Sarramonne; Sarramoune. *Serramone* (Aurions-Idernes).
Sarrancia; Sarransec; Sarranse. *Sarrance.*
Sarraplaa. *Serreplàa.*
Sarrasiis (La font deus). *Sarrasins* (La fontaine des).
Sarraute. *Sarraude.*
Sarravere; Sarrebere. *Sarrabère.*
Sarre-Martii. *Serre-Martin.*
Sarreplaa. *Serreplàa.*
Sarricoata; Sarrikota. *Charritte* (Arraute).
Sarrikota-Gaïna. *Charritte-de-Haut.*
Sarrikota-Pia. *Charritte-de-Bas.*
Sarrite. *Charritte-de-Haut.*
Sarrulhe-Jusoo; Sarrulhe-Susoo. *Sarreuille.*
Sartch. *Sartey.*
Sasie. *Sazie.*
Sason (Le). *Saison (Le).*
Satariz. *Satharits-Urruty.*
Saubajuncto; Saubajunte. *Sauvejunte.*
Saubalade. *Sauvelade.*
Saubaladete. *Sauveladete.*
Saubamala. *Sauvemale.*
Saubamea. *Sauvemea.*
Saubemea. *Sauveméa.*
Saubemea. *Sauvemia.*
Saubeste. *Soubestre (Le).*
Saubetat (La). *Lassoubétat.*
Saubeterre. *Sauveterre.*
Saubista. *Saubistes.*
Saubola. *Saubole.*
Saucela (Villa de). *Saucède* (Oloron).
Saucelaa. *Saucéta (Le).*
Sancqs; Sauexs. *Sauques.*

Saud. *Sault-de-Navailles.*
Saud. *Saut* (Charre).
Saud (Lo). *Saut de Monein (Le).*
Sauguette. *Sauguet* (montagne).
Saussede. *Saucède* (Oloron).
Sausti; Saustin. *Caustins.*
Saut. *Saucq* (Montfort).
Saut. *Saux* (Hasparren).
Saut (Lo). *Etsaut.*
Saut; Saut-de-Nabalhes. *Sault-de-Navailles.*
Sauterisse. *Sautarisse* (Bellocq).
Sauterisse. *Sautarisse* (Sauveterre).
Saut et Nabalhes. *Sault-de-Navailles.*
Savi. *Saby.*
Savinhacum. *Sévignac* (Arudy).
Savinhaguo. *Sévignac* (Bordes).
Sayet (Lo). *Sagé (Le).*
Saysie. *Sazie.*
Sazo. *Saison (Le).*
Scain; Scainh. *Ascain.*
Scede (La). *Sède (La)* (la Bastide-Monréjau).
Scendetz. *Sendets.*
Scendos. *Saint-Dos.*
Sciot. *Sacase de Siot.*
Scobees; Scobes. *Escoubés.*
Scocy. *Escouey.*
Scoo. *Escou.*
Scos. *Escos.*
Scot. *Escot.*
Scot. *Escout.*
Scures. *Escurès.*
Sebi; Sebii. *Séby.*
Sebinach; Sebinhac. *Sévignac* (Arudy).
Sebinhac. *Sévignac* (lande).
Sebinhac. *Sévignacq.*
Sebinhago; Sebinhagon; Sebinhaguot. *Sévignac* (Bordes).
Secerac. *Bastide-Cézéracq (La).*
Sedirac; Sediracum. *Sadirac.*
Sedse. *Sedze.*
Sedsere. *Sedzère.*
Sedza. *Sedze.*
Seeubola. *Saubole.*
Segneurie (La); Segnourie (la). *Seignourie (La).*
Segualaas. *Ségalas* (Lagor).
Segualas. *Ségalas* (Salles-Mongiscard).
Selvalada. *Sauvelade.*
Semboees; Semboys. *Saint-Boès.*
Séméacq; Semeacum; Semeagon; Semiac. *Séméac.*
Semonzet. *Samonzet* (Lamayou).
Sempee. *Saint-Pé* (Baliros).
Semperitou. *Saint-Pélitou.*
Senboes. *Saint-Boès.*
Senct-Andriu. *Saint-Andriou.*

TABLE DES FORMES ANCIENNES.

Senet-Johan de Goarlies. *Saint-Jean* (Orthez).
Senet-Saudeng. *Saint-Saudens.*
Sendeds; Sendegs. *Sendets.*
Sendegs et Caubin; Sendetz d'Anoya. *Caubin de Sendets.*
Sendez. *Sendets.*
Sendos; Sendos-Juson; Sendos-Suson. *Saint-Dos.*
Senescau (Le moulin du). *Sénéchal (Le moulin du).*
Sengoenh. *Saint-Goin.*
Senhor (Lo cami deu). *Seigneur (Le chemin du).*
Sen-Jacme de Bager. *Saint-Christau (Lurbe).*
Sen-Johan. *Saint-Jean* (Hasparren).
Sen-Picq. *Saint-Pic.*
Sen-Saudenh; Sensaudens. *Saint-Saudens.*
Sent-Abit en Lissarre. *Saint-Abit.*
Sent-Arromaa. *Saint-Armou.*
Senta-Susane. *Sainte-Suzanne.*
Sent-Aubi. *Saint-Aubin.*
Sent-Aulari. *Saint-Aulaire.*
Sent-Boees; Sent-Boes. *Saint-Boès.*
Sent-Castii. *Saint-Castin.*
Sent-Ceber; Sent-Cever. *Saint-Sever.*
Sente-Bic. *Saint-Abit.*
Sente-Cathalina. *Sainte-Catherine* (Lescar).
Sente-Colome. *Sainte-Colomme.*
Sente-Confesse. *Sainte-Confesse.*
Sente-Elene. *Sainte-Hélène.*
Sente-Eulalie. *Saint-Aulaire.*
Sente-Grace-deus-Portz; Sente-Gracie. *Sainte-Engrace* (Tardets).
Sente-Lene. *Sainte-Hélène.*
Sente-Lucy. *Dugat.*
Sente-Marie de Serres. *Serres-Sainte-Marie.*
Sente-Quitteri. *Sainte-Quiterie* (Lescar).
Sent-Esperit. *Saint-Esprit.*
Sent-Esteben de Rivelabor; Sent-Esteven de Ribelabort. *Saint-Étienne* (Bayonne).
Sente-Suzane. *Sainte-Suzanne.*
Sente-Trenitat. *Sainte-Trinité.*
Sent-Germe (La fon). *Saint-Germain (La fontaine).*
Sent-Gerontz. *Saint-Girons* (Orthez).
Sent-Gili. *Saint-Gilles.*
Sent-Girons. *Saint-Girons* (Orthez).
Sent-Girontz. *Saint-Girons* (Abos).
Sent-Goenh. *Saint-Goin.*
Sent-Guili. *Saint-Gilles.*
Sent-Haust. *Saint-Faust.*
Sent-Helitz. *Saint-Élix.*

Sent-Hermo. *Saint-Armou.*
Sent-Jacme (Lo cami de). *Romin (Le chemin).*
Sent-Jacme. *Saint-Jammes.*
Sent-Johan d'Abos. *Saint-Jean* (Abos).
Sent-Johan-de-Lus; Sent-Johan-de-Luus; Sent-Johan-de-Luxs. *Saint-Jean-de-Luz.*
Sent-Johan dou Cap dou Pont de Baione. *Saint-Esprit.*
Sent-Johan-Podge; Sent-Johan-Potge. *Saint-Jean-Poudge.*
Sent-Juliaa. *Saint-Julia (Le).*
Sent-Just deu pays d'Ostabares. *Saint-Just.*
Sent-Ladia; Sent-Ladie; Sent-Ladier. *Saint-Gladie.*
Sent-Laurens; Sent-Laurentz. *Saint-Laurent* (Morlàas).
Sent-Laurentz d'Abos. *Saint-Laurent* (Abos).
Sent-Ledie; Sent-Ledier. *Saint-Gladie.*
Sent-Lop (L'espitau). *Saint-Loup* (Orthez).
Sent-Marthi. *Saint-Martin* (Tadousse-Ussau).
Sent-Marthii. *Saint-Martin* (Balansun).
Sent-Marthii de Salies. *Saint-Martin* (Salies).
Sent-Marthin; Sent-Marti. *Saint-Martin* (Autevielle).
Sent-Martii. *Saint-Martin* (Lucq-de-Béarn).
Sent-Martii. *Saint-Martin* (Serres-Sainte-Marie).
Sent-Martii. *Saint-Martin* (Tadousse-Ussau).
Sent-Martin (La peyre de). *Saint-Martin (La pierre).*
Sent-Martin de Garanhoo. *Saint-Martin* (Autevielle).
Sent-Miqueu. *Saint-Michel* (Lescar).
Sent-Miqueu. *Saint-Michel* (Lucq-de-Béarn).
Sent-Palay; Sent-Palays. *Saint-Palais.*
Sent-Pe. *Saint-Pé* (Monein).
Sent-Pee (Cami de). *Saint-Pé (Chemin de).*
Sent-Pee de Catro; Sent-Pee de Catron; Sent-Pee de Catroo. *Saint-Pé-de-Bas et Saint-Pé-de-Haut.*
Sent-Pée-d'Irube. *Saint-Pierre-d'Irube.*
Sent-Pelito. *Saint-Pélitou.*
Sent-Per. *Saint-Pé* (Monein).
Sent-Per. *Saint-Pé-de-Léren.*
Sent-Per (Lo molin de). *Saint-Pé (Le moulin de)* (Salies).

Sent-Peyruix; Sent-Peyruxs. *Saint-Peyrus.*
Sent-Pic. *Saint-Pic.*
Sent-Polit; Sent-Polit d'Ossau. *Saint-Hippolyte.*
Sent-Sadarnii. *Louvie.*
Sent-Saubador-deus-Pors. *Saint-Sauveur* (Lécumberry).
Sent-Saudenh. *Saint-Saudens.*
Sent-Stephen. *Saint-Étienne* (Sauguis).
Sent-Vincens. *Saint-Vincent* (Louvie-Juzon).
Sent-Vizentz. *Saint-Vincent* (Salies).
Sent-Xristau. *Saint-Christau* (Lurbe).
Seras-Castet. *Serres-Castet.*
Serboo. *Serbou.*
Sere; Séré. *Sérée.*
Serer. *Séré.*
Sergos; Sergoz. *Sirgos.*
Serot (Lo). *Sarrot (Le).*
Serra. *Serres-Castet.*
Serra (La). *Serre (La)* (Gurs).
Serracaute. *Sarrecaute.*
Serra de Mureg (La). *Serredingue.*
Serra de Siro. *Lasserre* (Lembeye).
Serradingou. *Sarredingue.*
Serramona. *Serramone* (Aurions-Idernes).
Serramona. *Serramone* (Ledeuix).
Serra-Morlas. *Serres-Morlàas.*
Serras. *Serres-Castet.*
Serrasecque. *Serrésèque.*
Serrasoeix. *Serre-Soeix.*
Serra-Souquere. *Serre-Souquère.*
Serre. *Serres-Sainte-Marie.*
Serre (La). *Lasserre* (Lembeye).
Serre (La). *Lasserre* (Montaner).
Serre-Casteig. *Serres-Castet.*
Serre de Vic-Bilh (La). *Lasserre* (Lembeye).
Serremiaa. *Serremia.*
Serremone. *Serramone* (Ledeuix).
Serre-Morlaas. *Serres-Morlàas.*
Serres. *Serres-Castet.*
Serres. *Serres-Sainte-Marie.*
Serres-Carboeres; Serres-Casteg; Serres de Sent-Esxentz. *Serres-Castet.*
Serresoexs. *Serre-Soeix.*
Serres-Saint-Ichoux. *Serres-Castet.*
Serrot (Le). *Sarrot (Le).*
Seruilhe. *Serrouille.*
Serviele. *Servielle.*
Sescau. *Cescau.*
Seserac; Seserag. *Bastide-Cézéracq (La).*
Sesquas. *Sesques.*
Sesquau. *Cescau.*

Basses-Pyrénées.

Sete. *Cette.*
Set-Faus; Sethaus. *Sept-Haus (Les).*
Setsa. *Sedze.*
Setsere. *Sedzère.*
Sette. *Cette.*
Setze. *Sedze.*
Seuba (La). *Lasseube.*
Seubalade. *Sauvelade.*
Seube d'Escot (La). *Lasseube.*
Seubejuncte; Seube-Junte. *Sauvejunte.*
Seubemea. *Sauveméa.*
Seubole. *Saubole.*
Seula; Seule. *Soule (La).*
Seuvola. *Saubole.*
Sevignac-Mauco. *Sévignac* (Bordes).
Sevignacq; Sevignag. *Sévignac* (Arudy).
Sevinhac. *Sévignac* (Bordes).
Sevinhac. *Sévignac* (lande).
Sevinhac; Sevinhac-Darror; Sevinhacum. *Sévignacq.*
Sevinhaguo. *Sévignac* (Bordes).
Seviniacum. *Sévignacq.*
Sexse. *Sedze.*
Sezerac. *Bastide-Cézéracq (La).*
Sezere. *Sedzère.*
Sezii; Sezuic. *Cézy.*
Sgoarrabaca. *Esgouarrebaque.*
Sialosse. *Chalosse (La).*
Siboure. *Ciboure.*
Sibyllates. *Soule (La).*
Siderac. *Sadirac.*
Silegoe; Silengoa; Silhecoa; Sillègueles-Domezain. *Sillègue.*
Silvalata. *Sauvelade.*
Silvestrensis (Archidiaconatus); Silvestrensis (pagus); Silvestrum. *Soubestre (Le).*
Simacorba; Sima-Curva; Simbe-Corbe. *Simacourbe.*
Simceu; Simceus; Simpseus; Sinceux de las Claveries. *Simpceus.*
Singuinadas. *Sanguinadas (Les).*
Sinseu. *Simpceus.*
Sinus Aquitanicus. *Gascogne (Golfe de).*
Siroo. *Siro.*
Siroos. *Siros.*
Sisie. *Cize (Pays de).*
Sivas. *Sibas.*
Sizer. *Cize (Pays de).*
Slorentiees-Darrer. *Eslourenties-Darré.*
Soarn; Soarns (Les). *Soars.*
Soarpuru. *Sorhapuru.*
Sobac (Lo). *Soubac.*
Sobaignon; Sobalhoo. *Sauvagnon.*
Sobamea. *Sauveméa.*
Sobanho; Sobanhoo. *Sauvagnon.*

Sobemea. *Sauvemia.*
Soberbielle. *Supervielle.*
Sobervielle. *Souberbielle.*
Sobeste. *Soubestre (Le).*
Sobiele. *Soubielle.*
Sobola (Vallis). *Soule (La).*
Socanho; Socanhoo. *Soucagnon.*
Soeillades. *Souilhades.*
Soeis; Soeixs. *Soeix.*
Soet. *Souhet (Le).*
Soex; Soexs; Soeyxs. *Soeix.*
Soharpuru in Mixia. *Sorhapuru.*
Soja (La). *Souye (La).*
Sokuece. *Succos.*
Sola (Vicecomitatus de). *Soule (La).*
Solar (Lo). *Soularou (Le).*
Sola-Sobiran. *Soule-Souverain.*
Sole. *Soule (La).*
Soleinx; Solenex; Solenx (lo); Solenx-Dejuus et Solenx-Desus. *Soulenx.*
Soler (Lo). *Castaing* (Rontignon).
Solercou (Lo). *Soularou (Le).*
Sole-Sobira. *Soule-Souverain.*
Solhades. *Souilhades.*
Solii (Lou). *Cély (Le).*
Solla; Solle. *Soule (La).*
Som. *Soum (Asson).*
Som (Lo). *Soum (Lestelle).*
Somboes; Somboeys. *Saint-Boès.*
Somlhebe. *Souilhède.*
Somolo; Somolon. *Soumoulou (Assat).*
Somolon; Somoloo. *Soumoulou* (Pontacq).
Somonset. *Samonzet (Lamayou).*
Somps. *Soms.*
Sonjeu. *Songeü.*
Soobanhoo. *Sauvagnon.*
Soole. *Soule (La).*
Soraburu; Sorhaburu; Sorhapure. *Sorhapuru.*
Sorhatssete. *Souratselle.*
Sorhete. *Sorhuéta.*
Sorholuce. *Sorholus.*
Soritz. *Sourius.*
Soriz. *Sorits.*
Soroeta. *Sorhouet.*
Soroete; Soroheta. *Sorhuéta.*
Sorrolhe. *Sarrail (Lannepláa).*
Sorueta. *Sorhuéta.*
Sosaute. *Sussaute.*
Sosced (Lo). *Sosset (Le).*
Sosmonset. *Samonzet (Lamayou).*
Sosoeu; Sosoueu. *Soussouey.*
Sossaute. *Sussaute.*
Sost (Lo). *Soust (Le).*
Soste. *Assouste.*
Soto (Lo). *Sottou.*
Souards (Les); Souarns (les). *Soars.*

Soubernoa; Soubernous. *Subernoa.*
Soubeste. *Soubestre (Le).*
Soublette. *Subéléta.*
Soucix. *Soeix.*
Souge; Souia; Souie. *Souye.*
Souja. *Souye (La).*
Souia. *Soule (La).*
Soulhebe. *Souilhède.*
Soulon. *Soulou.*
Sourouette. *Sorhuéta.*
Souvagnon. *Sauvagnon.*
Soya. *Souye.*
Soyees. *Souyers.*
Soyge. *Souye.*
Sozeu; Sozoeu. *Soussouey.*
Spalunga. *Espalungue (Laruns).*
Spechede. *Espéchède.*
Spelette. *Espelette.*
Spelunca. *Espalungue (Laruns).*
Spexede; Speyxede. *Espéchède.*
Spiaucaub. *Espiau-Caup (L').*
Spiis. *Aspis.*
Spinalba. *Lespiau.*
Spiuta; Spiute. *Espiute.*
Spoey. *Espoey (Pontacq).*
Squiule. *Esquiule.*
Ssaranh (Lo). *Osserain.*
Sseubole. *Seubole.*
Stecamp. *Estecam.*
Stela (La). *Lestelle.*
Stiroo. *Estiron.*
Stos. *Estos.*
Suast. *Suhast.*
Subercase. *Subercaze (Asson).*
Suberoa. *Soule (La).*
Subiboure. *Ciboure.*
Subola (Vallis). *Soule (La).*
Suescun. *Suhescun.*
Suhi. *Souhy.*
Sumacorbe. *Simacourbe.*
Summus Pyrenæus. *Bentarté (Le col de).*
Summus Pyrenæus; Sumus-Portus. *Somport.*
Sunarta; Sunarte. *Sunarthe.*
Sunharrete. *Sunharette.*
Sunseu. *Sansous.*
Superbat. *Souperbat.*
Suquos. *Succos.*
Susauta; Susaute. *Sussaute.*
Susbieles. *Sousbielles.*
Sus-Maiour. *Sus (Navarrenx).*
Sus-Menour; Susmeor; Susmio; Susmioo; Susmyon. *Susmiou.*
Sus prob Borgarber. *Sus (Bougarber).*
Sustaren. *Sutarre.*
Suus. *Sus (Navarrenx).*
Suus (La). *Lassus.*

TABLE DES FORMES ANCIENNES. 203

Suusmioo. *Susmiou.*
Sxarre. *Charre.*
Sylva-Bona. *Lucq-de-Béarn.*
Sylva-Lata. *Sauvelade.*
Sylvæ. *Lasseube.*
Symecorbe. *Simacourbe.*
Syzara. *Cize (Pays de).*

T

Tadaosse; Tadeossa; Tadoosse; Tadossa; Tadosse; Tadoza; Tadoze. *Tadousse.*
Tailhade (La). *Taillade (La)* (bois).
Talabens (Les). *Sept-Camis (Les).*
Talhac. *Taillac.*
Talhade (La). *Taillade (La)* (ruisseau).
Taloo (Lo). *Talou.*
Tarbella Pyrene. *Pyrénées (Les).*
Tarbelli; Τάρβελλοι (*oi*). *Tarbelliens (Les).*
Tarbellum æquor. *Gascogne (Golfe de).*
Tardedz; Tardetz; Tardix. *Tardets.*
Taro; Taroo. *Taron.*
Tarride (Le portail de). *Lachepaillet.*
Tarrumun. *Taramun.*
Tarsac. *Tarsacq.*
Tartocing; Tartoing; Tartoins; Tarton. *Tartoin.*
Tarusates. *Taron.*
Tarzeds. *Tardets.*
Tastabii; Tastaby; Taste-Bii. *Testeby.*
Tatabens (Les). *Sept-Camis (Les).*
Tatze. *Taste.*
Tavalhe. *Tabaille.*
Taxices. *Tachies.*
Tebaihe. *Tabaille.*
Tedeosse. *Tadousse.*
Teesa; Tceza. *Thèze.*
Tei (Lo). *Aux-Theys.*
Teintureria (L'arriu de la). *Teinturerie (Le ruisseau de la).*
Ten (Lo). *Then (Saint-Armou).*
Terçag. *Tarsacq.*
Teremun. *Taramun.*
Tersac; Terssac. *Tarsacq.*
Tese; Tessa. *Thèze.*
Testebii (Lo); Testevin. *Testeby.*
Teulere (La). *Tuilerie (La).*
Teuleres (Las). *Teulère (La)* (Montaner).
Teza; Teze; Tezee. *Thèze.*
Thedeosse. *Tadousse.*
Theesa; Theese. *Thèze.*
Thermopile. *Saint-Étienne-de-Baïgorry.*
Thils (Les). *Tils.*
Thoo. *Thou.*
Tilh de Leduixs. *Tillet.*

Tillaber (Le). *Tillabé.*
Tinturé (L'arriu). *Teinturerie (Le ruisseau de la).*
Tisnee (Lo). *Lieste.*
Tisnera (La). *Tisnère (La).*
Tithinhacxs; Titinhaexs; Titinhatz; Titinhax. *Tétignax.*
Tiuroo. *Tiuron.*
Too (L'ariu). *Arricoutou (L').*
Too de França (La); Tor (la); Tor de Fransa (la). *Tour de France (La).*
Tornacapeg; Tornacapet. *Tournecapet.*
Toron. *Turon* (Espoey).
Toron (Lo). *Touron.*
Toron Darradet. *Turon d'Arradet (Le).*
Torrumie. *Trémoilh.*
Tour de Lamarque (La). *Lamarque.*
Tournecapeig. *Tournecapet.*
Touron (Le). *Turon (Lo)* (Andrein).
Touron de Castéra (Le). *Turon de Castéra (Le)* (Baigts).
Touron de Hourcq (Le). *Turon de Hourcq (Le).*
Touron de Millot. *Turon de Millot (Le).*
Touron des Moures (Le). *Turon des Maures (Le),* (Arthez).
Tourons (Lous). *Turons (Les).*
Tourròos (Lous). *Turrons (Les)* (Eslourenties-Dabant).
Tourruquo de Pey. *Tourrucot de Pey.*
Toyaa. *Touya* (Gabaston).
Toyaa. *Touya* (Viellenave).
Traceades. *Tirecaze.*
Tres-Biclles. *Troisvilles.*
Tres-Herrous (Las). *Sœurs (Les pics des).*
Treslay. *Terlayou.*
Tres-Serours (Las). *Sœurs (Les Pics des).*
Tres-Serra. *Tresserre.*
Tricolor. *Villefranque.*
Trilha (La). *Trille (La).*
Trolh (Lo). *Troucilh.*
Trolh (Lo). *Trouilh (Le).*
Trondee (La grabe de). *Tronde (La).*
Troussilh (Le moulin). *Hayet (Etsaut).*
Trubesser. *Trubessé.*
Truiou. *Truyoo.*
Tucau (Le). *Tuco (Le).*
Tucòo; Tucquo; Tuquo. *Tuco (Lembeye).*
Turcquolle (La). *Turrecolle (La).*
Turon de Turin (Le). *Motte de Turry (La).*
Turris. *Tour de France (La).*
Tustolar. *Tustulart.*

U

Uciat. *Utxiat.*
Udaus. *Idaux.*
Udolla. *Udole.*
Ufart. *Uhart-Mixe.*
Ugarcanne; Uharçan. *Ugarçan.*
Uhaïtz-Handia. *Saison (Le).*
Uhart; Uharte. *Uhart-Cize.*
Uharte-Juson; Uuhart-Juson en Navarre; Uhart-Jusson. *Uhart-Mixe.*
Uharzan. *Ugarçan.*
Ulbade (La); Ulheda (la). *Uilhède (L').*
Ulhurriague. *Lahorriague.*
Undarolle. *Ondarrolle.*
Underitz. *Hondritz.*
Undurain. *Undurein* (Haux).
Undurenh. *Undurein* (Espès).
Union. *Itsatsou.*
Urcuraye. *Urcuray.*
Urdaidz; Urdainz. *Urdains.*
Urdaixs; Urdays. *Sainte-Engrace* (Tardets).
Urdeix; Urdess. *Urdès.*
Urdiarb; Urdiarbe; Urdiarp. *Ordiarp.*
Urdios; Urdious. *Ordios.*
Urdos de la Bastida; Urdoz. *Urdos* (Saint-Étienne-de-Baïgorry).
Urduos. *Ordios.*
Urgous. *Urgos.*
Urkéta. *Urcuit.*
Urmendia; Urmendie. *Urmendy.*
Urrucega. *Ritzague.*
Urruigne; Urruina; Urruinhe; Urrungia; Urrunhe. *Urrugne.*
Urrusague. *Ritzague.*
Urrustoia. *Arrast.*
Urrutia; Urrutie. *Urrutialde.*
Urruty. *Urrutiberria.*
Urruyne. *Urrugne.*
Urruzaga. *Ritzague.*
Urruzpuru. *Harispuru.*
Ursaliensis (Vallis). *Ossau (Vallée d').*
Ursaxia (Vallis). *Ossès.*
Ursi-Saltus. *Ossau (Vallée d').*
Urssue. *Ossue.*
Urtebia; Urtebie; Urthubie; Urthuby; Urtubia. *Urtubie* (Urrugne).
Usan. *Uzan.*
Usan; Usanh. *Uzan (L').*
Usarte. *Uzerte (L').*
Usaure. *Isaure.*
Usenh. *Uzein.*
Usetarren. *Sutarre.*

26.

Usoos, Usos. *Uzos.*
Usqueinh; Usquen; Usquenh. *Usquain.*
Ussan. *Uzan.*
Usset (L'). *Lasset (Le).*
Ussi. *Oussia.*
Ussos. *Uzos.*
Ussue. *Ossue.*
Ussutaren. *Sutarre.*
Ustaridz; Ustaritz; Ustariz. *Ustarits.*
Utorrotz. *Ithorots.*
Utsatarren. *Sutarre.*
Utsiat. *Utziat.*
Uturrotz. *Ithorots.*
Utziate. *Utziat.*
Uxa; Uxar. *Uchùa.*
Uxat; Uxiat. *Utxiat.*
Uzoss. *Uzos.*

V

Vaccæia. *Basque (Le pays).*
Vaccæorum montana. *Pyrénées (Les).*
Vagtz. *Baigts.*
Valencin; Valenssun. *Balansun.*
Varatoos. *Barétous (Vallée de).*
Vasci. *Basque (Le pays).*
Vauser; Vauzer. *Vauzé.*
Vaygurra. *Baïgorry (La vallée de).*
Vazcaçan; Vazcozen. *Bascassan.*
Vedelha. *Bedeille.*
Veguer (Lo). *Béguer (Le) (Loubieng).*
Vehobie. *Béhobie.*
Véhorlégui. *Béhorléguy.*
Velçunce. *Belsunce.*
Velesten. *Bélesten.*
Venami (Venarni). *Béarn (Le).*
Ventayou. *Bentayou.*
Verencxs. *Bérenx (Salies).*
Verencxs (Lo riu de). *Goardères (Le ruisseau de).*
Vergebielh. *Béribieilh.*
Verger (Lo). *Bergeré (Montaut).*
Vergons (Le). *Bergoue (Le).*
Vesii-Gran. *Bésingrand.*
Vesin. *Bézing.*
Vesingran. *Bésingrand.*
Vetus-Burgus. *Morlàas-Bielle.*
Veyria. *Beyrie (Saint-Palais).*
Veyrie. *Beyrie (Lescar).*
Vialer (Lo); Vialler (le). *Vialer.*
Viane. *Vianne.*
Viber (Lo). *Vivé (Le).*
Vic-Bielh; Vicus-Vetulus; Vic-Vielh; Vic-Vil. *Vicbilh (Le).*
Vidarray. *Bidarray.*

Vidassoa; Vidassoua; Vidassouc (le). *Bidassoa (La).*
Vidaxen; Vidayxen. *Bidache.*
Videgain. *Bidegaina.*
Videgainech. *Bidegain (Masparraute).*
Videren. *Bidéron.*
Vidos. *Bidos.*
Vie (La). *Labie.*
Viegranne. *Viegrane.*
Viclaa. *Vialer.*
Viclanava. *Viellenave (Navarrenx).*
Viclapinta. *Viellepinte.*
Vielefranque. *Bastide-Villefranche (La).*
Vielenabe pres Cescau. *Viellenave (Arthez).*
Vielenava. *Viellenave (Mont).*
Vielenave. *Viellenave (Navarrenx).*
Vielenave de Sediragues. *Viellenave (Taron).*
Vieler de Tarnos; Vieler en Vic-Bilh (Lo). *Vialer.*
Vicle-Segure. *Vielleségure.*
Vielha-Morte. *Vielhe-Morte.*
Viellanava; Viellanave. *Viellenave (Navarrenx).*
Vieller de Sanct-Johan-Podge (Lo). *Vialer.*
Vig-Bilh; Viit-Bilh. *Vicbilh (Le).*
Vila. *Bielle.*
Vilanaba. *Viellenave (Taron).*
Vilhera; Vilhere. *Billère.*
Vilheres. *Bilhères (Laruns).*
Villa. *Bielle.*
Villanava. *Viellenave (Bidache).*
Villanova. *Iriberry (Bustince).*
Villanova. *Villeneuve.*
Villanueva. *Iriberry (Bustince).*
Villanueva. *Iriberry (Ossès).*
Villanueva. *Viellenave (Bidache).*
Villa-Picta. *Viellepinte.*
Ville-Francque; Villefranque en Labort. *Villefranque.*
Villeneuve. *Iriberry (Bustince).*
Vinet. *Binet.*
Vinhau (Lo). *Vignau (Le) (Orthez).*
Vinhes. *Vignes (Arzacq).*
Vinhet. *Binet.*
Vinholes. *Vignoles.*
Vins (Lous). *By.*
Vions (Les). *Aubious.*
Viron; Viroo. *Biron.*
Visanos. *Bizanos.*
Viscocytaa. *Biscoeytan (La).*
Visenos. *Bizanos.*
Visqueis; Visquey. *Bisqueis.*
Vissanos. *Bizanos.*
Viudos. *Bidos.*
Vivent. *Viven.*

Vocates. *Boucoue.*
Vunhenh. *Bugnein.*
Vusict. *Buziet.*

X

Xardicssa. *Chardèsc.*
Xarra. *Charre.*
Xarrard (Lo pont de). *César (Le pont de).*
Xarre. *Charre.*
Xarrite. *Charritte-de-Bas.*
Xarrite dessus Ausset-Suson. *Charritte-de-Haut.*
Xaustiis. *Caustins.*
Xerauta; Xerauto. *Chéraute.*
Xerbe; Xerbee-Jusoo; Xerbe-Juson. *Cherbes.*
Xielose. *Chalosse (La).*
Xiros. *Siros.*

Y

Yaniz. *Janits.*
Yas (Las). *Hies (Les).*
Yausbag. *Josbaig (Vallée de).*
Ybarbeyti. *Ibarbéity.*
Ybarre. *Ibarron.*
Ybarrola; Ybarrolle. *Ibarrolle.*
Ydauze. *Idaux.*
Ydernas. *Idernes (Abos).*
Ydernas; Ydernes. *Idernes (Aurions).*
Ydernes. *Idernes (Abos).*
Ydro; Ydroo. *Idron.*
Yees (Las). *Hies (Les).*
Yere. *Gère.*
Yerr. *Ger.*
Yeteu. *Géteu.*
Yetre. *Gètre.*
Yeub; Yeup. *Goup.*
Yeus. *Geus (Oloron).*
Yeusbag. *Josbaig (Vallée de).*
Ygasc. *Chambre d'Amour (La).*
Ygon; Yguon. *Igon.*
Ylarre. *Ilharre.*
Ylasse; Ylaze. *Illasse.*
Ylharra; Ylharre. *Ilharre.*
Ylhee. *Illée.*
Yllasse. *Illasse.*
Ynhaus. *Nhaux.*
Yoos; Yous. *Ayous.*
Yribarne. *Iribarnia.*
Yribiu. *Erribieu.*
Yrisarri. *Irissarry.*
Yrrutia. *Urrutialde.*
Yruber. *Saint-Pierre-d'Irube.*
Yrulegui. *Irouléguy.*

Yrumberri. *Irumberry.*
Yrumendie. *Irumendy.*
Ysale. *Isalibarre.*
Yseste. *Izeste.*
Ysou. *Issor.*
Yspore. *Ispoure.*

Ysso; Yssoo; Yssor. *Issor.*
Ytorrotz. *Ithorots.*
Yturrondo. *Ithorrondo.*
Yutsia. *Juxuo.*
Yvarola; Yvarole. *Ibarrolle.*
Yzpura. *Ispoure.*

Z

Zabala. *Ospital* (Amorots-Succos).
Zabalça; Zabalza. *Çabalce.*
Zalguice. *Sauguis.*
Zubernie. *Subernoa.*

ADDITIONS ET CHANGEMENTS[1].

P. vi, ligne 2. Au lieu de : L'archidiaconé de Dax, lisez : L'archidiaconé de Sault-de-Navailles.

P. vii, ligne 5. Diocèse de Tarbes, ajoutez : (voy. le Dictionnaire au mot Montaner).

P. viii, ligne 25. Après le mot : bailliages, portez en note : Pour les localités situées dans l'ancien Béarn (arrond. de Pau, Oloron et Orthez), on s'est servi du mot *bailliage*, faute d'un autre, pour traduire le mot roman *bayliadge* ou *bayliatge*; il faut entendre non le ressort d'un *bailli* mais celui d'un *baile*, officier de justice dont les attributions participaient de celles du ministère public, de percepteur et d'huissier.

P. xi, ligne 3. Canton de Clarac. — Un décret impérial, rendu le 11 février 1863 (pendant l'impression), porte que la c^{ne} de Clarac, c^{on} de ce nom, est réunie à la c^{ne} de Nay, et que le c^{on} de Nay portera à l'avenir le nom de c^{on} de Nay-Ouest et le c^{on} de Clarac celui de Nay-Est.

P. xvii. Ajoutez à la liste des sources : *Cartulaire de Sainte-Foi de Morlàas*. — Manuscrit du xiie siècle : Bibliothèque impériale, fonds latin, n° 10,936.

P. xviii. *Collection Duchesne*. — Les citations du Dictionnaire portant : 1385 (coll. Duch. vol. CXIV, p. 43) doivent être modifiées ainsi : 1455 (coll. Duch. vol. CXIV, p. 43).

P. 3. Art. Agoès, ajoutez : *Aques*, 1172 (cart. de Sordes, p. 45).

P. 9. Art. Anbouet, ajoutez : *Arbute*, xiie s^e (cart. de Sordes, p. 24).

Ajoutez : Archiloa, h. c^{ne} de Louhossoa. — *Archiloua, Harchiloa*, 1625 (ch. de Louhossoa, E. 350).

P. 10. Art. Argagnon, au lieu de : *Arganion*, v. 977, lisez : xie siècle.

Ajoutez : Arhets, fief, c^{ne} de Chéraute, créé en 1690, vassal de la vicomté de Soule.

P. 11. Art. Arraute, au lieu de : mentionné au xiiie s^e (coll. Duch. vol. CXIV, f° 34), lisez : mentionné au xiie s^e (cart. de Sordes, p. 24).

P. 12. Art. Arricoutou (L'), ajoutez : *L'arriu qui es aperat Too*, xiiie s^e (fors de Béarn, p. 237).

P. 16. Ajoutez : Atalaye (L'). — Nom générique des promontoires dans le pays basque; il s'applique particulièrement à celui de Biarrits.

Art. Audaus, ajoutez : *Aldeos*, xie s^e (Marca, Hist. de Béarn, p. 271).

Art. Audéjos, supprimez : *Aldeos*, xie s^e (Marca, Hist. de Béarn, p. 271).

P. 17. Art. Aussevielle, au lieu de : En 1385, Aussevielle dépendait de la baronnie de Denguin, lisez : En 1385, Aussevielle comptait 10 feux et ressort. au baill. de Pau, et depuis 1654 dépendait de la baronnie de Denguin.

P. 21. Art. Barcus, ajoutez : Barcus était le siège d'un bailliage royal dont les appels allaient à la cour de Licharre.

---

[1] Les formes anciennes indiquées ci-après ont été portées à la Table.

P. 26. Art. BEDOUS, supprimez : *Bedosse*, 1128 (ch. d'Aubertin, d'après Marca, Hist. de Béarn, p. 421). — Et *Bedos*, 1267 (cart. d'Oloron, f° 53).

Art. BÉGUIOS, ajoutez : *Biguios*, 1176 (cart. de Sordes, p. 46).

Art. BÉHASQUE, ajoutez : *Befasquen*, xii° s° (cart. de Sordes, p. 22).

P. 27. Art. BELLOCQ, au lieu de : BELLOCQ, c^{ne} de Salies, lisez : c^{on} de Salies. — Ligne 4, au lieu de : *Sales*, lisez : *Salies*.

P. 30. Art. BÉTHARRAM, ajoutez *Guatarram*, 1335 (ch. de Lestelle, E.).

Art. BEYRIE, c^{on} de Saint-Palais, ajoutez : *Sanctus-Julianus de Beyre in Amixa*, xii° s° (cart. de Sordes, p. 32).

P. 31. Art. BIDOS, ajoutez : *Bedos*, 1267 (cart. d'Oloron, f° 53).

Ajoutez : BIELLE (LA), h. c^{ne} de Sainte-Colomme.

P. 32. Art. BISQUEIS, ajoutez : Le fief de Bisqueis dépendait de la baronnie de Nabas.

P. 33. Art. BONNUT, ajoutez : *Bonut*, xii° s° (cart. de Sordes, p. 2).

P. 35. Art. BOUMOURT, ajoutez : *Bulmor (?)*, xii° s° (cart. de Sordes, p. 22).

P. 36. Art. BRASSALAY, ajoutez : *Sanctus-Petrus de Bracelai*, xii° s° (cart. de Sordes, p. 18).

P. 38. Art. BY, ajoutez : *Bissus*, xii° s° (cart. de Sordes, p. 25).

P. 39. Art. CAME, ajoutez : *Sanctus-Martinus de Camer*, xii° s° (cart. de Sordes, p. 27).

P. 43. Art. CASTAGNÈDE, ajoutez : *Castaneta*, xii° s° (cart. de Sordes, p. 26).

P. 45. Ajoutez : CASTÉNOT, f. c^{ne} de Coarraze, près du chemin de Henri IV.

P. 46. Art. CASTÉTIS, ajoutez : anc. archiprêtré du dioc. de Lescar.

P. 51. Ajoutez : CLOT DE HOURAT (LE), gouffre où disparaît le Riutort, c^{ne} de Bilhères.

P. 56. Art. DOMEZAIN, vers la fin, au lieu de : 1760, lisez : 1860.

P. 64. Art. FAGET (LE), vill. c^{no} d'Oloron-Sainte-Marie, ajoutez : *Hospitale de Faget*, 1128 (ch. d'Aubertin, d'après Marca, Hist. de Béarn, p. 421).

P. 65. Art. FONCENDIU, ajoutez : *Forsenduc*, 1376 (montre milit. f° 114).

Ajoutez : FONQUETOUS (LES), bois compris dans celui de la Seube.

Supprimez l'art. GÀAS, h. c^{ne} de Montaut, etc.

P. 71. Art. GÉRONCE, ajoutez : *Jeroncen*, xi° s° (cart. de Lucq, d'après Marca, Hist. de Béarn, p. 271).

P. 72. Art. GOUST, ajoutez : *Gostz*, 1376 (montre milit. f° 117).

P. 80. Art. HOUSSE (LE MOULIN DE), ajoutez : *Lo molii de Fosset*, 1491 (ch. de Mixe, E. 351).

P. 83. Ajoutez : INATCE, fief, c^{ne} d'Arbérats-Sillègue, à Sillègue; vassal du royaume de Navarre.

P. 85. Ajoutez : JAVE, mont. c^{ne} de Laruns. — *Java*, 1561 (ch. de Laruns, DD. 8).

P. 89. Art. LACQ, ajoutez : En 1691, Lacq avait deux églises : Saint-Jean et Saint-Miqueu.

P. 92. Art. LANNEPLÀA, lande, ajoutez : *Lo Lane-Plàa*, 1302; *la Lane-Plan*, v. 1360 (ch. de Béarn, E. 425, n°s 479 et 3030).

P. 104. Art. LOUHOSSOA, ajoutez : *Larhossa, Lorussona, Lurrossoa, Larrossoa, Lurossoa*, 1625 (ch. de Louhossoa, E. 350).

P. 112. Art. MERDÉ (LE), au lieu de : Loubouey, lisez : Louboey.

P. 117. Supprimez l'art. MONTSARRAT.

P. 137. Art. PONDIS (LE), ajoutez : *La ribere de Poundis*, 1491 (ch. de Mixe, E. 351).

P. 139. Art. POUNTE (LA), supprimez : *La ribere de Poundis*, 1491 (ch. de Mixe, E. 351).

P. 143. Au lieu de ROLLE (ILE DE), lisez ROL (ILE DE).

www.ingramcontent.com/pod-product-compliance
Lightning Source LLC
Chambersburg PA
CBHW051902160426
43198CB00012B/1713